A Division of Newport Corporation

Лазеры 'Spectra-Physics' для научных исследований

Обеспечение научных исследований новейшими лазерными системами стало главной задачей фирмы 'Spectra-Physics' с момента ее образования в 1961 г. И вот уже свыше четырех десятилетий 'Spectra-Physics' является крупнейшим в мире производителем лазеров для науки.

Сотрудники фирмы, работая в тесном контакте с учеными из лазерного сообщества, обеспечивают лидерство 'Spectra-Physics' в инструментальном воплощении новых поколений технологий и в развитии применений, основанных на этих технологиях.

В последние годы усилия 'Spectra-Physics' направлены на разработку многоцелевых, удобных в работе лазеров сверхкоротких импульсов. Все они базируются на концепции Millennia® - первого мощного, целиком твердотельного, непрерывного лазера видимого диапазона, который является совершенным источником накачки для фемтосекундных Ti:сапфировых лазеров. В настоящее время 'Spectra-Physics' производит целую гамму источников сверхкоротких лазерных импульсов.

'Spectra-Physics' является также ведущим разработчиком и производителем мощных импульсных лазеров, включая Nd:YAG-лазеры, узкополосные оптические параметрические генераторы и лазеры на красителях.

Используя свой многолетний опыт в разработке и производстве ионных лазеров, 'Spectra-Physics' предлагает исследователям обширное семейство надежных ионных лазеров.

Дистрибьютор фирмы 'Spectra-Physics' в России и странах СНГ – фирма 'ADC Systems'
тел./факс: (095) 748 11 98
e-mail: nbetr@podolsk.ru

АНГЛО-РУССКИЙ СЛОВАРЬ ПО ОПТИКЕ

ENGLISH-RUSSIAN DICTIONARY OF OPTICS

V. S. ZAPASSKII

ENGLISH-RUSSIAN DICTIONARY OF OPTICS

About 28 000 terms

MOSCOW
«RUSSO»
2005

В. С. ЗАПАССКИЙ

АНГЛО-РУССКИЙ СЛОВАРЬ ПО ОПТИКЕ

Около 28 000 терминов

МОСКВА
«РУССО»
2005

ББК 22.34
УДК 535(038)=111=161.1
330

Специальный научный редактор
канд. физ.-мат. наук А. М. Макушенко

Рецензент
канд. филол. наук Л. П. Маркушевская

Запасский В.С.
330   Англо-русский словарь по оптике. Около 28 000 терминов. — М.: РУССО, 2005 — 408 с.

ISBN 5-88721-278-0

Словарь содержит около 28 000 терминов по всем основным разделам современной и классической оптики: оптической спектроскопии, физической и квантовой оптике, нелинейной оптике, геометрической оптике, голографии, оптике лазеров.

В конце словаря приведен перечень английских сокращений с расшифровкой и русскими эквивалентами.

Словарь предназначен для студентов, аспирантов, преподавателей, специалистов и переводчиков, работающих в различных сферах, связанных с оптикой.

ББК 22.34+81.1 Англ.-4
УДК 535(038)=111=161.1

© «РУССО», 2005
Репродуцирование (воспроизведение) данного издания любым способом без договора с издательством запрещается.

ISBN 5-88721-278-0

ПРЕДИСЛОВИЕ

«Англо-русский словарь по оптике» издается в нашей стране впервые. Словарь содержит около 28 000 терминов и охватывает терминологию по всем основным разделам современной и классической оптики: оптической спектроскопии, физической и квантовой оптике, нелинейной оптике, геометрической оптике, голографии, оптике лазеров.

Специфика оптики состоит в том, что это – не только раздел физики или одно из направлений фундаментальной науки, но и не в меньшей степени, а может и в большей, – *метод*, используемый в самых разнообразных областях науки и техники. Вокруг оптики сосредоточен целый конгломерат наук, связанных с ней как с методом исследований. При этом предмет и метод исследований часто в такой степени переплетаются, что, скажем, ученый, занимающийся исследованиями в области оптики твердого тела не всегда может однозначно ответить на вопрос о том, чем же он, собственно, занимается – оптикой или физикой твердого тела. То же самое можно отнести к ряду других направлений физических исследований, а также к многочисленным областям приложения оптики в технологии, медицине, информатике и т. д. Поэтому предлагаемый словарь наряду с терминологией современной оптики содержит терминологию смежных областей науки и техники, таких как квантовая и классическая механика, термодинамика, физика твердого тела, физика атомов и молекул, физика природных объектов, радиоспектроскопия, информатика, технология обработки материалов, технология роста кристаллов, медицина, космическая техника и др.

Особое внимание при составлении словаря было уделено терминологии, связанной с новыми методами и явлениями оптики, открытыми в последние десятилетия. Эта задача решалась путем компьютерного анализа больших массивов оригинальных англоязычных научных текстов – журнальных статей, тезисов докладов, трудов конференций, диссертаций, проспектов и т. д. При работе над словарем также использовались изданные в нашей стране англо-русские и русско-английские физические и политехнические словари, размещенные в сети Интернет словари и глоссарии по узким областям оптики, опубликованный в «Оптическом Журнале» в 1996 – 2000 г.г. «Перечень оптических терминов и понятий», предметные указатели монографий по оптике, рубрикаторы, классификаторы и т. д.

При отборе материала для словаря приходилось решать множество не всегда корректных задач уместности и полезности тех или иных терминов или словосочетаний, адекватности и грамотности их перевода, предлагаемого другими изданиями, степени их общепринятости и т. д. Здесь автор мог ориентироваться только на свой научный и языковой опыт и на свои представления о концепции словаря, способного максимально полно удовлетворить запросы пользователей различных специальностей, разной квалификации и образования, работающих с англоязычной литературой по оптике. В словарь также включено большое число эпонимических терминов, например, Jahn-Teller effect, Born-Oppenheimer approximation, Fabry-Perot interferometer, Rayleigh scattering, Lorenz attractor и т. д.). Трудности употребления подобных словосочетаний, как правило, касаются правильного написания соответствующих собственных имен. В этом смысле приведенные в словаре именные словосочетания могут оказаться полезными.

В словаре используются нормы американского правописания.

При работе над словарем автору приходилось обращаться за консультациями к специалистам по различным узким областям оптики. Не имея возможности перечислить здесь всех тех, чьими советами и знаниями пользовался при работе над словарем, автор приносит им свою глубокую благодарность. Автор хотел бы также выразить свою искреннюю признательность профессору Санкт-Петербургского государственного университета М. О. Буланину, который в свое время организовал и долго пестовал Санкт-Петербургскую группу переводчиков оптических журналов Американского оптического общества. Автор с удовольствием выражает благодарность своим коллегам-переводчикам, продолжающим работать в издательстве «МАИК/Интерпериодика», В. П. Булычеву, С. Н. Белову и Г. П. Скребцову, а также сотруднику Института Океанологии РАН В. Ю. Осадчему за помощь в подготовке словаря и возможность постоянного общения. Автор признателен Н. П. Березину, который взял на себя труд просмотреть рукопись словаря и сделал ряд полезных замечаний. Автор особенно благодарен академику РАН Е. Б. Александрову за участие в подготовке концепции словаря и за постоянную помощь в работе над ним.

Издание словаря осуществлено при поддержке фирмы "Spectra-Physics" и ЗАО «Оптическая техника и технология».

Словарь подготовлен к публикации при содействии Американского оптического общества (OSA) и Оптического общества им. Д. С. Рождественского. Автор искренне благодарен директору Оптического общества им. Д. С. Рождественского В. М. Арпишкину за эффективную организационную деятельность по реализации этого проекта.

Словарь предназначен для студентов, аспирантов, преподавателей, специалистов, переводчиков, работающих в различных сферах, связанных с оптикой.

Все замечания и предложения по словарю просим направлять по адресу: 119071, Москва, Ленинский проспект, д. 15, офис 317, издательство «РУССО».

Телефон/факс: 955-05-67, 237-25-02.
Web: www.russopub.ru
E-mail: russopub@aha.ru

Автор

О ПОЛЬЗОВАНИИ СЛОВАРЕМ

Ведущие термины расположены в словаре в алфавитном порядке, а термины, разделяемые дефисом, следует рассматривать как слова, написанные слитно.

Составные термины располагаются по алфавитно-гнездовой системе, в соответствии с которой термины, состоящие из определяемых слов и определений необходимо искать по определяемым словам. Например, **color balance** следует искать в гнезде **balance**. Ведущий термин в гнезде заменяется тильдой (~).

В русском переводе различные части речи с одним и тем же семантическим содержанием разделены параллельками (∥). Например, **multilayer** мультислой; многослойник ∥ многослойный.

Пояснения к русским переводам даются в скобках. Например: **specific rotation** удельное вращение *(плоскости поляризации)*.

Факультативные части как английского термина, так и его эквивалента, даются в скобках. Например, **count(ing) rate**. Термин следует читать: **count rate, counting rate**.

Синонимичные части английских терминов и русских эквивалентов приводятся в квадратных скобках. Например, **image-forming [imaging] lens**. Термин следует читать **image-forming lens, imaging lens**.

В переводах принята следующая система разделительных знаков: синонимы разделены запятой, более далекие по значению эквиваленты – точкой с запятой, разные значения – цифрами.

СПИСОК РУССКИХ СОКРАЩЕНИЙ

АСМ атомно-силовой микроскоп
АФХ амплитудно-фазовая характеристика
АЧХ амплитудно-частотная характеристика
БИС большая интегральная схема
БКШ (теория) Бардина – Купера – Шриффера
ВАХ вольтамперная характеристика
ВКР вынужденное комбинационное рассеяние
ВОЛС волоконно-оптическая линия связи
ВП вполне положительный
ВРМБ вынужденное рассеяние Мандельштама – Бриллюэна
ВУФ вакуумный ультрафиолет
ВЧ высокая частота; высокочастотный
ГВГ генерация второй гармоники
ГСАГ гадолиний-скандий-алюминиевый гранат
ГСГГ гадолиний-скандий-галлиевый гранат
ГТГ генерация третьей гармоники
ДТА дифференциальный термический анализ
ЖИГ железо-иттриевый гранат
ЗУ запоминающее устройство
ИАГ иттриево-алюминиевый гранат
ИК инфракрасный
ИСГГ иттрий-скандий-галлиевый гранат
КАРС когерентное антистоксово рассеяние света
КГГ калий-гадолиниевый гранат
КЭР квантовая электродинамика резонатора
МДП металл – диэлектрик – полупроводник
МЦД магнитный циркулярный дихроизм
НПВО нарушенное полное внутреннее отражение
ОВФ обращение волнового фронта
ОЗУ оперативное запоминающее устройство
ОСШ отношение сигнал/шум
ПВХ поливинилхлорид
ПЗС прибор с зарядовой связью
ПЗУ постоянное запоминающее устройство
РОС распределенная обратная связь
САГ скандий-алюминиевый гранат
СВЧ сверхвысокая частота
СКВИД сверхпроводящий квантовый интерференционный датчик
СТС сверхтонкая структура
УФ ультрафиолет; ультрафиолетовый
ФПМ функция передачи модуляции
ФРЛ функция рассеяния линии
ФРТ функция рассеяния точки
ФЭУ фотоэлектронный умножитель
эдс электродвижущая сила
ЭЛТ электронно-лучевая трубка
ЭОП электронно-оптический преобразователь
ЭПР 1. электронный парамагнитный резонанс 2. (парадокс) Эйнштейна – Подольского – Розена
ЭСР электронный спиновый резонанс
ЯКР ядерный квадрупольный резонанс
ЯМР ядерный магнитный резонанс

АНГЛИЙСКИЙ АЛФАВИТ

Aa	Gg	Nn	Uu
Bb	Hh	Oo	Vv
Cc	Ii	Pp	Ww
Dd	Jj	Qq	Xx
Ee	Kk	Rr	Yy
Ff	Ll	Ss	Zz
	Mm	Tt	

A

aberration аберрация
  angular ~ угловая аберрация
  anisotropic ~ анизотропная аберрация
  annual ~ годичная аберрация
  aperture ~ геометрическая аберрация
  astronomical ~ астрономическая аберрация
  axial ~ осевая аберрация
  beam ~ аберрация пучка
  chromatic ~ хроматическая аберрация
  color ~ цветовое искажение; хроматическая аберрация
  coma(tic) ~ кома
  decentration ~ аберрация децентровки
  differential ~ дифференциальная аберрация
  distortion ~ аберрация дисторсии
  diurnal ~ суточная аберрация
  dynamic ~ динамическая аберрация
  eye ~ аберрация глаза
  first-order ~ аберрация первого порядка
  geometric(al) ~ геометрическая аберрация
  higher-order ~ аберрация высшего порядка
  holographic ~ голографическая аберрация
  image ~ погрешность изображения
  induced ~ наведенная аберрация
  isotropic ~ изотропная аберрация
  lateral ~ поперечная аберрация
  lens ~ аберрация объектива
  longitudinal ~ продольная аберрация, хроматизм положения
  monochromatic ~ монохроматическая аберрация
  nonlinear ~ нелинейная аберрация
  ocular ~ аберрация глаза
  off-axis ~ внеосевая аберрация
  optical ~ оптическая аберрация, аберрация оптической системы
  phase ~ фазовое искажение
  planetary ~ планетная аберрация
  residual ~ остаточная аберрация
  sagittal ~ сагиттальная аберрация
  second-order ~ аберрация второго порядка
  Seidel ~ аберрация Зайделя
  spherical ~ сферическая аберрация
  spherochromatic ~ сферохроматическая аберрация
  static ~ статическая аберрация
  stellar ~ звездная аберрация
  stigmatic ~ стигматическая аберрация
  telescope ~s аберрации телескопа
  thermo-optical ~ термооптическая аберрация
  total ~ полная аберрация
  transverse ~ поперечная аберрация
  wave ~ волновая аберрация
  wavefront ~ аберрация волнового фронта
  wavelength-dependent ~ аберрация, зависящая от длины волны
  Zernike ~ аберрация Цернике
  zero ~ нулевая аберрация
  zonal ~ зональная аберрация
ability способность
  emissive ~ эмиссионная [излучательная] способность
ablation абляция
  femtosecond ~ фемтосекундная абляция
  laser ~ лазерная абляция
  low-temperature ~ низкотемпературная абляция
  photothermal ~ фототермическая абляция
abrasion истирание, абразивный износ

abrasive

abrasive абразив ‖ абразивный
  coarse ~ грубый абразив
  diamond ~ алмазный абразив
  fine ~ тонкий абразив
  mild ~ мягкий абразив
  natural ~ природный [натуральный] абразив
  soft ~ мягкий абразив
abscissa абсцисса
absorb поглощать, абсорбировать
absorbance 1. оптическая плотность 2. спектральная поглощательная способность
absorbate абсорбат
absorbent поглотитель, абсорбент
absorber поглотитель, абсорбер
  atomic ~ атомный поглотитель
  black ~ черный поглотитель
  bleachable ~ просветляющийся поглотитель
  broadband ~ широкополосный поглотитель
  calibrated ~ калиброванный поглотитель
  fast ~ быстрый поглотитель, поглотитель с коротким временем установления поглощения
  heat ~ поглотитель тепла
  intracavity ~ внутрирезонаторный поглотитель
  narrow-band ~ узкополосный поглотитель
  neutral ~ нейтральный поглотитель
  nonreflecting ~ неотражающий поглотитель
  nonresonance ~ нерезонансный поглотитель
  nonselective ~ неселективный поглотитель
  perfect ~ абсолютный поглотитель; абсолютно черное тело
  point ~ точечный поглотитель
  resonance ~ резонансный поглотитель
  saturable ~ насыщаемый поглотитель
  selective ~ селективный поглотитель
  slow ~ медленный поглотитель, поглотитель с большим временем установления поглощения
  solar ~ солнечный поглотитель
  two-level ~ двухуровневый поглотитель
  volume ~ объемный поглотитель
absorptance коэффициент поглощения
  spectral ~ спектральный коэффициент поглощения
absorption поглощение, абсорбция
  anisotropic ~ анизотропное поглощение
  anomalous ~ аномальное поглощение
  atmospheric ~ атмосферное поглощение
  atomic ~ атомное поглощение
  auroral ~ авроральное поглощение
  background ~ фоновое поглощение
  bandgap ~ собственное [фундаментальное] поглощение
  band-to-band ~ межзонное поглощение
  bound-state ~ поглощение связанных состояний
  bound-to-continuum ~ поглощение, обусловленное переходом из связанного состояния в континуум
  broadband ~ широкополосное поглощение
  bulk ~ объемное поглощение
  cavity-enhanced ~ усиленное резонатором [внутрирезонаторное] поглощение
  characteristic ~ характеристическое поглощение; собственное поглощение
  charge-transfer ~ поглощение, связанное с переносом заряда
  cluster ~ кластерное поглощение
  Compton ~ комптоновское поглощение
  continuum ~ континуальное поглощение
  cooperative ~ кооперативное поглощение
  critical ~ критическое поглощение
  decadic ~ поглощение в десятичной логарифмической шкале
  dichroic ~ дихроичное поглощение
  differential ~ дифференциальное поглощение; селективное поглощение
  dipole ~ дипольное поглощение
  discrete ~ поглощение с дискретным спектром
  distributed ~ распределенное поглощение

absorption

Drude ~ поглощение Друде
edge ~ краевое поглощение
electronic ~ электронное поглощение
enhanced ~ усиленное поглощение
excess(ive) ~ избыточное поглощение
excited-state ~ возбужденное поглощение, поглощение из возбужденного состояния
excitonic ~ экситонное поглощение
extrinsic ~ несобственное [примесное] поглощение
free-carrier ~ поглощение свободными носителями
free-electron ~ поглощение свободных электронов
frequency-shifted ~ поглощение, сдвинутое по частоте
fundamental ~ фундаментальное поглощение
ground-state ~ поглощение из основного состояния
heat ~ поглощение тепла
hole ~ дырочное поглощение
impurity ~ несобственное [примесное] поглощение
indirect ~ непрямое поглощение
induced ~ наведенное поглощение
infrared ~ инфракрасное [ИК-] поглощение
interband ~ межзонное поглощение
intraband ~ внутризонное поглощение
intracavity ~ внутрирезонаторное поглощение
intrinsic ~ собственное поглощение
laser ~ поглощение лазерного излучения
lattice ~ решеточное поглощение
light ~ поглощение света
light-induced ~ светоиндуцированное поглощение
linear ~ линейное поглощение
low-temperature ~ низкотемпературное поглощение
luminous ~ поглощение света
magnon-phonon ~ магнон-фононное поглощение
majority (-carrier) ~ поглощение основными носителями
microwave ~ СВЧ-поглощение
mid-infrared [mid-IR] ~ поглощение в среднем ИК-диапазоне
minority (-carrier) ~ поглощение неосновными носителями
molecular ~ молекулярное поглощение
multiphonon ~ многофононное поглощение
multiphoton ~ многофотонное поглощение
narrow-band ~ узкополосное поглощение
negative ~ отрицательное поглощение
negligible ~ пренебрежимое поглощение
neutral ~ нейтральное поглощение
nonclassical ~ неклассическое поглощение
nonequilibrium ~ неравновесное поглощение
nonlinear ~ нелинейное поглощение
nonresonance light ~ нерезонансное поглощение света
nonselective ~ неизбирательное [неселективное] поглощение
N-photon ~ N-фотонное поглощение
off-resonance ~ нерезонансное поглощение
one-photon ~ однофотонное поглощение
optical ~ оптическое поглощение
parasitic ~ паразитное поглощение
partial ~ частичное поглощение
peak ~ пиковое поглощение, поглощение в максимуме
phonon-assisted ~ поглощение с участием фононов
photoinduced [photostimulated] ~ фотоиндуцированное поглощение
preferential ~ избирательное [селективное] поглощение
quadrupole light ~ квадрупольное поглощение света
quantized ~ квантованное поглощение
quantum dot ~ поглощение квантовых точек
residual ~ остаточное поглощение
resonance ~ резонансное поглощение
room temperature ~ поглощение при комнатной температуре
saturable ~ насыщаемое поглощение

absorption

saturated ~ насыщенное поглощение
selective ~ избирательное [селективное] поглощение
sequential ~ последовательное поглощение
short-lived ~ короткоживущее поглощение
single-photon ~ однофотонное поглощение
specific ~ удельное поглощение
spectral ~ спектральное поглощение
stimulated ~ индуцированное поглощение; стимулированное поглощение
surface ~ поверхностное поглощение
three-photon ~ трехфотонное поглощение
time-resolved ~ поглощение с временны́м разрешением
total ~ полное поглощение
transient ~ неустановившееся поглощение; переходное поглощение
true ~ истинное поглощение
two-magnon ~ двухмагнонное поглощение
two-photon ~ двухфотонное поглощение
ultraviolet [UV] ~ ультрафиолетовое [УФ-] поглощение
velocity-averaged ~ поглощение, усредненное по скоростям
velocity-selective ~ поглощение, селективное по скоростям
vibrational ~ колебательное поглощение
vibronic ~ вибронное [электронно-колебательное] поглощение
virtual ~ виртуальное поглощение
volume ~ объемное поглощение
X-ray ~ поглощение в рентгеновской области спектра
zero-phonon ~ бесфононное поглощение

absorptivity 1. спектральный коэффициент поглощения **2.** поглощательная способность
  radiant surface ~ лучепоглощательная способность поверхности

accelerate ускорять(ся)

accelerator 1. ускоритель **2.** катализатор

accelerometer акселерометр
  angular ~ угловой акселерометр
  cryogenic ~ криогенный акселерометр
  fiber-optic ~ волоконно-оптический акселерометр
  gyroscopic ~ гироскопический акселерометр
  laser ~ лазерный акселерометр
  navigation ~ навигационный акселерометр
  optical ~ оптический акселерометр

acceptor акцептор
  deep ~ глубокий акцептор
  electron ~ акцептор электронов
  ionized ~ ионизованный акцептор
  multicharge ~ многозарядный акцептор
  neutral ~ нейтральный акцептор
  shallow ~ мелкий акцептор

access доступ
  optical ~ оптический доступ

accommodation аккомодация
  absolute ~ абсолютная аккомодация
  binocular ~ бинокулярная аккомодация
  excessive ~ избыточная аккомодация
  lens ~ аккомодация хрусталика
  morphologic ~ морфологическая аккомодация
  ocular ~ аккомодация глаза
  subnormal ~ недостаточная аккомодация

accumulation накопление; аккумулирование
  defect ~ накопление дефектов

accumulator 1. аккумулятор **2.** накопитель

accuracy точность, правильность; надежность
  recognition ~ надежность опознавания

achromat ахроматическая линза, ахромат

achromatic ахроматический

achromatism ахроматизм
  actinic ~ актиничный ахроматизм
  apparent ~ кажущийся ахроматизм
  visual ~ видимый ахроматизм

achromatization ахроматизация

achromatophylia ахроматофилия

achromatopsia ахроматопсия

complete ~ полная ахроматопсия
acoustics акустика
acousto-optics акустооптика
acquisition **1.** сбор данных **2.** захват цели на автоматическое сопровождение
  data ~ сбор данных
  image ~ получение изображений
  reference star ~ захват опорной звезды
  signal ~ обнаружение сигнала
  target ~ захват цели
actinide актинид
actinism актиничность
actinium актиний, Ac
actinograph актинограф
actinometer актинометр
actinometry актинометрия
action (воз)действие
  antidepolarizing ~ антидеполяризующее действие
  blurring ~ эффект размытия (*изображения*)
  cascade laser ~ каскадная лазерная генерация
  combined ~ совместное действие
  continuous wave [cw] laser ~ непрерывная лазерная генерация
  destructive ~ разрушающее действие
  direct ~ прямое [непосредственное] воздействие
  focusing ~ фокусирующее действие
  indirect ~ непрямое [косвенное] воздействие
  laser ~ воздействие лазерного излучения
  non-local ~ нелокальное действие
  photochemical ~ фотохимическое действие
  photochromic ~ фотохромное действие
  retarded ~ замедленное действие
  selective ~ селективное действие
  thermal ~ тепловое действие
activation активация, активирование; легирование
  chemical ~ химическая активация
  collisional ~ столкновительная активация
  crystal ~ активирование кристалла
  dopant ~ активация легирующей примесью
  lattice ~ активирование решетки; легирование решетки
  phosphor(-crystal) ~ активация кристаллофосфора
  photochemical ~ фотохимическая активация
  resonance ~ резонансная активация
  surface ~ поверхностная активация
  thermal ~ термическая активация, термоактивация
activator активатор; активирующая добавка; примесь
  auxiliary ~ вспомогательный [дополнительный] активатор
  diamagnetic ~ диамагнитный активатор
  dominant ~ основной активатор
  luminescent ~ люминесцирующий активатор, люминесцирующая примесь
  optical ~ оптический активатор
  paramagnetic ~ парамагнитный активатор, парамагнитная примесь
  phosphor(-crystal) ~ активатор кристаллофосфора
  rare-earth ~ редкоземельный активатор
  transition-metal ~ активатор из группы переходных элементов
activity активность
  anomalous ~ аномальная активность
  electro-optic(al) ~ электрооптическая активность
  extravehicular ~ работа в открытом космосе
  induced ~ наведенная активность
  magneto-optical ~ магнитооптическая активность
  molecular ~ молекулярная активность
  molecular optical ~ молекулярная оптическая активность
  natural optical ~ естественная оптическая активность
  nonlinear optical ~ нелинейная оптическая активность
  optical ~ оптическая активность
  photochemical ~ фотохимическая активность
  photoinduced ~ фотоиндуцированная активность
  solar ~ солнечная активность
  specific ~ удельная активность

activity

 stellar ~ звездная активность
 structural optical ~ структурная оптическая активность
 sunspot ~ активность солнечных пятен
 vibratory ~ колебательная активность
actuation приведение в действие; запуск, включение
actuator исполнительный механизм, привод
 bending ~ изгибный привод
 linear ~ привод линейного перемещения
 piezo-~ пьезопривод
 rotary ~ привод вращательного движения
acuity острота
 vision [visual] ~ острота зрения
adaptation адаптация
 bright ~ яркостная адаптация
 chromatic [color] ~ цветовая адаптация
 dark ~ темновая адаптация
 eye ~ адаптация глаза
 light ~ световая адаптация
 luminance ~ яркостная адаптация
 ocular ~ адаптация глаза
 partial ~ частичная адаптация
 physiological ~ физиологическая адаптация
 retinal ~ адаптация сетчатки глаза
 scotopic ~ темновая адаптация
 visual ~ адаптация глаза
adapter вспомогательное приспособление; адаптер; переходное устройство, переходник
 anamorphic ~ анаморфотная насадочная линза
 camera ~ фотоприставка; фотонасадка
adaptometer адаптометр
adaptometry адаптометрия
adatom адатом, адсорбированный атом
adder сумматор
 binary ~ двоичный сумматор
addressing адресация
 absolute ~ абсолютная адресация
 cyclic ~ циклическая адресация
 indexed ~ индексная адресация
 indirect ~ косвенная адресация
 laser ~ лазерная адресация
 line-by-line ~ построчная адресация

 matrix ~ матричная адресация
 multilevel ~ многоуровневая адресация
 multiplexing ~ мультиплексная адресация
 random-access ~ адресация с произвольным доступом
 relative ~ относительная адресация
 sequential ~ последовательная адресация
adherence 1. приверженность; соблюдение (*правил и т. п.*) **2.** соединение, сцепление
 ~ **to specifications** соблюдение технических условий
adhesion адгезия; прилипание; слипание
adhesive адгезив, связующее вещество
 optical ~ оптический клей
adiabaticity адиабатичность
adjust приспосабливать, регулировать, настраивать
adjuster регулятор, корректор
 zero ~ корректор нуля
adjustment регулировка, настройка
 cavity ~ юстировка резонатора
 fine ~ тонкая регулировка
 frequency ~ подстройка частоты
 wavelength ~ подстройка длины волны
 zero ~ коррекция нуля
adsorbate адсорбат, адсорбируемое вещество
adsorbent адсорбент, адсорбирующее вещество
adsorption адсорбция
 chemical ~ химическая адсорбция
 irreversible ~ необратимая адсорбция
 monomolecular ~ мономолекулярная адсорбция
 physical ~ физическая адсорбция
 reversible ~ обратимая адсорбция
 selective ~ селективная адсорбция
advantage преимущество; выигрыш
 Felgett ~ выигрыш Фельгетта
aeromagnetometer аэромагнетометр
 helium ~ гелиевый аэромагнетометр
 quantum ~ квантовый аэромагнетометр
aeronomy аэрономия
aerophotogrammetry аэрофотограмметрия

algorithm

aerophotograph аэрофотоснимок
aerosol аэрозоль
  anthropogenic ~ антропогенный аэрозоль
  atmospheric ~ атмосферный аэрозоль
  background ~ фоновый аэрозоль
  iodine ~ йодный аэрозоль
  liquid-drop ~ жидкокапельный аэрозоль
  monodisperse ~ монодисперсный аэрозоль
  polydisperse ~ полидисперсный аэрозоль
affinity близость, сходство; сродство
  electron ~ сродство к электрону
aftereffect последействие
afterglow послесвечение
afterimage остаточное изображение, послеизображение
aftertreatment последующая обработка
age 1. срок службы 2. стареть; выдерживать
agent вещество; (ре)агент
  activating ~ активирующее вещество, активатор
  reacting ~ взаимодействующее вещество
aggregate агрегат
  dimeric ~ димерный агрегат
aggregation 1. агрегация 2. центр агрегации
  diffusion-limited ~ диффузионно-ограниченная агрегация
aging 1. старение 2. тренировка
  light ~ старение под действием света; фотохимическое старение
  radiation ~ радиационное старение
  sunlight ~ старение под действием солнечного света
air воздух, атмосфера
airglow свечение неба
  day ~ свечение дневного неба
  night ~ свечение ночного неба
  twilight ~ сумеречное свечение атмосферы
albedo альбедо (*коэффициент диффузного отражения*)
  apparent ~ видимое альбедо
  Bond ~ альбедо Бонда
  differential ~ спектральное альбедо
  energy ~ энергетическое альбедо
  geometrical ~ геометрическое альбедо
  ground ~ альбедо земной поверхности
  illustrative ~ иллюстративное альбедо
  infrared ~ инфракрасное [ИК-] альбедо
  integral ~ интегральное альбедо
  Lambert ~ ламбертово [плоское] альбедо
  mean ~ среднее альбедо
  monochromatic ~ монохроматическое альбедо
  plane ~ ламбертово [плоское] альбедо
  planetary ~ планетарное альбедо
  radiometric ~ радиометрическое альбедо
  spectral ~ спектральное альбедо
  ultraviolet ~ ультрафиолетовое [УФ-] альбедо
  visual ~ визуальное альбедо
albedometer альбедометр
alcohol спирт
alexandrite александрит
algebra алгебра
  Heisenberg-Weyl ~ алгебра Гейзенберга – Вейля
  Lie ~ алгебра Ли
algorithm алгоритм
  approximation ~ алгоритм аппроксимации
  coding ~ алгоритм кодирования
  deconvolution ~ алгоритм обратной свертки
  Deutsch's ~ алгоритм Дойча
  encryption ~ алгоритм шифрования; алгоритм кодирования
  Gerschberg-Saxton ~ алгоритм Гершберга – Сакстона
  greedy ~ алгоритм экономного продвижения
  Grover's ~ алгоритм Гровера
  image recognition ~ алгоритм распознавания образа
  image restoration ~ алгоритм восстановления изображения
  imaging ~ алгоритм формирования изображения, алгоритм визуализации
  iteration ~ итерационный алгоритм
  Monte Carlo ~ алгоритм метода Монте-Карло

algorithm
    Mueller matrix ~ алгоритм матриц Мюллера
    numerical ~ численный алгоритм
    optimization ~ алгоритм оптимизации
    Pascal triangular ~ алгоритм треугольника Паскаля
    pattern recognition ~ алгоритм распознавания образа
    quantum ~ квантовый алгоритм
    quantum search ~ квантовый алгоритм поиска
    random-search ~ алгоритм случайного поиска
    recognition ~ алгоритм распознавания
    reconstruction ~ алгоритм реконструкции, алгоритм восстановления
    retrieval ~ алгоритм поиска; алгоритм выборки
    Shor's (factorization) ~ алгоритм (факторизации) Шора
    tomographic ~ томографический алгоритм
    vision ~ алгоритм зрительной системы
    wavefront sensing ~ алгоритм диагностики волнового фронта
aliasing наложение спектров
alidade алидада
align 1. располагать на одной прямой, на одном уровне; выравнивать **2.** юстировать
alignment 1. выравнивание; выстраивание **2.** юстировка
    automated ~ автоматическая юстировка
    band ~ выравнивание зон
    beam ~ **1.** юстировка луча **2.** регулировка диаграммы направленности
    fine ~ тонкая юстировка
    laser ~ юстировка лазера
    laser-induced ~ выстраивание, индуцированное лазерным излучением
    liquid-crystal ~ ориентационное упорядочение жидкого кристалла
    magnetic ~ магнитное выстраивание
    mirror ~ юстировка зеркала
    molecular ~ молекулярное выстраивание
    nanoparticle ~ выстраивание наночастиц; ориентационное упорядочение наночастиц
    nonpolar ~ неполярное выстраивание
    nuclear ~ ядерное выстраивание
    off-axis ~ внеосевая юстировка
    optical ~ **1.** оптическое выстраивание (*атомов*) **2.** оптическая юстировка
    phase ~ фазовая синхронизация
    spin ~ спиновое выстраивание
    telescope ~ юстировка телескопа
allotropy аллотропия
alloy 1. сплав **2.** твердый раствор
    binary ~ **1.** двойной сплав **2.** двойной твердый раствор
    disordered ~ разупорядоченный твердый раствор
    eutectic ~ эвтектический твердый раствор
    interstitial ~ твердый раствор внедрения
    quaternary ~ четверной [четырехкомпонентный] твердый раствор
    substitutional ~ твердый раствор замещения
    ternary ~ **1.** тройной сплав **2.** тройной твердый раствор
    Wood's ~ сплав Вуда
altazimuth альтазимут
alternate чередовать(ся) ‖ чередующийся
alternation чередование; периодические изменения
    intensity ~ чередование интенсивностей
altimeter высотомер
    laser ~ лазерный высотомер
    multibeam ~ многолучевой высотомер
    optical ~ оптический высотомер
    reflection ~ отражательный высотомер
alumina оксид алюминия, глинозем
aluminize алюминировать
aluminum алюминий, Al
alychne алихна
amblyopia амблиопия
    astigmatic ~ астигматическая амблиопия
    color ~ цветовая амблиопия
amorphization переход в аморфное состояние, аморфизация
    surface ~ поверхностная аморфизация
amplification усиление

amplifier

cascade ~ каскадное усиление
coherent ~ когерентное усиление
coherent inversionless ~ когерентное безынверсное усиление
distributed ~ распределенное усиление
double-step ~ двухступенчатое усиление
four-photon parametric ~ четырехфотонное параметрическое усиление
inversionless ~ безынверсное усиление
laser ~ лазерное усиление
light ~ усиление света
light ~ by stimulated emission of radiation усиление света с помощью индуцированного излучения, лазер-эффект
linear ~ линейное усиление
molecular ~ молекулярное усиление
multibeam ~ многолучевое усиление
multistage ~ многокаскадное усиление
near-threshold ~ околопороговое усиление
noiseless ~ бесшумовое усиление
off-axis ~ внеосевое усиление
optical parametric ~ оптическое параметрическое усиление
parametric ~ параметрическое усиление
phase-insensitive ~ фазонечувствительное усиление
phase-sensitive ~ фазочувствительное усиление
photoelectric ~ фотоумножение
pulse ~ усиление импульса
quantum ~ квантовое усиление
Raman ~ усиление на комбинационном переходе, рамановское усиление
resonant ~ резонансное усиление
saturated ~ насыщенное усиление
selective ~ селективное усиление
single-pass ~ усиление на одном проходе
single-step ~ одноступенчатое усиление
stimulated ~ стимулированное усиление
stimulated Raman ~ стимулированное рамановское усиление
subthreshold ~ допороговое усиление
three-photon parametric ~ трехфотонное параметрическое усиление
threshold ~ пороговое усиление
uniform ~ однородное усиление
amplifier усилитель
balanced ~ балансный усилитель
bandpass ~ полосовой усилитель
bandwidth-limited ~ усилитель, ограничивающий полосу частот
bistable ~ бистабильный усилитель
broadband ~ широкополосный усилитель
buffer ~ буферный усилитель
calibrated ~ усилитель с калиброванным усилением
cascade ~ каскадный усилитель
degenerate parametric ~ вырожденный параметрический усилитель
differential ~ дифференциальный усилитель
double-pass ~ двухпроходный усилитель
dye laser ~ лазерный усилитель на растворе красителя
erbium-doped fiber ~ усилитель на волокне, легированном эрбием
fiber-optic(al) ~ волоконно-оптический усилитель
four-pass ~ четырехпроходный усилитель
frequency-selective ~ частотно-селективный усилитель
gated ~ стробируемый усилитель
heterodyne ~ гетеродинный усилитель
high-gain ~ усилитель с высоким усилением
image ~ усилитель яркости изображения
laser ~ лазерный усилитель
laser diode ~ полупроводниковый лазерный усилитель
laser-pumped ~ усилитель с лазерной накачкой
light ~ усилитель света
linear ~ линейный усилитель
lock-in ~ синхронный детектор
low-noise ~ низкошумящий усилитель
matched ~ согласованный усилитель

amplifier

microchannel ~ микроканальный усилитель
molecular ~ молекулярный усилитель
multipass ~ многопроходный усилитель
multistage ~ многокаскадный усилитель
Nd:YAG ~ усилитель на кристалле ИАГ-Nd
nondegenerate parametric ~ невырожденный параметрический усилитель
nonlinear ~ нелинейный усилитель
nonselective ~ неселективный усилитель; широкополосный усилитель
optical ~ оптический усилитель
optical cloning ~ оптический клонирующий усилитель
optical parametric ~ оптический параметрический усилитель
optoelectronic ~ оптоэлектронный усилитель
paramagnetic ~ парамагнитный усилитель
parametric ~ параметрический усилитель
photocurrent ~ усилитель фототока
polarization-insensitive ~ усилитель, нечувствительный к поляризации; поляризационно-изотропный усилитель
power ~ усилитель мощности
pulse ~ импульсный усилитель
quantum ~ квантовый усилитель
Raman ~ рамановский усилитель
regenerative ~ регенеративный усилитель
resonance ~ резонансный усилитель
selective ~ селективный усилитель
semiconductor laser ~ полупроводниковый лазерный усилитель
signal ~ усилитель сигнала
solid-state ~ твердотельный усилитель
threshold ~ пороговый усилитель
Ti:sapphire ~ усилитель на сапфире с титаном
transmission ~ проходной усилитель
traveling-wave (laser) ~ (лазерный) усилитель бегущей волны
two-pass ~ двухпроходный усилитель

amplitude амплитуда
angular ~ угловая амплитуда
beat ~ амплитуда биений
biphoton ~ амплитуда бифотона
classical ~ классическая амплитуда
deflection ~ амплитуда отклонения, амплитуда дефлекции
dipole ~ дипольная амплитуда
echo ~ амплитуда эха
electric-field ~ амплитуда электрического поля
field ~ амплитуда поля
first-harmonic ~ амплитуда первой гармоники
Fourier ~ амплитуда Фурье
fringe-pattern ~ амплитуда интерференционных полос
index modulation ~ амплитуда модуляции показателя преломления
instantaneous ~ мгновенная амплитуда
intracavity field ~ амплитуда внутрирезонаторного поля
laser excitation ~ амплитуда лазерного возбуждения
magnetic-field ~ амплитуда магнитного поля
modulation ~ амплитуда модуляции
oscillation ~ амплитуда осцилляций
peak ~ пиковая амплитуда, амплитуда в максимуме
peak-to-peak ~ полный размах биполярного сигнала
photon echo ~ амплитуда сигнала фотонного эха
population ~ амплитуда населенности
probability ~ амплитуда вероятности
pulse ~ амплитуда импульса
quadrupole ~ квадрупольная амплитуда
quantum ~ квантовая амплитуда
reabsorption ~ амплитуда реабсорбции
reflected field ~ амплитуда отраженного поля
refracted field ~ амплитуда преломленного поля
scattering ~ амплитуда рассеяния
second-harmonic ~ амплитуда второй гармоники
signal ~ амплитуда сигнала

soliton ~ амплитуда солитона
spatial ~ пространственная амплитуда
spectral ~ спектральная амплитуда
state ~ амплитуда состояния
sync-pulse ~ амплитуда синхроимпульса
synthesized ~ синтезированная амплитуда
third-harmonic ~ амплитуда третьей гармоники
transition ~ амплитуда перехода
transmission ~ амплитуда пропускания
transmitted field ~ амплитуда прошедшего поля
tunneling ~ амплитуда туннелирования
two-photon ~ двухфотонная амплитуда
wave ~ амплитуда волны
analog аналог || аналоговый
  classical ~ классический аналог
  discrete ~ дискретный аналог
  exact ~ точный аналог
  mechanical ~ механический аналог
  optical ~ оптический аналог
  quantum ~ квантовый аналог
  temporal ~ временной аналог
analysis анализ
  absorption ~ абсорбционный анализ
  absorption spectral ~ абсорбционный спектральный анализ
  activation ~ активационный анализ
  anharmonic ~ ангармонический анализ
  atomic absorption ~ атомно-абсорбционный анализ
  atomic emission ~ атомно-эмиссионный анализ
  atomic fluorescence ~ атомно-флуоресцентный анализ
  calorimetric ~ калориметрический анализ
  chemiluminescence ~ хемилюминесцентный анализ
  chromatographic ~ хроматографический анализ
  classical ~ классический анализ
  cluster ~ кластерный анализ
  color ~ цветовой анализ
  colorimetric ~ колориметрический анализ
  comparative ~ сопоставительный анализ
  correlation ~ корреляционный анализ
  coupled-mode ~ метод связанных мод
  cross-correlation ~ кросс-корреляционный анализ
  cryoscopic ~ криоскопический анализ
  crystal ~ кристаллографический анализ
  crystal-field ~ анализ кристаллического поля
  crystallographic ~ кристаллографический анализ
  data ~ анализ данных
  destructive ~ деструктивный анализ
  differential thermal ~ дифференциальный термический анализ
  diffraction ~ дифракционный анализ
  dilatometric ~ дилатометрический анализ
  dispersion ~ дисперсионный анализ
  distortion ~ анализ искажений
  elemental ~ элементный анализ
  ellipsometric ~ эллипсометрический анализ
  factor-group ~ фактор-групповой анализ
  finite-element ~ расчет методом конечных элементов
  fluorescence ~ флуоресцентный [люминесцентный] анализ
  Fourier ~ фурье-анализ
  frame-by-frame ~ покадровый анализ
  frequency-domain ~ частотный анализ, анализ в частотной области
  harmonic ~ гармонический анализ
  hyperspectral ~ гиперспектральный анализ
  immersion ~ иммерсионный анализ
  interferometric ~ интерферометрический анализ
  kinetic ~ кинетический анализ
  Kramers-Kronig ~ анализ Крамерса – Кронига
  laser microprobe ~ лазерный микрозондовый анализ
  least-square ~ анализ по методу наименьших квадратов

analysis

lineshape ~ анализ формы линии
luminescence spectral ~ люминесцентный спектральный анализ
magneto-optical ~ магнитооптический анализ
metrological ~ метрологический анализ
microscopic ~ микроскопический анализ
microstructure ~ микроструктурный анализ
modal ~ модовый анализ
model ~ модельный анализ
moire stress ~ исследование напряжений методом муаровых полос
multidimensional ~ многомерный анализ
multiexponential ~ многоэкспоненциальный анализ
multiresolution ~ кратномасштабный анализ
nephelometric ~ нефелометрический анализ
noise ~ шумовой анализ, анализ шума
noise-source ~ анализ источников шумов
nondestructive ~ неразрушающий анализ
nonperturbative ~ анализ вне рамок теории возмущений
numerical ~ численный анализ
optical ~ оптический анализ
pattern ~ анализ изображений
perturbative ~ анализ в рамках теории возмущений
petrographic ~ петрографический анализ
photoelasticity ~ исследование (*напряжений*) методом фотоупругости
photometric ~ фотометрический анализ
photon activation ~ фотонный активационный анализ
polarimetric ~ поляриметрический анализ
polarization ~ поляризационный анализ
qualitative ~ качественный анализ
quantitative ~ количественный анализ
quantum-mechanical ~ квантово-механический анализ

rate-equation ~ анализ на основе [в рамках модели] кинетических уравнений
real-time ~ анализ в реальном масштабе времени
refractometric ~ рефрактометрический анализ
rigorous ~ строгий анализ
scanning ~ растровый анализ
semiclassical ~ полуклассический анализ
sensitivity ~ анализ чувствительности
spatiotemporal ~ пространственно-временной анализ
spectral ~ спектральный анализ
spectrochemical ~ спектрохимический анализ
spectrometric ~ спектрометрический анализ
spectrophotometric ~ спектрофотометрический анализ
spectroscopic ~ спектроскопический анализ
spectrum ~ спектральный анализ
stability ~ анализ устойчивости
static ~ статический анализ
statistical ~ статистический анализ
Stern-Gerlach ~ анализ Штерна – Герлаха
stochastic ~ стохастический анализ
stroboscopic ~ стробоскопический анализ
structural ~ структурный анализ
surface ~ анализ поверхности
symmetry ~ симметрийный анализ
theoretical ~ теоретический анализ
thermogravimetric ~ термогравиметрический анализ
time-domain ~ временной анализ, анализ во временнóй области
time-frequency ~ частотно-временной анализ
time-of-flight ~ времяпролетный анализ
vibrational ~ колебательный анализ
wavelet ~ вейвлет-анализ
X-ray fluorescence ~ рентгенофлуоресцентный анализ
X-ray spectroscopic ~ рентгеноспектральный анализ
X-ray structural ~ рентгеноструктурный анализ

analyze анализировать; разлагать на составные части
analyzer анализатор
 amplitude ~ амплитудный анализатор
 autocorrelation ~ автокорреляционный анализатор
 automatic spectral ~ автоматический спектроанализатор
 Bell-state ~ анализатор состояний Белла
 color ~ цветоанализатор
 colorimetric ~ колориметрический анализатор
 correlation ~ корреляционный анализатор
 differential ~ дифференциальный анализатор
 fluorometric ~ флуоресцентный анализатор
 Fourier ~ фурье-анализатор
 gas ~ газоанализатор
 heterodyne ~ гетеродинный анализатор
 infrared gas ~ инфракрасный газоанализатор
 interferometric gas ~ интерферометрический газоанализатор
 luminescence ~ люминесцентный анализатор
 magneto-optical ~ магнитооптический анализатор
 multichannel ~ многоканальный анализатор
 multichannel spectral ~ многоканальный спектроанализатор
 optical ~ оптический анализатор
 optical gas ~ оптический газоанализатор
 opto-acoustic gas ~ оптико-акустический газоанализатор
 photocolorimetric gas ~ фотоколориметрический газоанализатор
 photoelectric ~ фотоэлектрический анализатор
 polarization ~ поляризационный анализатор
 pulse ~ анализатор импульсов
 pulse-height ~ амплитудный анализатор импульсов
 rotating ~ вращающийся анализатор
 sheet ~ плёночный анализатор
 single-channel ~ одноканальный анализатор
 spectropolarimetric ~ спектрополяриметрический анализатор
 spectrum ~ спектроанализатор
 time-of-flight ~ времяпролётный анализатор
 ultraviolet absorption gas ~ газоанализатор УФ-поглощения
 waveform ~ анализатор формы сигнала
anamorphoscope анаморфоскоп; анаморфотная насадка
anamorphosis анаморфоза, искажённое изображение
anamorphote анаморфот
 fiber ~ волоконный анаморфот
anastigmat анастигмат
 asymmetric ~ асимметричный анастигмат
 double ~ двойной анастигмат
anemometer анемометр
 Doppler ~ доплеровский анемометр
 laser ~ лазерный анемометр
anemometry анемометрия
angiography ангиография
 fluorescent ~ флуоресцентная ангиография
angle угол
 ~ of convergence угол сведения лучей
 ~ of deflection [of deviation] угол отклонения
 ~ of elevation угол места
 ~ of incidence угол падения
 ~ of polarization угол полной поляризации, угол Брюстера
 ~ of prism отклоняющий угол призмы
 ~ of refraction угол преломления
 ~ of rotation угол вращения, угол поворота
 ~ of sight угол обзора
 ~ of view угол зрения
 acceptance ~ телесный угол приёма, детектирования, наблюдения
 aperture ~ угловая апертура
 apex ~ угол при вершине; угол раствора пучка
 apparent visual ~ кажущийся угол зрения
 aspect ~ угол [сектор] обзора
 axial ~ угол оптических осей
 azimuth(al) ~ азимутальный угол
 backscattering ~ угол рассеяния назад

angle

beam deflection ~ угол отклонения пучка
beam divergence ~ угол расходимости пучка
blaze ~ угол блеска
bond ~ угол связи
Bragg ~ брэгговский угол
Brewster ~ угол Брюстера, угол полной поляризации
characteristic ~ характеристический угол; критический угол
coherence ~ угол когерентности
collecting ~ угол сбора (*света*)
complementary ~ дополнительный угол (*до 90°*)
convergence ~ угол схождения (*пучка*)
critical ~ of incidence критический угол падения
critical ~ of total reflection критический угол полного отражения
crossing ~ угол пересечения
deflection ~ угол дефлекции, угол отклонения
dielectric loss ~ угол диэлектрических потерь
diffraction ~ угол отклонения при дифракции
divergence ~ угол расхождения (*пучка*)
ellipsometric ~ эллипсометрический угол
ellipticity ~ угол эллиптичности
Euler(ian) ~s углы Эйлера
fan ~ угол расходимости пучка (*в проекционной технике*)
Faraday rotation ~ угол фарадеевского вращения
field-of-vision ~ угол поля зрения
forward-scattering ~ угол рассеяния вперед
full capture ~ угол полного захвата
grazing ~ угол скольжения (*между падающим лучом и поверхностью*)
helix ~ угол спирали
illumination ~ угол освещения
incidence ~ угол падения
isoplanatic ~ изопланатический угол
Kerr rotation ~ угол керровского вращения
lag ~ угол отставания, угол запаздывания

lead ~ угол опережения
magic ~ магический угол
near-Brewster ~ угол, близкий к углу Брюстера
observation ~ угол наблюдения
off-axis ~ угол отклонения от оси
parallactic ~ параллактический угол
phase ~ фазовый угол
phase-matching ~ угол фазового синхронизма
pickup ~ угол зрения (*объектива камеры*)
polar ~ полярный угол
polarization ~ угол Брюстера, угол полной поляризации
precession ~ угол прецессии
prism ~ отклоняющий угол призмы
propagation ~ угол распространения
pseudo-Brewster ~ псевдобрюстеровский угол
reflection ~ угол отражения
refraction ~ угол преломления
right ~ прямой угол
rotation ~ угол вращения, угол поворота
Russell ~ угол Рассела
scan ~ угол сканирования
scattering ~ угол рассеяния
slope ~ угол наклона
solid [space] ~ телесный угол
take-off ~ угол выхода (*излучения*)
tilt ~ угол наклона
tip ~ угол (*конуса*) острия
total (internal) reflection ~ угол полного (внутреннего) отражения
twist ~ угол закручивания
vertex ~ угол при вершине
view(ing) ~ угол обзора; угол зрения
vision ~ угол поля зрения
walk-off ~ угол сноса
wedge ~ угол клина

angström ангстрем
anharmonicity ангармонизм
Coulomb ~ кулоновский ангармонизм
intermode ~ межмодовый ангармонизм
intramode ~ внутримодовый ангармонизм
lattice ~ ангармонизм решетки
Raman ~ рамановский ангармонизм
spin ~ спиновый ангармонизм

anion анион
aniseikonia анизейкония
   optical ~ оптическая анизейкония
anisotropy анизотропия
   artificial ~ искусственная анизотропия
   biaxial ~ двуосная анизотропия
   circular ~ циркулярная [круговая] анизотропия
   crystal ~ анизотропия кристалла
   dielectric ~ диэлектрическая анизотропия, анизотропия диэлектрической проницаемости
   electric-field-induced ~ анизотропия, индуцированная электрическим полем
   fluorescence ~ анизотропия флуоресценции
   hidden ~ скрытая анизотропия
   higher-order ~ анизотропия высших порядков
   hole ~ дырочная анизотропия, анизотропия дырки
   induced ~ индуцированная анизотропия
   inherent ~ собственная анизотропия
   initial ~ начальная анизотропия
   in-plane ~ плоскостная анизотропия
   interface ~ анизотропия границы раздела
   intrinsic ~ собственная анизотропия
   light-induced ~ светоиндуцированная анизотропия
   linear ~ линейная анизотропия
   local ~ локальная анизотропия
   magnetic ~ магнитная анизотропия
   magneto-optical ~ магнитооптическая анизотропия
   natural ~ естественная анизотропия
   negative dielectric ~ отрицательная диэлектрическая анизотропия
   optical ~ оптическая анизотропия
   ordering-induced ~ анизотропия, индуцированная упорядочением
   photoinduced ~ фотоиндуцированная анизотропия
   polarization ~ поляризационная анизотропия
   positive dielectric ~ положительная диэлектрическая анизотропия
   reflectance ~ анизотропия отражения
   scattering ~ анизотропия рассеяния
   second-order ~ анизотропия второго порядка
   shape ~ анизотропия формы
   strain(-induced) ~ деформационная [индуцированная деформацией] анизотропия
   stress(-induced) ~ анизотропия, индуцированная механическим напряжением
   surface stress ~ анизотропия поверхностных напряжений
   time-resolved ~ анизотропия, разрешенная во времени
   uniaxial ~ одноосная анизотропия
annealing отжиг
   laser ~ лазерный отжиг
annihilation аннигиляция
   defect ~ аннигиляция дефектов
   radiationless ~ безызлучательная аннигиляция
   singlet-singlet ~ синглет-синглетная аннигиляция
   singlet-triplet ~ синглет-триплетная аннигиляция
anomaloscope аномалоскоп
anomaly аномалия
   decay ~ аномалия затухания
   Kohn ~ коновская аномалия
   Schottky-type ~ аномалия типа Шоттки
antibunching антигруппировка
   photon ~ антигруппировка фотонов
anticorona антикорона
anticorrelation антикорреляция
anticrossing антипересечение
   level ~ антипересечение уровней
antidip антипровал
antiferrodielectric антиферродиэлектрик
antimonide антимонид *(соединение сурьмы с металлом)*
antimony сурьма, Sb
antinode пучность
   wave ~ пучность волны
antiparticle античастица
antiprism антипризма
antiresonance антирезонанс
   Fano ~ антирезонанс Фано
antisymmetrization антисимметризация
apertometer апертометр
aperture апертура; отверстие
   angular ~ угловая апертура

aperture

annular ~ кольцевая апертура
beam ~ апертура пучка
beam-limiting ~ диафрагма, формирующая пучок; апертурная диафрагма
circular ~ круговая апертура
clear ~ световой диаметр; полная апертура; незатененный раскрыв
collective ~ приемная апертура
collimating ~ коллимирующая диафрагма; коллимирующее отверстие
coupling ~ отверстие связи
critical ~ критическая апертура
detector ~ апертура детектора
diffraction-limited ~ дифракционная апертура
effective ~ эффективная апертура
entrance ~ входная апертура
exit ~ выходная апертура
fiber numerical ~ числовая апертура оптического волокна
fiber-tip ~ апертура волоконного острия
finite ~ конечная апертура
full ~ полная апертура
geometrical ~ геометрическая апертура
input ~ входная апертура
intracavity ~ внутрирезонаторная диафрагма
lens ~ апертура объектива; апертура линзы
microscopic ~ микроскопическое отверстие
nanometer-size(d) ~ отверстие нанометрового размера
nanoscale ~ отверстие нанометрового масштаба
numerical ~ числовая апертура
objective ~ апертура объектива
pinhole ~ точечное отверстие
pupillary ~ зрачковая апертура
receiving ~ приемная апертура
relative ~ относительное отверстие
shutter ~ апертура затвора
slit ~ щель, щелевое отверстие
sub-micron ~ отверстие субмикронного размера
sub-wavelength ~ отверстие с размерами, меньшими длины волны света
synthesized [synthetic] ~ синтезированная апертура
telescope ~ апертура телескопа
working ~ рабочая апертура
apex вершина; апекс
  prism ~ ребро призмы
  tip ~ вершина острия
aplanat апланат
aplanatism апланатизм
apochromat апохромат
apochromatic апохроматический
apochromatism апохроматизм
apodization аподизация
apodizer аподизатор
apogee апогей
apostilb апостильб
apparatus установка, прибор; аппаратура
  detection ~ регистрирующая аппаратура
  experimental ~ экспериментальная аппаратура
  interference ~ интерференционный прибор
  luminescent diagnostic ~ люминесцентный диагностический прибор
  measuring ~ измерительный прибор
  spectral ~ спектральная аппаратура
  X-ray ~ рентгеновская установка
application применение, использование
  astronomical ~ применение в астрономии
  clinical ~ клиническое применение, применение в лечебных целях
  industrial ~ промышленное применение
  military ~ применение в военных целях
approach подход, метод
  axiomatic ~ аксиоматический подход
  Bloch equation ~ подход, основанный на уравнениях Блоха
  Bragg-Williams ~ подход Брэгга – Вильямса
  classical ~ классический подход
  consistent ~ последовательный подход; непротиворечивый подход
  coupled-mode ~ метод связанных мод
  density-matrix ~ подход, основанный на методе матрицы плотности
  diffusion ~ диффузионный подход
  effective medium ~ метод эффективной среды

approximation

empirical ~ эмпирический подход
frequency-domain ~ частотный подход
geometrical optics ~ подход, базирующийся на геометрической оптики
Green function ~ метод функции Грина
heuristic ~ эвристический подход
iterative ~ итерационный подход
Langevin ~ ланжевеновский подход
macroscopic ~ макроскопический подход
master equation ~ метод основного кинетического уравнения
maximum-likelihood ~ метод максимального правдоподобия
mean-field ~ метод среднего поля
microscopic ~ микроскопический подход
moments ~ метод моментов
nonperturbative ~ подход вне рамок теории возмущений
operator-based ~ операторный подход
percolation ~ перколяционный подход
perturbative ~ метод теории возмущений
phenomenological ~ феноменологический подход
quantum ~ квантовый подход
quantum-field ~ квантово-полевой подход
quantum-mechanical ~ квантово-механический подход
rate equation ~ метод кинетических уравнений
rigorous ~ строгий подход
self-consistent ~ самосогласованный подход
semiclassical ~ полуклассический подход
spectral density ~ метод спектральной плотности
statistical ~ статистический подход
stochastic ~ стохастический подход
thermodynamic ~ термодинамический подход
time-domain ~ временной подход
traveling-wave ~ метод бегущей волны
variational principle ~ вариационный подход

approximation приближение, аппроксимация
adiabatic ~ адиабатическое приближение
atomic sphere ~ приближение атомной сферы
Born ~ борновское приближение
Born-Markov ~ приближение Борна – Маркова
Born-Oppenheimer ~ приближение Борна – Оппенгеймера
boundary-layer ~ приближение граничного слоя
Bourret ~ приближение Бурре
cluster ~ кластерное приближение
coherent potential ~ приближение когерентного потенциала
collinear ~ приближение коллинеарности
Debye ~ дебаевское приближение
diffraction ~ дифракционное приближение
diffusion(al) ~ диффузионное приближение
dipole ~ дипольное приближение
effective-mass ~ приближение эффективной массы
equilibrium ~ приближение равновесия, равновесное приближение
far-field ~ приближение дальней зоны
few-mode ~ приближение малого числа мод
first ~ первое приближение
first-order ~ приближение первого порядка
Franck-Condon ~ приближение Франка – Кондона
Fraunhofer ~ приближение Фраунгофера
Fresnel ~ приближение Френеля
frozen-core ~ приближение замороженного остова
Gaussian ~ гауссово приближение
Gaussian optics ~ приближение гауссовой оптики
geometrical optics ~ приближение геометрической оптики
harmonic ~ гармоническое приближение
harmonic oscillator ~ приближение гармонического осциллятора
Hartree ~ приближение Хартри

approximation

Hartree-Fock ~ приближение Хартри – Фока
Heitler-London ~ приближение Гайтлера – Лондона
high-temperature ~ высокотемпературное приближение
independent-scatterer ~ приближение независимых рассеивателей
interferometric ~ интерферометрическое приближение
large photon-number ~ приближение большого числа фотонов
linear ~ линейное приближение
lowest-order ~ приближение низшего порядка
low-field ~ приближение малых полей
low-temperature ~ низкотемпературное приближение
Markov(ian) ~ марковское приближение
mean-field ~ приближение среднего поля
MO LCAO ~ приближение молекулярных орбиталей в форме линейных комбинаций атомных орбиталей
nonlinear ~ нелинейное приближение
numerical ~ численная аппроксимация
off-resonance ~ нерезонансное приближение
one-electron ~ одноэлектронное приближение
Oppenheimer ~ приближение Оппенгеймера
parabolic band ~ приближение параболической зоны
parametric ~ параметрическое приближение
paraxial ~ параксиальное приближение
Percus-Yewick ~ приближение Перкуса – Йевика
perturbative ~ приближение теории возмущений
plane-wave ~ приближение плоских волн
point-particle ~ приближение точечных частиц
pseudopotential ~ приближение псевдопотенциала
quasi-classical ~ квазиклассическое приближение
quasi-static ~ квазистатическое приближение
random-phase ~ приближение случайных фаз
random walk ~ модель случайных блужданий
ray ~ лучевое приближение
Rayleigh ~ рэлеевское приближение
Rayleigh-Gans ~ приближение Рэлея – Ганса
ray-optics ~ лучевое приближение
resonant ~ резонансное приближение
rotating-field ~ приближение вращающегося поля
rotating-wave ~ приближение вращающейся волны
rough ~ грубое приближение
second-order ~ приближение второго порядка
self-consistent-field ~ приближение самосогласованного поля
single-electron ~ одноэлектронное приближение
single-mode ~ одномодовое приближение
single-particle ~ одночастичное приближение
slowly varying amplitude ~ приближение медленно меняющейся амплитуды
slowly varying envelope ~ приближение медленно меняющейся огибающей
small-angle ~ приближение малых углов
static ~ статическое приближение
strong-coupling ~ приближение сильной связи
successive ~s последовательные приближения
supermigration ~ приближение сверхмиграции
thin-lens ~ приближение тонкой линзы
Thomas-Fermi ~ приближение Томаса – Ферми
three-mode ~ трехмодовое приближение
tight-binding ~ приближение сильной связи

two-level ~ двухуровневое приближение
two-mode ~ двухмодовое приближение
two-state ~ приближение двух состояний
undepleted-pump ~ приближение неистощаемой накачки
weak-coupling ~ приближение слабой связи
Wentzel-Kramers-Brillouin ~ приближение Вентцеля – Крамерса – Бриллюэна
Wigner-Weisskopf ~ приближение Вигнера – Вайскопфа
zero(-order) ~ нулевое приближение

aquadag аквадаг
arc дуга; дуговой разряд
  electric ~ вольтова дуга, дуговой разряд
  mercury ~ ртутная дуга
  metal-vapor ~ дуга в парах металла
  pilot ~ «дежурная» дуга
  self-maintained ~ самостоятельная дуга
  vacuum ~ дуга в вакууме
architecture архитектура; организация; компоновка
  modular ~ модульная архитектура
  molecular ~ молекулярная архитектура
  network ~ архитектура сети
  parallel ~ параллельная архитектура
  task-oriented ~ задачно-ориентированная архитектура
  tree-like ~ древовидная архитектура
ardometer ардометр
area площадь; область; зона; площадка
  aperture ~ площадь апертуры
  beam ~ площадь сечения пучка
  clear ~ площадь пропускного пространства; площадь зрачка
  coherence ~ площадка когерентности
  confinement ~ область локализации
  cross-sectional ~ площадь поперечного сечения
  elemental ~ элемент изображения; элементарная площадка
  emitting ~ светящаяся область
  entanglement ~ область перепутывания
  exposed ~ экспонированная область
  focal point ~ область фокуса
  frame ~ площадь кадра
  image ~ площадь изображения
  one-pixel ~ область одного пикселя
  photoactive ~ фотоактивная площадь; фоточувствительная площадь
  photosensitive ~ фоточувствительная площадь
  pulse ~ площадь импульса
  sample ~ площадь образца
  scattering ~ площадь рассеяния
  shaded ~ затененная площадь
  spot ~ площадь пятна
  surface ~ площадь поверхности
  total ~ общая площадь
  unit ~ единичная площадь
argon аргон, Ar
arm плечо
  interferometer ~ плечо интерферометра
  reference ~ опорное плечо; плечо сравнения
  sample ~ измерительное плечо
  signal ~ сигнальное [измерительное] плечо
arrangement расположение; схема
  beam-forming ~ система формирования пучка
  binocular ~ бинокулярная структура
  experimental ~ экспериментальная схема
  Littrow ~ схема Литтрова
  optical ~ оптическая схема
  reflection ~ отражательная геометрия, геометрия отражения лучей
  refraction ~ геометрия преломления лучей
  regular ~ правильное [регулярное] расположение
  Sagnac ~ схема Саньяка
  spatial ~ пространственное расположение
array массив; матрица; решетка
  avalanche photodiode imaging ~ матрица лавинных фотодиодов
  bidimensional ~ 1. двумерная матрица 2. двумерный массив
  CCD ~ ПЗС-матрица
  corner cube ~ матричный ретрорефлектор
  1D ~ 1. одномерная матрица, линейка 2. одномерный массив, вектор

array

2D ~ 1. двумерная матрица 2. двумерный массив
data ~ массив данных
deployable solar ~ раскладываемая солнечная батарея
detector ~ матричный приемник; детекторная матрица
diode ~ диодная матрица
fiber ~ волоконная матрица
fiber sensor ~ матрица волоконных датчиков
gate ~ матрица логических элементов; вентильная матрица
hexagonal ~ гексагональная матрица; гексагональная структура
hole ~ матрица отверстий
hologram ~ решетка голограмм
imaging ~ изображающая матрица
infrared photodetector ~ матричный ИК-фотодетектор
laser ~ лазерная матрица
laser diode ~ матрица лазерных диодов
lens ~ линзовый растр; линзовая матрица
lenslet ~ матрица микролинз
light-emitting ~ светоизлучающая матрица, матрица светодиодов
linear ~ матричная линейка
linear CCD ~ линейка ПЗС
liquid-crystal ~ жидкокристаллическая матрица, ЖК-матрица
logic ~ матрица логических элементов
microlens ~ матрица микролинз
micromirror ~ матрица микрозеркал
microprism ~ матрица микропризм
mosaic detector ~ матричный детектор изображений
nanoparticle ~ матрица наночастиц
one-dimensional ~ 1. одномерная матрица, линейка 2. одномерный массив, вектор
optical gate ~ матрица оптических логических элементов
optical switch ~ оптическая переключающая матрица
ordered ~ 1. упорядоченная матрица 2. упорядоченный массив
periodic ~ периодическая структура
photodetector ~ матрица фотодетекторов
photodiode ~ матрица фотодиодов
photosensor ~ матрица фотодетекторов
planar ~ плоская матрица
quantum-dot ~ матрица квантовых точек
rectangular ~ прямоугольная матрица
sensor ~ матрица датчиков
solar(-cell) ~ панель солнечных батарей
switch ~ переключающая матрица
telescope ~ матрица телескопов
transducer ~ решетка преобразователей
two-dimensional ~ 1. двумерная матрица 2. двумерный массив
arsenic мышьяк, As
artefact артефакт; обман зрения
asphericity асферичность
aspherization асферизация
assemblage 1. совокупность, скопление; множество 2. сборка, монтаж
assemble собирать, монтировать
assembly 1. агрегат, сборка; комплект 2. монтаж
electronic ~ электронная сборка
filter ~ комплект [сборка] фильтров
laser cavity ~ сборка лазерного осветителя
optical cable ~ волоконно-оптическая кабельная сборка
assessment оценка
image quality ~ оценка качества изображения
technical and economic ~ технико-экономическая оценка; технико-экономическое обоснование
assignment назначение, распределение; присвоение
frequency ~ присвоение частот; отождествление частот
wavelength ~ присвоение длин волн; отождествление длин волн
astatine астат, At
asteroid астероид
asthenopia астенопия
accommodative ~ аккомодативная астенопия
color ~ цветовая астенопия
retinal ~ ретинальная астенопия
astigmatism астигматизм

asymmetry

~ **of an optical system** астигматизм оптической системы
acquired ~ приобретенный астигматизм (*глаза*)
anisotropic ~ анизотропный астигматизм
congenital ~ врожденный астигматизм (*глаза*)
corneal ~ роговичный астигматизм
irregular ~ неправильный астигматизм
isotropic ~ изотропный астигматизм
lenticular ~ хрусталиковый астигматизм
mixed ~ смешанный астигматизм
myopic ~ миопический астигматизм
oblique ~ астигматизм косых пучков
physiological ~ физиологический астигматизм
radial ~ радиальный астигматизм; астигматизм косых пучков
reversed ~ обратимый астигматизм
third-order ~ астигматизм третьего порядка

astigmatoscope астигматоскоп
astigmometer астигм(ат)ометр
astigmoscope астигматоскоп
astrocamera астро(фото)камера
astrograph астрограф
  double ~ двойной астрограф
  long focus ~ длиннофокусный астрограф
  short focus ~ короткофокусный астрограф
  wide-angle ~ широкоугольный астрограф
  zonal ~ зонный астрограф
astrography астрография
astrolabe астролябия
astrometry астрометрия
  differential ~ дифференциальная астрометрия
  fundamental ~ фундаментальная астрометрия
  photoelectric ~ фотоэлектрическая астрометрия
  photographic ~ фотографическая астрометрия
astronaut астронавт
astronautics астронавтика
astronomer астроном
astronomy астрономия
  descriptive ~ описательная астрономия
  ground-based ~ наземная астрономия
  high (angular) resolution ~ астрономия высокого (углового) разрешения
  infrared [IR] ~ инфракрасная [ИК-] астрономия
  nonterrestrial ~ космическая астрономия
  observational ~ наблюдательная астрономия
  optical ~ оптическая астрономия
  physical ~ астрофизика
  planetary ~ планетарная астрономия
  radio ~ радиоастрономия
  satellite ~ спутниковая астрономия
  solar ~ солнечная астрономия
  space ~ космическая астрономия
  stellar ~ звездная астрономия
  ultraviolet [UV] ~ ультрафиолетовая [УФ-] астрономия
  X-ray ~ рентгеновская астрономия
astroorientation астроориентация
astrophotocamera астрофотокамера
astrophotograph астрофотографический снимок
astrophotography астрофотография
astrophotometer астрофотометр
  polarization ~ поляризационный астрофотометр
  visual ~ визуальный астрофотометр
astrophotometry астрофотометрия
  heterochromatic ~ многоцветная астрофотометрия
  photoelectric ~ фотоэлектрическая астрофотометрия
  photographic ~ фотографическая астрофотометрия
  visual ~ визуальная астрофотометрия
astrophysics астрофизика
astropolarimetry астрополяриметрия
astroscope астроскоп
astrospectrometry астроспектрометрия
astrospectroscopy астроспектроскопия
asymmetry асимметрия
  apparent ~ кажущаяся асимметрия
  bulk inversion ~ центроинверсионная асимметрия в объемном материале

asymmetry

longitudinal ~ продольная асимметрия
macroscopic ~ макроскопическая асимметрия
microscopic ~ микроскопическая асимметрия
mirror ~ зеркальная асимметрия
mode ~ асимметрия мод
molecular ~ молекулярная асимметрия
polarization ~ поляризационная асимметрия
quantum dot ~ асимметрия квантовых точек
shape ~ асимметрия формы
spatial ~ пространственная асимметрия
structural ~ структурная асимметрия
structural inversion ~ структурная центроинверсионная асимметрия
transverse ~ поперечная асимметрия

asymptote асимптота

atlas атлас
~ **of the solar spectrum** атлас спектра солнечного излучения
color ~ атлас цветов
spectral ~ атлас спектральных линий

atmosphere атмосфера
Earth ~ атмосфера Земли
solar ~ атмосфера Солнца
terrestrial ~ атмосфера Земли
upper ~ верхняя атмосфера

atom атом
alkali ~ щелочной атом
alkali-metal ~ атом щелочного металла
artificial ~ искусственный атом
Bohr ~ атом Бора
cold ~s холодные атомы
colliding ~s сталкивающиеся атомы
confined ~ локализованный атом
cooled ~s холодные атомы
donor ~ донорный атом
dressed ~ одетый атом
entangled ~s перепутанные атомы
excited ~ возбужденный атом
excited-state ~ атом в возбужденном состоянии
four-level ~ четырехуровневый атом
ground-state ~ атом в основном состоянии
host ~ атом матрицы; атом основы
impurity ~ примесный атом
interstitial ~ междоузельный атом, атом внедрения
inverted ~s инвертированные атомы
isolated ~ изолированный атом
laser-cooled ~s атомы, охлажденные лазерным излучением
laser-slowed ~s атомы, земедленные [заторможенные] лазерным излучением
lattice ~ решеточный атом, атом (кристаллической) решетки
metastable ~ метастабильный атом
multilevel ~ многоуровневый атом
neighboring ~ соседний атом
neutral ~ нейтральный атом
noble-gas ~ атом инертного газа
probe ~ пробный атом, атом-зонд
resonance ~ резонансный атом
Rydberg ~ ридберговский атом
single ~ одиночный атом
spatially fixed ~s атомы, фиксированные в пространстве
three-level ~ трехуровневый атом
trapped ~ захваченный атом, атом в ловушке
two-level ~ двухуровневый атом
ultracold ~s сверххолодные атомы

attenuation 1. затухание, ослабление, аттенюация 2. коэффициент аттенюации
atmospheric ~ атмосферное ослабление (*света*)
beam ~ ослабление пучка
calibrated ~ калиброванное ослабление
far-field ~ ослабление в дальней зоне
fiber ~ ослабление (*света*) в волокне
impurity ~ примесная аттенюация
linear ~ линейное ослабление
mist ~ ослабление (*света*) в тумане
optical ~ оптическое ослабление
overall ~ общее [полное] затухание
path ~ затухание на трассе
power ~ ослабление мощности
signal ~ затухание сигнала
snowfall ~ ослабление (*света*) в снегопаде
wave ~ затухание [ослабление] волны

attenuator аттенюатор, ослабитель
absorptive ~ поглощающий аттенюатор

adjustable ~ регулируемый аттенюатор
beam ~ ослабитель пучка
broadband ~ широкополосный аттенюатор
calibrated ~ калиброванный аттенюатор
diffractive ~ дифракционный аттенюатор
Faraday (rotation) ~ фарадеевский аттенюатор
film ~ пленочный аттенюатор
input ~ входной аттенюатор
light ~ оптический ослабитель, оптический аттенюатор
matched ~ согласованный ослабитель, согласованный аттенюатор
microwave ~ СВЧ-аттенюатор
neutral ~ нейтральный ослабитель
nonreciprocal ~ невзаимный аттенюатор
nonselective light ~ неселективный ослабитель света
optical ~ оптический ослабитель, оптический аттенюатор
polarization ~ поляризационный аттенюатор
precision ~ прецизионный аттенюатор
resonance ~ резонансный аттенюатор
selective ~ селективный ослабитель
standard ~ эталонный аттенюатор
step light ~ ступенчатый ослабитель света
variable ~ регулируемый аттенюатор
waveguide ~ волноводный аттенюатор

attitude 1. положение (*в пространстве*) 2. ориентация (*летательного аппарата*)
  pitch ~ угол наклона траектории
attosecond аттосекунда
attractor аттрактор
  chaotic ~ хаотический аттрактор
  Lorenz ~ аттрактор Лоренца
  stochastic ~ стохастический аттрактор
  strange ~ странный аттрактор
aureole ореол
aurora полярное сияние
  ~ **borealis** северное полярное сияние

  high-latitude ~ высокоширотное полярное сияние
  low-latitude ~ низкоширотное полярное сияние
  pulsing ~ пульсирующее полярное сияние
auroragraph аврорграф, регистратор полярных сияний
authentication аутентификация, идентификация
autocollimation автоколлимация
autocollimator автоколлиматор
  computerized ~ компьютеризированный автоколлиматор
  dual-axis ~ двухосевой автоколлиматор
  laser-based ~ лазерный автоколлиматор
autocorrelation автокорреляция
  intensity ~ автокорреляция интенсивности
  interferometric ~ интерферометрическая автокорреляция
  partial ~ частная автокорреляция
  photocurrent ~ автокорреляция фототока
  spatial ~ пространственная автокорреляция
  temporal ~ временна́я автокорреляция
  third-order ~ автокорреляция третьего порядка
  two-photon absorption ~ автокорреляция двухфотонного поглощения
  two-photon fluorescence ~ автокорреляция двухфотонной флуоресценции
autocorrelator автокоррелятор
  interferometric ~ интерферометрический автокоррелятор
  optical ~ оптический автокоррелятор
autoionization автоионизация
  secondary ~ вторичная автоионизация
  vibrational ~ колебательная автоионизация
autosoliton автосолитон
  Rossby ~ автосолитон Россби
autostereoscopy автостереоскопия
avalanche лавина
  electron ~ электронная лавина
  ion ~ ионная лавина

avalanche

phonon ~ фононная лавина
photon ~ фотонная лавина
secondary ~ вторичная лавина
average 1. среднее число, средняя величина ‖ средний **2.** в среднем равняться, составлять; усреднять
averager усреднитель
  boxcar ~ схема усреднения повторяющихся сигналов с узкополосным фильтром, электронная щель
  signal ~ устройство усреднения сигнала
averaging усреднение
  aperture ~ апертурное усреднение
  site ~ усреднение по позициям
  spatial ~ пространственное усреднение
  time(-domain) ~ усреднение по времени
axicon аксикон
  conic ~ конический аксикон
  parabolic ~ параболический аксикон
  reflecting ~ отражающий аксикон
axis ось
  ~ **of lens** главная оптическая ось линзы
  ~ **of sight** визирная ось, линия визирования
  ~ **of symmetry** ось симметрии
  abscissa ~ ось абсцисс
  anharmonic ~ ось ангармонизма
  anisotropy ~ ось анизотропии
  auxiliary optical ~ побочная оптическая ось
  beam ~ ось луча, ось пучка
  binary ~ ось симметрии второго порядка
  birefringence ~ ось двулучепреломления
  Cartesian ~ декартова ось, ось декартовой системы координат
  cavity ~ ось резонатора
  charge-transfer ~ ось переноса заряда
  chrominance ~ цветовая ось
  collision ~ ось столкновения
  color ~ цветовая ось
  coordinate ~ ось координат
  crystal ~ ось кристалла
  crystallographic ~ кристаллографическая ось
  cubic ~ кубическая ось

dipole ~ ось диполя
easy (magnetization) ~ ось легкого намагничивания
fast ~ быстрая ось (*двулучепреломляющей среды*)
fiber ~ ось волокна
focal ~ фокальная ось
growth ~ ось роста
guide ~ **1.** ось направляющей **2.** ось волновода
helical ~ спиральная [винтовая, геликоидальная] ось
hexagonal ~ гексагональная ось
imaginary ~ мнимая ось
instantaneous ~ мгновенная ось (*вращения*)
interatomic ~ межатомная ось, направление межатомной связи
internuclear ~ межъядерная ось
inversion ~ инверсионная ось симметрии
inversion-rotational ~ зеркально-поворотная ось
lens ~ ось линзы
longitudinal ~ продольная ось
major ~ большая ось
major polarization ~ главная ось поляризации
minor ~ малая ось
molecular ~ молекулярная ось, ось молекулы
n-fold symmetry ~ ось симметрии *n*-го порядка
nonpolar ~ неполярная ось
optic ~ оптическая ось (*кристалла, анизотропной среды*)
optical ~ оптическая ось (*прибора, оптической системы*)
ordinate ~ ось ординат
polar ~ полярная ось
polarization ~ ось поляризации
polarizer ~ ось поляризатора
principal ~ главная ось
principal birefringence ~ главная ось двулучепреломления
principal optical ~ главная оптическая ось
propagation ~ ось распространения
quantization ~ ось квантования
ray ~ бирадиаль, оптическая ось первого рода
real ~ действительная [вещественная] ось

reflection ~ зеркальная ось симметрии
rotation ~ ось вращения
screw ~ винтовая ось симметрии (*в кристаллах*)
secondary ~ побочная ось
semimajor ~ большая полуось
semiminor ~ малая полуось
slow ~ медленная ось (*двулучепреломляющей среды*)
strain ~ ось [направление] деформации
symmetry ~ ось симметрии
three-fold symmetry ~ ось симметрии третьего порядка
tilt ~ ось наклона
time ~ ось времени
transmission ~ ось пропускания (*поляризатора*)
transverse ~ поперечная ось
trap ~ ось ловушки
two-fold symmetry ~ ось симметрии второго порядка
visual ~ ось наблюдения
vortex ~ ось вихря
axisymmetric осесимметричный
azimuth азимут, азимутальный угол
  astronomic(al) ~ истинный [астрономический] азимут
  polarization ~ поляризационный азимут, азимут плоскости поляризации

B

backgate обратный затвор
background фон
  additive ~ аддитивный фон
  cosmic ~ фон космического излучения
  dark ~ темное поле, темный фон
  daytime sky ~ фон дневного неба
  incoherent ~ некогерентный фон
  infrared [IR] ~ фон инфракрасного [ИК-] излучения
  natural ~ естественный фон
  nighttime sky ~ фон ночного неба
  noise ~ шумовой фон
  sky ~ фон неба
  thermal ~ тепловой фон
  uniform ~ однородный фон
backlash люфт, мертвый ход
backscattering рассеяние назад, обратное рассеяние
  coherent ~ когерентное обратное рассеяние
  diffuse ~ диффузное обратное рассеяние
  enhanced ~ усиленное рассеяние назад
  Raman ~ рамановское [комбинационное] рассеяние назад
  stimulated Brillouin ~ стимулированное бриллюэновское рассеяние назад
bacteriorhodopsin бактериородопсин
baffle экран, перегородка
  optical ~ оптический экран
bakeout отжиг вакуумной системы
balance равновесие, баланс
  color ~ цветовой баланс
  detailed ~ детальное равновесие
  dynamic ~ динамическое равновесие
  energy ~ энергетический баланс
balloon воздушный шар; шар-зонд; аэростат
  observation ~ аэростат наблюдения
balsam бальзам
  Canada [Canadian] ~ канадский бальзам
band полоса; зона
  absorption ~ полоса поглощения
  activator absorption ~ полоса поглощения активатора
  adjacent ~ прилегающая [соседняя] полоса
  allowed energy ~ разрешенная энергетическая зона
  amplification ~ полоса усиления
  binary combination ~ бинарная составная полоса
  Bloch ~ блоховская зона
  Brewster's ~s интерференционные полосы Брюстера
  charge-transfer ~ полоса переноса заряда
  combination ~ комбинационная полоса
  conduction ~ зона проводимости
  continuum ~ полоса континуума

band

diffuse ~ диффузная полоса
discrete ~ дискретная полоса
electronic ~ электронная зона
electron transfer ~ полоса переноса электрона
emission ~ полоса излучения
energy ~ энергетическая зона
exciton ~ экситонная зона
fluorescence ~ полоса флуоресценции
forbidden ~ запрещенная зона
frequency ~ полоса частот
fundamental ~ основная полоса
Gaussian ~ полоса гауссовой формы
heavy-hole ~ зона тяжелых дырок
hot ~ горячая полоса
Hubbard ~ зона Хаббарда
impurity ~ примесная зона
infrared ~ инфракрасная [ИК-] полоса
inhomogeneous ~ неоднородная полоса
lattice ~ полоса решеточного поглощения
light-hole ~ зона легких дырок
long-wavelength ~ длинноволновая полоса
luminescence ~ полоса люминесценции
molecular ~ молекулярная полоса
occupied ~ занятая зона
optical ~ оптическая полоса
overtone ~ полоса обертона
parallel ~ параллельная полоса
perpendicular ~ перпендикулярная полоса
photoluminescence ~ полоса фотолюминесценции
photoluminescence excitation ~ полоса возбуждения фотолюминесценции
photonic ~ фотонная зона
PL ~ полоса фотолюминесценции
PLE ~ полоса возбуждения фотолюминесценции
pump ~s полосы накачки
quaternary combination ~ четверная составная полоса
Raman ~ рамановская полоса, полоса комбинационного рассеяния
recombination ~ полоса рекомбинации
reflectance [reflection] ~ полоса отражения
rejection ~ полоса подавления
resonance ~ резонансная полоса
reststrahlen ~ полоса остаточных лучей
rotational-vibrational ~s вращательно-колебательные полосы
short-wavelength ~ коротковолновая полоса
side ~ боковая полоса частот
spectral ~ спектральная полоса
stop ~ полоса непропускания; полоса подавления
stretching ~ полоса валентных колебаний
surface ~ поверхностная зона
ternary combination ~ тройная составная полоса
transmission ~ полоса пропускания; полоса передачи
unoccupied ~ незанятая зона
valence ~ валентная зона
vibrational ~ колебательная полоса
vibronic ~ вибронная полоса
wavelength ~ полоса длин волн, спектральная полоса
zero-phonon ~ бесфононная полоса

bandgap запрещенная зона
optical ~ оптическая запрещенная зона
photonic ~ фотонная запрещенная зона, запрещенная зона фотонного кристалла
polaritonic ~ поляритонная запрещенная зона

bandpass полоса пропускания
optical ~ оптическая полоса пропускания
spectral ~ спектральная полоса пропускания

bandshape форма полосы

bandwidth ширина полосы; частотный диапазон
amplification ~ ширина полосы усиления
amplifier ~ ширина контура усилителя
cavity ~ ширина контура резонатора
communication ~ полоса частот канала связи

    detection ~ ширина полосы регистрации
    emission ~ ширина полосы излучения
    fiber ~ ширина полосы оптического волокна
    filter ~ ширина полосы фильтра
    frequency ~ ширина полосы частот
    FWHM ~ полная ширина полосы на полувысоте
    gain ~ ширина полосы усиления
    instantaneous ~ мгновенная ширина полосы
    laser ~ ширина полосы лазерной генерации
    modulation ~ ширина полосы модуляции
    monochromator ~ ширина полосы монохроматора
    optical ~ оптическая полоса частот
    pulse ~ ширина полосы импульса
    signal ~ сигнальная полоса частот
    spectral ~ спектральная ширина полосы
    transform-limited ~ полоса частот, ограниченная длительностью импульса
    transmission ~ ширина полосы пропускания
bar 1. отрезок 2. стержень
    error ~ отрезок на графике, определяющий величину погрешности, «усы»
    laser ~ лазерный стержень
barium барий, Ва
baroluminescence баролюминесценция
barrel оправа; тубус
    lens ~ оправа объектива; тубус объектива
barrier барьер
    activation ~ активационный барьер
    autolocalization ~ автолокализационный барьер
    centrifugal ~ центробежный барьер
    classical ~ классический барьер
    Coulomb ~ кулоновский барьер
    double ~ двойной барьер
    energy ~ энергетический барьер
    hole ~ дырочный барьер
    insulating ~ изолирующий барьер
    inversion ~ инверсионный барьер
    Mott ~ барьер Мотта

    opacity ~ барьер непрозрачности
    potential ~ потенциальный барьер
    recombination ~ рекомбинационный барьер
    rectangular ~ прямоугольный барьер
    Schottky ~ барьер Шоттки
    square ~ прямоугольный барьер
base 1. база 2. основание
    antihalation ~ противоореольная основа
    binary ~ двоичное основание
    interferometer ~ база интерферометра
    prism ~ основание призмы
    quantum dot ~ основание квантовой точки
baselength базовая длина, база
baseline база интерферометра; базовая линия
basis базис
    angular momentum ~ базис углового момента
    Bell state ~ базис состояний Белла
    dressed-state ~ базис одетых состояний
    Fock-state ~ базис фоковских состояний
    orbital ~ орбитальный базис
    orthogonal ~ ортогональный базис
    orthonormal ~ ортонормированный базис
    physical ~ физическая основа
    plane-wave ~ базис плоских волн
    polariton ~ поляритонный базис
    Riesz ~ базис Рисса
    single-particle ~ одночастичный базис
    stereoscopic ~ стереоскопический базис
    three-particle ~ трехчастичный базис
    two-particle ~ двухчастичный базис
    vibronic ~ базис вибронных состояний
battery батарея
    solar ~ солнечная батарея
beacon маяк
    aeronautical ~ аэронавигационный маяк
    flashing ~ проблесковый маяк
    infrared ~ инфракрасный маяк
    laser ~ лазерный маяк

beacon

light ~ световой маяк
beam луч, пучок
    actinic ~ актиничный пучок
    annular ~ кольцевой пучок
    astigmatic ~ астигматический пучок
    atomic ~ атомный пучок
    Bessel ~ бесселевский пучок
    chopped ~ прерывистый пучок
    coherent ~ когерентный пучок
    colliding ~s встречные пучки
    collimated ~ параллельный [коллимированный] пучок
    compressed ~ сжатый пучок
    concentrated ~ сфокусированный пучок; остронаправленный луч
    conjugate ~s сопряженные пучки
    control ~ управляющий пучок
    convergent ~ сходящийся пучок
    counter-propagating ~ встречный пучок
    deflected ~ отклоненный пучок
    defocused ~ расфокусированный пучок
    diffracted ~ дифрагированный пучок
    diffraction-limited ~ дифракционно-ограниченный пучок
    diffuse ~ диффузный пучок; рассеянный пучок
    divergent ~ расходящийся пучок
    electron ~ электронный пучок
    emergent ~ выходящий пучок
    entangled ~s перепутанные пучки
    EPR(-entangled) ~s пучки Эйнштейна – Подольского – Розена, ЭПР- (перепутанные) пучки
    excitation ~ пучок возбуждения
    focused ~ сфокусированный пучок
    Gaussian ~ гауссов пучок
    guidance ~ луч наведения
    high-numerical-aperture ~ высокоапертурный пучок
    high-power ~ пучок высокой мощности
    idler ~ холостой пучок
    illuminating ~ луч подсветки
    image ~ пучок, несущий изображение
    incident ~ падающий пучок
    incoming ~ приходящий пучок; падающий пучок
    information-bearing ~ информационный [несущий информацию] луч
    infrared ~ инфракрасный [ИК-] луч
    injected ~ инжектированный пучок
    input ~ входной пучок
    intensity-modulated ~ пучок, модулированный по интенсивности
    interrogation ~ зондирующий пучок; опрашивающий пучок
    ion ~ ионный пучок
    laser ~ лазерный луч, лазерный пучок
    light ~ световой пучок
    linearly polarized ~ линейно [плоско] поляризованный пучок
    modulated ~ модулированный пучок
    molecular ~ молекулярный пучок
    monochromatic ~ монохроматический пучок
    object ~ объектный пучок
    oblique ~ косой пучок
    off-axis ~ внеосевой пучок
    off-center ~ нецентральный пучок
    on-axis ~ осевой пучок
    optical ~ световой пучок, луч света
    output ~ выходной пучок
    parallel ~ параллельный [коллимированный] пучок
    paraxial ~ приосевой [параксиальный] луч
    particle ~ пучок частиц; корпускулярный пучок
    pencil ~ узкий параллельный пучок; острый луч
    photon ~ фотонный пучок
    plane-polarized ~ линейно [плоско] поляризованный пучок
    play-off ~ стирающий луч
    polarized ~ поляризованный луч
    probe ~ зондирующий луч
    pump ~ пучок накачки
    quasi-monochromatic ~ квазимонохроматический пучок
    Raman ~ пучок комбинационно-рассеянного света, рамановский пучок
    reading [readout] ~ считывающий луч
    reference ~ опорный луч, опорный пучок
    reflected ~ отраженный пучок
    refracted ~ преломленный пучок
    sagittal ~ сагиттальный пучок
    scattered ~ рассеянный пучок

scene ~ объектный пучок, объектный луч
self-trapped ~ самолокализованный пучок
signal ~ сигнальный пучок
space-coherent [spatially coherent] ~ пространственно-когерентный пучок
squeezed ~ сжатый пучок
stable ~ устойчивый пучок
synchrotron ~ синхротронный пучок
temporally coherent ~ пучок, когерентный во времени
test ~ пробный пучок
transmitted ~ пропущенный [прошедший] пучок
unidirectional ~ однонаправленный пучок
vortex ~ вихревой пучок
wave ~ волновой пучок
writing ~ записывающий пучок
X-ray ~ рентгеновский пучок

beamformer формирователь диаграммы направленности
beaming концентрация излучения, формирование пучка
beamlet элементарный [составляющий] пучок (*в многолучевых установках*)
beamsplitter светоделитель
achromatic ~ ахроматический светоделитель
dichroic ~ дихроичный светоделитель
multiple-beam ~ многолучевой светоделитель
optical ~ оптический светоделитель
pellicle ~ пленочный светоделитель
polarization ~ поляризационный светоделитель
polarization-insensitive ~ поляризационно-нечувствительный светоделитель
polarizing cube ~ поляризационный светоделительный куб
variable ~ регулируемый светоделитель

beamsteerer устройство управления диаграммой направленности
beamwidth угловой размер пучка, расходимость пучка
beating биения

beats биения
Larmor ~ ларморовы биения
optical ~ световые биения
quantum ~ квантовые биения
spectral ~ спектральные биения

behavior поведение
anomalous ~ аномальное поведение
asymptotic ~ асимптотическое поведение
chaotic ~ хаотическое поведение
collective ~ коллективное поведение
decay ~ характер распада, характер затухания
diurnal ~ суточные изменения
dynamic ~ динамическое поведение
exponential ~ экспоненциальное поведение
irregular ~ необычное поведение
long-range ~ поведение на больших расстояниях
magnetic field ~ поведение в магнитном поле
modulatory ~ модуляционное поведение
monotonic ~ монотонное поведение
non-Bloch ~ неблоховское поведение
nonclassical ~ неклассическое поведение
nondissipative ~ недиссипативное поведение
nonideal ~ неидеальное поведение
nonlinear ~ нелинейное поведение
nonlocal ~ нелокальное поведение
nonmonotonic ~ немонотонное поведение
orientational ~ ориентационное поведение
oscillatory ~ осцилляционное поведение
phase ~ фазовое поведение
photochromic ~ фотохромное поведение
power-law ~ степенное поведение; поведение, подчиняющееся степенному закону
quadratic ~ квадратичное поведение
quantum ~ квантовое поведение
relaxation ~ релаксационное поведение
resonant ~ резонансное поведение
saturation ~ характер насыщения

behavior

short-range ~ поведение на малых расстояниях
spatial ~ пространственное поведение
spectral ~ спектральное поведение
stepwise ~ ступенчатое поведение
stochastic ~ стохастическое поведение
temperature ~ температурное поведение
temporal ~ временнóе поведение
threshold ~ пороговый режим

bench стенд, оптическая скамья
collimating [collimation] ~ коллимационная скамья
optical ~ оптическая скамья
test ~ испытательный стенд
vibration-isolated ~ виброизолированная скамья

bend 1. изгиб || изгибаться 2. отклоняться

bender 1. гибочное устройство 2. отклоняющее устройство
beam ~ устройство отклонения луча

bending 1. изгиб 2. искривление изображения 3. деформационный
beam ~ 1. отклонение пучка 2. отклонение луча

benzene бензол
berkelium берклий, Bk
beryllium бериллий, Be
betatron бетатрон
bevel 1. фаска, скос 2. снимать фаску
protective ~ защитная фаска

bias 1. смещение 2. напряжение смещения
back ~ обратное смещение
dc ~ постоянное смещение
external ~ внешнее смещение
forward ~ прямое смещение
frequency ~ смещение частоты
light ~ подсветка
negative ~ отрицательное смещение
positive ~ положительное смещение
reverse ~ обратное смещение
static ~ статическое смещение
zero ~ нулевое смещение

biexciton биэкситон
bifurcation бифуркация
dynamic ~ динамическая бифуркация
Hopf ~ бифуркация Хопфа
local ~ локальная бифуркация
long-wave ~ длинноволновая бифуркация
pitchfork ~ бифуркация типа вилки
saddle-node ~ бифуркация типа «седло – узел»
short-wave ~ коротковолновая бифуркация
spatial ~ пространственная бифуркация
subcritical ~ докритическая бифуркация
supercritical ~ надкритическая бифуркация
temporal ~ временнáя бифуркация

bilayer двуслойная структура
bilens билинза
bimirror бизеркало
Fresnel ~ бизеркало Френеля

binary бинарный
binding связь (*межчастичная*)
atomic ~ атомная связь
covalent ~ ковалентная связь
homopolar ~ гом(е)ополярная связь
ionic ~ ионная связь
molecular ~ молекулярная связь
pair ~ парная связь
tight ~ сильная связь
weak ~ слабая связь

binocular бинокулярный прибор || бинокулярный
binoculars бинокль
field ~ полевой бинокль
Galilean ~ бинокль Галилея
high-magnification [high-power] ~ бинокль с большим увеличением
infrared [IR] ~ инфракрасный [ИК-] бинокль
low-magnification [low-power] ~ бинокль с малым увеличением
medium-magnification [medium-power] ~ бинокль со средним увеличением
night ~ бинокль ночного видения
prism ~ призменный бинокль
zoom ~ бинокль с регулируемым увеличением

bioinformatics биоинформатика
bioluminescence биолюминесценция
biooptics биооптика
bi-orthogonality биортогональность
biostimulation биостимуляция

blindness

    laser ~ лазерная биостимуляция
biphonon бифонон
biphoton бифотон
bipolarity биполярность
bipolaron биполярон
biprism бипризма
    Fresnel ~ бипризма Френеля
bipyramid бипирамида
biquartz бикварц
birefringence двулучепреломление
    circular ~ циркулярное двулучепреломление
    electromagnetically induced ~ электромагнитно-индуцированное двулучепреломление
    elliptical ~ эллиптическое двулучепреломление
    flow ~ двулучепреломление в потоке
    gyrotropic ~ гиротропное двулучепреломление
    gyrotropic nonreciprocal ~ гиротропное невзаимное двулучепреломление
    induced ~ индуцированное двулучепреломление
    intrinsic ~ собственное двулучепреломление
    Jones ~ двулучепреломление Джонса
    light-induced ~ светоиндуцированное двулучепреломление
    linear ~ линейное двулучепреломление
    local ~ локальное двулучепреломление
    magnetic ~ магнитное двулучепреломление
    magnetic circular ~ магнитное круговое [циркулярное] двулучепреломление
    magnetic linear ~ магнитное линейное двулучепреломление
    Maxwell ~ максвелловское двулучепреломление
    natural ~ собственное [естественное] двулучепреломление
    photoinduced ~ фотоиндуцированное двулучепреломление
    random ~ случайное двулучепреломление
    strain-induced ~ двулучепреломление, индуцированное деформацией
bismuth висмут, Bi

bisoliton бисолитон
bistability бистабильность
    cavityless optical ~ безрезонаторная оптическая бистабильность
    distributed feedback ~ бистабильность с распределенной обратной связью
    excitonic ~ экситонная бистабильность
    light-induced ~ светоиндуцированная бистабильность
    longitudinal ~ продольная бистабильность
    nondegenerate ~ невырожденная бистабильность
    optical ~ оптическая бистабильность
    resonatorless ~ безрезонаторная бистабильность
    transverse ~ поперечная бистабильность
bit 1. разряд **2.** знак в двоичной системе, бит
    binary ~ **1.** бит **2.** двоичный разряд
    data ~ бит данных
    parity ~ бит четности
    quantum ~ квантовый бит, кубит
    synchronization ~ бит синхронизации
blackbody абсолютно черное тело
black box черный ящик
blackening почернение
    photographic ~ фотографическое почернение
blank заготовка (*стекла, кварца*)
    optical ~ оптическая заготовка
blanking гашение (*луча*)
blaze блеск, концентрация света
bleach отбеливать
bleacher отбеливатель
bleaching отбеливание, обесцвечивание, просветление
    absorption ~ просветление
    optical ~ оптическое просветление; оптическое обесцвечивание
    two-photon ~ двухфотонное обесцвечивание; двухфотонное просветление
blind 1. диафрагма **2.** штор(к)а, экран; жалюзи
    shutter ~ шторка затвора
blindness слепота
    color ~ цветовая слепота, дальтонизм
    night ~ куриная слепота

blink-comparator

blink-comparator блинк-компаратор
block блок
  ~-**diagram** блок-схема
blockade блокада
  Coulomb ~ кулоновская блокада
  dipole ~ дипольная блокада
blockage закупоривание; блокировка
bloom 1. флуоресценция || флуоресцировать **2.** цвет, налет **3.** выцветать
blooming 1. уширение **2.** расплывание **3.** образование ореола
  beam ~ уширение пучка
  thermal ~ тепловое расплывание (*лазерного пучка*)
blue голубой, синий
blueprinting фотокопирование
blueshift голубой сдвиг
blur размытие, потеря четкости изображения, нерезкость
blurred размытый, нерезкий
blurring размытие, потеря четкости изображения, нерезкость
  focal spot ~ размытие фокального пятна
board 1. панель; пульт **2.** плата
  circuit ~ схемная плата
  control ~ пульт управления
  electronic ~ электронная плата
  memory ~ плата памяти
body тело
  celestial ~ небесное тело
bolometer болометр
  cryogenic ~ криогенный болометр
  infrared [IR] ~ болометр ИК-диапазона
  semiconductor ~ полупроводниковый болометр
  superconducting ~ сверхпроводящий болометр
bombardment бомбардировка
  electron ~ электронная бомбардировка
  ion ~ ионная бомбардировка
bond связь
  atomic ~ атомная связь
  chemical ~ химическая связь
  covalent ~ ковалентная связь
  dangling ~ ненасыщенная [свободная] связь
  heteropolar ~ гетерополярная связь
  hydrogen ~ водородная связь
  ionic ~ ионная связь
  molecular ~ молекулярная связь
  unbroken ~ целая [неразрушенная] связь
  Van der Waals ~ ван-дер-ваальсова связь
bonding 1. связь **2.** сварка
  atomic ~ атомная связь
  hydrogen ~ водородная связь
  laser ~ лазерная сварка
  Van der Waals ~ ван-дер-ваальсова связь
bootstrapping обратная связь (*автоматического регулирования*)
borescope бороскоп
boresight визир совмещения с опорным направлением
boron бор, B
boson бозон
bottleneck узкое место, узкое горло
  phonon ~ фононное узкое горло
bound 1. граница **2.** связанный (*чем-л.*)
  lower ~ нижняя граница
  quantum Hamming ~ квантовая граница Хэмминга
  tightly ~ прочно связанный
  upper ~ верхняя граница
boundary 1. граница **2.** порог **3.** переход
  beam ~ граница пучка
  bifurcation ~ бифуркационная граница
  domain ~ доменная граница
  grain ~ граница зерна
  outer ~ внешняя граница
  p-n ~ p-n переход
  self-excitation ~ порог самовозбуждения
  sharp ~ резкая граница
bounded ограниченный; конечный
boxcar интегратор с узкополосным фильтром
branch ветвь
  acoustic ~ акустическая ветвь (*колебательного спектра*)
  bistable ~ бистабильная ветвь
  high-frequency ~ высокочастотная ветвь
  lower ~ нижняя ветвь
  low-frequency ~ низкочастотная ветвь
  optical ~ оптическая ветвь (*колебательного спектра*)
  P-~ of rotational spectrum P-ветвь вращательного спектра
  phonon ~ фононная ветвь

broadening

phonon-polariton ~ фонон-поляритонная ветвь
polariton ~ поляритонная ветвь
Q-~ of rotational spectrum Q-ветвь вращательного спектра
satellite ~ боковая [сателлитная] ветвь
upper ~ верхняя ветвь
branching ветвление
breakdown пробой
   avalanche ~ лавинный пробой
   barrier ~ пробой барьерного слоя
   destructive ~ деструктивный пробой
   dielectric ~ пробой диэлектрика
   electric(al) ~ электрический пробой
   electronic ~ электронный пробой
   heat ~ тепловой пробой
   induced ~ индуцированный пробой
   laser-induced ~ лазерный пробой
   magnetic ~ магнитный пробой
   nondegenerate ~ неразрушающий пробой
   optical ~ оптический пробой
   thermal ~ тепловой пробой
   Zener ~ пробой Зенера
breather бризер (*осциллирующий солитон*)
bremsstrahlung тормозное излучение
   electron-electron ~ тормозное излучение при электрон-электронном столкновении
   electron-ion ~ тормозное излучение при электрон-ионном столкновении
   X-ray ~ рентгеновское тормозное излучение
bridge мост || соединять мостом
bright яркий, блестящий; светлый
brightness яркость
   apparent ~ кажущаяся яркость
   background ~ яркость фона
   equivalent ~ эквивалентная яркость
   image ~ яркость изображения
   intrinsic ~ собственная яркость
   mean ~ средняя яркость
   night sky ~ яркость ночного неба
   photometric ~ фотометрическая яркость
   saturation ~ яркость насыщения
   spectral ~ спектральная яркость
   stellar ~ яркость звезды
brilliance, brilliancy 1. яркость 2. блеск
broadbanding расширение полосы частот

broadening уширение (*спектральных линий*)
   ~ **of spectral lines** уширение спектральных линий
   asymmetric ~ асимметричное уширение
   beam ~ уширение пучка
   collisional ~ столкновительное уширение
   collisionless ~ бесстолкновительное уширение
   correlation ~ корреляционное уширение
   dipole ~ дипольное уширение
   Doppler ~ доплеровское уширение
   exchange ~ обменное уширение
   frequency ~ частотное уширение
   Gaussian ~ гауссово уширение
   hole ~ уширение провала
   homogeneous ~ однородное уширение
   hyperfine ~ сверхтонкое уширение
   impact ~ столкновительное уширение
   inherent ~ собственное уширение
   inhomogeneous ~ неоднородное уширение
   instrumental ~ аппаратурное уширение
   level ~ уширение уровня
   light-induced ~ светоиндуцированное уширение
   line ~ уширение линии
   Lorentzian ~ лоренцево уширение
   natural ~ естественное уширение
   nonlinear ~ нелинейное уширение
   pressure ~ уширение под действием давления
   pulse ~ уширение импульса
   radiative ~ радиационное уширение
   recoil ~ уширение, обусловленное отдачей
   relaxation ~ релаксационное уширение
   resonant ~ резонансное уширение
   saturation ~ насыщающее уширение
   spectral ~ спектральное уширение
   symmetric ~ симметричное уширение
   thermal ~ температурное уширение
   time-of-flight ~ времяпролетное уширение

bromine бром, Br
bronchoscope бронхоскоп
  optical ~ оптический бронхоскоп
brush :
  Haidinger('s) ~ фигура Хайдингера
bulb лампочка
  incandescent ~ лампа накаливания
  transparent ~ прозрачная колба лампы
bullet пуля
  light ~ световая пуля
bunching группировка, группирование
  aperiodic ~ апериодическая группировка
  electron ~ группировка электронов
  periodic ~ периодическая группировка
  photon ~ группировка фотонов
  velocity ~ группировка по скоростям
bundle жгут; пучок
  ~ **of rays** пучок лучей
  aligned [coherent] ~ упорядоченный (*волоконный*) жгут
  convergent ~ сходящийся пучок
  divergent ~ расходящийся пучок
  fiber ~ волоконный жгут; оптический кабель
  fiber-optic ~ волоконно-оптический жгут
  image fiber ~ изображающий волоконный жгут
  noncoherent ~ неупорядоченный жгут
  optical fiber ~ волоконно-оптический жгут
  ray ~ пучок лучей
burning выгорание, выжигание
  hole ~ выжигание провала
  spectral hole ~ спектральное выжигание провала
burst 1. всплеск 2. выброс 3. пачка импульсов; вспышка
  ~ **of emission** всплеск излучения
  extreme ultraviolet ~ всплеск крайнего ультрафиолета
  laser ~ лазерная вспышка
  noise ~ шумовой выброс
  solar ~ солнечный всплеск
bus 1. шина 2. магистраль; канал передачи данных
  quantum data ~ квантовая шина данных

C

cable кабель
  coaxial ~ коаксиальный кабель
  communication ~ коммуникационный кабель
  fiber ~ волоконный кабель
  fiber-optic(al) ~ волоконно-оптический [световодный] кабель
  hybrid ~ гибридный кабель
  multifiber ~ многожильный кабель
  optical ~ оптический кабель
cadmium кадмий, Cd
calcite кальцит
calcium кальций, Ca
calculation вычисление, расчет
  ab initio ~ расчет из первых принципов
  adiabatical ~ адиабатический расчет
  analytical ~**s** аналитические расчеты
  band-structure ~**s** расчеты зонной структуры
  classical ~ классический расчет
  computer ~ компьютерный расчет
  crystal-field ~ расчет кристаллического поля
  density matrix ~ расчет на основе метода матрицы плотности
  eigenvector ~ расчет собственных векторов
  electronic structure ~ расчет электронной структуры
  first-principles ~ расчет из первых принципов
  group-theory ~ теоретико-групповой расчет
  kinematic ~**s** кинематические расчеты
  macroscopic ~ макроскопический расчет
  matrix ~ матричный расчет
  microscopic ~ микроскопический расчет
  model ~ модельный расчет
  Monte Carlo ~ расчет по методу Монте-Карло
  nonperturbative ~ расчет вне рамок теории возмущений
  numerical ~ численный расчет

calculation

parallel ~s параллельные вычисления
perturbative ~ расчет в рамках теории возмущений
quantum ~ квантовый расчет
quantum-chemistry ~s квантово-химические расчеты
quantum-mechanical ~s квантово-механические расчеты
relativistic ~ релятивистский расчет
self-consistent ~ самосогласованный расчет
semiclassical ~ полуклассический расчет
semiempirical ~ полуэмпирический расчет
susceptibility ~ расчет восприимчивости
theoretical ~s теоретические расчеты
transfer matrix ~ расчет по методу матрицы переноса
variational ~s вариационные расчеты

calculus 1. исчисление **2.** математический анализ **3.** расчетный метод
Jones ~ расчетный метод Джонса
Monte Carlo ~ расчет по методу Монте-Карло
Mueller ~ расчетный метод Мюллера

calibration калибровка
absolute ~ абсолютная калибровка
classical ~ классическая калибровка
detector ~ калибровка приемника, калибровка детектора
energy ~ калибровка по энергии
frequency ~ частотная калибровка
in-situ ~ калибровка в рабочем положении, калибровка по месту
instrument ~ калибровка измерительного прибора
intensity ~ калибровка интенсивности
interferometric ~ поверка интерферометрическим методом, интерферометрическая калибровка
lens ~ **1.** калибровка линзы **2.** калибровка объектива
photometric ~ фотометрическая калибровка
sensitivity ~ калибровка чувствительности
time ~ калибровка длительности
transmission ~ калибровка пропускания

calorimeter калориметр
laser ~ лазерный калориметр

calorimetry калориметрия
differential scanning ~ дифференциальная сканирующая калориметрия
interferometric ~ интерференционная калориметрия
photoacoustic ~ фотоакустическая калориметрия

camera 1. фотоаппарат, фотокамера **2.** кино- *или* видеокамера
aerial ~ **1.** аэрофотоаппарат **2.** аэрокинокамера
all-sky ~ камера кругового обзора, панорамная камера
amateur ~ **1.** любительский фотоаппарат **2.** любительская кинокамера
astrographic ~ астрографическая камера
astronomical ~ астрокамера
ballistic ~ фототеодолит
binocular ~ стереоскопический фотоаппарат
cartridge ~ кассетный фотоаппарат
charge-coupled device ~ ПЗС-камера
cine ~ кинокамера, киноаппарат
close-up ~ камера для съемка крупным планом
collapsible ~ складной фотоаппарат
digital ~ цифровая фотокамера, цифровой фотоаппарат
film ~ пленочный фотоаппарат
fixed-focus ~ фотоаппарат с фиксированной фокусировкой
fluorographic ~ флуорографическая камера
full-frame ~ полноформатный фотоаппарат
grid ~ растровый фотоаппарат
half-format ~ полуформатный фотоаппарат
high-resolution ~ фотоаппарат с высоким разрешением
high-speed movie ~ скоростная кинокамера
hologram [holographic] ~ голографическая камера

hyperspectral ~ гиперспектральная камера
imaging ~ изображающая фотокамера
infrared [IR] ~ аппарат для съемки в инфракрасных лучах, ИК-камера
large-format ~ крупноформатный фотоаппарат
mapping ~ топографический аэрофотоаппарат
moving-film ~ пленочный фотоаппарат
photographic ~ фотокамера, фотоаппарат
photomicrographic ~ микрофотографический аппарат
photostatic ~ репродукционный фотоаппарат
pinhole ~ камера-обскура
precession ~ прецессионная камера
projection ~ проекционная камера
reflex ~ зеркальный фотоаппарат
semiautomatic ~ полуавтоматический фотоаппарат
step-and-repeat ~ микрофильмирующий аппарат статической съемки
stereoscopic ~ стереоскопический фотоаппарат
streak ~ стрик-камера, фотохронограф, высокоскоростной фоторегистратор с синхронизованной разверткой
underwater ~ камера для подводной съемки
view ~ павильонный фотоаппарат
wide-angle ~ широкоугольный фотоаппарат

camera-obscura камера-обскура
campimetry кампиметрия
candela кандела, кд
candle *уст.* свеча
  international ~ международная свеча (*1,006 кд*)
candlepower 1. сила света (*в свечах*) 2. британская стандартная свеча (*1,02 кд*)
candoluminescence кандолюминесценция
capabilit/y способность; возможности
  accommodation ~ способность к адаптации

alignment ~ возможность юстировки
correction ~ корректирующая способность
discrimination ~ способность дискриминации
filtering ~ способность фильтрации
high-resolution ~ высокая разрешающая способность
image-transfer ~ способность передачи изображения
imaging ~ способность формирования изображений
near-field optical ~ies возможности ближнепольной оптики
operating ~ies рабочие характеристики
capacity 1. способность 2. мощность, производительность 3. емкость
  absorption ~ абсорбционная способность
  channel ~ пропускная способность канала связи
  communication system ~ емкость коммуникационной системы
  heat ~ теплоемкость
  hologram information ~ информационная емкость голограммы
  information ~ информационная емкость
  power ~ достижимая мощность
  quantum ~ 1. квантовая емкость 2. квантовая производительность
  radiating ~ лучеиспускательная способность
  storage ~ емкость памяти
  transmission ~ пропускная способность
capnometer капнометр
capnometry капнометрия
capture захват || захватывать
  carrier ~ захват носителя
  electron ~ захват электрона
  hole ~ захват дырки
  resonance ~ резонансный захват
carbon углерод, С
carrier 1. носитель (*заряда*) 2. несущая (частота)
  bound ~ связанный носитель
  charge ~ носитель заряда
  delocalized ~ делокализованный носитель
  energy ~ носитель энергии

carrier

equilibrium ~ равновесный носитель
excess ~ избыточный носитель
excited ~ возбужденный носитель
extrinsic ~ несобственный носитель
free ~ свободный носитель
hot ~s горячие носители
injected ~ инжектированный носитель
intrinsic ~ собственный носитель
laser ~ несущая (частота) лазерного излучения
localized ~ локализованный носитель
majority ~ основной носитель
minority ~ неосновной носитель
mobile ~ подвижный носитель
nonequilibrium ~ неравновесный носитель
optical ~ оптическая несущая (частота)
photocurrent ~ носитель фототока
photoexcited ~ фотовозбужденный носитель
quantum ~ квантовый носитель, носитель кванта энергии
signal ~ носитель сигнала
spin-polarized ~s спин-поляризованные носители
thermalized ~s термализованные носители
trapped ~ захваченный носитель

cascade каскад
  nonradiative ~ безызлучательный каскад
  radiative ~ излучательный каскад
  two-photon ~ двухфотонный каскад

cat кот (*шредингеровский*)
  dead ~ мертвый кот
  live ~ живой кот
  Schrödinger's ~ шредингеровский кот

cataract катаракта
  congenital ~ врожденная катаракта
  irradiation ~ лучевая катаракта
  primary ~ начальная [первичная] катаракта
  secondary ~ вторичная катаракта
  stellate ~ лучевая катаракта

cathetometer катетометр
cathode катод
  arc ~ катод дугового разряда
  cold ~ холодный катод
  glow-discharge ~ катод тлеющего разряда
  hollow ~ полый катод
  incandescent ~ накальный катод
  photoelectric [photoemissive] ~ фотокатод
  slot ~ щелевой катод

cathodoluminescence катодолюминесценция
cathodoluminophor катодолюминофор
cation катион
  interstitial ~ катион внедрения
catoptrics катоптрика
causality причинность
  macroscopic ~ макроскопическая причинность
  microscopic ~ микроскопическая причинность
  probabilistic ~ вероятностная причинность
  relativistic ~ релятивистская причинность

caustic каустика
  axial ~ аксиальная каустика
  ideal ~ идеальная каустика
  space-time ~ пространственно-временная каустика
  third-order ~ каустика третьего порядка

cavitation кавитация
cavity резонатор
  aligned ~ съюстированный резонатор
  bimodal ~ двухмодовый резонатор
  bistable ~ бистабильный резонатор
  bistable optical ~ бистабильный оптический резонатор
  concave-convex ~ выпукло-вогнутый резонатор
  concentric ~ концентрический резонатор
  confocal ~ конфокальный резонатор
  coupled ~ies связанные резонаторы
  2D ~ двумерный резонатор
  degenerate ~ резонатор с вырожденными модами
  dissipative ~ диссипативный резонатор
  double-phase-conjugate ~ резонатор с двойным обращением волнового фронта
  edge-coupled ~ резонатор с внеосевым вводом — выводом

cavit/y

elliptical ~ 1. эллиптический осветитель 2. эллиптическая полость
empty ~ пустой резонатор
external ~ внешний резонатор
Fabry-Perot ~ резонатор Фабри – Перо
FFPI [fiber Fabry-Perot interferometer] ~ резонатор волоконного интерферометра Фабри – Перо
free-electron laser ~ резонатор лазера на свободных электронах
frequency-selective ~ частотно-селективный резонатор
frequency-tunable ~ резонатор с частотной перестройкой
grating ~ резонатор с дифракционной решеткой
hemispherical ~ полусферический резонатор
high-finesse ~ высокодобротный резонатор
high-gain ~ резонатор с высоким усилением
high-Q ~ высокодобротный резонатор
interferometer ~ резонатор интерферометра
laser ~ лазерный резонатор
lasing ~ генерирующий (*оптический*) резонатор
lossless ~ резонатор без потерь
lossy ~ резонатор с потерями
low-loss ~ резонатор с малыми потерями
low-Q ~ низкодобротный резонатор
maser ~ мазерный резонатор
microsphere ~ микросферический резонатор
microwave ~ микроволновой резонатор, СВЧ-резонатор
mirrorless ~ беззеркальный резонатор
mode-selective ~ резонатор с селекцией мод
multimode ~ многомодовый резонатор
multiple-pass ~ многопроходный резонатор
narrow-band ~ узкополосный резонатор
one-dimensional ~ одномерный резонатор

OPA ~ резонатор оптического параметрического усилителя
optical ~ оптический резонатор
optically coupled ~ies оптически связанные резонаторы
optical parametric amplifier ~ резонатор оптического параметрического усилителя
phase-conjugate ~ резонатор с обращением волнового фронта
planar ~ плоский [планарный] резонатор
plane-concave ~ плосковогнутый резонатор
plane-convex ~ плосковыпуклый резонатор
plane-parallel ~ плоскопараллельный резонатор
pump(ing) ~ осветитель накачки
reference ~ 1. опорный резонатор 2. калибровочный [эталонный] резонатор
reflective ~ лазерный осветитель
resonant ~ объемный резонатор
ring(-shaped) ~ кольцевой резонатор
selective ~ избирательный [селективный] резонатор
single-frequency ~ одночастотный резонатор
single-mode ~ одномодовый резонатор
spherical ~ сферический резонатор
superconducting ~ сверхпроводящий резонатор
temperature-compensated ~ термокомпенсированный резонатор
three-dimensional ~ трехмерный резонатор
TIR [total-internal-reflection] ~ резонатор полного внутреннего отражения
transmission(-type) ~ проходной резонатор
tunable ~ перестраиваемый резонатор
two-dimensional ~ двумерный резонатор
ultra-low-expansion ~ резонатор со сверхнизким коэффициентом расширения
unstable ~ неустойчивый резонатор
vertical ~ вертикальный резонатор

cavit/y

wavelength-selective ~ спектрально-селективный резонатор
wavelength-size ~ резонатор с размерами порядка длины волны излучения
weakly anisotropic ~ слабоанизотропный резонатор
wide-bandwidth ~ широкополосный резонатор
ceilometer измеритель высоты облаков
  laser ~ лазерный измеритель высоты облаков
celestial небесный
cell ячейка
  absorption ~ абсорбционная ячейка
  acousto-optical ~ акустооптическая ячейка
  atomic ~ атомная ячейка
  atomic vapor ~ ячейка с парами атомов
  bipolar ~ биполярная ячейка
  bistable ~ бистабильная ячейка
  body-centered ~ объемноцентрированная ячейка
  Bragg ~ брэгговская ячейка, акустооптический модулятор
  Brillouin ~ ячейка Бриллюэна
  buffer-gas ~ кювета с буферным газом
  cascade solar ~ каскадный солнечный элемент
  crystal lattice ~ ячейка кристаллической решетки
  cubic ~ кубическая ячейка
  dye ~ ячейка [кювета] с красителем
  effusion ~ эффузионная ячейка
  electro-optical ~ электрооптическая ячейка
  epitaxial solar ~ эпитаксиальный солнечный элемент
  Faraday ~ ячейка Фарадея
  gas ~ газовая ячейка
  glass ~ стеклянная кювета
  heterojunction solar ~ солнечный элемент на гетеропереходе
  hexagonal ~ гексагональная ячейка
  hybrid ~ гибридная ячейка
  intracavity ~ внутрирезонаторная ячейка
  Kerr ~ ячейка Керра
  laser ~ лазерная кювета; лазерная ячейка
  lattice ~ ячейка кристаллической решетки
  liquid-crystal ~ жидкокристаллическая ячейка
  magneto-optical ~ магнитооптическая ячейка
  memory ~ ячейка памяти
  multipass [multiple-pass] ~ многопроходная ячейка
  optical ~ оптическая ячейка
  photoacoustic gas ~ фотоакустическая газовая ячейка
  photoelectric ~ фотоэлектрическая ячейка
  photonic ~ фотонная ячейка; оптический переключатель
  photosensitive ~ фотоэлемент; фотоприемник
  photovoltaic ~ фотогальваническая ячейка; фотоэлектрический элемент
  Pockels ~ ячейка Поккельса
  primitive ~ примитивная ячейка
  quartz ~ кварцевая кювета
  Raman ~ рамановская ячейка
  rhombic ~ ромбическая ячейка
  rhombohedral ~ ромбоэдрическая ячейка
  rubidium ~ рубидиевая ячейка
  sample ~ кювета для образца
  silicon solar ~ кремниевый солнечный элемент
  solar ~ солнечный элемент; фотоэлемент
  Stark ~ штарковская ячейка
  stimulated Brillouin scattering ~ ячейка вынужденного рассеяния Мандельштама – Бриллюэна, ВРМБ-ячейка
  storage ~ 1. ячейка памяти 2. аккумуляторный элемент
  switching ~ переключатель
  tetragonal ~ тетрагональная ячейка
  unit ~ элементарная ячейка
  vapor ~ ячейка с парами вещества; газовая ячейка
  visual ~ светочувствительный элемент сетчатки
  waveguide ~ волноводная ячейка
  Wigner-Seitz ~ ячейка Вигнера – Зейтца
cellular сотовый
cement замазка; клей
  optical ~ оптический клей

vacuum ~ вакуумная замазка
center центр
~ **of gravity** центр тяжести
~ **of inversion** центр инверсии
~ **of latent image** центр скрытого изображения
~ **of lens** оптический центр линзы
~ **of mass** центр масс
~ **of symmetry** центр симметрии
absorbing ~ поглощающий центр
acceptor ~ акцепторный центр
activation ~ активаторный центр
adsorption ~ центр адсорбции
beam ~ центр пучка
bistable ~ бистабильный центр
Brillouin zone ~ центр зоны Бриллюэна
chiral ~ хиральный центр
color ~ центр окраски
compensating ~ компенсирующий центр (*в полупроводнике*)
crystallization ~ центр [ядро] кристаллизации
deep ~ глубокий центр
defect ~ примесный центр; дефектный центр
development ~ центр проявления
diamagnetic ~ диамагнитный центр
donor ~ донорный центр
emission ~ центр свечения
F-~ F-центр
impurity ~ примесный центр
intrinsic color ~ собственный центр окраски
line ~ центр линии
luminescence ~ люминесцирующий центр
nonradiative ~ безызлучательный центр
optical ~ оптический центр
paraelectric ~ параэлектрический центр
paramagnetic ~ парамагнитный центр
paraxial ~ параксиальный центр (*кривизны*)
phototropic ~ фототропный центр
quenching ~ центр тушения; тушитель
radiative ~ излучательный центр
recombination ~ рекомбинационный центр
scattering ~ центр рассеяния; рассеивающий центр

spectroscopic ~s спектроскопические центры
trap(ping) ~ центр захвата, ловушка
two-level ~ двухуровневый центр
zone ~ центр зоны
centering центрирование, центровка
beam ~ центрирование луча
centration центрирование, центровка
centroid центроид
spectral ~ спектральный центроид
ceramics керамика
glass ~ стеклокерамика
opaque ~ непрозрачная керамика
optical ~ оптическая керамика
piezoelectric ~ пьезоэлектрическая керамика
quartz ~ кварцевая керамика
refractory ~ огнеупорная керамика
translucent [transparent] ~ прозрачная керамика
cerium церий, Ce
cesium цезий, Cs
chain цепь
code ~ кодовая последовательность
frequency ~ каскад частот
Hubbard ~ цепь Хаббарда
Ising ~ цепь Изинга
linear ~ линейная цепь
Markov(ian) ~ марковская цепь
polymer ~ полимерная цепь
pulse ~ последовательность импульсов
side ~ боковая цепь
spin ~ спиновая цепь
chamber камера
absorption ~ абсорбционная камера
cloud ~ камера Вильсона
diffusion ~ диффузионная камера
epitaxial reactor ~ камера эпитаксиального реактора, ростовая камера эпитаксиальной установки
excitation ~ осветитель, камера возбуждения
gas-discharge ~ газоразрядная камера
holographic ~ голографическая камера
ionization ~ ионизационная камера
Kerr ~ керровская камера
laser welding ~ камера лазерной сварки

chamber

meteor ~ метеорная камера
molecular beam epitaxy ~ камера установки молекулярной лучевой эпитаксии
optical avalanche ~ оптическая лавинная камера
photoionization ~ фотоионизационная камера
pulse ionization ~ импульсная ионизационная камера
reflex ~ зеркальная камера
shielded ~ экранированная камера
spark ~ искровая камера
streamer ~ стримерная камера
temperature-stabilized ~ термостабилизированная камера
ultrahigh-vacuum ~ сверхвысоковакуумная камера
vacuum ~ вакуумная камера
Wilson ~ камера Вильсона

channel канал
annihilation ~ канал аннигиляции
autoionization ~ канал автоионизации
binary ~ двоичный канал
buried ~ скрытый [зарощенный] канал
communication ~ канал связи
control ~ канал управления
data ~ информационный канал, канал передачи данных
decay ~ канал распада
de-excitation ~ канал дезактивации; канал релаксации возбуждения
depopulation ~ канал релаксации населенности, канал депопуляции
detection ~ канал детектирования
entrance ~ канал входа
excitation ~ канал возбуждения
exit ~ канал выхода
fiber(-optic) communication ~ волоконно-оптический канал (связи)
frequency ~ частотный канал
information ~ информационный канал, канал передачи данных
input ~ входной канал
interfering ~ интерферирующий канал
ionization ~ канал ионизации
loss ~ канал потерь
multiplex ~ мультиплексный канал
neighboring ~ соседний канал
optical (communication) ~ оптический канал (связи)
output ~ выходной канал
photodissociation ~ канал фотодиссоциации
photoionization ~ канал фотоионизации
pump ~ канал накачки
quantum ~ квантовый канал
radiative ~ излучательный канал
relaxation ~ канал релаксации
self-saturation ~ самонасыщающийся канал
transmission ~ канал передачи (данных)
wavelength ~ спектральный канал

channeling 1. канализирование 2. образование каналов 3. частотное уплотнение

chaos хаос
classical ~ классический хаос
deterministic ~ детерминированный хаос
dynamic ~ динамический хаос
global ~ глобальный хаос
intrinsic ~ внутренний хаос
molecular ~ молекулярный хаос
polarization ~ поляризационный хаос
quantum ~ квантовый хаос
spatiotemporal ~ пространственно-временной хаос
strong ~ сильный хаос
weak ~ слабый хаос

character 1. характер; свойство; природа 2. символ; буква; цифра
atomic(-like) ~ атомный характер
nondestructive ~ недеструктивный характер
quantum ~ квантовая природа
resonance ~ резонансный характер
statistical ~ статистический характер
vectorial ~ векторный характер

characteristic характеристика
absolute spectral-response ~ характеристика абсолютной спектральной чувствительности
amplitude ~ амплитудная характеристика
amplitude-frequency ~ амплитудно-частотная характеристика, АЧХ
amplitude-phase ~ амплитудно-фазовая характеристика, АФХ
attenuation ~s параметры аттенюации

characterization

chromatic ~ цветовая характеристика
current-illumination ~ световая характеристика (*ФЭУ*)
current-voltage ~ вольт-амперная характеристика, ВАХ
dc ~ статическая характеристика
dimensionless ~ безразмерная характеристика
directional ~ характеристика направленности; диаграмма направленности
dispersion ~ дисперсионная характеристика
dynamic ~ динамическая характеристика
electro-optical ~ электрооптическая характеристика
frequency ~ частотная характеристика
frequency-locking ~s характеристики захвата частоты
frequency-response ~ частотная характеристика; амплитудно-частотная характеристика, АЧХ
gain ~ характеристика усиления; передаточная характеристика
gain-frequency ~ частотная характеристика усиления
gain-phase ~ амплитудно-фазовая характеристика, АФХ
gain-transfer ~ амплитудная (передаточная) характеристика
input-output ~ характеристика входа-выхода
lag ~ характеристика инерционности
laser ~s лазерные характеристики
light-emission ~s светоизлучательные характеристики
linear ~ линейная характеристика
luminous ~ световая характеристика; люкс-омическая характеристика
noise ~s шумовые характеристики
nonlinear ~ нелинейная характеристика
observable ~s наблюдаемые характеристики
operating ~s рабочие характеристики
optical ~s оптические характеристики
output ~s выходные характеристики
performance ~s рабочие характеристики; эксплуатационные параметры
polarization ~s поляризационные характеристики
propagation ~s характеристики распространения
resonance ~ резонансная кривая
seed pulse ~s характеристики затравочного импульса
sensitivity ~ характеристика чувствительности
sensitometric ~ сенситометрическая характеристика
spatial ~s пространственные характеристики
spectral ~ спектральная характеристика
structural ~s структурные характеристики
switching ~ характеристика переключения
temporal ~s временны́е характеристики
threshold ~ пороговая характеристика
transient ~ переходная характеристика
transmission ~ характеристика пропускания
transport ~s транспортные характеристики
visual ~ визуальная характеристика
volt-ampere ~ вольт-амперная характеристика, ВАХ
watt-ampere ~ ватт-амперная характеристика
wavelength ~ спектральная характеристика
wavelength-locking ~ характеристики захвата длины волны
characterization снятие характеристик; определение характеристик *или* параметров; характеризация; диагностика
magneto-optical ~ магнитооптическая характеризация
optical ~ оптическая характеризация
photoluminescence ~ фотолюминесцентная характеризация
polarimetric ~ поляриметрическая характеризация
spectral ~ спектральная характеризация, спектральная диагностика
spectral-kinetic ~ спектрально-кинетическая характеризация

characterization

spectroscopic ~ спектроскопическая характеризация
statistical ~ статистическая характеризация
structural ~ структурная диагностика
charge заряд
  bound ~ связанный заряд
  buried ~ заглубленный заряд
  Debye ~ экранирующий [дебаевский] заряд
  effective ~ эффективный заряд
  electric ~ электрический заряд
  electron ~ заряд электрона
  electronic ~ электронный заряд
  electrostatic ~ электростатический заряд
  excess ~ избыточный заряд
  exchange ~ обменный заряд
  extra ~ избыточный заряд
  fluctuating ~ флуктуирующий заряд
  free ~ свободный заряд
  induced ~ наведенный заряд
  intrinsic ~ собственный заряд
  ionic ~ ионный заряд
  light-induced ~ светоиндуцированный заряд
  localized ~ локализованный заряд
  mesoscopic ~ мезоскопический заряд
  nuclear ~ заряд ядра
  particle ~ заряд частицы
  photoinduced ~ фотоиндуцированный заряд
  probe ~ пробный заряд
  quantum dot ~ заряд квантовой точки
  space ~ пространственный заряд
  surface ~ поверхностный заряд
  topological ~ топологический заряд
  trapped ~ захваченный заряд
  unit ~ единичный заряд
chemiluminescence хемилюминесценция
chemistry химия
  photographic ~ фотографическая химия
chemometrics хемометрия
chip микросхема, чип
chirality хиральность
chirp 1. линейная частотная модуляция импульса 2. паразитная частотная модуляция несущей 3. импульс с линейной частотной модуляцией; чирп
  frequency ~ частотный чирп
  grating ~ чирп дифракционной решетки
  higher-order ~ чирп высокого порядка
  linear ~ линейный чирп
  negative ~ отрицательный чирп
  nonlinear ~ нелинейный чирп
  positive ~ положительный чирп
  programmable ~ программируемый чирп
  quadratic ~ квадратичный чирп
  residual ~ остаточный чирп
  temporal ~ временной чирп
chloride хлорид
  potassium ~ хлорид калия
  sodium ~ хлорид натрия
chlorine хлор, Cl
chopper прерыватель; модулятор
  beam ~ прерыватель пучка; обтюратор
  light ~ оптический модулятор
  mechanical ~ механический прерыватель
  optical ~ оптический модулятор; оптический обтюратор
  photoelectric ~ фотоэлектрический модулятор
chroma цветность; сигнал цветности
chromascope колориметр
chromaticity цветность
chromatics цветоведение
chromatism хроматизм
chromatography хроматография
  absorption ~ абсорбционная хроматография
  adsorption ~ адсорбционная хроматография
  column ~ колоночная хроматография
  gas ~ газовая хроматография
  high-speed ~ высокоскоростная хроматография
  liquid ~ жидкостная хроматография
chromatoscope хроматоскоп
chromatron хроматрон
chrominance вектор цветности; сигнал цветности
chromium хром, Cr
chromodynamics хромодинамика
chromophore хромофор

non-interacting ~s невзаимодействующие хромофоры
nonlinear ~ нелинейный хромофор
optical ~ оптический хромофор
organic ~s органические хромофоры
chromophotography цветная фотография
chromophotometer хромофотометр
chromoscope хромоскоп
chromoscopy хромоскопия
chromosphere хромосфера
   solar ~ солнечная хромосфера
   star ~ хромосфера звезды
chronophotography хронофотография
chuck 1. зажимной патрон **2.** держатель (*для линзы*)
circle круг
   ~ **of confusion** кружок рассеяния, кружок нерезкости
   blur ~ кружок размытия
   Rowland ~ круг Роуланда
circuit схема; контур; цепь
   all-optical ~ полностью оптическая схема
   analog ~ аналоговая схема
   anticoincidence ~ схема антисовпадений
   balanced ~ балансная схема
   basic ~ принципиальная схема
   bistable ~ бистабильная схема
   coincidence ~ схема совпадений
   detection ~ схема детектирования
   digital ~ цифровая схема
   digital integrated ~ цифровая интегральная схема
   electronic ~ электронная схема
   equivalent ~ эквивалентная схема
   error-correcting ~ схема корректирования ошибок
   feedback ~ схема обратной связи
   gating ~ вентильная [ключевая] схема
   hybrid ~ гибридная схема
   integrated ~ интегральная схема
   integrated optical ~ оптическая интегральная схема
   large-scale integrated ~ большая интегральная схема, БИС
   lightwave ~ оптическая схема
   locking ~ схема синхронизации
   logic ~ логическая схема
   matrix ~ матричная схема

   microelectronic ~ микроэлектронная схема
   multilayer ~ многослойная структура
   optical ~ оптическая схема
   optical commutation ~ оптическая переключающая схема; оптический коммутатор
   optical switch ~ схема оптического переключателя
   optoelectronic integrated ~ оптоэлектронная интегральная схема
   photonic integrated ~ фотонная интегральная схема
   pulse-shaping ~ схема формирования импульсов
   regenerative ~ регенеративная схема
   resonance ~ резонансный контур
   time-delay ~ схема временно́й задержки
   trigger ~ схема запуска
circuitry электрическая схема
circulator циркулятор
   Faraday rotation ~ фарадеевский циркулятор
   optical ~ оптический циркулятор
   polarization ~ поляризационный циркулятор
cladding покрытие, оболочка
   conductive ~ проводящее покрытие
   fiber ~ оболочка волокна
   high-index ~ покрытие с высоким показателем преломления
   inner ~ внутреннее покрытие
   low-index ~ покрытие с низким показателем преломления
   n-type ~ покрытие n-типа
   outer ~ внешнее покрытие
   protective ~ защитное покрытие, защитная оболочка
   p-type ~ покрытие p-типа
class класс
   ~ **of accuracy** класс точности
   crystal ~ класс кристалла
   crystal symmetry ~ кристаллографический класс, класс симметрии кристалла
   luminosity ~ класс светимости
   rhombohedral ~ ромбоэдрический класс
   spectral ~ спектральный класс
   symmetry ~ класс симметрии
   Wiener ~ класс Винера
classification классификация

classification

luminosity ~ классификация по светимости
spectral ~ спектральная классификация
two-dimensional spectral ~ двумерная спектральная классификация
clearance:
  eye ~ удаление выходного зрачка
clear-cut четко выраженный, четкий
cleavage расщепление, раскалывание; спайность; расслоение
  controlled ~ направленное скалывание
  thermal ~ термораскалывание
cleaver скалыватель; расщепитель
  fiber-optic ~ торцеватель оптических волокон
clock часы
  astronomical ~ астрономические часы
  atomic ~ атомные часы
  cesium ~ цезиевые часы
  cesium fountain ~ часы на цезиевом фонтане
  crystal(-controlled) ~ кварцевые часы
  digital ~ цифровой датчик времени
  master ~ 1. главные часы 2. задающий генератор тактовых импульсов
  molecular ~ молекулярные часы
  optical ~ оптические часы
  quantum ~ квантовые часы
  quartz ~ кварцевые часы
  reference ~ эталонные часы
  rubidium ~ рубидиевые часы
  slave ~ вторичные часы
cloning клонирование
  asymmetric ~ асимметричное клонирование
  close-to-perfect ~ почти совершенное клонирование
  optimal ~ оптимальное клонирование
  quantum ~ квантовое клонирование
  symmetric ~ симметричное клонирование
cloud 1. облако, туча 2. затемнять
  atom(ic) ~ атомное облако
  cold atom ~ облако холодных атомов
  electron(ic) ~ электронное облако
  Gaussian ~ гауссово облако рассеяния
  ion ~ ионное облако
  trapped ~ захваченное облако
cluster гроздь; группа, скопление; агрегат, кластер
  amorphous ~ аморфный кластер
  anisotropic ~ анизотропный кластер
  atomic ~ атомарный кластер
  crystalline ~ кристаллический кластер
  defect ~ скопление дефектов
  fractal ~ фрактальный кластер
  gaseous ~ газообразный кластер
  Hartree-Fock ~ кластер Хартри – Фока
  interstitial ~ междоузельный кластер
  ionized ~ ионизованный кластер
  molecular ~ молекулярный кластер
  multiphoton ~ многофотонный кластер
  semiconductor ~ полупроводниковый кластер
  stable ~ устойчивый кластер
  star [stellar] ~ звездное скопление
  symmetrical ~ симметричный кластер
  vacancy ~ вакансионный кластер
clustering кластерирование
coagulation коагуляция; свертывание
  endoscopic laser ~ эндоскопическая лазерная коагуляция
coating покрытие
  absorbing ~ поглощающее покрытие
  antifog ~ покрытие, препятствующее запотеванию поверхности
  antihalation ~ противоореольное покрытие
  antireflection [AR] ~ просветляющее покрытие
  barrier ~ барьерное покрытие
  broadband AR ~ широкополосное просветляющее покрытие
  cold ~ холодное покрытие
  DBAR ~ двухполосное просветляющее покрытие
  dielectric ~ диэлектрическое покрытие
  double(-layer) [dual] ~ двухслойное покрытие
  dual-band antireflection ~ двухполосное просветляющее покрытие
  fiber ~ покрытие волоконного световода

coefficient

film ~ плёночное покрытие
fluorescent ~ флуоресцентное покрытие
hard ~ прочное покрытие
high-reflectance ~ высокоотражающее покрытие
interference ~ интерференционное покрытие
light-sensitive ~ светочувствительный слой
low-polarizing ~ слабо поляризующее покрытие
luminescent ~ люминесцентное покрытие
metal(lic) ~ металлическое покрытие
mirror ~ зеркальное покрытие
multidielectric ~ многослойное диэлектрическое покрытие
multilayer [multiple] ~ многослойное покрытие
opaque ~ непрозрачное покрытие
optical ~ оптическое покрытие
photochromic ~ фотохромное покрытие
photoconducting ~ фотопроводящее покрытие
photoelastic ~ фотоупругое покрытие
photoemitting ~ фотоэмиттирующее покрытие
photoresist ~ слой фоторезиста
photosensitive ~ фоточувствительное покрытие
polarization ~ поляризационное покрытие
polarizing ~ поляризующее покрытие
polymeric ~ полимерное покрытие
primary ~ первичное покрытие
protective ~ защитное покрытие
quarter-wave ~ четвертьволновое покрытие
reflecting [reflective] ~ отражающее покрытие
selective ~ селективное покрытие
semitransparent ~ полупрозрачное покрытие
single-layer ~ однослойное покрытие
spray(ed) ~ напылённое покрытие
surface ~ поверхностное покрытие
TBAR ~ трёхполосное просветляющее покрытие
thin-film ~ тонкоплёночное покрытие
translucent [transparent] ~ прозрачное покрытие
tri-band antireflection ~ трёхполосное просветляющее покрытие
ultrahard ~ сверхпрочное покрытие
white reflectance ~ белое диффузно отражающее покрытие
coaxial коаксиальный
cobalt кобальт, Со
code код || кодировать
  all-optical ~ полностью оптический код
  binary ~ двоичный код
  Hamming ~ код Хэмминга
  three-qubit ~ код с тремя кубитами
coder кодирующее устройство, шифратор
coding кодирование, кодировка
  adaptive ~ адаптивное кодирование
  character ~ кодирование символов
  color ~ цветовое кодирование
  digital ~ цифровое кодирование
  image ~ кодирование изображения
  information ~ кодирование информации
  non-statistical ~ нестатистическое кодирование
  optical ~ оптическое кодирование
  optimal ~ оптимальное кодирование
  phase ~ фазовое кодирование
  pulse ~ импульсное кодирование
  pulse-spacing ~ кодирование интервалами между импульсами
  quantum ~ квантовая кодировка
  quantum dense ~ квантовая плотная кодировка
  reference beam ~ кодирование опорного пучка
  serial ~ последовательное кодирование
  source ~ кодирование источника данных
  statistical ~ статистическое кодирование
coefficient коэффициент
  ~ **of anamorphism** коэффициент анаморфизма
  aberration ~ коэффициент аберрации
  absorption ~ коэффициент поглощения

coefficient

adsorption ~ коэффициент адсорбции
amplification ~ коэффициент усиления
attenuation ~ коэффициент аттенюации, коэффициент ослабления
autocorrelation ~ коэффициент автокорреляции
backscattering ~ коэффициент обратного рассеяния
brightness ~ коэффициент яркости
Clebsch-Gordan ~ коэффициент Клебша – Гордана
contrast ~ коэффициент контрастности
contrast transfer ~ коэффициент передачи контраста
correlation ~ коэффициент корреляции
coupling ~ коэффициент взаимодействия; коэффициент связи
cross-correlation ~ коэффициент взаимной корреляции
damping ~ коэффициент затухания
dielectric ~ диэлектрическая постоянная
diffusion ~ коэффициент диффузии
distortion ~ коэффициент искажений
Einstein ~ коэффициент Эйнштейна
elasto-optical ~ упругооптический коэффициент
electro-optic(al) ~ электрооптический коэффициент
energy loss ~ коэффициент энергетических потерь
ether drag ~ коэффициент увлечения эфира
excess noise ~ коэффициент избыточного шума
expansion ~ коэффициент расширения
extinction ~ коэффициент экстинкции
Fourier ~ коэффициент Фурье
Fresnel ~ коэффициент Френеля
gain ~ коэффициент усиления
Hall ~ коэффициент Холла
heat-transfer ~ коэффициент теплопереноса
Henyey-Greenstein ~ коэффициент Хеней – Гринштейна
Kerr ~ коэффициент Керра
lateral diffusion ~ коэффициент поперечной диффузии
linear electro-optical ~ линейный электрооптический коэффициент
loss ~ коэффициент потерь
luminance ~ коэффициент яркости, яркостный коэффициент
magneto-optic(al) ~ магнитооптический коэффициент
noise reduction ~ коэффициент подавления шума
nonlinear ~ нелинейный коэффициент
nonlinearity ~ коэффициент нелинейности
numerical ~ численный коэффициент
optical coupling ~ коэффициент оптической связи
phenomenological ~ феноменологический коэффициент
photoabsorption ~ коэффициент фотопоглощения
photodetachment ~ коэффициент фотоотлипания
photoelasticity ~ коэффициент фотоупругости
piezooptical ~ пьезооптический коэффициент
polynomial ~ полиномиальный коэффициент
projection ~ проекционный коэффициент
Rashba ~ коэффициент Рашбы
rate ~ константа скорости
Rayleigh scattering ~ коэффициент рэлеевского рассеяния
recombination ~ коэффициент рекомбинации
reflection ~ коэффициент отражения
refraction ~ коэффициент преломления
regression ~ коэффициент регрессии
roughness ~ коэффициент шероховатости
saturation ~ коэффициент насыщения
scattering ~ коэффициент рассеяния
squeezing ~ коэффициент сжатия
surface tension ~ коэффициент поверхностного натяжения
thermo-optic ~ термооптический коэффициент

transfer ~ коэффициент переноса
transmission ~ коэффициент пропускания
transport ~ коэффициент переноса
turbidity ~ коэффициент мутности
two-photon absorption ~ коэффициент двухфотонного поглощения
virial ~ вириальный коэффициент
Wigner ~ коэффициент Вигнера

coherence когерентность
  atomic ~ атомная когерентность
  cavity-based ~ резонаторная когерентность
  electronic ~ электронная когерентность
  excited-state ~ когерентность возбужденного состояния
  first-order ~ когерентность первого порядка
  ground-state ~ когерентность основного состояния
  higher-order ~ когерентность высших порядков
  induced ~ индуцированная когерентность
  instantaneous ~ мгновенная когерентность
  interband ~ межзонная когерентность
  intraband ~ внутризонная когерентность
  laser ~ когерентность лазерного излучения
  longitudinal ~ продольная когерентность
  long-lived ~ долгоживущая когерентность
  macroscopic ~ макроскопическая когерентность
  molecular ~ молекулярная когерентность
  mutual ~ взаимная когерентность
  optical ~ оптическая когерентность
  partial ~ частичная когерентность
  phase ~ фазовая когерентность
  phonon ~ когерентность фононов
  quantum ~ квантовая когерентность
  Raman ~ рамановская когерентность, когерентность комбинационных переходов
  second-order ~ когерентность второго порядка
  spatial ~ пространственная когерентность
  spatiotemporal ~ пространственно-временна́я когерентность
  spectral ~ спектральная когерентность
  spin ~ спиновая когерентность
  temporal ~ временна́я когерентность
  third-order ~ когерентность третьего порядка
  time ~ временна́я когерентность
  transverse ~ поперечная когерентность
  two-photon ~ двухфотонная когерентность
  vibrational ~ колебательная когерентность
  Zeeman ~ зеемановская когерентность

coherencing установление когерентности; синхронизация
coherency когерентность
coherent когерентный
cohesion сцепление; когезия
coil 1. катушка 2. спираль
  fiber ~ волоконная спираль; волоконная бухта
  superconducting ~ сверхпроводящая катушка; сверхпроводящий соленоид

coincidence совпадение
  accidental ~ случайное совпадение
  conditional ~ условное совпадение
  delayed ~ задержанное совпадение
  double ~ двойное совпадение
  pairwise ~ парное совпадение
  random ~ случайное совпадение
  triple ~ тройное совпадение

collapse схлопывание
  beam ~ схлопывание пучка

collection сбор, коллекция; скопление
  carrier ~ сбор носителей
  data ~ сбор данных
  light ~ сбор света

collector коллектор; устройство сбора
  active solar ~ активный солнечный коллектор
  charge ~ коллектор заряда
  concentrating solar ~ концентрирующий солнечный коллектор
  light ~ оптический коллектор
  paraboloid sun-light ~ параболоидный солнечный коллектор

collector

passive solar ~ пассивный солнечный коллектор
reflector-lens sun-light ~ зеркально-линзовый гелиоконцентратор
solar ~ солнечный коллектор; гелиоконцентратор
sun-light ~ гелиоконцентратор
collide сталкиваться
collimate 1. коллимировать, сводить в параллельный пучок **2.** визировать
collimation коллимация; коллимирование
collimator коллиматор
  beam ~ коллиматор пучка
  bench ~ коллиматор оптической скамьи
  binocular ~ бинокулярный коллиматор
  high-resolution ~ коллиматор с высоким разрешением
  interference ~ интерференционный коллиматор
  laser ~ лазерный коллиматор
  pinhole ~ коллиматор с точечной апертурой
  slit ~ щелевой коллиматор
  tomographic ~ коллиматор для томографии
  X-ray ~ рентгеновский коллиматор
collinearity коллинеарность
collision столкновение
  ~ **of the first kind** столкновение первого рода
  ~ **of the second kind** столкновение второго рода
  atom-atom ~ межатомное столкновение
  atomic ~ атомное столкновение
  atom-wall ~ столкновение атома со стенкой
  binary ~ парное соударение
  bumping ~ упругое соударение
  classical ~ классическое соударение
  cold ~ холодное столкновение
  Coulomb ~ кулоновское столкновение
  elastic ~ упругое соударение
  electron-electron ~ электрон-электронное столкновение
  electron-phonon ~ электрон-фононное столкновение
  endoergic ~ эндоэнергетическое [эндотермическое] столкновение
  exchange ~ обменное столкновение
  excited-state ~ столкновение в возбужденном состоянии
  exoergic ~ экзоэнергетическое [экзотермическое] столкновение
  ground-state ~ столкновение в основном состоянии
  inelastic ~ неупругое столкновение
  ion-ion ~ межионное столкновение
  molecular ~ столкновение молекул
  photon-photon ~ фотон-фотонное столкновение
  random ~ случайное столкновение
  soliton ~ столкновение солитонов
  spin-exchange ~ спин-обменное столкновение
  superelastic ~ сверхупругое столкновение, столкновение второго рода
  three-body ~ столкновение трех тел, трехчастичное столкновение
  triple ~ тройное соударение
  ultracold ~ сверххолодное столкновение
collisional столкновительный
collisionless бесстолкновительный
color цвет
  additive ~ аддитивный цвет
  apparent ~ видимый цвет
  background ~ цвет фона
  basic ~s основные цвета
  complementary ~ дополнительный цвет
  contrast ~ контрастирующий цвет
  emission ~ цвет свечения
  false ~ ложный цвет
  fundamental ~s основные цвета
  gray ~ серый цвет
  interference ~s интерференционные цвета
  primary ~s основные цвета
  saturated ~ насыщенный цвет
  spectrally pure ~ спектрально чистый цвет
  standard ~s стандартные цвета
  sunrise ~s (утренняя) заря
  sunset ~s вечерняя заря
  temper ~s цвета побежалости
colorant краситель; пигмент
coloration окрашивание
colorimeter колориметр
  chemical ~ химический колориметр
  compensating ~ компенсационный колориметр

differential ~ дифференциальный колориметр
disk ~ дисковый колориметр
objective ~ объективный колориметр
optical ~ оптический колориметр
photoelectric ~ фотоэлектрический колориметр
sector ~ секторный колориметр
split-field ~ субъективный [контрастный] колориметр
trichromatic [tristimulus] ~ трехцветный колориметр
visual ~ визуальный колориметр
colorimeter-nephelometer колориметр-нефелометр
colorimetry колориметрия
astronomical ~ астроколориметрия
photoelectric ~ фотоэлектрическая колориметрия
physical ~ физическая колориметрия
subtractive ~ вычитательная колориметрия
tristimulus ~ трехцветная колориметрия
visual ~ визуальная колориметрия
column столбец (*таблицы, матрицы*); колонка
chromatographic ~ хроматографическая колонка
coma кома
anisotropic ~ анизотропная кома
isotropic ~ изотропная кома
meridional ~ меридиональная кома
sagittal ~ сагиттальная кома
comb гребень; гребенчатая структура
frequency ~ гребенка частот
lens ~ система линз
combination комбинация
anti-symmetric(al) ~ антисимметричная комбинация
beam ~ сведение пучков
linear ~ линейная комбинация
linear ~ of atomic orbitals линейная комбинация атомных орбиталей
symmetric(al) ~ симметричная комбинация
combiner сумматор; устройство объединения; устройство уплотнения (*каналов*)
beam ~ устройство сведения пучков
multiplexer ~ устройство уплотнения

comet комета
command команда, сигнал
control [steering] ~ управляющая команда
commensurability соизмеримость
commensurable соизмеримый; пропорциональный
commensurate соразмерный
communication связь, сообщение
beam ~ направленная связь
cable ~ кабельная связь
classical ~ классическая связь
coherent ~ когерентная связь
digital ~ цифровая связь
duplex ~ дуплексная [одновременная двусторонняя] связь
electronic ~ электронная связь
fiber-optic ~ волоконно-оптическая связь
hybrid ~ гибридная связь
infrared ~ инфракрасная [ИК-] связь, оптическая связь в ИК-диапазоне
interstellar ~ межзвездная связь
laser ~ лазерная связь
line-of-sight ~ связь в пределах прямой видимости
long-distance [long-haul] ~ дальняя связь
multiplexed ~ мультиплексная связь
one-way ~ симплексная [односторонняя] связь
optical ~ оптическая связь
optical fiber ~ оптоволоконная связь
photonic ~ фотонная связь
quantum ~ квантовая связь
satellite ~ спутниковая связь
secure ~ безопасная связь
soliton ~ солитонная связь
spatiotemporal ~ пространственно-временна́я связь
twin-beam ~ двухлучевая связь
waveguide ~ волноводная связь
commutation коммутация
commutativity коммутативность
commutator коммутатор
commute коммутировать
comparator компаратор
blink ~ блинк-компаратор
color ~ цветовой компаратор
differential ~ дифференциальный компаратор
interference ~ интерференционный компаратор

comparator

longitudinal ~ продольный компаратор
microphotometric ~ микрофотометрический компаратор
optical ~ оптический компаратор
photoelectric ~ фотоэлектрический компаратор
spectral ~ спектральный компаратор
transverse ~ поперечный компаратор
universal ~ универсальный компаратор
visual ~ визуальный компаратор
wavelength ~ компаратор длин волн
compass 1. компас 2. буссоль
compatibility совместимость
  spectral ~ спектральная совместимость
compensate компенсировать, корректировать
compensation компенсация, коррекция
  aberration ~ компенсация [коррекция] аберраций
  adaptive-optics ~ коррекция методами адаптивной оптики
  astigmatic ~ компенсация астигматизма
  backlash ~ компенсация люфта
  birefringence ~ компенсация двулучепреломления
  cavity ~ автоматическая подстройка частоты резонатора
  charge ~ компенсация заряда
  color ~ компенсация цвета
  dispersion ~ компенсация дисперсии
  doping ~ компенсация легирующей примесью
  Doppler ~ компенсация доплеровского сдвига
  frequency ~ частотная коррекция
  impurity ~ компенсация легирующей примесью
  parallax ~ компенсация параллакса; поправка на параллакс
  phase ~ компенсация фазы
  servo ~ следящая коррекция
  wavefront ~ коррекция волнового фронта
compensator компенсатор
  Babinet ~ компенсатор Бабине
  Babinet-Jamin ~ компенсатор Бабине – Жамена
  Babinet-Soleil ~ компенсатор Бабине – Солейля
  Berek ~ компенсатор Берека
  cylindrical ~ цилиндрический компенсатор
  dispersion ~ компенсатор дисперсии
  Ehringhaus ~ компенсатор Эрингауза
  interferometric ~ интерферометрический компенсатор
  lens ~ линзовый компенсатор
  optical ~ оптический компенсатор
  path length ~ компенсатор длины пути
  phase ~ фазовый компенсатор
  photoelectric ~ фотоэлектрический компенсатор
  polarization ~ поляризационный компенсатор
  prism ~ призменный компенсатор
  quartz ~ кварцевый компенсатор
  retardation ~ компенсатор запаздывания
  Senarmont ~ компенсатор Сенармона
  Soleil ~ компенсатор Солейля
  strain ~ компенсатор деформаций (*при поляризационных измерениях*)
  wedge ~ клиновый компенсатор
competition конкуренция
  mode ~ конкуренция мод
component компонент; составляющая
  ac ~ переменная составляющая
  angular momentum ~ компонент углового импульса
  anisotropic ~ анизотропная составляющая
  anti-Stokes ~ антистоксов компонент
  axial ~ осевая составляющая
  Cartesian ~ декартов компонент
  circularly polarized ~ циркулярно поляризованный компонент
  Davydov ~ давыдовский компонент, компонент давыдовского расщепления
  dc ~ постоянная составляющая
  degenerate ~ вырожденный компонент
  diagonal ~ диагональный компонент
  diffuse ~ диффузная составляющая
  electric ~ электрический компонент
  electronic ~ электронная составляющая; электронный компонент

composite

fast ~ быстрый компонент
field ~ компонент поля
Fourier ~ фурье-компонент
frequency ~ частотный компонент
Gaussian ~ гауссов компонент
g-factor [g-tensor] ~ компонент g-фактора [g-тензора]
harmonic ~ гармоническая составляющая
high-frequency ~ высокочастотный компонент
hyperfine ~ сверхтонкий компонент
hyperpolarizability ~ компонент гиперполяризуемости
imaginary ~ мнимая составляющая
in-phase ~s сфазированные компоненты
integrated-optics ~s интегрально-оптические компоненты
ionic ~ ионная составляющая
lattice ~s компоненты решетки
linearly polarized ~ линейно поляризованный компонент
longitudinal ~ продольный компонент
long-wavelength ~ длинноволновый компонент
low-energy ~ низкоэнергетический компонент
low-frequency ~ низкочастотный компонент
magnetic ~ магнитный компонент
momentum ~ компонент импульса
multiplet ~ компонент мультиплета
noise ~ шумовая составляющая
nondegenerate ~ невырожденный компонент
nondiagonal ~ недиагональный компонент
nonequivalent ~s неэквивалентные компоненты
nonfringing ~s неинтерферирующие компоненты; компоненты, не порождающие интерференционных полос
nonzero ~ ненулевой компонент
off-diagonal ~ недиагональный компонент
optical ~s оптические компоненты, оптические детали
optoelectronic ~s оптоэлектронные компоненты
orthogonally polarized ~s ортогонально поляризованные компоненты

out-of-phase ~s несфазированные компоненты; несинхронизованные компоненты
passive optical ~ пассивный оптический элемент
polarizability ~ компонент поляризуемости
polarization ~ компонент поляризации
polarized ~ поляризованный компонент
quadrature ~ квадратурный компонент, составляющая поля, сдвинутая по фазе на 90^0
radial ~ радиальная составляющая
real ~ действительная [вещественная] составляющая
scalar ~ скалярная компонента
scattered ~ рассеянный компонент
short-wavelength ~ коротковолновый компонент
sideband ~ комбинационная составляющая (*спектра*); сателлит
signal ~ компонент сигнала
slow ~ медленный компонент
slowly varying ~ медленно меняющаяся составляющая
spatial-frequency ~ компонент пространственной частоты
spectral ~ спектральный компонент
specular ~ зеркальная составляющая
spin ~ спиновый компонент, компонент спина
spurious ~ паразитная составляющая
Stark ~ штарковский компонент
Stokes ~ стоксов компонент
structural ~ структурный компонент
superhyperfine ~ суперсверхтонкий компонент
tangential ~ тангенциальный компонент
tensor ~ компонент тензора
thin-film ~ тонкопленочный компонент
transverse ~ поперечный компонент
vibronic ~ вибронный компонент
Zeeman ~ зеемановский компонент
composite композиционный материал, композит ‖ композиционный, составной

composition

composition 1. структура 2. состав 3. соединение
  chemical ~ химический состав
  color ~ цветовой состав
  stoichiometric ~ стехиометрический состав
compound соединение
  amorphous ~ аморфное соединение
  binary ~ двойное соединение
  crystalline ~ кристаллическое соединение
  diamagnetic ~ диамагнитное соединение
  fluorine-containing ~s фторсодержащие соединения
  inorganic ~ неорганическое соединение
  intermetallic ~ интерметаллическое соединение
  mixed ~ смешанное соединение
  organic ~ органическое соединение
  oxygen-containing ~s кислородсодержащие соединения
  paramagnetic ~ парамагнитное соединение
  polymeric ~ полимерное соединение
  semiconductor ~ полупроводниковое соединение
  stoichiometric ~ стехиометрическое соединение
  superconducting ~ сверхпроводящее соединение
  ternary ~ тройное соединение
  unstable ~ нестабильное соединение
compression сжатие
  bandwidth ~ сжатие полосы частот
  image ~ сжатие изображения
  optical ~ оптическое сжатие
  phase-space ~ сжатие в фазовом пространстве
  pulse ~ сжатие импульса
  soliton ~ сжатие солитона
  spatial ~ пространственное сжатие
  spectral ~ спектральное сжатие
  temporal ~ временно́е сжатие
  ultimate ~ предельное сжатие
  uniaxial ~ одноосное сжатие
computation вычисление; расчет
  approximate ~ приближенный расчет
  fault-tolerant ~s вычисления, устойчивые к сбоям
  model ~s модельные расчеты
  numerical ~s численные расчеты
  optical ~s оптические вычисления
  quantum ~s квантовые вычисления
compute вычислять; обрабатывать данные
computer компьютер
  all-optical ~ полностью оптический компьютер
  analog ~ аналоговый компьютер
  classical ~ классический компьютер
  digital ~ цифровой компьютер
  electronic ~ электронный компьютер
  holographic ~ голографический компьютер
  ion-trap quantum ~ квантовый компьютер на ионных ловушках
  optical ~ оптический компьютер
  photonic ~ фотонный компьютер; оптический компьютер
  quantum ~ квантовый компьютер
concatenation конкатенация; торцевое соединение волокон
concave вогнутый
concentration концентрация
  activator ~ концентрация активатора
  bulk ~ объемная концентрация
  carrier ~ концентрация носителей
  defect ~ концентрация дефектов
  donor ~ концентрация доноров
  dopant [doping] ~ концентрация легирующей примеси
  dye ~ концентрация красителя
  electron ~ концентрация электронов
  equilibrium ~ равновесная концентрация
  excess ~ избыточная концентрация
  exciton ~ концентрация экситонов
  free carrier ~ концентрация свободных носителей
  hole ~ концентрация дырок
  impurity ~ концентрация примеси
  initial ~ начальная концентрация
  integral ~ интегральная концентрация
  intrinsic carrier ~ собственная концентрация носителей
  local ~ локальная концентрация
  molar ~ молярная концентрация
  nonequilibrium ~ неравновесная концентрация
  partial ~ парциальная концентрация

particle ~ концентрация частиц
relative ~ относительная концентрация
saturation ~ концентрация насыщения
surface ~ поверхностная концентрация
volume ~ объемная концентрация
concentrator концентратор
  compound ~ фокон (*солнечный концентратор*)
  conical ~ конический концентратор
  fluorescent ~ флуоресцентный концентратор
  focusing ~ фокусирующий концентратор
  Fresnel ~ концентратор Френеля
  holographic ~ голографический концентратор
  luminescent ~ люминесцентный концентратор
  multiple layer ~ многослойный концентратор
  parabolic ~ параболический концентратор
  paraboloid ~ параболоидный концентратор
  photovoltaic ~ фотоэлектрический концентратор
  planar ~ плоский концентратор
  prism ~ призменный концентратор
  solar ~ концентратор солнечного излучения
  spherical ~ сферический концентратор
  total-internal-reflection ~ концентратор на полном внутреннем отражении
  waveguide ~ волноводный концентратор
  wide-aperture ~ широкоапертурный концентратор
  Winston ~ фокон; фоклин
concept концепция
  Bloch ~ концепция Блоха
  Bohr ~ концепция Бора
  Fresnel ~ концепция Френеля
  Huygens ~ концепция Гюйгенса
  Planck ~ концепция Планка
  polariton ~ концепция поляритона
  Purcell ~ концепция Парселла
  quantum ~s квантовые представления

quantum-computational ~ концепция квантовых вычислений
  soliton ~ концепция солитона
condensation конденсация
  Bose ~ бозе-конденсация
  Bose-Einstein ~ конденсация Бозе – Эйнштейна
  exciton ~ конденсация экситонов
  quantum ~ квантовая конденсация
condenser конденсор
  Abbe ~ конденсор Аббе
  achromatic ~ ахроматический конденсор
  annular mirror ~ кольцевой зеркальный конденсор
  bright-field ~ конденсор светлого поля
  cylindrical ~ цилиндрический конденсор
  dark-field ~ конденсор темного поля
  double ~ двухлинзовый конденсор
  mirror ~ зеркальный конденсор
  mirror-lens ~ зеркально-линзовый конденсор
  paraboloidal ~ параболоидальный конденсор
  quartz ~ кварцевый конденсор
  single-lens ~ однолинзовый конденсор
  substage ~ конденсор микроскопа
  triple ~ трехлинзовый конденсор
  variable focus ~ конденсор с переменным фокусным расстоянием
condition условие
  ~**s of observation** условия наблюдения
  adverse ~**s** неблагоприятные условия
  ambient ~**s** окружающие [внешние] условия
  anticrossing ~ условие антипересечения
  astrophysical ~**s** астрофизические условия
  atmospheric ~**s** атмосферные условия
  Bennet ~ условие Беннета
  Bennet-Budker ~ условие Беннета – Будкера
  Bloch ~ условие Блоха
  Bohr frequency ~ условие частот Бора
  boundary ~ граничное условие
  Bragg ~**s** условия Брэгга

condition

collision-free ~s бесстолкновительные условия
continuity ~s условия непрерывности
critical ~s критические условия
degeneracy ~ условие вырождения
environmental ~s окружающие [внешние] условия
equilibrium ~s равновесные условия
excitation ~ условие возбуждения
experimental ~s экспериментальные условия
factorizability ~ условие факторизуемости
gage ~ калибровочное условие
growth ~s условия роста
illumination ~s условия освещения
initial ~s начальные условия
irradiation ~s условия облучения
localization ~ условие локализации
local neutrality ~ условие локальной нейтральности
magic angle ~ условие магического угла
meteorological ~s метеорологические условия
null ~s нулевые условия
operating ~s условия эксплуатации
orthogonality ~ условие ортогональности
periodic boundary ~s периодические граничные условия
Petzval ~ условие Петцваля
phase-matching ~ условие фазового синхронизма
pumping ~s условия эксплуатации
quantization ~s условия квантования
quasi-static ~s квазистатические условия
Rayleigh ~ условие Рэлея
readout ~s условия считывания
resonance ~s резонансные условия
sine ~ условие синусов
Sommerfeld radiation ~ условие излучения Зоммерфельда
stability ~ условие устойчивости
steady-state ~s стационарные условия
strong-confinement ~s условия сильного ограничения, условия сильной локализации
strong coupling ~ условие сильной связи
strong scattering ~s условия сильного рассеяния
symmetry ~ условие симметрии
threshold ~ пороговое условие
ultrahigh-vacuum ~s условия сверхвысокого вакуума

conductance 1. (активная) проводимость 2. теплопроводимость

conduction проводимость; электропроводность
band ~ зонная проводимость
dark ~ темновая электропроводность
electron(ic) ~ электронная проводимость
extrinsic ~ примесная проводимость
hole ~ дырочная проводимость
hopping ~ прыжковая проводимость
impurity ~ примесная проводимость
intrinsic ~ собственная проводимость
ionic ~ ионная проводимость
light-induced ~ светоиндуцированная проводимость
percolative ~ перколяционная проводимость
photoinduced ~ фотоиндуцированная проводимость, фотопроводимость
polaron ~ поляронная проводимость
residual ~ остаточная электропроводность

conductivity 1. проводимость 2. удельная проводимость 3. удельная электропроводность
dark ~ темновая проводимость
differential ~ дифференциальная проводимость
electron(ic) ~ электронная проводимость
heat ~ теплопроводность
hole ~ дырочная проводимость
hopping ~ прыжковая проводимость
intrinsic ~ собственная удельная электропроводность
lattice ~ решеточная проводимость
light-induced ~ фотопроводимость
n-type ~ проводимость n-типа
optical ~ оптическая проводимость
photo ~ фотопроводимость
p-type ~ проводимость p-типа
residual ~ остаточная проводимость

thermal ~ теплопроводность
conductor проводник
   optical ~ свето(про)вод
cone 1. конус 2. колбочка
   acceptance ~ входная угловая апертура
   backscatter ~ конус обратного рассеяния
   diffraction ~ дифракционный конус
   light ~ световой конус
   retinal ~ колбочка сетчатки (*глаза*)
   scattering ~ конус рассеяния
   shadow ~ конус тени
   Tyndall ~ конус Тиндаля
configuration геометрия; конфигурация
   asymmetric ~ асимметричная конфигурация
   axisymmetric ~ осесимметричная конфигурация
   cavity ~ конфигурация резонатора
   collinear ~ коллинеарная конфигурация
   copolarized ~ конфигурация с идентичными поляризациями в двух каналах
   cross-polarized ~ конфигурация с ортогональными [скрещенными] поляризациями в двух каналах
   double-pass ~ двухходовая конфигурация
   electronic ~ электронная конфигурация
   equilibrium ~ равновесная конфигурация
   Faraday ~ геометрия Фарадея
   ground ~ основная конфигурация
   Helmholtz ~ конфигурация Гельмгольца
   laser ~ конструкция лазера
   longitudinal ~ продольная геометрия
   phase-sensitive ~ фазочувствительная конфигурация
   single-beam ~ однолучевая конфигурация
   spatial ~ пространственная конфигурация
   steady-state ~ стационарная конфигурация
   symmetric ~ симметричная конфигурация
   transverse ~ поперечная геометрия

traveling-wave ~ конфигурация бегущей волны
   uniform ~ однородная конфигурация
   Voigt ~ геометрия Фойгта
confinement 1. ограничение; локализация 2. удержание
   beam ~ ограничение пучка
   carrier ~ локализация носителей
   3D ~ трехмерное ограничение
   electrostatic plasma ~ электростатическое удержание плазмы
   inertial ~ инерционное удержание (*плазмы*)
   lateral ~ поперечное [латеральное] ограничение
   longitudinal ~ продольное ограничение
   magnetic (plasma) ~ магнитное удержание плазмы
   mode ~ ограничение [локализация] моды (*в световоде*)
   optical ~ оптический волноводный эффект
   optical phonon ~ локализация оптических фононов
   parabolic ~ параболическое ограничение
   photon ~ фотонное ограничение; локализация фотонов
   plasma ~ удержание плазмы
   quantum ~ размерное квантование
   spatial ~ пространственная локализация; пространственное ограничение
   three-dimensional ~ трехмерное ограничение
   transverse ~ поперечное [латеральное] ограничение
confocal конфокальный, имеющий общий фокус
conformation конформация
   eclipsed ~ повернутая конформация
   equilibrium ~ равновесная конформация
   gauche ~ *гош*-форма
   helical ~ спиральная конформация
   molecule ~ конформация молекулы
   nonplanar ~ неплоская конформация
   planar ~ плоская конформация
   spatial ~ пространственная конформация

conformation

stable ~ устойчивая конформация
staggered ~ «шахматная» конформация
trans ~ *транс*-форма
conjugate сопряженный
conjugation сопряжение, обращение (волнового фронта)
  complex ~ комплексное сопряжение
  nonlinear optical phase ~ нелинейно-оптическое обращение волнового фронта
  phase ~ обращение волнового фронта
  wavefront ~ обращение волнового фронта
conjugator устройство сопряжения
  phase ~ устройство обращения волнового фронта
conjunction соединение; связь; совпадение; сочетание
connect соединять, связывать
connection соединение; сочленение; связь
  causal ~ причинная связь
  optical ~ оптическое соединение, оптическая связь
connector соединитель, разъем; переходник; кабельная муфта
  butt-coupled ~ торцевой (*волоконный*) разъем
  cable ~ соединительная кабельная муфта
  expanded-beam ~ разъем (*волоконный*) с расширением пучка
  fiber ~ волоконный разъем
  fiber-optic ~ волоконно-оптический разъем
  input ~ входной разъем
  optical ~ оптический разъем, оптический соединитель
  optical waveguide ~ волоконно-оптический разъем
  output ~ выходной разъем
  single-fiber ~ одноволоконный разъем
  tee ~ тройник, тройной соединитель
conoscope коноскоп
conoscopy коноскопия
conservation сохранение
  angular momentum ~ сохранение момента импульса, сохранение углового момента
  charge ~ сохранение заряда
  energy ~ сохранение энергии
  momentum ~ сохранение импульса
  parity ~ сохранение четности
  spin ~ сохранение спина
consideration 1. рассмотрение 2. соображение
  phenomenological ~ феноменологическое рассмотрение
  qualitative ~ качественное рассмотрение
  quantitative ~ количественное рассмотрение
  symmetry ~s соображения симметрии
  theoretical ~ теоретическое рассмотрение
consistence 1. консистенция, плотность 2. степень плотности, густоты
consistency 1. последовательность, логичность 2. постоянство 3. согласованность 4. консистенция, плотность
consistent 1. последовательный, логичный 2. согласующийся, совместимый
  self-~ самосогласованный
constant константа, постоянная
  aberration ~ постоянная аберрации
  amplification ~ коэффициент усиления
  anharmonism ~ константа ангармонизма
  anisotropy ~ константа анизотропии
  attenuation ~ 1. коэффициент затухания, коэффициент ослабления, декремент 2. действительная часть коэффициента затухания
  Boltzmann ~ постоянная Больцмана
  calibration ~ калибровочная постоянная
  Cotton-Mouton ~ константа Коттона – Мутона
  coupling ~ константа связи
  Curie ~ константа Кюри
  damping ~ коэффициент [декремент] затухания
  decay ~ постоянная распада
  dielectric ~ диэлектрическая постоянная, диэлектрическая проницаемость
  diffusion ~ константа диффузии
  dimensionless ~ безразмерная постоянная
  dissociation ~ константа диссоциации

elastooptical ~ упругооптическая постоянная
Faraday ~ постоянная Фарадея
fine-structure ~ постоянная тонкой структуры
force ~ силовая постоянная
fundamental physical ~ фундаментальная физическая постоянная
gain ~ коэффициент усиления
grating ~ постоянная дифракционной решетки
gravitational ~ гравитационная постоянная
Hall ~ постоянная Холла
harmonic ~ гармоническая постоянная
Hubble ~ постоянная Хаббла
hyperfine ~ сверхтонкая константа, константа сверхтонкого взаимодействия
Kerr ~ постоянная Керра
Kundt's ~ константа Кундта
lattice ~ постоянная решетки
Luttinger ~ постоянная Люттингера
Madelung ~ константа Маделунга
normalization ~ нормировочная постоянная
numerical ~ численная константа
optical ~s оптические постоянные
phenomenological ~ феноменологическая константа
photoelastic ~ константа фотоупругости
photometric ~ фотометрическая постоянная
Planck('s) ~ постоянная Планка
Pockels ~ постоянная Поккельса
propagation ~ константа распространения
proportionality ~ константа пропорциональности
quenching rate ~ константа скорости тушения
rate ~ константа скорости
rotational ~ вращательная постоянная
Rydberg ~ постоянная Ридберга
screening ~ постоянная экранирования
sensitization ~ константа сенсибилизации
solar ~ солнечная постоянная
spectroscopic ~ спектроскопическая константа

spin-lattice coupling ~ константа спин-решеточного взаимодействия
spin-orbit coupling [spin-orbit interaction] ~ константа спин-орбитального взаимодействия
Stark ~ штарковская постоянная
Stefan-Boltzmann ~ постоянная Стефана – Больцмана
time ~ постоянная времени
Verdet ~ константа Верде
vibrational ~ колебательная постоянная
Wien ~ постоянная Вина
Zeeman splitting ~ константа зеемановского взаимодействия
constrigence обратная относительная дисперсия
consume потреблять; расходовать; поглощать
consumption потребление; расход
energy ~ потребление энергии
power ~ потребление мощности
contact контакт
buried ~ скрытый [утопленный] контакт
heat ~ тепловой контакт
optical ~ оптический контакт
point ~ точечный контакт
contamination загрязнение, нежелательная примесь
surface ~ поверхностное загрязнение
contiguous смежный; прилегающий
continuity непрерывность; неразрывность
continuous непрерывный
continuum континуум
anisotropic ~ анизотропная сплошная среда
bremsstrahlung ~ тормозной континуум
Debye ~ дебаевский континуум (*модель твердого тела*)
dissociation ~ диссоциационный континуум
femtosecond ~ фемтосекундный континуум
ionization ~ ионизационный континуум
long-wavelength ~ длинноволновый континуум
photoionization ~ фотоионизационный континуум

continuum

  recombination ~ рекомбинационный континуум
  space-time ~ пространственно-временной континуум
  white-light ~ континуум белого света, спектральный континуум
contour контур; изолиния
  equiphase ~ эквифазная линия, линия равных фаз
contouring оконтуривание
contrast контраст
  amplitude ~ амплитудный контраст
  brightness ~ яркостный контраст
  color ~ цветовой контраст
  enhanced ~ усиленный контраст
  fringe ~ контраст интерференционных полос
  halftone ~ контраст растрированного полутонового изображения
  image ~ контраст изображения
  interference ~ интерференционный контраст
  interference pattern ~ контраст интерференционной картины
  lighting ~ контраст освещения
  luminance ~ контраст яркости
  magneto-optic(al) ~ магнитооптический контраст
  optical ~ оптический контраст
  phase ~ фазовый контраст
  photographic ~ фотографический контраст
  polarization ~ поляризационный контраст
  refractive-index ~ контраст показателя преломления
  speckle ~ контраст спекл-структуры
  spectral ~ спектральный контраст
  successive ~ последовательный контраст
  switching ~ контраст переключения
  threshold ~ пороговый контраст
  visual ~ зрительный контраст
control управление; регулировка ∥ управлять; регулировать
  amplification ~ регулировка усиления
  astigmatism ~ коррекция астигматизма
  automatic ~ автоматическое управление
  beam ~ управление лучом
  brightness [brilliance, brilliancy] ~ регулировка яркости
  coherent ~ когерентный контроль
  coherent optical ~ когерентный оптический контроль
  computer ~ компьютерное управление
  contrast ~ регулировка контраста
  echo ~ эхо-контроль
  fingertip ~ сенсорное управление
  focus ~ механизм фокусировки
  frequency ~ регулировка частоты; контроль частоты
  gain ~ регулировка усиления; контроль усиления
  guidance ~ управление наведением
  illumination ~ регулировка освещения
  image ~ контроль изображения
  intensity ~ регулировка интенсивности
  interferometric ~ интерферометрический контроль
  laser-beam ~ управление лазерным пучком
  luminance ~ регулировка яркости
  manual ~ ручное управление
  optical ~ оптическое управление
  phase ~ фазовый контроль; управление фазой
  quantum ~ квантовый контроль
  remote ~ дистанционное управление
  sensitivity ~ регулировка чувствительности
  sensitometric ~ сенситометрический контроль
  sight ~ визуальный контроль
  spatial ~ пространственный контроль, пространственное управление
  wavefront ~ управление волновым фронтом; коррекция волнового фронта
  wavelength ~ контроль длины волны
controller контроллер, регулятор
  phase ~ фазорегулятор
  polarization ~ поляризационный контроллер
convention :
  sign ~ правило знаков
converge сходиться; сосредоточиваться
convergence 1. сведение, совмещение (*пучков*) 2. сходимость, конвергенция

cooling

beam ~ 1. сходимость пучка 2. сведение пучков
conversion конверсия, преобразование
  analog ~ аналоговое преобразование
  analog-(to-)digital ~ аналого-цифровое преобразование
  cooperative ~ кооперативное преобразование
  digital-(to-)analog ~ цифроаналоговое преобразование
  direct ~ прямая конверсия, прямое преобразование
  down-~ параметрическая конверсия со снижением частоты, даун-конверсия
  efficient ~ эффективное преобразование
  energy ~ преобразование [конверсия] энергии
  frequency ~ преобразование частоты
  image ~ преобразование изображения
  intermode ~ межмодовая конверсия
  internal ~ внутренняя конверсия
  light-induced ~ светоиндуцированная конверсия
  nonlinear ~ нелинейное преобразование
  nonradiative ~ безызлучательная конверсия
  optoelectronic ~ оптоэлектронное преобразование
  parametric down-~ параметрическое преобразование частоты вниз
  parametric frequency ~ параметрическое преобразование частоты
  parametric up-~ параметрическое преобразование частоты вверх
  photoelectric ~ фотоэлектрическое преобразование
  photothermal ~ фототермическое преобразование (*энергии*)
  radiationless ~ безызлучательная конверсия
  radiative ~ излучательная конверсия
  Raman ~ комбинационное преобразование частоты, рамановская конверсия
  self-frequency ~ самопреобразование частоты
  spectral ~ спектральное преобразование
  up-~ параметрическая конверсия с повышением частоты, ап-конверсия
  wavelength ~ преобразование длины волны
convert превращать, преобразовывать
converter конвертер
  analog-to-digital ~ аналого-цифровой преобразователь
  crystalline laser ~ кристаллический лазерный преобразователь
  digital-to-analog ~ цифроаналоговый преобразователь
  electrooptical ~ электрооптический преобразователь
  fiber-optic ~ волоконно-оптический преобразователь
  frequency ~ преобразователь частоты
  heterodyne ~ гетеродинный преобразователь
  image ~ преобразователь изображений
  infrared(-to-visible) image ~ инфракрасный электронно-оптический преобразователь
  IR ~ ИК-конвертер
  magneto-optical ~ магнитооптический преобразователь
  mode ~ модовый конвертер
  optical ~ оптический преобразователь
  optical wavelength ~ преобразователь длины волны оптического излучения; оптический конвертер
  optoelectronic ~ оптоэлектронный конвертер
  photoelectric ~ фотоэлектрический преобразователь
  pulse-train ~ преобразователь последовательности импульсов
  tunable ~ перестраиваемый преобразователь
convex выпуклый
convolution свертка
cooling охлаждение
  adiabatic ~ адиабатическое охлаждение
  carrier ~ охлаждение носителей
  cavity-mediated ~ резонаторное охлаждение; охлаждение с участием резонаторной полости
  cryogenic ~ криогенное охлаждение
  diffusion ~ диффузионное охлаждение

cooling

dissipative ~ диссипативное охлаждение
Doppler ~ доплеровское охлаждение
EIT ~ охлаждение на основе эффекта электромагнитно-индуцированной прозрачности
electron ~ электронное охлаждение
evaporative ~ испарительное охлаждение
fluorescent ~ флуоресцентное охлаждение
laser ~ лазерное охлаждение
magnetic ~ охлаждение размагничиванием, магнитное охлаждение
microchannel ~ микроканальное охлаждение
one-dimensional ~ одномерное охлаждение
optical ~ оптическое охлаждение
radiation ~ охлаждение лучеиспусканием
radiative ~ радиационное охлаждение
Raman ~ рамановское охлаждение, охлаждение с участием комбинационных переходов
sideband ~ сателлитное охлаждение
Sisyphus ~ сизифово охлаждение
stochastic ~ стохастическое охлаждение
surface ~ поверхностное охлаждение
thermoelectric ~ термоэлектрическое охлаждение
vibrational ~ колебательное охлаждение

coordinate координата
  angular ~ угловая координата
  canonical ~s канонические координаты
  Cartesian ~s декартовы [прямоугольные] координаты
  celestial ~s небесные координаты
  chromaticity ~s координаты цветности
  cylindrical ~s цилиндрические координаты
  displacement ~s координаты смещения
  internal ~s внутренние [естественные] координаты
  laboratory ~s лабораторные координаты
  normal ~ нормальная координата
  nuclear ~ ядерная координата
  optical ~s оптические координаты
  polar ~s полярные координаты
  rectangular ~s прямоугольные [декартовы] координаты
  spatial ~ пространственная координата
  spherical ~s сферические координаты
  spin ~s спиновые координаты
  symmetry ~s координаты симметрии
  time ~ временна́я координата
  transverse ~ поперечная координата
  valence-type symmetry ~s валентные координаты симметрии

copper медь, Cu
core сердцевина; остов, ядро
  atom(ic) ~ атомный остов
  central ~ сердцевина
  dislocation ~ ядро дислокации
  elliptical ~ эллиптическая сердцевина
  fiber ~ сердцевина волокна
  ion(ic) ~ остов иона
  light-guiding ~ световедущая жила
  molecular ~ молекулярный остов
  optical fiber ~ сердцевина оптического волокна

cornea роговая оболочка, роговица (*глаза*)
corona корона
  electronic ~ электронная корона
  Fraunhofer ~ фраунгоферова корона
  galactic ~ галактическая корона
  lunar ~ венец вокруг Луны
  solar ~ солнечная корона
  stellar ~ звездная корона
  UV ~ УФ-корона
  visible ~ видимая корона
  white light ~ белая корона

corpuscle корпускула, частица
correction коррекция, исправление
  ~ of atmospheric distortions коррекция атмосферных искажений
  ~ of spherical aberrations коррекция сферических аберраций
  aberration ~ коррекция аберраций
  active ~ активная коррекция
  adaptive ~ адаптивная коррекция
  afterglow ~ коррекция послесвечения

correlation

aperture ~ апертурная коррекция
astigmatism ~ коррекция астигматизма
automatic ~ автоматическая коррекция
background ~ поправка на фон
classical error ~ классическая коррекция ошибок
color ~ цветовая коррекция
contrast ~ коррекция контраста
diffraction ~ коррекция дифракции; дифракционная поправка
dispersion ~ коррекция дисперсии
distortion ~ коррекция дисторсии
drift ~ поправка на дрейф
dynamic ~ динамическая коррекция
error ~ исправление [коррекция] ошибок
first-order ~ коррекция первого порядка
frequency ~ частотная коррекция
image ~ коррекция изображения
isoplanatic ~ изопланатическая коррекция
laser beam ~ коррекция лазерного пучка
leading ~ основная поправка
local-field ~ поправка на локальное поле
nonlinear ~ нелинейная коррекция
optical ~ оптическая коррекция
optical distortion ~ коррекция оптических искажений
parallax ~ поправка на параллакс
phase ~ фазовая коррекция
photometric ~ фотометрическая коррекция
quantum ~ квантовая поправка
quantum error ~ квантовая коррекция ошибок
radiative ~ радиационная поправка
real-time ~ коррекция в реальном времени
relativistic ~ релятивистская поправка
second-order ~ коррекция второго порядка
self-energy ~ поправка к собственной энергии
self-interaction ~ поправка на самовоздействие
temperature ~ температурная поправка
vision ~ коррекция зрения
wavefront ~ коррекция волнового фронта

corrector корректор
afterglow ~ корректор послесвечения
aperture ~ апертурный корректор
Baker ~ корректор Бейкера
color ~ цветокорректор
Doppler(-shift) ~ корректор доплеровского сдвига
dynamic ~ динамический корректор
holographic ~ голографический корректор
Maksutov ~ максутовский корректор
one-lens ~ однолинзовый корректор
optical ~ оптический корректор
phase ~ фазовый корректор
polarization ~ поляризационный корректор
two-lens ~ двухлинзовый корректор
waveform ~ корректор формы сигнала

correlate коррелировать, соотносить
correlation корреляция
amplitude ~ амплитудная корреляция
angular ~ угловая корреляция
atomic ~s атомные корреляции
biexcitonic ~ биэкситонная корреляция
classical ~ классическая корреляция
Coulomb ~ кулоновская корреляция
cross-~ кросс-корреляция; взаимная корреляция
dynamical ~s динамические корреляции
Einstein-Podolsky-Rozen ~ корреляция Эйнштейна – Подольского – Розена, ЭПР-корреляция
electron ~ электронная корреляция
electron-hole ~ электронно-дырочная корреляция
EPR(-type) ~ корреляция Эйнштейна – Подольского – Розена, ЭПР-корреляция
excess ~ избыточная корреляция
exciton ~ экситонная корреляция
first-order ~ корреляция первого порядка
fluctuation ~ корреляция флуктуаций
higher-order ~ корреляция высших порядков

correlation

intensity ~ корреляция интенсивностей
linear ~ линейная корреляция
long-range ~ крупномасштабная корреляция
many-body [many-particle] ~s многочастичные корреляции
medium-range ~s корреляции среднего масштаба
negative ~ отрицательная корреляция
nonclassical ~ неклассическая корреляция
nonlinear ~ нелинейная корреляция
nonlocal ~ нелокальная корреляция
normalized ~ нормированная корреляция
optical ~ оптическая корреляция
pair ~ парная корреляция
partial ~ частичная корреляция
phase ~ фазовая корреляция
photocount ~ корреляция фотоотсчетов
photon ~ корреляция фотонов
photon-photon ~ фотон-фотонная корреляция
polarization ~ поляризационная корреляция
quantum ~ квантовая корреляция
rotational ~ вращательная корреляция
roughness ~s корреляции шероховатостей
second-order ~ корреляция второго порядка
short-range ~ мелкомасштабная корреляция
spatial ~ пространственная корреляция
spectral ~ спектральная корреляция
spin ~s спиновые корреляции
spurious ~ ложная корреляция
statistical ~ статистическая корреляция
structural ~ структурная корреляция
temporal [time] ~ временна́я корреляция
triple ~ тройная корреляция
two-exciton ~ двухэкситонная корреляция
two-pair ~ двухпарная корреляция
two-photon ~ двухфотонная корреляция

zero ~ нулевая корреляция
correlator коррелятор
   acousto-optic ~ акустооптический коррелятор
   analog ~ аналоговый коррелятор
   digital ~ цифровой коррелятор
   dynamic magneto-optical ~ динамический магнитооптический коррелятор
   optical ~ оптический коррелятор
   threshold ~ пороговый коррелятор
corrode разъедать; подвергаться действию коррозии
corrosion коррозия
   photo-induced ~ фотоиндуцированная коррозия
counter счетчик
   Cherenkov ~ счетчик Черенкова
   Geiger-Mueller ~ счетчик Гейгера – Мюллера
   laser beam particle ~ лазерный счетчик частиц
   optical ~ оптический счетчик
   photoelectric ~ фотоэлектрический счетчик
   photoelectric particle ~ фотоэлектрический счетчик частиц
   photon ~ счетчик фотонов
   scintillation ~ сцинтилляционный счетчик
countermeasure контрмера, мера противодействия
   optical ~s меры противодействия оптическим средствам
counting счет
   coincidence ~ счет совпадений
   correlated photon ~ счет коррелированных фотонов
   photon ~ счет фотонов
   scintillation ~ счет сцинтилляций
   single photon ~ счет одиночных фотонов
couple 1. пара 2. соединять, сочетать 3. взаимодействовать
coupler 1. ответвитель 2. устройство связи, устройство ввода-вывода
   bidirectional ~ двунаправленный ответвитель
   diffraction ~ дифракционный ответвитель
   directional ~ направленный ответвитель

coupling

fiber(-optic) ~ волоконно-оптическое устройство ввода-вывода; волоконно-оптический ответвитель
fiber-optic directional ~ волоконно-оптический направленный ответвитель
holographic grating ~ устройство ввода-вывода на основе голографической дифракционной решетки
input ~ устройство ввода (излучения)
nonlinear ~ нелинейное устройство связи
nonreciprocal ~ невзаимный ответвитель
output ~ устройство вывода (излучения), выходное зеркало
polarization-selective ~ поляризационно-селективный ответвитель
prism ~ призменное устройство ввода-вывода
coupling 1. связь, взаимодействие **2.** ввод-вывод (*излучения*)
adjustable ~ регулируемая связь
annular ~ кольцевое соединение
antiferromagnetic ~ антиферромагнитное взаимодействие
aperture ~ апертурная связь, связь через отверстие
beam ~ ввод-вывод пучка
butt ~ соединение встык
carrier-phonon ~ взаимодействие носителей с фононами
classical ~ классическое взаимодействие
coherent ~ когерентное взаимодействие
Coriolis ~ кориолисово взаимодействие
Coulomb ~ кулоновское взаимодействие
critical ~ критическая связь
diffraction ~ дифракционная связь
dipole-dipole ~ диполь-дипольное взаимодействие
dispersion ~ дисперсионная связь
electron-hole ~ электронно-дырочное взаимодействие
electron-phonon ~ электрон-фононное взаимодействие
electron-photon ~ электрон-фотонное взаимодействие
electrostatic ~ электростатическое взаимодействие
exchange ~ обменное взаимодействие
exciton-photon ~ экситон-фотонное взаимодействие
feedback ~ обратная связь
ferromagnetic ~ ферромагнитное взаимодействие
fine ~ тонкое взаимодействие; спин-орбитальное взаимодействие
four-wave ~ четырехволновое взаимодействие
inductive ~ индуктивное взаимодействие
interband ~ межзонное взаимодействие
interchain ~ межцепное взаимодействие, взаимодействие между молекулярными цепями
interdot ~ взаимодействие между квантовыми точками
interlayer ~ межслоевое взаимодействие
intermediate ~ промежуточная связь
intermode ~ межмодовое взаимодействие
intermolecular ~ межмолекулярное взаимодействие
interstage ~ межкаскадная связь
interwell ~ взаимодействие между квантовыми ямами, межъямное взаимодействие
intrachain ~ внутрицепное взаимодействие, взаимодействие внутри молекулярной цепи
intrawell ~ взаимодействие внутри квантовой ямы, внутриямное взаимодействие
Jahn-Teller ~ взаимодействие Яна – Теллера
laser ~ ввод-вывод лазерного излучения
light-matter ~ взаимодействие света с веществом
linear ~ линейное взаимодействие
long-range ~ дальнодействие; взаимодействие на больших расстояниях
magnetic ~ магнитное взаимодействие; индуктивная связь
mode ~ взаимодействие мод
multiphoton ~ многофотонное взаимодействие
multipole-multipole ~ мультиполь-мультипольное взаимодействие

coupling

nonadiabatic ~ неадиабатическое взаимодействие
nonlinear ~ нелинейное взаимодействие
nonreciprocal ~ невзаимная связь
normal-mode ~ взаимодействие нормальных мод, взаимодействие собственных типов колебаний
off-diagonal ~ недиагональное взаимодействие
off-resonant ~ нерезонансное взаимодействие
optical ~ 1. оптическая связь, оптическое взаимодействие 2. ввод-вывод оптического излучения
optimum ~ оптимальная связь
parametric ~ параметрическое взаимодействие
particle-particle ~ межчастичное взаимодействие
phonon-magnon ~ фонон-магнонное взаимодействие
photon-photon ~ фотон-фотонное взаимодействие
photorefractive ~ фоторефрактивное взаимодействие
plasmon ~ плазмонное взаимодействие
polariton-polariton ~ поляритон-поляритонное взаимодействие
quadrupole ~ квадрупольное взаимодействие
radiation-matter ~ взаимодействие излучения с веществом
radiative ~ радиационная связь, излучательное взаимодействие
resonance ~ резонансная связь; резонансное взаимодействие
Russel-Saunders ~ рассел-саундеровская связь
short-range ~ ближнедействие, взаимодействие на малых расстояниях
spin ~ спиновое взаимодействие
spin-orbit(al) ~ спин-орбитальное взаимодействие
spin-phonon ~ спин-фононное взаимодействие
spin-spin ~ спин-спиновое взаимодействие
spurious [stray] ~ паразитная связь
strong ~ сильное взаимодействие; сильная связь
super-exchange ~ суперобменное взаимодействие
superfine ~ сверхтонкое взаимодействие
superhyperfine ~ суперсверхтонкое взаимодействие
three-wave ~ трехволновое взаимодействие
two-beam ~ двухпучковое взаимодействие
two-wave ~ двухволновое взаимодействие
vibronic ~ вибронное взаимодействие
weak ~ слабое взаимодействие; слабая связь

coverage охват; зона действия
  line-of-sight ~ дальность прямой видимости
  sky ~ зона наблюдения неба
  spectral [**wavelength**] ~ спектральный диапазон

crack трещина

cracking образование трещин, растрескивание
  solidification ~ растрескивание при затвердевании

crater кратер
  lunar ~ лунный кратер
  meteorite ~ метеоритный кратер

crest гребень; пик; максимум

criterion критерий
  Dicke ~ критерий Дике
  least-squares ~ критерий наименьших квадратов
  Nyquist ~ критерий Найквиста
  qualitative ~ качественный критерий
  quantitative ~ количественный критерий
  quantum-nondemolition ~ критерий квантовой невозмущенности
  Rayleigh ~ критерий Рэлея
  recognition ~ критерий распознавания
  Routh-Hurwitz ~ критерий Рауса – Гурвица
  Sparrow ~ критерий разрешения Спэрроу
  stability ~ критерий устойчивости
  Strehl ~ критерий Штреля

cross крест
  conoscopic ~ коноскопический крест
  hair ~ крест нитей (*в видоискателе*)

crystal

light ~ световой крест
Maltese ~ мальтийский крест
cross-correlation кросс-корреляция, взаимная корреляция
crosshair визирное перекрестье
crossing пересечение
   avoided ~ антипересечение
   level ~ пересечение уровней
crossline крест нитей (*в видоискателе*)
crosslink поперечная межмолекулярная связь
cross-modulation кросс-модуляция
crossover пересечение, точка пересечения; переход; наименьшее сечение фокусируемого пучка; кроссовер
   beam ~ пересечение пучков; каустика пучка
cross-polarization кросс-поляризация, ортогональная поляризация
cross-relaxation кросс-релаксация, перекрестная релаксация
cross-section (поперечное) сечение
   absorption ~ сечение поглощения
   beam ~ сечение пучка
   depolarization ~ сечение деполяризации
   excitation ~ сечение возбуждения
   photoionization ~ сечение фотоионизации
   resonance ~ резонансное сечение
   scattering ~ сечение рассеяния
crosstalk перекрестные помехи; перекрестные искажения
crown крон
   borate ~ боратный крон
   borosilicate ~ боросиликатный крон
   optical ~ оптический крон
   phosphate ~ фосфатный крон
   silicate ~ силикатный крон
crucible тигель
   ceramic ~ керамический тигель
   graphite ~ графитовый тигель
   tungsten ~ вольфрамовый тигель
crude сырой; необработанный; неочищенный; грубый
cryocavity криорезонатор
cryocooler криогенный охладитель
cryogenics криогеника
cryopump крионасос
cryoscope криоскоп
cryoscopy криоскопия
cryospectroscopy криоспектроскопия
cryostat криостат
   helium ~ гелиевый криостат
   liquid nitrogen ~ азотный криостат
   optical ~ оптический криостат
cryptography криптография
   classical ~ классическая криптография
   entanglement-based quantum ~ квантовая криптография, основанная на перепутывании
   quantum ~ квантовая криптография
crystal кристалл
   acentric ~ нецентросимметричный кристалл
   activated ~ активированный кристалл
   alexandrite ~ кристалл александрита
   alkali-halide ~s щелочно-галоидные кристаллы
   amorphous ~ аморфный кристалл
   anharmonic ~ ангармоничный кристалл
   anisotropic ~ анизотропный кристалл
   antiferroelectric ~ антисегнетоэлектрический кристалл
   antiferromagnetic ~ антиферромагнитный кристалл
   as-grown ~ кристалл непосредственно после выращивания
   atomic ~ атомный кристалл
   barium fluoride ~ кристалл фторида бария
   BBO ~ кристалл метабората бария, кристалл BBO
   BGO ~ кристалл (орто)германата висмута, кристалл BGO
   biaxial ~ двуосный кристалл
   birefringent ~ двулучепреломляющий кристалл
   body-centered ~ объемноцентрированный кристалл
   BSO ~ кристалл силиката висмута, кристалл BSO
   bulk ~ объемный кристалл
   calcium fluoride ~ кристалл фторида кальция
   centrosymmetric(al) ~ центросимметричный кристалл
   chiral ~ хиральный кристалл
   cholesteric liquid ~ холестерический жидкий кристалл
   cleaved ~ сколотый кристалл

crystal

colloidal ~ коллоидный кристалл
covalent ~ ковалентный кристалл
cubic ~ кубический кристалл
Czochralski-grown ~ кристалл, выращенный методом Чохральского
defect ~ дефектный кристалл
diamagnetic ~ диамагнитный кристалл
diamond-type ~ кристалл со структурой алмаза
dichroic ~ дихроичный кристалл
dimer ~ кристалл димера
disordered ~ разупорядоченный кристалл
DKDP ~ кристалл дигидрофосфата калия с тяжелой водой, кристалл DKDP
doped ~ легированный кристалл
doubling ~ двоящий [двулучепреломляющий] кристалл
doubly refracting ~ двулучепреломляющий кристалл
electro-optic(al) ~ электрооптический кристалл
enantiotropic liquid ~ энантиотропный жидкий кристалл
face-centered ~ гранецентрированный кристалл
ferroelastic ~ сегнетоупругий кристалл
ferroelectric ~ сегнетоэлектрический кристалл
ferromagnetic ~ ферромагнитный кристалл
filamentary ~ нитевидный кристалл
fluoride ~ кристалл фторида
fluorite-type ~ кристалл со структурой флюорита
frequency-doubling ~ кристалл для генерации второй гармоники, удвоитель частоты
frequency-tripling ~ кристалл для генерации третьей гармоники, утроитель частоты
gallium arsenide ~ кристалл арсенида галлия
garnet ~ кристалл граната
gyrotropic ~ гиротропный кристалл
harmonic ~ гармонический кристалл
helicoidal ~ геликоидальный кристалл
heteropolar ~ гетерополярный кристалл
hexagonal ~ гексагональный кристалл
homeopolar ~ гомеополярный кристалл
homeotropically aligned liquid ~ гомеотропно-упорядоченный жидкий кристалл
host ~ кристаллическая матрица
ideal ~ идеальный [совершенный] кристалл
imperfect ~ несовершенный кристалл
inorganic ~ неорганический кристалл
ionic ~ ионный кристалл
isomorphic ~s изоморфные кристаллы
isostructural ~s изоструктурные кристаллы
Jahn-Teller ~ ян-теллеровский кристалл
KB5 ~ кристалл пентабората калия, кристалл KB5
KDP ~ кристалл дигидрофосфата калия, кристалл KDP
KGW ~ кристалл вольфрамата калия – гадолиния, кристалл KGW
KTA ~ кристалл арсената титанила калия, кристалл KTA
KTP ~ кристалл фосфата титанила калия, кристалл KTP
KYW ~ кристалл вольфрамата калия – иттрия, кристалл KYW
lamellar ~ слоистый кристалл
laser ~ лазерный кристалл
LBO ~ кристалл трибората лития, кристалл LBO
left-handed ~ левовращающий кристалл
liquid ~ жидкий кристалл
lithium fluoride ~ кристалл фторида лития
lithium niobate ~ кристалл ниобата лития
low-symmetry ~ низкосимметричный кристалл
lyotropic liquid ~ лиотропный жидкий кристалл
magnesium fluoride ~ кристалл фторида магния
magneto-optic(al) ~ магнитооптический кристалл
mica ~ кристалл слюды
mixed ~ смешанный кристалл
molecular ~ молекулярный кристалл
monoclinic ~ моноклинный кристалл

monomer ~ кристалл мономера
negative ~ отрицательный (*одноосный*) кристалл
nematic liquid ~ нематический жидкий кристалл
noncentrosymmetric ~ нецентросимметричный кристалл
noncubic ~ некубический кристалл
nonlinear ~ нелинейный кристалл
nonlinear optical ~ нелинейно-оптический кристалл
nonperfect ~ несовершенный кристалл
nonstoichiometric ~ нестехиометрический кристалл
one-dimensional ~ одномерный кристалл
OPA ~ кристалл оптического параметрического усилителя
optical ~ оптический кристалл
optical parametric amplifier ~ кристалл оптического параметрического усилителя
organic ~ органический кристалл
orthorhombic ~ орторомбический кристалл
oxide ~s оксидные кристаллы
paramagnetic ~ парамагнитный кристалл
perfect ~ идеальный [совершенный] кристалл
photonic ~ фотонный кристалл
photorefractive ~ фоторефрактивный кристалл
piezoelectric ~ пьезоэлектрический кристалл
pleochroic ~ плеохроичный кристалл
positive ~ положительный (*одноосный*) кристалл
quantum ~ квантовый кристалл
quartz ~ кристалл кварца
rare-earth-doped ~ кристалл, активированный редкоземельными ионами
rhombic ~ ромбический кристалл
right-handed ~ правовращающий кристалл
ruby ~ кристалл рубина
scintillation ~ сцинтиллирующий кристалл
seed ~ затравочный кристалл
self-activated ~ самоактивированный кристалл
semiconductor ~ полупроводниковый кристалл
single ~ монокристалл
smectic liquid ~ смектический жидкий кристалл
stoichiometric ~ стехиометрический кристалл
strained ~ деформированный кристалл
synthetic ~ синтетический кристалл
tetragonal ~ тетрагональный кристалл
tetrahedral ~ тетраэдрический кристалл
thermotropic liquid ~ термотропный жидкий кристалл
titanium-sapphire ~ кристалл титана с сапфиром
triclinic ~ триклинный кристалл
trigonal ~ тригональный кристалл
two-dimensional ~ двумерный кристалл
tysonite ~s кристаллы со структурой тисонита
uniaxial ~ одноосный кристалл
yttrium-lithium fluoride ~ кристалл фторида лития - иттрия
Z-cut ~ кристалл со срезом по оси Z, Z-срез
zinc-selenide ~ кристалл селенида цинка
crystallinity кристалличность
  long-range ~ крупномасштабная кристалличность
  short-range ~ мелкомасштабная кристалличность
crystallite кристаллит
crystallization кристаллизация
  oriented ~ направленная кристаллизация
  photostimulated ~ фотостимулированная кристаллизация
  spontaneous ~ спонтанная кристаллизация
crystallizer кристаллизатор
crystallography кристаллография
cube куб, кубик
  Abbe ~ куб Аббе
  beam-splitting ~ светоделительный кубик
  Lummer-Brodhun ~ кубик Люммера – Бродхуна

photometric ~ фотометрический кубик
polarizing ~ поляризующий куб
cup :
   Faraday ~ цилиндр Фарадея
curing отвердевание, затвердевание
   UV ~ затвердевание под действием УФ-излучения
current ток
   dark ~ темновой ток
   electron ~ электронный ток
   hole ~ дырочный ток
   ionization ~ ток ионизации
   photoelectron ~ фотоэлектронный ток
   photoinduced ~ фотоиндуцированный ток
   photoionization ~ ток фотоионизации
   polarization ~ ток поляризации
   pumping ~ ток накачки
   recombination ~ рекомбинационный ток
   short-circuit ~ ток короткого замыкания
   threshold ~ пороговый ток
   tunnel(ing) ~ туннельный ток
curvature кривизна
   average ~ средняя кривизна
   grating ~ кривизна решетки
   image ~ кривизна изображения
   lens ~ кривизна линзы
   local ~ локальная кривизна
   nonzero ~ ненулевая кривизна
   radial ~ радиальная кривизна
   wavefront ~ кривизна волнового фронта
curve кривая; характеристика
   absorption ~ кривая поглощения
   Bragg ~ кривая Брэгга
   contrast response ~ характеристика контрастности
   decay ~ кривая затухания
   dispersion ~ кривая дисперсии
   dispersion-like ~ кривая дисперсионной формы
   double-humped ~ двугорбая кривая
   exponential ~ экспонента
   eye response ~ кривая спектральной чувствительности глаза
   fitting ~ подгоночная кривая; сглаживающая кривая
   gain ~ кривая усиления, амплитудная характеристика
   Gaussian ~ гауссова кривая, гауссов контур
   goniophotometric ~ гониофотометрическая кривая
   Paschen ~ кривая Пашена
   potential ~ потенциальная кривая
   ray velocity ~ кривая лучевых скоростей
   reflectivity ~ кривая отражательной способности
   relaxation ~ кривая релаксации
   resonance ~ резонансная кривая
   saturation ~ кривая насыщения
   sensitivity ~ кривая чувствительности
   sensitometric ~ сенситометрическая характеристика
   spectral ~ спектральная кривая
   spectral response [spectral sensitivity] ~ кривая спектральной чувствительности
   spline ~ сплайн-кривая
   transmission [transmittance] ~ кривая пропускания
   visibility ~ кривая видности
cut срез; разрез, надрез
   crystallographic ~ кристаллографический срез
cutback уменьшение, снижение
cutoff 1. отсечка, срез; граница, порог 2. коротковолновая граница (*поглощения фильтра*)
   laser ~ срыв генерации
   long-wavelength ~ красная граница фоточувствительности
   transmission ~ граница пропускания
cuton длинноволновая граница (*поглощения фильтра*)
cutting резка
   evaporative laser ~ испарительная лазерная резка
   laser ~ лазерная резка
cycle цикл; период
   diurnal ~ суточный цикл
   duty ~ 1. рабочий цикл 2. коэффициент заполнения; скважность
   high-duty ~ цикл с высоким заполнением
   iodine ~ йодный цикл
   low-duty ~ цикл с низким заполнением
   optical ~ период оптических колебаний

oscillation ~ период осцилляций, период колебаний
pumping ~ цикл накачки
Rabi ~ период осцилляций Раби
solar ~ цикл солнечной активности
cyclotron циклотрон
cystoscope цистоскоп
cytometer цитометр
laser scanning ~ лазерный сканирующий цитометр

D

daguerreotype дагерротип
daltonism дальтонизм
damage разрушение; повреждение
catastrophic ~ катастрофическое повреждение
eye ~ повреждение глаза
initial ~ начальное повреждение
irreversible laser ~ необратимое лазерное разрушение
laser ~ лазерное разрушение
laser-induced ~ разрушение, индуцированное лазерным излучением
lattice ~ повреждение решетки
mechanical ~ механическое повреждение
ocular ~ повреждение глаза
optical ~ оптическое разрушение, разрушение под действием оптического излучения
photochemical ~ фотохимическое повреждение; фотохимическое разрушение
radiation ~ радиационное повреждение
retinal ~ повреждение сетчатки
structural ~ структурное повреждение
subsurface ~ подповерхностное повреждение
surface ~ поверхностное повреждение
thermal ~ тепловое [термическое] повреждение
tissue ~ повреждение ткани

visible ~ видимое повреждение
damping затухание
critical ~ критическое затухание
danger опасность
laser ~ опасность поражения лазерным излучением
darkening потемнение
data (*мн. ч. от* **datum**) данные
analog ~ аналоговые данные
astronomical ~ астрономические данные
ellipsometry ~ данные эллипсометрии
empirical ~ эмпирические данные
experimental ~ экспериментальные данные
fluorescence ~ данные по флуоресценции
holographic ~ голографические данные
input ~ входные данные
interferometric ~ интерферометрические данные
Kerr-microscopy ~ данные керровской микроскопии
kinetic ~ кинетические данные
lifetime ~ данные по времени жизни
microscopy ~ данные микроскопии
near-field ~ ближнепольные данные
numerical ~ численные данные
optical ~ оптические данные
output ~ выходные данные
photoemission ~ фотоэмиссионные данные
photoluminescence ~ данные по фотолюминесценции
polarization ~ поляризационные данные
qualitative ~ качественные данные
quantitative ~ количественные данные
raw ~ «сырые» данные
reflectance ~ данные по отражению
scattering ~ данные по рассеянию
sensitivity ~ данные по чувствительности
spectral ~ спектральные данные
spectroscopic ~ спектроскопические данные
theoretical ~ теоретические данные
debye дебай (*единица электрического дипольного момента*)
decahedron декаэдр

de-excitation

decay затухание; спад; распад
  biexponential ~ двухэкспоненциальный распад
  cascade ~ каскадный распад
  cavity ~ затухание резонатора
  coherence ~ распад когерентности; затухание когерентности
  cooperative ~ кооперативный распад
  emission ~ затухание свечения
  excited-state ~ распад возбужденного состояния
  exciton ~ распад экситона
  exponential ~ экспоненциальное затухание
  fluorescence ~ затухание флуоресценции
  free-induction ~ затухание свободной индукции
  irreversible ~ необратимое затухание
  logarithmic ~ логарифмическое затухание
  luminescence ~ затухание люминесценции
  monotonic ~ монотонное затухание
  natural ~ естественный распад; естественное затухание
  nonexponential ~ неэкспоненциальный распад; неэкспоненциальное затухание
  nonradiative ~ безызлучательный распад
  nutation ~ затухание нутации
  nutation echo ~ затухание нутационного эха
  phase ~ фазовая релаксация
  photoluminescence ~ затухание фотолюминесценции
  photon echo ~ затухание (*сигнала*) фотонного эха
  polarization ~ затухание поляризации
  population ~ распад населенностей; релаксация населенностей
  radiationless ~ безызлучательный распад
  radiative ~ излучательный распад, радиационное затухание
  signal ~ затухание сигнала
  spin coherence ~ затухание спиновой когерентности
  spin echo ~ затухание (*сигнала*) спинового эха
  spontaneous ~ спонтанный распад
  spontaneous emission ~ затухание спонтанного излучения
  stimulated ~ стимулированное затухание; стимулированный распад
  stimulated nutation echo ~ затухание стимулированного нутационного эха
  transient nutation ~ затухание переходных нутаций
  two-photon ~ двухфотонный распад
decentering децентрирование, децентровка
decentration эксцентричность, нецентричность
decoding декодирование
  image ~ декодирование изображений
decoherence декогеренция
  atomic ~ атомная декогеренция
  excitation ~ декогеренция возбуждения
  quantum ~ квантовая декогеренция
  spin ~ спиновая декогеренция
decoloration обесцвечивание, изменение цвета
decomposition разложение; расщепление, распад
  chromatic ~ хроматическое разложение
  laser(-induced) ~ индуцированное лазерным излучением разложение
  photochemical ~ фотохимическое разложение
  Schmidt ~ разложение Шмидта
  spectral ~ спектральное разложение
deconvolution 1. деконволюция, обращение свертки; обращенная свертка 2. восстановление сигнала методом обращения свертки
decorrelation декорреляция
decouple развязывать; уменьшать связь
decoupler развязывающее устройство; развязка
decoupling развязка; уменьшение связи
  cross-polarization ~ поляризационная развязка
de-excitation релаксация возбуждения; дезактивация
  cascade ~ каскадная релаксация возбуждения

de-excitation

    nonradiative ~ безызлучательная релаксация возбуждения
    radiative ~ излучательная релаксация возбуждения
defect дефект
    absorbing ~ поглощающий дефект
    antisite ~ антиструктурный дефект
    aperture ~ апертурный дефект
    biographical ~ биографический дефект
    bird's beak ~ дефект типа «птичий клюв»
    charged ~ заряженный дефект
    combination ~ комбинационный дефект
    crystal ~ дефект кристалла
    deep ~ глубокий дефект
    delocalized ~ делокализованный дефект
    Frank ~ дефект по Франку
    Frenkel ~ дефект по Френкелю
    hidden ~ скрытый дефект
    image ~ дефект изображения; аберрация
    impurity ~ примесный дефект
    induced ~ индуцированный дефект
    interstitial ~ дефект внедрения; междоузельный дефект
    intrinsic ~ собственный дефект
    lattice ~ дефект (кристаллической) решетки
    light-induced ~ светоиндуцированный дефект
    linear ~ линейный дефект
    localized ~ локализованный дефект
    macroscopic ~ макроскопический дефект
    mesoscopic ~ мезоскопический дефект
    metastable ~ метастабильный дефект
    microscopic ~ микроскопический дефект
    mobile ~ подвижный дефект
    native ~ собственный дефект
    opaque ~ непрозрачный дефект, непрозрачное включение
    paramagnetic ~ парамагнитный дефект
    photoinduced ~ фотоиндуцированный дефект
    point ~ точечный дефект
    quantum ~ квантовый дефект
    quenching ~ тушащий дефект
    radiation(-induced) ~ радиационный дефект
    Schottky ~ дефект по Шоттки
    structural ~ структурный дефект
    substitutional ~ дефект замещения
    surface ~ поверхностный дефект
    topological ~ топологический дефект
    vacancy ~ вакансионный дефект
definition четкость изображения
deflect отклонять(ся)
deflection отклонение, дефлекция
    acousto-optic ~ акустооптическая дефлекция
    Bragg ~ брэгговское отклонение
    dynamic ~ динамическое отклонение
    electro-optic ~ электрооптическое отклонение
    photothermal ~ фототермическая дефлекция
    thermal ~ термическая дефлекция
deflectometry дефлектометрия
deflector отклоняющее устройство, дефлектор
    acousto-optic(al) ~ акустооптический дефлектор
    beam ~ оптический дефлектор
    double-coordinate ~ двухкоординатный дефлектор
    electro-optic(al) ~ электрооптический дефлектор
    magneto-optic(al) ~ магнитооптический дефлектор
    mechanical ~ оптико-механический дефлектор
    optical ~ оптический дефлектор
    single-coordinate ~ однокоординатный дефлектор
defocus дефокусировать
defocusing дефокусировка, расфокусировка
    axial ~ аксиальная дефокусировка
    beam ~ дефокусировка пучка
    intensity-dependent ~ дефокусировка, зависящая от интенсивности
    laser beam ~ дефокусировка лазерного пучка
    thermal ~ тепловая дефокусировка
deformation деформация, искажение
    axial ~ осевая деформация
    bending ~ изгибная деформация
    compressive ~ деформация сжатия

degree

elastic ~ упругая деформация
homogeneous ~ однородная деформация
Hooke(an) ~ гуковская [упругая] деформация
image ~ искажение изображения
induced ~ индуцированная деформация
inhomogeneous ~ неоднородная деформация
instantaneous ~ мгновенная деформация
irreversible ~ необратимая деформация
lattice ~ деформация решетки
local ~ локальная деформация
permanent [residual] ~ остаточная деформация
reversible ~ обратимая деформация
shear ~ деформация сдвига
spontaneous lattice ~ спонтанная деформация решетки
static ~ статическая деформация
uniaxial ~ одноосная деформация
uniform ~ равномерная [однородная] деформация

degeneracy вырождение
 ~ **of states** вырождение состояний
 accidental ~ случайное вырождение
 carrier ~ вырождение носителей
 Coulomb ~ кулоновское вырождение
 exchange ~ обменное вырождение
 Fermi ~ вырождение Ферми
 fourfold ~ четырехкратное вырождение
 Kramers ~ крамерсово вырождение
 orbital ~ орбитальное вырождение
 partial ~ частичное вырождение
 polarization ~ поляризационное вырождение
 quantum ~ квантовое вырождение
 spatial ~ пространственное вырождение
 spin ~ спиновое вырождение
 symmetry ~ симметрийное вырождение
 threefold ~ трехкратное вырождение
 twofold ~ двукратное вырождение

degradation деградация, старение
 catastrophic ~ катастрофическая деградация
 dye ~ деградация красителя
 gain ~ снижение усиления
 image ~ деградация [ухудшение качества] изображения
 irreversible ~ необратимая деградация
 optical ~ оптическая деградация
 performance ~ ухудшение рабочих характеристик
 signal-noise-ratio ~ ухудшение отношения сигнал – шум

degree 1. степень 2. градус
 ~ **of arc** градус дуги
 ~ **of branching** степень ветвления
 ~ **of centigrade** градус Цельсия
 ~ **of coherence** степень когерентности
 ~ **of correlation** степень корреляции
 ~ **of degeneracy** степень вырождения
 ~ **of dichroism** степень дихроизма
 ~ **of disorder** степень разупорядоченности
 ~ **of excitation** степень возбуждения
 ~ **of freedom** степень свободы
 ~ **of modulation** коэффициент модуляции
 ~ **of monochromatism** степень монохроматичности
 ~ **of mutual coherence** степень взаимной когерентности
 ~ **of order** степень упорядоченности
 ~ **of overshooting** кратность превышения порога
 ~ **of polarization** степень поляризации
 ~ **of saturation** степень насыщения
 Celsius ~ градус Цельсия
 coherence ~ степень когерентности
 electronic ~ **of freedom** электронная степень свободы
 Fahrenheit ~ градус Фаренгейта
 Kelvin ~ градус Кельвина
 phonon ~ **of freedom** фононная степень свободы
 polarization ~ степень поляризации
 quantum ~ **of freedom** квантовая степень свободы
 Réaumur ~ градус Реомюра
 rotational ~ **of freedom** вращательная степень свободы
 spin ~ **of freedom** спиновая степень свободы

degree

translational ~ of freedom трансляционная степень свободы
vibrational ~ of freedom колебательная степень свободы
delay задержка, запаздывание ‖ задерживать; запаздывать
   adjustable ~ регулируемая задержка
   fixed ~ фиксированная задержка
   group ~ групповая задержка
   incremental ~ дискретно регулируемая задержка
   intermode ~ межмодовая задержка
   one-way ~ задержка на один проход, задержка в одном направлении
   optical ~ оптическая задержка
   optical path ~ задержка на длине оптического пути
   path ~ задержка на длине пути; задержка на трассе
   phase ~ фазовая задержка
   pulse ~ задержка импульса
   pump-probe ~ задержка между накачивающим и зондирующим импульсами
   round-trip ~ задержка на распространение в прямом и обратном направлениях
   temporal ~ временна́я задержка
   time ~ временна́я задержка; время задержки, время запаздывания, элемент временно́й задержки
   tunable [variable] ~ регулируемая задержка
   zero ~ нулевая задержка
delivery доставка
   fiber ~ доставка по волокну
   pulse ~ доставка импульса
delocalization делокализация
   Anderson ~ андерсоновская делокализация
   defect ~ делокализация дефектов
   electron ~ делокализация электрона
   quantum ~ квантовая делокализация
delta-doping дельта-легирование
demagnification уменьшение (*изображения*)
   image ~ уменьшение изображения
demagnify уменьшать (*изображение*)
demodulation демодуляция; детектирование
   amplitude ~ амплитудная демодуляция
   digital ~ цифровая демодуляция
   frequency ~ частотная демодуляция
   interferometric ~ интерферометрическая демодуляция
   phase ~ фазовая демодуляция; фазовое детектирование
   synchronous ~ синхронное детектирование
demodulator демодулятор; детектор
   coherent ~ когерентный демодулятор
   frequency ~ частотный детектор
   phase ~ фазовый демодулятор; фазовый детектор
demultiplexer демультиплексор; устройство разделения каналов
   asymmetric ~ асимметричный демультиплексор
   optical ~ оптический демультиплексор
   time(-division) ~ временно́й демультиплексор
   wavelength(-division) ~ спектральный демультиплексор
demultiplexing разуплотнение, разделение, демультиплексирование
   all-optical ~ полностью оптическое демультиплексирование
   digital ~ цифровое демультиплексирование
   time(-division) ~ временно́е демультиплексирование
   wavelength(-division) ~ спектральное демультиплексирование
densitogram денситограмма
densitometer денситометр
   laser ~ лазерный денситометр
   optical ~ оптический денситометр
   photoelectric ~ фотоэлектрический денситометр
   reflection ~ отражательный денситометр
densitometry денситометрия
   digital ~ цифровая денситометрия
density плотность, концентрация
   ~ of states плотность состояний
   amplified spontaneous emission ~ плотность усиленного спонтанного излучения
   angular ~ угловая плотность
   areal ~ поверхностная плотность
   ASE ~ плотность усиленного спонтанного излучения

density

atom(ic) ~ атомная плотность; концентрация атомов
base ~ оптическая плотность основы, оптическая плотность подложки
blackening ~ плотность почернения
carrier ~ концентрация носителей заряда
charge ~ плотность заряда
critical ~ критическая плотность
current ~ плотность тока
defect ~ плотность дефектов
diffuse ~ диффузная (*оптическая*) плотность
dislocation ~ плотность дислокаций
donor ~ концентрация доноров
doping ~ концентрация легирующей примеси
electron ~ электронная плотность
energy ~ плотность энергии
energy-level ~ плотность энергетических уровней
equilibrium ~ равновесная концентрация
excess ~ избыточная концентрация; избыточная плотность
excess-carrier ~ концентрация избыточных носителей
exciton ~ плотность экситонов
flux ~ плотность потока
fog ~ оптическая плотность вуали
free carrier ~ плотность свободных носителей
free electron ~ концентрация свободных электронов
hole ~ плотность дырок
impurity ~ концентрация примесей
integrated optical ~ интегральная оптическая плотность
level ~ плотность уровней
luminous ~ плотность световой энергии
luminous flux ~ плотность светового потока
majority-carrier ~ концентрация основных носителей
minority-carrier ~ концентрация неосновных носителей
mode ~ плотность мод
momentum ~ плотность импульса
momentum flux ~ плотность потока импульса
neutral ~ нейтральная (*оптическая*) плотность
noise spectral ~ спектральная плотность шума
nonequilibrium ~ неравновесная концентрация
normalized ~ нормированная плотность
number ~ численная плотность
optical ~ оптическая плотность
packing ~ плотность упаковки
pair ~ парная плотность, плотность пар частиц
partial ~ парциальная плотность
particle ~ плотность частиц
peak ~ пиковая [максимальная] плотность
photocurrent ~ плотность фототока
photographic ~ фотографическая плотность
photoionization ~ концентрация фотовозбуждённых носителей
photometric ~ фотометрическая плотность, плотность почернения
photon ~ плотность фотонов
photon flux ~ плотность потока фотонов
photon number ~ плотность фотонов
plasma ~ плотность плазмы
population ~ плотность населённости
population inversion ~ плотность инверсной населённости
power ~ плотность мощности
power flux ~ плотность потока энергии
probability ~ плотность вероятности
pump power ~ плотность мощности накачки
radiant flux ~ плотность потока излучения
radiation energy ~ плотность энергии излучения
radiation flux ~ плотность потока излучения
reflection ~ оптическая плотность, измеренная в отражённом свете
scalar ~ скалярная плотность
space charge ~ плотность пространственного заряда
spatial ~ пространственная плотность
spectral ~ спектральная плотность

density

spectral power ~ спектральная плотность мощности
spin ~ спиновая плотность
steady-state ~ стационарная концентрация; равновесная концентрация
storage ~ плотность записи (хранения) информации
surface ~ поверхностная плотность
trap ~ концентрация ловушек, концентрация центров захвата
two-dimensional ~ двумерная плотность
ultimate ~ предельная плотность
ultra-high ~ сверхвысокая плотность
vapor ~ плотность паров
writing ~ плотность записи

dependence зависимость
analytical ~ аналитическая зависимость
analyzer angle ~ зависимость от угла [азимута] анализатора
angular ~ угловая зависимость
Arrhenius-type temperature ~ температурная зависимость типа Аррениуса
azimuthal ~ азимутальная зависимость
azimuthal angle ~ зависимость от азимутального угла
causal ~ причинная зависимость
concentration ~ концентрационная зависимость
cubic ~ кубическая зависимость
electric bias ~ зависимость от приложенного напряжения смещения
energy ~ энергетическая зависимость, зависимость от энергии
explicit ~ явная зависимость
exponential ~ экспоненциальная зависимость
field ~ полевая зависимость
frequency ~ частотная зависимость
functional ~ функциональная зависимость
intensity ~ зависимость от интенсивности
linear ~ линейная зависимость
magnetic-field ~ зависимость от магнитного поля
nonlinear ~ нелинейная зависимость
nonmonotonic ~ немонотонная зависимость
optical-path-length ~ зависимость от длины оптического пути
orientational ~ ориентационная зависимость
oscillatory ~ осцилляционная зависимость
phase ~ фазовая зависимость; зависимость фазы
polarization ~ поляризационная зависимость
power ~ зависимость от мощности
pump power ~ зависимость от мощности накачки
quadratic ~ квадратичная зависимость
qualitative ~ качественная зависимость
radial ~ радиальная зависимость
signal ~ зависимость сигнала
sinusoidal ~ синусоидальная зависимость
size ~ размерная зависимость
spatial ~ пространственная зависимость
spectral ~ спектральная зависимость
temperature ~ температурная зависимость
temporal ~ временна́я зависимость, зависимость от времени
threshold(-type) ~ пороговая зависимость
time ~ временна́я зависимость, зависимость от времени
wavelength ~ зависимость от длины волны, спектральная зависимость
wave-vector ~ зависимость от волнового вектора

dephasing дефазировка; фазовая релаксация; поперечная релаксация
anharmonicity-induced ~ фазовая релаксация, индуцированная ангармонизмом
collision-induced ~ фазовая релаксация, индуцированная столкновениями
electron ~ электронная фазовая релаксация
excitation-induced ~ фазовая релаксация, индуцированная возбуждением
fast ~ быстрая фазовая релаксация, быстрая дефазировка
homogeneous ~ однородная фазовая релаксация

inhomogeneous ~ неоднородная фазовая релаксация
light-induced ~ светоиндуцированная фазовая релаксация, светоиндуцированная дефазировка
nonexponential ~ неэкспоненциальная фазовая релаксация
non-Markovian ~ немарковская фазовая релаксация
optical ~ оптическая фазовая релаксация; поперечная релаксация
phonon-assisted [phonon-mediated] ~ фазовая релаксация с участием фононов
pure ~ чистая дефазировка, чистая фазовая релаксация
spin ~ спиновая фазовая релаксация
depletion опустошение (*энергетического уровня*)
  carrier ~ обеднение носителей
  collisional ~ столкновительное опустошение
  excited-state ~ опустошение возбужденного состояния
  ground-state (level) ~ опустошение (уровней) основного состояния
  photoinduced ~ фотоиндуцированное опустошение
  population ~ снижение населенности, обеднение состояний
  pump ~ обеднение [истощение] накачки
  radiative ~ излучательное опустошение
  relaxation ~ релаксационное опустошение
  stimulated ~ стимулированное опустошение
  thermal ~ термическое опустошение
depolarization деполяризация
  field-induced ~ деполяризация, индуцированная полем
  light ~ деполяризация света
  rotational ~ вращательная деполяризация
depolarizer деполяризатор
  achromatic ~ ахроматический деполяризатор
  light ~ оптический деполяризатор, деполяризатор света
  Liot ~ деполяризатор Лио
depopulation опустошение, уменьшение населенности (*уровней энергии*)

deposit осажденный слой, осадок ‖ осаждать
deposition осаждение
  chemical vapor ~ химическое осаждение из газовой фазы
  electrochemical ~ электрохимическое осаждение
  energy ~ выделение энергии
  epitaxial ~ эпитаксиальное осаждение
  film ~ осаждение пленки; напыление пленки
  gas-phase ~ осаждение из газовой фазы
  heat ~ выделение тепла
  in-situ ~ осаждение (*покрытия*) в рабочем положении поверхности
  ion-atomic ~ ионно-атомное осаждение
  laser-chemical ~ лазерное химическое осаждение
  metallorganic chemical vapor ~ химическое осаждение из паровой фазы методом разложения металлоорганических соединений
  molecular beam ~ молекулярно-пучковое осаждение
  photolytic ~ фотолитическое осаждение, фотоосаждение
  photostimulated ~ фотостимулированное осаждение
  pulsed laser ~ импульсное лазерное осаждение
  selective ~ селективное осаждение
  sputtering ~ осаждение напылением
  thin-film ~ осаждение тонких пленок
  vacuum ~ вакуумное напыление
  vapor ~ осаждение из газовой фазы
depth глубина
  ~ of field глубина резкости (*в поле объекта*)
  ~ of focus глубина резкости (*в поле изображения*)
  ~ of modulation глубина модуляции
  ablation ~ глубина абляции
  channel ~ глубина канала
  coloration ~ глубина окрашивания
  critical ~ критическая глубина
  doping ~ глубина легирования
  focal [focusing] ~ глубина резкости
  hole ~ глубина провала
  modulation ~ глубина модуляции

depth

optical ~ оптическая глубина; оптическая толщина
penetration ~ глубина проникновения
phase modulation ~ глубина фазовой модуляции
potential ~ глубина потенциала
quantum well ~ глубина квантовой ямы
shallow ~ малая [мелкая] глубина
skin ~ глубина скин-слоя
trap ~ глубина ловушки
well ~ глубина ямы

derivative производная
   angular ~ угловая производная

description описание; рассмотрение
   classical ~ классическое описание
   qualitative ~ качественное описание
   quantitative ~ количественное описание
   quantum ~ квантовое описание
   theoretical ~ теоретическое описание

design 1. проектирование; разработка; конструирование; дизайн **2.** проект, конструкция, схема
   apertureless ~ безапертурная конструкция
   bidirectional ~ двунаправленный дизайн
   Czerny-Turner ~ конструкция Черни – Тернера
   flexible ~ гибкая конструкция
   laser ~ конструкция [схема] лазера
   modular ~ модульная конструкция
   multiple-pass ~ многоходовая конструкция
   optical ~ оптическая схема
   telescope ~ конструкция телескопа
   unidirectional ~ однонаправленный дизайн

designator указатель; код
   laser (target) ~ лазерный целеуказатель

desorption десорбция
   laser-induced ~ десорбция, индуцированная лазерным излучением
   photon-induced ~ десорбция, обусловленная фотонами
   photo-stimulated ~ фотостимулированная десорбция, фотодесорбция
   thermal ~ термодесорбция

destruction разрушение, уничтожение; деструкция
   mechanical ~ механическое разрушение
   photochemical ~ фотохимическая деструкция
   radiation(-induced) ~ радиационное разрушение

detachment отделение; отрыв; разъединение
   multiphoton ~ многофотонный отрыв
   optically induced ~ оптически индуцированный отрыв

detection детектирование; обнаружение
   ~ **of single atoms** детектирование одиночных атомов
   amplitude ~ амплитудное детектирование
   balanced ~ балансное детектирование
   broadband ~ широкополосное детектирование
   classical ~ классическое детектирование; классические измерения
   coherent ~ когерентное детектирование
   coincidence ~ регистрация совпадений
   correlation ~ корреляционное обнаружение
   cross-correlation ~ кросс-корреляционное детектирование
   defect ~ обнаружение дефектов; дефектоскопия
   differential ~ дифференциальное детектирование
   fluorescence ~ флуоресцентное детектирование; детектирование флуоресценции
   frequency ~ частотное детектирование
   gravitational wave ~ детектирование гравитационных волн
   heterodyne ~ гетеродинное детектирование
   holographic ~ голографическое детектирование
   homodyne ~ гомодинное детектирование
   hyperspectral ~ гиперспектральное детектирование
   image ~ регистрация изображений
   incoherent ~ некогерентное детектирование

detector

infrared ~ ИК-локация
interferometric ~ интерферометрическое детектирование
island structure ~ детектирование островковой структуры
Larmor beat ~ детектирование ларморовских биений, детектирование ларморовской прецессии
laser ~ лазерное детектирование
leak ~ течеискание
light ~ детектирование света
linear ~ линейное детектирование
lock-in ~ синхронное детектирование
luminescence flaw ~ люминесцентная дефектоскопия
magnetic-field ~ детектирование магнитных полей
maximum-likelihood ~ обнаружение методом максимального правдоподобия
near-field ~ ближнепольное детектирование
nondestructive ~ неразрушающее измерение
optical ~ оптическое детектирование; оптическое обнаружение; оптическая локация
partially coherent ~ частично когерентное детектирование
phase ~ фазовое детектирование
phase-sensitive ~ фазочувствительное детектирование
photographic ~ фотографическая регистрация; фотографическое обнаружение
photoluminescence ~ регистрация фотолюминесценции
photon ~ детектирование фотонов
point-source ~ детектирование точечных источников
polarization diversity ~ детектирование поляризационных различий
polarization-sensitive ~ поляризационно-чувствительное детектирование
pollution ~ обнаружение загрязняющих веществ
QND ~ квантово-невозмущающее детектирование
quantum ~ квантовая регистрация; квантовые измерения
quantum-limited ~ детектирование на уровне квантового предела
quantum-nondemolition ~ квантово-невозмущающее детектирование
Raman signal ~ детектирование сигнала комбинационного рассеяния
real-time ~ регистрация в реальном масштабе времени
second harmonic ~ детектирование второй гармоники
shot-noise-limited ~ детектирование на уровне дробового шума
signal ~ детектирование [регистрация] сигнала
single-atom ~ детектирование одиночных атомов
single-molecule ~ детектирование одиночных молекул
single-photoelectron ~ детектирование одиночных фотоэлектронов
single-photon ~ детектирование одиночных фотонов
single-quantum ~ детектирование одиночных квантов
spectrophotometric ~ спектрофотометрический анализ
spectroscopic ~ спектроскопическое детектирование
three-photon ~ трехфотонное детектирование
threshold ~ пороговое обнаружение
two-photon ~ двухфотонное детектирование
ultra-sensitive ~ сверхчувствительное детектирование
X-ray flaw ~ рентгеновская дефектоскопия
zero-background ~ детектирование при нулевом уровне фона

detector детектор, датчик
amplitude ~ амплитудный детектор
array ~ матричный детектор
Auger ~ оже-детектор
balance(d) ~ балансный детектор
bolometric ~ болометрический детектор
brightness-signal ~ детектор сигнала яркости
broadband ~ широкополосный детектор
calibrated ~ калиброванный детектор
CCD ~ ПЗС-приемник
charge-coupled device ~ ПЗС-приемник
Cherenkov ~ детектор Черенкова

detector

coherent ~ когерентный детектор
coincidence ~ детектор совпадений
cooled ~ охлаждаемый детектор
correlation ~ корреляционный детектор
cross-correlation ~ кросс-корреляционный детектор
2D ~ двумерный детектор
defect ~ дефектоскоп
destructive ~ деструктивный детектор
differential ~ дифференциальный детектор
diode-array ~ матричный диодный детектор
directional ~ направленный детектор
Doppler-shift ~ детектор доплеровского сдвига
electro-optic ~ фотодетектор
far-field ~ детектор излучения в дальней зоне
fast ~ быстродействующий [широкополосный] детектор
fiber ~ волоконный детектор
fluorescence ~ флуоресцентный детектор
fluorescent radiation ~ флуоресцентный детектор излучения
focus ~ детектор фокусировки
germanium ~ германиевый детектор
gravitational-wave ~ детектор гравитационных волн
helium leak ~ гелиевый течеискатель
heterodyne ~ гетеродинный детектор
high-quantum-efficiency ~ детектор с высоким квантовым выходом
high-resolution ~ детектор с высоким разрешением
high-speed ~ быстродействующий [широкополосный] детектор
homodyne ~ гомодинный детектор
imaging ~ видеодетектор; датчик изображения
imaging photon ~ электронно-оптический преобразователь; датчик изображения
infrared ~ инфракрасный детектор
large area ~ детектор с большой фоточувствительной площадкой

laser ~ детектор лазерного излучения
leak ~ течеискатель
linear ~ линейный детектор
liquid-crystal ~ жидкокристаллический детектор
lock-in ~ синхронный детектор
long-wave(length) ~ длинноволновый детектор
low-noise ~ низкошумящий детектор
luminescence flaw ~ люминесцентный дефектоскоп
matrix ~ матричный детектор
matrix charge-coupled ~ матричный детектор с зарядовой связью
microchannel (plate) ~ детектор с микроканальной пластиной, детектор на основе микроканальной пластины, микроканальный приемник
microwave ~ СВЧ-детектор
multichannel ~ многоканальный детектор
multiple quantum well ~ детектор на основе многоямной квантовой структуры
near-field ~ детектор излучения в ближней зоне
nondestructive ~ недеструктивный детектор
nonlinear ~ нелинейный детектор
null ~ нуль-детектор
optical ~ оптический детектор; фотоприемник
phase ~ фазовый детектор
phase-sensitive ~ фазочувствительный детектор
photo- ~ фотодетектор, фотоприемник
photoconductive ~ детектор на фотосопротивлении
photodiode ~ фотодиодный детектор
photoelectric ~ фотоприемник, фотодетектор
photoelectron ~ фотоэлектронный детектор
photoionization ~ фотоионизационный детектор
photon ~ детектор фотонов
photon-counting ~ детектор счета фотонов

device

photon-drag ~ фотодетектор, основанный на эффекте увлечения носителей фотонами
photovoltaic ~ **of radiation** фотоэлектрический детектор излучения
PMT-based ~ детектор на базе фотоумножителя
polarization-sensitive ~ поляризационно-чувствительный детектор
position(-sensitive) ~ позиционный детектор
primary ~ первичный детектор; первичный датчик
pulse ~ импульсный детектор
pyroelectric ~ пироэлектрический детектор
quadrature ~ квадратурный детектор
quantum ~ квантовый детектор
radiation ~ детектор излучения
radiometric ~ радиометрический детектор
remote ~ дистанционный детектор
resonant ~ резонансный детектор
selective ~ селективный детектор
short-wave(length) ~ коротковолновый детектор
silicon ~ кремниевый детектор
single-photon ~ детектор одиночных фотонов
solid-state ~ твердотельный детектор
thin-film ~ тонкопленочный детектор
threshold ~ пороговый детектор
time-of-flight ~ времяпролетный детектор
two-dimensional ~ двумерный детектор
ultraviolet [UV] ~ ультрафиолетовый [УФ-] детектор
visual ~ визуальный детектор
wavelength-selective ~ спектрально-селективный детектор
determinant детерминант, определитель
  secular ~ вековой определитель
determinism детерминизм
  causal ~ причинный детерминизм
detuning расстройка; отстройка
  blue ~ «голубая» отстройка
  cavity ~ расстройка резонатора
  fixed ~ фиксированная расстройка
  frequency ~ частотная расстройка
  group ~ групповая отстройка
  laser ~ отстройка частоты лазера
  optical ~ оптическая расстройка
  optimal ~ оптимальная отстройка
  phase ~ фазовая отстройка
  photon ~ отстройка фотона
  probe-pulse ~ отстройка пробного импульса
  pump(-pulse) ~ отстройка (импульса) накачки
  red ~ «красная» отстройка
  wave ~ волновая расстройка
  zero ~ нулевая отстройка
deviation отклонение, девиация; сдвиг; уход
  angular ~ угловое отклонение
  beam ~ отклонение луча; отклонение пучка
  constant ~ постоянное отклонение
  Doppler ~ доплеровский сдвиг
  frequency ~ уход частоты; девиация частоты
  mean ~ среднее отклонение
  phase ~ уход фазы
  Raman ~ рамановский [комбинационный] сдвиг
  random ~ случайное отклонение
  root-mean-square ~ среднеквадратичное отклонение
  standard ~ стандартное отклонение
device прибор, устройство
  acousto-optic(al) ~ акустооптический прибор
  active ~ активное устройство
  adaptive ~ адаптивное устройство
  all-optical ~ полностью оптический прибор
  all-optical switching ~ полностью оптическое переключающее устройство
  analog ~ аналоговое устройство
  beam-manipulating ~ устройство управления пучком
  beam-shaping ~ устройство формирования пучка
  bidirectional ~ двунаправленное устройство
  bistable ~ бистабильное устройство
  Bragg-grating ~ устройство на основе брэгговской решетки
  brightness sensing ~ датчик яркости
  charge-coupled ~ прибор с зарядовой связью, ПЗС

device

control ~ устройство управления
conventional ~ обычный прибор; стандартный прибор
data storage ~ устройство хранения информации
desk-top ~ настольный прибор
detection ~ детектор; регистрирующее устройство
digital ~ цифровое устройство
dispersion-compensation ~ устройство компенсации дисперсии
display ~ дисплей; индикаторное устройство
electroluminescent ~ электролюминесцентное устройство
electronic ~ электронный прибор
electro-optic(al) ~ электрооптическое устройство
external ~ внешнее устройство
fiber-optic(al) ~ волоконно-оптическое устройство
gate-controlled ~ стробируемое устройство
half-shade ~ полутеневой прибор
imaging ~ видеодетектор; формирователь видеосигналов; формирователь изображения
information processing ~ устройство обработки информации
input ~ входное устройство
integrated optics ~ интегрально-оптический прибор
interference ~ интерференционный прибор
interferometric ~ интерферометрический прибор
laser ~ лазерная система
laser imaging ~ лазерное устройство формирования изображений; лазерный видеодетектор
laser-pumped ~ прибор с лазерной накачкой
light-emitting ~ светоизлучающее устройство
liquid-crystal ~ жидкокристаллическое устройство
magneto-optic(al) ~ магнитооптическое устройство
matching ~ согласующее устройство
matrix charge-coupled ~ матричный прибор с зарядовой связью
measurement ~ измерительный прибор

microcavity ~ микрорезонаторное устройство
microchannel ~ микроканальный прибор
microelectronic ~ микроэлектронное устройство; прибор микроэлектроники
miniaturized ~ миниатюрное устройство
molecular(-scale) ~ молекулярный прибор; прибор молекулярного масштаба
multichannel ~ многоканальный прибор
nanostructure ~ наноструктурное устройство
night vision ~ прибор ночного видения
nonlinear optics ~ нелинейно-оптическое устройство
nonreciprocal ~ невзаимное устройство
one-channel ~ одноканальный прибор
optical ~ оптический прибор
optical memory ~ устройство оптической памяти
optical parametric ~ оптическое параметрическое устройство
optoelectronic ~ оптоэлектронное устройство
output ~ выходное устройство
passive ~ пассивное устройство
pattern recognition ~ система распознавания образов
photoelectric ~ фотоэлектрическое устройство
photoelectric guiding ~ фотогид
photoelectronic ~ фотоэлектронный прибор
photolithographic ~ фотолитографический прибор
photonic ~ устройство фотоники; фотонный прибор
photovoltaic ~ фотоэлектрический прибор
polarization ~ поляризационный прибор
polarization-sensitive ~ поляризационно-чувствительный прибор
portable ~ переносный прибор
prototype ~ макет
quantum ~ квантовый прибор

diagram

quantum-computing ~ устройство для квантовых вычислений
quantum-dot ~ прибор на основе квантовых точек
quantum-logic ~ устройство квантовой логики
quantum-well ~ прибор на основе квантовой ямы
readout ~ считывающее устройство
reciprocal ~ взаимное устройство
remote-sensing ~ дистанционный измерительный прибор
semiconductor ~ полупроводниковый прибор
sighting ~ визир
single-beam ~ однолучевой прибор
solid-state ~ твердотельный прибор
spectral ~ спектральный прибор
spin memory ~ устройство спиновой памяти
spintronic ~ спинтронный прибор
storage ~ устройство памяти
stroboscopic ~ стробоскопический прибор
superconducting ~ сверхпроводящее устройство
superconducting quantum interference ~ сверхпроводящий квантовый интерференционный датчик, СКВИД
switching ~ переключающее устройство
threshold ~ пороговое устройство
tunnel ~ туннельный прибор
ultrafast ~ сверхскоростное устройство
unidirectional ~ однонаправленное устройство
waveguide ~ волноводное устройство

Dewar дьюар, сосуд Дьюара
  storage ~ транспортный дьюар

dextrorotation правое вращение (*плоскости поляризации*)
dextrorotatoty правовращающий
diagnostics диагностика
  absorption spectrum ~ диагностика по спектру поглощения
  beam ~ диагностика пучка
  coherent scattering plasma ~ диагностика плазмы по когерентному рассеянию
  contactless ~ бесконтактная диагностика
  fluorescence ~ флуоресцентная диагностика
  holographic ~ голографическая диагностика
  laser ~ лазерная диагностика
  medical ~ медицинская диагностика
  non-invasive ~ неинвазивная диагностика
  optical ~ оптическая диагностика
  optical brain ~ оптическая диагностика мозга
  optical tissue ~ оптическая диагностика ткани
  optical tomography ~ оптико-томографическая диагностика
  plasma ~ диагностика плазмы
  resonance fluorescence plasma ~ диагностика плазмы по резонансной флуоресценции
  spectroscopic ~ спектроскопическая диагностика

diagonalization диагонализация
  Hamiltonian ~ диагонализация гамильтониана
  matrix ~ диагонализация матрицы
  numerical ~ численная диагонализация

diagram диаграмма, схема
  backscatter ~ диаграмма обратного рассеяния
  band ~ зонная схема
  bifurcation ~ бифуркационная диаграмма
  block ~ блок-схема
  Born ~ борновская диаграмма
  chromaticity ~ диаграмма цветности
  coherence ~ диаграмма когерентности
  configuration ~ конфигурационная диаграмма
  Delano ~ диаграмма Делано
  Dicke's ~ диаграмма Дике
  directivity ~ диаграмма направленности
  energy ~ энергетическая диаграмма
  energy-band ~ схема энергетических зон
  energy-level ~ схема энергетических уровней
  Fermi ~ диаграмма Ферми
  Feynman ~ фейнмановская диаграмма

diagram

ladder ~ лестничная диаграмма
Laue ~ диаграмма Лауэ
Lissajous ~ фигура Лиссажу
Loomis-Wood ~ диаграмма Лумиса – Вуда
molecular orbital ~ диаграмма молекулярных орбиталей
phase ~ фазовая диаграмма
phase-matching ~ диаграмма фазового синхронизма
polar ~ полярная диаграмма
polarization ~ поляризационная диаграмма
Rousseau ~ диаграмма Руссо
scattering ~ индикатриса рассеяния
schematic ~ принципиальная схема
sensitivity ~ диаграмма чувствительности
Young ~ схема Юнга
dial круговая шкала, циферблат, лимб
  dividing ~ делительный круг
  drum ~ барабанная шкала
  vernier ~ лимб с верньером
diameter диаметр
  angular ~ угловой диаметр
  apparent ~ видимый диаметр
  beam ~ диаметр пучка
  core ~ диаметр сердцевины
  external ~ внешний диаметр
  Feret's ~ диаметр Ферета
  inner [inside, internal] ~ внутренний диаметр
  laser-spot ~ диаметр лазерного пятна
  lens ~ диаметр линзы; диаметр объектива
  mean ~ средний диаметр
  outer [outside] ~ внешний диаметр
  particle ~ диаметр частицы
  pupil ~ диаметр зрачка
  telescope ~ диаметр телескопа
  tip ~ диаметр кончика; диаметр острия
diamond алмаз
  hexagonal ~ гексагональный алмаз
  natural ~ природный алмаз
  polycrystalline ~ поликристаллический алмаз
  semiconductor ~ полупроводниковый алмаз
  synthetic ~ синтетический алмаз
diaphanometer диафанометр
diaphanoscope диафаноскоп, трансиллюминатор

diaphanoscopy диафаноскопия, трансиллюминация
diaphragm диафрагма
  annular ~ кольцевая диафрагма
  aperture ~ апертурная диафрагма
  apodizing ~ аподизирующая диафрагма
  external ~ внешняя диафрагма
  half-shade ~ полутеневая диафрагма
  Hartmann ~ диафрагма Гартмана
  iris ~ ирисовая диафрагма
  lens ~ диафрагма объектива
  limiting ~ ограничивающая диафрагма
  matching ~ согласующая диафрагма
  output ~ выходная диафрагма
  projection ~ проекционная диафрагма
  resonant ~ резонансная диафрагма
  slit [slotted] ~ щелевая диафрагма
  step ~ ступенчатая диафрагма
  turret ~ револьверная диафрагма
  wedge ~ клиновидная диафрагма
  wheel ~ револьверная диафрагма
diaphragming диафрагмирование
diascope диаскоп
diatomic двухатомный
dichroism дихроизм
  circular ~ циркулярный [круговой] дихроизм
  circular nonreciprocal ~ циркулярный невзаимный дихроизм
  controlled ~ управляемый дихроизм
  electrical circular ~ электрический циркулярный дихроизм
  elliptical ~ эллиптический дихроизм
  induced ~ индуцированный [наведенный] дихроизм
  light-induced ~ светоиндуцированный дихроизм
  linear ~ линейный дихроизм
  magnetic circular ~ магнитный циркулярный дихроизм
  magnetic linear ~ магнитный линейный дихроизм
  photoinduced ~ фотоиндуцированный дихроизм
dichrometer дихрометр
dichroscope дихроскоп
dielectric диэлектрик || диэлектрический
  Anderson ~ андерсоновский диэлектрик

diffractometry

anisotropic ~ анизотропный диэлектрик
crystal(line) ~ кристаллический диэлектрик
excitonic ~ экситонный диэлектрик
gaseous ~ газообразный диэлектрик
ideal ~ идеальный диэлектрик
inorganic ~ неорганический диэлектрик
liquid ~ жидкий диэлектрик
magnetic ~ магнитодиэлектрик
nonpolar ~ неполярный диэлектрик
polar ~ полярный диэлектрик
solid ~ твердый диэлектрик
thin-film ~ тонкопленочный диэлектрик
transparent ~ прозрачный диэлектрик
difference 1. разница, различие 2. разность
astigmatic ~ астигматическая разность
chromatic ~ хроматическая аберрация, хроматическая разность
color ~ цветовой контраст
combination ~ комбинационная разность
dielectric loss ~ угол диэлектрических потерь
luminance ~ яркостное различие
optical path ~ оптическая разность хода
path(-length) ~ разность хода
phase ~ разность фаз
threshold luminance ~ пороговое яркостное различие
diffract дифрагировать
diffraction дифракция
acousto-optic ~ акустооптическая дифракция
anisotropic ~ анизотропная дифракция
atomic ~ дифракция атомов
boundary ~ дифракция на границе
Bragg ~ брэгговская дифракция
conical ~ коническая дифракция
detrimental ~ паразитная дифракция
dynamic ~ динамическая дифракция
edge ~ дифракция на крае
electron ~ дифракция электронов
far-field ~ дифракция в дальней зоне

first-order ~ дифракция первого порядка
Fraunhofer ~ фраунгоферова дифракция
Fresnel ~ дифракция Френеля
grazing-incidence ~ дифракция при скользящем падении
half-plane ~ дифракция на полуплоскости
high-energy electron ~ дифракция быстрых электронов
isotropic ~ изотропная дифракция
knife-edge ~ дифракция на полуплоскости; дифракция на остром крае
Laue ~ дифракция Лауэ
light ~ дифракция света
low-energy electron ~ дифракция низкоэнергетических электронов
multiple-slit ~ дифракция на системе щелей
near-field ~ дифракция в ближней зоне
nonlinear ~ нелинейная дифракция
optical ~ дифракция света
particle ~ дифракция частиц
Raman-Nath ~ дифракция Рамана – Ната
resonance ~ резонансная дифракция
scalar ~ скалярная дифракция
slit ~ дифракция на щели
small-angle ~ дифракция под малыми углами
wave ~ дифракция волн
X-ray ~ дифракция рентгеновских лучей
diffractometer дифрактометр
automatic ~ автоматический дифрактометр
electron ~ электронный дифрактометр
laser ~ лазерный дифрактометр
multichannel ~ многоканальный дифрактометр
optical ~ оптический дифрактометр
scanning ~ сканирующий дифрактометр
single-channel ~ одноканальный дифрактометр
X-ray ~ рентгеновский дифрактометр
diffractometry дифрактометрия
acousto-optical ~ акустооптическая дифрактометрия

diffractometry
  two-beam ~ двухлучевая дифрактометрия
diffuser рассеиватель
  artificial ~ искусственный рассеиватель
  dynamic ~ динамический рассеиватель
  glass ~ стеклянный рассеиватель
  holographic ~ голографический рассеиватель
  ideal ~ идеальный рассеиватель
  kinoform ~ киноформный рассеиватель
  Lambert ~ ламбертовский рассеиватель
  light ~ рассеиватель света
  neutral ~ нейтральный рассеиватель
  nonselective ~ неселективный рассеиватель
  perfect ~ идеальный рассеиватель
  selective ~ селективный рассеиватель
  uniform ~ однородный рассеиватель
diffusion диффузия, рассеяние
  anisotropic ~ анизотропная диффузия
  anomalous ~ аномальная диффузия
  atomic ~ атомная диффузия
  axial ~ аксиальная диффузия
  barrier ~ диффузия через барьер
  bulk ~ объемная диффузия
  carrier ~ диффузия носителей
  coherent ~ когерентная диффузия
  electron ~ диффузия электронов
  exciton ~ диффузия экситонов
  hole ~ диффузия дырок
  isotropic ~ изотропная диффузия
  laser-induced ~ лазерная диффузия
  lateral ~ поперечная [боковая] диффузия
  light ~ рассеяние света
  longitudinal ~ продольная диффузия
  momentum ~ диффузия импульса
  nonlinear ~ нелинейная диффузия
  phase ~ диффузия фазы
  photocarrier ~ диффузия фотоносителей
  quasi-linear ~ квазилинейная диффузия
  rotational ~ вращательная диффузия
  short-range ~ диффузия на коротких расстояниях, ближняя диффузия
  spatial ~ пространственная диффузия
  spectral ~ спектральная диффузия
  spin ~ спиновая диффузия
  surface ~ поверхностная диффузия
  thermal ~ тепловая диффузия
  translational ~ трансляционная диффузия
  transverse ~ поперечная диффузия
diffusivity коэффициент температуропроводности; коэффициент диффузии
digitization преобразование в цифровую форму, дискретизация
digitizer преобразователь в цифровую форму, дискретизатор
dihedron диэдр
dilatometer дилатометр
dilatometry дилатометрия
dimension 1. измерение 2. размер, величина 3. размерность
  angular ~ угловой размер
  cross-sectional ~s поперечные размеры
  data ~ размерность данных
  fractal ~ фрактальная размерность
  lateral ~s поперечные размеры
  linear ~s линейные размеры
  nanometer ~s размеры нанометрового масштаба
  overall ~s габаритные размеры
  pixel ~ размер пикселя
  rotational ~ вращательное измерение
  spatial ~ пространственное измерение
  spectral ~ спектральное измерение
  sub-nanometer ~s размеры субнанометрового масштаба
  sub-wavelength ~ размер, меньший длины волны
  temporal ~ временнóе измерение
  wavelength ~ спектральное измерение
dimensionality размерность
dimensionless безразмерный
dimer димер
  molecular ~ молекулярный димер
  singlet ~ синглетный димер
  symmetric ~ симметричный димер
  triplet ~ триплетный димер
  ultracold ~s ультрахолодные димеры
dimerization димеризация
diode диод
  avalanche ~ лавинный диод

crystal ~ полупроводниковый диод
edge-emitting ~ светоизлучающий диод с торцевым излучателем
electroluminescent ~ электролюминесцентный диод
infrared-emitting ~ ИК-диод
injection laser ~ инжекционный лазерный диод
laser ~ лазерный диод; полупроводниковый лазер
light-emitting ~ светоизлучающий диод
light-emitting resonant tunneling ~ светоизлучающий резонансный туннельный диод
luminescent ~ люминесцентный диод
Mott ~ диод Мотта
multiple quantum-well ~ диод на квантовых ямах
optical ~ фотодиод; светодиод
photosensitive ~ фотодиод
planar ~ планарный диод
quantum-well ~ диод на квантовых ямах
Schottky ~ диод Шоттки
semiconductor ~ полупроводниковый диод
superluminescent ~ сверхлюминесцентный диод
surface-emitting ~ светоизлучающий диод с поверхностным излучением
tunable laser ~ перестраиваемый лазерный диод
tunnel ~ туннельный диод
ultrafast ~ сверхскоростной диод

diopter диоптрия
dioptometer диоптометр
dioptric диоптрический, преломляющий
dioptrics диоптрика
   eye ~ диоптрика глаза
dioxide диоксид
   carbon ~ диоксид углерода, углекислый газ
dip провал
   absorption (curve) ~ провал (кривой) поглощения
   Bennet ~ провал Беннета
   inverted Lamb ~ инвертированный лэмбовский провал
   Lamb ~ провал Лэмба, лэмбовский провал
   photoluminescence ~ провал в спектре фотолюминесценции
   reflectivity ~ провал в отражении
   resonance ~ резонансный провал
   spectral ~ спектральный провал
   transmission (curve) ~ провал (кривой) пропускания

diplopia диплопия
diplopiometer диплопиометр
dipole диполь
   aligned ~s выстроенные диполи
   atom(ic) ~ атомный диполь
   electric ~ электрический диполь
   magnetic ~ магнитный диполь
   molecular ~ молекулярный диполь
   optical ~ оптический диполь
   oscillating ~ осциллирующий диполь
   permanent ~ постоянный диполь
   point ~ точечный диполь
   radiating ~ излучающий диполь
   transition ~ диполь перехода
dipyramid бипирамида
direction направление
   alignment ~ направление выстраивания
   axial ~ аксиальное направление
   azimuthal ~ азимутальное направление
   backscatter ~ направление обратного рассеяния
   backward ~ обратное направление
   beam ~ направление пучка
   beam propagation ~ направление распространения пучка
   bias ~ направление смещения
   Bragg ~ направление брэгговского отражения (пропускания)
   conjugate ~ сопряжённое направление
   crystallographic ~ кристаллографическое направление
   displacement ~ направление смещения
   electric field ~ направление электрического поля
   epitaxial growth ~ направление эпитаксиального роста
   fast-vibration ~ направление быстрых колебаний
   forward ~ прямое направление
   forward bias ~ прямое направление смещения
   growth ~ направление роста
   inverse ~ обратное [инвертированное] направление

direction

laser beam ~ направление лазерного луча
longitudinal ~ продольное направление
magnetic field ~ направление магнитного поля
observation ~ направление наблюдения
off-axis ~ внеосевое направление
opposite ~ встречное направление
orthogonal ~ ортогональное направление
outwards ~ направление наружу
phase-matching ~ направление фазового синхронизма
pointing ~ линия визирования
polarization ~ направление поляризации
preferred ~ преимущественное направление
principal ~ главное направление
privileged ~ преимущественное направление
propagation ~ направление распространения
radial ~ радиальное направление
reference ~ опорное направление
rubbing ~ направление натирания (*поверхности*)
sagittal ~ сагиттальное направление
scanning ~ направление сканирования
slow-vibration ~ направление медленных колебаний
spin ~ направление спина
tangent(ial) ~ тангенциальное направление
transverse ~ поперечное направление
viewing ~ направление наблюдения
wave-vector ~ направление волнового вектора
directionality направленность
photocurrent ~ направленность фототока
director 1. направляющее устройство 2. директор (*вектор ориентации в жидком кристалле*)
beam ~ формирующая оптическая система
discharge разряд
auxiliary ~ вспомогательный разряд
corona ~ коронный разряд
electrostatic ~ электростатический разряд
gas ~ газовый разряд
glow ~ тлеющий разряд
internal ~ внутренний разряд
laser-triggered ~ разряд, инициируемый лазерным излучением
Penning ~ разряд Пеннинга
photoinitiated ~ фотоинициированный разряд
self-sustained ~ самоподдерживающийся [самостоятельный] разряд
spontaneous ~ спонтанный [самопроизвольный] разряд
disclination дисклинация
discrepancy расхождение; несоответствие
discrimination дискриминация, селекция; выделение
amplitude ~ амплитудная дискриминация
chromatic ~ цветовая дискриминация; различение цветов
cross-polarization ~ кросс-поляризационная селекция
Doppler-shift ~ селекция по доплеровскому сдвигу частоты
filter ~ избирательность фильтра
frequency ~ частотная дискриминация; частотная фильтрация
isotope ~ разделение изотопов
mode ~ модовая селекция
polarization ~ поляризационная селекция
pulse width ~ селекция по длительности импульса
signal ~ селекция сигналов
signal-noise ~ выделение сигнала из шума
spatial ~ пространственная селекция
time ~ разрешающая способность по времени
wavelength ~ дискриминация по длине волны
discriminator дискриминатор
amplitude ~ амплитудный дискриминатор
birefringent ~ двулучепреломляющий дискриминатор
dichroic ~ внутрирезонаторный дискриминатор
Fabry-Perot ~ селектор Фабри – Перо
frequency ~ дискриминатор частот

dispersion

intracavity ~ внутрирезонаторный дискриминатор
Mach-Zehnder ~ селектор Маха – Цендера
mode ~ дискриминатор [селектор] мод
optical ~ оптический дискриминатор
phase ~ фазовый дискриминатор
pulse ~ дискриминатор [селектор] импульсов
pulse-height ~ амплитудный дискриминатор импульсов
quantum ~ квантовый дискриминатор
spatial ~ пространственный дискриминатор
spectral ~ спектральный дискриминатор

disk диск
  Airy ~ диск Эйри
  color ~ цветовой диск
  diffusion ~ диск рассеяния
  fiber-optic ~ волоконно-оптический диск
  holographic ~ голографический диск
  lunar ~ лунный диск
  magneto-optical ~ магнитооптический диск
  Newton ~ диск Ньютона
  optical ~ оптический диск
  Rayleigh ~ диск Рэлея
  Secchi ~ диск Секки, белый диск-прозрачномер
  stroboscopic ~ стробоскопический диск

dislocation дислокация
  atomic-size ~ дислокация атомного размера
  Burgers ~ дислокация Бюргерса
  discrete ~ дискретная дислокация
  edge ~ краевая дислокация
  helical ~ геликоидальная дислокация
  multiple ~ кратная дислокация
  phase ~ фазовая дислокация
  prismatic ~ призматическая дислокация
  screw ~ винтовая дислокация
  single ~ единичная дислокация
  surface ~ поверхностная дислокация
  wedge ~ клиновая дислокация

disorder беспорядок
  compositional ~ композиционный беспорядок
  correlated ~ коррелированный беспорядок
  diagonal ~ диагональный беспорядок
  dynamic ~ динамический беспорядок
  energy ~ энергетический беспорядок
  incommensurate ~ несоразмерный беспорядок
  isotropic ~ изотропный беспорядок
  nondiagonal ~ недиагональный беспорядок
  orientational ~ ориентационный беспорядок
  quantum ~ квантовый беспорядок
  spatial ~ пространственный беспорядок
  spatiotemporal ~ пространственно-временной беспорядок
  static ~ статический беспорядок
  statistical ~ статистический беспорядок
  substitutional ~ беспорядок замещения
  zero ~ нулевой беспорядок

dispersion дисперсия
  ~ **of an instrument** дисперсия прибора
  ~ **of birefringence** дисперсия двулучепреломления
  ~ **of light** дисперсия света
  ~ **of refractive index** дисперсия показателя преломления
  abnormal ~ аномальная дисперсия
  angular ~ угловая дисперсия
  anisotropic ~ анизотропная дисперсия
  anomalous ~ аномальная дисперсия
  atmospheric ~ атмосферная дисперсия
  atomic ~ атомная дисперсия
  chromatic ~ хроматическая дисперсия
  conduction-band ~ дисперсия зоны проводимости
  crossed ~ отрицательная дисперсия
  dielectric ~ дисперсия диэлектрической проницаемости
  dielectric susceptibility ~ дисперсия диэлектрической восприимчивости
  Faraday rotation ~ дисперсия фарадеевского вращения

dispersion

fiber chromatic ~ хроматическая дисперсия волокна
frequency ~ частотная дисперсия
gain ~ дисперсия усиления
group-delay ~ дисперсия групповых задержек
group-velocity ~ дисперсия групповой скорости
higher-order ~ дисперсия высших порядков
intermode ~ межмодовая дисперсия
intracavity ~ внутрирезонаторная дисперсия
intramode ~ внутримодовая дисперсия
light ~ дисперсия света
linear ~ линейная дисперсия
magnetic rotation ~ дисперсия магнитного вращения
material ~ материальная дисперсия, дисперсия среды
mode ~ дисперсия моды
molecular ~ молекулярная дисперсия
negative ~ отрицательная дисперсия
nonlinear light ~ нелинейная дисперсия света
normal ~ нормальная дисперсия
optical ~ оптическая дисперсия; рассеяние света
optical rotatory ~ дисперсия оптического вращения
optic axis ~ дисперсия оптических осей
ordinary ~ нормальная дисперсия
permittivity ~ дисперсия диэлектрической проницаемости
phase ~ дисперсия фазы
phonon ~ дисперсия фононов
photonic-band ~ дисперсия фотонной зоны
polariton ~ дисперсия поляритона
polarization mode ~ дисперсия поляризационных мод
positive ~ положительная дисперсия
rota(to)ry ~ вращательная дисперсия
second-order ~ дисперсия второго порядка
spatial ~ пространственная дисперсия
spectral ~ спектральная дисперсия
third-order ~ дисперсия третьего порядка

valence-band ~ дисперсия валентной зоны
wave ~ дисперсия волн
wave vector ~ дисперсия волнового вектора

displacement перемещение, смещение; сдвиг
absolute ~ абсолютное смещение
angular ~ угловое смещение
atomic ~ атомное смещение
lateral ~ боковое смещение
lattice ~ решеточное смещение
longitudinal ~ продольное смещение
Raman ~ рамановский сдвиг
relative ~ относительное смещение
residual ~ остаточное смещение
shell ~ смещение оболочки
surface ~ поверхностное смещение
transverse ~ поперечное смещение
Zeeman ~ зеемановский сдвиг

display индикатор; дисплей
active ~ активный (*излучающий*) индикатор; активный дисплей
black-and-white ~ черно-белый [монохромный] дисплей
electrochromic ~ электрохромный дисплей
electroluminescent ~ электролюминесцентный дисплей; электролюминесцентный индикатор
electrooptic ~ электрооптический индикатор; электрооптический дисплей
fluorescent ~ флуоресцентный индикатор; флуоресцентный дисплей
head-up ~ индикация на лобовом стекле (*самолета*)
holographic ~ голографический индикатор
laser ~ лазерный индикатор; лазерный дисплей
light ~ световое табло
light-emitting diode ~ светодиодный дисплей
liquid-crystal ~ жидкокристаллический индикатор; жидкокристаллический дисплей, ЖК-дисплей
nonflickering ~ немерцающий дисплей
optical ~ оптический дисплей
passive ~ пассивный (*неизлучающий*) индикатор; пассивный дисплей
plasma ~ плазменный дисплей

distortion

projection ~ проекционный индикатор; проекционный дисплей
raster ~ растровый дисплей
specular ~ пассивный (*неизлучающий*) индикатор; пассивный дисплей
touch(-sensitive) ~ сенсорный дисплей
visual ~ видеотерминал
dissector диссектор; трубка Фарнсуорта
dissipate диссипировать
dissipation диссипация
  collisional ~ столкновительная диссипация
  collisionless ~ бесстолкновительная диссипация
  energy ~ диссипация энергии
  quantum ~ квантовая диссипация
dissociation диссоциация
  collisionless ~ бесстолкновительная диссоциация
  exciton ~ диссоциация экситона
  laser-induced ~ лазерно-индуцированная диссоциация
  molecule ~ диссоциация молекулы
  multiphoton ~ многофотонная диссоциация
  two-photon ~ двухфотонная диссоциация
distance расстояние, дистанция; интервал
  angular ~ угловое расстояние
  attenuation ~ длина затухания
  back focal ~ заднее фокусное расстояние
  characteristic ~ характерное расстояние
  Debye screening ~ дебаевское расстояние экранирования, дебаевская длина
  equilibrium internuclear ~ равновесное межъядерное состояние
  fixed ~ фиксированное расстояние
  flange focal ~ рабочий отрезок (*объектива*)
  focal ~ фокусное расстояние
  Forster ~ ферстеровская длина
  front focal ~ переднее фокусное расстояние
  hypofocal ~ гипофокальное расстояние
  image ~ расстояние до изображения
  interatomic ~ межатомное расстояние
  intercluster ~ межкластерное расстояние
  interfocal ~ межфокусное расстояние
  interionic ~ межионное расстояние
  internuclear ~ межъядерное расстояние
  interocular ~ межглазное расстояние, глазная база
  interpulse ~ расстояние между импульсами
  interpupillary ~ расстояние между выходными зрачками бинокулярного прибора
  line-of-sight ~ дальность прямой видимости
  nearest-neighbor ~ расстояние между ближайшими соседями
  optical ~ длина оптического пути
  propagation ~ длина распространения; дальность распространения
  transmission ~ дальность передачи
  unit ~ единичное расстояние
  viewing ~ расстояние наблюдения
  wave ~ волновая длина
  working ~ рабочее расстояние
distortion искажение; дисторсия
  ~ **of optical system** дисторсия оптической системы
  aliasing ~ искажение из-за наложения спектров
  amplitude ~ амплитудная дисторсия
  anamorphic ~ анаморфное искажение
  angular ~ угловое искажение; угловая дисторсия
  anisotropic ~ анизотропная дисторсия
  aperture ~s апертурные искажения
  asymptotic ~ асимптотическая дисторсия
  atmospheric ~ атмосферное искажение
  attenuation ~s амплитудные искажения
  barrel(-shaped) ~ бочкообразная [отрицательная] дисторсия
  beam ~ искажение пучка
  bias ~ искажение типа смещения
  centrifugal ~ центробежное искажение

distortion

chrominance [color] ~ цветовая ошибка, искажение цветов
curvilinear ~ криволинейное искажение
dumbbell-like ~ гантелеобразное искажение
dynamic ~s динамические искажения
elliptic ~ эллиптическая дисторсия
frequency ~ частотное искажение
geometric(al) ~s геометрические искажения
harmonic ~ гармоническое искажение
high-frequency ~ высокочастотное искажение
image ~ искажение изображения
in-plane ~ искажение в плоскости, плоское искажение
instrumental ~s инструментальные искажения; аппаратная функция
intermodulation ~s интермодуляционные искажения; перекрестные искажения
intramode ~ внутримодовое искажение
intrinsic ~ собственная дисторсия
isotropic ~ изотропная дисторсия
Jahn-Teller ~ ян-теллеровское искажение
lattice ~ искажение (кристаллической) решетки
lens ~ дисторсия объектива
linear ~ линейное искажение
local ~ локальное [местное] искажение
modulation ~ модуляционное искажение
nonlinear ~ нелинейное искажение
nonplanar ~ неплоское искажение
optical ~ оптическое искажение
orthoscopic ~ ортоскопическая дисторсия
out-of-plane ~ неплоское искажение
panoramic ~ панорамное искажение
phase ~ фазовое искажение
phase-frequency ~ фазочастотное искажение
pillow(-shaped) [pincushion] ~ подушкообразная [положительная] дисторсия
pulse ~ искажение импульса
quantization ~ искажение, связанное с квантованием сигнала
radial ~ радиальное искажение
residual ~ остаточное искажение
second-order ~ искажение второго порядка
signal ~ искажение сигнала
spatial ~ пространственное искажение
structural ~ структурное искажение
waveform ~ искажение формы сигнала; амплитудное искажение
wavefront ~ искажение волнового фронта

distribution распределение
  Airy ~ распределение Эйри
  amplitude ~ амплитудное распределение
  angular ~ угловое распределение
  anisotropic ~ анизотропное распределение
  atomic ~ атомное распределение
  axial ~ аксиальное распределение
  bimodal ~ бимодальное распределение
  biphoton ~ бифотонное распределение
  Boltzmann ~ больцмановское распределение
  Bose ~ распределение Бозе
  Bose-Einstein ~ распределение Бозе – Эйнштейна
  brightness ~ распределение яркости
  charge ~ распределение заряда
  classical ~ классическое распределение
  continuous ~ непрерывное распределение
  correlation length ~ распределение длин корреляции
  1D ~ одномерное распределение
  2D ~ двумерное распределение
  3D ~ трехмерное распределение
  density-of-states ~ распределение плотности состояний
  discrete ~ дискретное распределение
  dopant [doping] ~ распределение легирующей примеси
  electron density ~ распределение электронной плотности
  energy ~ распределение по энергиям; энергетический спектр
  equilibrium ~ равновесное распределение
  exponential ~ экспоненциальное распределение

distribution

far-field ~ распределение поля в дальней зоне
Fermi ~ распределение Ферми
Fermi-Dirac ~ распределение Ферми – Дирака
field ~ распределение поля
frequency ~ частотное распределение
gain ~ распределение усиления
Gaussian ~ гауссово распределение, распределение Гаусса
Gibbs ~ распределение Гиббса
Gilbert-Cameron level-density ~ распределение плотности уровней Гильберта – Камерона
homogeneous ~ однородное распределение
impurity ~ распределение примеси
inhomogeneous ~ неоднородное распределение
intensity ~ распределение интенсивности
irradiance ~ распределение освещенности
isotropic ~ изотропное распределение
joint ~ совместное распределение
Junge ~ распределение Юнге
Laguerre ~ распределение Лагерра
light intensity ~ распределение интенсивности света
linewidth ~ распределение ширин линий
Lorentzian ~ лоренцево распределение
Maxwell-Boltzmann ~ распределение Максвелла – Больцмана
Maxwellian ~ распределение Максвелла
modal ~ модовое распределение
molecular weight ~ молекулярно-весовое распределение
momentum ~ распределение импульса; импульсное распределение
near-field ~ распределение поля в ближней зоне
nonequilibrium ~ неравновесное распределение
nonstationary ~ нестационарное распределение
nonuniform ~ неравномерное распределение
normal ~ нормальное распределение

one-dimensional ~ одномерное распределение
orientational ~ ориентационное распределение
particle-size ~ распределение частиц по размеру
phase ~ распределение фазы
photocount ~ распределение фотоотсчетов
photoelectron pulse height ~ распределение амплитуд фотоэлектронных импульсов
photoelectron velocity ~ распределение фотоэлектронов по скоростям
photon-number ~ распределение числа фотонов
Planck ~ распределение Планка
Poisson(ian) ~ распределение Пуассона
population ~ распределение населенности
population inversion ~ распределение инверсии населенности
power ~ распределение мощности
power density ~ распределение плотности мощности
probability ~ распределение вероятности
pulse height ~ распределение амплитуд импульсов
quantum ~ квантовое распределение
quantum-dot size ~ распределение квантовых точек по размерам
quantum key ~ квантовое распределение ключей
quasi-Fermi ~ квазифермиевское распределение
quasi-probability ~ распределение квазивероятности
radial ~ радиальное распределение
random ~ случайное распределение
Rayleigh ~ распределение Рэлея
refractive index ~ распределение показателя преломления
secret-key ~ распределение секретных ключей
size ~ распределение по размерам
spatial ~ пространственное распределение
spectral ~ спектральное распределение
spectral power ~ спектральное распределение мощности

distribution

  statistical ~ статистическое распределение
  steady-state ~ стационарное распределение
  sub-Poisson(ian) ~ субпуассоновское распределение
  super-Poisson(ian) ~ суперпуассоновское распределение
  thermal ~ тепловое распределение
  three-dimensional ~ трехмерное распределение
  two-dimensional ~ двумерное распределение
  uniform ~ однородное распределение; равномерное распределение
  velocity ~ распределение скоростей; распределение по скоростям
  waiting-time ~ распределение времени ожидания
  Wigner ~ распределение Вигнера
disturbance нарушение; возмущение
  angular ~ угловое возмущение
dither дрожание, низкочастотная модуляция
dithering размывание; сглаживание
  beam ~ размывание луча; размывание пучка
diverge расходиться; отклоняться; уклоняться
divergence расходимость
  angular ~ угловая расходимость
  beam ~ расходимость пучка
  diffraction-limited ~ дифракционно-ограниченная расходимость
  intrinsic ~ собственная расходимость
divider делитель
  frequency ~ делитель частоты
division деление, разделение
  frequency ~ деление частоты
domain область, сфера; домен
  bistability ~ область бистабильности
  energy ~ пространство энергий; область энергий
  femtosecond ~ фемтосекундный диапазон
  ferroelectric ~ сегнетоэлектрический домен
  frequency ~ пространство частот; область частот
  image ~ пространство изображений
  magnetic ~ магнитный домен
  microscopic ~ микроскопический домен
  spectral ~ спектральная область
  stable ~ устойчивый домен
  structural ~ структурный домен
  time ~ временно́е пространство; временны́е координаты
donor донор
  charged ~ заряженный донор
  deep ~ глубокий донор
  electron ~ донор электрона
  ionized ~ ионизованный донор
  neutral ~ нейтральный донор
  shallow ~ мелкий донор
dopant легирующая примесь
  donor ~ донорная примесь
  luminescent ~ люминесцирующая примесь
dope добавка; присадка; легирующая примесь ‖ легировать, активировать
doping легирование
  background ~ фоновое легирование
  chemical ~ химическое легирование
  controlled ~ управляемое легирование
  delta-~ дельта-легирование
  diffusion ~ диффузионное легирование
  heavy ~ сильное легирование
  impurity ~ примесное легирование
  ion-implantation ~ легирование методом ионной имплантации
  laser ~ лазерное легирование
  light ~ слабое легирование
  modulation ~ модуляционное легирование
  n-type ~ легирование донорной примесью
  p-type ~ легирование акцепторной примесью
  selective ~ селективное легирование
  semiconductor ~ легирование полупроводников
  unintentional ~ непреднамеренное легирование
dose доза ‖ дозировать
  exposure ~ доза облучения
  integral ~ интегральная доза
  irradiation ~ доза облучения
  lethal ~ летальная доза
  radiation ~ доза излучения
  threshold ~ пороговая доза
dosimeter дозиметр
  fluorescent ~ флуоресцентный дозиметр

dosimetry дозиметрия
   luminescence ~ люминесцентная дозиметрия
   photographic ~ фотографическая дозиметрия
   radiation ~ дозиметрия излучения
   thermoluminescence ~ термолюминесцентная дозиметрия
dot точка, точечный элемент
   asymmetric ~ асимметричная (*квантовая*) точка
   double ~ двойная (*квантовая*) точка
   ellipsoidal ~ эллипсоидальная (*квантовая*) точка
   mesoscopic ~ мезоскопическая точка
   phosphor ~ точка люминофора
   quantum ~ квантовая точка
   self-assembled quantum ~**s** самоорганизованные квантовые точки
   single (quantum) ~ одиночная (квантовая) точка
   spherical ~ сферическая (*квантовая*) точка
doubler удвоитель, схема удвоения
   frequency ~ удвоитель частоты
doublet дублет (*спектральный*), линзовый дублет
   Anderson-Fano ~ дублет Андерсона – Фано
   Autler-Townes ~ дублет Аутлера – Таунса
   Brillouin (scattering) ~ бриллюэновский дублет
   contact ~ контактный дублет
   contact achromatized ~ контактный ахроматический дублет
   degenerate ~ вырожденный дублет
   ground-state ~ дублет основного состояния
   hyperfine ~ сверхтонкий дублет
   Kramers ~ крамерсов дублет
   orbital ~ орбитальный дублет
   Raman (scattering) ~ рамановский дублет
   spectral ~ спектральный дублет
   spin ~ спиновый дублет
doubling удвоение
   frequency ~ удвоение частоты
   intracavity ~ внутрирезонаторное удвоение частоты
   inversion ~ инверсионное удвоение
   spin ~ спиновое удвоение

down-conversion даун-конверсия, преобразование частоты излучения вниз
   parametric ~ параметрическая даун-конверсия, параметрическое преобразование частоты излучения вниз
down-converter даун-конвертор, преобразователь частоты излучения вниз
downsampling сгущающая выборка
down-switching выключение
downtime простой, вынужденное бездействие; время простоя
drag 1. увлечение **2.** сопротивление (*среды*)
   electron-phonon ~ увлечение электронов фононами
   electron-photon ~ увлечение электронов фотонами
   ether ~ увлечение эфира
   phonon ~ увлечение носителей фононами
drift дрейф, сдвиг
   angular ~ угловой дрейф
   baseline ~ дрейф нулевой линии
   carrier ~ дрейф носителей
   electron ~ дрейф электронов
   frequency ~ дрейф частоты
   instrument ~ дрейф показаний прибора
   light-induced ~ светоиндуцированный дрейф
   linear ~ линейный дрейф
   long-term ~ долговременный дрейф
   phase ~ дрейф фазы
   sensitivity ~ дрейф чувствительности
   short-term ~ кратковременный дрейф
   wavelength ~ дрейф длины волны
   zero ~ дрейф нуля
drill сверло; бур
   laser ~ лазерный бур
drilling сверление; бурение
   laser ~ лазерное сверление; лазерное бурение
   microhole ~ высверливание микроотверстий
drop капля
   electron-hole ~ электронно-дырочная капля, экситонный конденсат
droplet капелька
   spherical ~ сферическая капелька
dualism, duality дуализм; двойственность

dualism

wave-corpuscle [wave-particle] ~ дуализм волна – частица, корпускулярно-волновой дуализм
dubnium дубний, Db
dumper устройство вывода импульса; модулятор добротности
  acousto-optical ~ акустооптическое устройство вывода импульса
  cavity ~ устройство вывода импульса из резонатора
dumping сбрасывание; разгрузка
  cavity ~ разгрузка резонатора
duration длительность
  burst ~ длительность пачки импульсов
  pulse ~ длительность импульса
  ultrashort ~ сверхкороткая длительность
dust пыль; порошок
  diamond ~ алмазная пыль; алмазный шлифовальный порошок
  emery ~ наждачный порошок
  space ~ космическая пыль
duty режим (*работы*)
  critical ~ критический режим
  heavy ~ напряженный режим
  operating ~ рабочий режим
dwarf карлик (*звезда*)
  black ~ черный карлик
  degenerate ~ вырожденный карлик
  red ~ красный карлик
  white ~ белый карлик
  yellow ~ желтый карлик
dye краситель
  antihalation ~ противоореольный краситель
  bleachable ~ просветляющийся краситель
  dichroic ~ дихроичный краситель
  fluorescent ~ флуоресцирующий краситель
  laser ~ лазерный краситель
  organic ~ органический краситель
  photochromic ~ фотохромный краситель
  phthalocyanine ~ фталоцианиновый краситель
  rhodamine ~ родаминовый краситель
  saturable ~ насыщаемый краситель
dynamics динамика
  atomic ~ атомная динамика
  Brownian ~ броуновская динамика
  carrier ~ динамика носителей
  center-of-mass ~ динамика центра масс
  chaotic ~ хаотическая динамика
  classical ~ классическая динамика
  coherence ~ динамика когерентности
  coherent ~ когерентная динамика
  collective ~ коллективная динамика
  collision ~ динамика столкновений
  conformational ~ конформационная динамика
  crystal lattice ~ динамика кристаллической решетки
  decay ~ динамика распада, динамика затухания
  density-matrix ~ динамика матрицы плотности
  dissociation ~ динамика диссоциации
  electronic ~ электронная динамика
  emission ~ динамика излучения; динамика испускания; динамика эмиссии
  excitation ~ динамика возбуждения
  excitation decay ~ динамика затухания возбуждения
  excited state ~ динамика возбужденных состояний
  exciton(ic) ~ экситонная динамика
  far-field ~ динамика поля в дальней зоне
  femtosecond ~ фемтосекундная динамика
  fluorescence ~ динамика флуоресценции
  gain ~ динамика усиления
  generation ~ динамика генерации
  intracavity ~ внутрирезонаторная динамика
  laser ~ лазерная динамика
  lasing ~ динамика лазерной генерации
  lattice ~ динамика (кристаллической) решетки
  librational ~ либрационная динамика
  magnetization ~ динамика намагничивания
  microscopic ~ микроскопическая динамика
  molecular ~ молекулярная динамика

echo

 multiphoton ~ многофотонная динамика
 nonclassical ~ неклассическая динамика
 nonequilibrium ~ неравновесная динамика
 nonlinear ~ нелинейная динамика
 non-Markovian ~ немарковская динамика
 optical ~ оптическая динамика
 oscillatory ~ осцилляционная динамика
 phase ~ фазовая динамика
 phase space ~ динамика фазового пространства
 photoabsorption ~ динамика фотопоглощения
 photodesorption ~ динамика фотодесорбции
 photoexcitation ~ динамика фотовозбуждений
 photoinduced ~ фотоиндуцированная динамика
 photoionization ~ динамика фотоионизации
 picosecond ~ пикосекундная динамика
 polarization ~ поляризационная динамика, динамика поляризации
 population ~ динамика населенности
 propagation ~ динамика распространения
 quantum ~ квантовая динамика
 quantum Zeno ~ квантовая динамика Зенона
 recombination ~ динамика рекомбинации
 relaxation ~ динамика релаксации
 reorientational ~ динамика переориентации
 scattering ~ динамика рассеяния
 spatiotemporal ~ пространственно-временна́я динамика
 spin ~ спиновая динамика
 stochastic ~ стохастическая динамика
 storage ~ динамика накопления
 structural ~ структурная динамика
 sub-nanosecond ~ субнаносекундная динамика
 sub-picosecond ~ субпикосекундная динамика
 temporal ~ временна́я динамика
 trap state ~ динамика ловушечного состояния
 tunneling ~ динамика туннелирования
 ultrafast ~ сверхбыстрая динамика
 vibrational ~ колебательная динамика
dynode динод
dysprosium диспрозий, Dy

E

earth 1. земля 2. заземление
 rare ~ редкая земля, редкоземельный элемент
eavesdropping подслушивание; перехват сообщений
 quantum ~ квантовое подслушивание
eccentricity эксцентричность; эксцентриситет
echelon эшелон
 Michelson ~ эшелон Майкельсона
 reflection ~ отражательный эшелон
 transmission ~ пропускающий эшелон
echo эхо
 backward ~ обратное эхо
 delayed ~ задержанное эхо
 electron spin ~ электронное спиновое эхо
 forward ~ прямое эхо
 geometrical ~ геометрическое эхо
 inverse photon ~ обращенное фотонное эхо
 multiple ~ многократное эхо
 nutation ~ нутационное эхо
 optical ~ оптическое эхо
 optical rotary ~ оптическое вращательное эхо
 photon ~ фотонное эхо
 plasma ~ плазменное эхо
 polarization ~ поляризационное эхо
 Raman ~ рамановское [комбинационное] эхо
 second-order ~ эхо второго порядка

echo

   spatial ~ пространственное эхо
   spin ~ спиновое эхо
   stimulated ~ стимулированное эхо
   three-pulse ~ трехимпульсное эхо
   two-pulse ~ двухимпульсное эхо
   vibrational ~ колебательное эхо
eclipse затмение
   annular ~ кольцевое затмение
   corpuscular solar ~ корпускулярное затмение Солнца
   lunar ~ лунное затмение
   partial ~ частное затмение
   penumbral lunar ~ полутеневое лунное затмение
   solar ~ солнечное затмение
   total ~ полное затмение
ecliptic эклиптика; плоскость эклиптики
edge край, граница; кромка; грань
   absorption ~ край полосы поглощения
   band ~ край энергетической зоны
   bandgap ~ край запрещенной зоны
   blue ~ коротковолновый край
   Brillouin zone ~ край зоны Бриллюэна
   cleaved ~ сколотый край
   conduction band ~ край зоны проводимости
   crystal ~ ребро кристалла
   energy gap ~ край энергетического зазора; край запрещенной зоны
   Fermi ~ край ферми-состояний, уровень Ферми
   front ~ передний фронт
   knife ~ 1. резкий край 2. опорная призма; призматическая [ножевая] опора
   leading ~ передний фронт
   mobility ~ край [порог] подвижности
   photonic band ~ край фотонной зоны
   red ~ длинноволновый край
   sharp ~ крутой фронт, резкий край
   smooth ~ гладкий край
   spectral series ~ граница спектральной серии
   trailing ~ задний фронт
   transmission ~ край полосы пропускания
   zone ~ край зоны
effect 1. эффект 2. (воз)действие

   acousto-optical ~ акустооптический эффект
   ac Stark ~ эффект Штарка в переменном поле; оптический эффект Штарка
   additive ~ аддитивный эффект
   afterglow ~ эффект послесвечения
   Aharonov-Bohm ~ эффект Ааронова – Бома
   alignment ~ эффект выстраивания
   amplification ~ эффект усиления
   anharmonic ~ ангармонический эффект
   anisoplanatic ~ анизопланатический эффект
   anisotropic ~ анизотропный эффект
   anomalous Zeeman ~ аномальный эффект Зеемана
   anticorrelation ~ эффект антикорреляции
   atomic coherence ~s эффекты атомной когерентности
   Auger ~ эффект Оже
   band-filling ~ эффект заполнения зоны
   Barnett ~ эффект Барнетта
   biexcitonic ~s биэкситонные эффекты
   birefringence ~ эффект двулучепреломления
   bistability ~ эффект бистабильности
   bleaching ~ эффект просветления, эффект обесцвечения
   Bloch-Siegert ~ эффект Блоха – Зигерта
   Borrmann ~ эффект Бормана
   Bragg ~ эффект Брэгга
   Brillouin ~ эффект Бриллюэна
   broadening ~ эффект уширения
   build-up ~ 1. эффект возгорания 2. эффект накопления
   bulk ~ объемный эффект
   buried-focus ~ влияние глубинной фокусировки
   Burstein-Moss ~ эффект Бурштейна – Мосса
   capture ~ эффект захвата
   Casimir ~ эффект Казимира
   cavity-QED ~s эффекты квантовой электродинамики резонатора
   Cherenkov ~ эффект Черенкова
   Christiansen ~ эффект Христиансена

effect

circular photogalvanic ~ циркулярный фотогальванический эффект
classical ~ классический эффект
coherent-control ~s эффекты когерентного контроля, эффекты когерентного (*фазового*) управления
coherent Raman ~ эффект вынужденного [активного] комбинационного рассеяния
collective ~ коллективный эффект
competing ~s конкурирующие эффекты
compression ~ эффект сжатия
Compton ~ эффект Комптона
confinement ~ эффект пространственного ограничения; эффект локализации
cooperative ~ кооперативный эффект
cooperative Jahn-Teller ~ кооперативный эффект Яна – Теллера
Corbinaux ~ эффект Корбино
correlation ~ корреляционный эффект; эффект корреляции
Cotton ~ эффект Коттона, круговой дихроизм
Cotton-Mouton ~ эффект Коттона – Мутона
Coulomb ~ кулоновский эффект
Coulomb blockade ~ эффект кулоновской блокады
Coulomb correlation ~s эффекты кулоновской корреляции
covalency ~s эффекты ковалентности
crystal-field ~ эффект кристаллического поля
cubic ~ кубичный эффект
cumulative ~ кумулятивный эффект
Debye ~ эффект Дебая
Debye-Sears ~ эффект Дебая – Сирса
decoherence ~s эффекты декогеренции
defocusing ~ эффект дефокусировки
Dember ~ эффект Дембера, фотодиффузия
depolarization ~ эффект деполяризации
destructive ~ разрушающее воздействие
detrimental ~ вредное воздействие
diamagnetic Faraday ~ диамагнитный эффект Фарадея
diffraction ~s дифракционные эффекты

dimensional ~ размерный эффект
dispersion ~ дисперсионный эффект
dissipation ~ эффект диссипации
doping ~ эффект легирования
Doppler ~ эффект Доплера
Doppler broadening ~ эффект доплеровского уширения
down-conversion ~ эффект даун-конверсии, эффект преобразования частоты излучения вниз
drag ~ эффект увлечения
dynamic ~ динамический эффект
dynamic Casimir ~ динамический эффект Казимира
dynamic Jahn-Teller ~ динамический эффект Яна – Теллера
dynamic Stark ~ динамический эффект Штарка
Eberhard ~ эффект Эберхарда
echo ~ эффект эха
edge ~ краевой эффект
Einstein-Podolsky-Rosen ~ эффект Эйнштейна – Подольского – Розена
elasto-optic(al) ~ пьезооптический эффект; упругооптический эффект
electric-field ~ эффект [влияние] электрического поля
electro-optic(al) ~ электрооптический эффект
electro-optic(al) Kerr ~ электрооптический эффект Керра
electroplastic ~ электропластический эффект
environmental ~s воздействия окружающей среды
equatorial Kerr ~ экваториальный эффект Керра
even ~ четный эффект
excitonic ~s экситонные эффекты
external [extrinsic] photoelectric ~ внешний фотоэффект
Fano ~ эффект Фано
Faraday ~ эффект Фарадея
far-field ~ эффект дальней зоны
field enhancement ~ эффект усиления поля
flicker ~ фликкер-эффект; мерцание
fountain ~ эффект фонтанирования
Franz-Keldysh ~ эффект Франца – Келдыша
Fraunhofer ~ эффект Фраунгофера
fringe ~ краевой эффект

effect

ghost ~ побочный [паразитный] эффект
ghosting ~ эффект образования вторичных изображений
giant Faraday ~ гигантский эффект Фарадея
giant Kerr ~ гигантский эффект Керра
Glauber ~ эффект Глаубера
glint ~ мерцание
Gordon-Haus ~ эффект Гордона – Хауса
gravitational ~ гравитационный эффект
Gudden-Pohl ~ эффект Гуддена – Поля
Gunn ~ эффект Ганна
Gurevich ~ эффект Гуревича
Guth-Hanchen ~ эффект Гуса – Хенхена
gyromagnetic ~ гиромагнитный эффект
gyroscopic ~ гироскопический эффект
Hall ~ эффект Холла
halo ~ эффект гало; ореол
Hanbury-Brown and Twiss ~ эффект Хэнбери – Брауна и Твисса
Hanle ~ эффект Ханле
heavy-doping ~ эффект сильного легирования
Herschel ~ эффект Гершеля
Hertz ~ эффект Герца
higher-order ~s эффекты высших порядков
high-field ~ эффект сильного поля
hole-burning ~ эффект выжигания провала
Hubble ~ эффект Хаббла
hybridization ~ эффект гибридизации
hypochromic ~ гипохромный эффект, эффект уменьшения поглощения
hysteresis ~ эффект гистерезиса
induced absorption ~ эффект индуцированного поглощения
interface roughness ~s эффекты шероховатости границ раздела
interference ~ интерференционный эффект
internal photoelectric ~ внутренний фотоэффект

inverse ~ обратный эффект
inverse Cotton-Mouton ~ обратный эффект Коттона – Мутона
inverse Faraday ~ обратный эффект Фарадея
inverse photoelectric ~ обратный фотоэлектрический эффект
inverse piezo-optical ~ обратный пьезооптический эффект, катодолюминесценция
inverse Zeeman ~ обратный эффект Зеемана
isotropic ~ изотропный эффект
Jahn-Teller ~ эффект Яна – Теллера
Johnson-Rahbek ~ эффект Джонсона – Рабека
Josephson ~ эффект Джозефсона
Kapitza-Dirac ~ эффект Капицы – Дирака
Kerr ~ эффект Керра
Kikoin-Noskov ~ эффект Кикоина – Носкова, фотомагнитоэлектрический эффект
kinetic ~s кинетические эффекты
Kondo ~ эффект Кондо
Kundt ~ эффект Кундта
Lamb-Dicke ~ эффект Лэмба – Дике
laser tweezers ~ эффект лазерного пинцета
lattice-mismatch ~s эффекты рассогласования параметров кристаллических решеток
Lehmann ~ эффект Лемана
lensing ~ эффект линзы
light-induced ~ светоиндуцированный эффект
light self-focusing ~ эффект самофокусировки света
light shift ~s эффекты светового сдвига
linear ~ линейный эффект
linear electro-optic ~ линейный электрооптический эффект, эффект Поккельса
linear magneto-optical ~ линейный магнитооптический эффект
linear Stark ~ линейный эффект Штарка
line-narrowing ~ эффект сужения линии
local-field ~ эффект локального поля
localization ~ эффект локализации

effect

longitudinal Doppler ~ продольный эффект Доплера
longitudinal Kerr ~ продольный эффект Керра
longitudinal magneto-optic(al) ~ продольный магнитооптический эффект
longitudinal Stark ~ продольный эффект Штарка
longitudinal Zeeman ~ продольный эффект Зеемана
Macaluso-Corbinaux ~ эффект Макалузо – Корбино
magnetic-field ~ эффект [влияние] магнитного поля
magneto-acoustic ~ магнитоакустический эффект
magneto-optic(al) ~ магнитооптический эффект
magneto-optic(al) Kerr ~ магнитооптический эффект Керра
magnetopolaron ~ магнитополяронный эффект
many-body ~s эффекты многих тел
many-particle ~ многочастичный эффект
Maxwell ~ эффект Максвелла
Meissner ~ эффект Мейсснера
memory ~ эффект памяти
meridional Kerr ~ меридиональный эффект Керра
mesoscopic ~s мезоскопические эффекты
microscopic ~ микроскопический эффект
Mie ~ эффект Ми
mode competition ~ эффект конкуренции мод
mode coupling ~ эффект взаимодействия мод
moire ~ муаровый эффект, муар
molecular field ~ эффект молекулярного поля
Mössbauer ~ эффект Мёссбауэра
multiphoton photoelectric ~ многофотонный фотоэффект
near-field ~ эффект ближнего поля
negligible ~ пренебрежимый эффект
nephelauxetic ~ нефелоксетический эффект
net ~ результирующий эффект; суммарное воздействие
nonadiabatic ~s неадиабатические эффекты; эффекты неадиабатичности

nonclassical ~ неклассический эффект
nonlinear ~ нелинейный эффект
nonlinear optical ~ нелинейно-оптический эффект
non-Markovian ~ немарковский эффект
nonreciprocal ~ невзаимный эффект
nonresonant ~ нерезонансный эффект
normal Zeeman ~ нормальный эффект Зеемана
odd ~ нечетный эффект
optical alignment ~ эффект оптического выстраивания
optical cooling ~ эффект оптического охлаждения
optical Doppler ~ оптический эффект Доплера
optical Kerr ~ оптический эффект Керра
optical pumping ~ эффект оптической накачки
optical rectification ~ эффект оптического выпрямления
optical resonance ~ эффект оптического резонанса
optical Stark ~ оптический эффект Штарка
optoacoustic(al) ~ оптоакустический эффект
optogalvanic [optovoltaic] ~ оптогальванический эффект
orbital memory ~ эффект орбитальной памяти
orientational ~ ориентационный эффект
orientational Kerr ~ ориентационный эффект Керра
Overhauser ~ эффект Оверхаузера
paramagnetic Faraday ~ парамагнитный эффект Фарадея
parametric ~ параметрический эффект
parasitic ~ паразитный эффект
parity-nonconservation [parity-violation] ~ эффект несохранения четности
Paschen-Buck ~ эффект Пашена – Бака
Pauli blocking [Pauli exclusion] ~ эффект запрета Паули
Peltier ~ эффект Пельтье

effect

percolation ~ эффект перколяции, эффект протекания
perturbative ~ возмущающий эффект; эффект возмущения
phase diffusion ~ эффект диффузии фазы, эффект фазовой диффузии
phase-matching ~s эффекты фазового синхронизма
photoacoustic ~ фотоакустический эффект
photocapacitor ~ фотоемкостный эффект
photochromic ~ фотохромный эффект
photoconductive ~ эффект фотопроводимости
photodielectric ~ фотодиэлектрический эффект
photodiffusion ~ фотодиффузия, эффект Дембера
photodynamic ~ фотодинамический эффект
photoelastic ~ эффект фотоупругости
photoelectret ~ фотоэлектретный эффект
photoelectric ~ фотоэффект
photoelectromagnetic ~ фотомагнитоэлектрический эффект, эффект Кикоина – Носкова
photoemissive ~ эффект фотоэмиссии, внешний фотоэффект
photoferroelectric ~ фотосегнетоэлектрический эффект
photogalvanic ~ фотогальванический эффект
photographic ~ фотографический эффект
photomagnetic ~ фотомагнитный эффект
photomagnetoelectric ~ фотомагнитоэлектрический эффект, эффект Кикоина – Носкова
photon drag ~ эффект увлечения носителей фотонами
photon-noise ~s эффекты фотонного шума
photopiezoelectric ~ фотопьезоэлектрический эффект
photorefractive ~ фоторефрактивный эффект
photoresistive ~ фоторезистивный эффект
photothermal ~ фототермический эффект
photothermoelectric ~ фототермоэлектрический эффект
photothermomagnetic ~ фототермомагнитный эффект
photovoltaic ~ фотовольтаический [фотоэлектрический] эффект
piezooptical ~ пьезооптический эффект
Pockels ~ эффект Поккельса, линейный электрооптический эффект
polar ~ полярный эффект
polarization ~ поляризационный эффект
polar Kerr ~ полярный эффект Керра
polaron(ic) ~ поляронный эффект
precession ~ эффект прецессии
pseudo-stereoscopic ~ псевдостереоскопический эффект
Purcell ~ эффект Парселла
Purkinje ~ эффект Пуркине
quadratic ~ квадратичный эффект
quadratic Doppler ~ квадратичный эффект Доплера
quadratic electro-optic ~ квадратичный электрооптический эффект
quantization ~s эффекты квантования
quantum ~ квантовый эффект
quantum coherence ~s эффекты квантовой когерентности
quantum-confined Stark ~ квантово-размерный эффект Штарка
quantum confinement ~ эффект размерного квантования; квантово-размерный эффект
quantum correlation ~ эффект квантовой корреляции
quantum electrodynamic ~s эффекты квантовой электродинамики
quantum Hall ~ квантовый эффект Холла
quantum interference ~ эффект квантовой интерференции
quantum localization ~ эффект квантовой локализации
quantum mechanical ~ квантово-механический эффект
quantum noise ~s эффекты квантовых шумов
quantum-nondemolition ~ эффект квантового невозмущающего воздействия

quantum optical ~ эффекты квантовой оптики
quantum size ~ эффект размерного квантования; квантово-размерный эффект
quantum Zeno ~ квантовый эффект Зенона
quenching ~ эффект тушения
radiation trapping ~ эффект пленения излучения
radiative ~ излучательный эффект
radiative heating ~ эффект радиационного нагрева
rainbow ~ эффект радуги
Raman ~ эффект Рамана, комбинационное рассеяние света
Raman-induced Kerr ~ эффект Керра, индуцированный комбинационным резонансом
Rashba ~ эффект Рашбы
reabsorption ~ эффект реабсорбции; эффект перепоглощения
reciprocal ~ взаимный эффект
relativistic ~s релятивистские эффекты
residual ~ остаточный эффект
resonance ~ резонансный эффект
resonance shift ~ эффект резонансного сдвига
resonant ~ резонансный эффект
retardation ~s эффекты запаздывания
Richardson ~ эффект Ричардсона
Sabattier ~ эффект Сабатье
Sadovsky ~ эффект Садовского
Sagnac ~ эффект Саньяка
saturation ~ эффект насыщения
scattering ~ эффект рассеяния
screening ~ эффект экранирования
secondary Pockels ~ вторичный эффект Поккельса
secondary scattering ~ эффект вторичного рассеяния
second-order ~ эффект второго порядка
Seebeck ~ эффект Зеебека
segregation ~ эффект сегрегации
self-absorption ~ эффект самопоглощения
self-bleaching ~ эффект самопросветления
self-focusing ~ эффект самофокусировки

self-induced transparency ~ эффект самоиндуцированной прозрачности
shape-memory ~ эффект памяти формы
shot ~ дробовой эффект
Shpolski ~ эффект Шпольского
size ~ размерный эффект
skin ~ скин-эффект
smearing ~ смазывание, потеря резкости
soliton ~ солитонный эффект
solvent ~ эффект влияния растворителя
Soret ~ эффект Соре
space charge ~ эффект пространственного заряда
spatial quantization ~ эффект пространственного квантования
speckle ~ эффект образования спекл-структуры
spectral ~s спектральные эффекты
spin ~s спиновые эффекты
spin coherence ~s эффекты спиновой когерентности
spin-memory ~ эффект спиновой памяти
spintronic ~s эффекты спинтроники, спинтронные эффекты
spurious ~ ложный эффект
squeezing ~ эффект «сжатия»
Staebler-Wronski ~ эффект Стеблера – Вронского
Stark ~ эффект Штарка
static Jahn-Teller ~ статический эффект Яна – Теллера
stereoscopic ~ стереоскопический эффект
stimulated emission ~ эффект стимулированного испускания
strain-optic(al) ~ эффект фотоупругости
stroboscopic ~ стробоскопический эффект
strong coupling ~s эффекты сильного взаимодействия; эффекты сильной связи
strong localization ~s эффекты сильной локализации
superluminal ~s эффекты сверхсветовых скоростей
superradiance ~ эффект сверхизлучения

effect

surface-charge ~ эффект поверхностного заряда
surface-enhancement ~s эффекты поверхностного усиления
surface-tension ~ эффект поверхностного натяжения
switching ~ эффект переключения
temporal ~s временны́е эффекты
thermal ~ тепловой эффект; термический эффект
thermoelectric ~ термоэлектрический эффект
thermooptic ~ термооптический эффект
third-order ~ эффект третьего порядка
threshold ~ пороговый эффект
time-reversal symmetry ~s эффекты симметрии по отношению к инверсии времени
transient ~ переходный эффект
transverse Doppler ~ поперечный эффект Доплера
transverse Kerr ~ поперечный эффект Керра
transverse magneto-optic(al) ~ поперечный магнитооптический эффект
transverse Zeeman ~ поперечный эффект Зеемана
trapping ~ эффект захвата
tunneling ~ эффект туннелирования
turbulence ~s эффекты турбулентности
twin-photon ~ эффект фотонных двойников
two-photon ~ двухфотонный эффект
Tyndall ~ эффект Тиндаля
up-conversion ~ эффект ап-конверсии, эффект преобразования частоты излучения вверх
vacuum fluctuation ~s эффекты вакуумных флуктуаций
vibronic ~ вибронный эффект
Voigt ~ эффект Фойгта
waterfall ~ эффект водопада
waveguide ~ волноводный эффект
weak localization ~s эффекты слабой локализации
Weigert ~ эффект Вейгерта
Wood ~ эффект Вуда
Zeeman ~ эффект Зеемана
Zener ~ эффект Зинера

efficacy эффективность
luminous ~ световая эффективность; световая отдача
spectral luminous ~ спектральная световая эффективность
efficiency 1. эффективность; выход **2.** коэффициент полезного действия, кпд
absorption ~ эффективность поглощения
capture ~ эффективность захвата
collection ~ эффективность сбора (*света, носителей заряда*)
conversion ~ эффективность конверсии; кпд преобразования
cooling ~ эффективность охлаждения
coupling ~ эффективность связи; коэффициент связи
detection ~ эффективность детектирования; квантовый выход детектирования; эффективность обнаружения
differential ~ дифференциальная эффективность
differential quantum ~ дифференциальный квантовый выход
diffraction ~ дифракционная эффективность
doping ~ эффективность легирования
down-conversion ~ квантовый выход даун-конверсии
emission ~ эффективность катода
emission coupling ~ эффективность вывода излучения
encoding ~ эффективность кодирования
energy ~ энергетическая эффективность
energy conversion ~ энергетическая эффективность преобразования
energy extraction ~ эффективность съема энергии
energy transfer ~ эффективность переноса энергии
excitation ~ эффективность возбуждения
extraction ~ эффективность вывода (*пучка*)
four-wave mixing conversion ~ эффективность преобразования при четырехволновом смешении

eigenstate

harmonic conversion ~ кпд генерации гармоники
information ~ пропускная способность канала
internal ~ внутренняя эффективность
laser ~ кпд лазера
laser cleaning ~ эффективность лазерной чистки
lens ~ разрешающая способность линзы
light collection ~ коэффициент использования светового потока
light extraction ~ эффективность вывода света
luminescence ~ квантовый выход люминесценции
luminous ~ видность; спектральная световая эффективность; светоотдача
mode excitation ~ эффективность возбуждения моды
modulation ~ эффективность модуляции
optical ~ оптическая эффективность; светосила
outcoupling ~ эффективность вывода (*излучения*)
phosphor ~ светоотдача люминофора; эффективность люминофора
photocathode ~ эффективность фотокатода; квантовый выход люминофора
photoionization ~ эффективность фотоионизации
quantum ~ квантовый выход
quenching ~ эффективность тушения
radiant ~ энергетическая эффективность; энергетический кпд
screen radiant ~ световая отдача экрана
second harmonic generation ~ кпд генерации второй гармоники
slope ~ дифференциальная эффективность
spectral ~ спектральная эффективность
spectral luminous ~ спектральная световая эффективность
stimulated emission ~ выход стимулированного излучения
switching ~ эффективность переключения
throughput ~ пропускная способность (*канала связи*)
trapping ~ эффективность захвата
up-conversion ~ квантовый выход ап-конверсии

eigenenergy собственная энергия
  atom ~ собственная энергия атома
  soliton ~ собственная энергия солитона

eigenfrequency собственная частота

eigenfunction собственная функция
  angular momentum ~ собственная функция оператора углового момента
  antisymmetric ~ антисимметричная собственная функция
  electronic ~ электронная собственная функция
  energy ~ собственная функция в энергетическом представлении
  momentum ~ собственная функция в импульсном представлении
  nondegenerate ~ невырожденная собственная функция
  normalized ~ нормированная собственная функция
  orthonormal ~ ортонормированная собственная функция
  rotational ~ вращательная собственная функция
  vibrational ~ колебательная собственная функция

eigenmode собственная мода
  axisymmetrical ~s осесимметричные моды
  cavity ~s собственные моды резонатора
  optical ~ оптическая мода
  polarization ~ поляризационная мода

eigenpolarization собственная поляризация

eigenproblem задача на собственные значения

eigenstate собственное состояние
  electronic ~ электронное собственное состояние
  energy ~ собственное состояние энергии
  Floquet ~ собственное состояние Флоке
  Hamiltonian ~ собственное состояние гамильтониана

eigenstate

    Jaynes-Cummings ~ собственное состояние Джейнса – Каммингса
    quasi-classical ~ квазиклассическое собственное состояние
    unperturbed ~ невозмущенное собственное состояние
    wavepacket ~ собственное состояние волнового пакета

eigenvalue собственное значение
    degenerate ~ вырожденное собственное значение
    energy ~ собственное значение энергии
    Hamiltonian ~ собственное значение гамильтониана; собственная энергия
    nondegenerate ~ невырожденное собственное значение

eigenvector собственный вектор
    generalized ~ обобщенный собственный вектор

eikonal эйконал
    angle [Bruns] ~ эйконал Брунса, угловой эйконал
    Hamiltonian ~ эйконал Гамильтона
    point ~ точечный эйконал
    Schwarzschild ~ эйконал Шварцшильда

electroabsorption электропоглощение

electrochemiluminescence электрохемилюминесценция

electrode электрод
    auxiliary ~ вспомогательный электрод
    control [gate, gating] ~ управляющий электрод
    interdigital ~ встречно-штыревой электрод
    monocrystalline ~ монокристаллический электрод
    semitransparent ~ полупрозрачный электрод
    transparent ~ прозрачный электрод

electrodynamics электродинамика
    cavity-quantum ~ квантовая электродинамика резонатора, КЭР
    classical ~ классическая электродинамика
    nonlinear ~ нелинейная электродинамика
    quantum ~ квантовая электродинамика
    relativistic ~ релятивистская электродинамика
    stochastic ~ стохастическая электродинамика

electrograph электрограф

electrography электрография

electroluminescence электролюминесценция
    injection ~ инжекционная электролюминесценция
    intraband ~ внутризонная электролюминесценция
    thin-film ~ электролюминесценция тонких пленок

electron электрон
    antibonding ~ антисвязывающий [разрыхляющий] электрон
    Auger ~ оже-электрон
    ballistic ~ баллистический электрон
    band ~ зонный электрон
    bonding ~ связывающий электрон
    bound ~ связанный электрон
    captured ~ захваченный электрон
    classical ~ классический электрон
    conduction ~ электрон проводимости
    conduction-band ~ электрон зоны проводимости
    2D ~ двумерный электрон
    delocalized ~ делокализованный электрон
    energetic ~s электроны с повышенной энергией; быстрые электроны
    excess ~ избыточный электрон
    fast ~ быстрый электрон
    free ~ свободный электрон
    high-energy ~ высокоэнергетичный электрон
    high-mobility ~ электрон высокой подвижности
    hot ~ горячий электрон
    impurity ~ примесный электрон
    inner ~ внутренний электрон; электрон внутренней оболочки
    Landau-level ~ электрон уровня Ландау
    non-bonding ~ несвязывающий электрон
    nonequilibrium ~ неравновесный электрон
    outer ~ внешний электрон; электрон внешней оболочки
    paired ~s спаренные электроны

element

photoexcited ~ фотовозбужденный электрон
Poissonian ~s пуассоновские электроны
primary ~ первичный электрон
quantum-confined ~ электрон в условиях пространственного квантования
quasi-free ~ квазисвободный электрон
Rydberg ~ ридберговский [высоковозбужденный] электрон
spin-polarized ~s электроны с поляризованными спинами
suprathermal ~s надтепловые электроны
thermal ~ тепловой электрон
trapped ~ захваченный электрон
two-dimensional ~ двумерный электрон
unpaired ~s неспаренные электроны
electronegativity электроотрицательность
electronics электроника
  biomolecular ~ биомолекулярная электроника
  communications ~ коммуникационная электроника; электроника линий связи
  cryogenic ~ криогенная электроника
  laser ~ лазерная электроника
  molecular ~ молекулярная электроника
  optical ~ оптическая электроника
  quantum ~ квантовая электроника
  spin ~ спиновая электроника
  ultrafast ~ сверхбыстрая электроника
electrooptics электрооптика
electrophoresis электрофорез
electrophotograph электрофотографическое изображение, электрофотография
electrophotography электрофотография (*процесс*)
electrophotoluminescence электрофотолюминесценция
electropolishing электрополировка
electroreflection электроотражение
electrostriction электрострикция
element элемент
  active ~ активный элемент
  adaptive ~ адаптивный элемент

birefringent ~ двулучепреломляющий элемент
bistable ~ бистабильный элемент
control ~ управляющий элемент
controlled ~ управляемый элемент
coupling ~ элемент связи
detector array ~ элемент матрицы фотодетекторов
diagonal ~ диагональный элемент
dispersive ~ дисперсионный элемент
dissipative ~ диссипативный элемент
doping ~ легирующий элемент
electro-optical ~ электрооптический элемент
focusing ~ фокусирующий элемент
gating ~ стробирующий элемент
holographic ~ голографический элемент
integrated-optics ~ интегрально-оптический элемент
light-sensitive ~ светочувствительный элемент
logic ~ логический элемент
matrix ~ матричный элемент
nondiagonal ~ недиагональный элемент
nonlinear ~ нелинейный элемент
nonreciprocal ~ невзаимный элемент
off-diagonal ~ недиагональный элемент
optical ~ оптический элемент
optical switching ~ оптический переключающий элемент
passive ~ пассивный элемент
piezoelectric ~ пьезоэлектрический элемент
polarization ~ поляризующий элемент
rare-earth ~ редкоземельный элемент
refractive ~ преломляющий элемент
retardation ~ элемент задержки
selective ~ селективный элемент
sensor ~ датчик
spectrally selective ~ спектрально-селективный элемент
spin-dependent tunneling ~ элемент со спин-зависящим туннелированием
storage ~ элемент памяти
switching ~ переключающий элемент; переключатель

element

symmetry ~ элемент симметрии
tensor ~ компонент тензора
transition matrix ~ матричный элемент перехода
transitionmetal ~ переходный элемент, элемент переходной группы
ellipse эллипс
  parallactic ~ параллактический эллипс
  polarization ~ эллипс поляризации
ellipsoid эллипсоид
  ~ **of polarization** эллипсоид поляризации
  ~ **of scattering** эллипсоид рассеяния
  error ~ эллипсоид ошибок
  Fresnel ~ эллипсоид Френеля
  index ~ эллипсоид показателя преломления
  polarizability ~ эллипсоид поляризуемости
  refractive index ~ эллипсоид показателя преломления
  stellar ~ звездный эллипсоид
ellipsometer эллипсометр
  half-shadow ~ полутеневой эллипсометр
  high-speed ~ высокоскоростной эллипсометр
  infrared ~ инфракрасный [ИК-] эллипсометр
  in-situ ~ эллипсометр для измерений на месте протекания процессов; эллипсометр для исследования поверхности в рабочих условиях
  null ~ нуль-эллипсометр
  rotating analyzer ~ эллипсометр с вращающимся анализатором
  spectroscopic ~ спектроскопический эллипсометр
  tracking ~ сканирующий эллипсометр
ellipsometry эллипсометрия
  coherent ~ когерентная эллипсометрия
  infrared [IR] ~ эллипсометрия ИК-диапазона
  modulation ~ модуляционная эллипсометрия
  real-time ~ эллипсометрия реального времени
  reflection ~ отражательная эллипсометрия
  spectral ~ спектральная эллипсометрия
  spectroscopic ~ спектроскопическая эллипсометрия
  transmission ~ эллипсометрия на пропускание
  ultraviolet [UV] ~ эллипсометрия УФ-диапазона
ellipticity эллиптичность
  field ~ эллиптичность поля
  Kerr ~ эллиптичность Керра
  magnetic-field-induced ~ эллиптичность, индуцированная магнитным полем
  negative ~ отрицательная эллиптичность
  positive ~ положительная эллиптичность
emission эмиссия, испускание, излучение
  amplified spontaneous ~ усиленное спонтанное излучение
  anisotropic ~ анизотропное излучение
  anti-Stokes ~ антистоксово излучение
  atomic ~ атомное излучение
  avalanche ~ лавинное излучение
  back ~ обратная эмиссия
  background ~ фоновое свечение
  band-edge ~ краевая люминесценция
  biexciton ~ биэкситонное излучение
  biphoton ~ испускание бифотонов
  blackbody ~ свечение абсолютно черного тела
  Cherenkov ~ излучение Черенкова
  coherent ~ когерентное излучение
  coherent FWM ~ когерентное излучение при четырехволновом смешении
  concomitant ~ сопутствующее излучение
  cooperative ~ кооперативное излучение
  dipole ~ дипольное излучение
  down-conversion ~ излучение с частотой, смещенной вниз
  electron ~ электронная эмиссия
  enhanced ~ усиленное свечение
  exciton ~ экситонное излучение
  fluorescence ~ флуоресцентное излучение, флуоресценция
  incoherent ~ некогерентное излучение

emitter

induced ~ индуцированное [вынужденное] излучение
infrared ~ инфракрасное [ИК-] излучение
interference ~ интерференционное излучение
laser ~ лазерное излучение
light ~ оптическое излучение
line ~ линейчатое излучение
luminescent ~ люминесцентное свечение
mid-infrared [mid-IR] ~ излучение среднего ИК-диапазона
multiphoton ~ многофотонное свечение
multipole ~ мультипольное излучение
nebular ~ свечение туманности
one-photon ~ однофотонное излучение
optical ~ оптическое излучение, оптическая эмиссия
parametric ~ параметрическое излучение
phonon ~ испускание фононов
photo ~ фотоэмиссия
photoelectric [photoelectron(ic)] ~ фотоэлектронная эмиссия
photoluminescence ~ фотолюминесцентное свечение, фотолюминесценция
photon ~ испускание фотонов
photon cascade ~ каскадная эмиссия фотонов
photostimulated exoelectron ~ фотоиндуцированная экзоэлектронная эмиссия
polarized ~ поляризованное излучение
Q-switched laser ~ излучение лазера с модулированной добротностью, генерация гигантского импульса
quadrupole ~ квадрупольное излучение
recombination ~ рекомбинационное излучение
resonance [resonant] ~ резонансное излучение, резонансное испускание
secondary ~ вторичное свечение
sensitized ~ сенсибилизированное свечение
single-electron ~ одноэлектронная эмиссия
single-photon ~ однофотонное излучение
spontaneous ~ спонтанное излучение
spurious ~ паразитное свечение; ложное свечение
stimulated ~ стимулированное [вынужденное] излучение
Stokes ~ стоксово излучение
stray ~ паразитное излучение
synchrotron ~ синхротронное излучение
thermal ~ тепловое излучение
thermo-induced ~ термоиндуцированное свечение
trap ~ излучение ловушки
tunable ~ перестраиваемое излучение
tunnel ~ туннельное излучение
two-photon ~ двухфотонное излучение
ultraviolet ~ ультрафиолетовое [УФ-] излучение
unpolarized ~ неполяризованное излучение, неполяризованная эмиссия
up-conversion ~ излучение с частотой, смещённой вверх
virtual ~ виртуальное испускание
visible ~ видимое излучение
X-ray ~ рентгеновское свечение
emissivity излучательная способность
  spectral ~ спектральная излучательная способность
emit испускать, выделять; излучать
emittance 1. энергетическая светимость 2. коэффициент черноты 3. излучательная [эмиссионная] способность
  local ~ локальная светимость
  luminous ~ светимость
  normalized ~ нормированная излучательная способность
  radiant ~ энергетическая светимость
emitter излучатель
  anisotropic ~ анизотропный излучатель
  electroluminescent ~ электролюминесцентный излучатель
  gray ~ серый излучатель
  heterostructure light ~ светоизлучающая гетероструктура
  isotropic ~ изотропный излучатель
  laser ~ лазерный излучатель
  light ~ излучатель света

emitter

majority ~ эмиттер основных носителей
mesa ~ мезаэмиттер
minority ~ эмиттер неосновных носителей
omnidirectional ~ ненаправленный [всенаправленный] излучатель
optical ~ оптический излучатель
selective ~ селективный излучатель
semiconductor ~ полупроводниковый излучатель
thermal ~ тепловой излучатель

emulsion эмульсия
colloidal ~ коллоидная эмульсия
fine-grain ~ мелкозернистая эмульсия
high-speed ~ высокочувствительная эмульсия
holographic ~ голографическая эмульсия
light-sensitive ~ светочувствительная эмульсия
panchromatic ~ панхроматическая эмульсия
photographic ~ фотографическая эмульсия
transparent ~ прозрачная эмульсия

enantiomer энантиомер, зеркальный изомер
left-handed ~ левый энантиомер
right-handed ~ правый энантиомер

enantiomorphism энантиоморфизм, хиральность

enclosure корпус; оболочка
camera ~ корпус фото- *или* кинокамеры
shielding ~ экранирующий корпус; экранирующая оболочка

encoder кодирующее устройство, кодер
optical ~ оптический кодер

encoding кодирование
binary ~ двоичное [бинарное] кодирование
neural ~ нейронное кодирование
optical ~ оптическое кодирование
phase ~ фазовое кодирование
polarization ~ кодирование поляризации
spatial ~ пространственное кодирование
time ~ временное кодирование; временное преобразование

endoscope эндоскоп
fiber-optic ~ волоконно-оптический эндоскоп

energy энергия
activation ~ энергия активации
adsorption ~ энергия адсорбции
anisotropy ~ энергия анизотропии
band-edge ~ энергия края зоны
beam ~ энергия пучка
binding [bond] ~ энергия связи
characteristic ~ характеристическая энергия
correlation ~ корреляционная энергия
Coulomb ~ кулоновская энергия
crystal-anisotropy ~ энергия анизотропии кристалла
crystal-field ~ энергия кристаллического поля
defect formation ~ энергия образования дефекта
desorption activation ~ энергия активации десорбции
dielectric polarization ~ энергия диэлектрической поляризации
dipole-dipole (interaction) ~ энергия диполь-дипольного взаимодействия
dissociation ~ энергия диссоциации
electromagnetic field ~ энергия электромагнитного поля
electron ~ энергия электрона
emission ~ энергия излучения; энергия свечения
excess ~ избыточная энергия
exchange ~ обменная энергия
excitation ~ энергия возбуждения
excited-state ~ энергия возбужденного состояния
exciton ~ энергия экситона
Fermi ~ энергия Ферми
field ~ энергия поля
free ~ свободная энергия
ground-state ~ энергия основного состояния
hyperfine ~ энергия сверхтонкого взаимодействия
input ~ подводимая энергия; входная энергия
interaction ~ энергия взаимодействия
internal ~ внутренняя энергия
intersubband ~ энергия межподзонного расщепления

intracavity ~ внутрирезонаторная энергия
ionization ~ энергия ионизации
Josephson ~ энергия Джозефсона
kinetic ~ кинетическая энергия
laser ~ лазерная энергия
lattice ~ энергия (кристаллической) решетки
light ~ световая энергия, энергия оптического излучения
local field ~ энергия локального поля
localization ~ энергия локализации
luminous ~ световая энергия
Madelung ~ энергия Маделунга
optical ~ световая энергия, энергия оптического излучения
output ~ выходная энергия
phonon ~ энергия фонона
photoelectron ~ энергия фотоэлектрона
photon ~ энергия фотона
photovoltaic ~ фотоэлектрическая энергия
potential ~ потенциальная энергия
pulse ~ энергия импульса
pump ~ энергия накачки
quantized field ~ энергия квантованного поля
quantum ~ энергия кванта
radiation ~ энергия излучения
recoil ~ энергия отдачи
recombination ~ энергия рекомбинации
resonance ~ резонансная энергия
rotational ~ вращательная энергия
rovibrational ~ колебательно-вращательная энергия
saturation ~ энергия насыщения
signal ~ энергия сигнала
solar ~ солнечная энергия
soliton ~ энергия солитона
spin-orbital interaction ~ энергия спин-орбитального взаимодействия
Stark ~ штарковская энергия
strain ~ энергия деформации
stray-field ~ энергия рассеянного поля, энергия поля рассеяния
surface ~ поверхностная энергия
thermal ~ тепловая энергия
threshold ~ пороговая энергия
total ~ полная энергия
transition ~ энергия перехода

vibrational ~ колебательная энергия
Zeeman ~ зеемановская энергия
zero-field ~ энергия нулевого поля
zero-point ~ энергия нулевых колебаний; нулевая энергия
engineering 1. техника 2. технология
  communication ~ техника связи
  electronic ~ электронная техника
  electro-optical ~ электрооптическое конструирование, электрооптическое приборостроение
  laser ~ лазерная техника
  microwave ~ СВЧ-техника
  molecular ~ молекулярное конструирование
  optical ~ техническая оптика; оптическое приборостроение
  photographic ~ фотографическая техника
  power ~ энергетика
  solar power ~ солнечная энергетика, гелиоэнергетика
enhancement увеличение, усиление
  ~ **of spontaneous emission** усиление спонтанного излучения
  contrast ~ увеличение контраста
  fringe ~ увеличение контраста интерференционных полос
  image ~ усиление изображения; повышение качества изображения
  image-contrast ~ увеличение контраста изображения
  noise ~ усиление шума
  resolution ~ повышение разрешающей способности
  resonant ~ резонансное усиление, резонансное возрастание
  sensitivity ~ увеличение чувствительности
  signal/noise ~ увеличение отношения сигнал/шум
enlargement увеличение
  image ~ увеличение изображения
enlarger (фото)увеличитель
  photographic ~ фотоувеличитель
enrichment обогащение
  laser ~ лазерное обогащение
ensemble ансамбль
  atomic ~ атомный ансамбль
  canonical ~ канонический ансамбль
  classical ~ классический ансамбль
  inhomogeneous ~ неоднородный ансамбль

ensemble
  macroscopic ~ макроскопический ансамбль
  many-atom ~ многоатомный ансамбль
  mesoscopic ~ мезоскопический ансамбль
  microscopic ~ микроскопический ансамбль
  nonequilibrium ~ неравновесный ансамбль
  nonstationary ~ нестационарный ансамбль
  quantum ~ квантовый ансамбль
  quantum-dot ~ ансамбль квантовых точек
  random ~ неупорядоченный ансамбль; статистически случайный ансамбль
  statistical ~ статистический ансамбль
entanglement перепутывание (*квантовых состояний*)
  atom-atom ~ перепутывание атом-атом
  atom-field ~ перепутывание атом-поле
  atomic ~ атомное перепутывание
  momentum ~ перепутывание по импульсу
  multiparameter ~ многопараметрическое перепутывание
  multiparticle ~ многочастичное перепутывание
  photon ~ перепутывание фотонов
  polarization ~ перепутывание по поляризации
  quantum ~ квантовое перепутывание
  spatial ~ пространственное перепутывание
  spectral ~ спектральное перепутывание
  spin ~ перепутывание спинов
  squeezed-state ~ перепутывание сжатых состояний
  three-photon ~ трехфотонное перепутывание
  time ~ перепутывание во времени
enthalpy энтальпия
entropy энтропия
  information ~ информационная энтропия
  specific ~ удельная энтропия
  von Neimann ~ энтропия Фон Неймана

envelope 1. оболочка 2. огибающая 3. колба (*лампы*)
  band ~ форма полосы
  electric-field ~ огибающая электрического поля
  pulse ~ огибающая импульса
  signal ~ огибающая сигнала
environment окружение, среда
  crystalline ~ окружающая кристаллическая среда
  gaseous ~ окружающая газовая среда
  local ~ локальное окружение
  plasma ~ окружающая плазма
  solvent ~ среда окружающего раствора
  surrounding ~ окружающая среда
epidiascope эпидиаскоп
epitaxy эпитаксия
  liquid-phase ~ жидкофазная эпитаксия
  metalorganic vapor-phase ~ металлоорганическая газофазная эпитаксия
  migration-enhanced ~ миграционно-стимулированная эпитаксия
  molecular beam ~ молекулярная лучевая [пучковая] эпитаксия
  MOS-hydride ~ МОС-гидридная эпитаксия
  silicon ~ кремниевая эпитаксия
  solid-phase ~ твердофазная эпитаксия
  vapor-phase ~ газофазная [газотранспортная] эпитаксия
epoxy эпоксидная смола ǁ эпоксидный
equalization коррекция; компенсация; выравнивание
  aperture ~ апертурная коррекция
  group-delay ~ коррекция группового времени запаздывания
  phase ~ фазовая коррекция
equation уравнение
  ~ of motion уравнение движения
  balance ~ балансное уравнение
  basic ~ основное уравнение; фундаментальное уравнение
  Becquerel ~ уравнение Беккереля
  Bernoulli's ~ уравнение Бернулли
  Bethe-Salpeter ~ уравнение Бете – Солпитера
  Bloch ~ уравнение Блоха
  Boltzmann ~ уравнение Больцмана
  Bragg ~ уравнение Брэгга

equation

Cauchy ~ уравнение Коши
characteristic ~ характеристическое уравнение
classical ~s классические уравнения
Clausius-Mossotti ~ уравнение Клаузиуса – Моссотти
color ~ цветовое уравнение
constitutive ~ уравнение состояния; материальное уравнение
continuity ~ уравнение непрерывности
coupled ~s связанные уравнения
coupled-mode ~s уравнения связанных мод
de Broglie ~ уравнение де Бройля
density-matrix ~s уравнения матрицы плотности
differential ~ дифференциальное уравнение
diffusion ~ уравнение диффузии
Dirac ~ уравнение Дирака
dispersion ~ дисперсионное уравнение
Drude ~ уравнение Друде
Dyson ~ уравнение Дайсона
eigenvalue ~ уравнение для собственных значений; характеристическое уравнение
eikonal ~ уравнение эйконала
Einstein-Fokker-Kolmogorov ~ уравнение Эйнштейна – Фоккера – Колмогорова
Einstein's ~s уравнения Эйнштейна
ellipsometric ~s эллипсометрические уравнения
energy-balance ~ уравнение энергетического баланса
Euler-Lagrange ~s уравнения Эйлера – Лагранжа
evolution ~ уравнение эволюции
Fokker-Planck ~ уравнение Фоккера – Планка
Fresnel ~s уравнения Френеля
Gabor ~ уравнение Габора
generic ~ исходное уравнение
Ginzburg-Landau ~ уравнение Гинзбурга – Ландау
Ginzburg-Pitaevskii ~ уравнение Гинзбурга – Питаевского
grating ~ уравнение дифракционной решетки
Gross-Pitaevskii ~ уравнение Гросса – Питаевского

Hartree-Fock ~s уравнения Хартри – Фока
Heisenberg ~ уравнение Гейзенберга
Heisenberg-Langevin ~s уравнения Гейзенберга – Ланжевена
Helmholtz ~ уравнения Гельмгольца
integral ~ интегральное уравнение
kinetic ~ кинетическое уравнение
Korteweg-de Vries ~ уравнение Кортевега – Де Фриса
Lamb's ~ уравнение Лэмба
Langevin ~s уравнения Ланжевена
Laplace's ~ уравнение Лапласа
lens ~ формула линзы
linear ~ линейное уравнение
linearized ~ линеаризованное уравнение
Lorentz ~s уравнения Лоренца
Lorentz-Lorenz ~ уравнение Лорентц - Лоренца
macroscopic ~s макроскопические уравнения
Manakov ~ уравнение Манакова
master ~ основное кинетическое уравнение; управляющее уравнение; уравнение для матрицы плотности
material ~ материальное уравнение
Mathieu's ~ уравнение Матьё
Maxwell ~ уравнение Максвелла
Maxwell-Bloch ~ уравнение Максвелла – Блоха
Maxwell-Garnett ~ уравнение Максвелл-Гарнета
Maxwell-Lorentz ~s уравнения Максвелла – Лорентца
mean-field ~ уравнение среднего поля
microscopic ~s микроскопические уравнения
Mie ~ уравнение Ми
model ~s модельные уравнения
motion ~ уравнение движения
nonlinear ~ нелинейное уравнение
operator ~ операторное уравнение
optical Bloch ~s оптические уравнения Блоха
Ornstein-Zernike ~ уравнение Орнштейна – Цернике
parametric ~ параметрическое уравнение
Poisson ~ уравнение Пуассона

equation

propagation ~ уравнение распространения
radiative transfer ~ уравнение переноса излучения
rate ~ скоростное [кинетическое] уравнение
ray ~ лучевое уравнение
renormalization ~ уравнение перенормировки
Ricatti ~ уравнение Рикатти
scalar ~ скалярное уравнение
Schrödinger ~ уравнение Шредингера
Schwinger ~ уравнение Швингера
secular ~ вековое [секулярное] уравнение
sine-Gordon ~ уравнение синус-Гордона
steady-state ~ стационарное уравнение
Stern-Volmer ~ уравнение Штерна – Фольмера
stochastic ~ стохастическое уравнение
telegraph ~ телеграфное уравнение
transfer ~ уравнение переноса излучения
Van der Waals ~ уравнение Ван-дер-Ваальса
vector ~ векторное уравнение
wave ~ волновое уравнение

equatorial экваториал (*телескоп*)
equidensities линии равной плотности
equidensitometry эквиденситометрия
equilibrium равновесие
Boltzmann ~ больцмановское равновесие
detailed ~ детальное равновесие
dynamic ~ динамическое равновесие
mode ~ равновесие мод
radiative ~ радиационное равновесие
stable ~ устойчивое равновесие
thermal ~ тепловое равновесие
thermodynamic ~ термодинамическое равновесие

equipment оборудование; установка
airborne ~ бортовое оборудование летательного аппарата
cryogenic ~ криогенное оборудование
ground-based ~ наземное оборудование
laboratory ~ лабораторное оборудование
laser ophthalmology ~ лазерная офтальмологическая установка
laser physical therapy ~ лазерная физиотерапевтическая установка
laser therapy ~ лазерная терапевтическая установка
night vision ~ прибор ночного видения
optical ~ оптическое оборудование
photolithography ~ оборудование для фотолитографии
photometric ~ фотометрическое оборудование
remote-control ~ оборудование дистанционного управления
satellite-borne ~ спутниковое бортовое оборудование
spectroscopic ~ спектроскопическое оборудование
test ~ испытательное оборудование

equivalence эквивалентность; равнозначность
statistical ~ статистическая эквивалентность

equivalent эквивалент ‖ эквивалентный
photochemical ~ фотохимический эквивалент
photometric ~ фотометрический эквивалент

erbium эрбий, Er
error ошибка
~ of measurement ошибка измерения
~ of observation погрешность наблюдения
alignment ~ ошибка юстировки
amplitude ~ амплитудная погрешность
angular ~ угловая погрешность
backlash ~ ошибка из-за люфта
chroma [color] ~ цветовая ошибка, искажение цвета
color-purity ~ искажение чистоты цвета
concentricity ~ ошибка концентричности
dynamic ~ динамическая ошибка
experimental ~ экспериментальная ошибка
extrapolation ~ ошибка экстраполяции

evolution

fitting ~ ошибка подгонки
guidance ~ ошибка наведения
image ~ искажение изображения
instrumental ~ погрешность измерительного прибора
parallactic ~ ошибка на параллакс
parallax ~ ошибка параллакса
phase ~ фазовая ошибка
pointing ~ погрешность визирования
quantization ~ ошибка квантования
random ~s случайные ошибки
reconstruction ~ ошибка реконструкции
residual ~ остаточная погрешность
rms [root-mean-square] ~ среднеквадратичная ошибка
sighting ~ ошибка визирования
standard ~ среднеквадратичная ошибка
systematic ~s систематические ошибки
wavefront ~ искажение волнового фронта
erythema эритема
estimation оценка; оценивание
  least-squares ~ оценка по методу наименьших квадратов
  lower ~ нижняя оценка
  maximum-likelihood ~ оценка по методу максимального правдоподобия
  spectral ~ спектральное оценивание
  visual ~ визуальная оценка
etalon эталон
  air-spaced ~ эталон с воздушным промежутком
  birefringent ~ двулучепреломляющий эталон
  Fabry-Perot ~ эталон Фабри – Перо
  glass plate ~ эталон в виде стеклянной пластинки
  intracavity ~ внутрирезонаторный эталон
  pellicle ~ пленочный эталон
  transmission ~ эталон, работающий на пропускание
etching травление; вытравливание; гравирование
  anodic ~ электролиз
  chemical ~ химическое травление
  electro-chemical ~ электрохимическое травление
  galvanic ~ гальваническое травление
  ion(-beam) ~ ионное травление
  plasma ~ плазменное травление
  selective ~ селективное травление
  sublimation ~ сублимационное травление
ethanol этанол, этиловый спирт
europium европий, Eu
eutectic эвтектика
evaluation оценка
  numerical ~ численная оценка
evaporation 1. испарение **2.** напыление
  e-beam [electron-beam] ~ электронно-лучевое испарение
  laser(-induced) ~ **1.** испарение лазерным лучом **2.** лазерное напыление
  thermal ~ термическое испарение в вакууме
  thin-film ~ напыление тонких пленок
  vacuum ~ вакуумное напыление
evaporograph эвапорограф
event событие; случай; акт
  absorption ~ акт поглощения
  charge transfer ~ акт переноса заряда
  coincident ~s совпадающие события
  collision ~ акт столкновения
  concomitant ~ сопутствующее событие
  emission ~ акт испускания
  excitation ~ акт возбуждения
  false ~ ложное событие
  independent ~s независимые события
  random ~s случайные события
  rare ~ маловероятное событие
  reabsorption ~ акт перепоглощения
  recombination ~ акт рекомбинации
  scattering ~ акт рассеяния
  single ~ одиночное событие
  true ~ истинное событие
  tunneling ~ акт туннелирования
  unit ~ элементарный акт, единичное событие
evolution эволюция
  adiabatic ~ адиабатическая эволюция
  atomic ~ атомная эволюция
  classical ~ классическая эволюция
  coherent ~ когерентная эволюция
  cyclic ~ циклическая эволюция

evolution

free ~ свободная эволюция
instability ~ эволюция неустойчивости
Markovian ~ марковская эволюция
momentum ~ эволюция импульса
nonclassical ~ неклассическая эволюция
non-Markovian ~ немарковская эволюция
phase ~ фазовая эволюция
photometric ~ фотометрическая эволюция
pulse ~ эволюция импульса
quantum(-mechanical) ~ квантовая эволюция
quantum-state ~ эволюция квантовых состояний
spatial ~ пространственная эволюция
spatiotemporal ~ пространственно-временна́я эволюция
spectral ~ спектральная эволюция
temporal [time] ~ временна́я эволюция
time-space ~ пространственно-временна́я эволюция
transient ~ переходная эволюция
unperturbed ~ невозмущенная эволюция

exchange обмен, обменное взаимодействие ‖ обмениваться
  charge ~ перезарядка, обмен зарядами
  double ~ двойной обмен
  energy ~ обмен энергией
  magnetic ~ магнитный обмен, магнитное обменное взаимодействие
  nonlocal ~ нелокальный обмен
  radiant heat ~ лучистый теплообмен
  single-phonon ~ однофононный обмен
  spin ~ спиновый обмен

excimer эксимер
exciplex эксиплекс, гетероэксимер
excitation возбуждение
  anisotropic ~ анизотропное возбуждение
  antiphase ~ противофазное возбуждение
  atomic ~ возбуждение атома, атомное возбуждение
  band-to-band ~ межзонное возбуждение
  bichromatic ~ бихроматичное [двухчастотное] возбуждение
  bosonic ~ бозонное возбуждение
  coherent ~ когерентное возбуждение
  collective ~ коллективное возбуждение
  collisional ~ столкновительное возбуждение
  cooperative ~ кооперативное возбуждение
  cw laser ~ непрерывное лазерное возбуждение
  delocalized ~ делокализованное возбуждение
  diffraction ~ дифракционное возбуждение
  direct ~ прямое возбуждение
  dissociation ~ диссоциативное возбуждение
  electroluminescence ~ возбуждение электролюминесценции
  electron-beam ~ возбуждение электронным пучком
  electron-hole ~ электронно-дырочное возбуждение
  electronic ~ электронное возбуждение
  electron-phonon ~ электрон-фононное возбуждение
  elementary ~ элементарное возбуждение
  excitonic ~ экситонное возбуждение
  fluorescence ~ возбуждение флуоресценции
  homogeneous ~ однородное возбуждение
  impact ~ ударное возбуждение
  impulse ~ импульсное возбуждение
  impurity ~ примесное возбуждение
  incoherent ~ некогерентное возбуждение
  indirect ~ косвенное возбуждение
  infrared ~ инфракрасное [ИК-] возбуждение
  inhomogeneous ~ неоднородное возбуждение
  internal ~ внутреннее возбуждение
  intersubband ~ межподзонное возбуждение
  intraband ~ внутризонное возбуждение
  isotropic ~ изотропное возбуждение

excitation

laser ~ лазерное возбуждение
lattice ~ решеточное возбуждение
light ~ оптическое возбуждение
local ~ локальное возбуждение
localized ~ локализованное возбуждение
long-lived ~ долгоживущее возбуждение
long-wavelength ~ длинноволновое возбуждение
luminescence ~ возбуждение люминесценции
magnetic ~ магнитное возбуждение
magnon ~ магнонное возбуждение
molecular ~ молекулярное возбуждение
monochromatic ~ монохроматическое возбуждение
multiphoton(ic) ~ многофотонное возбуждение
multiple ~ многократное возбуждение
nanosecond ~ наносекундное возбуждение
near-resonant ~ почти резонансное возбуждение
neutral ~ нейтральное возбуждение
noncoherent ~ некогерентное возбуждение
nonresonant ~ нерезонансное возбуждение
normal-incidence ~ возбуждение при нормальном падении
off-resonant ~ нерезонансное возбуждение
one-photon ~ однофотонное возбуждение
optical ~ оптическое возбуждение
parametric ~ параметрическое возбуждение
phonon ~ фононное возбуждение
photoconductivity ~ возбуждение фотопроводимости
photoluminescence ~ возбуждение фотолюминесценции
photothermal ~ фототермическое возбуждение
picosecond ~ пикосекундное возбуждение
PL ~ возбуждение фотолюминесценции
plasmon ~ плазмонное возбуждение
polarized ~ поляризованное возбуждение
pulsed ~ импульсное возбуждение
quantum ~ квантовое возбуждение
quantum-confined ~ размерно-ограниченное возбуждение
Raman ~ комбинационное возбуждение
relaxed ~ релаксированное возбуждение
resonant ~ резонансное возбуждение
selective ~ селективное возбуждение
short-wavelength ~ коротковолновое возбуждение
single-particle ~ одночастичное возбуждение
single-pulse ~ возбуждение одиночным импульсом
single-quantum ~ одноквантовое возбуждение
soliton ~ солитонное возбуждение
spark ~ искровое возбуждение
spin ~ спиновое возбуждение
spin-wave ~ спин-волновое возбуждение
step-by-step [stepwise] ~ ступенчатое возбуждение
stochastic ~ стохастическое возбуждение
surface-wave ~ возбуждение поверхностной волны
thermal ~ тепловое возбуждение
thermalized ~ термализованное возбуждение
transform-limited ~ спектрально-ограниченное возбуждение
tunnel ~ туннельное возбуждение (*оптических волноводов*)
two-particle ~ двухчастичное возбуждение
two-photon ~ двухфотонное возбуждение
two-quantum ~ двухквантовое возбуждение
two-step ~ двухступенчатое возбуждение
ultrashort-pulse ~ возбуждение сверхкоротким импульсом
ultraviolet ~ ультрафиолетовое [УФ-] возбуждение
uniform ~ однородное возбуждение
vibrational ~ колебательное возбуждение

excitation

vibronic ~ вибронное возбуждение
virtual ~ виртуальное возбуждение
visible ~ возбуждение в видимой области
wave ~ волновое возбуждение

exciton экситон
  autolocalized ~ автолокализованный экситон
  bound ~ связанный экситон
  bright ~ «светлый» экситон
  charge-transfer ~ экситон переноса заряда
  Coulomb ~ кулоновский экситон
  2D ~ двумерный экситон
  dark ~ «темный» экситон
  Davydov ~ давыдовский экситон
  delocalized ~ делокализованный экситон
  diamagnetic ~ диамагнитный экситон
  electronic ~ электронный экситон
  free ~ свободный экситон
  Frenkel ~ экситон Френкеля
  heavy-hole ~ экситон с тяжелой дыркой
  hot ~ горячий экситон
  impurity(-bound) ~ примесный экситон
  light-hole ~ экситон с легкой дыркой
  localized ~ локализованный экситон
  longitudinal ~ продольный экситон
  mechanical ~ механический экситон
  molecular ~ молекулярный экситон
  neutral ~ нейтральный экситон
  quantum-confined ~ экситон с размерным квантованием
  quantum-dot ~ экситон квантовой точки
  quasi-two-dimensional ~ квазидвумерный экситон
  resonantly excited ~ резонансно-возбужденный экситон
  self-trapped ~ самолокализованный экситон
  singlet ~ синглетный экситон
  tightly-bound ~ сильносвязанный экситон
  transverse ~ поперечный экситон
  triplet ~ триплетный экситон
  two-dimensional ~ двумерный экситон
  vibrational ~ колебательный экситон
  Wannier-Mott ~ экситон Ванье – Мотта
  zero-dimensional ~ нульмерный экситон

exitance светимость
  luminous ~ светимость
  radiant ~ энергетическая светимость; излучательность

expander расширитель
  beam ~ расширитель пучка
  reflex beam ~ отражательный расширитель пучка

expansion 1. разложение (*в ряд*) 2. расширение; распространение
  adiabatic ~ адиабатическое расширение
  cosmic ~ расширение Вселенной
  eigenfunction ~ разложение по собственным функциям
  Fourier ~ разложение Фурье
  harmonic ~ гармоническое разложение
  perturbative ~ разложение в ряд теории возмущений
  plane-wave ~ разложение по плоским волнам
  thermal ~ тепловое расширение
  Zernike ~ разложение Цернике

experiment опыт, эксперимент
  Arago ~ опыт Араго
  calibration ~ калибровочный эксперимент
  cavity-QED ~ эксперимент по квантовой электродинамике резонаторов
  coherent-control ~ эксперимент по когерентному контролю
  coincidence-counting ~ эксперимент по счету совпадений
  computer ~ компьютерный эксперимент
  correlation ~ корреляционный эксперимент
  destructive ~ опыт с разрушением образца
  double resonance ~ эксперимент по двойному резонансу
  Einstein-Podolsky-Rosen ~ опыт Эйнштейна – Подольского – Розена
  ellipsometric ~ эллипсометрический эксперимент
  Fizeau ~ опыт Физо
  four-wave mixing ~ эксперимент по четырехволновому смешению

Franck-Hertz ~ опыт Франка – Герца
full-scale ~ полномасштабный эксперимент
gedanken ~ мысленный эксперимент
high magnetic-field ~ эксперимент в сильном магнитном поле
hole-burning ~ эксперимент по выжиганию спектрального провала
Kohlrausch ~ опыт Кольрауша
light scattering ~ эксперимент по рассеянию света
magnetic resonance ~ магниторезонансный эксперимент
Malus ~ опыт Малюса
Michelson-Morley ~ опыт Майкельсона – Морли
Millikan ~ опыт Милликена
model ~ модельный эксперимент
nondestructive ~ неразрушающий опыт, опыт без разрушения образца
numerical ~ численный эксперимент
optical ~ оптический эксперимент
photon echo ~ эксперимент по фотонному эхо
polarimetric ~ поляриметрический эксперимент
polarization ~ поляризационный эксперимент
pump-probe ~ эксперимент типа накачка – зонд
Raman(-scattering) ~ эксперимент по комбинационному рассеянию
real-time ~ эксперимент в реальном времени
Sagnac ~ опыт Саньяка
single-molecule ~s эксперименты с одиночными молекулами
spectroscopic ~ спектроскопический эксперимент
spin echo ~ эксперимент по спиновому эхо
steady-state ~ стационарный эксперимент
Stern-Gerlach ~ опыт Штерна – Герлаха
test ~ контрольный эксперимент
time-resolved ~s эксперименты с временны́м разрешением
two-slit ~ двухщелевой эксперимент
Weber ~ опыт Вебера
Wiener ~ опыт Винера

exponent показатель степени; экспонента
  critical ~ критический показатель
expose 1. подвергать действию чего-л.; выдерживать **2.** выставлять; экспонировать
exposure экспозиция; экспонирование; выдержка
  artificial light ~ экспонирование при искусственном освещении
  automatic ~ автоматическая экспозиция
  double ~ двойное экспонирование
  far-field ~ экспонирование в дальней зоне
  fogging ~ вуалирующее экспонирование
  inadvertent ~ непреднамеренная экспозиция
  intermittent ~ прерывистое экспонирование
  maximum permissible ~ максимально допустимая доза облучения
  multiple ~ многократное экспонирование
  optical ~ оптическое экспонирование
  outdoor ~ съемка на натуре
  photographic ~ фотографическая экспозиция
  radiant ~ энергетическая экспозиция
  safe ~ безопасная доза облучения
  saturation ~ экспозиция насыщения
  single ~ однократная экспозиция
  single-pulse ~ моноимпульсная экспозиция
  two-photon ~ двухфотонная экспозиция
expression выражение; формула; соотношение
  analytical ~ аналитическое выражение
  approximate ~ приближенное выражение
  asymptotic ~ асимптотическое выражение
  cumbersome ~ громоздкое выражение
  explicit ~ явное выражение
  mathematical ~ математическое выражение
  numerical ~ числовое выражение

extension

extension расширение; растяжение; протяженность
  spatial ~ пространственная протяженность
extinction экстинкция, ослабление
  atmospheric ~ атмосферная экстинкция
  interstellar ~ межзвездная экстинкция
  light-induced ~ светоиндуцированная экстинкция
  optical ~ оптическая экстинкция, экстинкция света
  spectral ~ спектральная экстинкция
extraction вывод, отвод; извлечение
  beam ~ вывод пучка
  energy ~ вывод [отвод] энергии
  feature ~ выделение признаков (*при распознавании образов*)
  light ~ вывод света
extrapolation экстраполяция
  linear ~ линейная экстраполяция
  nonlinear ~ нелинейная экстраполяция
  polynomial ~ экстраполяция многочленом, полиномиальная экстраполяция
extremum экстремум
  absolute ~ абсолютный экстремум
  hole ~ дырочный экстремум
  local ~ локальный экстремум
  relative ~ относительный экстремум
eye 1. глаз 2. глазок, видоискатель
  aided ~ вооруженный глаз
  cat's ~ ретрорефлектор, катафот
  dark-adapted ~ адаптированный к темноте глаз
  electric ~ электронный индикатор настройки
  glass ~ глазной протез
  human ~ глаз человека
  light-adapted ~ адаптированный к свету глаз
  living ~ живой глаз
  naked ~ невооруженный глаз
  tuning ~ электронный индикатор настройки
  unaided ~ невооруженный глаз
eyeguard фартук на окуляре оптического прибора для защиты глаза
eyelens линза окуляра; окуляр
eyepiece окуляр
  achromatic ~ ахроматический окуляр
  autocollimating ~ автоколлимационный окуляр
  compensating ~ компенсационный окуляр
  finder ~ визирное приспособление
  Gauss ~ окуляр Гаусса
  goniometer ~ окуляр гониометра
  Huygens ~ окуляр Гюйгенса
  measuring ~ измерительный окуляр
  microscope ~ окуляр микроскопа
  monocular ~ монокуляр
  projection ~ проекционный окуляр
  Ramsden ~ окуляр Рамсдена
  wide-angle ~ широкоугольный окуляр
eyeshield фартук на окуляре оптического прибора для защиты глаза
eyewear защитные очки
  laser ~ лазерные защитные очки

F

fabrication производство, изготовление
  optical ~ оптическое производство
face грань
  crystal ~ грань кристалла
facilit/y устройство; установка; *мн.ч.* оборудование; аппаратура
  cryogenic ~ies криогенное оборудование
  experimental ~ экспериментальная установка
  laser ~ лазерная система
  photovoltaic ~ фотоэлектрическая станция
  solar simulator ~ устройство, моделирующее солнечное облучение
  spectrometer ~ спектрометрическая установка
  test ~ испытательная установка
  thermonuclear ~ термоядерная установка
factor коэффициент; множитель; фактор
  amplification ~ коэффициент усиления

factor

anisotropic [anisotropy] ~ коэффициент анизотропии
aperture shape ~ коэффициент формы апертуры
atomic form ~ атомный форм-фактор
atomic packing ~ атомный коэффициент упаковки
attenuation ~ коэффициент затухания; декремент; коэффициент ослабления
avalanche multiplication ~ коэффициент лавинного умножения
average noise ~ средний коэффициент шума
barrier ~ проницаемость через барьер
Biberman ~ поправка Бибермана
Boltzmann ~ больцмановский фактор
bunching ~ фактор группировки
coherence ~ коэффициент когерентности
confinement ~ фактор ограничения
contrast ~ коэффициент контрастности
correction ~ поправочный множитель
correlation ~ коэффициент корреляции
coupling ~ коэффициент связи
cross-talk ~ коэффициент перекрестных искажений
damping ~ коэффициент затухания
Debye-Waller ~ фактор Дебая – Валлера
decoherence ~ фактор декогеренции
degeneracy ~ фактор вырождения
depolarization ~ фактор деполяризации
detuning ~ коэффициент расстройки
diffuse reflection ~ коэффициент диффузного отражения
dimensionless ~ безразмерный коэффициент
directivity ~ коэффициент направленности
dissymmetry ~ фактор асимметрии
distortion ~ коэффициент искажения
dominant ~ доминирующий [основной] фактор
duty ~ коэффициент заполнения; скважность

efficiency ~ коэффициент полезного действия, кпд
emissivity ~ коэффициент черноты; коэффициент излучения
enhancement ~ фактор усиления
exponential ~ экспоненциальный фактор
Fano ~ фактор Фано
filling ~ коэффициент заполнения
form ~ форм-фактор; коэффициент формы
Franck-Condon ~ фактор Франка – Кондона
gain ~ коэффициент усиления
g-factor ~ g-фактор, множитель Ланде
harmonic ~ гармонический множитель
harmonic distortion ~ коэффициент нелинейных искажений
Lande ~ g-фактор, множитель Ланде
light-transmission ~ коэффициент пропускания света
line-shape ~ фактор формы линии
local-field ~ фактор локального поля
luminance ~ коэффициент яркости
luminosity ~ спектральная световая эффективность
magnetic shielding ~ коэффициент магнитного экранирования
magnification ~ кратность увеличения
modulation ~ коэффициент модуляции
noise ~ шум-фактор
nonlinearity ~ коэффициент нелинейности
normalization ~ нормирующий множитель
numerical ~ численный множитель
oscillating ~ осциллирующий множитель
phase ~ фазовый множитель
propagation ~ коэффициент [постоянная] распространения
proportionality ~ коэффициент пропорциональности
Purcell ~ коэффициент Парселла
Q [quality] ~ добротность
radiance ~ коэффициент энергетической яркости
Rayleigh-Gans-Debye form ~ форм-фактор Рэлея – Ганса – Дебая
recognition ~ фактор распознавания

factor

reflection ~ коэффициент отражения
rejection ~ коэффициент ослабления; коэффициент подавления
ripple ~ коэффициент пульсаций
saturation ~ коэффициент насыщения
scalar ~ скалярный множитель
scale ~ масштабный множитель
scaling ~ коэффициент пересчета
scattering ~ коэффициент рассеяния
shape ~ коэффициент формы; форм-фактор
shielding ~ коэффициент экранирования
spectral luminance ~ спектральный коэффициент яркости
spectral reflection ~ спектральный коэффициент отражения
specular reflection ~ коэффициент зеркального отражения
vignetting ~ коэффициент виньетирования
visibility ~ коэффициент видности, видность
weight ~ весовой множитель
fading 1. замирание, затухание 2. выцветание; обесцвечивание
failure разрушение; отказ; сбой
bench-test ~ отказ при стендовых испытаниях
catastrophic ~ катастрофический отказ
fatigue ~ усталостное разрушение
fan веер
sagittal ~ веер нормалей
tangential ~ веер касательных
fan-in объединение сигналов по входу
fan-out разветвление сигналов по выходу
farsightedness дальнозоркость
fast широкополосный; светосильный
Fata Morgana фата-моргана (*тип миража*)
fatigue усталость
visual ~ зрительное утомление
fault недостаток, дефект
stacking ~ дефект упаковки
structural ~ структурный дефект
feasibility осуществимость; выполнимость
experimental ~ экспериментальная осуществимость

feature особенность, характерная черта; признак, свойство
absorption ~ особенность спектра поглощения
dynamic ~s динамические характеристики
macroscopic ~s макроскопические характеристики
microscopic ~s микроскопические характеристики
polarization ~ поляризационная особенность
spectral ~ спектральная особенность
structural ~ структурная особенность
feedback обратная связь
active ~ активная обратная связь
all-optical ~ полностью оптическая обратная связь
analog ~ аналоговая обратная связь
diffraction ~ дифракционная обратная связь
digital ~ цифровая обратная связь
distributed ~ распределенная обратная связь
external ~ внешняя обратная связь
frequency ~ обратная связь по частоте
intrinsic ~ внутренняя обратная связь
lagging ~ запаздывающая (*инерционная*) обратная связь
multiple-loop ~ многоконтурная обратная связь
negative ~ отрицательная обратная связь
nonlinear ~ нелинейная обратная связь
optical ~ оптическая обратная связь
passive ~ пассивная обратная связь
position(al) ~ обратная связь по положению, позиционная обратная связь
positive ~ положительная обратная связь
selective ~ избирательная [селективная] обратная связь
spurious ~ паразитная обратная связь
visual ~ визуальная обратная связь
femtosecond фемтосекунда
fermion фермион
composite ~ составной фермион
spinless ~ бесспиновый фермион
fermium фермий, Fm
ferrimagnet(ic) ферримагнетик

fiber

ferroelectricity сегнетоэлектричество
ferromagnet(ic) ферромагнетик
ferromagnetism ферромагнетизм
fiber волокно
   active ~ активное волокно
   aluminum-coated ~ алюминированное покрытие
   anisotropic ~ анизотропное волокно
   artificial ~ искусственное волокно
   axially aligned ~ соосно-упорядоченное волокно
   bare ~ волокно без оболочки
   bimodal ~ двухмодовое волокно
   birefringent ~ двулучепреломляющее волокно
   broad bandwidth ~ широкополосное волокно
   butt-joined ~s волокна соединенные торцами встык
   cathodoluminescent ~ катодолюминесцентное волокно
   circular-core ~ волокно с круглой сердцевиной
   cladded ~ волокно с покрытием; волокно в оболочке
   coated ~ волокно с покрытием
   coherence-retaining ~ волокно, сохраняющее когерентность излучения
   compliant ~ гибкое волокно
   continuous glass ~ непрерывное стекловолокно
   coupled ~s оптически связанные волокна
   delay ~ волокно оптической линии задержки
   dielectric coated ~ волокно с диэлектрическим покрытием
   dispersion-compensating ~ волокно с компенсацией дисперсии
   dispersion-decreasing ~ волокно с падающей дисперсией
   dispersion-free ~ бездисперсионное волокно
   dispersion-shifted ~ волокно со смещенной дисперсией
   dispersive ~ дисперсионное волокно
   doped-core ~ волокно с легированной сердцевиной
   double-mode ~ двухмодовое волокно
   doubly cladded ~ волокно с двойным покрытием
   drawn ~ тянутое волокно
   erbium-doped ~ волокно, легированное эрбием
   excentrically cladded ~ волокно с эксцентричной оболочкой
   focusing ~ фокусирующее волокно
   fused silica ~ волокно из плавленого кварца
   glass ~ стекловолокно
   glass-clad ~ волокно со стеклянным покрытием
   glass-on-glass ~ стеклянное волокно со стеклянным покрытием
   graded-index ~ градиентное волокно, волокно с градиентом показателя преломления
   guiding ~ световод, оптическое волокно
   hard-clad silica ~ кварцевое волокно в оболочке повышенной прочности
   heat-resistant ~ термостойкое волокно
   hemispherical-ended ~ волокно с полусферическим торцом
   heteroepitaxial ~ неоднородное волокно
   high-attenuation ~ волокно с высоким ослаблением
   high-bandwidth ~ широкополосное волокно
   high-dispersive ~ волокно с высокой дисперсией
   high-loss ~ волокно с высокими потерями
   high NA ~ высокоапертурное волокно
   hollow-core ~ волокно с полой сердцевиной
   homogeneous ~ однородное волокно
   illuminating ~ осветительное волокно
   imaging ~ изображающее волокно, волокно для передачи изображений
   input ~ подводящее волокно
   isotropic ~ изотропное волокно
   jacketed ~ волокно в защитной оболочке
   laser ~ лазерное волокно
   lens-faced ~ волокно с торцевой линзой
   light-carrying ~ световод, оптическое волокно
   light-focusing ~ фокусирующее волокно

fiber

light-guiding ~ световод, оптическое волокно
lightweight ~ облегченное волокно
liquid-core ~ волокно с жидкостной сердцевиной
low-attenuation ~ волокно с низким ослаблением
low-loss ~ волокно с низкими потерями
magnetic ~ магнитное волокно
metal-coated ~ металлизированное покрытие
mode-matched ~s волокна с согласованными модами
monocrystalline ~ монокристаллическое волокно
monomode ~ одномодовое волокно
multicore ~ многожильный световод
multimode ~ многомодовое волокно
multiple ~ волоконный жгут
nonlinear optical ~ нелинейное оптическое волокно
oblique-faced ~ волокно со скошенными торцами
optical ~ оптическое волокно, световод
optical glass ~ оптическое стекловолокно
output ~ отводящее волокно
parabolic-index ~ волокно с параболическим профилем показателя преломления
penumbral ~ волокно полутени
photorefractive ~ волокно из фоторефрактивного материала
photosensitive ~ фоточувствительное волокно
plane-end ~ волокно с плоским торцом
plastic ~ пластмассовое волокно
plastic-clad ~ волокно с пластиковым покрытием
plastic-core ~ волокно с пластиковой сердцевиной
polarization-maintaining [polarization-preserving] ~ поляризационно-стабилизированное волокно
polarizing ~ поляризующее волокно
polymer-cladded ~ волокно с полимерной оболочкой
positive-dispersion ~ волокно с положительной дисперсией
power-law profile ~ волокно со степенным профилем показателя преломления
quadruply cladded ~ волокно с четверным покрытием
quartz ~ кварцевое волокно
radiation-resistant ~ радиационно-стойкое волокно
rare-earth doped ~ волокно, легированное редкоземельными ионами
reference ~ эталонное волокно
round ~ волокно круглого сечения
segmented-core ~ волокно с сегментированной сердцевиной
self-focusing [selfoc] ~ самофокусирующее волокно
signal(-bearing) ~ сигнальное волокно
silica ~ кварцевое волокно
silica-core ~ волокно с кварцевой сердцевиной
single ~ одиночное волокно, моноволокно
single-crystal ~ монокристаллическое волокно
single-mode ~ одномодовое волокно
single optical ~ одиночное оптическое волокно
solid-core ~ волокно с твердой сердцевиной
step-index ~ волокно со ступенчатым показателем преломления
tapered ~ коническое волокно; заостренное волокно
transmitting ~ передающее волокно
twin-core ~ волокно с двойной сердцевиной
unclad(ded) [uncoated] ~ волокно без оболочки, волокно без покрытия
waveguide ~ световод, оптическое волокно
fiberscope волоконно-оптическое устройство для передачи изображения; волоконный эндоскоп
field поле
~ **of view [of vision]** поле зрения
ac ~ переменное поле
amplified spontaneous emission ~ поле усиленного спонтанного излучения
angular ~ угловое поле (зрения)

field

annular ~ кольцевое поле
anti-Stokes ~ антистоксово поле
applied ~ приложенное поле
ASE ~ поле усиленного спонтанного излучения
attraction ~ поле сил притяжения
axial ~ аксиальное поле
backscattered ~ поле, рассеянное назад
bias ~ поле смещения
bichromatic ~ бихроматичное поле
bright ~ светлое поле
Bychkov-Rashba ~ поле Бычкова – Рашбы
carrier ~ поле несущей (частоты)
cavity ~ поле резонатора
central force ~ поле центральных сил
centrifugal force ~ поле центробежных сил
charge-exchange ~ поле обменных зарядов
circularly polarized ~ циркулярно поляризованное поле
classical ~ классическое поле
coherent ~s когерентные поля
compensating ~ компенсирующее поле
control ~ управляющее поле
Coulomb(ian) ~ кулоновское поле
counter-propagating ~s поля, распространяющиеся во встречных направлениях
coupling ~ связывающее поле; поле, создающее суперпозицию состояний
critical ~ критическое поле
crystal ~ кристаллическое поле
dark ~ темное поле
dc ~ постоянное поле
deflection ~ отклоняющее поле
diffracted ~ дифрагированное поле
diffraction ~ поле дифракции
dipole ~ поле диполя
driving ~ поле возбуждения
electric ~ электрическое поле
electromagnetic ~ электромагнитное поле
emission ~ поле излучения
enhanced ~ усиленное поле
evanescent ~ нераспространяющееся поле
excitation ~ поле возбуждения

external ~ внешнее поле
extraneous ~ постороннее поле
far ~ дальнее поле
fictitious ~ фиктивное поле
Fraunhofer ~ поле в дальней зоне, поле в зоне Фраунгофера
Fresnel ~ поле в зоне Френеля
gravitational ~ гравитационное поле
harmonic ~ гармоническое поле
helical ~ спиральное поле
homogeneous ~ однородное поле
idler ~ поле холостой волны
image ~ поле изображения
incident ~ падающее поле, поле падающей волны
inhomogeneous ~ неоднородное поле
input ~ входное поле
instantaneous ~ **of view** мгновенное поле зрения
intermolecular ~ поле межмолекулярных взаимодействий
intermolecular force ~ поле межмолекулярных сил
intermolecular interaction ~ поле межмолекулярных взаимодействий
internal ~ внутреннее [собственное] поле
intramolecular ~ внутримолекулярное поле
intrinsic ~ внутреннее [собственное] поле
isotropic ~ изотропное поле
laser ~ лазерное поле, поле лазерного излучения
leakage ~ поле рассеяния
ligand ~ поле лигандов; поле координации лиганда
light ~ световое [оптическое] поле
linearly polarized ~ линейно поляризованное поле
local ~ локальное поле
longitudinal ~ продольное поле
long-range ~ поле дальнодействующих сил
macroscopic ~ макроскопическое поле
magnetic ~ магнитное поле
mean ~ среднее поле
microscopic ~ микроскопическое поле
microwave ~ СВЧ-поле
molecular ~ молекулярное поле
monochromatic ~ монохроматическое поле

field

near ~ ближнее поле
nonclassical ~ неклассическое поле
nonstationary ~ нестационарное поле
nonuniform ~ неоднородное поле
object ~ поле объектов
one-photon ~ однофотонное поле
optical ~ оптическое [световое] поле
permanent ~ постоянное поле
polariton ~ поле поляритона
polarized ~ поляризованное поле
poling ~ поле, поляризующее среду
potential ~ потенциальное поле
Poynting vector ~ поле вектора Пойнтинга
probe ~ пробное поле; поле пробного луча
pseudoclassical ~ псевдоклассическое поле
pseudoscalar ~ псевдоскалярное поле
pseudovector ~ псевдовекторное поле
pump ~ поле накачки
quadrupole ~ поле квадруполя
quantized ~ квантованное поле
quantum ~ квантовое поле
radiation ~ поле излучения
radio-frequency ~ радиочастотное поле
Rashba ~ поле Рашбы
reference ~ опорное поле
reflected ~ отраженное поле
refracted ~ преломленное поле
repulsion ~ поле сил отталкивания
residual ~ остаточное поле
resonant ~ резонансное поле
rotation ~ вращающееся поле
sagittal ~ сагиттальное поле
scalar ~ скалярное поле
scattered ~ рассеянное поле
self-consistent ~ самосогласованное поле
signal ~ поле сигнала
single-mode ~ одномодовое поле
sinusoidal ~ синусоидальное поле
slowly varying ~ медленно меняющееся поле
space-charge ~ поле пространственного заряда
speckle ~ спекл-поле
spurious ~ паразитное поле
Stark ~ штарковское поле
static [stationary] ~ статическое поле
Stokes ~ стоксово поле
strain ~ поле деформаций
stray ~ поле рассеяния
stress ~ поле напряжений
Tauc ~ поле Тауца
tensor ~ тензорное поле
transient ~ нестационарное поле, поле переходного процесса
transmitted ~ прошедшее поле
transverse ~ поперечное поле
trapping ~ поле захвата, поле ловушки, локализующее поле
two-mode ~ двухмодовое поле
uniform ~ однородное поле
unit ~ единичное поле
vacuum ~ вакуумное поле
valence force ~ поле валентных сил
vector ~ векторное поле
visual ~ поле зрения
wave ~ поле волны
zero ~ нулевое поле
zero-order ~ поле нулевого порядка

figure:
~ **of merit** критерий качества
interference ~ интерференционная картина, система интерференционных полос

filament нить
discharge ~ шнур разряда
emissive ~ излучающая нить
incandescent ~ нить накала
light ~ световая нить
self-focused ~ нить самофокусировки
self-trapped ~ нить самоканализации
tungsten ~ вольфрамовая нить
vortex ~ вихревая нить
wire ~ проволочная нить

filamentary нитевидный
filamentation образование нитей, филаментация

film пленка
amorphous ~ аморфная пленка
anisotropic ~ анизотропная пленка
antihalation ~ противоореольная пленка
antireflection ~ просветляющая пленка
as-deposited ~ свеженанесенная пленка
black-and-white ~ черно-белая пленка
color ~ цветная пленка
corrugated ~ гофрированная пленка
crystalline ~ кристаллическая пленка
dielectric ~ диэлектрическая пленка
dislocation-free ~ бездислокационная пленка

double-coated ~ двуслойная пленка; пленка с двусторонней эмульсией
epitaxial(ly grown) ~ эпитаксиальная пленка
evaporated ~ напыленная пленка
exposed ~ экспонированная пленка
fast ~ высокочувствительная фотопленка
free-standing ~ свободная [незакрепленная] пленка
fullerene ~ пленка фуллерена
glass ~ стеклянная пленка
high-speed ~ высокочувствительная пленка
holographic ~ голографическая пленка
hypersensitized ~ гиперсенсибилизированная пленка
inorganic ~ неорганическая пленка
IR-sensitive ~ пленка, чувствительная к ИК-лучам
Langmuir-Blodgett ~ пленка Ленгмюра – Блоджетт
light-sensitive ~ светочувствительная пленка
liquid-crystal ~ жидкокристаллическая пленка
magnetic ~ магнитная пленка
magneto-optical ~ магнитооптическая пленка
metal(lic) ~ металлическая пленка
monolayer(-thick) ~ монослойная пленка
monomolecular ~ мономолекулярная пленка
multilayer ~ многослойная пленка
opaque ~ непрозрачная пленка
organic ~ органическая пленка
oxide ~ оксидная пленка
panchromatic ~ панхроматическая пленка
panchromatic photographic ~ панхроматическая фотопленка
photochromic ~ фотохромная пленка
photographic ~ фотографическая пленка, фотопленка
photonic-crystal ~ пленка фотонного кристалла
photopolymer ~ пленка фотополимера
photoresist ~ пленочный фоторезист
photosensitive ~ фоточувствительная пленка

polarizing ~ поляризующая пленка, пленочный поляризатор
polymer ~ полимерная пленка
reversible ~ обратимая фотопленка
semiconductor ~ полупроводниковая пленка
semitransparent ~ полупрозрачная пленка
sensitized ~ сенсибилизированная фотопленка
single-crystal ~ монокристаллическая пленка
slow ~ фотопленка низкой чувствительности
solid ~ твердая пленка
sputtered ~ напыленная пленка
sub-micron ~ пленка субмикронной толщины
submonolayer ~ субмонослойная пленка
superconducting ~ сверхпроводящая пленка
surface ~ поверхностная пленка
thin ~ тонкая пленка
transparent ~ прозрачная пленка
ultrathin ~ сверхтонкая пленка
uniaxial ~ одноосная пленка
waveguide ~ волноводная пленка

filter фильтр
absorption ~ поглощающий [абсорбционный] фильтр
acousto-optic ~ акустооптический фильтр
active ~ активный фильтр
adaptive ~ адаптивный фильтр
amplitude ~ амплитудный фильтр
anti-aliasing ~ фильтр для устранения эффекта наложения спектров
band-eliminating ~ фильтр, подавляющий выделенную полосу частот
bandpass ~ полосовой фильтр; фильтр, пропускающий выделенную полосу частот
band-stop ~ фильтр, подавляющий выделенную полосу частот
birefringent ~ двулучепреломляющий фильтр
blocking ~ блокирующий фильтр
branching ~ разделительный [разветвительный] фильтр
broadband ~ широкополосный фильтр
cavity ~ резонаторный фильтр

filter

Christiansen(-effect) ~ фильтр Христиансена
color ~ цветной фильтр
colored glass ~ фильтр цветного стекла
compensating ~ компенсационный фильтр
correcting optical ~ корректирующий оптический фильтр
correction ~ корректирующий фильтр
cutoff ~ фильтр, ограничивающий полосу пропускания
dichroic ~ дихроичный фильтр
dielectric ~ диэлектрический (свето)фильтр
digital ~ цифровой фильтр
dispersive ~ дисперсионный фильтр
Fabry-Perot ~ фильтр Фабри – Перо
fiber-optical grating ~ фильтр на основе волоконно-оптической решетки
frequency ~ частотный фильтр
frequency-selective ~ частотно-селективный фильтр
gray ~ нейтральный фильтр
heat ~ тепловой фильтр
heat-absorbing ~ теплопоглощающий фильтр
heat-reflection ~ тепловой фильтр
high-pass ~ фильтр верхних частот
holographic ~ голографический фильтр
infrared ~ инфракрасный [ИК-] фильтр
interference ~ интерференционный фильтр
Kalman ~ фильтр Калмана
light ~ светофильтр
Liot ~ фильтр Лио
liquid ~ жидкостный фильтр
long-wavelength pass ~ фильтр, пропускающий длинноволновую часть спектра
low-pass ~ фильтр нижних частот
matched ~ согласованный фильтр
microprism ~ микропризменный фильтр
mode ~ модовый фильтр
multilayer interference ~ фильтр Лио
narrow-band ~ узкополосный фильтр
ND [neutral density] ~ нейтральный фильтр
nonlinear ~ нелинейный фильтр
notch ~ узкополосный блокирующий фильтр; фильтр-пробка; режекторный фильтр
optical ~ оптический фильтр
passive ~ пассивный фильтр
phase ~ фазовый фильтр
photometric ~ фотометрический фильтр
polarization ~ поляризационный фильтр
polarization interference ~ поляризационно-интерференционный фильтр
polarizing ~ поляризационный фильтр
reciprocal ~ взаимный фильтр
resonant ~ резонансный фильтр
selective optical ~ селективный оптический фильтр
short-wavelength pass ~ фильтр, пропускающий коротковолновую часть спектра
Solc ~ фильтр Солка
spatial ~ фильтр пространственных частот
spatial-mode ~ фильтр пространственных мод
spectral-line ~ фильтр спектральной линии
transmission ~ фильтр, работающий на пропускание
tunable ~ перестраиваемый фильтр
wedge ~ клинообразный фильтр
Wien ~ фильтр Вина

filtration фильтрация
adaptive ~ адаптивная фильтрация
anisotropic ~ анизотропная фильтрация
correlation ~ корреляционная фильтрация
digital ~ цифровая фильтрация
Fourier ~ фурье-фильтрация
frequency ~ частотная фильтрация
image ~ фильтрация изображений
linear ~ линейная фильтрация
mode ~ фильтрация мод
noise ~ фильтрация шума
nonlinear ~ нелинейная фильтрация
optical ~ оптическая фильтрация
polarization ~ поляризационная фильтрация
space [spatial] ~ пространственная фильтрация

fluctuation

spatial-frequency ~ фильтрация пространственных частот
spectral ~ спектральная фильтрация
spectroholographic ~ спектроголографическая фильтрация
spin ~ спиновая фильтрация
threshold ~ пороговая фильтрация
wavelength ~ фильтрация по длине волны; спектральная фильтрация
Wiener ~ фильтрация Винера
finder 1. видоискатель, визирное приспособление 2. телескоп-искатель
camera range ~ фотографический дальномер
celestial direction ~ астропеленгатор
laser range ~ лазерный дальномер
monocular range ~ монокулярный дальномер
prism range ~ призменный дальномер
range ~ дальномер
stereoscopic range ~ стереоскопический дальномер
view ~ видоискатель
finesse добротность
cavity ~ добротность резонатора
high ~ высокая добротность
finger палец; штифт
cold ~ холодный палец (*в криостате*), хладопровод
finish доводка, отделка; чистовая обработка (*поверхности*) ‖ доводить, обрабатывать начисто
finishing доводка; полировка
fine ~ тонкая обработка
ion-beam ~ ионная полировка
fit подгонка; соответствие ‖ подгонять; соответствовать
best ~ оптимальная подгонка
exponential ~ подгонка экспоненциальной функцией
Gaussian ~ подгонка гауссовой функцией
least-squares ~ подгонка методом наименьших квадратов
logarithmic ~ подгонка логарифмической функцией
polynomial ~ подгонка многочленом
single-parameter ~ однопараметрическая подгонка
two-parameter ~ двухпараметрическая подгонка

fitting подгонка; аппроксимация
fixation фиксация; фиксирование, закрепление
photographic ~ фиксирование
fixative закрепитель, фиксаж
fixer фиксатор; закрепитель, фиксаж
fixing фиксирование, закрепление
frequency ~ стабилизация частоты
flare 1. факел 2. блик; засветка 3. вспышка
bottom ~ засветка (*кадра*) снизу
edge ~ засветка по краю (*изображения*)
explosive ~ взрывная вспышка
laser ~ лазерный факел
lens ~ блик в объективе
optical ~ вспышка в оптической области спектра
solar ~ солнечная вспышка
ultraviolet [UV] ~ вспышка в ультрафиолетовой области спектра
white light ~ белая вспышка
X-ray ~ рентгеновская вспышка
flash вспышка
corona ~ вспышка короны
electronic ~ электронная лампа-вспышка
light ~ световая вспышка
lightning ~ вспышка молнии
twilight ~ сумеречная вспышка
flasher источник мигающего освещения; проблесковый маяк
flashlamp лампа-вспышка
flask колба
Dewar ~ сосуд Дьюара, дьюар
flat пробное стекло, план, оптический калибр
optical ~ оптический план, пробное стекло
flatness плоскостность
flip переворот
spin ~ переворот спина
flow поток
energy ~ поток энергии
heat ~ поток тепла
jet ~ реактивная струя
population ~ поток населенности
radiation ~ поток излучения
fluctuation флуктуация
amplitude ~s флуктуации амплитуды
birefringence ~s флуктуации двулучепреломления

fluctuation

charge ~s флуктуации заряда
critical ~s критические флуктуации
density ~ флуктуация плотности
electric field ~s флуктуации электрического поля
equilibrium ~ равновесная флуктуация
field ~s флуктуации поля
frequency ~s частотные флуктуации
gain ~s флуктуации усиления
high-frequency ~s высокочастотные флуктуации
intensity ~s флуктуации интенсивности
interface ~ флуктуация границы раздела
laser ~s флуктуации лазерного излучения
light(-field) ~s флуктуации светового поля
long-term ~s долговременные флуктуации
low-frequency ~s низкочастотные флуктуации
macroscopic ~s макроскопические флуктуации
magnetic field ~s флуктуации магнитного поля
magnetization ~s флуктуации намагниченности
mean square ~ среднеквадратичная флуктуация
mesoscopic ~s мезоскопические флуктуации
negative ~ отрицательная флуктуация
nonequilibrium ~s неравновесные флуктуации
phase ~s флуктуации фазы
photocurrent ~s флуктуации фототока
photometric ~s фотометрические флуктуации
photon-number ~s флуктуации числа фотонов
Poisson(ian) ~s пуассоновские флуктуации
polarization ~s флуктуации поляризации
population ~s флуктуации населенностей
positive ~ положительная флуктуация
power density ~s флуктуации плотности мощности
quantum ~s квантовые флуктуации
random ~s случайная флуктуация
refractive-index ~s флуктуации показателя преломления
short-term ~s кратковременные флуктуации
shot-noise ~s дробовые флуктуации
spatial ~s пространственные флуктуации
spectral ~ спектральная флуктуация
spin ~s спиновые флуктуации
spin-density ~s флуктуации спиновой плотности
spontaneous ~ спонтанные флуктуации
spontaneous emission ~s флуктуации спонтанного излучения
statistical ~s статистические флуктуации
stochastic ~s стохастические флуктуации
sub-Poisson(ian) ~s субпуассоновские флуктуации
thermal ~s тепловые флуктуации
thermodynamic ~ термодинамическая флуктуация
time-dependent ~s флуктуации, зависящие от времени
transmission ~s флуктуации пропускания
vacuum(-field) ~s флуктуации (поля) вакуума
fluence плотность потока
beam ~ плотность потока пучка
laser ~ плотность потока лазерного излучения
fluid жидкость ‖ жидкий
contact [index-matching] ~ иммерсионная жидкость
microscope immersion ~ иммерсионная жидкость для микроскопа
fluorescence флуоресценция
anti-Stokes ~ антистоксова флуоресценция
atomic ~ атомная флуоресценция
background ~ фоновая флуоресценция
broadband ~ широкополосная флуоресценция
cascade ~ каскадная флуоресценция
enhanced ~ усиленная флуоресценция

flux

impact ~ ударная флуоресценция
infrared ~ инфракрасная [ИК-] флуоресценция
intracellular ~ внутриклеточная флуоресценция
intrinsic ~ собственная флуоресценция
laser-induced ~ лазерная флуоресценция
laser resonance ~ лазерная резонансная флуоресценция
molecular ~ молекулярная флуоресценция
multiphoton ~ многофотонная флуоресценция
nonresonant ~ нерезонансная флуоресценция
one-photon ~ однофотонная флуоресценция
parametric ~ параметрическая флуоресценция
photoactivated ~ фотоактивированная флуоресценция
polarized ~ поляризованная флуоресценция
recombination ~ рекомбинационная флуоресценция
resonance ~ резонансная флуоресценция
secondary ~ вторичная флуоресценция
sensitized ~ сенсибилизированная флуоресценция
single-atom ~ флуоресценция одиночного атома
single-molecule ~ флуоресценция одиночной молекулы
spontaneous ~ спонтанная флуоресценция
stimulated parametric ~ вынужденная параметрическая флуоресценция
superradiant ~ сверхизлучательная флуоресценция
surface ~ поверхностная флуоресценция
three-photon parametric ~ трехфотонная параметрическая флуоресценция
time-integrated ~ флуоресценция, интегрированная по времени
time-resolved ~ флуоресценция с временны́м разрешением
transient ~ нестационарная флуоресценция, флуоресценция переходного процесса
two-photon ~ двухфотонная флуоресценция
two-photon induced ~ флуоресценция, индуцированная двухфотонным возбуждением
ultraviolet [UV] ~ ультрафиолетовая [УФ-] флуоресценция
visible ~ видимая флуоресценция
X-ray ~ рентгеновская флуоресценция

fluoride фторид
calcium ~ фторид кальция
double ~ двойной фторид
lithium ~ фторид лития
magnesium ~ фторид магния
monoclinic ~s моноклинные фториды
strontium ~ фторид стронция
tetragonal ~s тетрагональные фториды
yttrium-lithium ~ фторид лития – иттрия

fluorimeter флуориметр, флуорометр
fluorine фтор, F
fluorite флюорит, плавиковый шпат
fluorography флуорография, флюорография
contact ~ контактная флуорография
optical ~ оптическая флуорография
fluorometer флуорометр, флуориметр
laser ~ лазерный флуорометр
photoelectric ~ фотоэлектрический флуорометр
fluorometry флуорометрия
fluoroscope флуороскоп
fluoroscopy флуороскопия
biplane ~ двухпроекционная рентгеноскопия
fluorospar плавиковый шпат, флюорит
fluorozirconate фторцирконат
flux поток
beam ~ плотность пучка
energy ~ поток энергии
heat ~ тепловой поток
incident ~ падающий поток
ion ~ поток ионов
light [luminous] ~ световой поток
photon ~ поток фотонов; световой поток

flux
  quantized ~ квантованный поток
  radiant ~ лучистый поток, поток излучения
  scattered ~ рассеянный поток
flyback время обратного хода луча
F-number относительное отверстие, светосила; обратное относительное отверстие
focometer прибор для измерения фокусного расстояния, фокометр
focon фокон
focus фокус
  apparent ~ мнимый фокус
  back ~ фокус со стороны изображения, задний фокус
  blue ~ фокус для голубого света
  conjugate ~ сопряженный фокус
  coudé ~ фокус куде
  front ~ фокус со стороны объекта, передний фокус
  green ~ фокус для зеленого цвета
  image-side ~ фокус со стороны изображения, задний фокус
  lens ~ фокус линзы; фокус объектива
  Nasmith ~ фокус Нэсмита
  object(-side) ~ фокус со стороны объекта, передний фокус
  optical ~ оптический фокус
  paraxial ~ параксиальный фокус
  primary ~ фокус со стороны объекта, передний фокус
  principal ~ главный фокус
  real ~ действительный фокус
  rear ~ фокус со стороны изображения, задний фокус
  red ~ фокус для красного цвета
  sagittal ~ сагиттальный фокус
  secondary ~ вторичный фокус
  variable ~ переменный [регулируемый] фокус
  violet ~ фокус для фиолетового цвета
  virtual ~ мнимый фокус
  yellow ~ фокус для желтого цвета
focuser фокусирующее устройство
  reflex ~ зеркальное фокусирующее устройство
focusing фокусировка; наводка на фокус
  automatic ~ автоматическая фокусировка, автофокусировка
  beam ~ фокусировка пучка
  center ~ фокусировка в центре (*поля*)
  direct ~ сквозная наводка на резкость
  dynamic ~ динамическая фокусировка
  electromagnetic ~ электромагнитная фокусировка
  electrostatic ~ электростатическая фокусировка, фокусировка электростатическим полем
  fine ~ тонкая [острая] фокусировка
  fixed ~ фиксированная фокусировка
  image ~ фокусировка, наводка на резкость
  magnetic ~ магнитная фокусировка, фокусировка магнитным полем
  point ~ точечная фокусировка
  poor ~ плохая фокусировка
  rack-and-pinion ~ фокусировка с помощью кремальеры
  range-finder ~ фокусировка с помощью дальномера
  reflex ~ зеркальная фокусировка
  scale ~ фокусировка по шкале
  sharp ~ резкая фокусировка
  vernier ~ плавная фокусировка
fog туман; вуаль; мат (*на полированной поверхности*)
  development ~ вуаль проявления
  dichroic ~ дихроичная вуаль
  photographic ~ фотографическая вуаль
  white ~ белая вуаль
fogging вуалирование
  film ~ вуаль пленки; потемнение пленки
foil фольга
  aluminum ~ алюминиевая фольга
  exploding ~ взрывающаяся фольга
force сила
  atomic ~s атомные силы
  attractive ~ сила притяжения
  Casimir ~ сила Казимира
  central ~ центральная сила
  Coriolis ~ сила Кориолиса
  Coulomb ~ кулоновская сила
  dipole ~ дипольная сила
  dispersion ~s дисперсионные силы
  focusing ~ фокусирующая способность
  interatomic ~s межатомные силы
  intermolecular ~s межмолекулярные силы
  long-range ~ дальнодействующая сила

formula

Lorentz ~ сила Лоренца
ponderomotive ~ пондеромоторная сила
recoil ~ сила отдачи
repulsive ~ сила отталкивания
short-range ~ близкодействующая сила
spin-dependent ~ сила, зависящая от спина
thermoelectromotive ~ термоэлектродвижущая сила
Van der Waals ~ сила Ван-дер-Ваальса

form форма
  analytical ~ аналитическая форма
  explicit ~ явная форма
  functional ~ функциональная форма
  Gaussian ~ гауссова форма
  general ~ общая форма
  matrix ~ матричная форма
  non-Gaussian ~ негауссова форма
  powder ~ порошкообразная форма
  scalar ~ скалярная форма
  standard ~ стандартная форма
  tensor ~ тензорная форма
  vector ~ векторная форма
  wave ~ форма волны; форма сигнала

formalism формализм
  Brown's polarization ~ поляризационный формализм Брауна
  coherency matrix ~ формализм матрицы когерентности
  density matrix ~ формализм матрицы плотности
  dressed atom ~ формализм одетого атома
  Drude ~ формализм Друде
  Hamiltonian ~ формализм гамильтониана
  Jones (matrix) ~ формализм (матриц) Джонса
  mathematical ~ математический формализм
  matrix ~ матричный формализм
  molecular orbital ~ формализм молекулярных орбиталей
  Mueller (matrix) ~ формализм (матриц) Мюллера
  operator ~ операторный формализм
  path integral ~ формализм интегралов по траекториям
  plane-wavelet ~ формализм плоских вэйвлетов
  quantum ~ квантовый формализм
  Schrödinger-Dirac ~ формализм Шредингера – Дирака
  S-matrix ~ формализм S-матрицы
  supermode ~ формализм супермоды

formation формирование; образование
  beam ~ формирование пучка
  cluster ~ формирование кластеров
  condensate ~ формирование конденсата
  defect ~ образование дефектов
  dimer ~ формирование димеров
  hologram ~ формирование голограммы
  image ~ формирование изображения
  interface ~ формирование границы раздела
  island ~ формирование островков
  microlens ~ формирование микролинз
  monolayer ~ формирование монослоя
  nanoparticle ~ формирование наночастиц
  pattern ~ формирование изображения; формирование рельефа
  photonic bandgap ~ формирование фотонной запрещенной зоны
  plasma ~ образование плазмы
  pulse ~ формирование импульса
  quantum dot ~ образование квантовых точек
  soliton ~ образование солитона
  structure ~ структурирование; структурообразование
  superlattice ~ формирование сверхрешетки
  thermal lens ~ формирование тепловой линзы
  vortex ~ образование вихря, вихреобразование

formfactor форм-фактор; коэффициент формы

formula формула
  analytical ~ аналитическая формула
  approximate ~ приближенная формула
  basic ~ основная формула
  Bloch ~ формула Блоха
  Breit-Wigner ~ формула Брейта – Вигнера

formula

classical ~ классическая формула
de Broglie ~ формула де Бройля
dispersion ~ дисперсионная формула
Drude ~ формула Друде
Einstein ~ формула Эйнштейна
empirical ~ эмпирическая формула
expansion ~ формула разложения в ряд
extrapolation ~ экстраполяционная формула
Fresnel ~ формула Френеля
generalized ~ обобщенная формула
Hartman dispersion ~ дисперсионная формула Гартмана
interpolation ~ интерполяционная формула
Kirchhoff ~ формула Кирхгофа
Kubo ~ формула Кубо
Landau-Zener ~ формула Ландау - Зинера
Laplace ~ формула Лапласа
lens ~ формула линзы
Lorentz-Lorenz ~ формула Лорентц – Лоренца
Maxwell ~ формула Максвелла
nonrelativistic ~ нерелятивистская формула
Nyquist ~ формула Найквиста
Onsager ~ формула Онзагера
Parseval ~ формула Парсеваля
Planck (radiation) ~ формула (излучения) Планка
Poisson summation ~ формула суммирования Пуассона
Rayleigh-Gans-Debye ~ формула Рэлея – Ганса – Дебая
Rayleigh-Jeans ~ формула Рэлея – Джинса
recurrence ~ рекуррентная формула
refined ~ уточненная формула
relativistic ~ релятивистская формула
Rydberg ~ формула Ридберга
Schawlow-Townes ~ формула Шавлова – Таунса
Schottky ~ формула Шоттки
semiempirical ~ полуэмпирическая формула
series ~ сериальная (*спектральная*) формула
Stirling ~ формула Стирлинга
Stokes ~ формула Стокса
structural ~ структурная формула
thin lens ~ формула тонкой линзы
Weyl ~ формула Вейля
Wien radiation ~ формула излучения Вина
Wigner-Weisskopf ~ формула Вигнера – Вайскопфа
formulation формулировка
  Feynman ~ фейнмановская формулировка
  Hamiltonian ~ гамильтонова формулировка
  Heisenberg ~ гейзенберговская формулировка
  mathematical ~ математическая формулировка
  operator ~ операторная формулировка
forsterite форстерит
found плавить; варить (*стекло*)
fountain фонтан
  atomic ~ атомный фонтан
fovea :
  central ~ **of retina** центральная ямка сетчатки (*глаза*)
fractal фрактал
fraction доля; часть; частица; дробь
  volume ~ объемная доля
fracton фрактон
fragment фрагмент; обломок, осколок
  fission ~ осколок деления
  molecular ~**s** фрагменты молекул
fragmentation диспергирование, дробление; фрагментация
  spontaneous ~ спонтанная фрагментация
frame 1. кадр, рамка **2.** система координат, система отсчета
  center-of-mass ~ система центра масс
  finder ~ визирная рамка
  inertial ~ инерциальная система отсчета
  lens ~ линзовая оправа
  reference ~ система отсчета
  rotating ~ вращающаяся система координат
francium франций, Fr
freezing-out вымораживание
  carrier ~ вымораживание носителей
frequency частота
  absorption(-peak) ~ частота поглощения
  angular ~ угловая частота
  bare cavity ~ частота пустого резонатора

fringe

beat ~ частота биений
bending ~ частота изгибных колебаний
Bloch ~ блоховская частота
carrier ~ несущая (частота)
center [central] ~ центральная частота
characteristic ~ характеристическая частота
collision ~ частота столкновений
critical ~ критическая частота
critical flicker ~ критическая частота мельканий
cutoff ~ граничная [предельная] частота; частота отсечки
cyclotron ~ циклотронная частота
detuning ~ частота отстройки
Doppler(-beat) ~ доплеровская частота
double ~ удвоенная частота
emission ~ частота излучения
excitation ~ частота возбуждения
excitonic ~ экситонная частота, частота экситонного перехода
field ~ частота поля
frame ~ частота кадров
fringe ~ частота интерференционных полос
fundamental ~ основная частота; частота основной гармоники
group ~ групповая частота
harmonic oscillator ~ частота гармонического осциллятора
instantaneous ~ мгновенная частота
intermediate ~ промежуточная частота
Larmor ~ ларморова частота
laser ~ частота лазерного излучения
line center ~ центральная частота линии
master oscillator ~ частота задающего генератора
microwave ~ частота СВЧ-диапазона
modulation ~ частота модуляции
natural ~ собственная частота
normal ~ нормальная частота
nutation ~ частота нутации
optical ~ оптическая частота
oscillation ~ частота осцилляций; частота генерации
phonon ~ фононная частота
photonic band edge ~ частота края фотонной зоны

plasma ~ плазменная частота
precession ~ частота прецессии
probe ~ частота зондирования
pulse repetition ~ частота повторения импульсов
pump ~ частота накачки
Rabi ~ частота Раби
radiative ~ излучательная частота
Raman (scattering) ~ рамановская частота, частота комбинационного рассеяния
recoil ~ частота отдачи
reference ~ опорная частота
relaxation ~ релаксационная частота
relaxation oscillation ~ частота релаксационных осцилляций
repetition ~ частота повторений
resonance ~ резонансная частота
second-harmonic ~ частота второй гармоники
sideband ~ боковая частота
spatial ~ пространственная частота
spurious ~ паразитная частота
Stokes ~ стоксова частота
sum ~ суммарная частота
threshold ~ пороговая частота
timing ~ тактовая частота
transition ~ частота перехода
vibrational ~ колебательная частота
wave ~ частота волны
zero ~ нулевая частота

friability ломкость, рассыпчатость (*абразива*)
friction трение
fringe 1. интерференционная полоса 2. полоса; граница, край
~ **of equal chromatic order** полосы равных порядков хроматизма
~ **of equal slope** полосы равного наклона
~ **of equal spectral orders** полосы равных спектральных порядков
achromatic ~ ахроматическая полоса
Brewster's ~s брюстеровские интерференционные полосы
bright ~ светлая (интерференционная) полоса
central ~ центральная полоса
color ~ цветная окантовка
constant deviation ~s полосы постоянного отклонения
dark ~ темная (интерференционная) полоса

fringe

diffraction ~s дифракционные полосы
equal inclination ~s полосы равного наклона, изоклины
equal thickness ~s (интерференционные) полосы равной толщины
Fabry-Perot ~s интерференционные полосы Фабри – Перо
Fizeau ~s полосы Физо
Fresnel ~ дифракционная полоса Френеля
Haidinger ~s полосы Хайдингера
hologram interference ~s интерференционные полосы голограммы
interference ~ интерференционная полоса
isochromatic ~s изохроматические полосы, изохромы
isoclinic ~s (интерференционные) полосы равного наклона, изоклины
isopachic ~s (интерференционные) полосы равной толщины
Landholt ~ черная полоса Ландольта
moire ~ муаровая полоса
Newton's ~s кольца Ньютона
speckle correlation ~s корреляционные полосы спекл-структуры
spectral ~s спектральные (интерференционные) полосы
spurious ~ побочная [паразитная] (интерференционная) полоса
uniform inclination ~s полосы равного наклона, изоклины
uniform thickness ~s полосы равной толщины
Young's ~s полосы Юнга
zero-order ~ полоса нулевого порядка

fringing явление бахромы, окантовка
front фронт
  atmospheric ~ атмосферный фронт
  conjugate wave ~ обращенный волновой фронт
  incident wave ~ фронт падающей волны
  instantaneous ~ мгновенный фронт
  light wave ~ фронт световой волны
  phase ~ фазовый фронт
  pulse ~ фронт импульса
  reflected wave ~ фронт отраженной волны
  sharp [steep] ~ крутой фронт

  wave ~ волновой фронт
fullerene фуллерен
function функция
  aberration ~ функция аберраций
  Airy ~ функция Эйри
  amplitude ~ амплитудная функция
  angular ~ угловая функция
  antisymmetric ~ антисимметричная функция
  aperiodic ~ апериодическая функция
  aperture ~ функция апертуры
  arbitrary ~ произвольная функция
  autocorrelation ~ автокорреляционная функция
  band-limited ~ функция с ограниченной полосой частот
  basis ~ базисная функция
  Bessel ~ функция Бесселя
  biharmonic ~ бигармоническая функция
  Bloch ~ функция Блоха
  Boolean ~ булева функция
  Brillouin ~ функция Бриллюэна
  calibration ~ градуировочная функция
  Cauchy ~ функция Коши
  Chandrasekhar ~ функция Чандрасекара
  characteristic ~ характеристическая функция
  coherence ~ функция когерентности
  contrast transfer ~ функция передачи контраста; частотно-контрастная характеристика
  correlation ~ корреляционная функция
  cross-correlation ~ кросс-корреляционная функция, функция взаимной корреляции
  decay ~ функция затухания
  delta ~ дельта-функция
  dielectric ~ диэлектрическая функция, функция диэлектрической проницаемости
  dimensionless ~ безразмерная функция
  Dirac delta ~ дельта-функция Дирака
  distribution ~ функция распределения
  Drude ~ функция Друде
  energy-loss ~ функция энергетических потерь
  envelope ~ функция огибающей

function

error ~ функция ошибок
excitation ~ функция возбуждения
exponential ~ экспоненциальная функция
Fermi ~ функция Ферми
Fermi-Dirac ~ функция Ферми – Дирака
Feynman-Green ~ функция Фейнмана – Грина
fitting ~ подгоночная функция
frequency response ~ частотная характеристика
fringe visibility ~ функция видности интерференционных полос
fundamental cardinal spline ~ фундаментальная базисная сплайн-функция
Gaussian ~ гауссова функция
Green('s) ~ функция Грина
Haar ~ функция Хаара
Hankel ~ функция Ханкеля
harmonic ~ гармоническая функция
Hartree-Fock ~ функция Хартри – Фока
Heaviside (step) ~ функция Хэвисайда
Henyey-Greenstein ~ функция Хеней – Гринштейна
hydrogen-like ~ водородоподобная функция
impulse response ~ функция импульсного отклика
instrumental (response) ~ аппаратная функция
integrable ~ интегрируемая функция
intensity ~ функция интенсивности
inverse ~ обратная функция
Langevin ~ функция Ланжевена
linear ~ линейная функция
line-shape ~ функция формы линии
line-spread ~ функция рассеяния линии, ФРЛ
logarithmic ~ логарифмическая функция
logic ~s логические функции
Lorentzian ~ функция Лоренца
loss ~ функция потерь
luminosity ~ функция светимости
Mathieu ~ функция Матьё
memory ~ функция памяти
merit ~ функция качества
Mie scattering ~ функция рассеяния Ми
model ~ модельная функция
modified Bessel ~ модифицированная функция Бесселя
modulation transfer ~ функция передачи модуляции, ФПМ
monotonic ~ монотонная функция
mutual coherence ~ функция взаимной когерентности
Neumann ~ функция Неймана
nonlinear ~ нелинейная функция
nonmonotonic ~ немонотонная функция
normalized ~ нормированная функция
optical transfer ~ оптическая передаточная функция
orthogonal ~ ортогональная функция
orthonormal ~ ортонормированная функция
orthonormal wave ~ ортонормированная волновая функция
oscillatory ~ осциллирующая функция
pair correlation ~ парная корреляционная функция
parametric ~ параметрическая функция
partition ~ функция распределения; сумма по состояниям
periodic ~ периодическая функция
phase-matching ~ функция фазовой синхронизации
phase-transfer ~ функция передачи фазы
Placzek ~ функция Плачека
point-spread ~ функция рассеяния точки, ФРТ
probability ~ функция вероятности
probability density ~ функция плотности вероятности
probability distribution ~ функция распределения вероятности
pupil ~ зрачковая функция
quadratic ~ квадратичная функция
Rayleigh ~ функция Рэлея
Raylegh scattering ~ функция рассеяния Рэлея
resonance ~ резонансная функция
response ~ функция отклика; частотная характеристика
saturation ~ функция насыщения
scalar ~ скалярная функция

function

   scaling ~ масштабирующая функция
   scattering ~ функция рассеяния
   Schrödinger wave ~ волновая функция Шредингера
   self-coherence ~ функция автокогерентности
   shape ~ функция формы
   single-parameter ~ однопараметрическая функция
   single-valued ~ однозначная функция
   slit ~ передаточная функция щели
   source ~ функция источника
   spatial coherence ~ функция пространственной когерентности
   spectral ~ спектральная функция
   spectral density ~ функция спектральной плотности
   spherical Bessel ~ сферическая функция Бесселя
   spin ~ спиновая функция
   spline ~ сплайн-функция
   step ~ ступенчатая функция
   symmetric ~ симметричная функция
   threshold ~ пороговая функция
   transfer ~ передаточная функция, функция переноса
   transmission ~ функция пропускания
   trial ~ пробная функция
   two-particle ~ двухчастичная функция
   vector ~ векторная функция
   visibility ~ функция видимости
   Voigt ~ функция Фойгта
   Wannier ~ функция Ванье
   wave ~ волновая функция
   weight(ing) ~ весовая функция
   Wigner ~ функция Вигнера
   work ~ работа выхода
functional функционал
   bounded ~ ограниченный функционал
   linear ~ линейный функционал
furnace печь
   annealing ~ печь для отжига
   arc ~ дуговая печь
   crucible ~ тигельная печь
   electric ~ электрическая печь
   glass ~ стекловаренная печь
   glass-melting ~ стеклоплавильная печь; стекловаренная печь
   graphite rod ~ печь с графитовыми нагревателями
   high-frequency ~ печь с высокочастотным нагревом
   induction ~ индукционная печь
   muffle ~ муфельная печь
   solar ~ солнечная печь
fusion синтез; слияние; плавка, плавление
   fiber ~ сращивание волокон сплавлением
   inertial confinement ~ ядерный синтез с инерционным удержанием плазмы
   laser(-driven) ~ лазерный ядерный синтез, лазерный термояд
   nuclear ~ ядерный синтез
   thermonuclear ~ термоядерный синтез

G

gadolinium гадолиний, Gd
gage 1. измеритель, датчик 2. калибр 3. калибровка
   Landau ~ калибровка Ландау
   laser ~ лазерный датчик
   laser rain ~ лазерный дождемер
gain 1. усиление 2. коэффициент усиления 3. усиливать; увеличивать
   absolute ~ абсолютное усиление
   amplifier ~ коэффициент усиления усилителя
   amplitude ~ амплитудное усиление
   Brillouin ~ бриллюэновское усиление
   differential ~ дифференциальное усиление
   insertion ~ вносимое усиление
   intersubband ~ усиление на межподзонных переходах
   inversionless ~ усиление без инверсии
   laser ~ лазерное усиление
   linear ~ линейное усиление
   loop ~ коэффициент обратной связи
   luminous ~ коэффициент усиления светового потока
   multiphoton ~ многофотонное усиление

net ~ чистое усиление; полное усиление
nonlinear ~ нелинейное усиление
open-loop ~ усиление при разомкнутой петле обратной связи
optical ~ оптическое усиление
overall ~ общее [полное] усиление
parametric ~ параметрическое усиление
quantum ~ квантовое усиление
round-trip ~ усиление на двукратном проходе; усиление на полном цикле траектории луча
saturated ~ усиление в режиме насыщения, насыщенное усиление
SBS ~ усиление при стимулированном бриллюэновском рассеянии
signal ~ усиление сигнала; усиление в сигнальном канале
signal-to-noise ratio ~ выигрыш в отношении сигнал/шум
single-pass ~ усиление за проход
steady-state ~ стационарное усиление
stimulated Brillouin scattering ~ усиление при стимулированном бриллюэновском рассеянии
threshold ~ пороговое усиление
transient ~ нестационарное [переходное] усиление
variable ~ регулируемое усиление
galaxy галактика
  bright ~ яркая галактика
  compact ~ компактная галактика
  distant ~ далекая галактика
  double ~ двойная галактика
  dwarf ~ карликовая галактика
  giant ~ гигантская галактика
  infrared [IR] ~ инфракрасная [ИК-] галактика
  spheroidal ~ сфероидальная галактика
  spiral ~ спиральная галактика
  twin ~ двойная галактика
gallium галлий, Ga
galvanoluminescence гальванолюминесценция
galvanometer гальванометр
gap промежуток; зазор; интервал
  air ~ воздушный зазор
  annular ~ кольцевой зазор
  band ~ ширина запрещенной зоны
  Coulomb ~ кулоновская щель
  discharge ~ разрядный промежуток
  energy ~ энергетический интервал, энергетическая щель
  forbidden ~ запрещенная зона
  frequency ~ частотный зазор
  Mott-Hubbard ~ щель Мотта – Хаббарда
  optical ~ оптическая запрещенная зона; оптическая щель
  photonic (band) ~ фотонная запрещенная зона
  polariton ~ поляритонная щель
  zero ~ нулевой промежуток; нулевая щель
garnet гранат
  gadolinium gallium ~ гадолиний-галлиевый гранат, ГГГ
  gadolinium scandium aluminum ~ гадолиний-скандий-алюминиевый гранат, ГСАГ
  gadolinium scandium gallium ~ гадолиний-скандий-галлиевый гранат, ГСГГ
  potassium gadolinium ~ калий-гадолиниевый гранат, КГГ
  scandium aluminum ~ скандий-алюминиевый гранат, САГ
  yttrium aluminum ~ иттрий-алюминиевый гранат, ИАГ
  yttrium iron ~ железо-иттриевый гранат, ЖИГ
  yttrium scandium gallium ~ иттрий-скандий-галлиевый гранат, ИСГГ
gas газ
  atmospheric ~es атмосферные газы
  atomic ~ атомный газ
  bosonic ~ бозонный газ
  buffer ~ буферный газ
  classical ~ классический газ
  cryogenic ~es криогенные газы
  degenerate ~ вырожденный газ
  2D electron ~ двумерный газ электронов
  2D hole ~ двумерный газ дырок
  electron ~ электронный газ
  exciton(ic) ~ экситонный газ
  Fermi ~ ферми-газ
  ideal ~ идеальный газ
  inert ~ инертный [благородный] газ
  interstellar ~ межзвездный газ
  ionized ~ ионизованный газ
  molecular ~ молекулярный газ
  monoatomic ~ одноатомный [моноатомный] газ

gas

  noble ~ инертный [благородный] газ
  nondegenerate ~ невырожденный газ
  nonideal ~ неидеальный газ
  phonon ~ фононный газ
  photon ~ фотонный газ
  polyatomic ~ многоатомный газ
  quantum ~ квантовый газ
  rare ~ инертный [благородный] газ
  rarefied ~ разреженный газ
  two-dimensional ~ двумерный газ
  ultracold ~ сверххолодный газ
gate 1. логический элемент; вентиль 2. стробирующий импульс
  AND ~ вентиль [схема] И
  AND-NOT ~ вентиль [схема] И-НЕ
  AND-OR ~ вентиль [схема] И-ИЛИ
  controlled NOT ~ вентиль [схема] управляемое НЕ
  Kerr ~ керровский затвор
  logic ~ логический элемент
  NOT ~ вентиль [схема] НЕ
  optical ~ оптический логический элемент
  OR ~ вентиль [схема] ИЛИ
  pulse ~ стробирующий импульс
  quantum ~ квантовый переключатель, квантовый логический элемент
  qubit ~ кубитовый логический элемент
  two-bit ~ двухбитовый логический элемент
  XOR ~ вентиль [схема] исключающее ИЛИ
gating стробирование; селекция
  amplitude ~ амплитудная селекция
  frequency-resolved optical ~ частотно-селективное оптическое стробирование, спектрально-селективное автокорреляционное преобразование
  time ~ временна́я селекция
Gaussian гауссиан ‖ гауссов
gelatin(e) желатина
  dichromated ~ бихромированная желатина
  photographic ~ фотографическая желатина
generation генерация
  carrier ~ генерация носителей
  cascade ~ каскадная генерация
  coherent light ~ генерация когерентного излучения
  continuous wave ~ непрерывная генерация
  continuum ~ генерация сплошного спектра; генерация континуума
  cooperative ~ кооперативная генерация
  cw ~ непрерывная генерация
  difference-frequency ~ генерация разностной частоты
  difference-harmonic ~ генерация разностной гармоники
  electron-hole pair ~ генерация электронно-дырочных пар
  entanglement ~ генерация перепутанных состояний
  femtosecond pulse ~ генерация фемтосекундных импульсов
  free-running ~ свободная генерация
  frequency-comb ~ генерация гребенки частот
  harmonic ~ генерация гармоник
  high-order harmonic ~ генерация гармоник высоких порядков
  image ~ формирование изображения
  infrared [IR] ~ инфракрасная генерация, генерация в ИК-области
  laser ~ лазерная генерация
  laser pattern ~ лазерное формирование изображения
  optical ~ оптическая генерация
  optically encoded second-harmonic ~ оптически кодированная генерация второй гармоники
  parametric ~ параметрическая генерация
  parametric light ~ параметрическая генерация света
  photocurrent ~ генерация фототока
  pulse ~ генерация импульсов
  pulse train ~ генерация последовательности импульсов
  Raman ~ генерация комбинационных частот
  second-harmonic ~ генерация второй гармоники
  short-pulse ~ генерация коротких импульсов
  short-wavelength ~ генерация коротковолнового излучения
  solar power ~ выработка энергии из энергии Солнца
  soliton ~ генерация солитонов
  spurious ~ паразитная генерация
  squeezed-light ~ генерация сжатого света

squeezed-state ~ генерация сжатых состояний
squeezed-vacuum ~ генерация сжатого вакуума
stable ~ устойчивая генерация
subharmonic ~ генерация субгармоник
sum-frequency ~ генерация суммарной частоты
supercontinuum ~ генерация суперконтинуума
third-harmonic ~ генерация третьей гармоники
ultrashort-pulse ~ генерация сверхкоротких импульсов
ultraviolet [UV] ~ ультрафиолетовая генерация, генерация в УФ-области
white light ~ генерация белого света
generator генератор
   difference frequency ~ генератор разностной частоты
   laser character ~ лазерный знакогенератор
   master frequency ~ генератор задающей частоты
   molecular ~ молекулярный генератор
   parametric ~ параметрический генератор
   white-light continuum ~ генератор континуума белого света
geometry геометрия
   Bragg ~ геометрия Брэгга
   Cassegrain ~ геометрия Кассегрена
   collinear ~ коллинеарная геометрия
   confocal ~ конфокальная геометрия
   Euclidean ~ эвклидова геометрия
   experimental ~ геометрия эксперимента
   Faraday ~ геометрия Фарадея
   grazing incidence ~ геометрия скользящего падения
   imaging ~ геометрия формирования изображения
   Laue ~ геометрия Лауэ
   Lobachevski ~ геометрия Лобачевского
   longitudinal ~ продольная геометрия
   Minkovski ~ геометрия Минковского
   molecular ~ молекулярная геометрия, геометрия молекул
   multipass ~ многоходовая геометрия
   non-Euclidean ~ неэвклидова геометрия
   planar ~ планарная геометрия; плоская геометрия
   polarization ~ поляризационная геометрия
   pump(ing) ~ геометрия накачки
   recording ~ геометрия записи
   reflection ~ геометрия отражения
   Sagnac ~ геометрия Саньяка
   scattering ~ геометрия рассеяния
   self-diffraction ~ геометрия самодифракции
   spherical ~ сферическая геометрия
   total-internal-reflection ~ геометрия полного внутреннего отражения
   transmission ~ геометрия пропускания
   transverse ~ поперечная геометрия
   Voigt ~ геометрия Фойгта
germanium германий, Ge
getter геттер, газопоглотитель
ghost дух, ложная линия; ложное изображение; повторное изображение
giant гигант (*звезда*)
   bright ~ яркий гигант
   red ~ красный гигант
glare ослепительный блеск, яркий свет
   direct ~ прямой яркий свет
glass 1. стекло 2. *мн. ч.* очки
   alkali ~ щелочное стекло
   alkali-free ~ бесщелочное стекло
   alumosilicate ~ алюмосиликатное стекло
   antidazzle ~ противоослепляющее ветровое стекло
   antiglare ~ безбликовое стекло
   astigmatic ocular ~ астигматическое очковое стекло
   barium ~ бариевое стекло
   bifocal ocular ~ бифокальное очковое стекло
   borate ~ боратное стекло
   borosilicate ~ боросиликатное стекло
   burning ~ зажигательное стекло
   chalcogenide ~ халькогенидное стекло
   clouded ~ матовое стекло
   coated ~ стекло с покрытием
   color(ed) ~ цветное стекло

glass

colorless ~ бесцветное стекло
cover ~ покровное стекло
crown ~ крон
crown flint ~ кронфлинт
crystal ~ хрусталь, хрустальное стекло
crystalline ~ стеклокерамика, стеклокристаллический материал
cylindrical ocular ~ цилиндрическое очковое стекло
depolished ~ матированное стекло
diffusing ~ рассеивающее стекло
doped ~ легированное [активированное] стекло
ferromagnetic ~ ферромагнитное стекло
fiber ~ стекловолокно
flint ~ флинт
fluorescent ~ флуоресцирующее стекло
fluoride ~ фторидное стекло
fluorophosphate ~ фторфосфатное стекло
frosted ~ матированное стекло, стекло с узором «мороз»
germanate ~ германатное стекло
germanosilicate ~ германиево-силикатное стекло
grooved ~ рифленое стекло
ground ~ шлифованное стекло; матированное стекло
heat-absorbing ~ теплопоглощающее стекло
heat-resistant ~ жаропрочное [жаростойкое] стекло
heat-transmitting ~ стекло, пропускающее ИК-излучение
laser ~ лазерное стекло
lead ~ свинцовое стекло
light-sensitive ~ светочувствительное стекло
lime ~ известковое стекло; известково-силикатное стекло
lime-soda ~ натриево-кальциево-силикатное стекло
liquid ~ жидкое стекло
magneto-optical ~ магнитооптическое стекло
magnifying ~ увеличительное стекло, лупа
milk ~ молочное стекло
mirror ~ зеркальное стекло
molded ~ прессованное стекло
multichromatic ~ мультихромное стекло
natural ~ природное стекло
neodymium ~ неодимовое стекло
neodymium phosphate ~ неодимовое фосфатное стекло
neutral ~ нейтральное стекло
obscured ~ дымчатое стекло
observation ~ смотровое стекло
ocular ~ очковое стекло
opal ~ опаловое стекло
opalescent ~ опалесцирующее стекло
opaque ~ непрозрачное стекло
ophthalmic ~ очковое стекло
optical ~ оптическое стекло
organic ~ органическое стекло
oxide ~ оксидное стекло
pane ~ оконное стекло
phosphate ~ фосфатное стекло
photoceram ~ фотоситалл
photochromic ~ фотохромное стекло
photosensitive ~ фоточувствительное стекло
pigmented ~ цветное стекло
plate ~ зеркальное стекло
polished ~ полированное стекло
polychromatic ~ полихромное стекло
prismatic ocular ~ призматическое очковое стекло
Pyrex ~ пирекс
quartz ~ кварцевое стекло, плавленый кварц
radiation resistant ~ радиационно-стойкое стекло
reading ~ лупа для чтения
refractory ~ тугоплавкое стекло
safety ~ защитное стекло
semiconductor ~ полупроводниковое стекло; стеклообразный полупроводник
semiconductor-doped ~ стекло, легированное полупроводником
sheet ~ листовое стекло
shielding ~ защитное стекло
short ~ быстротвердеющее стекло
sight ~ смотровое стекло
silica ~ кварцевое стекло
silicate ~ силикатное стекло
soda ~ натриевое стекло
soda-free ~ безнатриевое стекло

soft ~ легкоплавкое стекло
spectacle ~ очковое стекло
spherical ocular ~ сферическое очковое стекло
spherotoroid ocular ~ сферотороидальное очковое стекло
spin ~ спиновое стекло
stained ~ цветное стекло; витраж
sun ~ солнцезащитное стекло
tellurite ~ теллуритное стекло
tempered ~ закаленное стекло
ternary ~ трехкомпонентное стекло
test ~ пробное стекло
thermochromic ~ термохромное стекло
tint ~ окрашенное стекло
translucent [transparent] ~ прозрачное стекло
uviol ~ увиолевое стекло
visionproof ~ дымчатое стекло
glass-ceramics стеклокерамика; ситалл
  photosensitive ~ фотоситалл
  quartz ~ кварцевая стеклокерамика
  translucent ~ полупрозрачная стеклокерамика
glasspaper стеклянная шлифовальная шкурка
glitter мерцание, сверкание; яркий блеск
globar глобар, штифт Глобара
globulite глобулит
gloss блеск, глянец
glossmeter глоссметр; прибор для измерения блеска
glossy глянцевитый, глянцевый
glow свечение
  anode ~ анодное свечение
  cathode ~ катодное свечение
  coronal ~ корональное свечение
  discharge ~ свечение разряда
  luminescent ~ люминесцентное свечение
  negative ~ катодное свечение
  night [nocturnal] ~ свечение ночного неба
  phosphorescent ~ фосфоресцентное свечение, фосфоресценция
  polar ~ полярное сияние
  positive ~ анодное свечение
  sunset ~ вечерняя заря
  twilight ~ сумеречное свечение
glower 1. нить накала **2.** штифт
  Nernst ~ штифт Нернста
glue клей || клеить

goggles защитные очки
gold золото, Au
goniometer гониометр
  diffractometer ~ дифрактометрический гониометр
  eyepiece ~ окуляр-гониометр
goniophotometer гониофотометр
gradation градация
  color ~ градация цветов
  image ~ градация изображения
gradient градиент
  concentration ~ градиент концентрации
  density ~ градиент плотности
  electron ~ градиент концентрации электронов
  field ~ градиент поля
  gap ~ градиент ширины запрещенной зоны
  hole ~ градиент концентрации дырок
  impurity ~ градиент концентрации примеси
  refractive index ~ градиент показателя преломления
  spatial ~ пространственный градиент
  temperature ~ градиент температуры
grain зерно
  emulsion ~ зерно эмульсии
  phosphor ~ зерно люминофора
granular зернистый; гранулированный
graph график; диаграмма; граф
graphics графика
  computer ~ компьютерная графика
graphite графит
grating (дифракционная) решетка
  amplitude ~ амплитудная решетка
  aspheric ~ асферическая решетка
  black-and-white ~ дифракционная решетка с двумя уровнями пропускания
  Bragg ~ брэгговская решетка
  carrier-density ~ решетка плотности носителей
  chirped ~ дифракционная решетка с линейно меняющейся постоянной
  circular ~ круговая дифракционная решетка
  concave ~ вогнутая решетка
  corrugated ~ гофрированная дифракционная решетка

grating

crystal ~ кристаллическая дифракционная решетка
cylindrical ~ цилиндрическая (дифракционная) решетка
density ~ решетка (оптической) плотности
dielectric-coated ~ решетка с диэлектрическим покрытием
diffraction ~ дифракционная решетка
dynamic ~ динамическая решетка
echelett ~ эшелетт (*Вуда*)
echelon ~ эшелон (*Майкельсона*)
excited-state population ~ решетка населенности возбужденного состояния
far-infrared ~ дифракционная решетка далекого ИК-диапазона
fiber ~ волоконная дифракционная решетка
filter ~ решетка-фильтр
gain ~ решетка усиления
grooved ~ штриховая дифракционная решетка
ground-state population ~ решетка населенности основного состояния
hole ~ решетка отверстий
holographic ~ голограммная решетка
index ~ решетка показателя преломления
infrared ~ дифракционная решетка для ИК-области спектра
intracavity ~ внутрирезонаторная решетка
lamellar ~ слоистая решетка
laser-induced ~ решетка, индуцированная лазерным излучением
light-induced ~ светоиндуцированная решётка
master ~ оригинал [шаблон] дифракционной решетки
phase ~ фазовая решетка
photopolymer ~ фотополимерная решетка
plane diffraction ~ плоская дифракционная решетка
plane holographic ~ плоская голограммная решетка
population ~ решетка населенности
radial ~ радиальная дифракционная решетка
reference ~ эталонная дифракционная решетка
reflection ~ отражательная дифракционная решетка
refraction ~ преломляющая дифракционная решетка
refractive index ~ решетка показателя преломления
replica ~ реплика, копия дифракционной решетки
ruled ~ штриховая решетка; нарезная решетка
sinusoidal ~ синусоидальная решетка
slit ~ щелевая дифракционная решетка
spatial ~ пространственная решетка
spherical ~ сферическая (дифракционная) решетка
stigmatic ~ стигматическая дифракционная решетка
surface-relief ~ решетка поверхностного рельефа
thick ~ объемная [трехмерная] дифракционная решетка
thin ~ тонкая [двумерная] дифракционная решетка
transient ~ нестационарная решетка
transmission ~ пропускающая решетка
two-dimensional ~ двумерная решетка
volume ~ объемная [трехмерная] дифракционная решетка
waveguide ~ волноводная решетка
gravimeter гравиметр
  laser ~ лазерный гравиметр
gravitation гравитация
gravity 1. сила тяжести; вес **2.** гравитация
gray серый
graybody серое тело
graze падать под скользящим углом
green зеленый
grid решетка; растр; сетка
grin градан
  axial ~ аксиальный градан
  radial ~ радиальный градан
  spherical ~ сферический градан
grind 1. измельчать, размалывать, дробить **2.** шлифовать
grinding 1. измельчение; дробление; помол **2.** шлифование, шлифовка
groove канавка
  annular ~ кольцевая канавка
group группа

bidodecahedral ~ дидодекаэдрическая группа
bihexagonal-pyramidal ~ дигексагонально-пирамидальная группа
bitetragonal-bipyramidal ~ дитетрагонально-дипирамидальная группа
bitetragonal-pyramidal ~ дитетрагонально-пирамидальная группа
bitrigonal-bipyramidal ~ дитригонально-дипирамидальная группа
bitrigonal-pyramidal ~ дитригонально-пирамидальная группа
bitrigonal-scalenohedral ~ дитригонально-скаленоэдрическая группа
chiral symmetry ~ группа хиральной симметрии
circle ~ группа окружности
crystallographic point ~ кристаллографическая точечная группа
cubic point ~ кубическая точечная группа
cyclic ~ циклическая группа
cylindrical symmetry ~ цилиндрическая группа симметрии
dihedral axial ~ диэдрическая осевая группа
dihedral nonaxial ~ диэдрическая безосная группа
3D transformation ~ группа трехмерных преобразований
Fedorov ~ федоровская группа
gage ~ калибровочная группа
hexagonal-bipyramidal ~ гексагонально-дипирамидальная группа
hexagonal-pyramidal ~ гексагонально-пирамидальная группа
hexagonal-trapezohedral ~ гексагонально-трапецоэдрическая группа
hexaoctahedral ~ гексаоктаэдрическая группа
holohedral point ~ голоэдрическая точечная группа
inversion ~ группа инверсии
isomorphic ~ изоморфная группа
lanthanide ~ группа лантаноидов
Lie ~ группа Ли
limiting symmetry ~ предельная группа симметрии
linear operator ~ группа линейных операторов
Lorentz ~ группа Лоренца
magnetic symmetry ~ группа магнитной симметрии

monohedral ~ моноэдрическая группа
permutation ~ группа перестановок
pinacoidal ~ пинакоидальная группа
point ~ точечная группа
point symmetry ~ точечная группа симметрии
prismatic ~ призматическая группа
proper rotation ~ группа собственных вращений
reflection ~ группа отражений
renormalization ~ ренормгруппа
rhombo-bipyramidal ~ ромбо-дипирамидальная группа
rhombohedral ~ ромбоэдрическая группа
rhombo-pyramidal ~ ромбо-пирамидальная группа
rhombo-tetrahedral ~ ромбо-тетраэдрическая группа
rotation-reflection ~ группа вращений и отражений
Shubnikov ~ шубниковская группа
site ~ локальная группа симметрии
space ~ пространственная группа
symmetry ~ группа симметрии
symmetry transformation ~ группа преобразований симметрии
tetragonal-bipyramidal ~ тетрагонально-дипирамидальная группа
tetragonal-pyramidal ~ тетрагонально-пирамидальная группа
tetragonal-scalenohedral ~ тетрагонально-скаленоэдрическая группа
tetragonal-tetrahedral ~ тетрагонально-тетраэдрическая группа
tetragonal-trapezohedral ~ тетрагонально-трапецоэдрическая группа
translation ~ группа трансляций
trigonal-bipyramidal ~ тригонально-дипирамидальная группа
trigonal-pyramidal ~ тригонально-пирамидальная группа
trigonal-trapezohedral ~ тригонально-трапецоэдрическая группа
trioctahedral ~ триоктаэдрическая группа
tritetrahedral ~ тритетраэдрическая группа
unitary ~ унитарная группа
growth 1. рост (*кристалла*); выращивание 2. возрастание, увеличение
Bridgman ~ выращивание кристаллов методом Бриджмена

growth

Bridgman-Stockbarger ~ выращивание кристаллов методом Бриджмена – Стокбаргера
crystal ~ рост кристалла
Czochralski ~ выращивание кристаллов методом Чохральского
epitaxial ~ эпитаксиальный рост
exponential ~ экспоненциальный рост
film ~ выращивание пленок
film ~ **by laser deposition** выращивание пленок методом лазерного напыления
floating zone ~ выращивание кристаллов методом зонной плавки
flux ~ рост из расплава
heteroepitaxial ~ гетероэпитаксиальный рост
high-temperature ~ высокотемпературный рост
homoepitaxial ~ гомоэпитаксиальный рост
hydrothermal ~ гидротермальный рост
Kyropoulos ~ выращивание кристаллов по методу Киропулоса
linear ~ линейный рост
pulling ~ выращивание кристаллов методом вытягивания
recrystallization ~ выращивание кристаллов методом рекристаллизации
solution ~ рост из раствора
Stockbarger ~ выращивание кристаллов методом Стокбаргера
thermal gradient ~ рост кристаллов методом температурного градиента
guidance 1. управление; наведение **2.** волноводное распространение
active ~ активное наведение
beam ~ наведение луча
infrared ~ наведение по тепловому [ИК-] излучению
laser ~ лазерное наведение
mode ~ волноводное распространение моды
optical ~ оптическое наведение
star-tracking ~ астронаведение
guide 1. волновод **2.** направляющее устройство
dielectric ~ диэлектрический волновод
fiber(-optic) ~ волоконный световод
graded-index [gradient] ~ градиентный световод, световод с переменным показателем преломления
light ~ светопровод; световод
optical ~ световод, оптический волновод
wave ~ волновод
guiding световодное распространение
gun пушка
laser ~ лазерная пушка, квантрон
gunsight оптический прицел
gyration гирация
gyrator гиратор
gyro(scope) гироскоп
fiber optic ~ волоконно-оптический гироскоп
laser ~ лазерный гироскоп
light ~ оптический гироскоп
magnetic-resonance ~ магниторезонансный гироскоп
optical ~ оптический гироскоп
ring laser ~ кольцевой лазерный гироскоп
gyrotropy гиротропия
crystal ~ кристаллическая гиротропия
induced ~ индуцированная гиротропия
magnetic ~ магнитная гиротропия
molecular ~ молекулярная гиротропия
natural ~ естественная гиротропия
nonlinear ~ нелинейная гиротропия
optical ~ оптическая гиротропия
photoinduced ~ фотоиндуцированная гиротропия

H

hafnium гафний, Hf
halation ореол
half-fringe полуполоса
halftone полутон; полутоновое изображение; полутоновой оттиск; растровая форма
halfwidth полуширина
halo ореол, гало, венец
black ~ черный ореол; паразитное почернение
circumscribed ~ полное гало

color(ed) ~ цветной ореол; радужное гало
diffuse ~ диффузное гало; ореол рассеяния
galactic ~ галактическое гало
inner ~ внутреннее гало
lunar ~ лунное гало
outer ~ внешнее гало
solar ~ солнечное гало
halogen галоген
Hamiltonian гамильтониан
　Anderson ~ гамильтониан Андерсона
　bilinear ~ билинейный гамильтониан
　Born-Oppenheimer ~ гамильтониан Борна – Оппенгеймера
　effective ~ эффективный гамильтониан
　empirical ~ эмпирический гамильтониан
　exact ~ точный гамильтониан
　excitonic ~ экситонный гамильтониан
　Floquet ~ гамильтониан Флоке
　interaction ~ гамильтониан взаимодействия
　Jaynes-Cummings ~ гамильтониан Джейнса – Камингса
　Luttinger ~ гамильтониан Люттингера
　model ~ модельный гамильтониан
　non-Hermitian ~ неэрмитов гамильтониан
　one-electron ~ одноэлектронный гамильтониан
　phenomenological ~ феноменологический гамильтониан
　spin ~ спин-гамильтониан
　Stark ~ штарковский гамильтониан
　time-dependent ~ гамильтониан, зависящий от времени
　unperturbed ~ невозмущенный гамильтониан
　Zeeman ~ зеемановский гамильтониан
handedness праволевая асимметрия; направление вращения
　opposite ~ хиральность противоположного знака; противоположное вращение
hardening отвердевание; упрочнение
　anisotropic ~ анизотропное упрочнение

laser ~ лазерное упрочнение
surface ~ поверхностное упрочнение
harmonic гармоника || гармонический
　difference ~ разностная гармоника
　even ~ четная гармоника
　first [fundamental] ~ основная [первая] гармоника
　higher ~s высшие гармоники
　high-order ~s гармоники высоких порядков, высшие гармоники
　low-order ~s гармоники низких порядков, низшие гармоники
　odd ~ нечетная гармоника
　optical ~ оптическая гармоника
　second ~ вторая гармоника
　spatial ~ пространственная гармоника
　third ~ третья гармоника
harmonicity гармоничность
hartmannogram гартманограмма
hazard опасность, риск
　eye ~ опасность поражения глаз
　laser ~ опасность поражения лазерным излучением
　ocular ~ опасность поражения зрения
haze туман, дымка; налет
head головка
　anamorphic ~ анаморфотная головка
　detecting ~ измерительная головка
　detector ~ детекторная головка
　goniometer ~ гониометрическая головка
　interchangeable ~ сменная головка
　laser ~ лазерная головка
　micrometer ~ микрометрическая головка
　optical ~ оптическая головка
　optical dividing ~ оптическая делительная головка
heat 1. тепло; теплота 2. накал; каление
　black ~ теплота от инфракрасного излучения
　red ~ красное каление
　white ~ белое каление
heater нагреватель
　resistance ~ резистивный [омический] нагреватель
heating нагрев
　axially symmetric ~ аксиально-симметричный нагрев

heating

carrier ~ нагрев носителей
laser(-induced) ~ лазерный нагрев
lattice ~ нагрев решетки
local ~ локальный нагрев
nonradiative ~ нерадиационный нагрев
plasma ~ плазменный нагрев
pulse ~ импульсный нагрев
radiative ~ радиационный нагрев
surface ~ поверхностный нагрев
uniform ~ однородный нагрев
vibrational ~ колебательный нагрев
height высота
  barrier ~ высота барьера
  peak ~ высота пика
  pulse ~ высота импульса
  slit ~ высота щели
helical спиральный; геликоидальный; винтовой
helicity спиральность
  left(-handed) ~ левая спиральность
  negative ~ отрицательная спиральность
  nonzero ~ ненулевая спиральность
  opposite ~ противоположная спиральность
  photon ~ спиральность фотона
  positive ~ положительная спиральность
  right(-handed) ~ правая спиральность
  zero ~ нулевая спиральность
helicon геликон
heliograph гелиограф
heliometer гелиометр
helioscope гелиоскоп
heliostat гелиостат
heliowelding гелиосварка
helium гелий, He
  liquid ~ жидкий гелий
  solid ~ твердый гелий
  superfluid ~ сверхтекучий гелий
helix спираль
  left-handed ~ левая спираль, спираль с левой намоткой
  right-handed ~ правая спираль, спираль с правой намоткой
hematofluorometer гематофлуорометр
hemisphere полусфера
heterochromia гетерохромия
  binocular ~ бинокулярная гетерохромия
heterodiode гетеродиод

heterodyne гетеродинировать
  to ~ down гетеродинировать с понижением частоты
  to ~ up гетеродинировать с повышением частоты
heterodyning гетеродинирование
  collinear ~ коллинеарное гетеродинирование
  double ~ двойное гетеродинирование
  laser ~ лазерное гетеродинирование
  optical ~ оптическое гетеродинирование
heteroepitaxial гетероэпитаксиальный
heteroepitaxy гетероэпитаксия
heteroexcimer гетероэксимер, эксиплекс
heterogeneity гетерогенность; неоднородность
  conformational ~ конформационная гетерогенность
  optical ~ оптическая неоднородность
  stratified ~ слоистая неоднородность
  structural ~ структурная гетерогенность
heterogeneous разнородный; неоднородный
hetero-interface гетерограница
heterojunction гетеропереход
  abrupt ~ резкий гетеропереход
  defectless ~ бездефектный гетеропереход
  double ~ двойной гетеропереход
  epitaxial ~ эпитаксиальный гетеропереход
  graded ~ плавный гетеропереход
  single-crystal ~ монокристаллический гетеропереход
  thin-film ~ тонкопленочный гетеропереход
  type-I ~ гетеропереход первого рода
  type-II ~ гетеропереход второго рода
heterolaser гетеролазер
  distributed feedback ~ гетеролазер с распределенной обратной связью
  injection ~ инжекционный гетеролазер
  quantum-well ~ гетеролазер на квантовой яме
  stripe ~ полосковый гетеролазер
heteropolarity гетерополярность
heterostructure гетероструктура
  buried ~ зарощенная гетероструктура

hologram

    doped ~ легированная гетероструктура
    double-quantum-well ~ гетероструктура с двумя квантовыми ямами, двуямная гетероструктура
    epitaxial ~ эпитаксиальная гетероструктура
    laser ~ лазерная гетероструктура
    magnetic ~ магнитная гетероструктура
    multilayer ~ многослойная гетероструктура
    quantum-confined [quantum-dimensional] ~ квантово-размерная гетероструктура
    semiconductor ~ полупроводниковая гетероструктура
    strip ~ полосковая гетероструктура
    superlattice ~ сверхрешеточная гетероструктура
    type-I ~ гетероструктура типа I
    type-II ~ гетероструктура типа II
hexahedron гексаэдр
hexapole гексаполь
hexatetrahedron гексатетраэдр
hexoctahedron гексоктаэдр
hierarchy иерархия
hodograph годограф
hodoscope годоскоп
holder держатель; штатив
    crystal ~ кристаллодержатель
    cuvette ~ держатель кюветы
    lamp ~ ламповый патрон
    lens ~ держатель линзы; держатель объектива
    sample ~ держатель образца
hole 1. дыра; дырка 2. провал
    black ~ черная дыра
    delocalized ~ делокализованная дырка
    excess ~ избыточная дырка
    heavy ~ тяжелая дырка
    hot ~ горячая дырка
    Lamb ~ лэмбовский провал
    light ~ легкая дырка
    localized ~ локализованная дырка
    nonequilibrium ~ неравновесная дырка
    photochemical ~ фотохимический провал
    photoexcited ~ фотовозбужденная дырка
    pin ~ точечное отверстие
    spectral ~ спектральный провал
    split-off ~ отщепленная дырка
    trapped ~ захваченная дырка
hole-burning выжигание провала
    spatial ~ пространственное выжигание провала
    spectral ~ спектральное выжигание провала
holmium гольмий, Ho
holocamera голографическая камера
hologram голограмма
    aberration-free ~ безаберрационная голограмма
    amplitude ~ амплитудная голограмма
    amplitude-phase ~ амплитудно-фазовая голограмма
    analog ~ аналоговая голограмма
    angle-multiplexed ~s голограммы с угловым уплотнением
    aplanatic ~ апланатическая голограмма
    astigmatic ~ астигматическая голограмма
    axial ~ осевая [габоровская] голограмма, голограмма Габора
    beat frequency ~ голограмма на частоте биений
    bichromated gelatin ~ голограмма на бихромированной желатине
    bichromatic ~ бихроматическая голограмма
    binary ~ бинарная голограмма
    black-and-white ~ черно-белая [монохромная, одноцветная] голограмма
    bleached ~ отбеленная голограмма
    Bragg(-effect) ~ голограмма Липпмана – Брэгга – Денисюка, брэгговская голограмма; отражательная голограмма
    bright-field ~ голограмма на светлом фоне
    carrier-frequency ~ голограмма на несущей частоте; внеосевая голограмма
    code-transform ~ кодопреобразующая голограмма
    color(ed) ~ цветная голограмма
    color-encoded ~ голограмма с цветовым кодированием
    complementary ~ дополнительная голограмма
    complex ~ амплитудно-фазовая голограмма

hologram

computer-generated ~ голограмма, синтезированная на компьютере; компьютерная голограмма; цифровая голограмма
conical ~ коническая голограмма
contact-copy ~ голограмма(-реплика), полученная методом контактного копирования
correcting ~ корригирующая голограмма
coupling ~ согласующая голограмма
dark-field ~ голограмма на темном фоне
deep ~ объемная [трехмерная] голограмма
Denisyuk ~ голограмма Денисюка
dichromatic ~ двухцветная голограмма
difference-frequency ~ голограмма на разностной частоте
diffraction ~ дифракционная голограмма, голограмма Френеля
diffuse(d) ~ голограмма, полученная при диффузном освещении
digital(ly-generated) ~ цифровая голограмма)
Doppler-imaged ~ доплеровская голограмма
double-exposure ~ двухэкспозиционная голограмма
duplicated ~ голограмма-копия, голограмма-реплика, вторичная голограмма
dynamic ~ динамическая голограмма
echo ~ эхо-голограмма
embossed ~ тисненая голограмма
encoded ~ кодированная голограмма
erasable ~ стираемая голограмма
evanescent ~ голограмма, записанная на затухающих волнах
fan-shaped ~ веерная голограмма
far-field ~ голограмма Фраунгофера
femtosecond ~ фемтосекундная голограмма
filtered ~ отфильтрованная голограмма
flat substrate ~ голограмма на плоской подложке
Fourier(-transform) ~ голограмма Фурье
Fraunhofer ~ голограмма Фраунгофера

frequency-encoded ~ частотно-кодированная голограмма
Fresnel (diffraction) ~ дифракционная голограмма, голограмма Френеля
frozen-fringe ~ голограмма вмороженных интерференционных полос, двухэкспозиционная интерференционная голограмма
full channel ~ голограмма, записанная без диафрагмирования
full-color ~ многоцветная голограмма
Gabor ~ осевая [габоровская] голограмма, голограмма Габора
ghost ~ паразитное голографическое изображение, ложная голограмма
gray [half-tone] ~ полутоновая голограмма
high-contrast ~ высококонтрастная голограмма
high-efficiency ~ голограмма с высокой дифракционной эффективностью
highly redundant ~ голограмма с высокой избыточностью
high-resolution ~ голограмма высокого разрешения
high storage density ~ голограмма с высокой плотностью записи
image ~ голограмма изображения
incoherent ~ некогерентная голограмма; голограмма, полученная при некогерентном освещении
in-line ~ осевая [габоровская] голограмма, голограмма Габора
instant ~ голограмма в реальном масштабе времени
interference ~ интерференционная голограмма
iridescent ~ радужная голограмма
isoplanatic ~ изопланатическая голограмма
large-aperture ~ широкоугольная голограмма
laser ~ голограмма, полученная с помощью лазера, лазерная голограмма
latent ~ скрытая голограмма
Leith-Upatnieks ~ голограмма Лейта
lensless ~ безлинзовая голограмма
light ~ оптическая голограмма

hologram

Lippmann-Bragg-Denisyuk ~ голограмма Липпманна – Брэгга – Денисюка, брэгговская голограмма
liquid-crystal ~ жидкокристаллическая голограмма, голограмма на жидкокристаллическом носителе
magneto-optic(al) ~ магнитооптическая голограмма, голограмма на магнитооптическом носителе
master ~ эталонная [исходная] голограмма, голограмма-оригинал
memory ~ голографический элемент памяти
microscopic ~ микроголограмма
monochrome ~ черно-белая [монохромная, одноцветная] голограмма
multichannel ~ многопучковая голограмма
multicolor ~ многоцветная голограмма
multiple-exposed [multiple-exposure] ~ совмещенная голограмма
multiplex(ed) ~ уплотненная голограмма; голограмма, записанная с уплотнением
multiview ~ многоракурсная голограмма
near-field ~ дифракционная голограмма, голограмма Френеля
object-beam coded ~ голограмма с кодированным предметным пучком
off-axis ~ внеосевая голограмма
on-axis ~ осевая [габоровская] голограмма, голограмма Габора
optical ~ оптическая голограмма
optically erasable ~ голограмма с оптическим стиранием
original ~ голограмма-оригинал, эталонная [исходная] голограмма
panoramic ~ панорамная голограмма
phase ~ фазовая голограмма
phase-conjugate ~s фазово-сопряженные голограммы
phase-contrast ~ фазоконтрастная голограмма
phase-only ~ чистофазовая голограмма
photochromic ~ фотохромная голограмма
photographic ~ голограмма на фотоматериале
photopolymer ~ голограмма на основе фотополимера
photoreduced ~ фотографически уменьшенная голограмма
photorefractive ~ фоторефрактивная голограмма
photothermoplastic ~ фототермопластическая голограмма
picture ~ изобразительная голограмма
planar [plane] ~ плоская [двумерная] голограмма
polarization ~ поляризационная голограмма
rainbow ~ радужная голограмма
real-time ~ голограмма в реальном масштабе времени
reconstructed ~ восстановленная голограмма
reference-free ~ безопорная голограмма
reflectance [reflection(-reconstructed)] ~ отражательная голограмма
reflection-reflection ~ голограмма, записываемая и восстанавливаемая в отраженном свете
reflection-transmission ~ голограмма, записываемая в отраженном и восстанавливаемая в проходящем свете
reflective ~ отражательная голограмма
refractive beam ~ просветная голограмма
replicated ~ голограмма-копия, голограмма-реплика, вторичная голограмма
scalar ~ скалярная голограмма
secondary ~ голограмма-копия, голограмма-реплика, вторичная голограмма
slit ~ щелевая голограмма
space-division multiplexed ~ составная голограмма с пространственным уплотнением
spatial ~ пространственная голограмма
speckle ~ спекл-голограмма
speckle-free ~ голограмма без спекл-структуры
spectral ~ спектральная голограмма
spherical substrate ~ голограмма на сферической подложке
split-beam ~ внеосевая голограмма
stroboscopic ~ стробоскопическая голограмма

hologram

subchannel ~ голограмма, записанная с диафрагмированием
superimposed ~s наложенные голограммы
surface ~ поверхностная голограмма
synthesized [synthetic] ~ синтезированная голограмма
thermally developed ~ голограмма с тепловым проявлением
thermochromic ~ термохромная голограмма
thermoplastic ~ (фото)термопластическая голограмма, голограмма на (фото)термопластическом носителе
thick ~ толстая голограмма
thick-film ~ толстопленочная голограмма
thin ~ тонкая голограмма
thin-film ~ тонкопленочная голограмма
three-dimensional ~ объемная [трехмерная] голограмма
time-averaged ~ голограмма, записанная с усреднением во времени
transmission ~ пропускающая голограмма
transmission-reflection ~ голограмма, записываемая в проходящем и восстанавливаемая в отраженном свете
transmission-transmission ~ голограмма, записываемая и восстанавливаемая в проходящем свете
transparent ~ прозрачная [просветная] голограмма
two-dimensional ~ плоская [двумерная] голограмма
unbleached ~ неотбеленная голограмма
uniaxial ~ осевая голограмма
volume ~ объемная [трехмерная] голограмма
white-light ~ голограмма, восстанавливаемая в белом свете
wide-angle ~ широкоугольная [широкоапертурная] голограмма

holography голография
action ~ голография движущихся объектов
additive ~ аддитивная голография
anamorphic ~ анаморфное голографирование
astronomical ~ астрономическая голография, астроголография
biphotonic ~ бифотонная голография
black-and-white ~ черно-белая [монохромная, одноцветная] голография
Bragg ~ брэгговская голография
carrier-frequency ~ голографирование на несущей частоте
color ~ цветная голография
color-encoded ~ голография с цветовым кодированием
commercial ~ коммерческая голография
computer ~ компьютерная голография
correlation ~ корреляционная голография
crypto- ~ криптоголография
difference ~ дифференциальная голография
digital ~ цифровая голография
double-pulsed ~ двухимпульсная голография
dynamic ~ динамическая голография
electron ~ электронная голография
filtered ~ голография с фильтрацией (*пространственных частот*)
Fourier(-transform) ~ голография Фурье
Fraunhofer ~ голография Фраунгофера
Fresnel ~ голография Френеля
Gabor ~ голография Габора, осевая [однопучковая] голография
high-speed ~ высокоскоростная голография
image ~ изобразительная голография
incoherent ~ голография в некогерентном свете
infrared ~ инфракрасная [ИК-] голография
in-line ~ осевая [однопучковая] голография, голография Габора
interference ~ голографическая интерферометрия
laser ~ лазерная голография
lensless ~ безлинзовая голография
light ~ оптическая голография
magneto-optical ~ магнитооптическая голография

microscopic ~ микроголография
microwave ~ СВЧ-голография
motion-picture ~ голографическое кино, киноголография
moving-object ~ голографирование движущихся объектов
multibeam ~ многолучевая голография
multiple-frequency ~ многочастотная голография
multiple-image ~ голографическое мультиплицирование
multiple-wavelength ~ многоцветная голография
multiplex ~ мультиплексная голография
off-axis ~ голография Лейта – Упатниекса, внеосевая голография
off-table ~ внестендовая голография
on-axis ~ голография Габора, осевая [однопучковая] голография
optical ~ оптическая голография
panoramic ~ панорамная голография
phase ~ фазовая голография
picosecond ~ пикосекундная голография
picture ~ изобразительная голография
polarization ~ поляризационная голография
pulse(d) ~ импульсная голография
quantum ~ квантовая голография
rainbow ~ радужная голография
real-time ~ голография в реальном масштабе времени
reflection ~ отражательная голография
simulated reference ~ голографирование с синтезированным опорным пучком
single-beam ~ осевая [однопучковая] голография, голография Габора
single-exposure ~ одноэкспозиционное голографирование
space-division multiplexing ~ голографирование с пространственным уплотнением
spatial-spectral ~ пространственно-спектральная голография
speckle ~ спекл-голография
spectral ~ спектральная голография
stereo ~ стереоголография
stop-action ~ голографирование быстропротекающих процессов
time-averaged ~ голографирование с усреднением во времени, многоэкспозиционное голографирование
time-elapsed ~ двухэкспозиционное голографирование
two-color ~ двухцветная голография
two-photon ~ двухфотонная голография
two-wave dynamic ~ двухволновая динамическая голография
ultraviolet [UV] ~ ультрафиолетовая [УФ-] голография
volume ~ объемная [трехмерная] голография
white-light ~ голографирование в белом цвете
wide-angle ~ широкоапертурная [широкоугольная] голография
homodyning преобразование на нулевую частоту биений; синхронное детектирование; гомодинирование
 optical ~ преобразование оптического сигнала на нулевую частоту биений
 spatial ~ пространственная однородность
hood тубус, бленда; козырек
 camera ~ козырек для защиты объектива камеры; бленда объектива
 lens ~ бленда объектива
 viewfinder ~ козырек видоискателя
 viewing ~ экранирующая бленда
hopping 1. скачки; скачкообразная перестройка 2. прыжковая проводимость
 barrier ~ барьерные перескоки
 beam ~ переключение луча
 frequency ~ перескоки частоты
 incoherent ~ некогерентные перескоки
 mode ~ перескоки моды
 thermal ~ термические перескоки
horizon горизонт
 apparent ~ видимый горизонт
 true ~ истинный [астрономический] горизонт
 visible ~ видимый [географический] горизонт
horizontal горизонталь || горизонтальный
host матрица

host

crystal(line) ~ кристаллическая матрица
polymer ~ полимерная матрица
solid ~ твердая матрица
housing кожух; корпус
  camera ~ корпус фото- *или* кинокамеры
  gyro ~ корпус гироскопа
  lens ~ бокс объектива
  light-tight ~ светонепроницаемый корпус
  shutter ~ корпус фотозатвора; корпус обтюратора
hue цветовой оттенок, тон
  color ~ цветовой тон
  complementary ~ дополнительный цветовой тон
  Munsell ~ оттенок в системе Манселла
  neutral ~ нейтральный цветовой тон
  primary ~ основной цветовой тон
hybrid гибридное устройство; гибридный материал || гибридный, смешанного типа
hybridization гибридизация
  ~ **of atomic orbitals** гибридизация атомных орбиталей
  band ~ гибридизация зон
  bond ~ гибридизация связей
  valence ~ гибридизация валентностей
hydrogen водород, H
hydro-optics гидрооптика
hydrophotometer гидрофотометр
hydroscope гидроскоп
hypalon хайпалон (*сульфохлорированный полиэтилен*)
hyperfocal гиперфокальный
hypermetropia дальнозоркость
  axial ~ аксиальная дальнозоркость
  refraction ~ рефракционная дальнозоркость
hyperopia дальнозоркость
hyperpolarizability гиперполяризуемость
  dynamic ~ динамическая гиперполяризуемость
  electronic ~ электронная гиперполяризуемость
  frequency-dependent ~ частотно-зависимая гиперполяризуемость
  molecular ~ молекулярная гиперполяризуемость

  optical ~ оптическая гиперполяризуемость
  second-order ~ гиперполяризуемость второго порядка
  static ~ статическая гиперполяризуемость
  third-order ~ гиперполяризуемость третьего порядка
hypersensitization гиперсенсибилизация
hyperstereoscopy гиперстереоскопия
hysteresis гистерезис

I

iconics, iconology иконика
iconoscope иконоскоп
identification распознавание; отождествление, идентификация
  central fringe ~ идентификация центральной интерференционной полосы
  emitter ~ опознавание источника излучения
  image ~ распознавание образов
  infrared [IR] ~ опознавание по ИК-излучению
  line ~ отождествление линии (*спектра*)
  pattern ~ распознавание образов
  signal ~ опознавание сигнала
  site ~ идентификация позиции; идентификация симметрии позиции
  spectral ~ спектральная идентификация (*образца*)
identify устанавливать тождество; опознавать; отождествлять, идентифицировать
identity тождественность, идентичность; подлинность; тождество
  Parseval ~ равенство Парсеваля
ignition :
  laser(-induced) ~ лазерное инициирование (*термоядерной реакции*)
  thermonuclear ~ инициирование термоядерной реакции
illuminance, illuminancy освещенность
illuminant 1. источник света 2. освещающий, осветительный

image

standard ~ стандартный источник света
illuminate освещать
illumination освещение
  ambient ~ (паразитная) засветка
  artificial ~ искусственное освещение
  back ~ подсветка сзади
  background ~ освещенность фона
  balancing ~ равномерное освещение
  bifacial ~ двустороннее освещение
  coherent ~ когерентное освещение
  cold-light ~ холодное освещение
  contact ~ контактное освещение
  dark-field ~ освещение по методу темного поля, темнопольное освещение
  daylight ~ естественное [дневное] освещение
  dial ~ освещение шкалы
  diffuse(d) ~ диффузное освещение
  direct ~ прямое освещение, освещение прямым светом
  flash ~ импульсное освещение
  front ~ фронтальное освещение; подсветка спереди
  incoherent ~ некогерентное освещение
  indirect ~ освещение отраженным *или* рассеянным светом
  laser ~ лазерная подсветка
  lateral ~ боковое освещение
  luminescent ~ люминесцентное освещение
  natural ~ естественное [дневное] освещение
  near-field ~ ближнепольное освещение
  nonuniform ~ неоднородное освещение
  oblique ~ косое освещение; боковое освещение
  off-axis ~ внеосевое освещение
  overhead ~ потолочное освещение
  photographic ~ съемочное освещение
  plane-wave ~ освещение плоской волной
  polarized ~ освещение поляризованным светом
  rear ~ подсветка сзади
  solar ~ солнечное освещение
  spherical-wave ~ освещение сферической волной
  steady ~ постоянное освещение
  uniform ~ однородное освещение
illuminator осветитель
  fluorescent ~ флуоресцентный осветитель
illuminometer иллюминометр, люксметр
illusion иллюзия
  optical ~ оптическая [зрительная] иллюзия
  stereoscopic ~ стереоскопическая иллюзия
image изображение
  aberrated ~ аберрационное изображение
  aberration-free ~ безаберрационное изображение
  achromatic ~ ахроматическое изображение
  acousto-optic ~ акустооптическое изображение
  anamorphic ~ анаморфотное изображение
  astigmatic ~ астигматическое изображение
  background ~ фоновое изображение
  back-lit ~ изображение (*объекта*) при подсветке сзади
  barrel(ed) ~ изображение с бочкообразной дисторсией
  bifurcate ~ раздвоенное изображение
  binary ~ бинарное изображение
  black-and-white ~ черно-белое изображение
  bleached ~ отбеленное изображение
  blind [blurred] ~ нечеткое [размытое, нерезкое] изображение
  bottom-lit ~ изображение (*объекта*) при подсветке снизу
  brilliant ~ яркое изображение
  broad ~ нечеткое [размытое, нерезкое] изображение
  chromatic ~ цветное изображение; хроматическое изображение
  coarse-grained ~ крупнозернистое изображение
  coded ~ закодированное изображение
  color ~ цветное изображение
  conjugate (holographic) ~ сопряженное (голографическое) изображение

image

contrast ~ контрастное изображение
2D ~ двумерное [плоское] изображение
3D ~ трехмерное [объемное] изображение
dark-field ~ темнопольное изображение
defocused ~ расфокусированное [дефокусированное] изображение
diffraction ~ дифракционное изображение
diffraction-limited ~ изображение с дифракционно-ограниченным разрешением
diffuse ~ нечеткое [размытое, нерезкое] изображение
digital ~ цифровое изображение
diminished ~ уменьшенное изображение
direct ~ прямое изображение
distorted ~ искаженное изображение
distortion-corrected ~ исправленное изображение
dithered ~ нечеткое [размытое, нерезкое] изображение
double ~ двойное изображение
dynamic ~ динамическое изображение
enlarged ~ увеличенное изображение
erect ~ прямое изображение
extrafocal ~ внефокальное изображение
false ~ ложное [паразитное] изображение, «дух»
far-field ~ картина в дальней зоне
filtered ~ профильтрованное изображение
fixed ~ неподвижное изображение
flicker-free ~ немерцающее изображение
fluorescence ~ флуоресцентное изображение
foggy ~ вуалированное изображение
front-lit ~ изображение (*объекта*) при подсветке спереди
frozen ~ стоп-кадр
fuzzy ~ нечеткое [размытое, нерезкое] изображение
geometric ~ геометрическое изображение
ghost ~ ложное [паразитное] изображение, «дух»

grating ~ изображение решетки
half-tone ~ полутоновое изображение; изображение, полученное в технике полиграфического растра
hard [harsh] ~ контрастное изображение
high-light ~ изображение высокой яркости
high-quəlity ~ высококачественное изображение
high-resolution ~ изображение высокого разрешения
high-visibility ~ высококонтрастное изображение
hologram ~ голографическое изображение; вид голограммы; голограмма
holographic ~ голографическое изображение
infrared ~ инфракрасное [ИК-] изображение
input ~ входное изображение
interference ~ интерференционное изображение
intermediate ~ промежуточное изображение
inverted ~ инвертированное [перевернутое] изображение
latent ~ скрытое изображение
left-hand ~ левое изображение
magnified ~ увеличенное изображение
microscopic ~ микроскопическое изображение
microstructural ~ микроструктурное изображение
mirror ~ зеркальное изображение
monochromatic ~ монохроматическое [одноцветное] изображение
near-field ~ картина в ближней зоне
negative ~ негативное изображение, негатив
negative stereoscopic ~ отрицательное стереоскопическое изображение
noise-free ~ бесшумовое изображение
object ~ изображение объекта
off-axis ~ внеосевое изображение
one-dimensional ~ одномерное изображение
optical ~ оптическое изображение
original ~ исходное изображение; оригинал

imagery

orthoscopic ~ ортоскопическое изображение, изображение без дисторсионных искажений
output ~ выходное изображение
paraxial ~ параксиальное изображение
phantom ~ ложное [паразитное] изображение, «дух»
phase ~ фазовое изображение
photoelectron ~ фотоэлектронное изображение
photographic ~ фотографическое изображение
plane ~ плоское [двумерное] изображение
point ~ точечное изображение
point source ~ изображение точечного источника
polarization ~ поляризационное изображение
positive ~ позитивное изображение, позитив
predistorted ~ предварительно искаженное изображение
primary ~ первичное изображение; изображение в одном из основных цветов
pseudoscopic ~ псевдоскопическое изображение
quantum ~ квантовое изображение
Raman ~ рамановское изображение
real (holographic) ~ действительное (голографическое) изображение
reconstructed ~ восстановленное изображение
reference ~ опорное изображение
reproduced ~ репродуцированное изображение; восстановленное изображение
resolving power ~ резольвограмма
restored ~ восстановленное изображение
retinal ~ изображение на сетчатке
reverse(d) ~ 1. негативное изображение, негатив 2. перевернутое [инвертированное] изображение
right-hand ~ правое изображение
sagittal ~ сагиттальное изображение
scrambled ~ зашифрованное изображение
secondary ~ вторичное изображение
shadow-free ~ бестеневое изображение

sharp ~ четкое [резкое] изображение
short-exposure ~ изображение, полученное при короткой экспозиции
slit ~ изображение щели
soft ~ неконтрастное изображение
source ~ изображение источника
spatiotemporal ~s пространственно-временны́е изображения
spectroscopic ~ спектроскопическое изображение
spurious ~ ложное [паразитное] изображение, «дух»
star ~ изображение звезды
stereoscopic ~ стереоскопическое изображение
stigmatic ~ стигматическое изображение
superimposed ~ наложенное изображение
synthesized ~ синтезированное изображение
test ~ тестовое [контрольное] изображение
thermal ~ тепловое изображение; ИК-изображение
three-color ~ трехцветное изображение
three-dimensional ~ трехмерное [объемное] изображение
tomographic ~ томографическое изображение
top-lit ~ изображение (*объекта*) при подсветке сверху
two-dimensional ~ двумерное [плоское] изображение
undistorted ~ неискаженное изображение
virtual ~ мнимое изображение
visible ~ видимое изображение
visual ~ визуальное [визуально наблюдаемое] изображение
X-ray ~ рентгеновское изображение
imagery 1. формирование изображений; техника формирования изображений **2.** изображение; отображение
diffraction ~ дифракционное формирование изображений
holographic ~ голографическое формирование изображений; голографирование
hyperspectral ~ гиперспектральное получение изображений

imagery

photographic ~ фотографическое получение изображений
precise ~ получение точного изображения
satellite ~ спутниковая съемка; спутниковый снимок
imaging формирование изображений, построение изображений; визуализация; интроскопия
aberration-free ~ формирование безаберрационных изображений
adaptive optical ~ адаптивное формирование оптических изображений
astronomical ~ формирование изображений астрономических объектов
charge-coupled device ~ формирование изображений с помощью приборов с зарядовой связью
coded aperture ~ формирование изображений с помощью кодированной апертуры
coherent ~ формирование изображений в когерентном излучении
contour ~ формирование контурных изображений
cross-sectional ~ построение изображений срезов
differential interference contrast ~ формирование изображений методом дифференциального интерференционного контраста
diffraction-limited ~ формирование изображений с дифракционным разрешением
Doppler ~ формирование изображений путем обработки доплеровских сигналов
electro-optic ~ электрооптическое формирование изображений
electrophotographic ~ электрофотографическое формирование изображений
endoscopic ~ эндоскопическое формирование изображений
fluorescence ~ флуоресцентное формирование изображений
heterodyne ~ гетеродинное формирование изображений
high-resolution ~ формирование изображений высокого разрешения
holographic ~ голографическое формирование изображений
hyperspectral ~ гиперспектральное формирование изображений; гиперспектральная визуализация
infrared [IR] ~ формирование изображений в инфракрасных лучах; тепловидение
magnetic resonance ~ магниторезонансная визуализация; магниторезонансная томография
multicolor ~ формирование многоцветных изображений
NMR [nuclear magnetic resonance] ~ ЯМР-визуализация; ЯМР-интроскопия; ЯМР-томография
optical (heterodyne) ~ оптическое (гетеродинное) формирование изображений
photoacoustic ~ фотоакустическое формирование изображений
photodynamic ~ фотодинамическое формирование изображений
pump-probe ~ формирование изображений по методу накачка – зонд
real-time ~ формирование изображений в реальном масштабе времени
Stark ~ штарковская техника формирования изображений
thermal ~ формирование тепловых изображений, тепловидение
three-dimensional ~ формирование трехмерных [объемных] изображений
time-gated ~ формирование изображений со стробированием
time-resolved ~ формирование изображений с временны́м разрешением
tomographic ~ томографическое формирование изображений
two-dimensional ~ формирование двумерных [плоских] изображений
two-photon ~ двухфотонная техника формирования изображений
underwater ~ формирование изображений в водной среде
immersion иммерсия
homogeneous ~ однородная иммерсия
oil ~ масляная иммерсия
solid ~ твердая иммерсия
water ~ водная иммерсия
immunity защищенность

inclusion

interference ~ помехозащищенность
jitter ~ защищенность от дрожания
noise ~ помехозащищенность
immunofluorescence иммунофлуоресценция
impact удар
  elastic ~ упругий удар
  electron ~ электронный удар
  inelastic ~ неупругий удар
  ion ~ ионный удар
  longitudinal ~ продольный удар
  transverse ~ поперечный удар
imperfection дефект
  crystal ~ дефект кристалла
  interstitial ~ дефект внедрения
implantation имплантация
  amorphous ~ имплантация в аморфный полупроводник
  ion(-beam) ~ ионная имплантация
  simultaneous ~ одновременная имплантация
  successive ~ последовательная имлантация
imprisonment пленение (*резонансного излучения*)
impulse импульс (*силы*); толчок, удар
impurity примесь
  acceptor ~ акцепторная примесь
  active ~ активная примесь
  atomic ~ атомная примесь
  background ~ фоновая примесь
  charge-compensating ~ примесь, компенсирующая избыточный заряд; компенсирующая примесь
  compensating ~ компенсирующая примесь
  deep-level ~ глубокие примесные центры
  donor ~ донорная примесь
  doping ~ легирующая примесь
  extraneous [foreign] ~ посторонняя [чужеродная] примесь
  inorganic ~ неорганическая примесь
  interstitial ~ примесь внедрения
  ionic ~ ионная примесь
  ionized ~ ионизованная примесь
  magnetic ~ магнитная примесь
  majority ~ основная примесь
  minority ~ неосновная примесь
  molecular ~ молекулярная примесь
  nonmagnetic ~ немагнитная примесь
  n-type ~ донорная примесь
  optically active ~ оптически активная примесь
  optically inactive ~ оптически неактивная примесь
  organic ~ органическая примесь
  paramagnetic ~ парамагнитная примесь
  photoexcited ~ фотовозбужденная примесь
  p-type ~ акцепторная примесь
  quenching ~ тушащая примесь
  residual ~ остаточная примесь
  sensitizing ~ сенсибилизирующая примесь
  shallow-level ~ мелкие примесные центры
  stoichiometric ~ стехиометрическая примесь
  substitutional ~ примесь замещения
  surface ~ поверхностная примесь
  transition-element [transition-metal] ~ примесь элементов переходных групп
  unintentional ~ случайная [непреднамеренно введенная] примесь
incandescence видимое тепловое излучение, красное каление
incandescent светящийся за счет теплового излучения, раскаленный до видимого свечения
incidence падение (*луча, пучка*)
  Bragg ~ падение под углом Брэгга
  grazing ~ скользящее падение, падение под малым углом
  near-normal ~ почти нормальное падение
  non-normal ~ ненормальное падение
  normal ~ нормальное падение
  oblique [off-normal] ~ наклонное [косое] падение
inclination наклон
  polarization ~ наклон плоскости поляризации; наклон поляризационного эллипса
  uniform ~ равный наклон (*полос*)
inclusion включение (*примеси*)
  accidental ~ случайное включение
  crystal(line) ~ кристаллическое включение
  foreign ~ постороннее [инородное] включение
  glassy ~ стекловидное включение

inclusion

metal(lic) ~ металлическое включение
opaque ~ непрозрачное включение
organic ~ органическое включение
scattering ~ рассеивающее включение
spherical ~ сферическое включение
vitreous ~ стекловидное включение
incoherence некогерентность
incoherent некогерентный
increment приращение
  finite ~ конечное приращение
  frequency ~ приращение частоты
  infinitesimal ~ бесконечно малое приращение
  phase ~ приращение фазы; набег фазы
  quantization ~ шаг квантования, шаг дискретизации
  relative ~ относительное приращение
incursion набег
  phase ~ набег фазы
indent выкол, надрез (*на стекловолокне*)
indentation вдавливание; вмятина, углубление
index индекс, показатель, коэффициент
  ~ of absorption показатель поглощения
  ~ of extinction показатель экстинкции
  ~ of refraction показатель преломления
  absorption ~ показатель поглощения
  amplification ~ коэффициент усиления
  amplitude modulation ~ коэффициент амплитудной модуляции
  band ~ индекс зоны
  branching ~ показатель ветвления
  Bravais-Miller ~ индекс Браве – Миллера
  citation ~ индекс цитирования
  cladding ~ of refraction показатель преломления оболочки (*оптического волокна*)
  color-rendering ~ индекс цветопередачи
  complex refractive ~ комплексный показатель преломления
  core ~ of refraction показатель преломления сердцевины (*оптического волокна*)
  crystal-face ~ индекс грани кристалла
  degeneracy ~ фактор вырождения
  dielectric loss ~ коэффициент диэлектрических потерь
  dummy ~ немой индекс
  effective ~ of refraction эффективный показатель преломления
  extraordinary (refraction) ~ показатель преломления необыкновенной волны
  frequency modulation ~ коэффициент частотной модуляции
  graded ~ градиентный [плавно меняющийся] показатель преломления
  group (refraction) ~ групповой показатель преломления
  Landau-level ~ индекс уровня Ландау
  lower ~ нижний индекс
  mean ~ of refraction средний показатель преломления
  Miller ~ индекс Миллера
  mode ~ индекс моды
  modulation ~ коэффициент модуляции
  nonlinear ~ of refraction нелинейный показатель преломления
  ordinary (refraction) ~ показатель преломления обыкновенной волны
  reflection ~ коэффициент отражения
  refractive ~ показатель преломления
  relative refractive ~ относительный показатель преломления
  reliability ~ показатель надёжности
  scattering ~ коэффициент рассеяния
  upper ~ верхний индекс
indication индикация
  light ~ световая индикация
  visual ~ визуальная индикация
indicator индикатор
  chemiluminescent ~ хемилюминесцентный индикатор
  digital ~ цифровой индикатор
  electroluminescent ~ электролюминесцентный индикатор
  fluorescent ~ флуоресцентный индикатор

information

frequency ~ индикатор частоты, частотомер
glow-discharge ~ индикатор тлеющего разряда
laser direction ~ лазерный указатель направления
luminescent ~ люминесцентный индикатор
null ~ нуль-индикатор
optical ~ оптический индикатор
optoelectronic ~ оптоэлектронный индикатор
panoramic ~ панорамный индикатор
photoelectric ~ фотоэлектрический индикатор
indicatrix индикатриса
~ of diffusion индикатриса рассеяния
optical ~ оптическая индикатриса
scattering ~ индикатриса рассеяния
indistinguishability неразличимость
quantum ~ квантовая неразличимость
indium индий, In
induction индукция
free ~ свободная индукция
nuclear ~ ядерная индукция
photochemical ~ фотохимическая индукция
saturation ~ индукция насыщения
inequality неравенство
Bell's ~ неравенство Белла
Bessel ~ неравенство Бесселя
generalized Minkowski ~ обобщенное неравенство Минковского
Heisenberg ~ неравенство Гейзенберга
Hoelder ~ неравенство Гёльдера
Minkowski ~ неравенство Минковского
parallactic ~ параллактическое неравенство
Schwartz ~ неравенство Шварца
inertia инерция
electron ~ инерция электрона
gyroscopic ~ инерция гироскопа
rotary ~ вращательная инерция
information информация
amplitude ~ амплитудная информация
analog ~ аналоговая информация
a priori ~ априорная информация
background ~ вводная информация

binary ~ двоичная информация
camera ~ видеоинформация
ciphered ~ шифрованная информация
classical ~ классическая информация
classified ~ секретные сведения, секретная информация
coded ~ закодированная информация
color ~ цветовая информация
deciphered ~ расшифрованная [дешифрованная] информация
decoded ~ декодированная информация
diffraction-limited ~ информация, ограниченная дифракционным разрешением
digital ~ цифровая информация
discrete ~ дискретная информация
dummy ~ фиктивная информация
dynamic ~ динамическая информация
enciphered ~ зашифрованная информация
encoded ~ закодированная информация
error-free ~ достоверная информация
excess ~ избыточная информация
extraneous ~ посторонняя информация
false ~ ложная информация
frequency-domain ~ частотная информация
grating phase ~ информация о фазе решетки
holographic ~ голографическая информация
image ~ информация, содержащаяся в изображении; видеоинформация
input ~ входная информация
luminance ~ яркостная информация
microscopic ~ микроскопическая информация
numerical ~ числовая [цифровая] информация
on-line ~ оперативная информация, поступающая в реальном масштабе времени
optical ~ оптическая информация
out-dated ~ устаревшая информация

information
  output ~ выходная информация
  phase ~ фазовая информация
  polarization ~ поляризационная информация
  qualitative ~ качественная информация
  quantitative ~ количественная информация
  quantized ~ квантованная информация
  quantum ~ квантовая информация
  real-time ~ информация, поступающая в реальном масштабе времени
  redundant ~ избыточная информация
  spatial ~ пространственная информация
  spectral ~ спектральная информация
  spectroscopic ~ спектроскопическая информация
  stored ~ накопленная информация
  structural ~ структурная информация
  time-domain ~ временна́я информация
  topological ~ топологическая информация
  visual ~ визуальная информация
infrared инфракрасная [ИК-] область спектра; инфракрасное [ИК-] излучение
  far ~ дальняя ИК-область спектра
  long-wavelength ~ длинноволновая часть ИК-диапазона
  medium ~ средняя часть ИК-диапазона
  mid- [middle] ~ средняя часть ИК-диапазона
  near ~ ближняя ИК-область спектра
  short-wavelength ~ коротковолновая часть ИК-диапазона
infrastructure инфраструктура
  optical networking ~ инфраструктура оптических сетей
inhomogeneity неоднородность
  index ~ неоднородность показателя преломления
  large-scale ~ крупномасштабная неоднородность
  local ~ локальная неоднородность
  medium ~ неоднородность среды
  photo-induced ~ фотоиндуцированная неоднородность
  pumping ~ неоднородность накачки
  small-scale ~ мелкомасштабная неоднородность
  spatial ~ пространственная неоднородность
  spectral ~ спектральная неоднородность
  structure ~ структурная неоднородность
  transient ~ переходная неоднородность
injection инжекция
  avalanche ~ лавинная инжекция
  carrier ~ инжекция носителей
  current ~ инжекция тока
  electron ~ инжекция электронов
  hole ~ инжекция дырок
  majority carrier ~ инжекция основных носителей
  minority carrier ~ инжекция неосновных носителей
  one-photon ~ однофотонная инжекция
  optical ~ оптическая инжекция
  pulsed ~ импульсная инжекция
  tunnel ~ туннельная инжекция
  two-photon ~ двухфотонная инжекция
input 1. вход (*прибора*) **2.** ввод (*энергии*)
  analog ~ аналоговый вход
  bipolar ~ биполярный вход
  logic ~ логический вход
  optical ~ оптический вход
insensitivity нечувствительность
inspection осмотр; проверка; контроль
  destructive ~ разрушающий контроль
  flaw ~ дефектоскопия
  infrared [IR] ~ ИК-дефектоскопия
  inside light ~ осмотр на просвет
  laser ~ лазерная дефектоскопия
  optical ~ оптический контроль
  spectroscopic ~ спектроскопический контроль
  ultraviolet [UV] ~ ультрафиолетовая [УФ-] дефектоскопия
  visual ~ визуальный контроль
instability неустойчивость; нестабильность
  amplitude ~ амплитудная нестабильность

aperiodic ~ апериодическая неустойчивость
axial ~ аксиальная неустойчивость
classical ~ классическая неустойчивость
coherent ~ когерентная неустойчивость
convective ~ конвективная неустойчивость
cooperative ~ кооперативная неустойчивость
decay ~ распадная неустойчивость
double-beam ~ двухпучковая неустойчивость
dynamic ~ динамическая неустойчивость
filamentation ~ неустойчивость к шнурованию; филаментационная неустойчивость
frequency ~ частотная неустойчивость
Hopf ~ неустойчивость Хопфа
inertialess ~ безынерционная неустойчивость
Langmuir ~ ленгмюровская неустойчивость
laser ~ неустойчивость (*генерации*) лазера
laser-pointing ~ нестабильность лазерного наведения
lateral ~ поперечная неустойчивость
light-induced ~ светоиндуцированная неустойчивость
linear ~ линейная неустойчивость
long-term ~ долговременная нестабильность
modulation ~ модуляционная неустойчивость
morphological ~ морфологическая неустойчивость
nonlinear ~ нелинейная неустойчивость
oscillatory ~ колебательная неустойчивость
parametric ~ параметрическая неустойчивость
phase ~ фазовая неустойчивость
phonon ~ фононная неустойчивость
polarization ~ поляризационная неустойчивость
Rayleigh-Taylor ~ неустойчивость Рэлея – Тейлора
resonance ~ резонансная неустойчивость

self-focusing ~ самофокусировочная неустойчивость
self-modulation ~ автомодуляционная неустойчивость
self-pulsing ~ пульсационная неустойчивость
self-sustained ~ автоволновая неустойчивость
shape ~ неустойчивость формы
short-term ~ кратковременная нестабильность
spatial ~ пространственная неустойчивость
spectral ~ спектральная неустойчивость
stimulated scattering ~ неустойчивость вынужденного рассеяния
thermal ~ тепловая [термическая] неустойчивость
threshold ~ пороговая неустойчивость
instrument 1. измерительный прибор 2. инструмент
air-borne ~ прибор воздушного базирования
astrometrical ~ астрометрический инструмент
astronomical ~ астрономический прибор
biomedical ~s биомедицинские приборы
bolometric ~ болометрический прибор
calibrating ~ образцовый измерительный прибор
calibration ~ эталонный прибор
colorimetric ~ колориметр
digital ~ цифровой измерительный прибор
gyroscopic ~ гироскопический прибор
high-resolution ~ прибор высокого разрешения
hyperspectral ~ гиперспектральный прибор
interferometric ~ интерференционный прибор
meridian ~ меридианный прибор; меридианный телескоп
ophthalmic ~s офтальмологические инструменты
optical ~ оптический прибор
polarization ~ поляризационный прибор

instrument

portable ~ переносный прибор
prototype ~ макет прибора
remote-sensing ~s аппаратура дистанционного зондирования
satellite-borne ~ спутниковый прибор
scientific ~s научные приборы; научное оборудование
thermal ~ тепловой измерительный прибор
universal ~ универсальный инструмент

instrumentation измерительные приборы, измерительная аппаратура; оборудование
  electronic ~ электронное оборудование
  medical optics ~ приборы медицинской оптики
  optical ~ оптические приборы
  satellite ~ приборное оборудование спутника
  spectroscopic ~ спектральные приборы

insulator изолятор; диэлектрик
  ceramic ~ керамический изолятор
  crystalline ~ кристаллический диэлектрик
  1D ~ одномерный диэлектрик
  2D ~ двумерный диэлектрик
  excitonic ~ экситонный диэлектрик
  ionic ~ ионный диэлектрик
  low-loss ~ диэлектрик с малыми потерями
  magnetic ~ магнитный диэлектрик, магнитодиэлектрик
  Mott ~ диэлектрик Мотта
  Mott-Hubbard ~ диэлектрик Мотта – Хаббарда
  one-dimensional ~ одномерный диэлектрик
  organic ~ органический диэлектрик
  photonic ~ фотонный диэлектрик
  two-dimensional ~ двумерный диэлектрик
  wide bandgap ~ широкозонный диэлектрик

integral интеграл ‖ интегральный
  Airy ~ интеграл Эйри
  collision ~ интеграл столкновений
  Coulomb ~ кулоновский интеграл
  definite ~ определенный интеграл
  diffraction ~ дифракционный интеграл
  Euler ~ интеграл Эйлера
  exchange ~ обменный интеграл
  Feynman ~ фейнмановский интеграл
  Fokker-Planck collision ~ интеграл столкновений Фоккера – Планка
  Fourier ~ интеграл Фурье
  Fourier-Stieltjes ~ интеграл Фурье – Стилтьеса
  Fresnel ~ интеграл Френеля
  Fresnel-Kirchhoff ~ интеграл Френеля – Кирхгофа
  Heisenberg exchange ~ гейзенберговский обменный интеграл
  indefinite ~ неопределенный интеграл
  Kirchhoff ~ интеграл Кирхгофа
  molecular ~ молекулярный интеграл
  overlap ~ интеграл перекрытия
  over-the-optical-path ~ интеграл по оптическому пути
  path ~ интеграл по траектории
  resonance ~ резонансный интеграл
  scattering ~ интеграл рассеяния
  Slater ~ интеграл Слэтера
  Sommerfeld ~ интеграл Зоммерфельда
  surface ~ интеграл по поверхности

integration интегрирование; интеграция
  analytical ~ аналитическое интегрирование
  monolithic ~ монолитная интеграция
  numerical ~ численное интегрирование
  spatial ~ пространственное интегрирование
  spectral ~ спектральное интегрирование
  temporal ~ временнóе интегрирование

integrator интегратор
  aperture ~ апертурный интегратор
  optical ~ оптический интегратор
  photometric ~ фотометрический интегратор

intensifier усилитель
  image ~ усилитель яркости изображения; электронно-оптический преобразователь

intensity интенсивность

intensity

absolute ~ абсолютная интенсивность
background ~ фоновая интенсивность
backward-scattered ~ интенсивность излучения, рассеянного назад
band ~ интенсивность полосы
beam ~ интенсивность пучка
classical field ~ классическая интенсивность поля
diffracted ~ интенсивность дифрагированного излучения
emission ~ интенсивность свечения, интенсивность излучения
excitation ~ интенсивность возбуждения
field ~ интенсивность поля
fluorescence ~ интенсивность флуоресценции
fractional ~ относительная интенсивность
fringe ~ яркость интерференционных полос
illumination ~ интенсивность освещения
image ~ интенсивность изображения
incident ~ падающая интенсивность
initial ~ начальная интенсивность
input ~ входная интенсивность
instantaneous ~ мгновенная интенсивность
integrated ~ интегральная интенсивность
intracavity ~ внутрирезонаторная интенсивность
irradiation ~ интенсивность облучения
laser ~ интенсивность лазерного излучения
light ~ интенсивность света
line ~ интенсивность линии
local ~ локальная интенсивность
luminescence ~ интенсивность люминесценции
luminous ~ сила света
maximum ~ максимальная интенсивность
noise ~ интенсивность шума
normalized ~ нормированная интенсивность
on-axis ~ осевая интенсивность, интенсивность на оси пучка
on-target ~ интенсивность на мишени
optical field ~ интенсивность оптического поля
output ~ выходная интенсивность
peak ~ пиковая интенсивность
phosphorescence ~ интенсивность фосфоресценции
photoluminescence [PL] ~ интенсивность фотолюминесценции
probe ~ интенсивность зондирующего луча
probe pulse ~ интенсивность пробного [зондирующего] импульса
pulse ~ интенсивность импульса
pump ~ интенсивность накачки
pump pulse ~ интенсивность импульса накачки
radiant ~ интенсивность излучения; энергетическая сила света
radiation ~ интенсивность излучения
Raman ~ интенсивность комбинационного рассеяния
reflected ~ интенсивность отраженного излучения
reflection ~ интенсивность отражения
relative ~ относительная интенсивность
rms [root-mean-square] ~ среднеквадратичная интенсивность
satellite ~ интенсивность сателлита
saturation ~ интенсивность насыщения
scattered ~ интенсивность рассеянного излучения
second-harmonic ~ интенсивность второй гармоники
second-harmonic generation [SHG] ~ интенсивность генерации второй гармоники
signal ~ интенсивность сигнала
spectral ~ спектральная интенсивность
stationary ~ стационарная интенсивность
stray-light ~ интенсивность рассеянного света
subharmonic ~ интенсивность субгармоник
threshold ~ пороговая интенсивность

intensity

time-averaged ~ интенсивность, усредненная по времени
total ~ полная [общая] интенсивность
transition saturation ~ интенсивность насыщения перехода
transmitted ~ интенсивность прошедшего излучения
ultimate ~ предельная интенсивность
uniform ~ однородная интенсивность

interaction взаимодействие

acousto-optic(al) ~ акустооптическое взаимодействие
aligning ~ выстраивающее взаимодействие
anharmonic ~ ангармоническое взаимодействие
antiferromagnetic ~ антиферромагнитное взаимодействие
atom-field ~ взаимодействие атом – поле
atom-surface ~ взаимодействие атома с поверхностью
attractive ~ взаимодействие притяжения
bosonic ~ бозонное взаимодействие
Breit ~ взаимодействие Брейта
carrier-carrier ~ взаимодействие между носителями
carrier-phonon ~ взаимодействие носителей с фононами
chiral ~ хиральное взаимодействие
coherent ~ когерентное взаимодействие
collective ~ коллективное взаимодействие
collisional ~ столкновительное взаимодействие
configuration ~ конфигурационное взаимодействие
contact ~ контактное взаимодействие
cooperative ~ кооперативное взаимодействие
Coriolis ~ кориолисово взаимодействие
correlation ~ корреляционное взаимодействие
Coulomb ~ кулоновское взаимодействие
cross-relaxation ~ кросс-релаксационное взаимодействие
crystal-field ~ взаимодействие кристаллического поля
dephasing ~ дефазирующее взаимодействие
dipolar [dipole] ~ дипольное взаимодействие
dipole-dipole ~ диполь-дипольное взаимодействие
dipole-quadrupole ~ диполь-квадрупольное взаимодействие
dispersion [dispersive] ~ дисперсионное взаимодействие
donor-acceptor ~ донорно-акцепторное взаимодействие
effective ~ эффективное взаимодействие
elastic ~ упругое взаимодействие
electric dipole ~ электрическое дипольное взаимодействие
electric quadrupole ~ электрическое квадрупольное взаимодействие
electron-electron ~ электрон-электронное взаимодействие
electron-hole ~ электронно-дырочное взаимодействие
electron-lattice ~ электронно-решеточное взаимодействие
electron-nuclear ~ электронно-ядерное взаимодействие
electron-phonon ~ электрон-фононное взаимодействие
electron-photon ~ электрон-фотонное взаимодействие
electron-vibrational ~ электронно-колебательное взаимодействие
electrostatic ~ электростатическое взаимодействие
electroweak ~ электрослабое взаимодействие
exchange ~ обменное взаимодействие
exciton-exciton ~ экситон-экситонное взаимодействие
exciton-light ~ взаимодействие экситона со светом
exciton-phonon ~ экситон-фононное взаимодействие
Fermi contact ~ контактное взаимодействие Ферми
fine ~ тонкое [спин-орбитальное] взаимодействие
four-wave ~ четырехволновое взаимодействие

interaction

free-ion ~ взаимодействие свободного иона
fundamental ~s фундаментальные взаимодействия
Heisenberg ~ гейзенберговское взаимодействие
hydrophilic ~ гидрофильное взаимодействие
hydrophobic ~ гидрофобное взаимодействие
hyperfine ~ сверхтонкое взаимодействие
indirect exchange ~ косвенное обменное взаимодействие
interatomic ~ межатомное взаимодействие
interconfiguration ~ межконфигурационное взаимодействие
interdot ~ межточечное взаимодействие
interionic ~ межионное взаимодействие
intermolecular ~ межмолекулярное взаимодействие
internuclear ~ межъядерное взаимодействие
interparticle ~ межчастичное взаимодействие
intradot ~ внутриточечное взаимодействие
intramolecular ~ внутримолекулярное взаимодействие
Jahn-Teller ~ ян-теллеровское взаимодействие
Jaynes-Cummings ~ взаимодействие Джейнса – Каммингса
Landau-Zener ~ взаимодействие Ландау – Зинера
laser-cluster ~ взаимодействие лазерного излучения с кластерами
laser-matter ~ взаимодействие лазерного излучения с веществом
laser-molecule ~ взаимодействие лазерного излучения с молекулами
laser-plasma ~ взаимодействие лазерного излучения с плазмой
laser-target ~ взаимодействие лазерного излучения с мишенью
laser-tissue ~ взаимодействие лазерного излучения с биологической тканью
light-atom ~ взаимодействие света с атомом
light-matter ~ взаимодействие света с веществом
localized ~ локализованное взаимодействие
long-range ~ дальнодействие, дальнодействующее взаимодействие
macroscopic ~ макроскопическое взаимодействие
magnetic ~ магнитное взаимодействие
many-body [many-particle] ~ многочастичное взаимодействие
mode ~ межмодовое взаимодействие
molecule-surface ~ взаимодействие молекул с поверхностью
multiparticle ~ многочастичное взаимодействие
multiphoton ~ многофотонное взаимодействие
multiple-beam ~ многолучевое взаимодействие
multipole ~ мультипольное взаимодействие
nearest-neighbor ~s взаимодействия с ближайшими соседями
nondiagonal ~ недиагональное взаимодействие
nonlinear ~ нелинейное взаимодействие
nonlocal ~ нелокальное взаимодействие
nonresonant ~ нерезонансное взаимодействие
octupole ~ октупольное взаимодействие
off-diagonal ~ недиагональное взаимодействие
optical ~ оптическое взаимодействие
pairwise ~ парное взаимодействие
parametric ~ параметрическое взаимодействие
phonon-phonon ~ фонон-фононное взаимодействие
photochemical ~ фотохимическое взаимодействие
photoelastic ~ фотоупругое взаимодействие
photon-magnon ~ фотон-магнонное взаимодействие
photon-photon ~ фотон-фотонное взаимодействие

interaction

polaron ~ поляронное взаимодействие
pseudoscalar ~ псевдоскалярное взаимодействие
quadrupole ~ квадрупольное взаимодействие
quadrupole-quadrupole ~ квадруполь-квадрупольное взаимодействие
quantized ~ квантованное взаимодействие
quantum ~ квантовое взаимодействие
quasi-elastic ~ квазиупругое взаимодействие
quasi-resonant ~ квазирезонансное взаимодействие
radiation-atom ~ взаимодействие излучения с атомом
radiation-plasma ~ взаимодействие излучения с плазмой
repulsive ~ взаимодействие отталкивания
resonant ~ резонансное взаимодействие
scalar ~ скалярное взаимодействие
short-range ~ короткодействие, короткодействующее взаимодействие
singlet ~ синглетное взаимодействие
singlet-triplet ~ синглет-триплетное взаимодействие
spin ~ спиновое взаимодействие
spin-dependent ~ взаимодействие, зависящее от спина
spin-exchange ~ спин-обменное взаимодействие
spin-lattice ~ спин-решеточное взаимодействие
spin-orbit ~ спин-орбитальное взаимодействие
spin-phonon ~ спин-фононное взаимодействие
spin-spin ~ спин-спиновое взаимодействие
Stark ~ штарковское взаимодействие
superexchange ~ сверхобменное [суперобменное] взаимодействие
superhyperfine ~ суперсверхтонкое взаимодействие
surface ~ поверхностное взаимодействие
tensor ~ тензорное взаимодействие
three-wave ~ трехволновое взаимодействие
translation-invariant ~ трансляционно-инвариантное взаимодействие
triplet ~ триплетное взаимодействие
two-beam ~ двухпучковое взаимодействие
two-particle ~ двухчастичное взаимодействие
two-wave ~ двухволновое взаимодействие
Van der Waals ~ ван-дер-ваальсово взаимодействие
vibrational ~ колебательное взаимодействие
vibronic ~ вибронное взаимодействие, электрон-колебательное взаимодействие
virtual ~ виртуальное взаимодействие
wave ~ волновое взаимодействие
weak ~ слабое взаимодействие
Zeeman ~ зеемановское взаимодействие

interconnection 1. взаимосвязь; взаимозависимость 2. соединение
network ~ межсетевое соединение
optical ~ оптическая связь

interface граница раздела
air-fiber ~ граница раздела воздух – волокно
cladding-air ~ граница раздела оболочка – воздух
core-cladding ~ граница раздела сердцевина – оболочка
deposit-substrate ~ граница раздела подложка – осаждаемый слой
film-substrate ~ граница раздела пленка – подложка
growth ~ граница роста (*кристалла*)
heterojunction ~ граница раздела в гетеропереходе
heterostructure ~ граница раздела гетероструктуры
metal-dielectric ~ граница раздела металл – диэлектрик
refracting ~ преломляющая граница раздела
sharp ~ резкая граница раздела

interference интерференция; помеха, помехи

interferography

~ **of random fields** интерференция случайных полей
~ **of states** интерференция состояний
anisotropic ~ анизотропная интерференция
atmospheric ~ атмосферные помехи
background ~ фоновая помеха
beam ~ интерференция пучков
broadband ~ широкополосная помеха
burst ~ импульсная помеха
coherent ~ интерференция когерентных волн
color ~ интерференция цветов
common-mode ~ интерференция на общих модах
constructive ~ конструктивная интерференция
cross-talk ~ перекрестные помехи
degenerate state ~ интерференция вырожденных состояний
destructive ~ деструктивная интерференция
double-slit ~ интерференция от двух щелей
first-order ~ интерференция первого порядка
fourth-order ~ интерференция четвертого порядка
harmful ~ вредная интерференция; паразитная интерференция
harmonic ~ интерференция различных гармоник
intermode ~ межмодовая интерференция
light ~ интерференция света
multibeam [multipath, multiple-beam] ~ многолучевая интерференция
multiple-slit ~ интерференция от многих щелей
multistate ~ интерференция нескольких состояний
nonlinear ~ нелинейная интерференция
nonstationary ~ нестационарная интерференция
one-photon ~ интерференция одного фотона
optical ~ оптическая интерференция
parasitic ~ паразитная интерференция
polarization [polarized beam] ~ поляризационная интерференция, интерференция поляризованных лучей
quantum ~ квантовая интерференция
quantum-mechanical ~ квантово-механическая интерференция
quantum-state ~ интерференция квантовых состояний
reflection ~ интерференция при отражении
residual ~ остаточная интерференция
secondary ~ вторичная интерференция
second-order ~ интерференция второго порядка
single-frequency ~ интерференция одной частоты
single-particle ~ одночастичное возбуждение
space-time ~ пространственно-временна́я интерференция
spatial ~ пространственная интерференция
spectral ~ спектральная интерференция
spurious ~ паразитная интерференция
thin-film ~ интерференция в тонких пленках
two-beam ~ двухлучевая интерференция
two-path ~ интерференция двух путей перехода
two-photon ~ интерференция двух фотонов
two-slit ~ интерференция от двух щелей
wave ~ интерференция волн
interferogram интерферограмма
differential ~ дифференциальная интерферограмма
hologram [holographic] ~ голографическая интерферограмма
laser ~ лазерная интерферограмма
multibeam [multiple-beam] ~ многолучевая интерферограмма
reflection ~ отражательная интерферограмма
white-light ~ интерферограмма в белом свете
interferography интерферография

interferometer

interferometer интерферометр
    achromatic ~ ахроматичный интерферометр
    active ~ активный интерферометр
    alignment ~ юстировочный интерферометр
    all-fiber ~ волоконный интерферометр
    anisotropic ~ анизотропный интерферометр
    aperture-synthesis ~ интерферометр с апертурным синтезом
    astronomic(al) ~ астрономический интерферометр
    atomic ~ атомный интерферометр
    automatic fringe counting ~ интерферометр с автоматическим счетом полос
    balanced ~ сбалансированный интерферометр
    beam ~ лучевой интерферометр
    Brown-Twiss ~ интерферометр Брауна – Твисса
    Burch ~ интерферометр Берча
    chirped ~ интерферометр с частотно-селективной линией задержки
    classical ~ классический интерферометр
    confocal ~ конфокальный интерферометр
    continuous scan ~ интерферометр с плавным сканированием разности хода
    correlation ~ корреляционный интерферометр
    coupled ~s связанные интерферометры
    differential ~ разностный [дифференциальный] интерферометр
    direct-detection ~ интерферометр прямого детектирования
    dispersion ~ дисперсионный интерферометр
    double-arm ~ двухплечный интерферометр; двухлучевой интерферометр
    double-focus ~ интерферометр с двойным фокусом
    double-pass ~ двухпроходный интерферометр
    dual-beam ~ двухлучевой интерферометр
    Dyson ~ интерферометр Дайсона
    equal-arm [equal-path] ~ равноплечий интерферометр
    eyepiece ~ окулярный интерферометр
    Fabry-Perot ~ интерферометр Фабри – Перо
    fiber(-optic) ~ волоконно-оптический интерферометр
    Fizeau ~ интерферометр Физо
    flatness-testing ~ интерферометр для проверки плоскостности поверхности
    Fourier-transform ~ интерферометр Фурье
    gaseous ~ газовый интерферометр
    Gires-Tournois ~ интерферометр Жира – Турнуа
    grating ~ дифракционный интерферометр
    ground-based ~ наземный интерферометр
    heterodyne ~ гетеродинный интерферометр
    high-resolution ~ интерферометр высокого разрешения
    holographic ~ голографический интерферометр
    intensity ~ интерферометр интенсивностей
    IR ~ ИК-интерферометр
    Jamin ~ интерферометр Жамена
    laser ~ лазерный интерферометр
    lateral shear(ing) ~ интерферометр бокового сдвига
    Linnik ~ интерферометр Линника
    long-base(line) ~ интерферометр с длинной базой
    Mach-Zehnder ~ интерферометр Маха – Цендера
    Michelson ~ интерферометр Майкельсона
    mode-discriminating ~ интерферометр с селекцией мод
    multichannel ~ многоканальный интерферометр
    multipass ~ многоходовой интерферометр
    multiple-beam ~ многолучевой интерферометр
    multiple-mode ~ многомодовый интерферометр
    multiple-wave ~ многоволновой интерферометр

interferometry

nonlinear ~ нелинейный интерферометр
oblique incidence ~ интерферометр наклонного падения
optical ~ оптический интерферометр
passive ~ пассивный интерферометр
phase-conjugate ~ интерферометр с обращением волнового фронта
pointing ~ юстировочный интерферометр
polarization ~ поляризационный интерферометр
pressure-scanned ~ интерферометр, сканируемый давлением
radial shearing ~ интерферометр радиального сдвига
Rayleigh ~ интерферометр Рэлея
Rayleigh-Gabor ~ интерферометр Рэлея – Габора
ring ~ кольцевой интерферометр
Rozhdestvenski ~ интерферометр Рождественского
Sagnac ~ интерферометр Саньяка
scanning ~ сканирующий интерферометр
shearing ~ интерферометр сдвига *(деформации)*
short-base(line) ~ интерферометр с короткой базой
single-pass ~ однопроходный интерферометр
space-borne ~ интерферометр космического базирования
speckle ~ спекл-интерферометр
spherical ~ сферический интерферометр
squeezed state ~ интерферометр сжатых состояний
stellar ~ звездный интерферометр
synthetic aperture ~ интерферометр с синтезированной апертурой
Talbot ~ интерферометр Тальбота
tilted-plate ~ интерферометр с наклонной пластинкой
triple-mirror ~ трехзеркальный интерферометр
tunable ~ перестраиваемый интерферометр
twin-wave ~ двухлучевой интерферометр
two-arm ~ двухлучевой интерферометр; двухплечный интерферометр
two-beam ~ двухлучевой интерферометр
two-photon ~ двухфотонный интерферометр
two-slit ~ двухщелевой интерферометр
Twyman ~ интерферометр Тваймана
Twyman-Green ~ интерферометр Тваймана – Грина
unequal-arm [unequal-path] ~ неравноплечий интерферометр
vacuum ~ вакуумный интерферометр
wavefront-reversing ~ интерферометр с обращением волнового фронта
white-light ~ интерферометр, работающий в белом свете
wide-aperture ~ широкоапертурный интерферометр
Young ~ интерферометр Юнга
zone-plate ~ интерферометр с зонной пластинкой
interferometry интерферометрия
  aperture-synthesis ~ интерферометрия апертурного синтеза
  astronomic(al) ~ астрономическая интерферометрия
  beat-frequency ~ интерферометрия биений
  coherent light ~ когерентная интерферометрия
  differential speckle ~ дифференциальная спекл-интерферометрия
  double-beam ~ двухлучевая интерферометрия
  double-pulsed holographic ~ двухимпульсная голографическая интерферометрия
  dual-beam ~ двухлучевая интерферометрия
  dynamic ~ динамическая интерферометрия
  fiber-optic ~ волоконно-оптическая интерферометрия
  heterodyne ~ гетеродинная интерферометрия
  high-resolution ~ интерферометрия высокого разрешения
  holographic ~ голографическая интерферометрия
  imaging ~ интерферометрия изображений

interferometry

intensity ~ интерферометрия интенсивностей
laser ~ лазерная интерферометрия
long-base(line) ~ интерферометрия с длинной базой
low-coherence ~ интерферометрия в условиях малой степени когерентности
multiple-beam ~ многолучевая интерферометрия
multiple-wave ~ многоволновая интерферометрия
optical ~ оптическая интерферометрия
quantum ~ квантовая интерферометрия
real-time ~ интерферометрия в реальном масштабе времени
shearing ~ интерферометрия сдвига (*деформации*)
speckle ~ спекл-интерферометрия
spectral ~ спектральная интерферометрия
stellar ~ звездная интерферометрия
time-resolved ~ интерферометрия с временным разрешением
white-light ~ интерферометрия в белом свете

interleaving расслоение; чередование
  frequency ~ частотное уплотнение
intermodulation взаимная модуляция
interpolation интерполяция, интерполирование
  eye ~ интерполяция «на глаз»
  inverse ~ обратная интерполяция
  linear ~ линейная интерполяция
  nonlinear ~ нелинейная интерполяция
  polynomial ~ полиномиальная интерполяция
  quadratic ~ квадратичная интерполяция
interpretation интерпретация
  causal ~ причинная интерпретация
  classical ~ классическая интерпретация
  consistent ~ последовательная интерпретация
  Copenhagen ~ копенгагенская интерпретация
  geometric ~ геометрическая интерпретация
  image ~ интерпретация изображений
  orthodox ~ ортодоксальная [традиционная] интерпретация
  physical ~ физическая интерпретация
  quantum ~ квантовая интерпретация
  statistical ~ статистическая интерпретация
interval интервал; промежуток
  confidence ~ доверительный интервал
  doublet ~ интервал между линиями дублета, дублетный интервал
  energy ~ энергетический интервал
  fine-structure ~ интервал тонкой структуры
  frequency ~ частотный интервал
  integration ~ область интегрирования
  interpulse ~ интервал между импульсами
  interspike ~ межпичковый интервал
  Nyquist ~ шаг дискретизации
  pulse ~ период следования импульсов
  repetition ~ период повторения
  sampling ~ шаг дискретизации; интервал выборки
  space-time ~ пространственно-временной интервал
  spectral ~ спектральный интервал
  time ~ временной интервал
  unit ~ единичный интервал
  wavelength ~ интервал длин волн
invar инвар (*сплав*)
invariance инвариантность
  gage ~ градиентная [калибровочная] инвариантность
  Lorentz ~ лоренцевская инвариантность
  phase ~ фазовая инвариантность
  relativistic ~ релятивистская инвариантность
  scaling ~ масштабная инвариантность
  time-reversal ~ инвариантность по отношению к инверсии времени
  translation(al) ~ трансляционная инвариантность
inversion инверсия; обратное преобразование
  ~ **of emulsion** обращение эмульсии
  adiabatic ~ адиабатическая инверсия

ionization

contrast ~ инверсия контраста
critical ~ критическая инверсия
Fourier ~ обратное преобразование Фурье
image ~ инверсия изображения
mirror ~ зеркальное обращение (*изображения*)
nonuniform ~ неоднородная инверсия
partial ~ частичная инверсия
phase ~ инверсия фазы
polarity ~ инверсия полярности
population ~ инверсия населенностей
space-time ~ пространственно-временнáя инверсия
spatial ~ пространственная инверсия
spatiotemporal ~ пространственно-временнáя инверсия
spectral ~ спектральная инверсия
surface ~ поверхностная инверсия
temperature ~ температурная инверсия
threshold ~ пороговая инверсия
time ~ инверсия времени
total ~ полная инверсия
two-photon ~ двухфотонная инверсия
uniform ~ однородная инверсия
vibration-rotational ~ вращательно-колебательная инверсия
inverter инвертор
  image ~ инвертор изображения
investigation исследование
  ellipsometric ~ эллипсометрическое исследование
  experimental ~ экспериментальное исследование
  kinetic ~ кинетическое исследование
  optical ~ оптическое исследование
  photometric ~ фотометрическое исследование
  photophysical ~ фотофизическое исследование
  polarimetric ~ поляриметрическое исследование
  qualitative ~ качественное исследование
  quantitative ~ количественное исследование
  spectroscopic ~ спектроскопическое исследование

iodine йод, I
ion ион
  acceptor ~s акцепторные ионы
  atomic ~ атомный ион; ионизированный атом
  coactivator ~ ион-соактиватор
  coulombically ordered ~s кулоновски-упорядоченные ионы
  diamagnetic ~ диамагнитный ион
  divalent ~ двухвалентный ион
  donor ~s донорные ионы
  doubly charged ~ двухзарядный ион
  excited ~ возбужденный ион
  ground-state ~ невозбужденный ион, ион в основном состоянии
  impurity ~ примесный ион
  interstitial ~ междоузельный ион, ион внедрения
  lanthanide ~ ион лантанида, редкоземельный ион
  laser-cooled ~s ионы, охлажденные лазерным излучением
  metastable ~ метастабильный ион
  molecular ~ молекулярный ион
  negative ~ отрицательный ион
  paramagnetic ~ парамагнитный ион
  parent ~ исходный ион
  positive ~ положительный ион
  rare-earth ~ редкоземельный ион
  secondary ~ вторичный ион
  sensitizing ~s сенсибилизирующие ионы
  singly charged ~ однозарядный ион
  transition-metal ~ ион металла переходной группы
  trapped ~ захваченный ион, ион в ловушке
  triply charged ~ трехзарядный ион
  trivalent ~ трехвалентный ион
  uranyl ~ ион уранила
ionicity ионный характер; ионность
ionization ионизация
  above-barrier ~ надбарьерная ионизация
  above-threshold ~ надпороговая ионизация
  acceptor ~ ионизация акцептора
  avalanche ~ лавинная ионизация
  collisional ~ столкновительная ионизация
  dissociative ~ диссоциативная ионизация
  donor ~ ионизация донора

ionization

double ~ двухкратная ионизация
electron impact ~ ионизация электронным ударом
impact ~ ударная ионизация
impurity ~ ионизация примеси
inner shell ~ ионизация внутренней оболочки
laser(-induced) ~ лазерная ионизация
laser-initiated ~ ионизация, инициируемая лазерным излучением
multiphoton ~ многофотонная ионизация
multiple ~ многократная ионизация
optical ~ оптическая ионизация
photo- ~ фотоионизация
photoelectric ~ фотоэлектрическая ионизация
resonant photo- ~ резонансная фотоионизация
single ~ однократная ионизация
step-wise ~ ступенчатая ионизация
tunnel(ling) ~ туннельная ионизация
two-photon ~ двухфотонная ионизация
ionosphere ионосфера
iridectomy иридэктомия
  laser ~ лазерная иридэктомия
iridescence иризирование, иризация; радужность
iridescent иризирующий; радужный; переливчатый
iridium иридий, Ir
iris ирисовая диафрагма
  ~ of the eye радужная оболочка глаза
  adjustable ~ регулируемая диафрагма
  coupling ~ диафрагма связи
  intracavity ~ внутрирезонаторная диафрагма
  lens ~ диафрагма объектива
  mode-control ~ диафрагма для селекции мод
  planar ~ плоская ирисовая диафрагма
  waveguide ~ волноводная диафрагма
iron железо, Fe
irradiance энергетическая освещенность
  output-beam ~ плотность энергии выходного излучения
  spectral ~ спектральная плотность падающего излучения
irradiation облучение

background ~ фоновое облучение
equivalent noise ~ радиационный эквивалент шума
femtosecond ~ фемтосекундное облучение
laser ~ лазерное облучение
nonuniform ~ неоднородное облучение
pulsed ~ импульсное облучение
resonance ~ резонансное облучение
X-ray ~ рентгеновское облучение
island островок
  close-lying ~s близкорасположенные островки
  elongated ~s вытянутые островки
  isolated ~ изолированный островок
  monolayer ~s монослойные островки
  nanosize ~s наноостровки
  neighboring ~s соседние островки
  randomly oriented ~s случайно ориентированные островки
  self-assembled ~s самоорганизованные островки
  stability ~ островок устойчивости
  stable ~s устойчивые островки
  superconducting ~s сверхпроводящие островки
  unstable ~s неустойчивые островки
  wire-like ~s нитеподобные островки
isoelectronic изоэлектронный
isogyre изогира
isolate изолировать; отделять
isolation 1. изоляция 2. развязка
  beam ~ развязка лучей
  focal ~ фокальная изоляция
  frequency ~ развязка по частоте
  matrix ~ матричная изоляция
  optical ~ оптическая развязка
  polarization ~ поляризационная развязка
  thermal ~ тепловая изоляция
  vibration ~ виброизоляция
isolator вентиль, изолятор
  electro-optical ~ электрооптический вентиль
  Faraday ~ фарадеевский вентиль
  optical ~ оптический вентиль
  waveguide ~ волноводный вентиль
isolux изолюкса
isomerism изомерия
  conformation ~ конформационная изомерия

optical ~ оптическая изомерия
isomerization изомеризация
isophote изофота
isophotic изофотный
isophotometer изофотометр
isoplanatism изопланатизм
isotropy изотропия, изотропность
   large-scale ~ крупномасштабная изотропия
   optical ~ оптическая изотропия
   radiation ~ изотропия излучения
   small-scale ~ мелкомасштабная изотропия
   spatial ~ пространственная изотропия

J

jacket оболочка
   fiber ~ защитное покрытие оптического волокна
jamming преднамеренное создание помех
   infrared [IR] ~ преднамеренное создание ИК- [тепловых] помех
jitter дрожание, разброс; флуктуации
   amplitude ~ флуктуации амплитуды
   beam ~ дрожание луча
   delay ~ нестабильность времени задержки
   frequency ~ флуктуации частоты
   intensity ~ флуктуации интенсивности
   phase ~ флуктуации фазы
   pulse ~ нестабильность положения импульса; невоспроизводимость импульса
   spatial ~ пространственные флуктуации
   timing ~ временно́е дрожание (*импульсов*); нестабильность синхронизации
joint соединение; стык
   butted ~ соединение встык
jump прыжок; скачок
   absorption ~ скачок поглощения
   Balmer ~ скачок Бальмера, бальмеровский скачок

electron ~ перескок электрона
flux ~ скачок потока
frequency ~ частотный скачок, скачкообразное изменение частоты
intensity ~ скачок интенсивности
phase ~ скачок фазы
potential ~ скачок потенциала
quantum ~ квантовый скачок
sudden ~s внезапные скачки
junction переход
   abrupt ~ резкий переход
   asymmetric(al) ~ несимметричный переход
   back-biased ~ переход с обратным смещением
   bipolar ~ биполярный переход
   degenerate ~ вырожденный переход
   diffused ~ диффузионный переход
   doped ~ легированный переход
   epitaxially-grown ~ эпитаксиальный переход
   forward-biased ~ переход с прямым смещением
   graded ~ плавный переход
   graded p-n ~ плавный *p-n* переход
   ion-implanted ~ ионно-имплантированный переход
   Josephson ~ джозефсоновский переход
   lasing ~ лазерный переход
   light-emitting p-n ~ светоизлучающий *p-n* переход
   p-n ~ *p-n* переход
   point-contact ~ точечный переход
   rectifying ~ выпрямляющий переход
   superconducting ~ сверхпроводящий переход
   tunnel ~ туннельный переход
   waveguide ~ волноводный переход
Jupiter Юпитер

K

kaleidoscope калейдоскоп
keratometer кератометр
keratometry кератометрия
kernel ядро

kernel

~ **of integral equation** ядро интегрального уравнения
~ **of integral operator** ядро интегрального оператора
bounded ~ ограниченное ядро
Cauchy ~ ядро Коши
conjugate ~ сопряженное ядро
Dirichlet ~ ядро Дирихле
Fejer ~ ядро Фейера
Fourier ~ ядро Фурье
Hilbert ~ ядро Гильберта
invariant ~ инвариантное ядро
relaxation ~ ядро релаксации
symmetrical ~ симметричное ядро
totally positive [TP] ~ вполне положительное ядро
key ключ к шифру
  encryption ~ ключ шифрования
  public ~ открытый ключ
killer тушитель, гаситель
  luminescence ~ тушитель люминесценции
kinetics кинетика
  absorption ~ кинетика поглощения
  adsorption ~ кинетика адсорбции
  carrier density ~ кинетика плотности носителей
  decay ~ кинетика затухания; кинетика распада
  dephasing ~ кинетика фазовой релаксации
  emission ~ кинетика излучения; кинетика эмиссии
  excitation ~ кинетика возбуждения
  femtosecond ~ фемтосекундная кинетика
  free induction decay ~ кинетика затухания свободной индукции
  generation ~ кинетика генерации
  growth ~ кинетика роста
  lasing ~ кинетика лазерной генерации
  luminescence decay ~ кинетика затухания люминесценции
  macroscopic ~ макроскопическая кинетика
  photocurrent ~ кинетика фототока
  photodesorption ~ кинетика фотодесорбции
  photoluminescence ~ кинетика фотолюминесценции
  photon-echo decay ~ кинетика затухания фотонного эха
  picosecond ~ пикосекундная кинетика
  PL ~ кинетика фотолюминесценции
  PL decay ~ кинетика затухания фотолюминесценции
  quantum ~ квантовая кинетика
  recombination ~ кинетика рекомбинации
  relaxation ~ кинетика релаксации
  saturation ~ кинетика насыщения
  spin relaxation ~ кинетика спиновой релаксации
kinoform киноформ, синтетическая голограмма
knife нож
  Foucault ~ нож Фуко
  laser ~ лазерный скальпель
kovar ковар (*сплав*)
krypton криптон, Kr

L

laboratory лаборатория
  space ~ космическая лаборатория
ladder лестница
  Heisenberg ~ лестница Гейзенберга
  spin ~ спиновая лестница
  Wannier-Stark ~ лестница Ванье – Штарка
lag запаздывание
  phase ~ фазовое запаздывание
Lagrangian лагранжиан, функция Лагранжа
lambert ламберт (*единица яркости*)
lamp лампа
  arc(-discharge) ~ дуговая лампа (*высокого давления*)
  argon glow ~ аргоновая газоразрядная лампа
  bactericidal ~ бактерицидная лампа
  cadmium ~ кадмиевая лампа
  calibration ~ калибровочная лампа
  cesium ~ цезиевая лампа
  clear ~ лампа с колбой из прозрачного стекла
  comparison ~ эталонная лампа
  cystoscopic ~ лампа цистоскопа

laser

daylight ~ лампа дневного света
deuterium ~ дейтериевая лампа
discharge ~ газоразрядная лампа
electric ~ электрическая лампа
electric-discharge ~ электроразрядная лампа
electric filament ~ лампа накаливания
electrodeless ~ безэлектродная лампа
erythematous ~ эритемная лампа
filament ~ лампа накаливания
flash ~ импульсная лампа
fluorescent ~ люминесцентная лампа; лампа дневного света
gas-discharge ~ газоразрядная лампа
gas-filled ~ газонаполненная лампа
glow(-discharge) ~ лампа тлеющего разряда
halogen ~ галогенная лампа
head ~ налобный осветитель
Hefner ~ свеча Гефнера
high-frequency ~ высокочастотная лампа
high-pressure ~ лампа высокого давления
hollow-cathode ~ лампа с полым катодом
hydrogen ~ водородная лампа
illuminating ~ осветительная лампа
incandescent(-filament) ~ лампа накаливания
infrared ~ инфракрасная [ИК-] лампа
infrared irradiation ~ лампа для инфракрасного облучения
krypton ~ криптоновая лампа
LED ~ светодиодный излучатель
luminescent ~ люминесцентная лампа
mercury ~ ртутная лампа
mercury arc ~ ртутная дуговая лампа
metal-halide ~ металлогалогенная лампа
mignon ~ лампа цистоскопа
miniature ~ миниатюрная лампа
neon(-filled) ~ неоновая лампа
Nernst ~ лампа [штифт] Нернста
opal bulb ~ лампа с молочной колбой
operative ~ операционная лампа
ophthalmic slit ~ глазная щелевая лампа
Perot ~ лампа Перо

pilot ~ контрольная [сигнальная] лампа
projection ~ проекционная лампа
pump ~ лампа накачки
quartz ~ кварцевая лампа
scleral ~ склеральная лампа
slit ~ щелевая лампа
sodium ~ натриевая лампа
spectral [spectroscopic] ~ спектральная лампа
tungsten filament ~ вольфрамовая лампа накаливания
tungsten halogen ~ вольфрамовая галогенная лампа
ultraviolet irradiation ~ лампа для ультрафиолетового облучения
xenon ~ ксеноновая лампа
zinc ~ цинковая лампа
zirconium arc ~ циркониевая дуговая лампа
zirconium point-source ~ циркониевая точечная лампа
lanthanide лантанид, редкоземельный элемент
divalent ~ двухвалентный редкоземельный ион
doping ~s легирующие редкоземельные элементы
luminescent ~s люминесцирующие лантаниды
trivalent ~ трехвалентный редкоземельный ион
lanthanum лантан, La
laparoscope лапароскоп
laparoscopy лапароскопия
lapping соединение внахлест
fiber ~ соединение волокон внахлест
lase генерировать оптическое излучение; облучать лазерным пучком
laser (*Light Amplification by Stimulated Emission of Radiation*) лазер
acousto-optically tunable ~ лазер с акустооптической перестройкой
actively mode-locked ~ лазер с активной синхронизацией мод
actively Q-switched ~ лазер с активной модуляцией добротности
air-cooled ~ лазер с воздушным охлаждением
alexandrite ~ лазер на александрите
alignment ~ юстировочный лазер
amplitude-stabilized ~ лазер, стабилизированный по амплитуде

laser

anisotropic ~ анизотропный лазер, лазер на анизотропной среде
anti-Stokes Raman ~ лазер на антистоксовом комбинационном рассеянии
argon ~ аргоновый лазер
argon ion ~ аргоновый ионный лазер
astigmatic ~ астигматичный лазер
atmospheric pressure ~ лазер, работающий при атмосферном давлении газа
atomic ~ атомный лазер
atomic beam ~ лазер на атомном пучке
atomic hydrogen ~ лазер на атомном водороде
atomic nitrogen ~ лазер на атомном азоте
atomic oxygen ~ лазер на атомном кислороде
atomic transition ~ лазер на атомном переходе
avalanche ~ лавинный лазер
avalanche discharge ~ лазер с лавинным разрядом
avalanche injection ~ лавинный инжекционный лазер
axially excited ~ лазер с аксиальной схемой накачки
bidirectional ~ двунаправленный лазер
biocavity ~ лазер с биорезонатором
bistable ~ бистабильный лазер
black-body pumped ~ лазер с накачкой излучением чёрного тела
bleaching-wave dye ~ лазер на красителе с волной просветления
blue ~ лазер, генерирующий в голубой области спектра
Bragg ~ брэгговский лазер
Bragg-reflector ~ лазер с брэгговскими зеркалами
Brewster-angled ~ лазер с брюстеровскими окошками; лазер с брюстеровскими скосами
broadband ~ широкополосный лазер
broadband tunable ~ лазер, перестраиваемый в широком диапазоне
bromine vapor ~ лазер на парах брома
buried ~ лазер со скрытой активной зоной
buried optical guide ~ лазер со скрытым [зарощенным] световодом
burst ~ лазер, работающий в режиме пульсаций
cadmium ion ~ кадмиевый ионный лазер
cadmium sulfide ~ лазер на сульфиде кадмия
calcium fluoride ~ лазер на фториде кальция
calcium niobate ~ лазер на ниобате кальция
calcium vapor ~ лазер на парах кальция
carbon dioxide ~ лазер на диоксиде углерода, CO_2-лазер
carbon monoxide ~ лазер на оксиде углерода, CO-лазер
cascaded ~ многокаскадный лазер
cavity ~ резонаторный лазер
cavity-dumped ~ лазер с выводом из резонатора всей запасенной энергии
ceramic ~ лазер на керамике
chain-reaction ~ лазер, возбуждаемый цепной реакцией
chelate ~ лазер на хелатах
chemical ~ химический лазер
chemically pumped ~ лазер с химической накачкой
chirped ~ лазер с линейной модуляцией частоты
chlorine ~ лазер на хлоре
chrysoberyl ~ лазер на хризоберилле
circulating liquid ~ жидкостный лазер с циркуляцией активной смеси
cleaved ~ лазер со сколотыми торцами
cleaved-coupled-cavity ~ лазер со сколотым резонатором
coaxial ~ коаксиальный лазер
coaxially pumped ~ лазер с продольной накачкой
collision(al) ~ столкновительный лазер
color-center ~ лазер на центрах окраски
commercial ~ коммерческий лазер; промышленный лазер
communication ~ коммуникационный лазер; лазер-передатчик (*в системе оптической связи*)

laser

compact ~ малогабаритный лазер
Compton ~ комптоновский лазер
concentrated neodymium phosphate glass ~ лазер на концентрированном неодимовом фосфатном стекле
condensed explosive ~ пиротехнический лазер
condensed matter ~ лазер на конденсированной среде
continuously excited ~ лазер с непрерывной накачкой
continuously operated ~ непрерывный лазер
continuously pumped ~ лазер с непрерывной накачкой
continuously tunable ~ лазер с непрерывной перестройкой частоты
continuous wave ~ непрерывный лазер; лазер, генерирующий в непрерывном режиме
coolable slab ~ лазер на охлаждаемой пластинке
cooled ~ охлаждаемый лазер
copper halide vapor ~ лазер на парах галогенидов меди
copper vapor ~ лазер на парах меди
coumarin ~ лазер на кумарине
coupled-cavity ~ лазер на связанных резонаторах
coupled-waveguide ~ лазер на связанных световодах
cross-cascade ~ кросс-каскадный лазер
cross-pumped ~ лазер с поперечной накачкой
cross-relaxation ~ кросс-релаксационный лазер
cryogenic ~ криогенный лазер
crystalline ~ лазер на кристалле
crystalline fiber ~ кристаллический волоконный лазер
current-tuned ~ лазер с токовой перестройкой частоты
cw ~ непрерывный лазер; лазер, генерирующий в непрерывном режиме
cw-pumped ~ лазер с непрерывной накачкой
cyclotron autoresonance ~ лазер на циклотронном авторезонансе
dc-excited ~ лазер с возбуждением постоянным током
degenerate ~ вырожденный лазер

diffraction-coupled ~ лазер с дифракционным выводом излучения
diffraction-limited ~ лазер с дифракционной расходимостью пучка
diffusion ~ диффузионный лазер
diffusion-cooled ~ лазер с диффузионным охлаждением
digitalized scan ~ лазер с цифровым управлением сканирования пучка
dimer ~ лазер на димерах
diode ~ диодный лазер, лазерный диод
diode-pumped ~ лазер с накачкой диодными лазерами
disk ~ дисковый лазер
dissociation ~ диссоциационный лазер
distributed feedback ~ лазер с распределенной обратной связью, РОС-лазер
double-beam ~ двухлучевой лазер
double-cavity ~ двухрезонаторный лазер
double-doped ~ лазер с двумя соактиваторами
double-frequency ~ двухчастотный лазер
double-heterojunction ~ лазер на двойном гетеропереходе
double-heterostructure ~ лазер на двойной гетероструктуре
double-mirror ~ двухзеркальный лазер
double-mode ~ двухмодовый лазер
dual-beam ~ двухпучковый лазер
dual-cavity ~ двухрезонаторный лазер
dye ~ лазер на красителе
dye solution ~ лазер на растворе красителя
economical ~ экономичный лазер
electric-discharge ~ лазер с накачкой электрическим разрядом, электроразрядный лазер
electroionization [electron-beam-controlled] ~ электроионизационный лазер
electron transition ~ лазер на электронных переходах
end-pumped ~ лазер с торцевой накачкой
epitaxial ~ эпитаксиальный лазер
erbium ~ эрбиевый лазер

laser

erbium glass ~ лазер на эрбиевом стекле
evanescent-wave-pumped ~ лазер с накачкой полем затухающей волны
excimer ~ эксимерный лазер
exciplex ~ эксиплексный лазер
excitation ~ возбуждающий лазер
excited-state dimer ~ эксимерный лазер
exciton ~ экситонный лазер
explosion ~ лазер с взрывной накачкой
external-cavity ~ лазер с внешним резонатором
external-mirror ~ лазер с внешними зеркалами
Fabry-Perot ~ лазер с резонатором Фабри – Перо
face-pumped ~ лазер с торцевой накачкой
far-infrared ~ лазер дальнего ИК-диапазона
fast axial flow ~ лазер с быстрой аксиальной прокачкой
fast-flow ~ быстропроточный лазер
F-center ~ лазер на F-центрах
feedback ~ лазер с обратной связью
femtosecond ~ фемтосекундный лазер
fiber ~ волоконный лазер
fiber cavity ~ лазер с волоконным резонатором
fiber Raman ~ волоконный комбинационный лазер
film ~ пленочный лазер
flash-initiated chemical ~ химический лазер с инициированием импульсной лампой
flashlamp-excited [flashlamp-pumped] ~ лазер с накачкой импульсными лампами
flowing-gas ~ газовый лазер с прокачкой рабочей смеси
fluid ~ жидкостный лазер
four-level ~ четырехуровневый лазер
free electron ~ лазер на свободных электронах
free-running ~ лазер, работающий в режиме свободной генерации
frequency-controlled ~ лазер с перестройкой частоты
frequency-doubled ~ лазер с удвоением частоты генерации

frequency-locked ~ лазер с привязкой частоты
frequency-modulated ~ лазер с частотной модуляцией
frequency-multiplied ~ лазер с умножением частоты
frequency-stabilized ~ частотно-стабилизированный лазер
fundamental mode ~ лазер, генерирующий на основной моде
gadolinium gallium garnet ~ лазер на гадолиниево-галлиевом гранате, ГГГ-лазер
gadolinium scandium gallium garnet ~ лазер на гадолиниево-скандиево-галлиевом гранате, ГСГГ-лазер
gain-guided ~ лазер с волноводом, сформированным усилением
gain-switched ~ лазер с модуляцией коэффициента усиления
gallium arsenide ~ лазер на арсениде галлия, GaAs-лазер
garnet ~ лазер на гранате
gas ~ газовый лазер
gas-discharge ~ газоразрядный лазер
gas-dynamic ~ газодинамический лазер
gas-flow ~ проточный газовый лазер
GGG ~ лазер на гадолиниево-галлиевом гранате, ГГГ-лазер
giant-pulse ~ лазер, генерирующий гигантские импульсы, лазер с модуляцией добротности
glass ~ лазер на стекле
gold vapor ~ лазер на парах золота
graded-index ~ лазер на материале с переменным показателем преломления
grating-controlled ~ лазер с селектором частоты на основе дифракционной решетки
green ~ лазер, генерирующий в зеленой области спектра
ground-based ~ лазер наземного базирования
heat-pumped ~ лазер с тепловой накачкой
helium-cadmium ~ гелий-кадмиевый лазер
helium-neon ~ гелий-неоновый лазер
helium-xenon ~ гелий-ксеноновый лазер

laser

heterodyne ~ гетеродинный лазер
heterojunction [heterostructure] ~ гетеролазер
high-coherence ~ лазер с высокой когерентностью
high-concentrated glass ~ лазер на высококонцентрированном стекле
high-efficiency ~ лазер с высоким кпд
high-gain ~ лазер с высоким усилением
high-power ~ мощный лазер
high-pressure ~ лазер высокого давления
high-repetition-rate ~ лазер с высокой частотой повторения
high-temperature ~ высокотемпературный лазер
holmium glass ~ лазер на гольмиевом стекле
holographic ~ голографический лазер
hybrid ~ гибридный лазер
hydrogen ~ водородный лазер
hydrogen fluoride chemical ~ химический лазер на фтористом водороде
hydrogen-iodine ~ водородно-йодный лазер
incoherently pumped ~ лазер с некогерентной накачкой
index-guided ~ лазер с волноводом, сформированным рельефом показателя преломления
industrial ~ промышленный лазер; технологический лазер
infrared [IR] ~ инфракрасный [ИК-] лазер
initiated ~ инициируемый лазер
injection ~ инжекционный лазер
inorganic liquid ~ лазер на неорганической жидкости
integrated ~ интегральный лазер
integrated array ~ матричный интегрально-оптический лазер
integrated optical ~ интегрально-оптический лазер
internally doubled ~ лазер с внутрирезонаторным удвоением частоты
inversionless ~ лазер без инверсии населенностей
iodine ~ йодный лазер
iodine-oxygen ~ йодно-кислородный лазер

iodine-stabilized ~ лазер со стабилизацией частоты по линиям йода
ion ~ ионный лазер
jet-stream dye ~ струйный лазер на красителе
junction ~ диодный лазер, лазерный диод
Kerr-cell Q-switched ~ лазер с модуляцией добротности на ячейке Керра
Kerr-lens mode-locked ~ лазер с синхронизацией мод на основе керровской нелинейности
krypton ~ криптоновый лазер
Lamb-dip stabilized ~ лазер со стабилизацией частоты по лэмбовскому провалу
large aperture ~ лазер с большой апертурой
laser-pumped ~ лазер с лазерной накачкой
lead selenide ~ лазер на селениде свинца
lead telluride ~ лазер на теллуриде свинца
lead vapor ~ лазер на парах свинца
lens-coupled ~ лазер с выходной линзой
leveling ~ лазерный нивелир
light-pumped ~ лазер с оптической накачкой
liquid ~ жидкостный лазер
liquid-flow ~ жидкостный лазер с прокачкой активной смеси
lithium fluoride ~ лазер на фториде лития
lithium niobate ~ лазер на ниобате лития
local oscillator ~ гетеродинный лазер
locked ~ синхронизированный (*внешним сигналом*) лазер
locking ~ синхронизирующий лазер
longitudinally excited [longitudinally pumped] ~ лазер с продольной накачкой
low-amplitude-noise ~ лазер с низким уровнем амплитудных шумов
low-coherence ~ лазер с низкой когерентностью
low-divergence ~ лазер с малой расходимостью пучка

laser

low-intensity [low-power] ~ лазер малой мощности
low-temperature ~ низкотемпературный лазер
low-threshold ~ низкопороговый лазер
low-toxicity chemical ~ низкотоксичный химический лазер
magnetohydrodynamic ~ магнитогидродинамический лазер, МГД-лазер
Maiman ~ рубиновый лазер, лазер Маймана
manganese vapor ~ лазер на парах марганца
master ~ задающий лазер
mercury vapor ~ лазер на парах ртути
mesastripe ~ лазер на мезаструктуре
metal vapor ~ лазер на парах металла
Michelson-type ~ лазер с резонатором Майкельсона
microcavity ~ лазер с микрорезонатором, микролазер
microchip ~ микрочип-лазер
microwave ~ мазер
mid-infrared [mid-IR] ~ лазер среднего ИК-диапазона
miniature crystalline ~ миниатюрный кристаллический лазер
mirrorless ~ беззеркальный лазер
mode-controlled ~ лазер с селекцией мод
mode-dumped ~ лазер с выводом запасенной энергии резонатора
mode-limited ~ лазер с ограничением числа генерируемых мод
mode-locked ~ лазер с синхронизацией мод
mode-locked soliton ~ лазер с солитонной синхронизацией мод
mode-selected ~ лазер с селекцией мод
molecular ~ лазер на молекулах
molecular fluorine ~ лазер на молекулярном фторе
molecular hydrogen ~ лазер на молекулярном водороде
molecularly stabilized ~ лазер, стабилизированный по молекулярному поглощению

molecular nitrogen ~ лазер на молекулярном азоте
monomode ~ одномодовый лазер
multibeam ~ многопучковый лазер
multichip [multicomponent] ~ многокомпонентный [многоэлементный] лазер
multifiber ~ многожильный волоконный лазер
multifold ~ лазер зигзагообразной конфигурации
multifrequency ~ многочастотный лазер
multimode ~ многомодовый лазер
multiphoton ~ многофотонный лазер
multiphoton-pumped ~ лазер с многофотонной накачкой
multiple quantum-well ~ лазер на структуре с несколькими квантовыми ямами, многоямный лазер
multiply charged ion ~ лазер на многозарядных ионах
multisection ~ многосекционный лазер
nanosecond ~ наносекундный лазер
narrow-linewidth ~ лазер с узкой линией генерации
Nd:glass ~ лазер на неодимовом стекле
Nd:YAG ~ лазер на иттриево-алюминиевом гранате с неодимом
Nd:YLF ~ лазер на фториде иттрия-лития с неодимом
near IR ~ лазер ближнего ИК-диапазона
neodymium ~ неодимовый лазер
neodymium-doped calcium tungstate ~ лазер на вольфрамате кальция с неодимом
neodymium-doped yttrium aluminate ~ лазер на алюминате иттрия с неодимом
neodymium glass ~ лазер на неодимовом стекле
neodymium pentaphosphate ~ лазер на пентафосфате неодима
neon ~ неоновый лазер
neutral argon ~ лазер на нейтральном аргоне
neutral neon ~ лазер на нейтральном неоне
nitrogen ~ азотный лазер

laser

noble gas ~ лазер на благородном [инертном] газе
noble-gas ion ~ ионный лазер на благородном [инертном] газе
nuclear-pumped ~ лазер с ядерной накачкой
one-way ~ однонаправленный лазер
optical fiber ~ волоконный лазер
optically coupled ~s лазеры с оптической связью
optically pumped ~ лазер с оптической накачкой
organic dye ~ лазер на органическом красителе
organic liquid ~ лазер на органической жидкости
oxygen ~ лазер на кислороде
oxygen-iodine ~ кислородно-йодный лазер
parametric ~ параметрический лазер
passively mode-locked ~ лазер с пассивной синхронизацией мод
passively stabilized ~ лазер с пассивной схемой стабилизации
passive Q-switched ~ лазер с пассивной модуляцией добротности
phase-conjugate ~ лазер с обращением волнового фронта
phase-locked ~s фазово-синхронизованные лазеры
phonon-terminated ~ лазер на фононно-ограниченном переходе
phosphate glass ~ лазер на фосфатном стекле
photochemical ~ фотохимический лазер
photodissociation ~ фотодиссоциационный лазер
photoinitiated ~ лазер с фотоинициированием; лазер, инициируемый фотолизом
photoionization ~ фотоионизационный лазер
photon preionization [photopreionized] ~ лазер с предионизацией активной среды оптическим излучением
photopumped ~ лазер с оптической накачкой
photorecombination ~ фоторекомбинационный лазер
picosecond ~ пикосекундный лазер

pigtailed ~ лазер с волоконными выводами
pinch-discharge-pumped ~ лазер с накачкой пинч-разрядом
planar ~ планарный лазер
plasma ~ плазменный лазер
platelet ~ пластинчатый лазер
portable ~ портативный лазер; переносный лазер
potassium gadolinium tungstate ~ лазер на калиево-гадолиниевом вольфрамате
powder ~ порошковый лазер
praseodymium ~ празеодимовый лазер
preionization ~ лазер с предионизацией
prism-tunable ~ лазер, перестраиваемый с помощью призмы
probe ~ зондирующий лазер
pulsed ~ импульсный лазер
pump ~ лазер накачки
pyrotechnically pumped ~ лазер с пиротехнической накачкой
Q-switched ~ лазер с модуляцией добротности
quantum cascade ~ квантово-каскадный лазер
quantum-dot ~ лазер на квантовых точках
quantum-well ~ лазер на квантовых ямах
quantum-wire ~ лазер на квантовых нитях
quasi-continuous [quasi-cw] ~ квазинепрерывный лазер
quasi-waveguide ~ квазиволноводный лазер
Raman ~ рамановский [комбинационный] лазер
rare-earth-doped ~ лазер на среде, легированной редкоземельными элементами
rare-gas ~ лазер на инертном [благородном] газе
rare-gas halide ~ лазер на галогенидах инертных [благородных] газов
rare-gas ion ~ лазер на ионах инертных [благородных] газов
recombination ~ рекомбинационный лазер
red ~ лазер, генерирующий в красной области спектра

laser

reference ~ опорный лазер
repetitively-pulsed ~ импульсно-периодический лазер
resonatorless ~ безрезонаторный лазер
RF-excited ~ лазер с ВЧ-накачкой
rhodamine ~ лазер на родамине
ribbon ~ ленточный лазер
ring ~ кольцевой лазер
rotational transition ~ лазер на вращательных переходах
ruby ~ лазер на рубине
scan ~ сканирующий лазер
sealed-off ~ отпаянный лазер
seed ~ затравочный лазер
selenium vapor ~ лазер на парах селена
self-contained ~ автономный лазер
self-mode-locking ~ лазер с самосинхронизацией мод
selfoc ~ лазер на материале селфок; лазер с самофокусировкой
self-Q-switching ~ лазер с самомодуляцией добротности
self-sustained discharge ~ лазер с самоподдерживающимся разрядом
self-terminating ~ лазер на самоограниченных переходах
semiconductor ~ полупроводниковый лазер
sheet ~ листовой лазер
shock-wave-driven ~ лазер с накачкой ударной волной
short cavity ~ лазер с коротким резонатором
silicon vapor ~ лазер на парах кремния
single crystal ~ лазер на монокристалле
single-frequency ~ одночастотный лазер
single-heterojunction ~ гетеролазер
single-heterostructure ~ лазер на одиночной гетероструктуре
single-mode ~ одномодовый лазер
single-pulse ~ моноимпульсный лазер
single quantum-dot ~ лазер на одиночной квантовой точке
single quantum-well ~ лазер на одиночной квантовой яме
single-shot ~ моноимпульсный лазер
single-stage ~ однокаскадный лазер

slave ~ лазер, синхронизированный внешним сигналом
slotted cathode ~ лазер со щелевым катодом
solar-pumped ~ лазер с солнечной накачкой
solid-state ~ твердотельный лазер
solid-state dye ~ твердотельный лазер на красителе
soliton ~ солитонный лазер
spark-initiated ~ лазер, инициируемый искровым разрядом
spiked ~ лазер, работающий в пиковом режиме
spikeless ~ беспичковый лазер
stability enhanced ~ лазер с улучшенной стабильностью
standard ~ эталонный лазер
Stark-tunable ~ лазер со штарковской перестройкой
stimulated Brillouin scattering ~ лазер на вынужденном бриллюэновском рассеянии
stimulated Raman scattering ~ лазер на вынужденном комбинационном рассеянии, ВКР-лазер
storage ~ лазер с накоплением энергии
streamer ~ лазер со стримерным разрядом
stripe ~ полосковый лазер
subpicosecond ~ субпикосекундный лазер
sub-Poissonian ~ субпуассоновский лазер
subsonic ~ лазер на дозвуковом потоке
subsonic mixing chemical ~ химический лазер со смешением в дозвуковом потоке
sulfur-hexafluoride ~ лазер на гексафториде серы
sulfur vapor ~ лазер на парах серы
sun-pumped ~ лазер с солнечной накачкой
superlattice ~ лазер на сверхрешетке
superluminescent ~ сверхлюминесцентный лазер
supermode ~ одночастотный лазер
superradiant ~ лазер на сверхизлучении
supersonic ~ лазер на сверхзвуковом потоке

laser

supersonic chemical ~ сверхзвуковой химический лазер
supersonic mixing chemical ~ химический лазер со смешением в сверхзвуковом потоке
surface ~ поверхностный лазер
surface-normal emitting ~ лазер, излучающий вдоль нормали к поверхности
surface-wave-pumped ~ лазер с накачкой поверхностной волной
synch-pumped ~ лазер с синхронной накачкой
synchronously-pumped mode-locked ~ лазер с синхронизацией мод и синхронной накачкой
tandem ~ сдвоенный лазер
tapered stripe ~ лазер с конической полоской
telecommunication ~ телекоммуникационный лазер
telescope-expanded ~ лазер с телескопическим расширителем пучка
temperature-stabilized ~ термостабилизированный лазер
temperature-tunable ~ лазер с тепловой перестройкой
terawatt ~ тераваттный лазер
terraced-substrate ~ лазер со ступенчатой подложкой
thermally-excited ~ лазер с тепловой накачкой
thermally-initiated chemical ~ химический лазер с тепловым инициированием
thermally-pumped ~ лазер с тепловой накачкой
thin-film ~ тонкопленочный лазер
three-level ~ трехуровневый лазер
tin vapor ~ лазер на парах олова
Ti:S(apphire) ~ титан-сапфировый лазер, лазер на сапфире с титаном
torch ~ малогабаритный лазер
transverse discharge ~ лазер с поперечным разрядом
transverse-flow ~ лазер с поперечной прокачкой
transversely-excited [transversely-pumped] ~ лазер с поперечной накачкой
trapping ~ лазер, формирующий ловушку
traveling-wave ~ лазер бегущей волны
tunable ~ перестраиваемый лазер
twin-cavity ~ двухрезонаторный лазер
twin-stripe ~ двухполосковый лазер
two-level ~ двухуровневый лазер
two-photon ~ двухфотонный лазер, лазер на двухфотонном переходе
two-wave ~ двухволновой лазер
ultrafast ~ лазер, генерирующий сверхкороткие импульсы
ultrahigh-spectral-purity ~ лазер сверхвысокой спектральной чистоты
ultra-intense ~ сверхмощный лазер
ultralow-threshold ~ сверхнизкопороговый лазер
ultrashort-pulse ~ лазер, генерирующий сверхкороткие импульсы
ultraviolet ~ ультрафиолетовый [УФ-] лазер
unidirectional ~ однонаправленный лазер
vacuum UV ~ лазер вакуумного ультрафиолета
vertical-cavity surface-emitting ~ лазер поверхностного излучения с вертикальным резонатором
vertical emitting ~ вертикально излучающий лазер
vibrational transition ~ лазер на колебательных переходах
vibration-rotation ~ лазер на колебательно-вращательных переходах
visible ~ лазер видимого диапазона
water-cooled ~ лазер с водяным охлаждением
water-vapor ~ лазер на парах воды
waveguide ~ волноводный [световодный] лазер
wavelength-tunable ~ лазер с перестройкой длины волны
white ~ лазер, одновременно генерирующий излучение трех основных цветов, белый лазер
xenon ~ ксеноновый лазер
X-ray ~ рентгеновский лазер
yttrium aluminate ~ лазер на алюминате иттрия
yttrium aluminum garnet ~ лазер на иттриево-алюминиевом гранате, ИАГ-лазер
yttrium iron garnet ~ лазер на железо-иттриевом гранате, ЖИГ-лазер

laser

Zeeman ~ зеемановский лазер
zinc ion ~ цинковый ионный лазер
zinc oxide ~ лазер на оксиде цинка
zinc sulfide ~ лазер на сульфиде цинка
laserstrobe лазерный стробоскоп
lasing генерация оптического излучения
  anti-Stokes ~ антистоксова генерация
  atomic ~ генерация на атомных переходах
  bistable ~ бистабильная лазерная генерация
  broadband ~ широкополосная генерация
  continuous ~ непрерывная генерация
  continuously tunable ~ генерация с непрерывной перестройкой
  continuous wave [cw] ~ непрерывная генерация
  distributed-feedback ~ генерация с распределенной обратной связью
  dual-wavelength ~ генерация на двух длинах волн
  free-electron ~ генерация на свободных электронах
  free-running ~ свободная генерация
  inversionless ~ безынверсионная генерация
  long-wavelength ~ длинноволновая генерация
  mirrorless ~ беззеркальная генерация
  mode-locked ~ генерация в режиме синхронизации мод
  molecular ~ генерация на молекулярных переходах
  multiline ~ генерация на нескольких переходах
  multimode ~ многомодовая генерация
  pulsed ~ импульсная генерация
  Q-switched ~ генерация в режиме модуляции добротности
  room-temperature ~ генерация при комнатной температуре
  self-terminating ~ самоограниченная генерация, генерация на самоограниченных переходах
  short-wavelength ~ коротковолновая генерация
  single-frequency ~ одночастотная генерация
  single-line ~ генерация на одном переходе
  single-mode ~ одномодовая генерация
  single-pulse ~ моноимпульсная генерация
  stable ~ устойчивая генерация
  stationary [steady-state] ~ стационарная генерация
  supermode ~ одночастотная генерация
  vibronic ~ генерация на электронно-колебательном переходе
latensification усиление скрытого изображения (*в фотографии*)
latitude широта
  celestial ~ астрономическая широта
  color photographic ~ цветофотографическая широта
  ecliptic ~ эклиптическая широта; астрономическая широта
  galactic ~ галактическая широта
  geographic ~ географическая широта
  heliographic ~ гелиографическая широта
  high ~s высокие широты
  magnetic ~ магнитная широта
lattice (кристаллическая) решетка
  antidot ~ решетка из антиточек
  atomic ~ атомная решетка
  base-centered ~ базоцентрированная решетка
  body-centered ~ объемноцентрированная решетка
  Bravais ~ решетка Браве
  close-packed ~ плотноупакованная решетка
  crystal(line) ~ кристаллическая решетка
  cubic ~ кубическая решетка
  2D ~ двумерная решетка
  3D ~ трехмерная решетка
  defect ~ кристаллическая решетка с дефектами
  disordered crystal ~ разупорядоченная кристаллическая решетка
  face-centered ~ гранецентрированная решетка
  hexagonal ~ гексагональная решетка

law

host ~ решетка-матрица; кристаллическая решетка основного вещества
magneto-optical ~ магнитооптическая решетка
monoclinic ~ моноклинная решетка
one-dimensional ~ одномерная решетка
optical ~ оптическая решетка; световая решетка
photonic ~ решетка фотонного кристалла
quasi-periodic ~ квазипериодическая решетка
reciprocal ~ обратная решетка
rhombic ~ ромбическая решетка
space ~ пространственная решетка
space-centered ~ объемноцентрированная решетка
square ~ квадратная решетка
staggered ~ решетка с шахматной структурой
tetragonal ~ тетрагональная решетка
three-dimensional ~ трехмерная решетка
trigonal ~ тригональная решетка
two-dimensional ~ двумерная решетка
vortex ~ решетка вихрей
wurtzite ~ решетка со структурой вюртцита

law закон, правило
Beer's ~ закон Бэра
Biot ~ закон Био
Blondel-Rey ~ закон Блонделя – Рея
Boltzmann distribution ~ закон распределения Больцмана
Bouguer ~ закон Бугера
Bouguer-Lambert-Beer ~ закон Бугера – Ламберта – Бэра
Bragg('s) ~ закон Брэгга
Brewster ~ закон Брюстера
Bunsen-Roscoe ~ закон Бунзена – Роско
conservation ~ закон сохранения
cosine ~ закон косинусов
decay ~ закон распада, закон затухания
dispersion ~ закон дисперсии
Drude ~ закон Друде
Einstein (photoelectric) ~ закон Эйнштейна
Faraday ~ закон Фарадея
Ferry-Porter ~ закон Ферри – Портера
Fresnel ~ закон Френеля
Fresnel-Huygens ~ закон Френеля – Гюйгенса
Gershun's ~ закон Гершуна
Goldschmidt ~ закон Гольдшмидта
Grassmann ~s законы Грассмана
Grotthuss(-Draper) ~ закон Гроттуса
Gruneisen ~ закон Грюнайзена
Hubble ~ закон Хаббла, закон красного смещения
inverse-square ~ закон обратных квадратов; закон Кулона
Jeans radiation ~ закон излучения Джинса
Kirchhoff radiation ~ закон излучения Кирхгофа
Knudt ~ **of abnormal dispersion** закон аномальной дисперсии Кнудта
Lambert ~ закон Ламберта
Lambert-Beer ~ закон Ламберта – Бэра
Malus ~ закон Малюса
Mie ~ закон рассеяния Ми
Moseley ~ закон Мозли
Mott ~ закон Мотта
Paschen ~ закон Пашена
Planck ~ закон Планка; формула Планка
Planck radiation ~ закон излучения Планка
quantization ~ закон квантования
Rayleigh ~ закон Рэлея
Rayleigh-Jeans radiation ~ закон излучения Рэлея – Джинса
reciprocity ~ закон взаимности
red-shift ~ закон красного смещения, закон Хаббла
reflection ~ закон отражения
refraction ~ закон преломления
Richardson ~ закон Ричардсона
Rytov ~ закон Рытова
Smith-Helmholtz ~ закон Смита – Гельмгольца
Snell ~ закон (преломления) Снелля
Stefan ~ закон Стефана
Stefan-Boltzmann radiation ~ закон излучения Стефана – Больцмана
Stokes ~ закон Стокса
Talbot ~ закон Тальбота

lens

Vavilov ~ закон Вавилова
Vegard ~ закон Вегарда
Weber-Fechner ~ закон Вебера – Фехнера
Wien radiation ~ закон излучения Вина

layer слой
  acceptor ~ акцепторный слой
  accumulation ~ слой обогащения
  active ~ активный слой
  adjacent ~ прилегающий слой
  alternating ~s чередующиеся слои
  amorphous ~ аморфный слой
  antihalation ~ противоореольный слой
  antireflection ~ просветляющий слой
  atomic ~ атомный слой
  atomic-smooth ~ атомно-гладкий слой
  barrier ~ барьерный слой
  bottom ~ нижний слой
  boundary ~ граничный слой
  buffer ~ буферный слой
  cap ~ верхний защитный слой
  cladding ~ оболочка; слой покрытия
  cloud ~ облачный слой
  coating ~ слой покрытия
  conducting ~ проводящий слой
  corneal ~ роговичный слой
  depletion ~ обедненный слой
  dielectric ~ диэлектрический слой
  donor ~ донорный слой
  doped ~ легированный слой
  double ~ двойной слой
  electroluminescent ~ электролюминесцентный слой
  enriched ~ обогащенный слой
  epitaxial ~ эпитаксиальный слой
  granular ~ of retina зернистый слой сетчатки
  guiding ~ волноводный слой
  high-index ~ слой с повышенным показателем преломления
  implanted ~ имплантированный слой
  impurity ~ примесный слой
  inhomogeneous ~ неоднородный слой
  inorganic ~ неорганический слой
  insulating ~ изолирующий слой; слой диэлектрика
  interface ~ приграничный слой; слой на границе раздела
  intrinsic ~ слой с собственной проводимостью
  inversion ~ инверсионный слой
  ion-implanted ~ ионно-имплантированный слой
  ionospheric ~ ионосферный слой
  isotropic ~ изотропный слой
  Knudsen ~ слой Кнудсена
  light-sensitive ~ светочувствительный слой
  liquid-crystal ~ жидкокристаллический слой
  lower ~ нижний слой
  low-index ~ слой с пониженным показателем преломления
  luminescent ~ люминесцирующий слой
  luminous ~ светящийся слой
  metal ~ металлический слой
  mode-guiding ~ волноводный слой
  monoatomic ~ моноатомный слой
  monomolecular ~ мономолекулярный слой
  near-surface ~ приповерхностный слой
  nonuniform ~ неоднородный слой
  opaque ~ непрозрачный слой
  organic ~ органический слой
  outer ~ внешний [наружный] слой
  oxide ~ оксидный слой
  passivation ~ пассивирующий слой
  photoconductive ~ фотопроводящий слой
  photoresist ~ слой фоторезиста
  photosensitive ~ фоточувствительный слой
  photothermoplastic ~ слой фототермопластика
  phototropic ~ фототропный слой
  polar-ordered ~ полярно-упорядоченный слой
  polymer ~ слой полимера
  protective ~ защитный слой
  quarter-wave ~ четвертьволновый слой
  reference ~ эталонный слой; слой сравнения
  reflecting ~ отражающий слой
  refracting ~ преломляющий слой
  resist ~ слой резиста
  scattering ~ рассеивающий слой
  semiconductor ~ полупроводниковый слой
  sensitive ~ чувствительный слой
  silicon ~ слой кремния
  skin ~ поверхностный слой, скин-слой

space charge ~ приконтактный слой объемного заряда
substrate ~ слой подложки
surface ~ поверхностный слой
thin ~ тонкий слой
top ~ верхний слой
transition ~ переходный слой
transparent ~ прозрачный слой
uniform ~ однородный слой
upper ~ верхний слой
uppermost ~ самый верхний слой
wetting ~ смачивающий слой
layout :
   optical ~ оптическая схема
lead свинец, Pb
leakage утечка, течь; просачивание
   quantum ~ туннельный эффект
leg плечо
   interferometer ~ плечо интерферометра
length длина
   absorption ~ длина поглощения
   attenuation ~ длина затухания, длина ослабления
   autocorrelation ~ длина автокорреляции
   birefringence beat ~ длина биений двулучепреломления
   bond ~ длина связи
   bunch ~ длина сгустка
   burst ~ длительность пачки импульсов
   carrier drift ~ длина дрейфа носителей
   cavity ~ длина резонатора
   cell ~ длина ячейки; длина кюветы
   characteristic ~ характеристическая длина
   coherence ~ длина когерентности
   coherent interaction ~ когерентная длина взаимодействия
   coherent scattering ~ когерентная длина рассеяния
   correlation ~ длина корреляции
   critical ~ критическая длина; характеристическая длина
   Debye ~ дебаевский радиус экранирования
   decay ~ длина затухания
   decorrelation ~ длина декорреляции
   diffusion ~ длина диффузии
   focal ~ фокусное расстояние, фокус

   free path ~ длина свободного пробега
   Fresnel ~ длина Френеля
   front focal ~ переднее фокусное расстояние, фокусное расстояние в пространстве объектов
   gain ~ длина усиления
   gate ~ длительность стробирующего импульса
   image-side focal ~ заднее фокусное расстояние, фокусное расстояние в пространстве изображений
   interaction ~ длина взаимодействия
   localization ~ длина локализации; радиус локализации
   mid-focal ~ среднее фокусное расстояние
   objective focal ~ переднее фокусное расстояние, фокусное расстояние в пространстве объектов
   optical ~ оптическая длина
   optical path ~ длина оптического пути
   path ~ длина пути
   penetration ~ глубина проникновения
   Planck ~ планковская длина
   plasma ~ дебаевский радиус экранирования
   propagation ~ длина распространения
   pulse ~ длительность импульса
   reduced focal ~ приведенное фокусное расстояние
   scattering ~ длина рассеяния
   sweep ~ длительность развертки
   unit ~ единичная длина
   wave ~ длина волны
lens линза; объектив
   ~ **of eye** хрусталик
   accessory ~ насадочная линза; дополнительная линза
   achromatic ~ ахроматическая линза, ахромат
   adapter ~ насадочная линза
   afocal ~ афокальная линза; афокальный объектив
   anamorphic ~ анаморфот
   anastigmatic ~ анастигматическая линза, анастигмат
   antireflection ~ просветленная линза; просветленный объектив
   antispectroscopic ~ ахроматическая линза, ахромат

lens

aplanatic ~ апланат
apochromatic ~ апохромат
AR-coated ~ просветленная линза; просветленный объектив
aspherical ~ асферическая линза
astigmatic ~ астигматическая линза, астигмат
auxiliary ~ насадочная линза; дополнительная линза
axicon ~ линза-аксикон
back ~ задняя линза
Barlow ~ линза Барлоу
bayonet-mount ~ объектив в байонетной оправе
Bertrand ~ линза Бертрана
biconcave ~ двояковогнутая линза
biconvex ~ двояковыпуклая линза
bifocal ~ двухфокусная [бифокальная] линза
biplanar ~ бипланарная линза
bloomed ~ просветленная линза; просветленный объектив
camera ~ объектив фото- *или* кинокамеры
Cartesian ~ декартова линза
catadioptic ~ зеркально-линзовый объектив
cine ~ кинообъектив
cine projection ~ кинопроекционный объектив
circular Fresnel ~ круговая линза Френеля
close-up ~ макросъемочная линза
coated ~ просветленная линза; просветленный объектив
collecting ~ собирающая [положительная] линза
collimating ~ коллимирующая линза
color-corrected ~ ахромат; апохромат
compensating ~ компенсирующая линза
compound ~ составная линза
concave ~ вогнутая линза
concave-convex ~ вогнуто-выпуклая линза
concentric ~ концентричная линза
condenser ~ конденсорная линза
conical ~ коническая линза
contact ~ контактная линза
convergent [converging] ~ собирающая [положительная] линза
convex ~ выпуклая линза
convex-concave ~ выпукло-вогнутая линза
corneal ~ корнеальная линза
corrected ~ корригированный объектив
correcting ~ корректирующая линза
coupling ~ линза связи; линза ввода-вывода
crystalline ~ кристаллическая линза
cylindrical ~ цилиндрическая линза
deanamorphic ~ дезанаморфирующий объектив
demag(nification) ~ уменьшающая линза
dielectric ~ диэлектрическая линза
diffraction-limited ~ линза с предельным разрешением
diffusion ~ смягчающая линза
dispersive ~ рассеивающая [отрицательная] линза
distortion-free ~ неискажающая линза
divergent [diverging] ~ рассеивающая [отрицательная] линза
double-concave ~ двояковогнутая линза
double-convex ~ двояковыпуклая линза
dry ~ сухой объектив
dual ~ сдвоенный объектив
echelon ~ линза Френеля; ступенчатая линза
electron ~ электронная линза
electrostatic ~ электростатическая линза
enlarging ~ увеличительная линза
equiconcave ~ двояковогнутая линза
equiconvex ~ двояковыпуклая линза
erector ~ оборачивающая линза; оборачивающий объектив
expander ~ линза-расширитель
eye(piece) ~ линза окуляра; окулярный объектив
fast ~ светосильный объектив
fiber ~ волоконная линза
fish-eye ~ объектив типа «рыбий глаз»
fixed-focal-length [fixed-focus] ~ объектив с фиксированным фокусным расстоянием, объектив с фиксированной наводкой (*на гиперфокальные расстояния*)
fluorographic ~ флуорографический объектив

fly's-eye ~ фасеточная линза типа «мушиный глаз»
focusing ~ фокусирующая линза
Fourier transform ~ фурье-преобразующая линза
Fresnel ~ линза Френеля
front ~ фронтальная линза
Gauss ~ объектив Гаусса
graded-index [gradient-index] ~ градиентная линза
grating ~ линза на основе дифракционной решетки, дифракционная линза
hemispherical ~ полусферическая линза
high-aperture ~ светосильная линза; светосильный объектив
high-resolution ~ высокоразрешающий объектив
high-speed ~ светосильный объектив
holographic ~ голографическая линза
hyperbolic ~ гиперболическая линза
hyperchromatic ~ гиперхроматическая линза
image-forming [imaging] ~ изображающая линза
immersion ~ иммерсионная линза
interchangeable ~ сменный объектив
intermediate ~ промежуточная линза
Kerr ~ керровская линза
kinoform ~ киноформная линза
laminated ~ многослойная линза
large-aperture ~ светосильный объектив
lenticular ~ линза Френеля; растровая линза
liquid-crystal ~ жидкокристаллическая линза
long-focal-length [long-focus] ~ длиннофокусная линза
Luneburg ~ линза Люнеберга
magnetic ~ магнитная линза
magnifying ~ увеличительная линза; лупа
Maksutov ~ объектив Максутова
meniscus ~ мениск
microcorneal ~ микрокорнеальная линза
mirror ~ зеркальная линза
negative ~ отрицательная [рассеивающая] линза

nonlinear ~ нелинейная линза
objective ~ линза объектива; объектив
ocular ~ линза окуляра
ophthalmic contact ~ глазная контактная линза
optical ~ оптическая линза
pancratic ~ панкратический объектив, объектив с регулируемой оптической силой
panoramic ~ панорамный объектив
parabolic ~ параболическая линза
perfect ~ идеальная линза
periscope ~ перископический объектив
Petzval ~ линза Петцваля
photochromic ~ фотохромная линза
photographic ~ фотообъектив
planar ~ планарная линза
plane-concave ~ плосковогнутая линза
plane-convex ~ плосковыпуклая линза
planoconcave ~ плосковогнутая линза
planoconvex ~ плосковыпуклая линза
planocylinder ~ плоскоцилиндрическая линза
plastic ~ пластмассовая линза
positive ~ положительная [собирающая] линза
projection ~ проекционная линза
quadrupole ~ квадрупольная линза
rapid ~ светосильный объектив
reduction ~ уменьшающая линза
reference ~ образцовая линза
reflector ~ зеркальный объектив
refractive ~ преломляющая линза
retrofocus ~ ретрофокусный объектив
Ross ~ объектив Росса
short-focal-length [short-focus] ~ короткофокусная линза
soft-focus ~ мягкорисующая линза
spectacle ~ очковое стекло
spherical ~ сферическая линза
standard ~ штатный объектив
stepped ~ зонированная линза
stippled ~ рифленая линза
stopped-down ~ диафрагмированный объектив
supplementary ~ насадочная линза; насадочный объектив
symmetrical ~ симметричная линза

lens

telephoto ~ телеобъектив
telescopic ~ телеобъектив; телескопическая линза
thermal ~ тепловая [термическая] линза
thick ~ толстая линза
thin ~ тонкая линза
toroidal ~ тороидальная линза
variable-focal-length [variable magnification zoom, varifocal] ~ объектив с переменным фокусным расстоянием; вариообъектив, трансфокатор
Veselago's ~ линза Веселаго
waveguide ~ волноводная линза
wide-angle ~ широкоугольный объектив
zoom ~ линза с переменным фокусным расстоянием; вариообъектив, трансфокатор

lensing образование линзы
leucoma бельмо
  corneal ~ бельмо роговицы
level 1. уровень 2. нивелир
  acceptor ~ акцепторный уровень
  atomic (energy) ~ атомный уровень (энергии)
  attachment ~ уровень прилипания
  background ~ уровень фона
  binocular ~ бинокулярный нивелир
  crystal field ~ уровень кристаллического поля
  cutoff ~ уровень отсечки
  deep ~ глубокий уровень
  deep-lying ~ глубокий энергетический уровень
  defect ~ дефектный уровень
  degenerate ~ вырожденный уровень
  depleted ~ опустошенный уровень
  discrete ~ дискретный уровень
  donor ~ донорный уровень
  doping ~ уровень легирования
  double ~ двойной уровень
  doublet ~ дублетный уровень
  doubly degenerate ~ дважды вырожденный уровень
  electronic ~ электронный уровень
  energy ~ энергетический уровень
  excitation ~ уровень возбуждения
  excited ~ возбужденный уровень
  exciton(ic) ~ экситонный уровень
  4f ~ уровень 4f-конфигурации
  4f5d ~ уровень конфигурации 4f5d
  Fermi ~ уровень Ферми
  ground ~ основной уровень
  ground-state ~s уровни основного состояния
  hyperfine ~ сверхтонкий уровень
  illumination ~ уровень освещения
  impurity ~ примесный уровень
  injection ~ уровень инжекции
  intensity ~ уровень интенсивности
  intermediate ~ промежуточный уровень
  intrinsic ~ собственный уровень
  Landau ~ уровень Ландау
  lasing ~ лазерный уровень
  long-lived ~ долгоживущий уровень
  lower ~ нижний уровень
  magnetic ~ магнитный уровень
  metastable ~ метастабильный уровень
  molecular ~ молекулярный уровень
  negative rotational ~ отрицательный вращательный уровень
  noise ~ уровень шума
  nondegenerate ~ невырожденный уровень
  nuclear ~ ядерный уровень
  operating ~ рабочий уровень
  perturbed ~ возмущенный уровень
  phonon ~ фононный уровень
  positive rotational ~ положительный вращательный уровень
  power ~ уровень мощности
  pump ~ уровень накачки
  quantization ~ уровень квантования
  quantum ~ квантовый уровень
  quartet ~ квартетный уровень
  quasi-degenerate ~ квазивырожденный уровень
  quasi-energy ~ уровень квазиэнергии
  quasi-Fermi ~ квазиуровень Ферми
  radiative ~ излучательный уровень
  resonance ~ резонансный уровень
  rotational ~ вращательный уровень
  ro-vibrational ~ колебательно-вращательный уровень
  saturation ~ уровень насыщения
  sensitivity ~ уровень чувствительности
  shallow ~ мелкий уровень
  short-lived ~ короткоживущий уровень
  shot-noise ~ уровень дробового шума

light

signal ~ уровень сигнала
single-molecule ~ уровень одиночной молекулы
spin-degenerate ~ уровень, вырожденный по спину
squeezing ~ уровень сжатия
Stark ~ штарковский уровень
Tamm surface ~ поверхностный уровень Тамма
threshold ~ пороговый уровень
triply degenerate ~ трижды вырожденный уровень
unoccupied ~ незанятый уровень
upper ~ верхний уровень
vacant ~ незанятый уровень
vibrational ~ колебательный уровень
vibronic ~ вибронный уровень
virtual ~ виртуальный уровень
Zeeman ~ зеемановский уровень

levitation левитация
  magnetic ~ магнитная левитация
  optical ~ оптическая левитация
libration либрация
  optical ~ оптическая либрация
libron либрон
lidar лазерный локатор, лидар
  atmospheric ~ атмосферный лидар
  differential absorption ~ лидар дифференциального поглощения
  Doppler ~ доплеровский лидар
  monopulse ~ моноимпульсный лидар
  Raman ~ рамановский лидар
lifetime время жизни
  carrier ~ время жизни носителей
  carrier-carrier scattering ~ время жизни по отношению к рассеянию носителей на носителях
  carrier-phonon scattering ~ время жизни по отношению к рассеянию носителей на фононах
  cavity ~ время затухания резонатора
  coherence ~ время когерентности; время фазовой релаксации
  collisional ~ столкновительное время жизни
  dark ~ темновое время жизни
  dephasing ~ время дефазировки, время фазовой памяти, время поперечной релаксации
  effective ~ эффективное время жизни
  emission ~ время жизни свечения
  excited-state ~ время жизни возбужденного состояния
  exciton ~ время жизни экситона
  fluorescence ~ время жизни флуоресценции
  gain ~ время жизни усиления
  longitudinal ~ продольное время жизни
  luminescence ~ время жизни люминесценции
  mean ~ среднее время жизни
  natural ~ естественное время жизни
  nonradiative ~ безызлучательное время жизни
  photocarrier ~ время жизни фотоносителей
  photon ~ время жизни фотона
  population ~ время жизни заселенности
  radiative ~ излучательное время жизни
  recombination ~ рекомбинационное время жизни
  single-molecule ~ время жизни одиночной молекулы
  spin ~ время жизни спина
  spin-memory ~ время спиновой памяти
  spin-orientation ~ время жизни спиновой ориентации
  spin-polarization ~ время жизни спиновой поляризации
  spontaneous emission ~ время жизни спонтанного излучения
  transverse ~ поперечное время жизни
  vibrational ~ колебательное время жизни
ligand лиганд
  bridging ~ мостиковый лиганд
  organic ~s органические лиганды
  sensitizing ~s сенсибилизирующие лиганды
light 1. свет 2. лампа; фонарь
  actinic ~ актиничный свет
  ambient ~ освещение, исходящее из окружающей среды
  amplitude-squeezed ~ амплитудно-сжатый свет
  artificial ~ искусственный свет
  auroral ~ свет полярного сияния
  backscattered ~ свет, рассеянный назад

193

light

chopped ~ модулированный свет
circularly polarized ~ циркулярно поляризованный свет
classical ~ классический свет
coherent ~ когерентный свет
collimated ~ коллимированный свет
completely polarized ~ полностью поляризованный свет
concentrated sun ~ концентрированный солнечный свет
day ~ дневной свет
dazzle ~ слепящий свет
deflected ~ отклоненный свет
depolarized ~ деполяризованный свет
diffuse ~ диффузный свет
direct ~ прямой свет
directional ~ направленный свет
elliptically polarized ~ эллиптически поляризованный свет
emitted ~ испущенный свет
entangled ~ перепутанный свет
excitation ~ возбуждающий свет
extraneous ~ посторонняя засветка
fluorescent ~ флуоресцентное излучение
focused ~ сфокусированный свет
galactic ~ галактическое свечение
heterochromic ~ гетерохромный свет
high-intensity ~ свет высокой интенсивности
incident ~ падающий свет
incoherent ~ некогерентный свет
incoming ~ падающий свет; приходящий свет
infrared ~ инфракрасное [ИК-] излучение
input ~ входной свет
laser ~ лазерный свет
left-hand polarized ~ левоциркулярно поляризованный свет
linearly polarized ~ линейно поляризованный свет
liquid ~ «жидкий свет»
long-wavelength ~ длинноволновый свет
luminescent ~ люминесцентное излучение
modulated ~ модулированный свет
monochromatic ~ монохроматический свет
natural ~ естественный свет
near-field ~ ближнепольное излучение

night-sky ~ свечение ночного неба
nonactinic ~ неактиничный свет
nonclassical ~ неклассический свет
omnidirectionally reflected ~ всесторонне-отраженный свет
outgoing ~ выходящий свет
output ~ выходной свет
partially coherent ~ частично когерентный свет
partially polarized ~ частично поляризованный свет
pilot ~ сигнальная лампа
plane-polarized ~ линейно поляризованный свет
polarization-scalar ~ поляризационно-скалярный свет
polarization-squeezed ~ поляризационно-сжатый свет
polarized ~ поляризованный свет
probe ~ пробный [зондирующий] свет
pulsed ~ импульсное оптическое излучение
pump(ing) ~ свет накачки
purple ~ пурпурный свет
quadrature-squeezed ~ квадратурно-сжатый свет
quantized ~ квантованный свет
quasi-coherent ~ квазикогерентный свет
quasi-monochromatic ~ квазимонохроматический свет
readout ~ считывающий свет
recording ~ записывающий свет
reflected ~ отраженный свет
refracted ~ преломленный свет
resonance [resonant] ~ резонансный свет
right-hand polarized ~ правоциркулярно поляризованный свет
scattered ~ рассеянный свет
second harmonic ~ излучение второй гармоники
short-wavelength ~ коротковолновый свет
single-mode ~ одномодовый свет
solar ~ солнечный свет
spurious ~ паразитный свет
squeezed ~ сжатый свет
star ~ звездный свет
stored ~ накопленный [запасенный] свет
stray ~ рассеянный свет
sub-Poisson ~ субпуассоновский свет

sun ~ солнечный свет
superluminal ~ свет, распространяющийся со сверхсветовой скоростью
supersqueezed ~ сверхсжатый свет
transmitted ~ прошедший свет
ultraslow ~ сверхмедленный свет
ultraviolet ~ ультрафиолетовый [УФ-] свет
unpolarized ~ неполяризованный свет
visible ~ видимый свет
white ~ белый свет
zodiacal ~ зодиакальный свет
lighten освещать; светлеть
lightfield поле световой волны, световое поле
lightguide световод
  fiber optic ~ волоконно-оптический световод
lighting освещение
  arc ~ освещение дуговыми лампами
  artificial ~ искусственное освещение
  back ~ заднее освещение; контровое освещение
  background ~ подсветка
  black ~ невидимое излучение (*ИК и УФ*)
  diffuse ~ диффузное освещение
  diffused ~ рассеянное освещение
  direct ~ прямое освещение
  directional ~ направленное освещение
  emergency ~ дежурное освещение
  fluorescent ~ люминесцентное освещение
  front ~ фронтальное [переднее] освещение
  hard ~ контрастное освещение
  incandescent ~ освещение лампами накаливания
  outdoor ~ естественное [дневное] освещение
lightning молния
  ball [globe, globular] ~ шаровая молния
  ribbon ~ ленточная молния
  streak ~ линейная молния
  summer ~ зарница
lightwave световая волна
likelihood правдоподобие
  maximum ~ максимальное правдоподобие
limb лимб; круговой край
  ~ **of the Moon** край лунного диска
  solar ~ край диска Солнца
limit предел; граница
  Abbe resolution ~ предел разрешения Аббе
  adiabatic ~ адиабатический предел
  adiabatic cooling ~ предел адиабатического охлаждения
  asymptotic ~ асимптотический предел
  bad-cavity ~ предел низкодобротного резонатора
  ballistic ~ баллистический предел
  classical ~ классический предел
  coherent ~ когерентный предел
  convergence ~ граница сходимости
  detection ~ предел обнаружимости
  diffraction ~ дифракционный предел
  dissociation ~ граница диссоциации
  Doppler ~ доплеровский предел
  far-off resonance ~ предел большого удаления от резонанса
  Fermi ~ граница Ферми
  frequency ~ граничная частота
  fundamental ~ фундаментальный предел
  grazing incidence ~ предел скользящего падения
  high-density ~ предел высоких плотностей
  high-frequency ~ предел высоких частот
  high-intensity ~ предел высоких интенсивностей
  high-pressure ~ предел высоких давлений
  ionization ~ граница ионизации
  large-detuning ~ предел сильных расстроек
  long-wavelength ~ длинноволновая граница
  low-density ~ предел низких плотностей
  lower ~ нижний предел
  low-intensity ~ предел малых интенсивностей
  low-temperature ~ предел низких температур, низкотемпературный предел
  microscopic ~ микроскопический предел
  predissociation ~ граница предиссоциации

limit

quantum ~ квантовый предел
quasi-static ~ квазистатический предел
Rayleigh ~ рэлеевский предел
resolution ~ предел разрешения
series ~ граница серии
short-wavelength ~ коротковолновая граница
shot-noise ~ предел, определяемый дробовым шумом
small-signal ~ предел слабых сигналов
strong-coupling ~ предел сильной связи; предел сильного взаимодействия
strong-excitation ~ предел сильного взаимодействия
strong-field ~ предел сильного поля
thermodynamic ~ термодинамический предел
tight-binding ~ предел сильной связи
upper ~ верхний предел
weak-field ~ предел слабого поля
zero-frequency ~ предел нулевых частот
zero-temperature ~ предел нулевых температур; низкотемпературный предел

limitation ограничение
  frequency ~ частотное ограничение
  size ~s размерные ограничения
  technological ~s технологические ограничения

limiter ограничитель
  amplitude ~ амплитудный ограничитель
  beam angle ~ ограничитель расходимости пучка
  optical ~ оптический ограничитель

line линия
  ~ of sight визирная линия
  absorption ~ линия поглощения
  anti-Stokes ~ антистоксова линия
  atomic ~ атомная линия
  base ~ базисная линия
  beam ~ ось пучка
  biexciton ~ биэкситонная линия
  broad ~ широкая линия
  communication ~ линия связи
  dash(ed) ~ штриховая линия
  dash(ed)-dot ~ штрихпунктирная линия
  delay ~ линия задержки
  dislocation ~ дислокационная линия
  dot(ted) ~ пунктирная линия
  emission ~ линия излучения
  excitation ~ линия возбуждения
  exciton(ic) ~ экситонная линия
  extra ~ лишняя линия
  fiber delay ~ волоконная линия задержки
  fiber-optical communication ~ волоконно-оптическая линия связи, ВОЛС
  fluorescence ~ линия флуоресценции
  forbidden ~ запрещенная линия
  Fraunhofer ~ линия Фраунгофера, фраунгоферова линия
  free exciton ~ линия свободного экситона
  ghost ~ ложная спектральная линия, «дух»
  homogeneously broadened ~ однородно уширенная линия
  inhomogeneously broadened ~ неоднородно уширенная линия
  intercombination ~ интеркомбинационная линия
  interstellar absorption ~s линии поглощения межзвездной среды
  isochromatic ~ изохроматическая линия, изохрома
  laser ~ лазерная линия
  Lorentz ~ лорентцева линия
  luminescence ~ линия люминесценции
  multiphoton ~ многофотонная линия
  narrow ~ узкая линия
  no-phonon ~ бесфононная линия
  optical delay ~ оптическая линия задержки
  phosphorescence ~ линия фосфоресценции
  photoluminescence ~ линия фотолюминесценции
  plasma ~ плазменная линия
  Raman ~ линия рамановского [комбинационного] рассеяния
  recombination ~ линия рекомбинации
  reference ~ опорная линия
  resonance ~ резонансная линия
  self-reversed ~ самообращенная линия

localization

sharp ~ резкая линия; узкая линия
sighting ~ визирная линия
single-molecule ~ линия одиночной молекулы
solid ~ сплошная линия
spectral ~ спектральная линия
Stokes ~ стоксова линия
tangent(ial) ~ касательная (линия)
transmission ~ линия передачи
ultranarrow ~ сверхузкая линия
vibrational ~ колебательная линия
zero-phonon ~ бесфононная линия
linearity линейность
linearization линеаризация
lineshape форма линии
  spectral ~ спектральная форма линии
linewidth ширина линии
  atomic ~ ширина атомной линии
  cavity ~ ширина линии резонатора
  Doppler ~ доплеровская ширина линии
  effective ~ эффективная ширина линии
  excitation ~ ширина линии возбуждения
  exciton ~ ширина линии экситона
  homogeneous ~ однородная ширина линии
  inhomogeneous ~ неоднородная ширина линии
  intrinsic ~ собственная ширина линии
  laser ~ ширина линии лазерной генерации
  modal ~ модовая ширина линии
  natural ~ естественная ширина линии
  radiative ~ излучательная ширина линии
  Raman ~ ширина линии комбинационного рассеяния
  spectral ~ спектральная ширина линии
  spontaneous emission ~ ширина линии спонтанного излучения
  transition ~ ширина линии перехода
link связь, соединение
  laser ~ лазерная линия связи
  line-of-sight ~ линия связи в зоне прямой видимости
liquid жидкость || жидкий
  cooling ~ охлаждающая жидкость
  exciton(ic) ~ экситонная жидкость
  immersion ~ иммерсионная жидкость
  Kerr ~ керровская жидкость
  nonpolar ~ неполярная жидкость
  nontransparent ~ непрозрачная жидкость
  optically active ~ оптически активная жидкость
  polar ~ полярная жидкость
  quantum ~ квантовая жидкость
  refractive-index ~s иммерсионные жидкости
lithium литий, Li
lithography литография
  electron-beam ~ электронно-лучевая литография
  high-resolution ~ литография высокого разрешения
  interference ~ интерференционная литография
  laser ~ лазерная литография
  near-field ~ ближнепольная литография
  optical ~ оптическая литография
  optical projection ~ оптическая проекционная литография
  quantum ~ квантовая литография
  submicrometer ~ субмикронная литография
  two-photon optical ~ двухфотонная оптическая литография
  X-ray ~ рентгеновская литография
lobe лепесток (*диаграммы направленности*)
locality локальность
localization локализация
  Anderson ~ андерсоновская локализация
  dynamic(al) ~ динамическая локализация
  lateral ~ поперечная [латеральная] локализация
  light ~ локализация света
  quantum ~ квантовая локализация
  self- самолокализация
  spatial ~ пространственная локализация
  strong ~ сильная локализация
  three-dimensional ~ трехмерная локализация
  two-dimensional ~ двумерная локализация

localization

vibration energy ~ локализация колебательной энергии
weak ~ слабая локализация
location 1. местоположение; расположение **2.** ячейка (*памяти*) **3.** локация
   active ~ активная локация
   image ~ положение изображения
   infrared [IR] ~ инфракрасная [ИК-] локация
   laser ~ лазерная локация
   memory ~ ячейка памяти; адрес ячейки памяти
   optical ~ оптическая локация
   passive ~ пассивная локация
locking синхронизация; захват
   active mod ~ активная синхронизация мод
   frequency ~ захват частоты
   injection ~ внешняя синхронизация
   mode ~ синхронизация мод
   passive mode ~ пассивная синхронизация мод
   phase ~ фазовая синхронизация
   self-mode ~ самосинхронизация мод
   spontaneous mode ~ самопроизвольная синхронизация мод
locus :
   achromatic ~ ахроматическая область (*в диаграмме цветности*)
   blackbody [Planckian] ~ линия цветности черного тела
   spectral [spectrum] ~ **1.** поверхность спектральных цветностей **2.** линия спектральных цветностей
logic логика
   binary ~ двоичная [бинарная] логика
   magneto-optical ~ магнитооптическая логика
   quantum ~ квантовая логика
   threshold ~ пороговая логика
longitude долгота
   astronomical ~ астрономическая долгота
   ecliptic ~ эклиптическая долгота
   galactic ~ галактическая долгота
   geographic ~ географическая долгота
longsightedness дальнозоркость
looming мираж; верхний мираж
loop петля
   feedback ~ петля обратной связи
   fiber ~ волоконная петля
   hysteresis ~ петля гистерезиса
   phase-locked ~ петля фазовой синхронизации
   Sagnac ~ петля Саньяка
Lorentzian лорентциан || лорентцев
loss потеря; потери
   absorption ~ потери на поглощение
   aperture ~ апертурные потери, потери на апертуре
   attenuation ~ потери на затухание
   bend ~ изгибные потери (*в волокне*)
   cavity ~ потери резонатора
   cladding ~ потери, обусловленные оболочкой
   collisional ~ столкновительные потери
   connector ~ потери на разъеме
   coupling ~ **1.** потери связи **2.** переходное затухание
   dielectric ~ диэлектрические потери
   diffraction ~ дифракционные потери
   diffusion ~ диффузионные потери
   dissipative ~ диссипативные потери
   divergence ~ потери на расходимость
   dominant ~ преобладающие потери
   energy ~ энергетические потери
   extra ~ избыточные потери
   fiber ~ потери в световоде
   Fresnel (reflection) ~ потери на отражение, френелевские потери
   insertion ~ вносимые потери
   internal ~ внутренние потери
   ionization ~ потери на ионизацию
   linear ~ линейные потери
   microbending ~ потери на микроизгибах
   net ~ полные потери
   nonlinear ~ нелинейные потери
   optical ~ оптические потери
   path ~ потери на трассе
   polarization-dependent ~ потери, зависящие от поляризации
   propagation ~ потери при распространении
   radiation ~ потери на излучение
   reflection ~ потери на отражение
   return ~ потери на обратный ход; потери на отражение
   round-trip ~ потери на двойной проход

scattering ~ потери на рассеяние
sensitivity ~ потери чувствительности
specific ~ удельные потери
splice ~ потери в точках сращивания; потери в спаях (*световода*)
total ~ полные потери
transmission ~ оптические потери; потери на прохождение
loupe лупа
  eyeglass ~ очковая лупа
lumen люмен (*единица светового потока*)
luminaire светильник
  fluorescent ~ люминесцентный светильник
luminance яркость
  background ~ фоновая яркость
  equivalent ~ эквивалентная яркость
  image ~ яркость изображения
  integrated ~ интегральная яркость
luminescence люминесценция
  anti-Stokes ~ антистоксова люминесценция
  background ~ фоновая люминесценция
  band-edge ~ краевая люминесценция
  characteristic ~ характерная люминесценция
  chemical ~ хемилюминесценция
  cooperative ~ кооперативная люминесценция
  cross-relaxation ~ кросс-релаксационная люминесценция
  edge ~ краевая люминесценция
  enhanced ~ усиленная люминесценция
  exciton ~ экситонная люминесценция
  hot ~ горячая люминесценция
  impact ~ ударная люминесценция
  infrared ~ инфракрасная [ИК-] люминесценция
  injection ~ инжекционная люминесценция
  interband ~ межзонная люминесценция
  intrinsic ~ собственная люминесценция
  laser-induced ~ люминесценция при лазерном возбуждении
  parametric ~ параметрическая люминесценция
  photosensitized ~ фотосенсибилизированная люминесценция
  polarized ~ поляризованная люминесценция
  recombination ~ рекомбинационная люминесценция
  resonance ~ резонансная люминесценция
  room temperature ~ люминесценция при комнатной температуре
  sensitized ~ сенсибилизированная люминесценция
  spontaneous ~ спонтанная люминесценция
  stimulated ~ вынужденная люминесценция
  Stokes ~ стоксова люминесценция
  thermally stimulated ~ термостимулированная люминесценция
  time-resolved ~ люминесценция с временным разрешением
  ultraviolet [UV] ~ ультрафиолетовая [УФ-] люминесценция
  visible ~ видимая люминесценция
  X-ray ~ рентгеновская люминесценция
luminophor люминофор
luminosity 1. яркость 2. светимость
  background ~ яркость фона
  bolometric ~ болометрическая светимость
  critical ~ критическая светимость
  Eddington ~ эддингтоновская светимость
  effective ~ эффективная светимость
  intrinsic ~ собственная светимость
  peak ~ максимальная [пиковая] светимость
  photopic ~ видность при дневном зрении
  scotopic ~ видность при сумеречном зрении
  supercritical ~ сверхкритическая светимость
  visual ~ визуальная светимость
luminous светящийся
luster блеск, глянец; люстр
  dull ~ матовый блеск
  metallic ~ металлический блеск
  vitreous ~ стеклянный блеск
lutetium лютеций, Lu
lux люкс (*единица освещенности*)
luxmeter люксметр

M

machine машина; механизм, устройство; станок
   laser cutting ~ станок для лазерной резки
   laser processing ~ система лазерной обработки
   laser welding ~ машина для лазерной сварки
   MBE ~ установка молекулярной лучевой эпитаксии
   metallographic polishing ~ металлографический полировальный станок
   molecular beam epitaxy ~ установка молекулярной лучевой эпитаксии
   polishing ~ полировальный станок
   quantum cloning ~ устройство квантового клонирования
   ruling ~ делительная машина
   Turing('s) ~ машина Тьюринга
   vibration-testing ~ вибростенд
machining (механическая) обработка
   abrasive ~ абразивная обработка
   diamond ~ алмазная обработка
   laser ~ лазерная обработка
   submicron ~ субмикронная обработка
macro(photo)graph макрофотоснимок
macrophotography макрофотография
magenta магента; фуксин
magnesium магний, Mg
magnetization намагниченность; намагничение
   light-induced ~ светоиндуцированная намагниченность
   longitudinal ~ продольная намагниченность
   macroscopic ~ макроскопическая намагниченность
   optical ~ оптическое намагничение; оптически индуцированная намагниченность
   saturation ~ намагниченность насыщения
   specific ~ удельная намагниченность
   spin ~ спиновая намагниченность
   spontaneous ~ спонтанная намагниченность
   transverse ~ поперечная намагниченность
magnetodichrometer магнитодихрометр
magnetodielectric магнитодиэлектрик
magnetoellipsometer магнитоэллипсометр
magnetoexciton магнитоэкситон
magnetometer магнитометр
   absolute ~ абсолютный магнитометр
   airborne ~ аэромагнитометр
   cesium-vapor ~ квантовый магнетометр на парах цезия
   coherent dark state ~ магнитометр на когерентном темном состоянии, магнитометр на лямбда-резонансе
   fiber-optic ~ волоконно-оптический магнитометр
   fluxgate ~ феррозондовый магнитометр
   Hall-effect ~ магнитометр на эффекте Холла
   helium ~ гелиевый магнитометр
   HFS [hyperfine-structure] ~ оптический магнитометр на сверхтонком переходе, СТС-магнитометр
   magneto-optical ~ магнитооптический магнитометр
   NMR ~ ЯМР-магнитометр
   optical ~ оптический магнитометр
   optically pumped ~ магнитометр на оптической накачке
   proton ~ протонный магнетометр
   quantum ~ квантовый магнитометр
   relative ~ относительный магнитометр
   resonance ~ резонансный магнитометр
   rubidium ~ рубидиевый магнетометр
   scalar ~ скалярный магнитометр
   SQUID ~ магнитометр на основе СКВИДа
   vector ~ векторный магнитометр
   vibrating-sample ~ магнитометр с вибрирующим образцом
magnetometry магнитометрия
   applied ~ прикладная магнитометрия
   high-precision ~ магнитометрия высокой точности
   optical ~ оптическая магнитометрия
   quantum ~ квантовая магнитометрия

supersensitive ~ сверхчувствительная магнитометрия
magneton магнетон
   Bohr [electronic] ~ электронный магнетон, магнетон Бора
   nuclear ~ ядерный магнетон
magnetooptics магнитооптика
magnetoresistance магнитосопротивление
   giant ~ гигантское магнитосопротивление
magnetostriction магнитострикция
magnetron магнетрон
magnification увеличение
   absolute ~ абсолютное увеличение
   angular ~ угловое увеличение
   empty ~ «пустое» увеличение; увеличение, не улучшающее разрешения
   image ~ увеличение изображения
   instrument ~ увеличение оптического прибора
   lateral ~ поперечное увеличение
   lens ~ увеличение линзы
   linear ~ линейное увеличение
   longitudinal ~ продольное увеличение
   microscope ~ увеличение микроскопа
   optical ~ оптическое увеличение
   variable ~ переменное увеличение
magnifier увеличитель, лупа
   binocular ~ бинокулярная лупа
   forehead binocular ~ козырьковая бинокулярная лупа
   hand ~ лупа
   telescopic ~ телескопическая лупа
   telescopic monocular ~ телескопическая монокулярная лупа
magnitude величина; значение
   ~ of a star звездная величина
   absolute stellar ~ абсолютная звездная величина
   apparent ~ видимая величина
   instantaneous ~ мгновенное значение
   integrated stellar ~ интегральная звездная величина
   spectroscopic stellar ~ спектроскопическая звездная величина
   stellar ~ звездная величина
magnon магнон
   surface ~ поверхностный магнон
mammograph маммограф

maser

mammography маммография
   optical ~ оптическая маммография
manganese марганец, Mn
manifold мультиплет
   ground-state ~s основные мультиплеты
   hyperfine ~ сверхтонкий мультиплет
   spin ~ спиновый мультиплет
manipulation **1.** манипуляция; операция **2.** преобразование **3.** управление
   coherent ~ когерентные преобразования; когерентная процедура
   data ~ обработка данных
   image ~ преобразование изображения
   mathematic ~s математические преобразования; математические выкладки
   nonadiabatic ~s неадиабатические процедуры
   optical ~s оптические операции
   quantum ~ квантовая манипуляция
   quantum-state ~s манипуляции с квантовыми состояниями
   remote ~ дистанционное управление
   single-molecule ~ управление одиночной молекулой
   spin ~ управление спином
mapping 1. картографирование **2.** отображение
   aerial ~ аэрокартографирование
   coherent ~ когерентное отображение
   harmonic ~ гармоническое отображение
   holomorphic ~ голоморфное отображение
   laser ~ лазерное картографирование
   linear ~ линейное отображение
   nonlinear ~ нелинейное отображение
   quantum-state ~ отображение квантовых состояний
   spectroscopic ~ спектроскопическое отображение
   tomographic ~ томографическое отображение; томографическое картирование
margin предел; край; запас, допуск
   ~ of safety коэффициент безопасности, коэффициент надежности
maser (*Microwave Amplification by Stimulated Emission of Radiation*) мазер, квантовый генератор СВЧ-диапазона

maser

atomic ~ атомный мазер
cavity ~ резонаторный мазер
coupled-cavity ~ мазер со связанными резонаторами
hydrogen ~ водородный мазер
laser-pumped ~ мазер с лазерной накачкой
molecular ~ молекулярный мазер
molecular beam ~ мазер на молекулярном пучке
one-atom ~ мазер на одном атоме
optical ~ оптический мазер, лазер
optically-pumped ~ мазер с оптической накачкой
phonon ~ фононный мазер
single-mode ~ одномодовый мазер
solid-state ~ твердотельный мазер
spin-flip ~ мазер на переходе с переориентацией спина
three-level ~ трехуровневый мазер

mask маска, трафарет, шаблон
amplitude ~ амплитудная маска
coding ~ кодовая маска
contact ~ контактная маска; контактный фотошаблон
exposure ~ оптический шаблон, фотошаблон
filter ~ фильтр-транспарант
light [optical] ~ оптический шаблон, фотошаблон
phase ~ фазовая маска
photographic ~ оптический шаблон, фотошаблон
shadow ~ теневая маска
spatial-filter ~ фильтр-транспарант

mass масса
cyclotron ~ циклотронная масса
effective ~ эффективная масса
electron ~ масса электрона
exciton(ic) ~ экситонная масса
free-electron ~ масса свободного электрона
heavy-hole ~ масса тяжелой дырки
hole ~ масса дырки
light-hole ~ масса легкой дырки
longitudinal ~ продольная масса
photon ~ масса фотона
reduced ~ приведенная масса
transverse ~ поперечная масса

matching согласование, синхронизм
collinear phase ~ коллинеарный фазовый синхронизм
color ~ цветовое согласование
group-velocity ~ согласование групповых скоростей
index ~ согласование показателей преломления
mode ~ согласование мод
noncollinear phase ~ неколлинеарный фазовый синхронизм
nonselective phase ~ неселективный фазовый синхронизм
path ~ согласование оптических длин путей
phase ~ фазовое согласование, фазовый синхронизм
polarization ~ поляризационное согласование
spatiotemporal ~ пространственно-временной синхронизм
type I phase ~ пространственный синхронизм типа I
type II phase ~ пространственный синхронизм типа II
wave vector ~ согласование по волновому вектору

material материал; вещество
absorbing ~ поглощающий материал
acousto-optical ~ акустооптический материал
activated ~ активированное вещество, активированная среда
amorphous ~ аморфное вещество
anisotropic ~ анизотропный материал
antiferromagnetic ~ антиферромагнитный материал
barrier ~ материал барьера
biological ~ биологический материал
birefringent ~ двулучепреломляющий материал
bleachable ~ обесцвечиваемый материал; насыщаемый поглотитель
bulk ~ объемный материал
centrosymmetric ~ центросимметричный материал, центросимметричная среда
ceramic ~ керамический материал
chiral ~ хиральная среда
cladding ~ материал оболочки, материал покрытия
composite ~ композитный материал
conducting ~ проводящий материал
core ~ материал сердцевины
crystalline ~ кристаллическое вещество

material

diamagnetic ~ диамагнитный материал
dielectric ~ диэлектрический материал
direct-band ~ прямозонный материал
doped ~ легированный материал
electrochromic ~ электрохромный материал
electroluminescent ~ электролюминофор
electro-optic(al) ~ электрооптический материал
epitaxial ~ эпитаксиальный материал
epitaxially grown ~ материал, выращенный эпитаксиальным методом
extraneous ~ примесь; постороннее включение
ferrimagnetic ~ ферримагнитный материал
ferroelectric ~ сегнетоэлектрический материал
ferromagnetic ~ ферромагнитный материал
fiber ~ волоконный материал
fluorescent ~ люминесцирующий материал
heterogeneous ~ гетерогенный материал
high-index ~ материал с высоким показателем преломления
high-resolution ~ фотоматериал с высоким разрешением
holographic recording ~ регистрирующий голографический материал
homogeneous ~ однородный материал
host ~ 1. материал матрицы 2. материал подложки для эпитаксиального роста
imaging ~ регистрирующий материал
index-matching ~ материал с согласованным показателем преломления
infrared optical ~ оптический материал для ИК-области спектра
inorganic ~ неорганический материал
insulating ~ диэлектрик
isotropic ~ изотропный материал
laminated [layered] ~ слоистый материал
light-emitting ~ светоизлучающий материал
light-sensitive ~ светочувствительный материал
low-dimensional ~ низкоразмерный материал
low-index ~ материал с низким показателем преломления
luminescent ~ люминесцентный материал
magnetic ~ магнитный материал
magnetized ~ намагниченный материал
magneto-optic(al) ~ магнитооптический материал
mirror ~ материал зеркала
monocrystalline ~ монокристаллический материал
nanocomposite ~ нанокомпозитный материал
natural ~ природный материал
negative ~ негативный фотоматериал
nonlinear ~ нелинейный материал
nonmagnetic ~ немагнитный материал
n-type ~ материал n-типа
opaque ~ непрозрачный материал
optical ~ оптический материал
optically active ~ оптически активный материал
optoelectronic ~ оптоэлектронный материал
organic ~ органический материал
paramagnetic ~ парамагнитный материал
parent ~ исходный материал
phosphor ~ кристаллический люминофор, кристаллофосфор
photochromic ~ фотохромный материал
photoconductive ~ фотопроводник
photodichroic ~ фотодихроичный материал
photoelastic ~ фотоупругий материал
photographic ~ фотоматериал
photon-gated ~ среда, стробируемая фотоном
photonic ~ фотонный материал
photonic bandgap ~ материал с фотонной запрещенной зоной
photonic crystal ~ фотонный кристалл
photopolymer ~ фотополимер

material

photorefractive ~ фоторефрактивный материал
photoresponsive [photosensitive] ~ фоточувствительный материал
phototropic ~ фототропный материал
photovoltaic ~ фотоэлектрический материал
piezoelectric ~ пьезоэлектрический материал
polar ~ полярный материал
polycrystalline ~ поликристаллический материал
polymer(ic) ~ полимерный материал
porous ~ пористый материал
positive ~ позитивный фотоматериал
p-type ~ материал p-типа
pyroelectric ~ пироэлектрический материал
quasi-1D ~ квазиодномерный материал
Raman-active ~ среда, активная в комбинационном рассеянии
rare-earth-doped ~ материал, легированный редкоземельными ионами
recording ~ регистрирующий материал
reference ~ образцовый материал; эталонная среда
scattering ~ рассеивающий материал
semiconducting [semiconductor] ~ полупроводниковый материал
sensitive ~ светочувствительный материал
solar energy storage ~ материал для аккумулирования солнечной энергии
spectrally sensitive ~ спектрально-чувствительная среда
starting ~ исходный материал
storage ~ среда для записи информации
substrate ~ материал подложки
superconducting ~ сверхпроводящий материал
surface-active ~ поверхностно-активное вещество, ПАВ
surrounding ~ окружающий материал
target ~ материал мишени
thermographic ~ термографический материал
thermo-optical ~ термооптический материал

transparent ~ прозрачный материал
uniaxial ~ одноосный материал
vesicular ~ везикулярный фотоматериал
visco-elastic ~ вязкоупругая среда
wide-bandgap ~ широкозонный материал

matrix матрица
  amorphous ~ аморфная матрица
  block-diagonal ~ блочно-диагональная матрица
  collisional ~ столкновительная матрица
  crystal(line) ~ кристаллическая матрица
  density ~ матрица плотности
  detector ~ детекторная матрица, матричный детектор
  diagonal ~ диагональная матрица
  dielectric ~ диэлектрическая матрица
  evolution ~ матрица эволюции
  Hamiltonian ~ матрица гамильтониана
  Hermitian ~ эрмитова матрица
  Hermitian conjugate ~ эрмитово-сопряженная [унитарная] матрица
  host ~ матрица-основа
  identity ~ единичная матрица
  inverse ~ обратная матрица
  Jones ~ матрица Джонса
  Mueller ~ матрица Мюллера
  nondegenerate ~ невырожденная матрица
  partitioned ~ блочная матрица
  Pauli spin ~ спиновая матрица Паули
  polarization ~ матрица поляризации
  polymer ~ полимерная матрица
  propagation ~ матрица распространения
  Raman polarizability ~ матрица рамановской поляризуемости
  reciprocal ~ обратная матрица
  rectangular ~ прямоугольная матрица
  reflection ~ матрица отражения
  scattering ~ матрица рассеяния
  Shpolski ~ матрица Шпольского
  solid ~ твердая матрица
  spin ~ спиновая матрица
  square ~ квадратная матрица
  statistical ~ статистическая матрица, статистический оператор

measurement

switch(ing) ~ коммутационная матрица; матричный переключатель
totally positive [TP] ~ вполне положительная [ВП-] матрица
transfer ~ матрица переноса
transfer function ~ матрица передаточной функции
transition ~ матрица перехода
transmission ~ матрица передачи
unit ~ единичная матрица
matt мат ‖ матировать
matter вещество; материя
  condensed ~ конденсированная среда
  crystalline ~ кристаллическое вещество
  dark ~ темная материя
  interplanetary ~ межпланетное вещество
  interstellar ~ межзвездная среда
maximum максимум, максимальное значение
  absolute ~ абсолютный максимум
  absorption ~ максимум поглощения
  Bragg ~ брэгговский максимум
  diffraction ~ дифракционный максимум
  diurnal ~ суточный максимум
  sharp ~ резкий максимум
measurement измерение
  absolute ~ абсолютное измерение
  absorption ~ измерение поглощения
  amplitude ~s амплитудные измерения
  angular ~s угловые измерения
  attenuation ~ измерение затухания
  autocorrelation ~ автокорреляционное измерение
  balloon(-borne) ~s аэростатные измерения
  broadband ~s широкополосные измерения
  calibration ~ градуировочное измерение
  classical ~ классическое измерение
  clinical ~s клинические измерения
  coherence ~ измерение когерентности
  coincidence ~ измерение совпадений
  colorimetric ~ колориметрическое [цветовое] измерение
  correlation ~ корреляционное измерение
  differential ~ дифференциальное измерение
  direct ~ прямое измерение
  Doppler ~s измерения на основе эффекта Доплера
  dynamic ~ динамическое измерение
  electro-optical ~s электрооптические измерения
  ellipsometric ~ эллипсометрическое измерение
  emittance ~ измерение светимости
  experimental ~ экспериментальное измерение
  fluctuation ~s флуктуационные измерения
  fluorescence ~s флуоресцентные измерения
  focal field ~ измерение фокального поля
  frequency ~ измерение частоты
  frequency-domain ~ частотное измерение
  heterodyne ~ гетеродинное измерение
  high-precision ~ прецизионное измерение
  high-resolution ~ измерение с высоким разрешением
  holographic ~ голографическое измерение
  homodyne ~s гомодинные измерения
  indirect ~ косвенное измерение
  in situ ~s измерения «на месте»; локальные измерения
  instantaneous ~ мгновенное измерение
  intensity ~ измерение интенсивности
  interferometric ~ интерферометрическое измерение
  Kerr-microscopy ~ керр-микроскопическое исследование
  laser ~s лазерные измерения
  lifetime ~ измерение времени жизни
  light-scattering ~ измерение светорассеяния; нефелометрия
  line-profile ~ измерение формы линии
  linewidth ~ измерения ширины линии
  luminescence ~ люминесцентное измерение

measurement

magneto-optical ~ магнитооптическое измерение
magneto-optical Kerr ~ измерение магнитооптического эффекта Керра
near-field ~ ближнепольное исследование
noise ~s шумовые измерения
nondemolition ~ квантово-невозмущающее измерение
nondestructive ~ неразрушающее измерение
noninvasive ~ невозмущающее [неинвазивное] измерение
nonlinear ~ нелинейное измерение
nonperturbative ~ невозмущающее измерение
optical ~s оптические измерения
phase ~s фазовые измерения
photoacoustic ~ фотоакустическое измерение
photoconductivity ~ измерение фотопроводимости
photoelectric ~ фотоэлектрическое измерение
photoluminescence ~ фотолюминесцентное измерение
photometric ~ фотометрическое измерение
photon-echo ~ исследование фотонного эха
polarimetric ~ поляриметрическое измерение
polarization ~ поляризационное измерение
polarization-sensitive ~ поляризационно-чувствительное измерение
precise [precision] ~ прецизионное измерение
pulse ~s импульсные измерения
pump-probe ~s измерения типа накачка – зонд
qualitative ~ качественное измерение
quantitative ~ количественное измерение
quantum ~ квантовое измерение
Raman ~ измерение комбинационного рассеяния
real-time ~ измерение в реальном времени
reflectance ~ измерение коэффициента отражения
remote ~ дистанционное измерение
satellite ~ спутниковое измерение
scattering ~s измерения рассеяния
shot-noise-limited ~s измерения, ограниченные уровнем дробового шума
single-dot ~s измерения на одиночных (*квантовых*) точках
spaceborne ~ измерение на борту космического аппарата
spectral ~ спектральное измерение
spectrophotometric ~ спектрофотометрическое измерение
spectroscopic ~ спектроскопическое измерение
spin coherence ~ измерение спиновой когерентности
SQUID ~s измерения с помощью сверхпроводящего квантового интерференционного датчика, СКВИД-измерения
static ~s статические измерения
steady-state ~s измерения в стационарном режиме
susceptibility ~s измерения восприимчивости
time-domain ~s временны́е измерения
time-integrated ~s измерения с интегрированием по времени
time-resolved ~ измерение с временны́м разрешением
tomographic ~ томографическое измерение
transient ~s исследования переходного процесса
transmission ~ измерение пропускания
two-pulse correlation ~s двухимпульсные корреляционные измерения
ultrafast ~s исследования сверхбыстрых процессов
wavelength ~ измерение длины волны
wide-angle ~s измерения с большим углом обзора; широкоугольные измерения
Z-scan ~s измерения с использованием техники Z-сканирования
mechanics механика
  celestial ~ небесная механика
  classical ~ классическая механика
  matrix ~ матричная механика, квантовая механика в матричной форме

medium

quantum ~ квантовая механика
statistical ~ статистическая механика
theoretical ~ теоретическая механика
wave ~ волновая механика
mechanism механизм
  absorption ~ механизм поглощения
  amplification ~ механизм усиления
  broadening ~ механизм уширения
  bunching ~ механизм группировки
  Cabrera-Mott ~ механизм Кабреры – Мотта
  contaminating ~ механизм загрязнения
  cooling ~ механизм охлаждения
  coupling ~ механизм взаимодействия; механизм связи
  damage ~ механизм разрушения
  damping ~ механизм затухания
  decoherence ~ механизм декогеренции
  dephasing ~ механизм фазовой релаксации
  depletion ~ механизм опустошения
  depolarization ~ механизм деполяризации
  depopulation ~ механизм релаксации населенности
  desorption ~ механизм десорбции
  dispersion ~ механизм дисперсии
  dominant ~ доминирующий [преобладающий] механизм
  entangling ~ механизм перепутывания
  excitation ~ механизм возбуждения
  frequency modulation ~ механизм частотной модуляции
  gain ~ механизм усиления
  imaging ~ механизм формирования изображений
  ionization ~ механизм ионизации
  laser ablation ~ механизм лазерной абляции
  many-body ~ многочастичный механизм
  microscopic ~ микроскопический механизм
  multiphoton ~ многофотонный механизм
  nonlinear ~ нелинейный механизм
  nonradiative loss ~ механизм безызлучательных потерь
  parametric ~ параметрический механизм
  passive mode-locking ~ механизм пассивной синхронизации мод
  phase-matching ~ механизм фазовой синхронизации
  phase modulation ~ механизм фазовой модуляции
  phase relaxation ~ механизм фазовой релаксации
  photoionization ~ механизм фотоионизации
  physical ~ физический механизм
  polarizability ~ механизм поляризуемости
  population relaxation ~ механизм релаксации населенностей
  pumping ~ механизм накачки
  ratchet ~ храповой механизм
  relaxation ~ механизм релаксации
  saturation ~ механизм насыщения
  shuttering ~ механизм перекрывания (*луча*); механизм аттенюации
  Stranski-Krastanov ~ механизм Странского – Крастанова
  transport ~ механизм переноса
  two-stage ~ двухкаскадный [двухступенчатый] механизм
medium среда
  absorbing ~ поглощающая [абсорбирующая] среда
  activated ~ активированная [легированная] среда
  active ~ активная среда
  ambient ~ окружающая среда
  amorphous ~ аморфная среда
  amplifying ~ усиливающая среда
  anisotropic ~ анизотропная среда
  aqueous ~ водная среда
  atomic ~ атомная среда
  attenuating ~ среда, ослабляющая излучение
  birefringent ~ двулучепреломляющая среда
  bounded ~ ограниченная среда
  bulk ~ объемная среда
  chiral ~ хиральная среда
  circularly anisotropic ~ циркулярно анизотропная среда
  circularly birefringent ~ среда с циркулярным двулучепреломлением
  circularly dichroic ~ циркулярно дихроичная среда

medium

cluster ~ кластерная [кластерированная] среда
composite ~ композитная среда
condensed ~ конденсированная среда
conducting ~ проводящая среда
continuous ~ сплошная [непрерывная] среда
crystal(line) ~ кристаллическая среда
cubic ~ среда с кубичной нелинейностью
defocusing ~ дефокусирующая среда
dense ~ плотная среда
dichroic ~ дихроичная среда
dielectric ~ диэлектрическая среда
diffuse ~ рассеивающая среда
discrete ~ дискретная среда
disordered ~ разупорядоченная среда
dispersion-free [dispersionless] ~ бездисперсионная среда
dispersive ~ дисперсионная среда
dissipative ~ диссипативная среда
distorting ~ искажающая среда
doped ~ активированная [легированная] среда
Doppler-broadened ~ среда с доплеровским уширением линий
effective ~ эффективная среда
electro-optic ~ электрооптическая среда
excited ~ возбужденная среда
expanding ~ расширяющаяся среда
extended ~ протяженная среда
Faraday-active ~ фарадеевская [магнитооптически активная] среда
focusing ~ фокусирующая среда
gain ~ активная [усиливающая] среда
gaseous ~ газовая среда
glassy ~ стеклообразная среда
guiding ~ волноводная среда
gyroelectric ~ гироэлектрическая среда
gyromagnetic ~ гиромагнитная среда
gyrotropic ~ гиротропная среда
heterogeneous ~ неоднородная среда
holographic ~ голографическая среда
homogeneous ~ однородная среда
homogeneously broadened ~ среда с однородным уширением
host ~ среда-матрица
index-matched ~ среда с согласованным показателем преломления
infinite ~ бесконечная среда
inhomogeneous ~ неоднородная среда
inhomogeneously broadened ~ среда с неоднородным уширением
intergalactic ~ межгалактическая среда
interplanetary ~ межпланетная среда
interstellar ~ межзвездная среда
inverted ~ инвертированная среда
isotropic ~ изотропная среда
Kerr(-type) ~ среда с керровской нелинейностью
laser ~ лазерная среда
laser active ~ активная лазерная среда
lasing ~ лазерная среда; генерирующая среда
layered ~ слоистая среда
lens-like ~ линзоподобная среда
light-recording ~ светорегистрирующая среда
light-sensitive ~ светочувствительная среда
light-transmitting ~ пропускающая свет среда
light-trapping ~ среда с эффектом пленения излучения
linear ~ линейная среда
linearly anisotropic ~ линейно анизотропная среда
linearly birefringent ~ среда с линейным двулучепреломлением
linearly dichroic ~ линейно дихроичная среда
locally homogeneous ~ локально однородная среда
lossy ~ среда с потерями
low-density ~ среда низкой плотности
luminescent ~ люминесцирующая среда
macroscopic ~ макроскопическая среда
magnetized ~ намагниченная среда
magneto-optical ~ магнитооптическая среда
molecular ~ молекулярная среда
multicomponent ~ многокомпонентная среда
multilevel ~ многоуровневая среда
nonabsorbing ~ непоглощающая среда
nongyrotropic ~ негиротропная среда
nonlinear ~ нелинейная среда
nonmagnetic ~ немагнитная среда

memory

nonreciprocal ~ невзаимная среда
nonuniform ~ неоднородная среда
opaque ~ непрозрачная среда
optical ~ оптическая среда
optically dense ~ оптически плотная среда
optically homogeneous ~ оптически однородная среда
optically inhomogeneous ~ оптически неоднородная среда
optically thick ~ оптически толстая среда
optically thin ~ оптически тонкая среда
optical storage ~ среда для оптической записи информации
organic ~ органическая среда
passive ~ пассивная среда
photochromic ~ фотохромная среда
photoconductive ~ фотопроводящая среда
photorefractive ~ фоторефрактивная среда
photosensitive ~ фоточувствительная среда
photothermoplastic ~ фототермопластическая среда
polar ~ полярная среда
polarization-sensitive ~ поляризационно-чувствительная среда
polishing ~ полирующая среда
polymer(ic) ~ полимерная среда
porous ~ пористая среда
quadratic ~ среда с квадратичной нелинейностью
Raman ~ рамановская [комбинационно-рассеивающая] среда
random ~ случайно-неоднородная среда
rarefied ~ разреженная среда
reciprocal ~ взаимная среда
recording ~ регистрирующая среда
refracting ~ преломляющая среда
resonant ~ резонансная среда
reversible ~ реверсивная среда
SBS-active ~ ВРМБ-активная среда
scattering ~ рассеивающая среда
semi-infinite ~ полубесконечная среда
spectrally homogeneous ~ спектрально-однородная среда
spectrally inhomogeneous ~ спектрально-неоднородная среда
stochastic ~ случайно-неоднородная среда
storage ~ запоминающая среда
stratified ~ стратифицированная среда
surrounding ~ окружающая среда
three-level ~ трехуровневая среда
translucent [transparent] ~ прозрачная среда
turbid ~ мутная среда
turbulent ~ турбулентная среда
two-level ~ двухуровневая среда
unbounded ~ неограниченная среда
uniaxial ~ одноосная среда
uniform ~ однородная среда
viscoelastic ~ вязкоупругая среда
melting плавление; плавка
crucibleless ~ бестигельная плавка
electron-beam ~ электронно-лучевая плавка
floating zone ~ зонная плавка
local ~ локальное плавление
surface ~ поверхностное плавление
zone ~ зонная плавка
memory память; запоминающее устройство, ЗУ
addressable ~ адресуемая память
all-optical ~ полностью оптическая память
angle-multiplexed holographic ~ голографическая память с угловым мультиплексированием
associative ~ ассоциативная память
atomic ~ атомная память
beam-addressable ~ память с адресуемым лучом
buffer ~ буферная память
Coulomb ~ кулоновская память
digital ~ цифровая память
dynamic ~ динамическая память; динамическое запоминающее устройство
erasable ~ стираемая память
high-speed ~ быстродействующая память
hole-burning ~ память на основе выжигания провала
holographic ~ голографическая память
laser ~ лазерная память; лазерное запоминающее устройство
laser-addressed ~ память с адресацией лазерным лучом
magneto-optical ~ магнитооптическая память

memory

optical ~ оптическая память
orbital ~ орбитальная память
permanent ~ постоянная память
phase ~ фазовая память
photochromic ~ фотохромная память
photorefractive ~ фоторефрактивная память
polarization ~ поляризационная память
quantum ~ квантовая память
random-access ~ запоминающее устройство с произвольной выборкой, ЗУПВ
read-only ~ постоянная память
regenerative ~ регенеративная память
shape ~ память формы
spatial ~ пространственная память
spectral holographic ~ спектральная голографическая память
spectrally selective ~ спектрально-селективная память
spin ~ спиновая память
thermooptical ~ термооптическая память
three-dimensional ~ трехмерная память
two-dimensional ~ двумерная память
two-photon ~ двухфотонная память
virtual ~ виртуальная память
volume holographic ~ объемная голографическая память

meniscus мениск
achromatic ~ ахроматичный мениск
concave ~ вогнутый мениск
convergent ~ фокусирующий мениск
convex ~ выпуклый мениск
divergent ~ отрицательный мениск
double ~ двойной мениск
negative ~ отрицательный мениск
positive ~ положительный мениск

mercury ртуть, Hg

merit показатель; (эксплуатационная) характеристика
gain-band ~ показатель усиление – полоса пропускания
signal-to-noise ~ шум-фактор; отношение сигнал – шум

mesa(structure) мезаструктура
etched ~ вытравленная мезаструктура

superlattice ~ сверхрешеточная мезаструктура

mesophase мезофаза
liquid crystal ~ мезофаза жидкого кристалла
nematic ~ нематическая мезофаза

message сообщение
coded ~ кодированное сообщение
encrypted ~ шифрованное сообщение

metal металл
alkali(ne) ~ щелочной металл
alkali(ne)-earth ~ щелочноземельный металл
noble ~ благородный металл
rare-earth ~ редкоземельный металл
superconducting ~ сверхпроводящий металл
transition(-group) ~ переходный металл

metalcutter металлорежущий станок
laser ~ лазерный металлорежущий станок

metallograph металлографический микроскоп

metallography металлография
optical ~ оптическая металлография

metamerism метамерия
geometric ~ геометрическая метамерия

meter измерительный прибор
brightness ~ измеритель яркости, яркомер
color-temperature ~ измеритель цветовой температуры
dosage ~ дозиметр
exposure ~ экспонометр
frequency ~ частотомер
laser Doppler current ~ лазерный доплеровский измеритель потоков
light-intensity ~ люксметр; фотометр
luminance ~ измеритель яркости, яркомер
opacity ~ денситометр
phase ~ измеритель фазового сдвига, фазометр
photoelectric exposure ~ фотоэлектрический экспонометр
photographic exposure ~ фотоэкспонометр
power ~ измеритель мощности
profile ~ профилометр

method

reflection ~ измеритель отражающей способности
solar radiation ~ актинометр
visibility ~ прибор для измерения дальности видимости
method метод
~ of hole burning метод выжигания спектрального провала
~ of holographic subtraction метод голографического вычитания
~ of image correction метод коррекции изображений
alternating-variable descent ~ метод покоординатного спуска
analytic ~ аналитический метод
approximate ~ приближенный метод
asymptotic ~ асимптотический метод
atomic orbital ~ метод атомных орбиталей
augmented plane wave ~ метод присоединенных плоских волн
autocorrelation ~ метод автокорреляции
background-free ~ бесфоновый метод
beam blanking ~s методы прерывания пучка
beam propagation ~ метод распространения пучка
Bloch equation ~ метод уравнений Блоха
Bloch wave ~ метод блоховских волн
Born-Oppenheimer ~ метод Борна – Оппенгеймера
Bridgman ~ метод Бриджмена
Bridgman-Stockbarger ~ метод Бриджмена – Стокбаргера
brute force ~ метод грубой силы
calibration ~ метод калибровки
cavity-QED ~ метод квантовой электродинамики резонатора
classical ~ классический метод
coherent state ~ метод когерентных состояний
colorimetric ~ колориметрический метод
computational ~ расчетный метод
conoscopic ~ коноскопический метод
contactless ~ бесконтактный метод

co-precipitation ~ метод совместного осаждения
correlation ~ корреляционный метод
crossed polarizer ~ метод скрещенного поляризатора
dark-field ~ метод затемненного поля
Debye-Scherrer ~ метод Дебая – Шеррера
delayed coincidence ~ метод задержанных совпадений
delayed collision ~ метод задержанных столкновений
destructive ~ разрушающий метод
detection ~ метод детектирования, метод регистрации
diagnostic ~ диагностический метод
differential ~ дифференциальный метод
differential absorption ~ метод дифференциального поглощения
diffraction ~ метод дифракции
Dirac-Fock ~ метод Дирака – Фока
direct-vision ~ метод прямого наблюдения
distorted-wave ~ метод искаженных волн
Doppler ~s доплеровские методы
double-absorption ~ метод двойного поглощения
double-crucible ~ двухтигельный метод
double-resonance ~ метод двойного резонанса
double-transmission ~ метод двойного пропускания
dual-wavelength ~ метод двух длин волн
effective index ~ метод эффективного показателя преломления
effective mass ~ метод эффективной массы
eigenfunction expansion ~ метод разложения по собственным функциям
eigenmode expansion ~ метод разложения по собственным модам
etching ~ метод травления
excitation ~ метод возбуждения
experimental ~ экспериментальный метод
fabrication ~ метод изготовления
Fabry-Perot ~ метод Фабри – Перо
fitting ~ метод подгонки

method

Fizeau ~ метод Физо
floating zone ~ метод зонной плавки
Floquet-Bloch ~ метод Флоке – Блоха
fluorescence ~ флуоресцентный метод
Foucault ~ метод Фуко
Foucault knife ~ метод ножа Фуко
Fourier ~ метод Фурье
four-wave mixing ~ метод четырехволнового смешения
frequency doubling ~ метод удвоения частоты
Frerichs ~ метод Фрерикса
Fresnel reflection ~ метод френелевского отражения
Green function ~ метод функции Грина
Hartman ~ метод Гартмана
Hartree-Fock ~ метод самосогласованного поля, метод Хартри – Фока
heterodyne ~ метод гетеродинирования
high-resolution ~ высокоразрешающий метод
high-resolution reflectometry ~ метод рефлектометрии высокого разрешения
hole-burning ~ метод выжигания провала
holographic ~ голографический метод
hydrothermal ~ гидротермальный метод
immersion ~ метод иммерсии
interferometric ~ интерферометрический метод
inverse-scattering ~ метод обратного рассеяния
iteration ~ метод итераций
Jones matrix ~ матричный метод Джонса
Kirchhoff ~ метод Кирхгофа
knife-edge ~ метод резкого края
Knox-Thomson ~ метод Нокса – Томсона
Kramers-Kronig ~ метод Крамерса – Кронига
Kyropoulos ~ метод Киропулоса
laser ~ лазерный метод
laser lithography ~ метод лазерной литографии
laser spectroscopy ~ метод лазерной спектроскопии

LCAO ~ метод линейной комбинации атомных орбиталей
least squares ~ метод наименьших квадратов
level-crossing ~ метод пересечения уровней
light scattering ~ метод рассеяния света
luminescence ~ люминесцентный метод
luminescing probe ~ метод люминесцирующего зонда
magnetometric ~ магнитометрический метод
matrix ~ матричный метод
maximum likelyhood ~ метод максимального правдоподобия
MBE ~ метод молекулярно-лучевой эпитаксии
moire-fringe ~ метод муаровых полос
molecular beam deposition ~ метод молекулярно-лучевого осаждения
molecular beam epitaxy ~ метод молекулярно-лучевой эпитаксии
molecular dynamics ~ метод молекулярной динамики
molecular-orbital ~ метод молекулярных орбиталей
Monte Carlo ~ метод Монте-Карло
Mueller matrix ~ метод матрицы Мюллера
multiphoton excitation ~ метод многофотонного возбуждения
multiple beam interference ~ метод многолучевой интерференции
multiplexing ~ метод мультиплексирования, метод уплотнения каналов связи
neutron diffraction ~ метод дифракции нейтронов
nondestructive ~ неразрушающий метод
nonperturbative ~ метод, выходящий за рамки теории возмущений
numerical ~ численный метод
Obreimov ~ метод Обреимова
optical ~ оптический метод
optical alignment ~ метод оптического выстраивания
optical cooling ~ метод оптического охлаждения
optical detection ~ метод оптического детектирования

optical mammographic ~ метод оптической маммографии
optical orientation ~ метод оптической ориентации
optical pumping ~ метод оптической накачки
OPW ~ метод ортогонализованных плоских волн
Ornstein ~ метод Орнштейна
perturbation ~ метод теории возмущений
phase-conjugation ~ метод обращения волнового фронта
phase contrast ~ метод фазового контраста
phase-distortion ~ метод фазовых искажений
phase space ~ метод фазового пространства
photoelastic ~ метод фотоупругости
photoluminescent ~ фотолюминесцентный метод
photometric ~ фотометрический метод
photomicrographic ~ метод микрофотографии
photon counting ~ метод счета фотонов
photonic ~ фотонный метод; метод фотоники
plane-wave ~ метод плоских волн
polarimetric ~ поляриметрический метод
polarization ~ поляризационный метод
pseudopotential ~ метод псевдопотенциала
pump-probe ~ метод накачка – зонд
quantum-mechanical ~ квантово-механический метод
Raman scattering ~ метод комбинационного рассеяния
Ramsey interference ~ интерференционный метод Рамзея
Rayleigh-Ritz-Galerkin ~ метод Рэлея – Ритца – Галеркина
Rayleigh scattering ~ метод рэлеевского рассеяния
ray optics ~ метод геометрической оптики
recognition ~ метод распознавания
reflection ~ метод отражения
refracted ray ~ метод преломленного луча
refraction ~ метод преломления
resonance [resonant] ~ резонансный метод
retrieval ~ метод поиска; метод восстановления
rotating crystal ~ метод вращающегося кристалла
Rozhdestvenski hooks' ~ метод крюков Рождественского
Runge-Kutta ~ метод Рунге – Кутта
Rytov's ~ метод Рытова
saddle-point ~ метод седловой точки
schlieren ~ метод Теплера, метод полос, шлирен-метод
self-assembly ~ метод самоорганизации
self-consistent ~ самосогласованный метод
self-organization ~ метод самоорганизации
semiclassical ~ полуклассический метод
semiempirical ~ полуэмпирический метод
shadow ~ теневой метод
single-shot detection ~ метод регистрации за один (лазерный) импульс
sol-gel ~ золь – гель метод
speckle-interferometry ~ метод спекл-интерферометрии
spectro-analytical ~ спектрально-аналитический метод
spectrometric ~ спектрометрический метод
spectroscopic ~ спектроскопический метод
spin-echo ~ метод спинового эха
stroboscopic ~ стробоскопический метод
substitution ~ метод замещения
sweep ~ метод прогонки
tomographic ~ томографический метод
total internal reflection ~ метод полного внутреннего отражения
transfer matrix ~ метод матрицы переноса
transient grating ~ метод нестационарных решеток
transmission ~ метод пропускания
trial-and-errror ~ метод проб и ошибок
two-photon fluorescence ~ метод двухфотонной флуоресценции

method

vacuum deposition ~ метод вакуумного напыления
valence bond ~ метод валентных связей
Van der Pauw ~ метод Ван-дер-Пау
Verneuil ~ метод Вернейля
visual ~ визуальный метод
Wentzel-Kramers-Brillouin ~ метод Вентцеля – Крамерса – Бриллюэна
Wigner ~ метод Вигнера
Wigner-Seitz ~ метод Вигнера – Зейтца
WKB ~ метод Вентцеля – Крамерса – Бриллюэна
Zernike ~ метод Цернике
zero-beat ~ метод нулевых биений
zone melting ~ метод зонной плавки
metrology метрология
   fundamental ~ фундаментальная метрология, метрология мировых констант
   interferometric ~ интерферометрическая метрология
   laser ~ лазерная метрология
   optical ~ оптическая метрология
   optical frequency ~ метрология оптических частот
   quantum ~ квантовая метрология
mica слюда
   graded ~ калиброванная слюда
microanalysis микроанализ
   electron probe ~ электронно-зондовый микроанализ
microanalyzer микроанализатор
   X-ray ~ рентгеновский микроанализатор
microaperture микроотверстие
microassembly микросборка
microbending микроизгиб
microcalorimeter микрокалориметр
microcavity микрорезонатор
   air-bridge ~ микрорезонатор с воздушным мостиком
   biological ~ биологический микрорезонатор
   cylindrical ~ цилиндрический микрорезонатор
   epitaxial ~ эпитаксиальный микрорезонатор
   Fabry-Perot ~ микрорезонатор Фабри – Перо
   organic ~ органический микрорезонатор
   planar ~ планарный микрорезонатор
   quantum-dot ~ микрорезонатор на квантовой точке
   quantum-well ~ микрорезонатор на квантовых ямах
   semiconductor ~ полупроводниковый микрорезонатор
   spherical ~ сферический микрорезонатор
   three-dimensional ~ трехмерный микрорезонатор
   vertical ~ вертикальный микрорезонатор
   waveguide ~ волноводный микрорезонатор
microchanneling микроканалирование
microcircuit микросхема
microcrack микротрещина
microcrystal микрокристалл
microcutting микрорезание
microdefect микродефект
microdeformation микродеформация
microdensitometer микроденситометр
   double-beam ~ двухлучевой микроденситометр
   scanning ~ сканирующий микроденситометр
microdensitometry микроденситометрия
microdiffraction микродифракция
microelectronics микроэлектроника
   solid-state ~ твердотельная микроэлектроника
microemulsion микроэмульсия
microexplosion микровзрыв
microfabrication микротехнология; микрообработка
microfilm микропленка; фотопленка для микрофильмирования
micrograph микро(фото)снимок, микрофотография
microhologram микроголограмма
microholography микроголография
microinclusion микровключение
microinhomogeneity микронеоднородность
microinstability микронеустойчивость
microinterferometer микроинтерферометр
microlaser микролазер
microlens микролинза
   collimating ~ коллимирующая микролинза

microscope

liquid crystal ~ жидкокристаллическая микролинза
planar ~ планарная микролинза
microlensing эффект образования микролинзы
microlithography микролитография
micromachining микрообработка
  laser ~ лазерная микрообработка
  precision ~ прецизионная микрообработка
  surface ~ поверхностная микрообработка
  ultrafast ~ сверхскоростная микрообработка
micromanipulator микроманипулятор
micromaser микромазер
micromechanics микромеханика
micrometer микрометр
  eyepiece ~ окулярный микрометр
  optical ~ оптический микрометр
micromirror микрозеркало
micro-objective микрообъектив
micro-optics микрооптика
microphotogram микрофотограмма
microphotography микрофотография
microphotoluminescence микрофотолюминесценция
microphotometer микрофотометр
  double-beam ~ двухлучевой микрофотометр
  Moll ~ микрофотометр Молля
  photoelectric ~ фотоэлектрический микрофотометр
  single-beam ~ однолучевой микрофотометр
microphotometry микрофотометрия
micropit микроуглубление; микрометка
microprobe микрозонд
  automated Auger ~ автоматизированный оже-микрозонд
  fiber-optic ~ волоконно-оптический микрозонд
  laser ~ лазерный микрозонд
microprocessing микрообработка
  laser ~ лазерная микрообработка
microprojector микропроектор
microradiography микрорадиография, микрорентгенография
microrefractometer микрорефрактометр
microrefractometry микрорефрактометрия
microrelief микрорельеф

microroughness микрошероховатость
microscope микроскоп
  acoustic ~ акустический микроскоп
  atomic force ~ атомно-силовой микроскоп
  autocollimating ~ автоколлимационный микроскоп
  binocular ~ бинокулярный микроскоп
  biological ~ биологический микроскоп
  blink ~ бинокулярный микроскоп с поочередным блокированием объектов, блинк-микроскоп
  cathodoluminescence ~ катодолюминесцентный микроскоп
  comparator ~ измерительный микроскоп, микроскоп-компаратор
  confocal ~ конфокальный микроскоп
  confocal scanning ~ конфокальный растровый микроскоп
  corneal ~ микроскоп для наблюдения живого глаза, щелевая лампа
  diffraction ~ дифракционный микроскоп
  digital ~ цифровой микроскоп
  double-objective ~ микроскоп с двумя объективами
  electron ~ электронный микроскоп
  emission electron ~ эмиссионный электронный микроскоп
  Faraday ~ фарадеевский микроскоп
  fluorescence ~ люминесцентный микроскоп
  flying-spot ~ растровый микроскоп с бегущим лучом
  high-power ~ микроскоп с большим увеличением
  holographic ~ голографический микроскоп
  horizontal optical axis ~ микроскоп с горизонтальной оптической осью
  immersion ~ иммерсионный микроскоп
  infrared ~ инфракрасный [ИК-] микроскоп
  interference ~ интерференционный микроскоп
  Kerr ~ керровский микроскоп
  laser ~ лазерный микроскоп
  laser-acoustical ~ лазерно-акустический микроскоп

microscope

laser confocal ~ лазерный конфокальный микроскоп
laser femtosecond ~ лазерный фемтосекундный микроскоп
laser stimulated-scattering ~ лазерный микроскоп на стимулированном рассеянии
Linnik interference ~ интерференционный микроскоп Линника
long-distance ~ микроскоп с большим рабочим расстоянием
low-power ~ микроскоп с малым увеличением
luminescence ~ люминесцентный микроскоп
magneto-optical ~ магнитооптический микроскоп
measuring ~ измерительный микроскоп
metallographic [metallurgical] ~ металлографический микроскоп
near-field ~ ближнепольный микроскоп
near-field scanning optical ~ ближнепольный оптический растровый микроскоп
optical ~ оптический микроскоп
optical scanning ~ оптический растровый микроскоп
phase-contrast ~ фазоконтрастный микроскоп
photoacoustic ~ фотоакустический микроскоп
photoelectric ~ фотоэлектрический микроскоп
photoluminescence ~ фотолюминесцентный микроскоп
photon-counting ~ микроскоп, использующий технику счета фотонов
PL ~ фотолюминесцентный микроскоп
polarization ~ поляризационный микроскоп
projection ~ проекционный микроскоп
reflection ~ отражательный микроскоп
reflection electron ~ отражательный электронный микроскоп
scanning ~ растровый микроскоп
scanning near-field optical ~ сканирующий ближнепольный оптический микроскоп
scanning tunneling ~ туннельный растровый микроскоп
shadow ~ теневой микроскоп
slit-lamp ~ микроскоп для наблюдения живого глаза, щелевая лампа
Smith-Baker ~ микроскоп Смита – Бейкера
stereoscopic ~ стереоскопический микроскоп
surgical ~ операционный микроскоп
telescopic ~ телескопический микроскоп
thermal lens ~ микроскоп на тепловой линзе
toolmaker's ~ инструментальный микроскоп
transmission ~ просвечивающий микроскоп
trichina ~ трихинный микроскоп
tunnel(ing) ~ туннельный микроскоп
ultraviolet ~ ультрафиолетовый [УФ-] микроскоп
universal research ~ универсальный исследовательский микроскоп
X-ray ~ рентгеновский микроскоп
Zeeman ~ зеемановский микроскоп
microscopics микроскопика
microscopy микроскопия
biological ~ микроскопия биологических объектов
cathodoluminescence ~ катодолюминесцентная микроскопия
confocal ~ конфокальная микроскопия
contact ~ контактная микроскопия
corneal ~ микроскопия живого глаза
dark-field ~ темнопольная микроскопия
electron ~ электронная микроскопия
emission ~ эмиссионная микроскопия
Faraday ~ фарадеевская микроскопия
field ion ~ автоионная микроскопия
fluorescence ~ флуоресцентная [люминесцентная] микроскопия
high-resolution ~ микроскопия высокого разрешения
holographic ~ голографическая микроскопия
infrared ~ инфракрасная [ИК-] микроскопия
interference ~ интерференционная микроскопия

microwaveguide

Kerr ~ керровская микроскопия
laser ~ лазерная микроскопия
laser photoelectron ~ лазерная фотоэлектронная микроскопия
luminescence ~ люминесцентная микроскопия
magnetic ~ магнитная микроскопия
multiphoton ~ многофотонная микроскопия
near-field ~ ближнепольная микроскопия
Nomarski ~ спектроскопия Номарского
one-photon ~ однофотонная микроскопия
optical ~ оптическая микроскопия
optical coherence ~ оптическая когерентная микроскопия
optical near-field ~ оптическая ближнепольная микроскопия
phase(-contrast) ~ фазово-контрастная микроскопия
photoelectron ~ фотоэлектронная микроскопия
photoluminescence ~ фотолюминесцентная микроскопия
pump-probe ~ микроскопия накачка – зонд
reflection electron ~ отражательная электронная микроскопия
remote ~ дистанционная микроскопия
scanning ~ растровая микроскопия
scanning Auger ~ растровая оже-микроскопия
scanning confocal ~ растровая конфокальная микроскопия
scanning force ~ растровая силовая микроскопия
scanning laser ~ растровая лазерная микроскопия
scanning tunneling ~ растровая туннельная микроскопия
shadow ~ теневая микроскопия
single-molecule ~ микроскопия одиночных молекул
stimulated-emission ~ микроскопия на вынужденном излучении
supravital ~ суправитальная микроскопия
surgical ~ операционная микроскопия
three-dimensional ~ трехмерная микроскопия
tunnel ~ туннельная микроскопия
two-photon ~ двухфотонная микроскопия
two-photon excitation ~ микроскопия двухфотонного возбуждения
two-photon fluorescence ~ двухфотонная флуоресцентная микроскопия
ultraviolet [UV] ~ ультрафиолетовая [УФ-] микроскопия
visible ~ оптическая микроскопия
vital ~ витальная микроскопия
Zeeman ~ зеемановская микроскопия
microspectrograph микроспектрограф
microspectrometer микроспектрометр
microspectrophotometer микроспектрофотометр
microspectroscope микроспектроскоп
microspectroscopy микроспектроскопия
Fourier-transform ~ микроспектроскопия Фурье
high-brightness ~ микроспектроскопия высокой яркости
high-resolution ~ микроспектроскопия высокого разрешения
infrared [IR] ~ инфракрасная [ИК-] микроспектроскопия
time-resolved ~ микроспектроскопия с временны́м разрешением
microstereoscope микростереоскоп
microstructure микроструктура
layered ~ слоистая микроструктура
semiconductor ~ полупроводниковая микроструктура
microsurgery микрохирургия
eye ~ микрохирургия глаза
microtrap микроловушка
optical ~ оптическая микроловушка
microtubule микротрубочка
microwave 1. волна СВЧ-диапазона **2.** микроволновый
microwaveguide микроволновод
dielectric ~ диэлектрический микроволновод
diffuse ~ диффузный микроволновод
graded-index ~ градиентный микроволновод
optical ~ оптический микроволновод
planar ~ планарный микроволновод

microwaveguide

strip ~ полосковый микроволновод
thin-film ~ тонкопленочный микроволновод
microwelder установка для микросварки
midgap середина запрещенной зоны
mid-infrared средняя инфракрасная область
migration миграция
   avalanche-induced ~ лавинно-индуцированная миграция
   charge ~ миграция заряда
   donor ~ миграция доноров
   energy ~ миграция энергии
   excitation ~ миграция возбуждений
   hole ~ миграция дырок
   photon ~ миграция фотонов
minilaser минилазер
minilens минилинза
minimum минимум, минимальное значение
   diffraction ~ дифракционный минимум
   interference ~ интерференционный минимум
   solar ~ минимум солнечной активности
mirage мираж
   direct ~ верхний мираж
   inferior ~ нижний мираж
   inverted ~ обратный мираж
   lateral ~ боковой мираж
   optical ~ оптический мираж
   superior ~ верхний мираж
mirror зеркало
   active ~ активное зеркало
   adaptive ~ адаптивное зеркало
   adjustable ~ регулируемое [юстируемое] зеркало
   aligned ~ съюстированное зеркало
   anisotropic ~ анизотропное зеркало
   annular ~ кольцевое зеркало
   apodized ~ аподизированное зеркало
   AR-coated ~ просветленное зеркало
   aspherical ~ асферическое зеркало
   astigmatic ~ астигматичное зеркало
   autocollimating ~ автоколлиматорное зеркало
   auxiliary ~ вспомогательное [дополнительное] зеркало
   axisymmetric(al) ~ осесимметричное зеркало
   back ~ заднее зеркало
   back-coated ~ зеркало с внутренним покрытием
   bare ~ зеркало без покрытия
   beam-splitting ~ светоделительное зеркало
   birefringent ~ двулучепреломляющее зеркало
   booster ~ концентрирующее зеркало
   Bragg ~ брэгговское зеркало
   broadband ~ широкополосное зеркало
   Cassegrain(ian) ~ кассегреновское зеркало
   cavity ~ резонаторное зеркало
   cavity end ~ концевое зеркало резонатора
   chirped ~ зеркало с чирпом (*за счет дисперсии глубины проникновения света*)
   coarse tuning ~ зеркало грубой настройки
   cold ~ холодное зеркало
   collecting ~ собирающее зеркало
   collimating [collimator] ~ коллиматорное зеркало
   compensating ~ компенсирующее зеркало
   composite ~ композитное зеркало
   concave ~ вогнутое зеркало
   concentrating ~ концентрирующее зеркало; фокусирующее зеркало
   confocal ~s конфокальные зеркала
   convex ~ выпуклое зеркало
   corner ~ уголковое зеркало
   correcting [corrector] ~ корректирующее зеркало
   corrugated ~ гофрированное зеркало
   coudé ~ зеркало куде
   coupling ~ зеркало связи
   cylindrical ~ цилиндрическое зеркало
   dark ~ зеркало, отражающее ИК-излучение
   DBR ~ зеркало на основе распределенного брэгговского отражателя
   deflecting ~ отклоняющее зеркало
   deformable ~ деформируемое зеркало
   dental ~ зубное зеркало
   deployable ~ развертываемое зеркало
   dichroic ~ дихроичное зеркало
   dielectric ~ диэлектрическое зеркало

mirror

dielectric-coated ~ зеркало с диэлектрическим покрытием
dispersive ~ дисперсионное зеркало
distributed Bragg reflector ~ зеркало на основе распределенного брэгговского отражателя
dull ~ тусклое зеркало
elastic ~ гибкое зеркало
electrostatic ~ электростатическое зеркало
elliptical ~ эллиптическое зеркало
exit ~ выходное зеркало
Fabry-Perot ~ зеркало Фабри – Перо
Faraday ~ фарадеевское зеркало
feedback ~ зеркало обратной связи
film ~ пленочное зеркало
flat ~ плоское зеркало
flat-roof ~ двугранное зеркало
flexible ~ гибкое зеркало
flipper ~ откидное зеркало
focusing ~ фокусирующее зеркало
fold ~ отклоняющее зеркало
folded ~ складное зеркало; откидное зеркало
folding ~ отклоняющее зеркало
Foucault ~ зеркало Фуко
four-wave phase-conjugate ~ зеркало, обращающее волновой фронт, ОВФ-зеркало
Fresnel ~ френелевское зеркало
front ~ переднее зеркало; выходное зеркало (*в резонаторе*)
front-surface ~ зеркало с лицевой отражающей поверхностью; зеркало с наружным покрытием
full-rate ~ полностью отражающее зеркало
galvanometer ~ гальванометрическое зеркало
glass ~ стеклянное зеркало
graded reflectivity ~ зеркало с меняющимся коэффициентом отражения
grazing incidence ~ зеркало со скользящим падением луча
grooved ~ штриховое зеркало
half-rate ~ полуотражающее зеркало
half-transmitting ~ полупрозрачное зеркало
heat-reflecting ~ зеркало с высоким отражением в ИК-области
heat-transmitting ~ зеркало с высоким пропусканием в ИК-области
highly reflecting [high-reflectivity] ~ зеркало с высоким отражением
hole-coupled ~ зеркало с отверстием связи
honeycomb ~ сотовое зеркало
hot ~ горячее зеркало
humidity-resistant ~ влагостойкое зеркало
hybrid ~ гибридное зеркало
hyperbolic ~ гиперболическое зеркало
illuminating ~ осветительное зеркало
input ~ входное зеркало
interference ~ интерференционное зеркало
interferometer ~ зеркало интерферометра
laryngeal ~ гортанное зеркало
laser ~ лазерное зеркало, зеркало лазера
leaky ~ зеркало с незначительным пропусканием
lightweight ~ легкое зеркало
liquid ~ жидкое зеркало
Lloyd ~ зеркало Ллойда
long-focus ~ длиннофокусное зеркало
Mangin ~ зеркал Манжена
matching ~ согласующее зеркало
membrane ~ мембранное зеркало
metal ~ металлическое зеркало
metal-coated ~ металлизированное зеркало
misaligned ~ разъюстированное зеркало
monolithic ~ сплошное зеркало
mosaic ~ мозаичное зеркало
multilayer ~ многослойное зеркало
multiline ~ многоволновое (*лазерное*) зеркало
nondispersive ~ недисперсионное зеркало
nonlinear ~ нелинейное зеркало
oblique incidence ~ зеркало косого падения
off-axis ~ внеосевое зеркало
one-piece ~ монолитное зеркало; сплошное зеркало
optical ~ оптическое зеркало
orbiting ~ орбитальное зеркало
outcoupling ~ выходное зеркало

mirror

output ~ выходное зеркало
parabolic ~ параболическое зеркало
paraboloidal ~ параболоидное зеркало
partially reflecting ~ частично отражающее зеркало
partially transmitting ~ частично пропускающее зеркало
passivated ~ зеркало с пассивирующим покрытием
pellicle ~ пленочное зеркало
Pellin-Broca ~ призма Пеллина – Брока
perfect ~ идеальное зеркало
phase-conjugate ~ зеркало, обращающее волновой фронт, ОВФ-зеркало
photonic bandgap ~ зеркало с фотонной запрещенной зоной
piezoelectric ~ пьезоэлектрическое зеркало
piston ~ поршневое зеркало
plane ~ плоское зеркало
polarization-sensitive ~ поляризационно-чувствительное зеркало
polarizing ~ поляризующее зеркало
primary ~ главное зеркало (*телескопа*)
prismatic ~ призматическое зеркало
quantum ~ квантовое зеркало
rear ~ заднее зеркало
reference ~ эталонное зеркало
resonator ~ резонаторное зеркало
retroreflecting ~ ретрорефлектор
reversion ~ обращающее зеркало
scanning ~ сканирующее зеркало
secondary ~ вторичное зеркало (*телескопа*)
segmented ~ сегментированное [секционированное] зеркало
selective ~ селективное зеркало
semiconductor saturable-absorber ~ полупроводниковое зеркало с насыщаемым поглотителем
semireflecting ~ полуотражающее зеркало
semitransparent ~ полупрозрачное зеркало
short-focus ~ короткофокусное зеркало
silvered ~ посеребренное зеркало
solid ~ **1.** сплошное зеркало; монолитное зеркало **2.** твердое зеркало

space-based ~ зеркало космического базирования
spherical ~ сферическое зеркало
steering ~ отклоняющее зеркало
super-Gaussian ~ супергауссово зеркало
surface-coated ~ зеркало с внешним покрытием
sweep ~ поворотное зеркало
tandem ~ амбиполярная ловушка
thin-film ~ тонкопленочное зеркало
toroidal ~ тороидальное зеркало
totally reflecting ~ глухое зеркало
ultrahigh-reflectivity ~ сверхвысокоотражающее зеркало
ultralight ~ сверхлегкое зеркало
UV ~ ультрафиолетовое [УФ-] зеркало
variable reflectivity ~ зеркало с изменяемым отражением
viewing ~ смотровое зеркало
waveguide ~ волноводное зеркало
wedge-shaped ~ клиновидное зеркало
wide-angle ~ широкоугольное зеркало
X-ray ~ рентгеновское зеркало
zoned ~ зонированное зеркало

misalignment разъюстировка, расстройка
  angular ~ угловая разъюстировка
  axis ~ несоосность
  residual ~ остаточная разъюстировка

misfit :
  lattice ~ рассогласование параметров (кристаллической) решетки

mismatch рассогласование
  frequency ~ рассогласование частот
  index ~ рассогласование коэффициентов преломления
  lattice ~ рассогласование параметров (кристаллической) решетки
  phase ~ рассогласование фаз
  polarization ~ поляризационное рассогласование
  time ~ временнóе рассогласование

mixing смешение
  coherent ~ когерентное смешение
  color ~ смешение цветов
  degenerate four-wave ~ вырожденное четырехволновое смешение
  exciton-photon ~ экситон-фотонное смешение

mode

four-photon parametric ~ четырехфотонное параметрическое смешение
four-wave ~ четырехволновое смешение
frequency ~ смешение частот
multiwave ~ многоволновое смешение
nonlinear ~ нелинейное смешение
parametric ~ параметрическое смешение
parity ~ смешение по четности
Raman ~ рамановское смешение частот
resonant ~ резонансное смешение
three-wave ~ трехволновое смешение
transient four-wave ~ нестационарное четырехволновое смешение
two-wave ~ двухволновое смешение
mixture смесь
  classical ~ классическая смесь
  coherent ~ когерентная смесь
  equilibrium ~ равновесная смесь
  incoherent ~ некогерентная смесь
  statistical ~ статистическая смесь
mobility подвижность, мобильность
  carrier ~ подвижность носителей
  defect ~ подвижность дефектов
  diffusive ~ диффузионная подвижность
  drift ~ дрейфовая подвижность
  electron(ic) ~ подвижность электронов
  exciton ~ подвижность экситона
  free-carrier ~ подвижность свободных носителей
  Hall ~ холловская подвижность
  hole ~ дырочная подвижность
  impurity ~ примесная мобильность
  intrinsic ~ собственная подвижность, подвижность собственных носителей заряда
  ion(ic) ~ подвижность ионов
  molecular ~ молекулярная подвижность
  recombination ~ рекомбинационная подвижность
  surface ~ поверхностная подвижность
  vacancy ~ подвижность вакансии
mode 1. мода, тип колебаний **2.** режим работы
  acoustic ~ акустическая мода

anti-Stokes ~ антистоксова мода
antisymmetric ~ антисимметричная мода
axial ~ аксиальная мода
bare resonator ~ мода пустого резонатора
bending ~ деформационное колебание
bistable ~ бистабильный режим; бистабильная мода
breathing ~ дыхательная мода; дыхательное колебание
burst ~ пакетный режим работы
cavity ~ резонаторная мода
characteristic ~ нормальная [собственная] волна
cladding ~ мода оболочки; мода покрытия
coherently locked ~s синхронизованные моды
collective ~ коллективная мода
competing ~ конкурирующая мода
continuous ~ непрерывный режим
coupled ~s связанные моды, связанные типы колебаний
cross-polarized ~s моды с взаимно-ортогональной поляризацией
cutoff ~ 1. критическая мода 2. режим отсечки
cw ~ **of operation** непрерывный режим работы
damped ~ затухающая мода
Debye ~ дебаевская мода, дебаевская волна
defect ~ дефектная мода; мода, связанная с дефектом структуры
degenerate ~ вырожденная мода
diffraction-limited ~ дифракционно-ограниченная мода
discrete ~ дискретная мода; волна дискретного спектра
dominant ~ основная мода; преобладающий тип колебаний
dynamic ~ динамический режим
eigen ~ нормальная [собственная] мода
electromagnetic ~ электромагнитная мода
electron-phonon ~ электрон-фононная мода
equally spaced [equidistant] ~s эквидистантные моды
evanescent ~ нераспространяющаяся мода

mode

even ~ четная мода
excited ~ возбужденная мода
extraordinary ~ необыкновенная мода
Fabry-Perot ~ мода резонатора Фабри – Перо
fiber ~ мода оптического волокна, мода световода
filamentary ~ нитевидная мода
free-running ~ режим свободной генерации
full-duplex ~ дуплексный [двусторонний] режим (*передачи данных*)
fundamental ~ основная мода
gate(d) ~ ждущий режим
Gaussian ~ гауссова мода
Gauss-Laguerre ~ мода Гаусса – Лагерра
guidance ~ волноводный режим; световодный режим
guided ~ волноводная мода
helical ~ спиральная [винтовая] мода
Hermite-Gauss ~s моды Эрмита – Гаусса
high(er)-order ~s моды высших порядков
high-frequency ~ высокочастотная мода
high-loss ~ мода с высокими потерями
hybrid ~ гибридная мода
idler ~ холостая мода
infrared-active ~ мода, активная в ИК-спектре
LA-phonon ~ мода продольного акустического фонона
laser ~ лазерная мода
lasing ~ лазерная мода; мода лазерной генерации
lattice ~ решеточная мода; мода (кристаллической) решетки
leaking [leaky] ~ вытекающая мода
light ~ оптическая мода
linearly polarized ~ линейно поляризованная мода
local ~ локальная мода, локальный тип колебаний
localized ~ локализованная мода
longitudinal ~ продольная мода
long-wavelength ~ длинноволновая мода
LO-phonon ~ мода продольного оптического фонона

lossless ~ мода без потерь
low-frequency ~ низкочастотная мода
main lasing ~ основная генерирующая мода
matched ~ согласованная мода
microcavity ~ мода микрорезонатора
mixed ~ смешанная мода
natural ~ нормальная [собственная] мода
neighboring ~ соседняя мода
nonaxial ~ внеосевая мода
nondegenerate ~ невырожденная мода
nonlasing ~ негенерирующая (лазерная) мода
nonpropagating ~ нераспространяющаяся мода
nonradiative ~ неизлучающая мода
normal ~ нормальная [собственная] мода, собственный тип колебаний
odd ~ нечетная мода
off-axis ~ неаксиальная мода
operating ~ рабочий режим
optical ~ оптическая мода
optical fiber ~ мода оптического волокна
optically active ~ оптически активная мода
ordinary ~ обыкновенная мода
orthogonal ~s ортогональные моды
orthogonally polarized ~s ортогонально поляризованные моды
parametric ~ параметрический режим
parasitic ~ паразитная мода
phase-locked ~s фазово-синхронизированные моды
phonon ~ фононная мода
photon counting ~ режим счета фотонов
photonic crystal ~s моды фотонного кристалла
plane polarized ~ плоско поляризованная мода
plasmon ~ плазмонная мода
Poissonian ~ пуассоновский режим
polariton ~ поляритонная мода
polarization ~ поляризационная мода
p-polarized ~ мода с поляризацией, параллельной плоскости падения
principal ~ основная мода

propagation ~ режим распространения
pulsed ~ of operation импульсный режим работы
quantized ~ квантованная мода
quasi-degenerate ~ квазивырожденная мода
radial ~ радиальная мода
radiating ~ мода излучения
Raman-active ~ мода, активная в комбинационном рассеянии
Rayleigh ~ волны Рэлея
reflection ~ режим отражения
resonant ~ резонансная мода
self-locked ~ 1. самосинхронизируемая мода 2. режим автосинхронизации
self-Q-switched ~ режим автомодуляции добротности
shear ~ сдвиговая мода
short-wavelength ~ коротковолновая мода
side ~ боковая мода
signal ~ сигнальная мода
single ~ одиночная мода
single-pulse ~ моноимпульсный режим
soft ~ мягкая мода
spatial ~ пространственная мода
spectral ~ спектральная мода
spiking ~ пичковый режим
spin ~ спиновая мода
s-polarized ~ мода с поляризацией, перпендикулярной плоскости падения
spurious ~ паразитная мода
stable ~ 1. устойчивая мода 2. устойчивый режим
standing-wave ~ режим стоячих волн
Stokes ~ стоксова мода
stretching ~ валентное колебание
structural ~ структурная мода
subharmonic resonator ~ субгармоническая мода резонатора
superradiant ~ сверхизлучающая мода
surface ~ поверхностная мода
symmetric ~ симметричная мода
TA-phonon ~ мода поперечного акустического фонона
TO-phonon ~ мода поперечного оптического фонона
torsional ~s крутильные моды, крутильные колебания
transient ~ переходный [нестационарный] режим
transmission ~ режим пропускания
transverse ~ поперечная мода
transverse acoustic ~ мода поперечного акустического фонона
transverse optical ~ мода поперечного оптического фонона
traveling-wave ~ режим бегущей волны
tunneling ~ туннелирующая мода
undamped ~ незатухающая мода
unstable ~ неустойчивая мода
vacuum ~ вакуумная мода
vibrational ~ колебательная мода
vibronic ~s вибронные моды
wave ~ мода волны, тип колебания
waveguide ~ волноводная мода, мода световода
whispering ~ «шепчущая» мода
zero-order ~ мода нулевого порядка

model модель
adequate ~ адекватная модель
analytical ~ аналитическая модель
Anderson ~ андерсоновская модель
anharmonic oscillator ~ модель ангармонического осциллятора
anti-crossing ~ модель антипересечения
approximate ~ приближенная модель
Arrhenius ~ модель Аррениуса
atomic ~ модель атома
band ~ зонная модель
Bell's ~ модель Белла
blackbody ~ модель абсолютно черного тела
Bloch ~ блоховская модель
Bohr atom ~ модель атома Бора
Bose-Hubbard ~ модель Бозе – Хаббарда
cavity-QED ~ квантово-электродинамическая модель резонатора
charge-exchange ~ модель обменных зарядов
charge-transfer [charge-transport] ~ модель переноса заряда
classical ~ классическая модель
cluster ~ кластерная модель
consistent ~ непротиворечивая модель
continuum ~ модель континуума
contracting Universe ~ модель сжимающейся Вселенной

model

cooperative ~ кооперативная модель
corpuscular ~ корпускулярная модель
damage ~ модель разрушения; модель повреждения
Debye ~ дебаевская модель
dissipative ~ диссипативная модель
Drude ~ модель Друде
Duffing ~ модель Дюффинга
dynamic ~ динамическая модель
effective mass ~ модель эффективной массы
elastic collision ~ модель упругих столкновений
exchange charge ~ модель обменных зарядов
exciton ~ экситонная модель
exciton band ~ модель экситонной зоны
expanding Universe ~ модель расширяющейся Вселенной
Fermi-gas ~ модель ферми-газа
Frenkel exciton ~ модель экситона Френкеля
Gallagher-Pritchard ~ модель Галлагера – Притчарда
generalized ~ обобщенная модель
geometric ~ геометрическая модель
harmonic ~ гармоническая модель
harmonic oscillator ~ модель гармонического осциллятора
Heisenberg ~ модель Гейзенберга
heuristic ~ эвристическая модель
hidden variable ~ модель скрытых параметров
Hubbard ~ модель Хаббарда
Hubbard-Holstein ~ модель Хаббарда – Холстейна
interaction ~ модель взаимодействия
Ising ~ модель Изинга
Jaynes-Cummings ~ модель Джейнса – Каммингса
Kane ~ модель Кейна
Kondo ~ модель Кондо
Kronig-Penney ~ модель Кронига – Пенни
Landau-Zener ~ модель Ландау – Зинера
lattice ~ модель решетки
linear absorption ~ модель линейного поглощения
local equilibrium ~ модель локального равновесия

macroscopic ~ макроскопическая модель
many-electron ~ многоэлектронная модель
mathematical ~ математическая модель
Maxwell-Bloch ~ модель Максвелла – Блоха
microscopic ~ микроскопическая модель
molecular polaron ~ модель молекулярного полярона
nonstationary ~ нестационарная модель
numerical ~ численная модель
one-band ~ однозонная модель
one-dimensional ~ одномерная модель
one-electron ~ одноэлектронная модель
one-particle ~ одночастичная модель
paraxial ~ параксиальная мода
perturbative ~ модель теории возмущений
phenomenological ~ феноменологическая модель
photoelastic ~ фотоупругая модель
physical ~ физическая модель
pilot ~ опытная модель
point-charge ~ модель точечных зарядов
polaron ~ поляронная модель
quantitative ~ количественная модель
quantum ~ квантовая модель
quasi-classical ~ квазиклассическая модель
random-field ~ модель случайного поля
rate equation ~ модель кинетических уравнений
realistic ~ реалистичная модель
resonance ~ резонансная модель
rigorous ~ строгая модель
scattering ~ модель рассеяния
self-consistent ~ самосогласованная модель
self-trapped exciton ~ модель самолокализованного экситона
semiclassical ~ полуклассическая модель
sine-Gordon ~ модель синус-Гордона
single-step Markov chain ~ одноступенчатая модель марковской цепи

modulation

Sisyphus ~ модель Сизифа
statistical ~ статистическая модель
structural ~ структурная модель
theoretical ~ теоретическая модель
thermodynamic ~ термодинамическая модель
thin-lens ~ модель тонкой линзы
three-level ~ трехуровневая модель
three-mode ~ трехмодовая модель
tight-binding ~ модель сильной связи
two-band ~ двухзонная модель
two-dimensional ~ двумерная модель
two-level ~ двухуровневая модель
two-level system ~ модель двухуровневых систем
two-state ~ модель двух состояний
two-subband ~ двухподзонная модель
Van der Waals ~ ван-дер-ваальсова модель, модель Ван-дер-Ваальса
Van Hove ~ модель Ван Хове
vector ~ векторная модель
modeling моделирование
mathematical ~ математическое моделирование
molecular ~ молекулярное моделирование
numerical ~ численное моделирование
mode-locker устройство синхронизации мод
mode-locking синхронизация мод
active ~ активная синхронизация мод
laser ~ синхронизация мод лазера
passive ~ пассивная синхронизация мод
modulation модуляция
acousto-optic(al) ~ акустооптическая модуляция
amplitude ~ амплитудная модуляция
angular ~ угловая модуляция
bandgap ~ модуляция ширины запрещенной зоны
chirp ~ внутриимпульсная линейная частотная модуляция
cross-phase ~ перекрестная [взаимная] фазовая модуляция
doping ~ модуляция уровня легирования
double ~ двойная модуляция
electro-optical ~ электрооптическая модуляция

extraneous ~ паразитная модуляция
frequency ~ модуляция частоты, частотная модуляция
gain ~ модуляция коэффициента усиления
index ~ модуляция показателя преломления
in-phase ~ сфазированная модуляция
intensity ~ модуляция интенсивности
interference ~ интерференционная модуляция
intracavity ~ внутрирезонаторная модуляция
laser-frequency ~ модуляция частоты излучения лазера
lifetime ~ модуляция времени жизни
light ~ модуляция света
magneto-optical ~ магнитооптическая модуляция
noise ~ шумовая модуляция
out-of-phase ~ антифазная модуляция
phase ~ фазовая модуляция
polarization ~ поляризационная модуляция
pulse-code ~ импульсно-кодовая модуляция
pulse-duration ~ широтно-импульсная модуляция
pulse-frequency ~ частотно-импульсная модуляция
pulse-phase ~ фазово-импульсная модуляция
pulse-repetition (rate) ~ частотно-импульсная модуляция
pulse-width ~ модуляция длительности импульса
random phase ~ случайная фазовая модуляция
self-phase ~ фазовая самомодуляция
sinusoidal ~ синусоидальная модуляция
spatial ~ пространственная модуляция
spectral ~ спектральная модуляция
spectrally-selective ~ спектрально-селективная модуляция
spurious ~ паразитная модуляция
synchronous ~ синхронная модуляция

modulation

ultrasonic light ~ ультразвуковая модуляция света
wavelength ~ модуляция длины волны

modulator модулятор
  acoustic light ~ акустический модулятор света
  acousto-optic(al) ~ акустооптический модулятор
  birefringent ~ двулучепреломляющий модулятор
  Bragg ~ брэгговский модулятор
  electro-optic(al) ~ электрооптический модулятор
  fiber-optic ~ волоконно-оптический модулятор
  frequency ~ модулятор частоты
  high-frequency ~ высокочастотный модулятор
  interferometric ~ интерферометрический модулятор
  intracavity ~ внутрирезонаторный модулятор
  IOC phase ~ интегрально-оптический фазовый модулятор
  light ~ оптический модулятор; модулятор света
  liquid-crystal light ~ жидкокристаллический модулятор
  Mach-Zehnder ~ модулятор Маха – Цендера
  magneto-optic(al) ~ магнитооптический модулятор света
  multiple quantum well ~ модулятор на многоямной гетероструктуре
  optical ~ оптический модулятор
  phase ~ фазовый модулятор
  photoelastic ~ фотоупругий модулятор
  piezo-elastic ~ пьезоупругий модулятор
  polarization ~ поляризационный модулятор
  pulse ~ импульсный модулятор
  spatial light ~ пространственный модулятор света
  spatial phase ~ пространственный модулятор фазы
  thin-film optical ~ тонкопленочный оптический модулятор
  waveguide interferometric ~ волноводный интерферометрический модулятор

module модуль (*блок, узел*)
  concentrating photovoltaic ~ фотоэлектрический модуль с концентратором
  control ~ блок управления
  dummy ~ фиктивный модуль
  optical ~ оптический модуль
  photovoltaic ~ фотоэлектрический модуль
  pilot cell ~ модуль эталонных солнечных элементов
  plug-in ~ сменный модуль
  self-contained ~ автономный [независимый] модуль
  solar ~ солнечный модуль; фотоэлектрический модуль
  solar array ~ модуль солнечных батарей

modulus 1. модуль (*абсолютная величина*) **2.** коэффициент; показатель степени
  ~ **of continuity** модуль непрерывности
  elastic ~ модуль упругости
  shear ~ модуль сдвига
  Young's ~ модуль Юнга

moire муар
  additive ~ суммарный муар
  color ~ цветной муар; цветовые комбинационные искажения
  second-order ~ муар второго порядка
  subtractive ~ разностный муар

molecule молекула
  anisotropic ~ анизотропная молекула
  asymmetric ~ асимметричная молекула
  chiral ~ хиральная молекула
  diatomic ~ двухатомная молекула
  dipolar ~ дипольная молекула
  dye ~ молекула красителя
  excited ~ возбужденная молекула
  excitonic ~ экситонная молекула
  fluorescent ~ флуоресцирующая молекула
  ground-state ~ молекула в основном состоянии
  guest ~ примесная молекула
  heteronuclear ~ гетероядерная молекула
  homonuclear ~ гомоядерная молекула
  homopolar ~ гомеополярная молекула

impurity ~ примесная молекула
ionic ~ ионная молекула
linear ~ линейная молекула
matrix ~ молекула матрицы
neutral ~ нейтральная молекула
nonplanar ~ неплоская молекула
octupolar ~ октупольная молекула
organic ~ органическая молекула
planar ~ плоская молекула
polar ~ полярная молекула
polyatomic ~ многоатомная молекула
quencher ~ молекула-тушитель
single ~ одиночная молекула
substrate ~ молекула подложки
symmetric ~ симметричная молекула
unperturbed ~ невозмущенная молекула
molybdate молибдат
  gadolinium ~ молибдат гадолиния
  lead ~ молибдат свинца
molybdenum молибден, Mo
moment момент
  atomic ~ атомный момент
  dipole ~ дипольный момент
  electric ~ электрический (дипольный) момент
  gyroscopic ~ гироскопический момент
  induced ~ индуцированный момент
  intrinsic ~ собственный момент
  localized ~ локализованный момент
  magnetic ~ магнитный (дипольный) момент
  multipole ~ мультипольный момент
  octopole [octupole] ~ октупольный момент
  orbital ~ орбитальный момент
  permanent ~ постоянный момент
  quadrupole ~ квадрупольный момент
  reduced ~ приведенный момент
  rotational ~ вращательный момент
  spin ~ спиновый момент
  transition ~ момент перехода
momentum импульс
  angular ~ угловой момент, момент импульса
  atomic ~ импульс атома
  electron ~ электронный импульс
  internal ~ внутренний импульс
  longitudinal ~ продольный импульс
  non-zero ~ ненулевой импульс
  orbital angular ~ орбитальный угловой момент, орбитальный момент импульса
  phonon ~ импульс фонона
  photoelectron ~ импульс фотоэлектрона
  photon ~ импульс фотона
  recoil ~ импульс отдачи
  soliton ~ импульс солитона
  total ~ полный импульс
  transverse ~ поперечный импульс
monitor контрольное устройство; монитор; дисплей
monitoring контроль; наблюдение; мониторинг
  blood constituent ~ контроль состава крови
  ellipsometric ~ эллипсометрический контроль
  environmental ~ контроль окружающей среды
  real-time ~ контроль в режиме реального времени
  tissue constituent ~ контроль состава ткани
monochromatic монохроматический
monochromaticity, monochromatism монохроматичность
monochromatization монохроматизация
monochromator монохроматор
  Czerny-Turner ~ монохроматор Черни – Тернера
  double ~ двойной монохроматор
  focal ~ фокальный монохроматор
  grating ~ решеточный монохроматор
  optical ~ оптический монохроматор
  prism ~ призменный монохроматор
  quartz ~ кварцевый монохроматор
  scanning ~ сканирующий монохроматор
  slit ~ щелевой монохроматор
  tunable ~ перестраиваемый монохроматор
  vacuum ~ вакуумный монохроматор
  X-ray ~ рентгеновский монохроматор
monochrome монохромное изображение
monocrystal монокристалл
monolayer монослой; мономолекулярный слой; моноатомный слой

monolayer

self-assembled ~ самоорганизованный монослой
stable ~ устойчивый монослой
monopole монополь
  Dirac ~ монополь Дирака
  magnetic ~ магнитный монополь
monoscope моноскоп
moon Луна
  new ~ новолуние
  waning ~ убывающая луна
  waxing ~ нарастающая луна
moonlight лунный свет
morphology морфология
  crystal ~ морфология кристалла
  film ~ морфология пленки
  heterostructure ~ морфология гетероструктуры
  surface ~ морфология поверхности
motion движение
  atomic ~ атомное движение
  axial ~ аксиальное движение
  beam ~ движение пучка
  bidirectional ~ двунаправленное движение
  Brownian ~ броуновское движение
  center-of-mass ~ движение центра масс
  classical ~ классическое движение
  classically forbidden ~ классически запрещенное движение
  collective ~ коллективное движение
  cooperative ~ кооперативное движение
  correlated ~ коррелированное движение
  diffusive ~ диффузионное движение
  directed ~ направленное движение
  diurnal ~ суточное движение
  electronic ~ электронное движение
  inner [internal] ~ внутреннее движение
  lateral ~ поперечное [боковое] движение
  nonclassical ~ неклассическое движение
  one-dimensional ~ одномерное движение
  orientational ~ ориентационное движение
  oscillatory ~ осциллирующее движение
  quantized ~ квантованное движение
  quantum ~ квантовое движение
  quasi-classical ~ квазиклассическое движение
  radial ~ радиальное движение
  random ~ хаотическое движение
  rotational ~ вращательное движение
  spatial ~ пространственное движение
  stochastic ~ стохастическое движение
  thermal ~ тепловое движение
  translational ~ трансляционное движение
  ultraslow ~ сверхмедленное движение
  uncorrelated ~ некоррелированное движение
  vibrational ~ колебательное движение
  zero-point ~ нулевое движение, движение в нулевом состоянии
motor двигатель
  molecular ~ молекулярный двигатель
  stepper [stepping] ~ шаговый двигатель
mounting крепление, монтаж; компоновка
  Paschen-Runge ~ крепление Пашена – Рунге
movement движение, перемещение
  eye ~s движения глаз
multilayer мультислой, полимолекулярный слой; многослойник || многослойный
multiplet мультиплет
  Davydov ~ давыдовский мультиплет
  excited-state ~ мультиплет возбужденного состояния
  exciton ~ экситонный мультиплет
  ground-state ~ мультиплет основного состояния
multiplexer устройство уплотнения, мультиплексор
  analog ~ мультиплексор аналоговых сигналов, аналоговый мультиплексор
  burst mode ~ мультиплексор для передачи данных в пакетном режиме
  digital ~ цифровой мультиплексор
multiplexing уплотнение, мультиплексирование
  adaptive ~ адаптивное уплотнение
  all-optical ~ полностью оптическое мультиплексирование

nanostructure

angular ~ угловое мультиплексирование
beam ~ объединение лучей
frequency-division ~ частотное мультиплексирование
homogeneous ~ однородное мультиплексирование
image ~ объединение изображений
inhomogeneous ~ неоднородное мультиплексирование
optical ~ оптическое мультиплексирование
polarization ~ поляризационное уплотнение
space-division [spatial] ~ пространственное уплотнение
spatial-frequency ~ уплотнение пространственных частот
statistical ~ статистическое мультиплексирование
time-division ~ временно́е мультиплексирование
wavelength-division ~ спектральное мультиплексирование
multiplication умножение, мультипликация; усиление
brightness ~ усиление яркости
frequency ~ умножение частоты
image ~ мультипликация изображения
Q ~ умножение добротности
multiplicity мультиплетность
multiplier умножитель
acousto-optic(al) ~ акустооптический умножитель
frequency ~ умножитель частоты
image ~ усилитель изображения
microchannel electron ~ микроканальный электронный умножитель
parametric ~ параметрический умножитель
photoelectric ~ фотоэлектронный умножитель
Venetian blind ~ фотоэлектронный умножитель с жалюзной динодной системой
voltage ~ умножитель напряжения
multipolarity мультипольность
multipole мультиполь
electric ~ электрический мультиполь
magnetic ~ магнитный мультиполь
multisoliton мультисолитон
multistability мультистабильность

optical ~ оптическая мультистабильность
muscovite мусковит
myopia миопия, близорукость
axial ~ осевая близорукость
chromatic ~ хроматическая миопия
combinative ~ комбинационная миопия
night ~ ночная близорукость
occupational ~ профессиональная близорукость
refraction ~ рефракционная миопия

N

nadir надир
nanoantenna наноантенна
nanocavity нанорезонатор
nanocluster нанокластер
nanocomposite нанокомпозит
nanocrystal нанокристалл
semiconductor ~ полупроводниковый нанокристалл
silicon ~ нанокристалл кремния
nanoelectronics наноэлектроника
nanolithography нанолитография
nanooptics нанооптика
nanoparticle наночастица
dielectric ~ диэлектрическая наночастица
metal ~ металлическая наночастица
semiconductor ~ наночастица полупроводника
nanophotonics нанофотоника
nanosecond наносекунда
nanostructure наноструктура
anisotropic ~ анизотропная наноструктура
crystalline ~ кристаллическая наноструктура
etched ~ травленая наноструктура
fractal ~ фрактальная наноструктура
low-dimensional ~ низкоразмерная наноструктура
magnetic ~ магнитная наноструктура
quantum ~ квантовая наноструктура

nanostructure

   semiconductor ~ полупроводниковая наноструктура
   two-dimensional ~ двумерная наноструктура
   zero-dimensional ~ нульмерная наноструктура
nanotechnology нанотехнология
nanotip наноострие
nanotube нанотрубка
   carbon ~s графитовые нанотрубки
narrowing сужение
   exchange ~ обменное сужение
   motional ~ динамическое сужение
nearsightedness близорукость
nebula туманность
   emission ~ эмиссионная туманность
   gaseous ~ газовая туманность
   planetary ~ планетарная туманность
negative негатив
   black-and-white ~ черно-белый негатив
   contrast ~ контрастный негатив
   photographic ~ фотонегатив
neighbor сосед; соседняя частица
   first ~ ближайший сосед
   nearest ~ ближайший сосед
   next nearest [second] ~ сосед, следующий за ближайшим
neighborhood соседство; близость
   immediate ~ ближайшее соседство
neodymium неодим, Nd
neon неон, Ne
nephelometer нефелометр
   laser ~ лазерный нефелометр
   photoelectric ~ фотоэлектрический нефелометр
   visual ~ визуальный нефелометр
nephelometry нефелометрия
nephoscope нефоскоп
   direct-vision ~ нефоскоп прямого видения
net сеть
   logical ~ логическая сеть
   neural ~ нейронная сеть
network сеть
   all-optical ~ полностью оптическая сеть
   backbone ~ магистральная сеть (связи)
   information ~ информационная сеть
   neural ~ нейронная сеть
   photonic ~ фотонная сеть
   quantum ~ квантовая сеть

nickel никель, Ni
nicol призма Николя
niobate ниобат
   barium-sodium ~ ниобат бария – натрия
   lithium ~ ниобат лития
   potassium ~ ниобат калия
niobium ниобий, Nb
nitrogen азот, N
node узел
   even ~ четный узел
   lunar ~ лунный узел
   network ~ узел сети
   odd ~ нечетный узел
   standing wave [wave] ~ узел стоячей волны
noise шум
   AM ~ шум амплитудной модуляции
   amplified spontaneous emission ~ шум усиленного спонтанного излучения
   amplifier ~ шум усилителя
   amplitude ~ амплитудный шум
   amplitude-modulation ~ шум амплитудной модуляции
   ASE ~ шум усиленного спонтанного излучения
   atmospheric ~ атмосферный шум
   atomic ~ атомный шум
   background ~ фоновый шум
   beam-pointing ~ шум наведения луча
   beat ~ шум биений
   binary ~ двоичный шум
   bistability ~ шум бистабильности
   blue ~ голубой шум
   broadband ~ широкополосный шум
   Brownian ~ броуновский шум
   burst ~ импульсная помеха
   classical ~ классический шум
   coherent ~ когерентный шум
   contact ~ контактный шум
   correlated ~ коррелированный шум
   current ~ шум тока
   dark ~ темновой шум
   dark-current ~ шум темнового тока
   detection ~ шум детектирования, шум регистрации
   detector ~ шум приемника
   electronic ~ электронный шум
   equivalent ~ эквивалентный шум
   excess ~ избыточный шум
   extraneous ~ посторонний [внешний] шум

nonlinearity

extraterrestrial ~ внеземной шум
flicker ~ фликкер-шум
fluctuation ~ флуктуационный шум
FM [frequency-modulation] ~ шум частотной модуляции
Gaussian ~ гауссов шум
generation-recombination ~ генерационно-рекомбинационный шум
high-frequency ~ высокочастотный шум
incoherent ~ некогерентный шум
input ~ входной шум
intensity ~ шум интенсивности
intermodulation ~ интермодуляционный шум
intrinsic ~ собственный [внутренний] шум
jitter ~ шум, связанный с дрожанием
Johnson-Nyquist ~ шум Джонсона – Найквиста
Langevin ~ ланжевеновский шум
laser ~ лазерный шум
laser pump ~ шум лазерной накачки
low-frequency ~ низкочастотный шум
Markovian ~ марковский шум
microphonic ~ микрофонный шум
modal ~ модовый шум
mode inteference ~ шум интерференции мод
mode-mismatching ~ шум рассогласования мод
multiplicative ~ мультипликативный шум
natural ~ естественный шум
neuron ~ нейронный шум
normal ~ нормальный шум
optical ~ оптический шум
optical dipole ~ оптический дипольный шум
output ~ выходной шум
phase ~ фазовый шум
phase-modulation ~ шум фазовой модуляции
phonon ~ фононный шум
photocurrent ~ шум фототока
photoelectron ~ фотоэлектронный шум
photographic ~ фотографический шум
photon(-number) ~ фотонный шум; шум числа фотонов
Planckian ~ планковский шум
Poissonian ~ пуассоновский шум
polarization-dependent ~ шум, зависящий от поляризации
quantization ~ шум квантования
quantum ~ квантовый шум
Rayleigh ~ рэлеевский шум
readout ~ шум считывания
reflection ~ шум отражения
relaxation ~ релаксационный шум
residual ~ остаточный шум
shot ~ дробовой шум
speckle ~ шум, связанный со спекл-структурой поля; спекл-шум
spontaneous emission ~ шум спонтанного излучения
sub-Poissonian ~ субпуассоновский шум
super-Poissonian ~ суперпуассоновский шум
technical ~ технический шум
telegraph ~ телеграфный шум
temperature ~ температурный шум
thermal ~ тепловой шум
vacuum ~ вакуумный шум
white ~ белый шум
nonlinearity нелинейность
amplitude ~ амплитудная нелинейность
cubic ~ кубичная нелинейность
dominant ~ доминирующая [преобладающая] нелинейность
dynamic ~ динамическая нелинейность
electronic ~ электронная нелинейность
even-order ~ нелинейность четного порядка
giant optical ~ гигантская оптическая нелинейность
higher-order ~ нелинейность высшего порядка
inertial ~ инерционная нелинейность
instantaneous ~ безынерционная нелинейность
intrinsic ~ собственная [внутренняя] нелинейность
Kerr(-type) ~ керровская нелинейность
magnetic ~ магнитная нелинейность
negative ~ отрицательная нелинейность
nonresonant ~ нерезонансная нелинейность

nonlinearity

odd-order ~ нелинейность нечетного порядка
optical ~ оптическая нелинейность
orientational ~ ориентационная нелинейность
parametric ~ параметрическая нелинейность
photorefractive ~ фоторефрактивная нелинейность
photovoltaic ~ фотогальваническая [фотоэлектрическая] нелинейность
positive ~ положительная нелинейность
quadratic ~ квадратичная нелинейность
refractive ~ нелинейность преломления
resonant ~ резонансная нелинейность
second-order ~ нелинейность второго порядка
spectral ~ спектральная нелинейность
thermal ~ тепловая нелинейность
third-order ~ нелинейность третьего порядка
nonlocality нелокальность
  quantum ~ квантовая нелокальность
nonreciprocity невзаимность
  nonlinear ~ нелинейная невзаимность
  optical ~ оптическая невзаимность
nonuniformity 1. неоднородность 2. неравномерность
  excitation ~ неоднородность возбуждения
  photoresponse ~ неоднородность фотоотклика (*в ПЗС-приемниках*)
  random ~ случайная неоднородность
  spatial ~ пространственная неоднородность
normalization нормировка; нормирование
  wave-function ~ нормировка волновой функции
nose-piece револьверный держатель объективов
notation обозначения; запись
  crystallographic ~ кристаллографические обозначения
  international ~ международные обозначения
  matrix ~ матричная запись
  operator ~ операторная запись
  tensor ~ запись в тензорной форме
  vector ~ векторная запись
nucleation зародышеобразование
  epitaxial ~ эпитаксиальное зародышеобразование
  island ~ островковый рост
  random ~ беспорядочное зародышеобразование
nucleus ядро; зародыш
  critical ~ критический зародыш
number число; номер
  Abbe ~ число Аббе
  atomic ~ атомный номер
  Avogadro's ~ число Авогадро
  azimuthal quantum ~ азимутальное квантовое число
  coordination ~ координационное число
  Fresnel ~ число Френеля
  Hartmann ~ число Гартмана
  magnetic quantum ~ магнитное квантовое число
  main quantum ~ главное квантовое число
  Mohs ~ твердость по Моосу
  occupation ~ число заполнения
  orbital quantum ~ орбитальное квантовое число
  principal quantum ~ главное квантовое число
  quantum ~ квантовое число
  random ~ случайное число
  spin quantum ~ спиновое квантовое число
  Strouhal ~ число Струхаля
  wave ~ волновое число
  winding ~ число обходов, винтовое число
nutation нутация
  free ~ свободная нутация
  lunar ~ лунная нутация
  magnetization ~ нутация намагниченности
  optical ~ оптическая нутация
  Rabi ~ нутация Раби
  secondary ~ вторичная нутация
  solar ~ солнечная нутация
  transient ~ нестационарная нутация; переходная нутация
nyctalopia никталопия, куриная слепота

observation

nystagmus нистагм
  binocular ~ бинокулярный нистагм

O

object объект
  bright ~ яркосветящийся объект; яркий объект
  celestial ~ небесное тело; астрономический объект
  classical ~ классический объект
  diffuse ~ рассеивающий объект
  extended ~ протяженный объект
  extraterrestrial ~ внеземной объект
  macroscopic ~ макроскопический объект
  microscopic ~ микроскопический объект
  opaque ~ непрозрачный объект
  optical ~ оптически наблюдаемый объект
  phase ~ фазовый объект
  point ~ точечный объект
  quantum ~ квантовый объект
  stellar ~ звездный объект
  test ~ тест-объект
  transparent ~ прозрачный объект
  visible ~ видимый объект
objective объектив
  achromatic ~ ахроматический объектив
  anamorphic ~ анаморфотный объектив
  anastigmatic ~ объектив-анастигмат
  aplanatic ~ апланатический объектив
  apochromatic ~ апохроматический объектив
  AR-coated ~ просветленный объектив
  catadioptric ~ зеркально-линзовый объектив
  catoptric ~ зеркальный объектив
  collimating ~ коллимирующий объектив
  double(t) ~ двухлинзовый объектив
  fluorite ~ флюоритовый объектив
  focusing ~ фокусирующий объектив
  high-power ~ светосильный объектив
  immersion ~ иммерсионный объектив
  interchangeable ~ сменный объектив
  long-distance [long-focus] ~ длиннофокусный объектив
  low-power ~ объектив с малой светосилой
  Maksutov ~ объектив Максутова
  medium-power ~ объектив со средней светосилой
  microscope ~ микрообъектив
  optical ~ объектив
  phase-contrast ~ фазово-контрастный объектив
  photographic ~ фотографический объектив
  projective ~ проекционный объектив
  reflecting ~ зеркальный объектив
  reversion ~ обращающий объектив
  short-distance [short-focus] ~ короткофокусный объектив
  Taylor ~ объектив Тейлора
  wide-angle ~ широкоугольный объектив
objective-condenser объектив-конденсор
observable наблюдаемая (величина)
  physical ~ физическая наблюдаемая
observation наблюдение
  actinometric ~ актинометрическое наблюдение
  astrometric ~ астрометрическое наблюдение
  astronomical ~ астрономическое наблюдение
  celestial ~s наблюдения за небом
  direct ~ прямое наблюдение
  experimental ~ экспериментальное наблюдение
  interferometric ~ интерферометрическое наблюдение
  optical ~ оптическое наблюдение
  quantitative ~s количественные наблюдения
  sampling ~ выборочное наблюдение
  spectroscopic ~ спектроскопическое наблюдение
  time-resolved ~ наблюдение с временны́м разрешением

observation

visual ~ визуальное наблюдение
observatory обсерватория
   astronomical ~ астрономическая обсерватория
   extraterrestrial ~ внеземная обсерватория
   magnetic ~ магнитная обсерватория
   optical ~ оптическая обсерватория
   solar ~ солнечная обсерватория
   stratospheric ~ стратосферная обсерватория
obsidian обсидиан, вулканическое стекло
obturator обтюратор
occupancy размещение; заполненность; степень заполнения
occupation заселение; заполнение
   mode ~ заполнение мод
ocular окуляр
   autocollimating ~ автоколлимационный окуляр
   compensating ~ компенсационный окуляр
   Huygens ~ окуляр Гюйгенса
   Kellner ~ окуляр Кельнера
   orthoscopic ~ ортоскопический окуляр
off-axis внеосевой
off-centering децентрирование
offset сдвиг, отклонение, смещение
   band ~ разрыв зоны
   frequency ~ частотный сдвиг, смещение частоты
on-axis осевой; лежащий на оси
ondoscope ондоскоп
opacimeter денситометр
opacity непрозрачность
opal опаловое стекло ‖ опаловый
opalescence опалесценция
   critical ~ критическая опалесценция
opaque непрозрачный, светонепроницаемый
operation 1. работа, функционирование 2. режим (*работы*) 3. операция
   bistable ~ бистабильный режим
   Boolean ~ булева операция
   coherent ~ когерентный режим
   continuous-wave ~ непрерывный режим
   convolution ~ операция свертки
   cw ~ непрерывный режим
   demultiplexing ~ операция разуплотнения сигналов, операция демультиплексирования
   diffraction-limited ~ режим работы с дифракционным ограничением
   dual-mode ~ двухмодовый режим
   duplex ~ дуплексный режим, режим двусторонней связи
   entangling ~ операция перепутывания
   free-running ~ режим свободной генерации (*в лазерах*)
   gate ~ 1. режим стробирования 2. логическая операция
   geometric ~ геометрическая операция
   high-gain ~ работа в режиме большого усиления
   imperfect ~s несовершенные операции
   local ~ локальная операция
   logic(al) ~ логическая операция
   mode-locked ~ режим синхронизации мод
   multimode ~ многомодовый режим
   pulse(d) ~ импульсный режим
   read-out ~ операция считывания
   remote ~ дистанционный режим
   repetitively-pulsed ~ импульсно-периодический режим
   rotation ~ операция вращения
   self-timed ~ самосинхронизованный режим
   single-bit ~ однобитовая операция
   single-frequency ~ одночастотный режим
   single-mode ~ одномодовый режим
   single-pulse ~ моноимпульсный режим
   single-qubit ~ однокубитовая операция
   space reversal ~ операция пространственной инверсии
   stable [steady] ~ устойчивый режим работы
   symmetry ~ операция симметрии
   time reversal ~ операция инверсии времени
   translation ~ операция трансляции
   unidirectional ~ однонаправленный режим
operator оператор
   angular momentum ~ оператор углового момента, оператор момента импульса
   annihilation ~ оператор уничтожения

operator

Bose ~ бозевский оператор, бозе-оператор
bounded linear ~ ограниченный линейный оператор
carrier-number ~ оператор числа носителей
classical ~ классический оператор
commuting ~s коммутирующие операторы
creation ~ оператор рождения
current density ~ оператор плотности тока
degenerate ~ вырожденный оператор
density matrix ~ оператор матрицы плотности
dichotomic ~ дихотомический оператор
differential ~ дифференциальный оператор
dipole moment ~ оператор дипольного момента
Dirac ~ оператор Дирака
displacement ~ оператор смещения
eikonal ~ оператор эйконала
electric dipole (moment) ~ оператор электрического дипольного момента
energy ~ оператор энергии
evolution ~ оператор эволюции
exciton(ic) ~ экситонный оператор
factorized ~ факторизованный оператор
Fermi ~ фермиевский оператор, ферми-оператор
field ~ оператор поля
gage-invariant ~ калибровочно-инвариантный оператор
Hamilton(ian) ~ оператор Гамильтона, гамильтониан
Heisenberg ~ оператор Гейзенберга
Hermitian ~ эрмитов оператор
Hermitian-conjugate ~s ~ эрмитово-сопряженные операторы
Hubbard ~ оператор Хаббарда
integral ~ интегральный оператор
interaction ~ оператор взаимодействия
inverse ~ обратный оператор
ladder ~ лестничный оператор
Laplace ~ оператор Лапласа
linear ~ линейный оператор
linearized ~ линеаризованный оператор
Liouville ~ оператор Лиувиля
local ~ локальный оператор
Lorentz ~ оператор Лоренца
magnetic dipole (moment) ~ оператор магнитного дипольного момента
many-particle ~ многочастичный оператор
mapping ~ оператор отображения
matrix ~ матричный оператор
momentum ~ оператор импульса
noncommuting ~s некоммутирующие операторы
nonlocal ~ нелокальный оператор
one-particle ~ одночастичный оператор
parity ~ оператор четности
particle number density ~ оператор плотности частиц
Pauli ~ оператор Паули
Pauli spin ~ спиновый оператор Паули
permutation ~ оператор перестановок
perturbation ~ оператор возмущения
phase ~ оператор фазы
phase-difference ~ оператор разности фаз
phase-shift ~ оператор фазового сдвига
photonic ~ фотонный оператор
polynomial ~ полиномиальный оператор
projective ~ проективный оператор
pseudovector ~ псевдовекторный оператор
quantum ~ квантовый оператор
quantum-mechanical ~ квантово-механический оператор
quasi-spin ~ оператор квазиспина
reduced ~ приведенный оператор
representation ~ оператор представления
scalar ~ скалярный оператор
scattering ~ оператор рассеяния
Schrödinger ~ оператор Шредингера
self-adjoint [self-conjugate] ~ самосопряженный оператор
spin ~ оператор спина
spinor ~ спинорный оператор
spline ~ сплайн-оператор
squeezing ~ оператор сжатия

operator

statistical ~ 1. статистический оператор 2. матрица плотности
stochastical ~ стохастический оператор
symmetrization ~ оператор симметризации
tensor ~ тензорный оператор
time-dependent ~ оператор, зависящий от времени
transition ~ оператор перехода
transposition ~ оператор перестановок
unit ~ единичный оператор
unitary ~ унитарный оператор
vector ~ векторный оператор

ophthalmocoagulator офтальмокоагулятор
   laser ~ лазерный офтальмокоагулятор

ophthalmograph офтальмограф
ophthalmography офтальмография
ophthalmologist офтальмолог
ophthalmology офтальмология
ophthalmometer офтальмометр
ophthalmometroscope офтальмометроскоп
ophthalmometry офтальмометрия
ophthalmoscope офтальмоскоп
   binocular ~ бинокулярный офтальмоскоп
   ghost [mirror] ~ зеркальный офтальмоскоп
   portable electric ~ ручной электрический офтальмоскоп
   reflexless ~ безрефлексный офтальмоскоп

ophthalmoscopy офтальмоскопия
   medical ~ диагностическая офтальмоскопия
   metric ~ метрическая офтальмоскопия
   redless light ~ офтальмоскопия в бескрасном свете, ретиноскопия
   reflexless ~ безрефлексная офтальмоскопия
   spectral ~ спектральная офтальмоскопия

optics 1. оптика 2. оптическая система 3. оптические приборы
   ~ of anisotropic media оптика анизотропных сред
   ~ of inhomogeneous media оптика неоднородных сред
   ~ of moving media оптика движущихся сред
   ~ of nuclear explosion оптика ядерного взрыва
   ~ of random media оптика случайно-неоднородных сред
   ~ of semiconductors оптика полупроводников
   ~ of thin films оптика тонких пленок
   ~ of thin layers оптика тонких слоев
   ~ of turbid media оптика мутных сред
   achromatic ~ ахроматическая оптика
   adaptive ~ адаптивная оптика
   anamorphic ~ анаморфотная оптика; анаморфотная оптическая система
   antireflecting ~ просветленная оптика
   applied ~ прикладная оптика
   aspheric(al) ~ асферическая оптика
   astronomical ~ астрономическая оптика
   atmospheric ~ атмосферная оптика
   beam ~ лучевая оптика
   beam-shaping ~ оптика формирования пучка
   binary ~ бинарная оптика
   cine ~ кинооптика
   classical ~ классическая оптика
   coated ~ просветленная оптика
   coherent ~ когерентная оптика
   collimating ~ коллимирующая оптическая система, коллиматор
   condensing ~ конденсорная оптика
   crystal ~ кристаллооптика
   cylindrical ~ цилиндрическая оптика
   deformable-mirror ~ оптическая система с деформируемым зеркалом, адаптивная оптическая система
   diamond-turned ~ оптика алмазной обработки
   diffraction ~ дифракционная оптика
   diffraction-limited ~ оптика с дифракционно-ограниченным разрешением
   diffractive ~ дифракционная оптика
   digital ~ цифровая оптика
   diode ~ диодный оптрон
   electron(ic) ~ электронная оптика
   extra-atmospheric ~ внеатмосферная оптика
   far-field ~ оптика дальней зоны

optics

fast ~ светосильная оптика
femtosecond ~ фемтосекундная оптика
fiber ~ волоконная оптика
first-order ~ оптика первого порядка
fluorite ~ флюоритовая оптика
focusing ~ фокусирующая оптика
Fourier ~ фурье-оптика
Gaussian ~ гауссова оптика
geometric(al) ~ геометрическая оптика
graphite fiber-reinforced glass matrix composite ~ оптическая система из композиционного материала с матрицей на основе стеклопластика, армированного графитовым волокном
guided ~ волноводная оптика
high-NA [high-numerical-aperture] ~ светосильная оптика
high-power ~ силовая оптика
holographic ~ голографическая [голограммная] оптика
hybrid ~ гибридная оптика
hydrologic ~ гидрооптика
ideal ~ идеальная оптика
illumination ~ осветительная оптическая система
image-forming ~ оптическая система, формирующая изображение
imaging ~ изображающая оптика
infrared ~ инфракрасная [ИК-] оптика
integrated ~ интегральная оптика
ionic ~ ионная оптика
large-aperture ~ светосильная оптика
laser ~ лазерная оптика
lens ~ линзовая оптика
light-weight ~ облегченная оптика
linear ~ линейная оптика
long-focal-length ~ длиннофокусная оптика
massive ~ массивная оптика
matrix ~ матричная оптика
medical ~ медицинская оптика
metal ~ металлооптика
meteorological ~ метеорологическая оптика
mirror ~ зеркальная [отражательная] оптика
molded plastic ~ оптика из формованного пластика

molecular ~ молекулярная оптика
moving media ~ оптика движущихся сред
near-field ~ ближнепольная оптика
neutron ~ нейтронная оптика
nonlinear ~ нелинейная оптика
nonlocal ~ нелокальная оптика
nonspherical ~ несферическая оптика
ocean ~ оптика океана
ophtalmic ~ оптика глаза
ophthalmologic ~ офтальмологическая оптика
paraxial ~ параксиальная оптика
particle ~ корпускулярная оптика
phase-conjugate ~ фазосопряженная оптическая система, система с обращением волнового фронта
photographic ~ фотографическая оптика
physical ~ физическая оптика
physiological ~ физиологическая оптика
piston ~ адаптивная оптическая система с поршневым корректором
polarization ~ поляризационная оптика
polarizing ~ поляризующая оптика
power ~ силовая оптика
projection ~ проекционная оптика
quantum ~ квантовая оптика
ray ~ лучевая оптика; геометрическая оптика
reflective ~ зеркальная [отражательная] оптика
scanning ~ растровая оптика
schlieren ~ шлирен-оптика
Schmidt projection ~ проекционный объектив Шмидта; оптика Шмидта
segmented ~ сегментированная оптика
semiclassical ~ полуклассическая оптика
semiconductor ~ оптика полупроводников
slow ~ малосветосильная оптика
space ~ космическая оптика
speed ~ светосильная оптика
statistical ~ статистическая оптика
technical ~ техническая оптика
theoretical ~ теоретическая оптика
TV ~ телевизионная оптика
ultrafast ~ сверхбыстрая оптика

optics

  ultraviolet [UV] ~ ультрафиолетовая [УФ-] оптика
  wave ~ волновая оптика
  waveguide ~ волноводная оптика
  X-ray ~ рентгеновская оптика
optocoupler оптрон, оптронная пара
optoelectronics оптоэлектроника
  integrated ~ интегральная оптоэлектроника
  laser ~ лазерная оптоэлектроника
  solid-state ~ твердотельная оптоэлектроника
  thin-film ~ тонкопленочная оптоэлектроника
  ultrafast ~ сверхбыстрая оптоэлектроника
optoisolator оптоизолятор; оптрон, оптронная пара
optomechanics оптомеханика
optometer оптометр
optometrist оптометрист
optron оптрон, оптронная пара
  differential ~ дифференциальный оптрон
  diode ~ диодный оптрон
  diode-transistor ~ диодно-транзисторный оптрон
  dual ~ сдвоенный оптрон
  dual channel ~ двухканальный оптрон
  gate ~ оптоэлектронный затвор
  hermetically sealed ~ герметизированный оптрон
  high-gain ~ оптрон с высоким усилением
  integrated ~ интегральный оптрон
  laser ~ лазерный оптрон
  reflection ~ отражательный оптрон
  regenerative ~ регенеративный оптрон
  resistor ~ резисторный оптрон
  thyristor ~ тиристорный оптрон
  transistor ~ транзисторный оптрон
optronics оптоэлектроника
orange оранжевый
orbit орбита
  allowed ~ разрешенная орбита
  atomic ~ атомная орбита
  Bohr ~ боровская орбита
  circular ~ круговая орбита
  circumterrestrial ~ околоземная орбита
  closed ~ замкнутая орбита
  cyclotron ~ циклотронная орбита
  electron ~ электронная орбита
  epicyclic ~ эпициклическая орбита
  equatorial ~ экваториальная орбита
  geocentric ~ геоцентрическая орбита
  geostationary ~ геостационарная орбита
  geosynchronous ~ геосинхронная орбита
  heliocentric ~ гелиоцентрическая орбита
  Keplerian ~ кеплерова орбита
  outer ~ внешняя орбита
  photocentric ~ фотоцентрическая орбита
  polar ~ полярная орбита
  stable ~ стабильная [устойчивая] орбита
  unstable ~ неустойчивая орбита
  valence ~ валентная орбита
orbital орбиталь
  antibonding ~ антисвязывающая [разрыхляющая] орбиталь
  atomic ~ атомная орбиталь
  bonding ~ связывающая орбиталь
  equivalent ~ эквивалентная орбиталь
  excited ~ возбужденная орбиталь
  hybrid ~ гибридная орбиталь
  hybridized ~ гибридизированная орбиталь
  molecular ~ молекулярная орбиталь
  occupied ~ занятая орбиталь
  outer ~ внешняя орбиталь
  Slater ~ слэтеровская орбиталь
  spin ~ спиновая орбиталь
  valence ~ валентная орбиталь
order 1. порядок 2. упорядочение
  ~ of degeneracy порядок вырождения
  ~ of interference порядок интерференции
  bond ~ порядок связи
  crystalline ~ кристаллическое упорядочение
  diffraction ~ дифракционный порядок
  fringe ~ порядок интерференционной полосы
  interference ~ интерференционный порядок
  long-range ~ дальний порядок
  medium-range ~ упорядочение на средних расстояниях

oscillation

 mode ~ порядок моды
 power law ~ порядок степенной зависимости
 ramification ~ показатель разветвленности
 short-range ~ ближний порядок
 spectral ~ спектральный порядок
 spin ~ спиновое упорядочение
 zeroth ~ нулевой порядок
ordering упорядочение
 atomic ~ атомное упорядочение
 collinear ~ коллинеарное упорядочение
 configuration ~ конфигурационное упорядочение
 coordination ~ координационное упорядочение
 Coulombic ~ кулоновское упорядочение
 dynamic ~ динамическое упорядочение
 field-induced ~ упорядочение, индуцированное полем
 helicoidal ~ геликоидальное упорядочение
 homeotropic ~ гомеотропная упорядоченность
 homogeneous ~ однородное упорядочение
 incommensurate ~ несоразмерное упорядочение
 induced ~ индуцированное упорядочение
 light-induced ~ светоиндуцированное упорядочение
 magnetic ~ магнитное упорядочение
 nematic ~ нематическое упорядочение
 one-dimensional ~ одномерное упорядочение
 orientation(al) ~ ориентационное упорядочение
 partial ~ частичное упорядочение
 polar ~ полярное упорядочение
 spatial ~ пространственное упорядочение
 spontaneous ~ спонтанное упорядочение
 strain-induced ~ деформационное упорядочение
 stress-induced ~ упорядочение под действием механического напряжения
 structural ~ структурное упорядочение
 surface ~ поверхностное упорядочение
 two-dimensional ~ двумерное упорядочение
orientation ориентация
 antiparallel ~ антипараллельная ориентация
 coherent ~ когерентная ориентация
 crystal ~ ориентация кристалла
 crystallographic ~ кристаллографическая ориентация
 director ~ ориентация директора
 dynamic ~ динамическая ориентация
 homeotropic ~ гомеотропная ориентация
 homogeneous ~ однородная ориентация
 induced ~ индуцированная ориентация
 light-induced ~ светоиндуцированная ориентация
 molecular ~ молекулярная ориентация
 optical ~ оптическая ориентация
 planar ~ планарная ориентация
 random ~ беспорядочная ориентация
 spatial ~ пространственная ориентация
 spin ~ спиновая ориентация
original оригинал; подлинник
 photographic ~ фотографический оригинал, фотооригинал
orthicon ортикон
 image ~ суперортикон
 storage ~ накопительный ортикон
orthoaluminate ортоалюминат
 yttrium ~ ортоалюминат иттрия
orthoferrite ортоферрит
 rare-earth ~ редкоземельный ортоферрит
 yttrium ~ ортоферрит иттрия
orthogonality ортогональность
orthonormalization ортонормировка
orthophosphate ортофосфат
oscillate колебаться, вибрировать, осциллировать; вызывать колебания
oscillation 1. *мн.ч.* осцилляции, колебания 2. генерация
 acoustic ~s акустические осцилляции

oscillation

amplitude ~s осцилляции амплитуды
angular ~s угловые колебания
anharmonic ~s ангармонические осцилляции
aperiodic ~s апериодические осцилляции
atomic ~s колебания атомов
Bloch ~s блоховские осцилляции
carrier ~s осцилляции несущей частоты
characteristic ~s собственные колебания
coherent ~ 1. *мн.ч.* когерентные колебания 2. когерентная генерация
collective ~s коллективные осцилляции
damped ~s затухающие колебания
de Haas-Shubnikov ~s осцилляции Шубникова – Де Гааза
de Haas-van Alphen ~s осцилляции Де Гааза – Ван Альфена
diurnal ~s суточные колебания
double-frequency ~ двухчастотная генерация
electron ~s электронные осцилляции
Franz-Keldysh ~s осцилляции Франца – Келдыша
free (running) laser ~ режим свободной генерации лазера
fundamental ~s колебания на основной частоте
giant ~s гигантские осцилляции
harmonic ~s гармонические колебания
laser ~ лазерная генерация
light ~s световые колебания
magnetization ~s осцилляции намагниченности
mirrorless ~ беззеркальная генерация
multifrequency ~ многочастотная генерация
multimode ~ многомодовая генерация
natural ~s свободные [собственные] колебания
nonclassical ~s неклассические осцилляции
nonlinear parametric ~s нелинейные параметрические осцилляции
optical ~s оптические осцилляции
parametric ~ параметрическая генерация
persistent ~s незатухающие колебания
phase ~s фазовые осцилляции
plasma ~s плазменные осцилляции
plasmon ~s плазмонные осцилляции
population ~s осцилляции населенности
pulsed ~ импульсная генерация
pure ~s гармонические колебания
quantum ~s квантовые осцилляции
Rabi ~s осцилляции Раби
relaxation ~s релаксационные осцилляции
self-sustained ~ самоподдерживающаяся генерация
Shubnikov-de Haas ~s осцилляции Шубникова – Де Гааза
single-frequency laser ~ одночастотный режим генерации лазера
single-mode ~ одномодовая генерация
singlet-triplet ~s синглет-триплетные осцилляции
sinusoidal ~s синусоидальные осцилляции
spatial ~s пространственные осцилляции
spurious ~s паразитные колебания
transient ~s переходные [нестационарные] осцилляции
unstable ~ неустойчивая генерация
vacuum ~s вакуумные колебания
Weiss ~s осцилляции Вейса
zero-point ~s нулевые колебания

oscillator осциллятор, генератор
angle-tuned parametric ~ параметрический генератор с угловой перестройкой
anharmonic ~ ангармонический осциллятор
asymmetric ~ асимметричный осциллятор
backward-wave ~ лампа обратной волны
classical ~ классический осциллятор
clock ~ тактовый генератор, синхрогенератор
coupled ~s связанные осцилляторы
damped ~ затухающий осциллятор
dipole ~ дипольный осциллятор
double-frequency ~ двухчастотный генератор
excited ~ возбуждённый осциллятор

frequency-modulated ~ генератор с частотной модуляцией
gate ~ генератор синхронизирующих импульсов
harmonic ~ гармонический осциллятор; генератор гармонических колебаний
heterodyne ~ гетеродин
injection-locked ~ генератор с внешней синхронизацией
intraband ~ внутризонный осциллятор
laser ~ оптический квантовый генератор
light ~ оптический генератор
linear ~ линейный осциллятор
local ~ гетеродин
Lorentzian ~ лорентцев осциллятор
low-noise ~ низкошумящий генератор
master ~ задающий генератор
molecular ~ молекулярный генератор
one-dimensional ~ одномерный осциллятор
optical ~ оптический генератор
optical parametric ~ оптический параметрический генератор
parametric ~ параметрический генератор
quantum ~ квантовый осциллятор
quartz ~ кварцевый [кварцованный] генератор
Raman ~ рамановский [комбинационный] генератор
rotational ~ вращательное колебание
self-excited ~ автогенератор
solid-state ~ твердотельный генератор
symmetric ~ симметричный осциллятор
tunable ~ перестраиваемый генератор
undamped ~ незатухающий осциллятор
oscillograph осциллограф
oscilloscope осциллограф; осциллоскоп
  digital ~ цифровой осциллограф
  fast(-response) [high-speed] ~ скоростной осциллограф
  light-beam ~ светолучевой осциллограф

multi(ple-)beam ~ многолучевой осциллограф
storage ~ осциллограф с памятью
stroboscopic ~ стробоскопический осциллограф
osmium осмий, Os
output 1. выход 2. выходной сигнал 3. выходная мощность
  analog ~ аналоговый выход
  cavity ~ выходная мощность резонатора
  laser ~ выходное излучение лазера; выходная мощность лазера
  light ~ светоотдача; световой выход
  signal ~ выходной сигнал
overlap перекрытие; наложение; совмещение ‖ перекрывать(ся), частично совпадать
  beam ~ перекрытие пучков
  complete ~ полное перекрытие
  spatial ~ пространственное перекрытие
  spectral ~ спектральное перекрытие
  wave-function ~ перекрытие волновых функций
overlay покрытие; верхний слой
overtone обертон; высшая гармоника
oxidation окисление; оксидирование
oxide оксид
  cerium ~ оксид церия
oxygen кислород, O
ozone озон

P

packet пакет
  electronic wave ~ электронный волновой пакет
  quantum wave ~ квантовый волновой пакет
  space wave ~ пространственный волновой пакет
  time wave ~ временной волновой пакет
  wave ~ волновой пакет
pair пара
  bound electron-hole ~ связанная электронно-дырочная пара

pair

Cooper ~ куперовская пара
donor-acceptor ~ донор-акцепторная пара
electron-hole ~ электронно-дырочная пара
exciton-phonon ~ экситон-фононная пара
photon ~ фотонная пара
pulse ~ пара импульсов
singlet ~ синглетная пара
soliton ~ солитонная пара
soliton-antisoliton ~ пара солитон – антисолитон
stereoscopic ~ стереоскопическая пара
pairing спаривание, образование пар
  Cooper ~ куперовское спаривание электронов
  electron-hole ~ образование электронно-дырочных пар
  exciton ~ образование экситонных пар
palladium палладий, Pd
paper бумага
  diazo-type ~ диазотипная бумага
  light-sensitive ~ светочувствительная бумага
  photographic ~ фотографическая бумага
paradox парадокс
  clock ~ парадокс часов, парадокс времени
  Einstein-Podolsky-Rozen ~ парадокс Эйнштейна – Подольского – Розена
  Olberts ~ (фотометрический) парадокс Ольбертса
  photometric ~ фотометрический парадокс
  quantum measurement ~ парадокс квантовых измерений
  twin ~ парадокс близнецов
paraelectric параэлектрик
paraffin парафин
parallax параллакс
  absolute ~ абсолютный параллакс
  angular ~ угловой параллакс
  annular ~ годичный параллакс
  binocular ~ бинокулярный параллакс
  chromatic ~ хроматический параллакс
  optical ~ оптический параллакс
  photometric ~ фотометрический параллакс
  secular ~ вековой параллакс
  stellar ~ звездный параллакс
  stereoscopic ~ стереоскопический параллакс
paramagnet парамагнетик
  magnetically diluted ~ магниторазбавленный парамагнетик
  spin ~ спиновый парамагнетик
  transparent ~ прозрачный парамагнетик
  Van Vleck ~ ванфлековский парамагнетик
paramagnetism парамагнетизм
  electronic ~ электронный парамагнетизм
  nuclear ~ ядерный парамагнетизм
  orbital ~ орбитальный парамагнетизм
  Pauli ~ парамагнетизм Паули
  spin ~ спиновый парамагнетизм
  Van Vleck ~ парамагнетизм Ван-Флека
parameter параметр
  adjustable ~ подгоночный параметр
  admixture ~ параметр примешивания
  amplitude stability ~ параметр амплитудной стабильности
  anisotropy ~ параметр анизотропии
  arbitrary ~ произвольный параметр
  beam ~ параметр пучка
  binding ~ параметр связи
  Bloch-Bloembergen ~ параметр Блоха – Бломбергена
  bond ~ параметр связи
  cavity ~ параметр резонатора
  characteristic ~ характеристический параметр
  controllable ~ управляемый параметр
  Coulomb ~ кулоновский параметр
  coupling ~ параметр взаимодействия; параметр связи
  critical ~ критический параметр
  crystal lattice ~ параметр кристаллической решетки; постоянная кристаллической решетки
  damping ~ параметр затухания
  detuning ~ параметр отстройки; параметр расстройки
  dimensionless ~ безразмерный параметр
  dispersion ~ параметр дисперсии
  dynamic ~ динамический параметр

particle

effective-mass ~ параметр эффективной массы
ellipsometric ~ эллипсометрический параметр
empirical ~ эмпирический параметр
experimental ~ экспериментальный параметр
exponential ~ экспоненциальный параметр
external ~ внешний параметр
feedback ~s параметры обратной связи
fitting ~ подгоночный параметр
free ~ свободный параметр
Fresnel ~ параметр Френеля
gain ~ параметр усиления
geometrical ~ геометрический параметр
Gruneisen ~ параметр Грюнайзена
Hamiltonian ~ параметр гамильтониана
Henyey-Greenstein ~ параметр Хеней – Гринштейна
hidden ~ скрытый параметр
impact ~ параметр соударения; параметр столкновения
input ~ входной параметр
interaction ~ параметр взаимодействия
internal ~ внутренний параметр
Judd-Ofelt intensity ~s параметры интенсивности Джадда – Офельта
Kane ~ параметр Кейна
Keldysh ~ параметр Келдыша
kinetic ~ кинетический параметр
Lamb-Dicke ~ параметр Лэмба – Дике
laser ~s лазерные параметры
laser-pulse ~ параметр лазерного импульса
lattice ~ параметр (кристаллической) решетки; постоянная (кристаллической) решетки
Luttinger ~ параметр Латтинжера
magneto-optical ~ магнитооптический параметр
Mandel ~ параметр Манделя
microscopic ~s микроскопические параметры
model ~ параметр модели
normalization ~ параметр нормировки
optical ~ оптический параметр
optical-system ~ параметр оптической системы
order ~ параметр порядка
output ~ выходной параметр
performance ~s эксплуатационные характеристики
phenomenological ~ феноменологический параметр
population inversion ~ параметр инверсии населенности
pulse ~s параметры импульса
quantum-well structure ~ параметр структуры квантовой ямы
roughness ~ параметр шероховатости
saturation ~ параметр насыщения
scalar ~ скалярный параметр
sensitivity ~ параметр чувствительности
short-range order ~ параметр ближнего порядка
Slater ~ параметр Слэтера
spectral ~ спектральный параметр
spectroscopic-quality ~ параметр спектроскопического качества
spin ~ спиновый параметр
spin-orbit coupling ~ параметр спин-орбитального взаимодействия
squeezing ~ параметр сжатия
Stokes ~ параметр Стокса
structural ~ структурный параметр
univocal ~ однозначный параметр
Varshni ~ параметр Варшни
parity четность
C ~ зарядовая четность
CP ~ комбинированная четность
even ~ четность
odd ~ нечетность
spatial ~ пространственная четность
particle частица
Bose ~ бозе-частица
Brownian ~ броуновская частица
charged ~ заряженная частица
classical ~ классическая частица
crystalline ~ кристаллическая частица; кристаллит
disperse(d) ~s дисперсные [диспергированные] частицы
elementary ~ элементарная частица
excited ~ возбужденная частица
Fermi ~ ферми-частица
foreign ~ инородная частица
free ~ свободная частица

particle

magnetic ~ магнитная частица
metal(lic) ~ металлическая частица
neutral ~ нейтральная частица
non-magnetic ~ немагнитная частица
quantum ~ квантовая частица
scattered ~ рассеянная частица
semiconductor ~ полупроводниковая частица
single ~ одиночная частица
spherical ~ сферическая частица
submicroscopic ~ субмикроскопическая частица
trapped ~ захваченная частица; локализованная частица; частица в ловушке
partition расчленение, разделение
  binary ~ двоичное разбиение
pass проход
  backward ~ обратный проход
  forward ~ прямой проход
  multiple ~ многократный проход
  single ~ однократный проход
passage прохождение
  adiabatic ~ адиабатическое прохождение
  signal ~ прохождение сигнала
passband полоса пропускания
passivation пассивация, пассивирование
path путь, траектория
  amplification ~ тракт усиления
  beam ~ траектория пучка
  communication ~ канал связи
  excitation ~ путь [маршрут] возбуждения
  free ~ свободный пробег; длина свободного пробега
  least-time ~ брахистохрона (*траектория наименьшей продолжительности движения*)
  line-of-sight ~ путь вдоль линии прямой видимости
  mean free ~ средняя длина свободного пробега
  optical ~ оптическая длина пути
  ray ~ ход луча
pathology патология
  optical ~ оптическая патология
pathway путь; маршрут
  alternate ~**s** альтернативные пути
  multiphoton transition ~ путь [маршрут] многофотонного перехода

transition ~ путь перехода
patina патина
pattern картина, рисунок; рельеф
  Airy disk ~ картина диска Эйри
  beam ~ диаграмма направленности пучка
  conoscopic ~ коноскопическая картина
  contrast ~ контрастная картина, контрастное изображение
  Debye powder ~ дебаеграмма
  diffraction ~ дифракционная картина, дифрактограмма
  directional ~ диаграмма направленности
  electron diffraction ~ электронограмма
  emission ~ картина свечения
  etch ~ фигура травления
  far-field ~ картина поля в дальней зоне; диаграмма направленности
  far-field diffraction ~ дифракционная картина в дальней зоне
  field ~ вид поля; конфигурация поля
  Fraunhofer diffraction ~ картина дифракции Фраунгофера
  fringe ~ картина интерференционных полос
  grain ~ зернистая структура
  holographic ~ голографическая картина, голограмма
  intensity ~ рельеф интенсивности
  interference ~ интерференционная картина
  isochromatic fringe ~ картина изохром
  Lissajous ~ фигура Лиссажу
  mode ~ модовая структура; конфигурация моды
  moire ~ муаровая картина, муар
  near-field ~ картина ближнего поля
  radiation ~ картина излучения; диаграмма направленности
  ray ~ лучевая картина
  scan ~ растровое изображение
  scattering ~ диаграмма рассеяния
  spatial ~ пространственная картина
  speckle ~ картина спекл-поля, спекл-структура
  spectral ~ спектральная картина
  stripe ~ полосовая структура
  sub-diffraction-limit ~ картина с субдифракционным разрешением

test ~ мира; тестовый код
time-average ~ картина, усреднённая во времени
wave ~ волновая картина
X-ray diffraction ~ рентгенограмма
peak пик, максимум
  absorption ~ пик поглощения
  band ~ пик [максимум] полосы
  barely resolved ~s плохо разрешённые пики
  Bragg ~ брэгговский максимум
  broad ~ широкий пик
  central ~ центральный пик
  diffraction ~ дифракционный пик
  diffuse ~ размытый [нерезкий, диффузный] максимум
  EIT [electromagnetically induced transparency] ~ пик электромагнитно-индуцированной прозрачности
  exciton(ic) ~ экситонный пик
  gain ~ пик усиления
  Gaussian ~ гауссов пик
  ghost ~ ложный пик
  high-energy ~ высокоэнергетический пик
  intense ~ интенсивный пик
  intensity ~ пик интенсивности
  interband ~ межзонный пик, пик межзонного перехода
  long-wavelength ~ длинноволновый пик
  low-energy ~ низкоэнергетический пик
  luminescence ~ пик люминесценции
  narrow ~ узкий пик
  phase-matching ~ пик фазового синхронизма
  photoluminescence ~ пик фотолюминесценции
  photon-echo ~ импульс фотонного эха
  plasmon ~ плазмонный пик
  pronounced ~ (ярко)выраженный пик
  pulse ~ максимум импульса
  Raman ~ пик комбинационного рассеяния
  Rayleigh ~ пик рэлеевского рассеяния
  resolved ~ разрешённый пик, разрешённый компонент (*спектра*)
  resonance ~ резонансный пик
  resonance absorption ~ пик резонансного поглощения
  satellite ~ сопутствующий пик; сателлит
  sharp ~ острый пик, острый максимум
  short-wavelength ~ коротковолновый пик
  single ~ одиночный пик
  spectral ~ спектральный пик
  transmission ~ пик пропускания
  trion(ic) ~ трионный пик, пик триона
  unresolved ~ неразрешённый пик, неразрешённый компонент (*спектра*)
  vibronic ~ вибронный пик
  zeroth ~ нулевой максимум
pellicle пленка
pencil :
  light ~ остросходящийся световой пучок; узкий световой луч
  soldering ~ жало паяльника
pentaprism пентапризма
penumbra полутень
percent процент
  atomic ~ атомный процент
  molar ~ молярный процент
  weight ~ весовой процент
perception восприятие, ощущение
  color ~ цветовое восприятие
  stereoscopic ~ стереоскопическое восприятие
  visual ~ зрительное восприятие
perforation перфорация
  laser ~ лазерная перфорация
perforator перфоратор
performance эксплуатационные качества; (рабочие) характеристики
  diffraction-limited ~ дифракционное качество
  imaging ~ качество визуализации
  optical ~ оптические характеристики
  pointing ~ характеристики наведения
period период, промежуток времени
  Bloch ~ блоховский период
  clock ~ такт, тактовый интервал
  fringe ~ период интерференционной картины
  grating ~ период (дифракционной) решётки
  half-life ~ период полураспада
  Kepler ~ кеплеровский период

period

Larmor (precession) ~ период ларморовой прецессии
laser ~ рабочие характеристики лазера
lattice ~ период (кристаллической) решетки
modulation ~ период модуляции
optical ~ оптический период
oscillation ~ период осцилляций
pulse repetition ~ период повторения импульсов
Rabi ~ период осцилляций Раби
repetition ~ период повторения
sampling ~ период дискретизации
spatial ~ пространственный период
superlattice ~ период сверхрешетки
vibrational ~ период колебаний
periodicity периодичность
  hidden ~ скрытая периодичность
  lattice ~ периодичность решетки
  spatial ~ пространственная периодичность
  temporal ~ временна́я периодичность
permeability проницаемость
  magnetic ~ магнитная проницаемость
permittivity диэлектрическая проницаемость, диэлектрическая постоянная
  dielectric ~ диэлектрическая проницаемость
permutation перестановка
  cyclic ~ круговая [циклическая] перестановка
  index ~ перестановка индексов
perovskite перовскит
persistence послесвечение, инерционность
  ~ **of vision** инерция зрительного восприятия
  eye ~ инерционность зрения
  phosphor ~ длительность послесвечения люминофора
  screen ~ послесвечение экрана
  visual ~ инерция зрительного восприятия
perturbation возмущение
  adiabatic ~ адиабатическое возмущение
  atmospheric ~ атмосферное возмущение
  axial ~ аксиальное возмущение
  coherent ~ когерентное возмущение
  Coriolis ~ кориолисово возмущение
  Coulomb ~ кулоновское возмущение
  external ~ внешнее возмущение
  heterogeneous ~ неоднородное возмущение
  homogeneous ~ однородное возмущение
  instantaneous ~ мгновенное возмущение
  light-induced ~ светоиндуцированное возмущение
  linear ~ линейное возмущение
  local ~ локальное возмущение
  long-term ~ долговременное возмущение
  noise ~ шумовое возмущение
  nonadiabatic ~ неадиабатическое возмущение
  nonlinear ~ нелинейное возмущение
  nonresonance ~ нерезонансное возмущение
  nonstationary ~ нестационарное возмущение
  periodic ~ периодическое возмущение
  phase ~ фазовое возмущение
  polar ~ полярное возмущение
  random ~ случайное возмущение
  resonance ~ резонансное возмущение
  rotational ~ вращательное возмущение
  short-term ~ кратковременное возмущение
  short-wave ~ коротковолновое возмущение
  singular ~ сингулярное возмущение
  spin-dependent ~ возмущение, зависящее от спина
  static ~ статическое возмущение
  stationary ~ стационарное возмущение
  sudden ~ внезапное возмущение
  symmetrical ~ симметричное возмущение
  time-dependent ~ возмущение, зависящее от времени
  vibrational ~ колебательное возмущение
  vibronic ~ вибронное возмущение

pharyngoscope фарингоскоп
  optical ~ оптический фарингоскоп
phase фаза
  amorphous ~ аморфная фаза
  arbitrary ~ произвольная фаза
  Berry ~ фаза Берри
  Bloch ~ фаза Блоха
  cholesteric ~ холестерическая фаза
  columnar ~ колончатая фаза
  commensurate ~ соизмеримая [соразмерная] фаза
  condensed ~ конденсированная фаза
  conjugate ~ сопряженная фаза
  crystal(line) ~ кристаллическая фаза
  cubic ~ кубическая фаза
  disordered ~ разупорядоченная фаза
  fringe ~ фаза интерференционной полосы
  gas ~ газовая фаза
  geometric ~ геометрическая фаза
  glass(y) ~ стекловидная фаза, стеклофаза
  homogeneous ~ однородная фаза
  incommensurate ~ несоизмеримая [несоразмерная] фаза
  initial ~ начальная фаза
  instantaneous ~ мгновенная фаза
  intermediate ~ промежуточная фаза
  laser ~ фаза лазерного излучения
  liquid-crystal ~ жидкокристаллическая фаза
  locking ~ фаза синхронизации
  magnetic ~ магнитная фаза
  magnetically ordered ~ магнитно-упорядоченная фаза
  metastable ~ метастабильная фаза
  nematic ~ нематическая фаза
  optical ~ оптическая фаза
  ordered ~ упорядоченная фаза
  orthorhombic ~ орторомбическая фаза
  paramagnetic ~ парамагнитная фаза
  quantum ~ фаза волновой функции
  random ~ случайная фаза
  reentrant ~ возвратная фаза
  reference ~ опорная фаза
  relative ~ относительная фаза
  smectic ~ смектическая фаза
  solid ~ твердая фаза
  spatial ~ пространственная фаза
  tetragonal ~ тетрагональная фаза
  vitreous ~ стекловидная фаза, стеклофаза

phasing фазировка
phasometer фазометр
phenomenon явление; эффект
  anti-bunching ~ явление антигруппировки
  atmospheric ~ атмосферное явление
  bunching ~ явление группировки
  classical ~ классическое явление
  coherent ~ когерентное явление
  coherent transient ~ когерентное переходное явление
  collective ~ коллективный эффект
  concomitant ~ сопутствующее явление
  contact ~ контактное явление
  contrast inversion ~ явление обращения контраста
  cooperative ~ кооперативное явление
  even magneto-optical ~ четное магнитооптическое явление
  fluctuation ~ флуктуационное явление
  halo ~ явление гало
  interference ~ интерференционное явление
  kinetic ~ кинетическое явление
  linear ~ линейное явление
  low-temperature ~ низкотемпературное явление
  magneto-optic(al) ~ магнитооптическое явление
  many-body ~ эффект многих тел
  mesoscopic ~ мезоскопическое явление
  multiphoton ~ многофотонное явление
  noise ~ шумовой эффект
  nonclassical ~ неклассическое явление
  nonequilibrium ~ неравновесное явление
  nonlinear ~ нелинейное явление
  nonstationary ~ нестационарное явление
  odd magneto-optical ~ нечетное магнитооптическое явление
  optical ~ оптическое явление
  optoacoustic ~ оптоакустическое явление
  photoacoustic(al) ~ фотоакустическое явление
  photoelectric ~ фотоэлектрическое явление

phenomenon

photogalvanomagnetic ~ фотогальваномагнитное явление
physical ~ физическое явление
polarization ~ поляризационное явление
quantum ~ квантовое явление
quantum noise ~ эффект квантового шума
refraction ~ явление преломления
relaxation ~ эффект релаксации
resonance fluorescence ~ явление резонансной флуоресценции
saturation ~ явление насыщения
scattering ~ явление рассеяния
self-organization ~ эффект самоорганизации
stimulated scattering ~ эффект стимулированного рассеяния
surface ~ поверхностное явление
threshold ~ пороговое явление
transient ~ нестационарное явление; переходный процесс
twilight ~ сумеречное явление
ultrafast ~ сверхбыстрый процесс
wave ~ волновое явление
phonon фонон
  acoustic ~ акустический фонон
  ballistic ~ баллистический фонон
  excess ~ неравновесный фонон
  high-frequency ~ высокочастотный фонон
  hot ~ горячий фонон
  hypersonic ~ гиперзвуковой фонон
  intervalley ~ междолинный фонон
  lattice ~ фонон решетки
  longitudinal acoustic ~ продольный акустический фонон
  longitudinal optical ~ продольный оптический фонон
  long-wavelength ~ длинноволновый фонон
  low-frequency ~ низкочастотный фонон
  optical ~ оптический фонон
  short-wavelength ~ коротковолновый фонон
  squeezed ~s сжатые фононы
  transverse acoustic ~ поперечный акустический фонон
  transverse optical ~ поперечный оптический фонон
  virtual ~ виртуальный фонон
phonon-polariton фонон-поляритон

phosphate фосфат
phosphor фосфор, люминофор; люмоген
  anti-Stokes ~ антистоксов фосфор
  blue(-emitting) ~ синий люминофор
  cascade ~ многослойный люминофор
  cathodoluminescent ~ катодолюминофор
  color ~ цветной люминофор
  electroluminescent ~ электролюминофор
  green(-emitting) ~ зеленый люминофор
  long-afterglow [long-lag, persistent] ~ люминофор с длительным послесвечением
  photoluminescent ~ фотолюминофор
  polycrystalline ~ поликристаллический люминофор
  red(-emitting) ~ красный люминофор
  short-afterglow [short-lag, short-persistence] ~ люминофор с коротким послесвечением
  single-component ~ однокомпонентный люминофор
  strontium-sulphide ~ люминофор на основе сульфида стронция
  thermographic ~ термографический люминофор
  thin-film ~ тонкопленочный люминофор
  UV-emitting ~ УФ-люминофор
  white ~ белый люминофор
  wide bandgap ~ широкозонный люминофор
phosphorescence фосфоресценция
phosphorography фосфорография
phosphoroscope фосфороскоп
  photoelectric ~ фотоэлектрический фосфороскоп
phosphorus фосфор, P
phot фот (*внесистемная единица освещенности*)
photoabsorption фотопоглощение
photoacoustics фотоакустика
photoassociation фотоассоциация
  laser-induced ~ лазерная фотоассоциация
photobiochemistry фотобиохимия
  laser ~ лазерная фотобиохимия
photobiology фотобиология

photodetection

photobleaching фотообесцвечивание
  fluorescence ~ фотообесцвечивание флуоресценции
  fringe pattern ~ обесцвечивание интерференционной картины
photocapture фотозахват
  electron ~ фотозахват электрона
photocarrier фотоноситель (*заряда*)
photocartography фотокартография
photocatalysis фотокатализ
photocathode фотокатод
  cesium-antimonide ~ сурьмяно-цезиевый фотокатод
  cesium-silver-bismuth ~ висмуто-серебряно-цезиевый фотокатод
  mosaic ~ мозаичный фотокатод
  multialkali ~ мультищелочной фотокатод
  oxygen-silver-cesium ~ кислородно-серебряно-цезиевый фотокатод
  reflection-mode ~ отражательный фотокатод
  semitransparent ~ полупрозрачный фотокатод
  solar-blind ~ солнечно-слепой фотокатод
  transmission ~ фотокатод, работающий на пропускание
  transparent ~ прозрачный фотокатод
photocell фотоэлемент
  heterojunction ~ гетерофотоэлемент
  multiplier ~ фотоэлектронный умножитель
  semiconductor ~ полупроводниковый фотоэлемент
  silicon ~ кремниевый фотоэлемент
  solar heterojunction ~ солнечный гетерофотоэлемент
  vacuum ~ вакуумный фотоэлемент
photochemistry фотохимия
  infrared ~ инфракрасная [ИК-] фотохимия
  laser ~ лазерная фотохимия
  multiphoton ~ многофотонная фотохимия
  nonlinear ~ нелинейная фотохимия
  selective ~ селективная фотохимия
  surface ~ фотохимия поверхности
photochromism фотохромизм
  chemical ~ химический фотохромизм
  physical ~ физический фотохромизм

two-photon ~ двухфотонный фотохромизм
photocoagulation фотокоагуляция
photocoagulator фотокоагулятор
  laser ~ лазерный фотокоагулятор
photocolorimeter фотоколориметр
photoconductivity фотопроводимость
  anomalous ~ аномальная фотопроводимость
  barrier ~ барьерная фотопроводимость
  bipolar ~ биполярная фотопроводимость
  bulk ~ объемная фотопроводимость
  extrinsic ~ примесная фотопроводимость
  frozen ~ замороженная фотопроводимость
  hopping ~ прыжковая фотопроводимость
  impurity ~ примесная фотопроводимость
  injection ~ инжекционная фотопроводимость
  intraband ~ внутризонная фотопроводимость
  intrinsic ~ собственная фотопроводимость
  residual ~ остаточная фотопроводимость
  surface ~ поверхностная фотопроводимость
photoconductor фотопроводник, фоторезистор
  bulk ~ объемный фотопроводник
  infrared [IR] ~ ИК-фотопроводник
photocount фотоотсчет
photocoupler оптрон, оптронная пара
photocreep фотоползучесть
photocurrent фототок
  background ~ фоновый фототок
  nonlinear ~ нелинейный фототок
photocycle цикл фотопроцесса
photodamage фотоповреждение, фоторазрушение
photodecay фотораспад
photodecomposition фоторазложение
photodesorption фотодесорбция
  atomic ~ атомная фотодесорбция
  molecular ~ молекулярная фотодесорбция
photodetachment фотоотщепление
photodetection фотодетектирование

photodetector

photodetector фотодетектор; фотоприемник
  avalanche ~ лавинный фотодетектор
  balanced ~ балансный фотодетектор
  broad-band ~ широкополосный фотодетектор
  differential ~ дифференциальный фотодетектор
  fast ~ быстродействующий фотодетектор
  heterojunction ~ фотодиод на гетеропереходе
  heterostructure ~ гетерофотоприемник
  infrared [IR] ~ инфракрасный [ИК-] фотодетектор
  microchannel plate ~ фотодетектор на микроканальной пластине
  narrow-band ~ узкополосный фотодетектор
  pneumatic ~ пневматический фотодетектор
  polarization-insensitive ~ поляризационно-изотропный фотодетектор
  position-sensitive ~ позиционно-чувствительный фотодетектор
  quantum ~ квантовый фотодетектор
  silicon ~ кремниевый фотодетектор
  ultrafast ~ сверхбыстродействующий фотодетектор
photodiffusion фотодиффузия
photodimerization фотодимеризация
photodiode фотодиод
  avalanche ~ лавинный фотодиод
  heterojunction ~ фотодиод на гетеропереходе
  imaging ~ изображающий фотодиод
  planar ~ планарный фотодиод
  quadrant ~ четырехсекционный фотодиод
  Schottky(-barrier) ~ фотодиод с барьером Шоттки
  silicon ~ кремниевый фотодиод
  solid-state ~ твердотельный фотодиод
photodissociation фотодиссоциация
  collisionless ~ бесстолкновительная фотодиссоциация
  molecular ~ фотодиссоциация молекул
  multiphoton ~ многофотонная фотодиссоциация
  selective ~ селективная фотодиссоциация
  two-step ~ двухступенчатая фотодиссоциация
photodoping фотолегирование
photoeffect фотоэффект
  barrier-layer ~ вентильный фотоэффект
  diffusion ~ диффузионный фотоэффект
  external [extrinsic] ~ внешний фотоэффект
  internal [intrinsic] ~ внутренний фотоэффект
  lateral ~ продольный фотоэффект
  multiphoton ~ многофотонный фотоэффект
  selective ~ селективный фотоэффект
  single-photon ~ однофотонный фотоэффект
  surface ~ поверхностный фотоэффект
  transverse ~ поперечный фотоэффект
  two-photon ~ двухфотонный фотоэффект
photoelasticity фотоупругость
  dynamic ~ динамическая фотоупругость
  holographic ~ голографический метод фотоупругости
  three-dimensional ~ объемная фотоупругость
photoelectret фотоэлектрет
photoelectricity фотоэлектричество
photoelectroluminescence фотоэлектролюминесценция
photoelectron фотоэлектрон
photoelectronics фотоэлектроника
photoelement фотоэлемент
photoemission фотоэлектронная эмиссия, фотоэмиссия; внешний фотоэффект
  angle-resolved X-ray ~ рентгеновская фотоэлектронная эмиссия с угловым разрешением
  inverse ~ обращенная фотоэмиссия
  multiphoton ~ многофотонная фотоэмиссия
  time-resolved ~ фотоэмиссия с временны́м разрешением
  two-photon ~ двухфотонная фотоэмиссия

X-ray ~ рентгеновская фотоэмиссия
photoemitter фотоэмиттер
photoemulsion фотоэмульсия
photoetching фототравление
photoevent элементарный фотопроцесс, светоиндуцированное событие
photoexcitation фотовозбуждение
  asymmetric ~ асимметричное фотовозбуждение
  coherent ~ когерентное фотовозбуждение
  continuous-wave [cw] ~ непрерывное фотовозбуждение
  Franck-Condon type ~ франк-кондоновское фотовозбуждение; фотовозбуждение, подчиняющееся принципу Франка – Кондона
  infrared [IR] ~ инфракрасное [ИК-] фотовозбуждение
  multistep ~ многоступенчатое фотовозбуждение
  nonlinear ~ нелинейное фотовозбуждение
  nonresonant ~ нерезонансное фотовозбуждение
  pulse ~ импульсное фотовозбуждение
  resonant ~ резонансное фотовозбуждение
  selective ~ селективное фотовозбуждение
  two-step ~ двухступенчатое фотовозбуждение
  ultraviolet [UV] ~ ультрафиолетовое [УФ-] фотовозбуждение
  vibrational ~ колебательное фотовозбуждение
photoferroelectric фотосегнетоэлектрик
photofragmentation фотофрагментация; фотоотщепление
photogel фотогель
photogeneration фотогенерация
  carrier ~ фотогенерация носителей
photogenerator светодиод; полупроводниковый лазер
photogrammetry фотограмметрия
  analytical ~ аналитическая фотограмметрия
photograph фотоснимок; фотоотпечаток
  black-and-white ~ черно-белый фотоснимок
  blurred ~ смазанный [нерезкий] фотоснимок
  color ~ цветной фотоснимок
  satellite ~ спутниковая фотография
  stereoscopic ~ стереоскопический фотоснимок
photographing фотографирование; фотосъемка
photography фотография
  aerial ~ аэрофотография, аэрофотосъемка
  aerospace ~ аэрокосмическая фотосъемка
  air-to-air ~ аэрофотосъемка летящих объектов
  amateur ~ любительская фотография
  analytical ~ аналитическая фотография
  applied ~ прикладная фотография
  astronomical ~ астрономическая фотография
  ballistic ~ баллистическая фотография
  black-and-white ~ черно-белая фотография
  borehole ~ фотосъемка в скважинах
  bubble chamber ~ фотосъемка в пузырьковых камерах
  celestial ~ фотосъемка небесных объектов
  cine ~ киносъемка
  close-up ~ фотосъемка крупным планом; макрофотография
  color ~ цветная фотография
  daylight ~ фотосъемка при дневном свете
  deep-ocean ~ глубоководная фотосъемка
  electrostatic ~ электростатическая фотография; электрофотография
  endoscopic ~ эндоскопическая фотография
  engineering ~ техническая фотография
  flash ~ фотосъемка с фотовспышкой
  forensic ~ судебная фотография
  frame-by-frame ~ покадровая фотосъемка; покадровая киносъемка
  halftone ~ растровая фотография
  heterochromatic ~ гетерохроматическая фотография
  high-resolution ~ фотосъемка с высоким разрешением

photography

high-speed ~ высокоскоростная фотография
industrial ~ техническая фотография
infrared [IR] ~ инфракрасная [ИК-] фотография
instantaneous ~ моментальная фотография
interference color ~ интерференционная цветная фотография (*метод Липмана*)
isochromatic ~ изохроматическая фотография
laser ~ лазерная фотография
lensless ~ безлинзовая фотосъемка
long-distance ~ фотосъемка удаленных объектов
lunar ~ фотографирование поверхности Луны
monochromatic ~ монохромная фотография
multispectral ~ многозональная фотосъемка
optical ~ оптическая фотография
panoramic ~ панорамная фотосъемка
reconnaissance ~ аэрофоторазведка, рекогносцировочная фотосъемка
satellite-borne ~ фотосъемка с искусственного спутника Земли; космическая фотосъемка
schlieren ~ шлирен-фотография; фотосъемка теневым методом
screen ~ растровая фотография
shadow ~ теневая фотография
short-distance ~ фотография крупным планом
space ~ космическая фотосъемка
spark ~ искровая фотосъемка
speckle ~ спекл-фотография
spectral ~ спектральная фотография
stellar ~ фотосъемка звезд
stereoscopic ~ стереоскопическая [объемная] фотография
still ~ фотосъемка, фотографирование
stroboscopic ~ стробоскопическая [объемная] фотосъемка
technical ~ техническая фотография
three-dimensional ~ стереоскопическая [объемная] фотография
ultrahigh-speed ~ сверхскоростная фотография

underwater ~ подводная фотосъемка
X-ray ~ рентгеновская фотография
photogravure фотогравюра
photogyrotropy фотогиротропия
photoheating фоторазогрев
photoheliogram фотогелиограмма
photoheliograph фотогелиограф
photohole фотодырка
photoinitiation фотоинициирование (*химической реакции*)
photoinitiator фотоинициатор
photoinjection фотоинжекция
photoionization фотоионизация
  direct ~ прямая фотоионизация
  laser ~ лазерная фотоионизация
  multiphoton ~ многофотонная фотоионизация
  multistep ~ многоступенчатая фотоионизация
  nonlinear ~ нелинейная фотоионизация
  nonresonant ~ нерезонансная фотоионизация
  resonant ~ резонансная фотоионизация
  selective ~ селективная фотоионизация
  step ~ ступенчатая фотоионизация
  two-photon ~ двухфотонная фотоионизация
  two-step ~ двухступенчатая фотоионизация
  UV ~ фотоионизация УФ-излучением
photoisolator оптоизолятор; оптронная пара
photoisomer фотоизомер
photoisomerization фотоизомеризация
photolayer фотослой
photolithography фотолитография
  apertureless ~ безапертурная фотолитография
  contact ~ контактная фотолитография
  near-field ~ ближнепольная фотолитография
  projection ~ проекционная фотолитография
  UV ~ УФ-фотолитография
photoluminescence фотолюминесценция
  anti-Stokes ~ антистоксова фотолюминесценция

photometry

band-to-band ~ межзонная фотолюминесценция
cooperative ~ кооперативная фотолюминесценция
exciton(ic) ~ экситонная фотолюминесценция
hot ~ горячая фотолюминесценция
infrared [IR] ~ инфракрасная [ИК-] фотолюминесценция
low-temperature ~ низкотемпературная фотолюминесценция
resonant ~ резонансная фотолюминесценция
sharp-line ~ узколинейчатая фотолюминесценция
spatially resolved ~ фотолюминесценция с пространственным разрешением
Stokes ~ стоксова фотолюминесценция
time-integrated ~ фотолюминесценция, интегрированная во времени
time-resolved ~ фотолюминесценция, разрешенная во времени
transient ~ переходная фотолюминесценция
two-photon ~ двухфотонная фотолюминесценция
ultraviolet [UV] ~ ультрафиолетовая [УФ-] фотолюминесценция
visible ~ видимая фотолюминесценция
photolysis фотолиз
   flash ~ импульсный фотолиз
   laser ~ лазерный фотолиз
   one-step ~ одноступенчатый фотолиз
   two-step ~ двухступенчатый фотолиз
photolyze подвергать фотолизу
photomacrograph макрофотоснимок
photomacrography макрофотография
photomagnetism фотомагнетизм
photomap фотоплан
photomask фотомаска; фотошаблон
   contact ~ контактный фотошаблон
photomaterial фотоматериал
   orthochromatic ~ ортохроматический фотоматериал
   orthopanchromatic ~ ортопанхроматический фотоматериал
   panchromatic ~ панхроматический фотоматериал
photometer фотометр
   aerosol ~ фотометрический счетчик аэрозольных частиц

balloon-borne ~ аэростатный фотометр
Bunsen ~ фотометр Бунзена
filter ~ фильтровый фотометр
flame ~ пламенный фотометр
flicker ~ мигающий фотометр, фликкер-фотометр
grease-spot ~ фотометр с масляным пятном, фотометр Бунзена
illumination ~ люксметр
integrating ~ интегрирующий фотометр
integrating-sphere ~ шаровой фотометр
Joly ~ фотометр Жоли
light-scattering ~ светорассеивающий фотометр
logarithmic ~ логарифмический фотометр
photoelectric ~ фотоэлектрический фотометр
photographic ~ фотографический фотометр
polarization ~ поляризационный фотометр
Pulfrich ~ фотометр Пульфриха
scanning ~ сканирующий фотометр
shadow ~ теневой фотометр
sphere ~ шаровой фотометр
stell(ar) ~ звездный фотометр
Ulbricht ~ фотометр Ульбрихта
visual ~ визуальный фотометр
Weber ~ фотометр Вебера
photometer-polarimeter фотометр-поляриметр
photometry фотометрия
   flame ~ фотометрия пламени
   flicker ~ фликкер-фотометрия
   infrared [IR] ~ инфракрасная [ИК-] фотометрия
   isochromatic ~ изохроматическая фотометрия
   multicolor ~ многоцветная фотометрия
   photoelectric ~ фотоэлектрическая фотометрия
   photographic ~ фотографическая фотометрия
   planet ~ фотометрия планет
   pulse ~ импульсная фотометрия
   quantum ~ квантовая фотометрия
   stellar ~ звездная фотометрия
   visual ~ визуальная фотометрия

photometry

X-ray ~ рентгеновская фотометрия
photomicrograph микрофотоснимок
photomicrography фотомикрография, микрофотосъемка
  black-and-white ~ черно-белая микрофотосъемка
  color ~ цветная микрофотосъемка
  infrared [IR] ~ инфракрасная [ИК-] микрофотосъемка
  stereoscopic ~ стереоскопическая микрофотография
photomorphogenesis фотоморфогенез
photomultiplication фотоумножение
photomultiplier фотоумножитель, фотоэлектронный умножитель, ФЭУ
  channel ~ канальный фотоумножитель
  cooled ~ охлаждаемый фотоумножитель
  edge-illuminated ~ ФЭУ с торцевым входом
  fast ~ быстрый фотоумножитель
  microchannel plate ~ ФЭУ с микроканальной пластиной
  position-sensitive ~ позиционно-чувствительный фотоумножитель
  side-illuminated ~ ФЭУ с боковым входом
photon фотон
  Abelian ~ абелев фотон
  absorbed ~ поглощенный фотон
  annihilation ~ аннигиляционный фотон
  anti-bunched ~s антигруппированные фотоны
  baryonic ~ барионный фотон
  bremsstrahlung ~ тормозной фотон
  Cherenkov ~ черенковский фотон
  circularly polarized ~ циркулярно поляризованный фотон
  coherent ~s когерентные фотоны
  co-polarized ~s одинаково поляризованные фотоны
  decay ~ фотон распада
  direct ~ прямой фотон
  elliptically polarized ~ эллиптически поляризованный фотон
  emitted ~ излученный фотон
  entangled ~s перепутанные фотоны
  exciting ~ возбуждающий фотон
  fluorescence ~ фотон флуоресценции
  free-space ~ фотон в свободном пространстве
  gamma-ray ~ гамма-квант
  idler ~ холостой фотон
  impinging [incident] ~ падающий [поступающий] фотон
  incoherent ~s некогерентные фотоны
  incoming ~ поступающий [падающий] фотон
  infrared [IR] ~ инфракрасный [ИК-] фотон
  laser ~ лазерный фотон
  leptonic ~ лептонный фотон
  linearly polarized ~ линейно поляризованный фотон
  longitudinal ~ продольный фотон
  longitudinally polarized ~ продольно поляризованный фотон
  long-wavelength ~ длинноволновый фотон
  massive ~ массивный фотон
  muonic ~ мюонный фотон
  noise ~ шумовой фотон
  non-Abelian ~ неабелев фотон
  nonresonant ~ нерезонансный фотон
  optical ~ оптический фотон
  polarized ~ поляризованный фотон
  probe ~ пробный [зондирующий] фотон
  pump(ing) ~ фотон накачки
  Raman ~ комбинационный фотон
  reabsorbed ~ реабсорбированный фотон
  reemitted ~ переизлученный фотон
  relict ~ реликтовый фотон
  resonant ~ резонансный фотон
  scalar ~ скалярный фотон
  scattered ~ рассеянный фотон
  signal ~ сигнальный фотон
  single ~ одиночный фотон
  stimulated ~ индуцированный фотон
  stimulating ~ индуцирующий фотон
  Stokes ~ стоксов фотон
  transverse ~ поперечный фотон
  transversely polarized ~ поперечно поляризованный фотон
  ultraviolet [UV] ~ ультрафиолетовый [УФ-] фотон
  virtual ~ виртуальный фотон
  visible ~ видимый фотон
  X-ray ~ рентгеновский фотон
photonics фотоника
photophoresis фотофорез

photophysics фотофизика
  laser ~ лазерная фотофизика
photoplasticity фотопластичность
photoplate фотопластинка
photopolarimeter фотополяриметр
photopolymer фотополимер
photopolymerization фотополимеризация
photopredissociation фотопредиссоциация
photopreionization фотопредионизация
photoprocess фотопроцесс
  laser(-induced) ~ лазерный фотопроцесс
  monomolecular ~ мономолекулярный фотопроцесс
  multiphoton ~ многофотонный фотопроцесс
  negative ~ негативный фотопроцесс
  positive ~ позитивный фотопроцесс
photoprocessing фотолитография; фотохимическая обработка
photoproduct фотопродукт
photoptometer фотоптометр
photoptometry фотоптометрия
photoradiometer фоторадиометр
photoreaction фотореакция
photoreceiver фотоприемник; фотодетектор
photoreceptor фоторецептор
photorecombination фоторекомбинация
photorecording фотозапись; фоторегистрация
photoreflectance фотоотражение, фотоиндуцированное отражение
photorefraction, photorefractivity фоторефракция, фотоиндуцированное преломление
photorelay фотореле
photoresist фоторезист
  double ~ двухслойный фоторезист
  dry ~ сухой фоторезист
  film ~ пленочный фоторезист
  fine-line ~ высокоразрешающий фоторезист
  negative ~ негативный фоторезист
  positive ~ позитивный фоторезист
  vacuum ~ вакуумный фоторезист
photoresistivity фотопроводимость; фоторезистивный эффект
photoresistor фоторезистор
photoresponse 1. фотоотклик; характеристика свет – сигнал 2. фототок

photoretinitis фоторетинит
photoreversal обращение фотографического изображения
photoscope фотоскоп
photosensitivity фоточувствительность
  polarization ~ поляризационная фоточувствительность
photosensitization фотосенсибилизация
photosensitizer фотосенсибилизатор
photosensor фотодетектор; фотодатчик
photosphere фотосфера
  ~ of a star фотосфера звезды
  solar ~ солнечная фотосфера
  upper ~ верхняя фотосфера
photostimulation фотостимуляция
photostimulator фотостимулятор
photoswitch фотореле; фототиристор
photosynthate продукт фотосинтеза
photosynthesis фотосинтез
phototaxis фототаксис
phototelegraphy фототелеграфия, факсимильная связь
phototemplate фотошаблон; фототранспарант; фотомаска
phototheodolite фототеодолит
photothermoelasticity фототермоупругость
photothermography фототермография
photothermometry фототермометрия
photothyristor фототиристор
phototransfer фотоперенос
  charge ~ фотоперенос заряда
phototransformation фототрансформация
phototransistor фототранзистор
  bipolar ~ биполярный фототранзистор
  field-effect ~ полевой фототранзистор
phototroph фототроф
phototropy фототропия, фототропизм
phototube электронно-вакуумный фотоэлемент
photovaristor фотоваристор
photoviscoelasticity фотовязкоупругость
photovoltage фотоэдс
photovoltaic фотоэлектрический, фотогальванический
photovoltaics 1. фотоэлектричество 2. фотоэлектрическая энергетика
  space ~ космическая фотоэлектрическая энергетика

photovoltaics

terrestrial ~ наземная фотоэлектрическая энергетика
photoxylography фотоксилография
physics физика
  applied ~ прикладная физика
  atomic ~ атомная физика
  classical ~ классическая физика
  condensed matter ~ физика конденсированного состояния
  crystal ~ физика кристаллов
  experimental ~ экспериментальная физика
  laser ~ лазерная физика
  low-temperature ~ физика низких температур
  mesoscopic quantum ~ мезоскопическая физика, мезоскопика
  nuclear ~ ядерная физика
  particle ~ физика (элементарных) частиц
  plasma ~ физика плазмы
  quantum ~ квантовая физика
  radiation ~ радиационная физика
  semiconductor ~ физика полупроводников
  solar ~ гелиофизика
  solid-state ~ физика твердого тела
  statistical ~ статистическая физика
  theoretical ~ теоретическая физика
picosecond пикосекунда
picture картина, изображение
  anamorphotic ~ анаморфированное изображение
  blurred ~ размытое [нечеткое, нерезкое] изображение
  classical ~ классическая картина, классическая модель
  color ~ цветное изображение
  3D ~ трехмерная картина
  halftone ~ полутоновое изображение
  physical ~ физическая картина
  quantum-mechanical ~ квантово-механическая картина
  smeared ~ размытое [нечеткое, нерезкое] изображение
  stereoscopic ~ стереоскопическое изображение
  three-dimensional ~ трехмерная картина
  vector ~ векторная картина
piezoceramics пьезокерамика
piezocrystal пьезокристалл
piezoelectric пьезоэлектрик
piezojunction пьезопереход
piezomagnetic пьезомагнетик
pin штифт; штырь
  Nernst ~ штифт Нернста
  sighting ~ визирная игла
pinacoid пинакоид
pinch пинч
  cylindrical ~ цилиндрический пинч
  helical ~ спиральный [винтовой] пинч
  linear ~ линейный пинч
  Z~ Z-пинч
pinching шнурование, сжатие
  discharge ~ шнурование разряда
pinhole точечная диафрагма
pinning захват; пиннинг
pipe труба; трубка
  light ~ световая трубка
pit ямка, впадина
pitting выкрашивание; изъязвление; оплавление
pixel пиксель
pixelization разбиение изображения на элементы; пространственная дискретизация
plane плоскость
  ~ of incidence плоскость падения
  ~ of polarization плоскость поляризации
  ~ of reflection плоскость отражения
  ~ of symmetry плоскость симметрии
  anti-nodal ~ плоскость пучности
  aperture ~ плоскость апертуры
  atomic ~ атомная плоскость
  azimuthal ~ азимутальная плоскость
  back focal ~ задняя фокальная плоскость
  basal ~ базисная плоскость; плоскость подложки
  cardinal ~ кардинальная плоскость
  characteristic ~ характеристическая плоскость
  cleavage ~ плоскость скалывания; плоскость спайности
  complex ~ комплексная плоскость
  cross-section ~ плоскость поперечного сечения
  crystal ~ плоскость кристалла; кристаллографическая плоскость
  crystallographic ~ кристаллографическая плоскость
  entrance pupil ~ плоскость входного зрачка

plate

  exit pupil ~ плоскость выходного зрачка
  film ~ плоскость пленки
  focal ~ фокальная плоскость
  focusing ~ плоскость фокусировки
  Fourier ~ плоскость Фурье
  front focal ~ передняя фокальная плоскость
  glide ~ плоскость скольжения
  glide reflection ~ плоскость скользящего отражения
  glide symmetry ~ скользящая плоскость симметрии
  image ~ плоскость изображения
  mirror ~ плоскость симметрии
  mirror reflection ~ плоскость зеркального отражения
  nodal ~ плоскость узлов, узловая плоскость
  object ~ плоскость объекта; предметная плоскость
  orbit ~ плоскость орбиты
  phase ~ фазовая плоскость
  polarization ~ плоскость поляризации
  principal ~ главная плоскость
  quantum well ~ плоскость квантовой ямы
  reflection ~ плоскость отражения
  refraction ~ плоскость преломления
  sagittal ~ сагиттальная плоскость
  scattering ~ плоскость рассеяния
  sighting ~ плоскость визирования
  slit ~ плоскость щели
  superlattice ~ плоскость сверхрешетки
  surface ~ плоскость поверхности
  symmetry ~ плоскость симметрии
  tangential ~ касательная плоскость
  translation ~ плоскость трансляции
  virtual image ~ плоскость мнимого изображения
planet планета
  atmosphere ~ планета, обладающая атмосферой
  Earth-type ~ планета земной группы
  giant ~ планета-гигант
  inferior [inner] ~ внутренняя планета
  minor ~ малая планета, планетоид, астероид
  outer ~ внешняя планета
  primary ~ планета солнечной системы (*в отличие от спутников*)
  principal ~ большая планета
  secondary ~ спутник планеты
  superior ~ внешняя планета
  terrestrial ~ планета земной группы
planetoid планетоид, астероид, малая планета
planetology планетология
plasma плазма
  arc ~ плазма дугового разряда
  charged ~ заряженная плазма
  collisional ~ неидеальная плазма
  collisionless ~ бесстолкновительная плазма
  confined ~ удерживаемая плазма
  direct-current ~ плазма постоянного тока
  electron ~ электронная плазма
  equilibrium ~ равновесная плазма
  free-carrier ~ плазма свободных носителей
  gas-discharge ~ газоразрядная плазма
  glow-discharge ~ плазма тлеющего разряда
  high-temperature ~ высокотемпературная плазма
  homogeneous ~ однородная плазма
  hot ~ горячая плазма
  inhomogeneous ~ неоднородная плазма
  laser ~ лазерная плазма
  low-density ~ плазма низкой плотности
  neutral ~ нейтральная плазма
  nonequilibrium ~ неравновесная плазма
  pinched ~ сжатая плазма
  semiconductor ~ полупроводниковая плазма; плазма носителей заряда в полупроводнике
  solid-state ~ плазма твердого тела
  target ~ плазменная мишень
  ultracold ~ ультрахолодная плазма
plasmon плазмон
  acoustic ~ акустический плазмон
  bulk ~ объемный плазмон
  interband ~ межзонный плазмон
  localized ~ локализованный плазмон
  surface ~ поверхностный плазмон
plasmon-polariton плазмон-поляритон
plate пластинка; пластина
  achromatic phase ~ ахроматическая фазовая пластинка

plate

beam-splitting ~ светоделительная пластинка
birefringent ~ двулучепреломляющая пластинка
Bragg-Fresnel zone ~ брэгг-френелевская зонная пластинка
Brewster ~ брюстеровская пластинка
chromatic phase ~ хроматическая фазовая пластинка
double Bravais ~ двойная пластинка Браве
ellipsometric ~ эллипсометрическая фазовая пластинка
Fresnel zone ~ зонная пластинка Френеля
glass ~ стеклянная пластинка
half-wave ~ полуволновая пластинка
holographic test ~ тестирующая голограмма
Lummer-Gehrcke ~ пластинка Люммера – Герке
mica ~ пластинка слюды
microchannel ~ микроканальная пластина
mounting ~ монтажная пластина
multilayer ~ многослойная пластинка
orifice ~ диафрагма; измерительная диафрагма
phase ~ фазовая пластинка
photographic ~ фотопластинка
plane-parallel ~ плоскопараллельная пластинка
quarter-wave ~ четвертьволновая пластинка
quartz ~ кварцевая пластинка
retardation ~ фазовая пластинка
Savart ~ пластинка Савара
Schmidt (correction) ~ пластинка [корректор] Шмидта
Soret ~ пластинка Соре
strongly chromatic phase ~ сильнохроматическая фазовая пластинка
superchromatic phase ~ суперхроматическая фазовая пластинка
vernier ~ алидада
wave ~ волновая пластинка
X-cut ~ кварцевая пластинка X-среза
zone ~ зонная пластинка
platinum платина, Pt
pleochroism плеохроизм
plot график; диаграмма
    calibration ~ калибровочная кривая
    contour ~ контурная диаграмма
    log ~ график в логарифмическом масштабе
    log-log ~ график в двойном логарифмическом масштабе
    Wulf ~ диаграмма Вульфа
plutonium плутоний, Pu
point точка
    aplanatic ~s апланатические точки
    bifurcation ~ точка бифуркации
    branching ~ точка ветвления
    brilliant ~ зеркальная точка
    characteristic ~ характеристическая точка
    Condon ~ кондоновская точка
    conjugate ~s сопряженные точки
    crossing [crossover] ~ точка пересечения
    Curie ~ точка Кюри
    cutoff ~ точка отсечки
    equilibrium ~ точка равновесия
    fiducial ~ реперная точка; координатная метка
    first principal ~ первая главная точка (*в пространстве объектов*)
    focal [focus] ~ фокус, точка фокусировки
    half-power ~ точка половинного пропускания (*фильтра*)
    lambda ~ лямбда-точка
    operating ~ рабочая точка
    principal ~ главная точка
    principal ~ of optical system главная точка оптической системы
    saddle ~ седловая точка
    saturation ~ точка насыщения
    second principal ~ вторая главная точка (*в пространстве объектов*)
    turning ~ поворотная точка
    unstable ~ неустойчивая точка
pointer 1. стрелка; указатель **2.** указка
    laser ~ лазерная указка
    projection ~ проекционная указка
pointing наведение
    beam ~ наведение пучка
    laser ~ лазерное наведение
    precision ~ прецизионное наведение
polarimeter поляриметр
    half-shade ~ полутеневой поляриметр
    infrared [IR] ~ инфракрасный [ИК-] поляриметр
    laser ~ лазерный поляриметр
    optical ~ оптический поляриметр

polarization

phase ~ фазовый поляриметр
photoelectric ~ фотоэлектрический поляриметр
scanning laser ~ сканирующий лазерный поляриметр
Stokes ~ поляриметр Стокса
polarimetry поляриметрия
  laser ~ лазерная поляриметрия
  optical ~ оптическая поляриметрия
  precision ~ прецизионная поляриметрия
  speckle ~ спекл-поляриметрия
  X-ray ~ рентгеновская поляриметрия
polariscope полярископ
  Savart ~ полярископ Савара
polariton поляритон
  bright(-state) ~ «светлый» поляритон
  bulk ~ объёмный поляритон
  dark(-state) ~ «тёмный» поляритон
  exciton ~ экситон-поляритон, светоэкситон
  magnetic ~ магнитный поляритон
  phonon ~ фононный поляритон
  plasmon ~ плазмон-поляритон
  surface ~ поверхностный поляритон
  transverse ~ поперечный поляритон
polarity полярность
polarizability поляризуемость
  anisotropic ~ анизотропная поляризуемость
  atomic ~ атомная поляризуемость
  cubic ~ кубичная поляризуемость
  dc ~ статическая поляризуемость
  dipole ~ дипольная поляризуемость
  electric ~ электрическая поляризуемость
  electronic ~ электронная поляризуемость
  first-order ~ поляризуемость первого порядка
  higher-order ~ поляризуемость высшего порядка
  linear ~ линейная поляризуемость
  magnetic ~ магнитная поляризуемость
  molecular ~ молекулярная поляризуемость
  nonlinear ~ нелинейная поляризуемость
  octupole ~ октупольная поляризуемость
  optical ~ оптическая поляризуемость
  quadratic ~ квадратичная поляризуемость
  quadrupole ~ квадрупольная поляризуемость
  second-order ~ поляризуемость второго порядка
  static ~ статическая поляризуемость
  third-order ~ поляризуемость третьего порядка
polarization поляризация
  anomalous ~ аномальная поляризация
  anticlockwise ~ левая круговая поляризация
  atomic ~ атомная поляризация
  biexcitonic ~ биэкситонная поляризация
  chromatic ~ хроматическая поляризация
  circular ~ циркулярная [круговая] поляризация
  clockwise ~ правая круговая поляризация
  controlled ~ управляемая поляризация
  counterclockwise ~ левая круговая поляризация
  cross ~ кросс-поляризация, ортогональная поляризация
  dielectric ~ электрическая поляризация
  dipole ~ дипольная поляризация
  electric ~ электрическая поляризация
  electron(ic) ~ поляризация электронов; электронная поляризация
  elliptic(al) ~ эллиптическая поляризация
  entangled ~ перепутанная поляризация
  excitonic ~ экситонная поляризация
  ground-state ~ поляризация основного состояния
  hidden ~ скрытая поляризация
  hidden light ~ скрытая поляризация света
  hole ~ поляризация дырок
  imperfect ~ частичная поляризация
  induced ~ индуцированная поляризация
  input ~ входная поляризация
  interfacial ~ граничная поляризация

polarization

laser ~ поляризация лазерного излучения
lattice ~ поляризация решетки
left-hand circular ~ левая круговая поляризация
light ~ поляризация света
light-induced ~ светоиндуцированная поляризация
linear ~ линейная поляризация
local ~ локальная поляризация
longitudinal ~ продольная поляризация
luminescence ~ поляризация люминесценции
macroscopic ~ макроскопическая поляризация
magnetic ~ магнитная поляризация
microscopic ~ микроскопическая поляризация
mixed ~ смешанная поляризация
near-field ~ поляризация ближнего поля
nonclassical ~ неклассическая поляризация
nonlinear ~ нелинейная поляризация
nuclear ~ ядерная поляризация
opposite ~ противоположная поляризация
optical ~ поляризация света
orthogonal ~ ортогональная поляризация
output ~ выходная поляризация
partial ~ частичная поляризация
perfect ~ полная поляризация
photon ~ поляризация фотона
plane ~ линейная [плоская] поляризация
probe (beam) ~ поляризация пробного пучка
pump (beam) ~ поляризация пучка накачки
pure ~ чистая поляризация
residual ~ остаточная поляризация
right-hand circular ~ правая круговая поляризация
second-order ~ поляризация второго порядка; квадратичная поляризация
spin ~ спиновая поляризация
spontaneous ~ спонтанная [самопроизвольная] поляризация
third-order ~ поляризация третьего порядка; кубичная поляризация

two-photon ~ двухфотонная поляризация
polarizer поляризатор
  analyzing ~ анализатор
  beam-splitting ~ светоделительный поляризатор
  birefringent ~ двулучепреломляющий поляризатор
  circular ~ круговой поляризатор
  Cornu half-shade ~ полутеневой поляризатор Корню
  crossed ~**s** скрещенные поляризаторы
  dichroic ~ дихроичный поляризатор
  elliptic ~ эллиптический поляризатор
  fiber-optic ~ волоконно-оптический поляризатор
  film ~ пленочный поляризатор
  infrared [IR] ~ инфракрасный [ИК-] поляризатор
  input ~ входной поляризатор
  integrated-optics ~ интегрально-оптический поляризатор
  interference ~ интерференционный поляризатор
  linear ~ линейный поляризатор
  multilayer ~ многослойный поляризатор
  output ~ выходной поляризатор
  parallel ~**s** параллельные поляризаторы
  prism ~ призменный поляризатор
  reflection ~ отражательный поляризатор
  rotating ~ вращающийся поляризатор
  sheet ~ листовой поляризатор; поляроид
  thin-film ~ тонкопленочный поляризатор
  transmission ~ поляризатор, работающий на пропускание
  waveguide ~ волноводный поляризатор
  wire-grid ~ сеточный поляризатор
polaroid поляроид (*тип поляризатора*)
polaron полярон
  big-radius ~ полярон большого радиуса
  bound ~ связанный полярон
  exciton(ic) ~ экситонный полярон, экситон-полярон

hole ~ дырочный полярон
magnetic ~ магнитный полярон
paramagnetic ~ парамагнитный полярон
small-radius ~ полярон малого радиуса
stable ~ устойчивый полярон
strongly coupled ~ сильносвязанный полярон
weakly coupled ~ слабосвязанный полярон
polishing полирование, полировка
  brilliant ~ полировка до блеска, зеркальная полировка
  chemical ~ химическая полировка
  dull ~ матирование
  electrolytic ~ электролитическая полировка
  etch ~ полирование протравливанием
  final ~ окончательное [чистовое] полирование
  fine ~ тонкая полировка
  mechanical ~ механическая полировка
pollutant загрязняющее вещество; примесь
pollution загрязнение
  atmospheric air ~ загрязнение атмосферного воздуха
  light ~ световое загрязнение
polonium полоний, Po
polychromatism полихроматизм
polycrystal поликристалл
polymer полимер
  amorphous ~ аморфный полимер
  chiral ~ хиральный полимер
  dye-doped ~ полимер с внедренным красителем
  electro-optical ~ электрооптический полимер
  liquid-crystalline ~ жидкокристаллический полимер
  photo ~ фотополимер
  photobleaching ~ фотовыцветающий полимер
  photoconductive ~ фотопроводящий полимер
  photorefractive ~ фоторефрактивный полимер
polynomial полином, многочлен
  associated Legendre ~ присоединенный полином Лежандра
  Bernoullian ~ полином Бернулли

position

  Bernstein ~ полином Бернштейна
  Chebyshev ~ полином Чебышева
  Euler-Frobenius ~ полином Эйлера – Фробениуса
  Euler-Frobenius-Laurent ~ полином Эйлера – Фробениуса – Лорана
  Gauss-Laguerre ~ полином Гаусса – Лагерра
  generalized Laguerre ~ обобщенный полином Лагерра
  harmonic ~ гармонический многочлен
  Hermitian ~ полином Эрмита
  interpolation ~ интерполяционный полином
  Jacobi ~ полином Якоби
  Laguerre ~ полином Лагерра
  Laurent ~ полином Лорана
  Legendre ~ полином Лежандра
  orthogonal ~ ортогональный полином
  orthonormalized ~ ортонормированный полином
  Zernike ~ полином Цернике
population населенность
  electron ~ электронная населенность
  equilibrium ~ равновесная населенность
  excess ~ избыточная населенность
  excited-state ~ населенность возбужденных состояний
  ground-state ~ населенность основного состояния
  initial ~ начальная населенность
  inverse ~ инверсная заселенность
  level ~ населенность уровня
  nonequilibrium ~ неравновесная населенность
  phonon ~ фононная населенность
  spin ~ спиновая населенность
  steady-state ~ стационарная населенность
  thermal ~ тепловое заселение; тепловая заселенность
  threshold ~ пороговая населенность
portrait портрет
  phase ~ фазовый портрет
position положение
  angular ~ угловое положение
  azimuthal ~ азимутальное положение
  beam ~ положение пучка
  energy ~ энергетическое положение

position

equilibrium ~ равновесное положение
fixed ~ фиксированное положение
image ~ положение изображения
initial ~ (перво)начальное положение
peak ~ положение пика, положение максимума
spectral ~ спектральное положение
symmetrical ~ симметричное положение
positioner юстировочное устройство
  beam ~ устройство юстировки пучка
positron позитрон
postulate постулат
  ~s of quantum mechanics постулаты квантовой механики
  Bohr ~ постулат Бора
potassium калий, K
potential 1. потенциал 2. разность потенциалов, напряжение
  adiabatic ~ адиабатический потенциал
  anharmonic ~ ангармонический потенциал
  asymmetric ~ асимметричный потенциал
  attractive ~ потенциал притяжения
  barrier ~ барьерный потенциал, высота потенциального барьера
  bias ~ напряжение смещения
  binding ~ связывающий потенциал
  Born-Oppenheimer ~ потенциал Борна – Оппенгеймера
  central ~ центральный потенциал
  centrifugal ~ центробежный потенциал
  coherent ~ когерентный потенциал
  confining ~ ограничивающий [удерживающий] потенциал; потенциал размерного квантования
  Coulomb ~ кулоновский потенциал
  crystal-field ~ потенциал кристаллического поля
  dark ~ темновой потенциал
  Debye ~ потенциал Дебая
  defect ~ потенциал дефекта
  deformation ~ деформационный потенциал
  delayed ~ запаздывающий потенциал
  depolarization ~ потенциал деполяризации
  dipole-dipole ~ потенциал диполь-дипольного взаимодействия
  Dirac-Fock ~ потенциал Дирака – Фока
  double-well ~ двуямный потенциал
  effective ~ эффективный потенциал
  electric ~ электрический потенциал
  electrostatic ~ электростатический потенциал
  ensemble-averaged ~ потенциал, усредненный по ансамблю
  exchange ~ обменный потенциал
  exchange-correlation ~ потенциал обменной корреляции
  excitation ~ потенциал возбуждения
  excited-state ~ потенциал возбужденного состояния
  external ~ внешний потенциал
  Fermi ~ потенциал Ферми
  fluctuating ~ флуктуирующий потенциал
  four-dimensional ~ четырехмерный потенциал
  galactic ~ галактический потенциал
  gravitational ~ гравитационный потенциал
  ground-state ~ потенциал основного состояния
  Hall ~ холловское напряжение
  harmonic ~ гармонический потенциал
  impurity ~ потенциал примеси
  instantaneous ~ мгновенный потенциал
  interaction ~ потенциал взаимодействия
  interatomic ~ потенциал межатомного взаимодействия
  intermolecular ~ потенциал межмолекулярного взаимодействия
  ionic ~ ионный потенциал
  ionization ~ потенциал (кристаллической) ионизации
  Kronig-Penney ~ потенциал Кронига – Пенни
  lattice ~ потенциал (кристаллической) решетки
  light-shift ~ потенциал светового сдвига
  long-range ~ потенциал дальнодействия
  Madelung ~ потенциал Маделунга
  magnetic ~ магнитный потенциал
  magneto-optical ~ магнитооптический потенциал
  model ~ модельный потенциал

optical ~ оптический потенциал
periodic ~ периодический потенциал
quadratic ~ потенциальная поверхность второго порядка
quartic ~ потенциальная поверхность четвертого порядка
quasi-Fermi ~ квазипотенциал Ферми
random ~ случайный потенциал
rectangular-well ~ потенциал прямоугольной ямы
repulsive ~ отталкивающий потенциал
retarded ~ запаздывающий потенциал
scalar ~ скалярный потенциал
scattering ~ потенциал рассеяния
screening ~ экранирующий потенциал
self-consistent ~ самосогласованный потенциал
short-range ~ потенциал близкодействия
single-particle ~ одночастичный потенциал
sinusoidal ~ синусоидальный потенциал
spin-dependent ~ потенциал, зависящий от спина
static ~ статический потенциал
Stillinger-Weber ~ потенциал Стиллингера – Вебера
surface ~ поверхностный потенциал
symmetric ~ симметричный потенциал
time-dependent ~ потенциал, зависящий от времени
trap(ping) ~ потенциал ловушки
Van der Waals ~ потенциал Ван-дер-Ваальса
power 1. мощность 2. энергия 3. способность 4. степень
  absorbed ~ поглощенная мощность
  absorptive ~ поглощательная способность
  atomic ~ атомная энергия
  average ~ средняя мощность
  backscattered ~ мощность обратного рассеяния
  chromatic resolving ~ хроматическая разрешающая способность
  critical ~ критическая мощность
  dispersive ~ относительная дисперсия

emissive ~ излучательная способность
equivalent noise ~ эквивалентная мощность шума
excitation ~ мощность возбуждения
focal ~ оптическая сила
incident ~ падающая мощность
injected ~ инжектированная мощность; введенная мощность
input ~ входная мощность
instantaneous ~ мгновенная мощность
inverse ~ обратная степень
laser ~ мощность лазера
lasing ~ мощность генерации лазера
lens ~ оптическая сила линзы
luminous ~ энергетическая сила света
magnifying ~ увеличение оптического инструмента
noise ~ мощность шума
noise equivalent ~ эквивалентная мощность шума
optical ~ оптическая сила
output ~ выходная мощность
peak ~ пиковая мощность
pulse ~ мощность импульса
pump ~ мощность накачки
radiation ~ мощность излучения
reflection ~ отражательная способность
refracting [refractive] ~ преломляющая способность
resolving ~ разрешающая способность
rotatory ~ вращательная способность
specific ~ удельная мощность
spectral ~ спектральная мощность
threshold ~ пороговая мощность
total ~ общая [полная] мощность
unit ~ единичная мощность
praseodymium празеодим, Pr
preamplifier предварительный усилитель, предусилитель
  optical ~ оптический предусилитель
  two-stage ~ двухкаскадный предусилитель
precession прецессия
  annual ~ годичная прецессия
  Bloch vector ~ прецессия вектора Блоха
  coherent ~ когерентная прецессия
  electron ~ электронная прецессия
  exciton ~ экситонная прецессия
  free ~ свободная прецессия
  Larmor ~ ларморова прецессия

precession

orbit ~ орбитальная прецессия
resonant ~ резонансная прецессия
spin ~ спиновая прецессия
uniform ~ однородная прецессия
precision точность
   nanometric ~ точность масштаба нанометра
   submicron ~ субмикронная точность
predissociation предиссоциация
   induced ~ индуцированная предиссоциация
   inverse ~ обратная предиссоциация
preform заготовка, преформа
   optical waveguide ~ заготовка световода
preionization предионизация
presbyopia пресбиопия, старческая дальнозоркость
pressure давление
   atmospheric ~ атмосферное давление
   buffer-gas ~ давление буферного газа
   electrostatic ~ электростатическое давление
   hydrostatic ~ гидростатическое давление
   light ~ давление света
   radiation ~ радиационное давление
primar/y основной цвет
   camera ~ies основные цвета камеры
   color ~ основной цвет
   fictitious ~ нереальный основной цвет
principle принцип
   ~ of detailed balance принцип детального равновесия
   ~ of the light velocity constancy принцип постоянства скорости света
   aperture synthesis ~ принцип апертурного синтеза
   Babinet ~ принцип Бабине
   causality ~ принцип причинности
   complementarity ~ принцип дополнительности
   correspondence ~ принцип соответствия
   Curie ~ принцип симметрии Кюри
   Doppler ~ принцип Доплера
   Doppler-Fizeau ~ принцип Доплера – Физо
   duality ~ принцип двойственности
   exclusion ~ принцип запрета
   Fermat ~ принцип Ферма
   Franck-Condon ~ принцип Франка – Кондона
   Fresnel ~ принцип Френеля
   Heisenberg's uncertainty ~ принцип неопределенности Гейзенберга
   Huygens-Fresnel ~ принцип Гюйгенса – Френеля
   Huygens-Kirchhoff ~ принцип Гюйгенса – Кирхгофа
   locality ~ принцип локальности
   Neumann's ~ принцип Неймана
   Onsager ~ принцип Онзагера
   path-reversal ~ принцип обратимости оптического пути
   Pauli (exclusion) ~ принцип (запрета) Паули
   reciprocity ~ принцип взаимности
   relativity ~ принцип относительности
   Ritz combination ~ комбинационный принцип Ритца
   superposition ~ принцип суперпозиции
   uncertainty ~ принцип неопределенности
   variational ~ вариационный принцип
printer принтер
   laser ~ лазерный принтер
printing печать, печатание
   color ~ цветная печать
   projection ~ проекционная печать
   screen ~ трафаретная печать
prism призма
   Abbe ~ призма Аббе
   achromatic ~ ахроматическая призма
   Ahrens ~ призма Аренса
   Amici ~ призма Амичи
   autocollimation ~ автоколлимационная призма
   beamsplitter ~ светоделительная призма
   Berec ~ призма Берека
   Brewster-angle ~ брюстеровская призма
   constant deviation ~ призма постоянного отклонения
   Cornu ~ призма Корню
   crossed ~s скрещенные призмы
   deflecting ~ отклоняющая призма
   direct viewing [direct-vision] ~ призма прямого видения
   dispersing ~ дисперсионная призма
   Dollond ~ призма Доллонда

double ~ двойная призма
double-beam ~ двухлучевая призма
Dove ~ призма Дове
electrostatic ~ электростатическая призма
erecting ~ оборачивающая призма
extracavity ~ внерезонаторная призма
Fery ~ призма Фери
Foucault ~ призма Фуко
fused-silica ~ призма из плавленого кварца
Glan ~ призма Глана
Glan-Thompson ~ призма Глана – Томпсона
glass ~ стеклянная призма
Glazebrook ~ призма Глазебрука
Herschel ~ призма Гершеля
hexagonal ~ шестиугольная призма
Hofman ~ призма Хофмана
intracavity ~ внутрирезонаторная призма
inversion ~ обращающая призма
Koester ~ призма Костера
Lehmann ~ призма Лемана
light-scattering ~ светорассеивающая призма
Lippich ~ призма Липпиха
Littrow ~ призма Литтрова
magnetic ~ магнитная призма
Nicol ~ призма Николя
ocular ~ окулярная призма
Pechan ~ призма Печана
pentagonal ~ пентапризма, пятиугольная призма
polarization ~ поляризационная призма
Porro ~ призма Порро
Rayleigh ~ призма Рэлея
reflection ~ отражательная призма
refracting ~ преломляющая призма
regular ~ правильная призма
reversion ~ обращающая призма
rhombic ~ ромбическая призма
right-angle(d) ~ прямоугольная призма
Rochon ~ призма Рошона
Schmidt ~ призма Шмидта
Senarmont ~ призма Сенармона
single-beam ~ однолучевая призма
spectral ~ спектральная призма
Thompson ~ призма Томпсона
TIR [total internal reflection] ~ призма полного внутреннего отражения
totally reflecting ~ призма полного внутреннего отражения
trihedral ~ трехгранная призма
triple~ трипл-призма, трехгранный ретрорефлектор
Wollaston ~ призма Волластона
Young ~ призма Юнга
probability вероятность
collision ~ вероятность соударения
dark count ~ вероятность темнового отсчета
decay ~ вероятность распада
deexcitation ~ вероятность дезактивации; вероятность релаксации возбуждения
desorption ~ вероятность десорбции
detection ~ вероятность обнаружения
emission ~ вероятность излучения
enhanced ~ усиленная вероятность
excitation ~ вероятность возбуждения
ionization ~ вероятность ионизации
multiphoton transition ~ вероятность многофотонного перехода
occupation ~ вероятность заселения, вероятность заполнения
one-photon transition ~ вероятность однофотонного перехода
photocount ~ вероятность фотоотсчета
photodissociation ~ вероятность фотодиссоциации
photoionization ~ вероятность фотоионизации
quantum-mechanical ~ квантово-механическая вероятность
radiative transition ~ вероятность излучательного перехода
reabsorption ~ вероятность перепоглощения
recombination ~ вероятность рекомбинации
scattering ~ вероятность рассеяния
spontaneous emission ~ вероятность спонтанного излучения
stimulated emission ~ вероятность вынужденного излучения
total ~ общая [полная] вероятность
transition ~ вероятность перехода
tunneling ~ вероятность туннелирования
probe зонд, датчик || зондировать

probe

fiber optic ~ волоконно-оптический датчик
laser ~ лазерный зонд
nano-optical ~ нанооптический зонд
SNOM ~ зонд растрового ближнепольного оптического микроскопа

probing зондирование

problem проблема; задача
applied ~ прикладная задача
axially symmetric ~ аксиально-симметричная задача
bond ~ проблема связей
boundary(-value) ~ краевая задача; граничная задача
bound state ~ проблема связанного состояния
classical ~ классическая задача
computational ~s вычислительные проблемы
Deutsch's ~ проблема Дойча
eigenfunction ~ задача на собственные функции
eigenvalue ~ задача на собственные значения
electronic structure ~ проблема электронной структуры
fundamental ~ фундаментальная проблема
ill-posed ~ некорректная задача
image restoration ~ проблема восстановления изображения
instability ~ проблема неустойчивости
inverse ~ обратная задача
inverse scattering ~ обратная задача рассеяния
inverse spectral ~ обратная спектральная задача
Jaynes-Cummings ~ задача Джейнса – Каммингса
Kondo ~ задача Кондо
light scattering ~ задача рассеяния света
mesoscopic ~ мезоскопическая проблема
Milne's ~ задача Милна
multidimensional ~ многомерная задача
multiray ~ многолучевая задача
Neumann ~ проблема Неймана
nonstationary ~ нестационарная задача
one-dimensional ~ одномерная задача
perturbation ~ задача теории возмущений
polariton ~ поляритонная задача
pulse-propagation ~ проблема распространения импульса
quantum decoherence ~ проблема квантовой декогеренции
quantum-mechanical ~ квантово-механическая задача
reabsorption ~ проблема реабсорбции
scattering ~ проблема рассеяния
secondary scattering ~ проблема вторичного рассеяния
site ~ проблема узлов
spectral ~ спектральная задача
spectroscopic ~ спектроскопическая проблема
stability ~ проблема устойчивости
statistical ~ статистическая задача
Stefan ~ задача Стефана
surface quality ~ проблема качества поверхности
three-dimensional ~ трехмерная задача
two-dimensional ~ двумерная задача
two-level ~ двухуровневая задача
well-posed ~ корректная задача

procedure процедура; метод; методика
alignment ~ процедура юстировки; процедура регулировки
diagnostic ~ процедура диагностики
encoding ~ процедура кодирования
experimental ~ экспериментальная методика; экспериментальная процедура
fitting ~ метод [процедура] подгонки
iteration ~ итерационная процедура, метод итераций
Monte Carlo ~ метод Монте-Карло
quantization ~ процедура квантования
recognition ~ процедура распознавания
trial-and-error ~ метод проб и ошибок

process процесс
absorption ~ процесс поглощения
activation ~ процесс активации; процесс активирования
additive ~ аддитивный процесс
aging ~ процесс старения

process

allowed ~ разрешенный процесс
amplification ~ процесс усиления
Auger ~ оже-процесс
avalanche ~ лавинный процесс
backscattering ~ процесс рассеяния назад
bimolecular ~ бимолекулярный процесс
building-up ~ процесс образования
cascade ~ каскадный процесс
classical ~ классический процесс
coherent ~ когерентный процесс
collision(al) ~ столкновительный процесс
competing ~ конкурирующий процесс
controllable ~ управляемый процесс
conversion ~ процесс конверсии
cooling ~ процесс охлаждения
correction ~ процесс коррекции
crystal-growth ~ процесс роста кристалла
crystallization ~ процесс кристаллизации
cutting ~ процесс резки
decay ~ процесс затухания; процесс распада
decoding ~ процесс декодирования
decoherence ~ процесс декогеренции
deleterious ~ вредный процесс
dephasing ~ процесс дефазировки, процесс фазовой релаксации
depopulation ~ процесс снижения населенности, процесс депопуляции
deposition ~ процесс осаждения; процесс напыления, процесс нанесения слоя
desorption ~ процесс десорбции
detection ~ процесс детектирования; процесс регистрации
dimerization ~ процесс димеризации
dominant ~ доминирующий процесс
down-conversion ~ процесс даун-конверсии, процесс преобразования частоты излучения вниз
dynamic ~ динамический процесс
elementary ~ элементарный процесс
emission ~ процесс излучения, процесс эмиссии
encapsulation ~ процесс капсулирования

energy transfer ~ процесс переноса энергии
equilibrium ~ равновесный процесс
etching ~ процесс травления
excitation ~ процесс возбуждения
fabrication ~ процесс изготовления
fission ~ процесс деления
fixing ~ процесс закрепления
forbidden ~ запрещенный процесс
four-wave mixing ~ процесс четырехволнового смешения
frequency-conversion ~ процесс преобразования частоты
fusion ~ процесс слияния; процесс синтеза
gain ~ процесс усиления
Gaussian ~ гауссов процесс
generation ~ процесс генерации
growth ~ процесс роста
harmonic ~ гармонический процесс
harmonic generation ~ процесс генерации гармоники
hole-burning ~ процесс выжигания провала
holographic ~ голографический процесс
hopping ~ процесс скачкообразного изменения частоты; процесс прыжковой проводимости
imaging ~ процесс формирования изображения
incoherent ~ некогерентный процесс
inelastic ~ неупругий процесс
interference ~ процесс интерференции
inverse ~ обратный процесс
ionization ~ процесс ионизации
irreversible ~ необратимый процесс
iterative ~ итерационный процесс
laser-cutting ~ процесс лазерной резки
lasing ~ процесс генерации лазерного излучения
light-emission ~ процесс испускания света
light-induced ~ светоиндуцированный процесс
light-scattering ~ процесс рассеяния света
light-storage ~ процесс хранения [аккумулирования] света
linear ~ линейный процесс
lithographic ~ литографический процесс

process

low-temperature ~ низкотемпературный процесс
machining ~ процесс обработки
Markov(ian) ~ марковский процесс
measurement ~ процесс измерений
model ~ модельный процесс
mode-locking ~ процесс синхронизации мод
molecular ~ молекулярный процесс
multiphonon ~ многофононный процесс
multiphoton ~ многофотонный процесс
multistage ~ многокаскадный процесс
nonadiabatic ~ неадиабатический процесс
noncontact ~ бесконтактный процесс
nonequilibrium ~ неравновесный процесс
nonlinear ~ нелинейный процесс
nonlinear optical ~ нелинейно-оптический процесс
non-Markovian ~ немарковский процесс
nonradiative ~ безызлучательный процесс
nonstationary ~ нестационарный процесс
no-phonon ~ бесфононный процесс
nucleation ~ процесс зародышеобразования
one-quantum ~ одноквантовый процесс
opacification ~ потемнение, приобретение мутности, непрозрачности
optical ~ оптический процесс
optical-alignment ~ процесс оптического выстраивания
optical-pumping ~ процесс оптической накачки
Orbach ~ орбаховский процесс
parametric ~ параметрический процесс
parity-forbidden ~ процесс, запрещенный по четности
phase-diffusion ~ процесс диффузии фазы
phonon-assisted ~ процесс с участием фононов
photochemical ~ фотохимический процесс
photoconductive ~ процесс фотопроводимости, внутренний фотоэффект
photodegradation ~ процесс фотодеградации
photodetection ~ процесс фотодетектирования, процесс регистрации света
photoemission ~ процесс фотоэмиссии
photoexcitation ~ процесс фотовозбуждения
photographic ~ фотографический процесс
photoinduced ~ фотоиндуцированный процесс
photoionization ~ процесс фотоионизации
photon-avalanche ~ процесс фотонной лавины
photon-emission ~ процесс испускания фотона
photopolymerization ~ процесс фотополимеризации
photosynthetic ~ фотосинтетический процесс
physical ~ физический процесс
Poissonian ~ пуассонов процесс
polymerization ~ процесс полимеризации
pre-breakdown ~ предпробойный процесс
primary light ~ элементарный фотопроцесс
pulse-formation ~ процесс формирования импульса
pumping ~ процесс накачки
quantum ~ квантовый процесс
quantum-control ~ процесс квантового контроля, процесс квантового управления
quasi-static ~ квазистатический процесс
quasi-stationary ~ квазистационарный процесс
quenching ~ процесс тушения
query ~ процесс запроса
radiative ~ излучательный процесс
Raman ~ рамановский процесс, процесс комбинационного рассеяния
random ~ случайный процесс
random walk ~ процесс случайного блуждания

reabsorption ~ процесс реабсорбции
readout ~ процесс считывания
recombination ~ процесс рекомбинации
recording ~ процесс записи
recovery ~ процесс восстановления
redox ~ окислительно-восстановительный процесс
relaxation ~ процесс релаксации
reorientation ~ процесс переориентации
resonance ~ резонансный процесс
reverse ~ обратный процесс
reversible ~ обратимый процесс
saturation ~ процесс насыщения
scanning ~ процесс сканирования
scattering ~ процесс рассеяния
second-order ~ процесс второго порядка
selective ~ селективный процесс
single-photon ~ однофотонный процесс
spin-dependent ~ процесс, зависящий от спина
spin-exchange ~ процесс спинового обмена
spin-flip ~ процесс переворота спина
spontaneous ~ спонтанный процесс
spontaneous emission ~ процесс спонтанного испускания
squeezing ~ процесс сжатия
stepwise ~ ступенчатый процесс
stimulated ~ стимулированный процесс
stimulated emission ~ процесс стимулированного излучения
stochastic ~ стохастический процесс
switching ~ процесс переключения; процесс коммутации
symmetry-forbidden ~ процесс, запрещенный по симметрии
synchronous detection ~ процесс синхронного детектирования
teleportation ~ процесс телепортации
thermal ~ тепловой процесс
thermalization ~ процесс термализации
thermally activated ~ термоактивированный процесс
thermodynamic ~ термодинамический процесс

three-photon ~ трехфотонный процесс
transfer ~ процесс переноса
transient ~ переходный процесс
transmission ~ процесс пропускания
transport ~ процесс переноса
tunneling ~ процесс туннелирования
two-phonon ~ двухфононный процесс
two-photon ~ двухфотонный процесс
two-quantum ~ двухквантовый процесс
umklapp ~ процесс переброса
up-conversion ~ процесс ап-конверсии, процесс преобразования частоты излучения вверх
wave-mixing ~ процесс волнового смешения
writing ~ процесс записи
processing обработка
 analog signal ~ аналоговая обработка сигналов
 data ~ обработка информации, обработка данных
 digital image ~ цифровая обработка изображений
 digital signal ~ цифровая обработка сигналов
 electron-beam ~ электронно-лучевая обработка
 image ~ обработка изображений
 information ~ обработка информации
 laser ~ лазерная обработка
 optical data [optical information] ~ обработка оптической информации
 optical signal ~ обработка оптических сигналов
 parallel optical data ~ параллельная оптическая обработка информации
 real-time data ~ обработка данных в реальном масштабе времени
 signal ~ обработка сигнала
 three-dimensional image ~ обработка трехмерных изображений
 tomographic image ~ обработка томографических изображений
processor процессор (*устройство обработки информации*)
 adaptive ~ адаптивный процессор
 coherent optical ~ когерентный оптический процессор
 digital ~ цифровой процессор

processor

holographic ~ голографический процессор
optical ~ оптический процессор
optical matrix ~ оптический матричный процессор
optoacoustic ~ оптоакустический процессор
optoelectronic ~ оптоэлектронный процессор
recognition ~ устройство распознавания
video ~ видеопроцессор, устройство обработки видеосигналов
product 1. продукт **2.** произведение
  Cartesian ~ прямое [декартово] произведение
  direct ~ прямое произведение
  fission ~s продукты деления
  gain-bandwidth ~ произведение коэффициента усиления на ширину полосы
  gain-length ~ произведение коэффициента усиления на длину полосы
  inner ~ скалярное произведение
  pulse-duration bandwidth ~ произведение длительности импульса на ширину полосы
  scalar ~ скалярное произведение
  time-bandwidth ~ произведение длительности сигнала на ширину полосы пропускания, база сигнала
  twisted ~ косое произведение
  vector ~ векторное произведение
profile профиль; контур
  absorption ~ контур поглощения
  beam ~ профиль пучка
  cladding ~ профиль оболочки
  core ~ профиль сердцевины, профиль центральной жилы
  cross-sectional ~ профиль поперечного сечения
  dislocation density ~ профиль плотности дислокаций
  dispersion ~ профиль дисперсии
  doping ~ профиль распределения легирующей примеси
  Doppler ~ доплеровский контур
  double-peaked ~ двугорбый профиль
  electronic density ~ профиль электронной плотности
  excitation ~ профиль возбуждения
  fluorescence decay ~ профиль затухания флуоресценции
  gain ~ профиль усиления
  Gaussian ~ гауссов профиль
  graded-index ~ профиль плавно меняющегося показателя преломления
  hole ~ профиль провала
  index ~ профиль показателя преломления
  intensity ~ профиль интенсивности
  laser line ~ контур линии генерации лазера
  line ~ профиль [контур] линии
  Lorentzian ~ лорентцев контур
  optical density ~ профиль оптической плотности
  path ~ рельеф трассы
  phase ~ фазовый профиль
  polarization ~ профиль поляризации; распределение поляризации
  power density ~ профиль плотности мощности
  pulse ~ профиль [форма] импульса
  reflectance ~ профиль отражения
  refractive index ~ профиль показателя преломления
  ruling ~ профиль штриха (*дифракционной решетки*)
  single-peaked ~ профиль с одним максимумом
  spectral ~ спектральный профиль
  spectral line ~ форма спектральной линии
  step-index ~ профиль ступенчато меняющегося показателя преломления
  surface ~ профиль поверхности
  symmetric ~ симметричный контур
  temperature ~ температурный профиль
  transmission ~ контур пропускания
  Voigt ~ профиль Фойгта
profilometer профилометр
profilometry профилометрия
projection проекция
  optical ~ оптическая проекция
  orthogonal ~ ортогональная проекция
  polar ~ полярная проекция
  stereographic ~ стереографическая проекция
  stereoscopic ~ стереоскопическая проекция
  zonal ~ зонная проекция
projector проектор
  laser ~ лазерный проектор

propert/y

movie ~ кинопроектор
scanning ~ сканирующий проектор
slide ~ диапроектор, слайд-проектор
promethium прометий, Pm
propagation распространение
  ballistic ~ баллистическое распространение
  beam ~ распространение пучка
  distortionless pulse ~ распространение импульса без искажений
  free-space ~ распространение в свободном пространстве
  guided(-wave) ~ волноводное распространение
  light ~ распространение света
  light-pulse ~ распространение светового импульса
  lossless ~ распространение без потерь
  nonlinear ~ нелинейное распространение
  paraxial ~ параксиальное распространение
  plane-wave ~ распространение плоской волны
  polariton ~ поляритонное распространение
  probe pulse ~ распространение пробного импульса
  pulse ~ распространение импульса
  ray ~ лучевое распространение
  rectilinear ~ прямолинейное распространение
  round-trip ~ распространение по замкнутому маршруту (*туда и обратно*)
  soliton ~ распространение солитона
  superluminal ~ распространение со сверхсветовой скоростью
  surface ~ поверхностное распространение
  ultraslow pulse ~ сверхмедленное распространение импульса
  wave ~ распространение волны
  waveguide ~ волноводное [световодное] распространение
  wave-packet ~ распространение волнового пакета
propert/y свойство, качество; характеристика
  anisotropic ~ies анизотропные свойства
  coherence ~ies свойства когерентности
  color ~ies цветовые свойства
  correlation ~ies корреляционные свойства
  degradation ~ies деградационные характеристики
  depolarization ~ies деполяризационные характеристики
  dielectric ~ies диэлектрические свойства
  diffraction ~ies дифракционные свойства
  dispersion ~ies дисперсионные свойства
  dynamic ~ies динамические свойства
  elastic ~ies упругие свойства
  electronic ~ies электронные свойства
  emission ~ies излучательные характеристики, свойства излучения
  excitonic ~ies экситонные свойства
  fluctuation ~ies флуктуационные свойства
  ground-state ~ies свойства основного состояния
  holographic ~ies голографические свойства
  intrinsic ~ies собственные свойства
  kinetic ~ies кинетические свойства
  laser ~ лазерная характеристика
  lasing ~ies генерационные свойства лазера
  lens-like ~ies линзоподобные свойства, свойства линзы
  light-scattering ~ies светорассеивающие характеристики
  linear ~ies линейные свойства
  luminescent ~ies люминесцентные свойства
  macroscopic ~ies макроскопические свойства
  magnetic ~ies магнитные свойства
  magneto-optical ~ies магнитооптические свойства
  microscopic ~ies микроскопические свойства
  molecular ~ies молекулярные свойства
  noise ~ies шумовые свойства
  nonclassical ~ies неклассические свойства
  nonlinear ~ies нелинейные свойства
  nonlocal ~ies нелокальные свойства
  optical ~ies оптические свойства

propert/y

photochemical ~ies фотохимические свойства
photoluminescence ~ies фотолюминесцентные свойства
photophysical ~ies фотофизические свойства
photorefractive ~ies фоторефрактивные свойства
physical ~ies физические свойства
polarization ~ies поляризационные свойства
quantum ~ies квантовые свойства
reflection ~ies отражательные свойства
refractive ~ies рефрактивные свойства
relaxation ~ies релаксационные свойства
resonant ~ies резонансные свойства
roughness ~ характеристика шероховатости
scattering ~ies свойства рассеяния
screening ~ies экранирующие качества
semiconducting ~ies полупроводниковые свойства
spatial ~ies пространственные свойства
spectral ~ies спектральные свойства
spectroscopic ~ies спектроскопические свойства
spin(-dependent) ~ies спин-зависящие свойства
static ~ies статические свойства
statistical ~ies статистические свойства
structural ~ies структурные свойства
surface ~ies поверхностные свойства
symmetry ~ies симметрийные свойства
tensor ~ тензорное свойство
thermodynamic ~ies термодинамические свойства
transmission ~ies свойства пропускания
transport ~ies транспортные свойства
vector ~ векторное свойство
wave ~ies волновые свойства
waveguiding ~ies волноводные свойства
protection защита
 eye ~ защита глаз
protocol протокол
 binary ~ двоичный протокол
 line ~ протокол линии связи
 quantum dense coding ~ протокол квантовой плотной кодировки
 quantum teleportation ~ протокол квантовой телепортации
 secure communication ~ протокол безопасной связи
prototype прототип; опытный образец; макет
 full-scale ~ полномасштабный макет
prototyping прототипирование; моделирование; макетирование
 fast ~ быстрое прототипирование
pseudocolor псевдоцвет
pseudocrossing псевдопересечение
 level ~ псевдопересечение уровней
pseododepolarization псевдодеполяризация
pseudodepolarizer псевдодеполяризатор
pseudodipole псевдодиполь
pseudodoping псевдолегирование
pseudoeffect псевдоэффект
 Jahn-Teller ~ псевдоэффект Яна – Теллера
pseudoequilibrium псевдоравновесие
pseudogap псевдощель
pseudohologram псевдоголограмма
pseudoparticle псевдочастица
pseudopotential псевдопотенциал
pseudoscalar псевдоскаляр
pseudospin псевдоспин
pseudostate псевдосостояние
pseudotensor псевдотензор
 gyration ~ псевдотензор гирации
pseudovector псевдовектор
pulling 1. затягивание (*частоты*) 2. вытягивание (*кристалла*)
 crystal ~ вытягивание кристалла
 frequency ~ затягивание частоты
 mode ~ затягивание моды
pulsar пульсар
pulsation пульсация
 auroral ~s авроральные пульсации
 nonlinear ~s нелинейные пульсации
 stellar ~s звездные пульсации
pulse импульс
 atomic ~ атомный импульс
 attosecond(-scale) ~ аттосекундный импульс
 bichromatic ~ бихроматический [двухчастотный] импульс

pulse

bipolar ~ биполярный импульс
blanking ~ гасящий импульс
burst ~ короткий импульс, всплеск
cavity-dumped ~ импульс, выводимый из резонатора
chirp ~ импульс с линейной частотной модуляцией
chirped ~ импульс с меняющейся несущей частотой
chopped ~ «шинкованный» импульс
clock ~ тактовый импульс; синхронизирующий импульс
coded ~ кодированный импульс
coherent ~ когерентный импульс
colliding ~s встречные импульсы
collinear ~s коллинеарные импульсы
compressed ~ сжатый импульс
control(ling) ~ управляющий импульс
correction ~ корректирующий импульс
count ~ счетный импульс; отсчет
delayed ~ задержанный импульс
echo ~ импульс эха
electromagnetic ~ электромагнитный импульс
excitation ~ импульс возбуждения
femtosecond(-scale) ~ фемтосекундный импульс
few-cycle ~ импульс, состоящий из малого числа периодов
flyback ~ импульс обратного хода луча
Fourier-transform-limited ~ спектрально-ограниченный импульс
frequency-doubled ~ импульс удвоенной частоты
fundamental ~ импульс основной частоты
gate ~ стробирующий импульс
Gaussian ~ гауссов импульс
ghost ~ ложный импульс
giant ~ гигантский импульс
half-cycle ~ полупериодный импульс
heat ~ тепловой импульс
high-intensity ~ импульс высокой мощности
high-power ~ мощный импульс
high-voltage ~ высоковольтный импульс
incident ~ падающий импульс
infrared ~ инфракрасный [ИК-] импульс

input ~ входной импульс
inverted ~ инвертированный импульс; импульс обратной полярности
keying ~ управляющий импульс
laser ~ лазерный импульс
light ~ световой импульс
master ~ управляющий импульс
microsecond(-scale) ~ микросекундный импульс
millisecond(-scale) ~ миллисекундный импульс
mode-locked ~s лазерные импульсы в режиме синхронизации мод
nanosecond(-scale) ~ наносекундный импульс
nondestructive ~ неразрушающий импульс
optical ~ оптический импульс
optical excitation ~ импульс оптического возбуждения
output ~ выходной импульс
overlapping ~s перекрывающиеся импульсы
phase-locked ~s сфазированные импульсы; импульсы с синхронизированными фазами
photon ~ оптический импульс
picosecond ~ пикосекундный импульс
polarized ~ поляризованный импульс
probe ~ зондирующий импульс
pump ~ импульс накачки
quasi-monochromatic ~ квазимонохроматический импульс
readout ~ считывающий импульс
reference ~ опорный импульс
reflected ~ отраженный импульс
resonant ~ резонансный импульс
scattered ~ рассеянный импульс
second-harmonic ~ импульс второй гармоники
seed ~ затравочный импульс
short ~ короткий импульс
signal ~ сигнальный импульс
soliton-like ~ солитоноподобный импульс
spurious ~ ложный импульс; паразитный импульс
square ~ прямоугольный импульс
start(ing) ~ запускающий импульс
stop ~ импульс останова
strobe ~ стробирующий импульс
subfemtosecond(-scale) ~ субфемтосекундный импульс

pulse

superradiant ~ импульс сверхизлучения
sync(hronizing) ~ тактовый импульс; синхронизирующий импульс
time-delayed ~ импульс, задержанный во времени
timing ~ тактовый импульс; синхронизирующий импульс
transform-limited ~ спектрально-ограниченный импульс
transmitted ~ прошедший импульс
ultrashort ~ сверхкороткий импульс
ultraslow light ~ сверхмедленный световой импульс
video ~ видеоимпульс
pulsewidth длительность импульса
pulsing пульсация; импульсная модуляция
pump насос
  diffusion ~ диффузионный насос
  roughing ~ форвакуумный насос
pumping накачка
  adiabatic ~ адиабатическая накачка
  antiphase ~ противофазная накачка
  bichromatic ~ бихроматическая накачка
  biharmonic ~ бигармоническая накачка
  broadband ~ широкополосная накачка
  chemical ~ химическая накачка
  coherent ~ когерентная накачка
  collinear ~ продольная накачка
  collisional ~ столкновительная накачка
  continuous-wave [cw] ~ непрерывная накачка
  diode ~ диодная накачка
  evanescent-wave ~ накачка полем запредельной волны (*в световоде*)
  explosion ~ взрывная накачка
  flash lamp ~ импульсная ламповая накачка
  gas-dynamic ~ газодинамическая накачка
  incoherent ~ некогерентная накачка
  inhomogeneous ~ неоднородная накачка
  lamp ~ ламповая накачка
  laser ~ лазерная накачка
  laser-diode ~ диодная лазерная накачка
  laser selective ~ селективная лазерная накачка
  longitudinal ~ продольная накачка
  mode-locked ~ накачка лазером с синхронизированными модами
  monochromatic ~ монохроматическая накачка
  multimode ~ многомодовая накачка
  multiphoton ~ многофотонная накачка
  nuclear ~ ядерная накачка
  off-resonance ~ нерезонансная накачка
  optical ~ оптическая накачка
  parametric ~ параметрическая накачка
  phonon ~ фононная накачка
  photon ~ оптическая накачка
  Poissonian ~ пуассоновская накачка
  pulse(d) ~ импульсная накачка
  quantum ~ квантовая накачка
  recombination ~ рекомбинационная накачка
  repetitive ~ периодическая накачка
  resonant ~ резонансная накачка
  selective ~ селективная накачка
  single-mode ~ одномодовая накачка
  solar ~ солнечная накачка
  spin ~ спиновая накачка
  synchronous ~ синхронная накачка
  thermal ~ тепловая накачка
  threshold ~ пороговая накачка
  transverse ~ поперечная накачка
  tunable ~ спектрально-перестраиваемая накачка
  two-photon ~ двухфотонная накачка
  two-stage optical ~ двухступенчатая оптическая накачка
pupil зрачок
  artificial ~ искусственный зрачок
  entrance ~ входной зрачок
  exit ~ выходной зрачок
  eye's ~ зрачок глаза
  miotic ~ суженный зрачок
  mydriatic ~ расширенный зрачок
  telescope ~ зрачок телескопа
  tonic ~ тонический зрачок
purity чистота; беспримесность
  color ~ чистота цвета
  polarization ~ поляризационная чистота
  spectral ~ спектральная чистота
purple пурпур || пурпурный, фиолетовый
  visual ~ зрительный пурпур

pyranometer пиранометр
pyrex пирекс
pyroelectric пироэлектрик
pyrometer пирометр
   bichromatic ~ двухцветовой пирометр
   brightness ~ яркостный пирометр
   color ~ цветовой пирометр
   disappearing filament ~ пирометр с исчезающей нитью
   Fery ~ пирометр Фери
   glow-discharge ~ пирометр с тлеющим разрядом
   infrared [IR] ~ инфракрасный [ИК-] пирометр
   optical ~ оптический пирометр
   photoelectric ~ фотоэлектрический пирометр
   polarization ~ поляризационный пирометр
   radiation ~ радиационный пирометр
pyrometry пирометрия
   optical ~ оптическая пирометрия
   radiation ~ радиационная пирометрия

Q

Q-factor добротность
Q-switch модулятор добротности
   laser ~ лазерный затвор; лазерный модулятор добротности
   passive ~ пассивный модулятор добротности
quadrupole квадруполь
   electric ~ электрический квадруполь
   magnetic ~ магнитный квадруполь
quality качество
   beam ~ качество пучка
   crystal ~ качество кристалла
   image ~ качество изображения
   optical ~ оптическое качество
   pulse ~ качество импульса
   surface ~ качество поверхности
quantity количество; величина
   complex ~ комплексная величина
   digital ~ цифровая величина
   dimensionless ~ безразмерная величина
   infinitesimal ~ бесконечно малая величина
   integer ~ целая величина
   measured ~ измеряемая величина
   observable ~ наблюдаемая величина
   photometric ~ фотометрическая величина
   physical ~ физическая величина
   random ~ случайная величина
   reciprocal ~ обратная величина
   scalar ~ скалярная величина
   tensor ~ тензорная величина
   threshold ~ пороговая величина
   unknown ~ неизвестная величина
   vector ~ векторная величина
quantization квантование
   angular momentum ~ квантование углового момента
   charge ~ квантование заряда
   dimensional ~ размерное квантование
   energy ~ квантование энергии
   field ~ квантование поля
   flux ~ квантование потока
   Landau ~ квантование Ландау
   level ~ квантование уровней
   momentum ~ квантование импульса
   radiation ~ квантование излучения
   second(ary) ~ вторичное квантование
   size ~ размерное квантование
   soliton ~ квантование солитонов
   space [spatial] ~ пространственное квантование
quantron квантрон
quantum квант
   absorbed ~ поглощённый квант
   energy ~ квант энергии
   excitation ~ квант возбуждения
   field ~ квант поля
   incident ~ падающий квант
   infrared [IR] ~ инфракрасный [ИК-] квант
   lattice vibration ~ квант решёточных колебаний
   light ~ квант света, фотон
   reflected ~ отражённый квант
   scattered ~ рассеянный квант
   stimulated ~ стимулированный квант
   ultraviolet [UV] ~ ультрафиолетовый [УФ-] квант

quantum

    vibration ~ колебательный квант
    virtual ~ виртуальный квант
quartz кварц
    crystalline ~ кристаллический кварц
    dextrorota(to)ry ~ правый [правовращающий] кварц
    fused ~ плавленый кварц
    left-handed [levorota(to)ry] ~ левый [левовращающий] кварц
    right-handed ~ правый [правовращающий] кварц
    synthetic ~ синтетический кварц
quasar квазар
quasi-crystal квазикристалл
quasi-energy квазиэнергия
quasi-equilibrium квазиравновесие
quasi-mode квазимода
quasi-molecule квазимолекула
quasi-momentum квазиимпульс
quasi-optics квазиоптика
quasi-particle квазичастица
quasi-probability квазивероятность
quasi-spin квазиспин
quaternion кватернион
qubit кубит
    atomic ~ атомный кубит
    charge ~ зарядовый кубит
    coupled spin ~ кубит на связанных спинах
    electronic ~ электронный кубит
    Josephson ~ джозефсоновский кубит
    light ~ световой кубит
    logical ~ логический кубит
    non-interacting ~s невзаимодействующие кубиты
    solid-state ~ твердотельный кубит
    spin(-based) ~ спиновый кубит
    trapped ion ~ кубит на захваченном ионе
quencher тушитель
    luminescence ~ тушитель люминесценции
quenching тушение; гашение
    arc ~ гашение дуги
    avalanche ~ лавинное тушение
    collisional ~ столкновительное тушение
    concentration ~ концентрационное тушение
    diffusion ~ диффузионное тушение
    discharge ~ гашение разряда
    fluorescence ~ тушение флуоресценции
    gas-discharge ~ гашение газового разряда
    impurity ~ примесное тушение
    interference ~ интерференционное гашение (*волны*)
    laser ~ лазерная закалка
    luminescence ~ тушение люминесценции
    nonlinear ~ нелинейное тушение
    optical ~ оптическое тушение
    recombination ~ рекомбинационное тушение
    temperature ~ температурное тушение
    thermal ~ термическое тушение

R

radar радар, локатор
    laser ~ лазерный локатор
    optical ~ оптический локатор
radiance энергетическая яркость
    spectral ~ спектральная энергетическая яркость
radiation излучение; радиация
    absorbed ~ поглощенное излучение
    actinic ~ актиничное излучение
    atmospheric ~ атмосферное излучение
    atomic ~ атомное излучение
    auroral ~ авроральная радиация
    background ~ фоновое излучение
    backscattered ~ обратное излучение
    band-to-band ~ излучение межзонного перехода
    beam solar ~ прямая солнечная радиация
    blackbody ~ излучение абсолютно черного тела
    broadband ~ широкополосное излучение
    Cherenkov ~ черенковское излучение
    circularly polarized ~ циркулярно поляризованное излучение
    circumsolar ~ околосолнечная радиация

radiation

coherent ~ когерентное излучение
concentrated solar ~ концентрированная солнечная радиация
corpuscular ~ корпускулярное излучение
cosmic ~ космическое излучение
cyclotron ~ циклотронное излучение
deflected ~ отклоненное излучение
diffuse(d) ~ рассеянная [диффузная] радиация
dipole ~ дипольное излучение
directional ~ направленное излучение
electric multipole ~ электрическое мультипольное излучение
electric quadrupole ~ электрическое квадрупольное излучение
electromagnetic ~ электромагнитное излучение
elliptically polarized ~ эллиптически поляризованное излучение
erythematous UV ~ эритемное УФ-излучение
extraterrestrial solar ~ солнечная радиация за пределами земной атмосферы
far-infrared ~ излучение дальнего ИК-диапазона
far-ultraviolet ~ излучение дальнего УФ-диапазона
fluorescence ~ флуоресцентное свечение
forward-scattered ~ излучение, рассеянное вперед
gray body ~ излучение серого тела
hard ~ жесткое излучение
hard X-ray ~ жесткое рентгеновское излучение
high-energy ~ высокоэнергетическое излучение
high-power ~ излучение высокой мощности
impulse ~ импульсное излучение
incident ~ падающее излучение
incoherent ~ некогерентное излучение
incoming ~ поступающее излучение
induced ~ индуцированное [стимулированное] излучение
infrared ~ инфракрасное [ИК-] излучение
invisible ~ невидимое излучение

ionizing ~ ионизирующее излучение
laser ~ лазерное излучение
long-wavelength ~ длинноволновое излучение
low-energy ~ низкоэнергетическое излучение
low-noise ~ излучение с низким уровнем шума
luminescence ~ люминесцентное свечение
magnetic dipole ~ магнитное дипольное излучение
microwave ~ микроволновое [СВЧ-] излучение
mid-IR ~ излучение среднего ИК-диапазона
monochromatic ~ монохроматическое излучение
multimode ~ многомодовое излучение
near-infrared ~ излучение ближнего ИК-диапазона
near-ultraviolet ~ излучение ближнего УФ-диапазона
nocturnal ~ ночное излучение
nonclassical ~ неклассическое излучение
noncoherent ~ некогерентное излучение
nonpolarized ~ неполяризованное излучение
octupole ~ октупольное излучение
omnidirectional ~ всенаправленное излучение
optical ~ оптическое излучение
outcoming [outgoing] ~ уходящее излучение; выходящее излучение
penetrating ~ проникающая радиация
photospheric ~ излучение фотосферы
plane-polarized ~ плоско [линейно] поляризованное излучение
polarized ~ поляризованное излучение
polychromatic ~ полихроматическое излучение
probe ~ пробное [зондирующее] излучение
pulsed ~ импульсное излучение
pump ~ излучение накачки
quadrupole ~ квадрупольное излучение

radiation

quantized ~ квантованное излучение
quasi-monochromatic~ квазимонохроматическое излучение
Rayleigh ~ рэлеевское излучение
recombination ~ рекомбинационное излучение
reflected ~ отраженное излучение
relict ~ реликтовое излучение
resonance ~ резонансное излучение
scattered ~ рассеянное излучение
short-wavelength ~ коротковолновое излучение
soft ~ мягкая радиация
solar ~ солнечное излучение
spontaneous ~ спонтанное излучение
spurious ~ паразитное излучение
steady-state ~ установившееся [стационарное] излучение
stimulated ~ стимулированное [индуцированное] излучение
sub-Poissonian ~ субпуассоновское излучение
synchrotron ~ синхротронное излучение
terrestrial ~ земное излучение
thermal ~ тепловое излучение
transform-limited ~ спектрально-ограниченное излучение
transient ~ неустановившееся [нестационарное] излучение
transmitted ~ прошедшее излучение
trapped ~ плененное излучение
ultraviolet [UV] ~ ультрафиолетовое [УФ-] излучение
visible ~ видимое излучение
radiator излучатель, источник излучения
  infrared [IR] ~ инфракрасный [ИК-] излучатель
  isotropic ~ изотропный излучатель
  omnidirectional ~ ненаправленный [всенаправленный] излучатель
  Planck(ian) ~ планковский излучатель
  selective ~ селективный излучатель
  standard ~ эталонный излучатель
radiography радиография
radioluminescence радиолюминесценция
radiometer радиометр
  acoustic ~ акустический радиометр
  cavity ~ полостной радиометр
  chopper ~ модуляционный радиометр
  correlation ~ корреляционный радиометр
  Crookes ~ радиометр Крукса
  digital ~ цифровой радиометр
  heterodyne ~ гетеродинный радиометр
  high-resolution ~ радиометр с высоким разрешением
  infrared [IR] ~ инфракрасный [ИК-] радиометр
  laser ~ лазерный радиометр
  laser-heterodyne ~ лазерный гетеродинный радиометр
  microwave ~ СВЧ-радиометр
  multichannel ~ многоканальный радиометр
  omnidirectional ~ всенаправленный радиометр
  optical ~ оптический радиометр
  spectral ~ спектральный радиометр
  standard ~ эталонный радиометр
radiometry радиометрия
  broadband ~ широкополосная радиометрия
  cryogenic ~ криогенная [низкотемпературная] радиометрия
  heterodyne ~ гетеродинная радиометрия
  infrared [IR] ~ инфракрасная [ИК-] радиометрия
  passive ~ пассивная радиометрия
  photographic ~ фотографическая радиометрия
  silicon ~ кремниевая радиометрия
radiophotography радиофотография
radiophotoluminescence радиофотолюминесценция
radiophysics радиофизика
  quantum ~ квантовая радиофизика
radiothermoluminescence радиотермолюминесценция
radium радий, Ra
radius радиус
  angular ~ угловой радиус
  atomic ~ атомный радиус
  beam ~ радиус пучка
  beam waist ~ радиус перетяжки пучка, радиус каустики
  bend ~ радиус изгиба
  Bohr ~ боровский радиус
  classical electron ~ классический радиус электрона

core ~ радиус сердцевины
curvature ~ радиус кривизны
cyclotron ~ радиус циклотронной орбиты
effective ~ эффективный радиус
exciton Bohr ~ боровский радиус экситона
inner ~ внутренний радиус
ionic ~ ионный радиус
Larmor ~ ларморовский радиус
lens ~ радиус линзы
localization ~ радиус локализации
microlens ~ радиус микролинзы
outer ~ внешний радиус
pupil ~ радиус зрачка
Schwarzschild ~ радиус Шварцшильда
spot ~ радиус пятна
ultimate ~ предельный радиус
radon радон, Rn
rainbow радуга
  primary ~ первичная радуга, радуга первого порядка
  reflection [secondary] ~ отраженная [вторичная] радуга
  white ~ белая радуга
ramp линейное изменение
  frequency ~ линейное изменение частоты
  linear ~ линейное изменение, линейный уход
range 1. дальность 2. диапазон; область
  ~ of vision глубина поля зрения
  amplification ~ диапазон усиления
  angular ~ угловой диапазон
  aperture ~ шкала диафрагм
  attosecond ~ аттосекундный диапазон
  carrier density ~ диапазон плотностей носителей
  concentration ~ диапазон концентраций
  contrast ~ диапазон контраста
  day visibility ~ дальность дневной видимости
  detection ~ дальность обнаружения
  detuning ~ диапазон отстроек
  dynamic ~ динамический диапазон
  energy ~ энергетический диапазон
  far-infrared ~ дальний ИК-диапазон
  femtosecond ~ фемтосекундный диапазон

focusing ~ диапазон [пределы] фокусировки
free spectral ~ область свободной дисперсии (*интерферометра*)
frequency ~ частотный диапазон
frequency tuning ~ диапазон настройки частоты
high-frequency ~ высокочастотный диапазон
infrared [IR] ~ инфракрасный [ИК-] диапазон
limited ~ ограниченный диапазон
line-of-sight ~ дальность прямой видимости
locking ~ область синхронизации
long-wave(length) ~ длинноволновый диапазон
low-frequency ~ низкочастотный диапазон
magnification ~ пределы увеличения
meteorological visibility ~ метеорологическая дальность видимости
microsecond ~ микросекундный диапазон
microwave ~ СВЧ-диапазон
mid-IR ~ средний ИК-диапазон
millisecond ~ миллисекундный диапазон
nanosecond ~ наносекундный диапазон
near-infrared ~ ближний ИК-диапазон
operating [operative] ~ рабочий диапазон
optical ~ дальность видимости; оптический диапазон
picosecond ~ пикосекундный диапазон
Rayleigh ~ область Рэлея
scanning ~ интервал сканирования
shooting ~ съемочное расстояние
short-wave(length) ~ коротковолновый диапазон
sighting ~ дальность видимости; дальность визирования
spectral ~ спектральный диапазон
spectral sensitivity ~ область спектральной чувствительности
subfemtosecond ~ субфемтосекундный диапазон
temperature ~ температурный интервал

range

transmission [transparency] ~ диапазон [область] прозрачности
tuning ~ диапазон настройки
ultraviolet [UV] ~ ультрафиолетовый [УФ-] диапазон
vacuum ultraviolet ~ диапазон вакуумного ультрафиолета, ВУФ-диапазон
visible ~ видимый диапазон спектра
wavelength ~ диапазон длин волн; спектральный диапазон
X-ray ~ рентгеновский диапазон

rangefinder дальномер
  binocular ~ бинокулярный [стереоскопический] дальномер
  broad-base ~ дальномер с большой базой
  coupled ~ сопряженный дальномер
  laser ~ лазерный дальномер
  monocular ~ монокулярный дальномер
  optical ~ оптический дальномер
  stereoscopic ~ стереоскопический дальномер

ranging измерение дальности
  laser ~ лазерная дальнометрия

raster растр
  color ~ цветной растр
  contact ~ контактный растр
  half-tone ~ полутоновой растр
  hexagonal ~ гексагональный растр
  lens ~ линзовый растр
  linear ~ линейный растр
  mirror ~ зеркальный растр
  optical ~ оптический растр
  phase ~ фазовый растр
  polarization ~ поляризационный растр
  radial ~ радиальный растр
  regular ~ регулярный растр
  slit ~ щелевой растр
  television ~ телевизионный растр

rate скорость; интенсивность; частота
  ablation ~ скорость абляции
  absorption ~ скорость поглощения
  angular scanning ~ угловая скорость развертки; угловая скорость сканирования
  attenuation ~ 1. скорость затухания 2. коэффициент затухания
  average ~ средняя скорость
  chirp ~ скорость чирпа
  clock ~ тактовая частота; синхронизирующая частота
  coherence loss ~ скорость потери когерентности, скорость декогеренции
  coincidence(-count) ~ частота совпадений
  collision ~ частота столкновений
  cooling ~ скорость охлаждения
  cooperative sensitization ~ скорость кооперативной сенсибилизации
  count(ing) ~ частота отсчетов
  crystallization ~ скорость кристаллизации
  damping ~ скорость затухания
  data transfer ~ скорость передачи данных
  decay ~ скорость затухания; скорость распада
  decoherence ~ скорость декогеренции
  dephasing ~ скорость фазовой релаксации, скорость дефазировки
  depopulation ~ скорость снижения населенности, скорость депопуляции
  deposition ~ скорость осаждения, скорость нанесения слоя
  detachment ~ скорость отщепления
  dissipation ~ скорость диссипации
  drift ~ скорость дрейфа
  emission ~ скорость излучательного перехода; интенсивность испускания
  energy-transfer ~ скорость переноса энергии
  equilibration ~ скорость термализации
  error ~ частота ошибок
  etching ~ скорость травления
  excitation ~ скорость возбуждения
  failure ~ скорость отказов
  fluorescence ~ скорость флуоресценции
  free-induction decay ~ скорость затухания свободной индукции
  generation-recombination ~ скорость генерационно-рекомбинационного процесса
  growth ~ скорость роста
  injection ~ скорость инжекции
  ionization ~ скорость ионизации
  line-of-sight ~ скорость изменения линии визирования
  longitudinal relaxation ~ продольная скорость релаксации
  nonradiative ~ безызлучательная скорость

ratio

nucleation ~ скорость зародышеобразования
nutation ~ скорость нутации
Nyquist ~ частота Найквиста
optical-orientation ~ скорость оптической ориентации
optical-pumping ~ скорость оптической накачки
optical-transition ~ скорость оптического перехода
photoionization ~ скорость фотоионизации
photon count ~ скорость счета фотонов
population relaxation ~ скорость релаксации населенности
pulse repetition ~ частота следования импульсов
pump(ing) ~ скорость накачки
quenching ~ скорость тушения
radiative ~ излучательная скорость
readout ~ скорость считывания
recombination ~ скорость рекомбинации
recording ~ скорость записи
relaxation ~ скорость релаксации
repetition ~ частота повторения
sampling ~ частота выборки
scan(ning) ~ скорость сканирования
scattering ~ скорость рассеяния
sensitization ~ скорость сенсибилизации
spin-exchange ~ скорость спинового обмена
spontaneous emission ~ скорость спонтанного излучения
sputtering ~ скорость распыления
switching ~ скорость переключения
transfer ~ скорость переноса
transition ~ скорость перехода
transmission ~ скорость передачи
transverse relaxation ~ поперечная скорость релаксации
trap-loss ~ скорость опустошения ловушки
tunneling ~ скорость туннелирования
ratio отношение, соотношение; коэффициент
  amplitude ~ отношение амплитуд
  anamorphic ~ коэффициент анаморфирования
  aperture ~ относительное отверстие; светосила
  aspect ~ 1. формат изображения (*отношение сторон*) 2. коэффициент формы
  attenuation ~ модуль коэффициента распространения
  beam aspect ~ коэффициент формы пучка
  branching ~ коэффициент ветвления
  brightness ~ яркостный контраст
  coherence ~ степень когерентности
  compensation ~ степень компенсации
  compression ~ коэффициент сжатия; коэффициент уплотнения
  contrast ~ контраст, коэффициент контраста
  conversion ~ коэффициент преобразования
  damping ~ коэффициент затухания
  depolarization ~ коэффициент деполяризации
  duty ~ скважность; коэффициент заполнения
  enhancement ~ степень усиления, степень интенсификации
  extinction ~ поляризационный контраст (*поляризатора*); параметр экстинкции
  Fechner ~ отношение Фехнера
  fill ~ фактор заполнения
  focal ~ диафрагменное число
  frequency multiplication ~ коэффициент умножения частоты
  geometric aperture ~ геометрическое относительное отверстие
  gyromagnetic ~ гиромагнитное отношение
  hum-to-signal ~ отношение фон/сигнал
  injection ~ относительный коэффициент инжекции
  isolation ~ коэффициент развязки
  light output ~ световая отдача (*источника света*)
  luminance contrast ~ коэффициент яркостного контраста
  magnification ~ коэффициент увеличения
  mode suppression ~ фактор подавления моды
  modulation ~ коэффициент модуляции

ratio

nephelauxetic ~ нефелоксетическое отношение
Poisson('s) ~ коэффициент Пуассона
polarization ~ поляризационное отношение
pulse-compression ~ коэффициент сжатия импульса
Rayleigh ~ отношение Рэлея
rectification ~ коэффициент выпрямления
ripple ~ коэффициент пульсаций
signal(-to)-background ~ отношение сигнал/фон
signal(-to)-noise ~ отношение сигнал/шум, ОСШ
splitting ~ коэффициент расщепления; фактор деления
splitting-to-linewidth ~ отношение расщепления к ширине линии
Strehl ~ число Штреля
Wiedemann-Franz ~ отношение Видемана – Франца

ray луч
  actinic ~ актиничный луч
  auroral ~s лучи полярного сияния
  axial ~ аксиальный луч
  Becquerel ~s лучи Беккереля
  cathode ~s катодные лучи
  Cherenkov ~s излучение Вавилова – Черенкова
  collimating ~ визирный луч
  conjugate ~ сопряженный пучок
  coronal ~ корональный луч
  cosmic ~s космические лучи
  crepuscular ~s сумеречные лучи
  deflected ~ отклоненный луч
  Descartes ~ луч Декарта
  diffracted ~ дифрагированный луч
  emergent ~ выходящий луч
  extraordinary ~ необыкновенный луч
  galactic cosmic ~s галактические космические лучи
  grazing ~ скользящий луч
  hard X~s жесткое рентгеновское излучение
  heat ~s тепловые лучи, ИК-излучение
  incident ~ падающий луч
  infrared ~ инфракрасный [ИК-] луч
  interfering ~s интерферирующие лучи
  invisible ~ невидимый луч
  laser ~ лазерный луч
  Lenard ~s лучи Ленарда
  light [luminous] ~ луч света, световой луч
  marginal ~ боковой луч
  meridional ~ меридиональный луч
  monochromatic ~ монохроматический луч
  off-axis ~ внеосевой луч
  optical ~ луч света, световой луч
  ordinary ~ обыкновенный луч
  parallel ~s параллельные лучи
  paraxial ~ параксиальный луч
  pencil ~ остросфокусированный луч
  principal ~ главный луч
  reconstructing ~ восстанавливающий луч (*в голографии*)
  reflected ~ отраженный луч
  refracted ~ преломленный луч
  residual ~s остаточные лучи
  reversed ~ обращенный луч
  sagittal ~ сагиттальный луч
  scattered ~ рассеянный луч
  soft X~s мягкое рентгеновское излучение
  solar ~s солнечные лучи
  specular ~ зеркально отраженный луч
  thermal ~s тепловые лучи
  transmitted ~ прошедший луч
  X~s рентгеновское излучение

reabsorption реабсорбция, перепоглощение
reactant реагирующее вещество, реагент
reaction реакция
  bimolecular ~ бимолекулярная реакция
  charge-transfer ~ реакция переноса заряда
  chemical ~ химическая реакция
  dark ~ темновая реакция
  fission ~ реакция деления
  fusion ~ реакция синтеза
  intercalation ~ процесс интеркаляции, процесс протекания
  nuclear ~ ядерная реакция
  photochemical ~ фотохимическая реакция
  photoconversion ~ реакция фотоконверсии, реакция фотопреобразования
  photodissociation ~ реакция фотодиссоциации

photoinduced ~ фотоиндуцированная реакция
recombination ~ реакция рекомбинации
single-photon ~ реакция с участием одного фотона, однофотонная реакция
surface ~ реакция на поверхности
thermonuclear ~ термоядерная реакция
two-photon ~ двухфотонная реакция
unimolecular ~ мономолекулярная реакция
reactivity реактивность; реакционная способность
reactor реактор
fission(-type) ~ ядерный реактор деления
fusion(-type) ~ реактор термоядерного синтеза
plasma ~ плазменный реактор
reader считывающее устройство
laser ~ лазерное считывающее устройство
reading считывание; снятие показаний (*прибора*)
consecutive ~ последовательное считывание
continuous ~ непрерывное считывание
data ~ считывание данных
destructive ~ считывание с разрушением информации
instantaneous ~ мгновенный отсчет
nondestructive ~ считывание без разрушения информации
optical ~ оптическое считывание
parallel ~ параллельное считывание
sequential ~ последовательное считывание
visual ~ визуальное считывание
readout 1. считывание; снятие показаний **2.** индикаторное устройство
destructive ~ считывание с разрушением информации
electronic ~ электронное считывание
fluorescent ~ флуоресцентное считывание
magneto-optic(al) ~ магнитооптическое считывающее устройство
nondestructive ~ считывание без разрушения информации
optical ~ **1.** оптическое считывание **2.** оптическое отсчетное устройство **3.** вывод (данных)
phase-conjugate ~ устройство считывания с обращением волнового фронта
receiver приемник
cavity solar ~ полостной приемник солнечного излучения
correlation ~ корреляционный приемник, коррелятор
Doppler ~ доплеровский приемник
fiber-optic ~ волоконно-оптический приемник
hi-fi ~ приемник с высокой верностью воспроизведения
multichannel ~ многоканальный приемник
optical ~ фотоприемник
phase-sensitive ~ фазочувствительный приемник
space ~ приемник системы космической связи
reception прием (*сигналов*)
coherent ~ когерентный прием
correlation ~ корреляционный прием
diffraction-limited ~ прием с дифракционно-ограниченным разрешением
heterodyne ~ гетеродинный прием
intracavity ~ внутрирезонаторный прием
multipath ~ многолучевой прием
superheterodyne ~ супергетеродинный прием
reciprocity обратимость, взаимность
optical ~ оптическая обратимость
recognition распознавание, идентификация
associative image ~ ассоциативное распознавание образов
background ~ фоновое распознавание
character ~ распознавание знаков, распознавание символов
holographic ~ голографическое распознавание
image ~ распознавание образов
optical character ~ оптическое распознавание символов
optical pattern ~ оптическое распознавание образов
pattern ~ распознавание образов

recognition

visual ~ визуальное распознавание
recoil отдача; отскакивание
  atomic ~ упругое столкновение атомов
  Compton ~ эффект Комптона
  double ~ двойное столкновение
  elastic ~ упругое столкновение
  photon ~ отдача фотона
recombination рекомбинация
  Auger ~ оже-рекомбинация
  band-to-band ~ межзонная рекомбинация, рекомбинация зона – зона
  bimolecular ~ бимолекулярная рекомбинация
  bulk ~ объемная рекомбинация
  carrier ~ рекомбинация носителей (*заряда*)
  charge carrier ~ рекомбинация носителей заряда
  dielectronic ~ двухэлектронная рекомбинация
  direct ~ прямая рекомбинация
  dissociative ~ диссоциативная рекомбинация
  donor-acceptor ~ донорно-акцепторная рекомбинация
  electron-hole ~ электронно-дырочная рекомбинация
  geminate ~ парная рекомбинация
  impurity ~ примесная рекомбинация
  indirect ~ непрямая рекомбинация
  inhibited ~ подавленная рекомбинация
  intraband ~ внутризонная рекомбинация
  laser-induced ~ лазерно-индуцированная рекомбинация
  nonlinear ~ нелинейная рекомбинация
  nonradiative ~ безызлучательная рекомбинация
  pair ~ парная рекомбинация
  photocarrier ~ рекомбинация фотоносителей
  radiationless ~ безызлучательная рекомбинация
  radiative ~ излучательная рекомбинация
  spontaneous ~ спонтанная рекомбинация
  stimulated ~ стимулированная рекомбинация
  surface ~ поверхностная рекомбинация
  three-body ~ трехчастичная рекомбинация
reconnaissance разведка
  laser ~ лазерная разведка
reconstruction реконструкция, восстановление
  image ~ восстановление изображения
  phase ~ восстановление фазы
  quantum state ~ реконструкция квантового состояния
  real-time ~ реконструкция в реальном масштабе времени
  tomographic ~ томографическая реконструкция
  wavefront ~ восстановление волнового фронта, голографирование
  white-light ~ восстановление (*голограммы*) в белом свете
recorder записывающее устройство, самописец, регистратор
recording запись, регистрация
  coherent optical ~ когерентная оптическая запись
  consecutive ~ последовательная запись
  data ~ запись информации
  digital ~ цифровая запись
  electrophotochromic ~ электрофотохромная запись
  erasable optical data ~ реверсивная оптическая запись информации
  hologram ~ запись голограммы
  holographic ~ голографическая запись
  image ~ запись изображений
  laser-beam ~ лазерная запись
  magnetic ~ магнитная запись
  magneto-optical ~ магнитооптическая запись
  optical ~ оптическая запись
  photographic ~ фотографическая запись
  photo(thermo)plastic ~ фототермопластическая запись
  real-time ~ запись в реальном масштабе времени
  stereo ~ стереофоническая запись
  thermomagnetic ~ термомагнитная запись
  thermoplastic ~ термопластическая запись

reflection

two-photon ~ двухфотонная запись
recovery восстановление
   image ~ восстановление изображения
recrystallization рекристаллизация
   laser ~ лазерная рекристаллизация
rectification выпрямление; ректификация
   image ~ ректификация изображения
   optical ~ оптическое выпрямление
red красный
redistribution перераспределение
   charge-density ~ перераспределение плотности заряда
   population ~ перераспределение населенностей
reduction 1. понижение, снижение, уменьшение; ослабление 2. восстановление
   bandgap ~ сужение запрещенной зоны
   bandwidth ~ сужение полосы
   gain ~ снижение усиления
   noise ~ снижение шума; подавление шума
   speckle ~ понижение уровня спеклов
   state ~ редукция состояния
   wave packet ~ редукция волнового пакета
redundancy избыточность
   code ~ избыточность кода
   maximum ~ максимальная избыточность
   message ~ информационная избыточность
   minimum ~ минимальная избыточность
   optimal ~ оптимальная избыточность
reemission переизлучение
reflect отражать; отражаться
reflectance 1. коэффициент отражения 2. отражательная способность
   absolute ~ 1. амплитудный коэффициент отражения 2. абсолютная отражательная способность
   apparent ~ кажущийся коэффициент отражения
   diffuse ~ коэффициент диффузного отражения
   luminous ~ коэффициент отражения света
   optical ~ оптический коэффициент отражения
   radiant ~ 1. коэффициент отражения 2. отражательная способность
   regular ~ коэффициент зеркального отражения
   spectral ~ 1. спектральная отражательная способность 2. спектральный коэффициент отражения
   specular ~ коэффициент зеркального отражения
reflection отражение
   anomalous ~ аномальное отражение
   auroral ~ авроральное отражение
   Bragg ~ брэгговское отражение
   differential ~ дифференциальное отражение
   diffuse ~ диффузное отражение
   diffuse light ~ диффузное отражение света
   direct ~ зеркальное отражение
   directional light ~ направленное отражение света
   first-order ~ отражение первого порядка
   Fresnel ~ френелевское отражение
   frustrated total internal ~ нарушенное полное внутреннее отражение
   ghost ~ паразитное отражение
   impurity ~ примесное отражение
   indirect ~ вторичное отражение
   interband ~ межзонное отражение
   interference ~ интерференционное отражение
   internal ~ внутреннее отражение
   light ~ отражение света
   lossless ~ отражение без потерь, бездиссипативное отражение
   mirror ~ зеркальное отражение
   mixed ~ смешанное отражение
   multiple ~ многократное отражение
   nonlinear light ~ нелинейное отражение света
   nonspecular ~ диффузное отражение
   omnidirectional ~ всенаправленное отражение
   optical ~ оптическое отражение
   partial ~ частичное отражение
   phase-conjugation ~ отражение с обращением волнового фронта, фазово-сопряженное отражение
   regular ~ зеркальное отражение
   scattered ~ диффузное отражение
   selective ~ селективное отражение

reflection

single ~ однократное отражение
specular ~ зеркальное отражение
spurious ~ паразитное отражение
stimulated ~ стимулированное отражение
stray ~ паразитное отражение
total internal ~ полное внутреннее отражение
wave ~ отражение волн
reflectivity 1. отражательная способность 2. коэффициент отражения
  absolute ~ абсолютная отражательная способность
  differential ~ дифференциальная отражательная способность
  enhanced ~ усиленная отражательная способность
  mirror ~ коэффициент зеркального отражения
  phase conjugate ~ отражательная способность при обращении волнового фронта
  transient ~ нестационарное отражение
reflectometer рефлектометр
reflectometry измерение коэффициента отражения, рефлектометрия
  coherent ~ когерентная рефлектометрия
  high-resolution ~ рефлектометрия высокого разрешения
  oblique-incidence ~ эллипсометрия наклонного падения
  optical ~ оптическая рефлектометрия
  optical space-domain ~ оптическая пространственная рефлектометрия
  optical time-domain ~ оптическая временна́я рефлектометрия
  retinal ~ ретинальная рефлектометрия
  spectral ~ спектральная рефлектометрия
reflector 1. рефлектор; отражатель 2. телескоп-рефлектор
  active ~ активный отражатель
  axial ~ аксиальный отражатель
  beam-splitting ~ светоделительный рефлектор
  Bragg ~ брэгговский отражатель
  Cassegrain ~ рефлектор Кассегрена
  cavity ~ резонаторный отражатель
  concave ~ вогнутый отражатель, вогнутое зеркало
  corner ~ уголковый отражатель
  coupling ~ отражатель ввода-вывода
  cylindrical ~ цилиндрический отражатель, цилиндрическое зеркало
  dichroic ~ дихроичный отражатель, дихроичное зеркало
  diffuse ~ диффузный отражатель
  dihedral ~ двугранный отражатель
  dihedral corner ~ двугранный уголковый отражатель
  distributed Bragg ~ распределенный брэгговский отражатель
  epitaxial Bragg ~ эпитаксиальный брэгговский отражатель
  flat ~ плоский отражатель, плоское зеркало
  flexible solar ~ гибкий солнечный отражатель
  frequency-shifted ~ рефлектор со смещением частоты
  frontal ~ лобный рефлектор, лобное зеркало
  isotropic ~ изотропный отражатель
  output ~ выходной отражатель, выходное зеркало
  parabolic [paraboloidal] ~ параболический отражатель
  passive ~ пассивный рефлектор
  planar [plane] ~ плоский отражатель, плоское зеркало
  polarization-sensitive ~ поляризационно-чувствительный отражатель
  primary ~ первичный отражатель, первичное зеркало
  prismatic solar ~ призменный солнечный отражатель
  resonant ~ резонансный рефлектор
  retrodirective ~ ретроотражатель
  saturable ~ насыщающийся отражатель
  Schmidt ~ рефлектор Шмидта
  secondary ~ вторичный отражатель, вторичное зеркало
  segmented ~ сегментированный отражатель, сегментированное зеркало
  solid ~ сплошной отражатель, сплошное зеркало; твердое зеркало
  specular ~ зеркальный отражатель
  spherical ~ сферический отражатель
  split ~ разрезной отражатель, разрезное зеркало
  wide-angle ~ широкоугольный отражатель

reflex 1. отсвет, отблеск 2. рефлекс 3. зеркальный фотоаппарат
  corneal ~ роговичный [корнеальный] рефлекс
  single-lens ~ однообъективный зеркальный фотоаппарат
  twin-lens ~ двухобъективный зеркальный фотоаппарат
refocusing перефокусировка
refract преломлять
refraction преломление, рефракция
  ~ **of light** преломление света
  abnormal ~ аномальная рефракция, аномальное преломление
  acousto-optic(al) ~ акустооптическая рефракция
  anomalous ~ аномальная рефракция, аномальное преломление
  astronomical ~ астрономическая рефракция
  atmospheric ~ атмосферная рефракция
  atomic ~ атомная рефракция
  conical ~ коническая рефракция
  double ~ двойное лучепреломление, двулучепреломление
  external conical ~ внешняя коническая рефракция
  internal conical ~ внутренняя коническая рефракция
  ionospheric ~ преломление электромагнитных волн в ионосфере
  magnetic double ~ магнитное двулучепреломление
  molar [molecular] ~ молекулярная [молярная] рефракция
  multiple ~ 1. многократное преломление 2. многократно преломленная волна
  nonlinear ~ нелинейное преломление
  oblique ~ косое преломление
  parallactic ~ рефракционный параллакс
  resonance-enhanced ~ резонансно-усиленное преломление
  specific ~ удельная рефракция
  standard ~ нормальная рефракция
  terrestrial ~ атмосферная рефракция
  tropospheric ~ тропосферная рефракция
  wave ~ рефракция волн

zenithal ~ рефракция в зените
refractivity преломляющая способность
refractometer рефрактометр
  Abbe ~ рефрактометр Аббе
  diffraction ~ дифракционный рефрактометр
  dipping ~ погружной [иммерсионный] рефрактометр
  double-beam ~ двухлучевой рефрактометр
  fiber-optic ~ волоконно-оптический рефрактометр
  immersion ~ погружной [иммерсионный] рефрактометр
  interference ~ интерференционный рефрактометр
  Jamin ~ рефрактометр Жамена
  Pulfrich ~ рефрактометр Пульфриха
  Rayleigh ~ рефрактометр Рэлея
  Williams ~ рефрактометр Вильямса
refractometry рефрактометрия
refractor (телескоп-)рефрактор
  asymmetric ~ асимметричный рефрактор
  catadioptric ~ катадиоптрический рефрактор
  interference ~ интерференционный рефрактор
  long-focus ~ длиннофокусный рефрактор
  photographic ~ фотографический рефрактор
refrigeration охлаждение
  optical ~ оптическое охлаждение
refrigerator рефрижератор
  laser ~ лазерный рефрижератор
  optical ~ оптический рефрижератор
regime режим
  above-barrier ~ надбарьерный режим
  active mode-locking ~ режим активной синхронизации мод
  adiabatic ~ адиабатический режим
  anomalous dispersion ~ режим аномальной дисперсии
  aperiodic ~ апериодический режим
  ballistic ~ баллистический режим
  bistable ~ бистабильный режим
  Bragg ~ брэгговский режим
  breakdown ~ режим пробоя
  chaotic ~ режим хаоса
  coherent scattering ~ режим когерентного рассеяния

regime

collision-dominated ~ столкновительный режим
collisionless ~ бесстолкновительный режим
confinement ~ режим удержания; режим ограничения
Coulomb blockade ~ режим кулоновской блокады
diffuse reflection ~ режим диффузного отражения
diffusive ~ диффузионный режим
dispersive ~ дисперсионный режим
dynamic ~ динамический режим
equilibrium ~ равновесный режим
far-field ~ режим дальней зоны
far-off-resonance ~ сильно нерезонансный режим
few-cycle ~ режим малого числа периодов колебаний
free oscillation ~ режим свободной генерации; режим свободных колебаний
gain saturation ~ режим насыщения усиления
high-intensity ~ режим высокой интенсивности
hydrodynamic ~ гидродинамический режим
kinetic ~ кинетический режим
Lamb-Dicke ~ режим Лэмба – Дике
lasing ~ режим генерации лазера
linear ~ линейный режим
linear-response ~ режим линейного отклика
low-intensity ~ режим низкой интенсивности
low-temperature ~ низкотемпературный режим
magnetic saturation ~ режим магнитного насыщения
mesoscopic ~ мезоскопический режим
multicycle ~ режим большого числа периодов колебаний
multiphonon scattering ~ режим многофононного рассеяния
multiphoton absorption ~ режим многофотонного поглощения
multiple light scattering ~ режим многократного рассеяния света
near-field ~ режим ближней зоны
nonadiabatic ~ неадиабатический режим

nonlinear ~ нелинейный режим
nonperturbative ~ режим, не описываемый в рамках теории возмущений
nonresonant ~ нерезонансный режим
nonstationary ~ нестационарный режим
operating ~ режим работы
ordinary dispersion ~ режим нормальной дисперсии
parametric ~ параметрический режим
passive mode-locking ~ режим пассивной синхронизации мод
perturbative ~ режим, описываемый в рамках теории возмущений
photon counting ~ режим счета фотонов
quantum ~ квантовый режим
quasi-static ~ квазистатический режим
relaxation ~ релаксационный режим
repetitively-pulsed ~ импульсно-периодический режим
saturation ~ режим насыщения
scattering ~ режим рассеяния
self-generation ~ режим самогенерации
semiballistic ~ полубаллистический режим
semiclassical ~ полуклассический режим
single-frequency ~ одночастотный режим
single-mode ~ одномодовый режим
single-pass ~ однопроходный режим
single-pulse ~ режим одиночных импульсов
small-signal ~ режим малых сигналов
soliton ~ солитонный режим
specular reflection ~ режим зеркального отражения
spontaneous emission ~ режим спонтанного излучения
stable ~ устойчивый режим
static ~ статический режим
steady-state ~ стационарный режим
storage ~ режим накопления
strong-coupling ~ режим сильной связи; режим сильного взаимодействия

strong-field ~ режим сильного поля
strong-signal ~ режим сильного сигнала
subthreshold ~ допороговый режим
superradiance ~ режим сверхизлучения
total reflection ~ режим полного отражения
transient [transition] ~ переходный режим
tunneling ~ режим туннелирования
two-frequency ~ двухчастотный режим
two-mode ~ двухмодовый режим
ultimate permissible ~ предельно допустимый режим
ultrashort-pulse ~ режим сверхкоротких импульсов
unstable ~ неустойчивый режим
waveguiding ~ волноводный режим
weak-coupling ~ режим слабой связи; режим слабого взаимодействия
weak-field ~ режим слабого поля
region область, зона
active ~ активная область
amplification ~ область усиления
anti-Stokes ~ антистоксова область спектра
attenuation ~ область низкого пропускания (*фильтра*)
barrier ~ обедненная область; область барьера
bistability ~ область бистабильности
Bragg ~ область брэгговской дифракции
breakdown ~ область пробоя
classically forbidden ~ классически запрещенная область; область отрицательной кинетической энергии
compensated ~ скомпенсированная область
confidence ~ доверительная область
cutoff ~ область отсечки
depletion ~ область перехода (*обедненная носителями*)
diffraction ~ зона дифракции
dispersion ~ область дисперсии
doped ~ легированная область
excitation ~ область возбуждения
far-field ~ область дальней зоны
far-infrared ~ дальняя инфракрасная [ИК-] область

far-ultraviolet ~ дальняя ультрафиолетовая [УФ-] область; область вакуумного ультрафиолета
focal ~ фокальная область
forbidden ~ запрещенная область
Fraunhofer ~ зона Фраунгофера
frequency ~ частотный диапазон
Fresnel ~ зона Френеля
gain ~ область усиления
geometric-optics ~ область геометрической оптики
high-field ~ область сильных полей
high-frequency ~ высокочастотная область
high-index ~ область высокого показателя преломления
high-reflectivity ~ область высокого отражения
infrared ~ инфракрасная [ИК-] область
interaction ~ область взаимодействия
interface ~ область границы раздела
intrinsic ~ область собственной проводимости
linear ~ линейная область
localization ~ область локализации
long-wavelength ~ длинноволновая область
low-frequency ~ низкочастотная область
near-field ~ область ближнего поля
near-threshold ~ припороговая область
off-focal ~ внефокальная область
optical ~ оптический диапазон
photoionization ~ область фотоионизации
pollariton ~ поляритонная область
prefocal ~ предфокальная область
Rayleigh ~ рэлеевская область, область рэлеевского рассеяния
resonance ~ резонансная область
saturation ~ область насыщения
Schumann ~ шумановская область (*коротковолновых УФ-лучей*)
sensitivity ~ область чувствительности
short-wavelength ~ коротковолновая область
space-charge ~ область пространственного заряда
spatial ~ пространственная область

region

spectral ~ спектральная область
stability ~ область устойчивости
Stokes ~ стоксова область
subthreshold ~ допороговая область
taper ~ область сужения
transition ~ переходная область; обедненная область
transmission ~ область пропускания; область прозрачности
transparency [transparent] ~ область прозрачности
ultraviolet [UV] ~ ультрафиолетовая [УФ-] область
undoped ~ нелегированная область
visible ~ видимая область
wavelength ~ область длин волн
rejection подавление
  background ~ подавление фона
  interference ~ подавление помех
  noise ~ подавление шума
relation соотношение; зависимость; связь
  Bragg ~ брэгговское условие отражения
  combination ~ комбинационное соотношение
  commutation ~s коммутационные соотношения
  constitutive ~s материальные уравнения
  de Broglie ~ соотношение де Бройля
  dispersion ~s дисперсионные соотношения
  exponential ~ экспоненциальная связь
  fundamental ~ основное соотношение
  Heisenberg uncertainty ~ соотношение неопределенности Гейзенберга
  Knudsen-Hertz ~ соотношение Кнудсена – Герца
  Kramers-Kronig ~s соотношения Крамерса – Кронига
  linear ~ линейная связь
  nonlinear ~ нелинейная связь
  Onsager's reciprocity ~s ~ соотношения взаимности Онзагера
  orthogonality ~ соотношение ортогональности
  phase ~s фазовые соотношения
  Planck ~ формула Планка
  uncertainty ~ соотношение неопределенности
  Wiedemann-Franz ~ закон Видемана – Франца

relationship соотношение; зависимость; связь
  approximate ~ приближенное соотношение
  fundamental ~ основное соотношение
  Helmholtz reciprocal ~ соотношение обратимости Гельмгольца
  linear ~ линейная связь
  nonlinear ~ нелинейное соотношение
  Parseval's ~ соотношение Парсеваля
  phase ~s фазовые соотношения
  stoichiometric ~s стехиометрические соотношения
relativity 1. относительность 2. принцип относительности 3. теория относительности
  general ~ общая теория относительности
  special ~ специальная теория относительности
relaxation релаксация
  carrier ~ релаксация носителей
  coherence ~ релаксация когерентности
  collisional ~ столкновительная релаксация
  cross ~ кросс-релаксация
  dielectric ~ диэлектрическая релаксация; дипольная релаксация
  dipolar ~ дипольная релаксация
  direct ~ прямая релаксация
  energy ~ энергетическая релаксация
  excited-state ~ релаксация возбужденного состояния
  exciton ~ экситонная релаксация
  exponential ~ экспоненциальная релаксация
  ground-state ~ релаксация основного состояния
  irreversible ~ необратимая релаксация
  lattice ~ релаксация (кристаллической) решетки
  longitudinal ~ продольная релаксация
  molecular ~ молекулярная релаксация
  momentum ~ релаксация импульса
  multiphonon ~ многофононная релаксация
  non-adiabatic ~ неадиабатическая релаксация

non-Debye ~ недебаевская релаксация
non-exponential ~ неэкспоненциальная релаксация
non-Markovian ~ немарковская релаксация
nonradiative ~ безызлучательная релаксация
nuclear ~ ядерная релаксация
Orbach ~ орбаховская релаксация
orientational ~ ориентационная релаксация
phase ~ фазовая релаксация
phonon-assisted ~ релаксация с участием фононов
photon-echo ~ релаксация фотонного эха
photothermal ~ фототермическая релаксация
polarization ~ релаксация поляризации
radiative ~ излучательная релаксация
Raman ~ рамановская релаксация
reversible ~ обратимая релаксация
rovibrational ~ вращательно-колебательная релаксация
single-particle ~ одночастичная релаксация
spectral ~ спектральная релаксация
spin ~ спиновая релаксация
spin-lattice ~ спин-решеточная релаксация
spin-phonon ~ спин-фононная релаксация
spontaneous ~ спонтанная релаксация
structural ~ структурная релаксация
transverse ~ поперечная релаксация
vibrational ~ колебательная релаксация
vibronic ~ вибронная [электронно-колебательная] релаксация
relay 1. реле 2. ретранслятор
laser ~ лазерный ретранслятор
optical ~ оптическое реле
photoelectric ~ фотоэлектрическое реле
photoemissive ~ эмиссионное фотореле
relief рельеф
phase ~ фазовый рельеф
potential ~ потенциальный рельеф

spatially-periodic ~ пространственно-периодический рельеф
swelling ~ рельеф набухания (*эмульсии*)
renormalization перенормировка
reoksan реоксан
reorientation переориентация
director ~ переориентация директора
light-induced director ~ светоиндуцированная переориентация директора
spin ~ переориентация спина
repeater ретранслятор; повторитель
optical ~ оптический повторитель
quantum ~ квантовый повторитель
replica реплика; копия
concave ~ вогнутая реплика
grating ~ реплика дифракционной решетки
holographic ~ дубликат голограммы
image ~ реплика изображения
phonon ~ фононное повторение
transparent ~ прозрачная реплика
replication мультиплицирование
image ~ мультиплицирование изображений
representation представление
adjoint ~ присоединенное представление
Bloch ~ блоховское представление
Cartesian ~ декартово представление
coordinate ~ координатное представление
Dirac-Pauli ~ представление Дирака – Паули
energy ~ энергетическое представление
exciton ~ экситонное представление
Fourier ~ фурье-представление
frequency-domain ~ частотное представление
geometric ~ геометрическое представление
Glauber-Sudarshan ~ представление Глаубера – Сударшана
harmonic ~ гармоническое представление
Heisenberg ~ представление Гейзенберга
interaction ~ представление взаимодействия

representation

irreducible ~ неприводимое представление
matrix ~ матричное представление
momentum ~ импульсное представление
oscillator ~ осцилляторное представление
parametric ~ параметрическое представление
qualitative ~ качественное представление
schematic ~ схематичное представление
Schrödinger ~ представление Шредингера
second quantization ~ представление вторичного квантования
spectral ~ спектральное представление
tensor ~ тензорное представление
three-dimensional ~ трехмерное представление
two-dimensional ~ двумерное представление
Wannier ~ представление Ванье
Wigner ~ представление Вигнера

reproducibility воспроизводимость
quantitative ~ количественная воспроизводимость
run-to-run ~ воспроизводимость от опыта к опыту

repulsion отталкивание
Coulomb(ic) ~ кулоновское отталкивание
exchange ~ обменное отталкивание
exclusion principle ~ отталкивание по принципу Паули

research исследования; научно-исследовательская работа
applied ~ прикладные исследования
astronomic ~ астрономические исследования
basic ~ фундаментальные исследования
ecological ~ экологические исследования
engineering ~ технические исследования
environmental ~ экологические исследования
laboratory ~ лабораторные исследования
scientific ~ научные исследования
theoretical ~ теоретические исследования

reservoir резервуар
electromagnetic ~ электромагнитный резервуар
energy ~ энергетический резервуар
heat ~ тепловой резервуар
Markovian ~ марковский резервуар
phonon ~ фононный резервуар
photonic ~ фотонный резервуар
spin ~ спиновый резервуар
thermal ~ тепловой резервуар

resin смола, канифоль
common ~ канифоль

resistance 1. сопротивление **2.** стойкость
dark ~ темновое сопротивление
differential ~ дифференциальное сопротивление
heat ~ теплостойкость, жаропрочность
laser damage ~ лазерная прочность
light ~ светостойкость
quantum ~ поверхностное сопротивление
radiation ~ радиационная стойкость; лучевая прочность
scratch ~ сопротивление царапанью, твердость по Моосу
surface ~ поверхностное сопротивление
thermal ~ тепловое сопротивление
wave ~ волновое сопротивление

resolution разрешение
amplitude ~ амплитудное разрешение
angular ~ угловое разрешение
atomic ~ атомное разрешение, разрешение атомного масштаба
azimuthal ~ азимутальное разрешение
brightness ~ яркостное разрешение
coarse ~ низкое разрешение
diffraction-limited ~ дифракционное разрешение
Doppler ~ разрешающая способность по доплеровскому сдвигу
energy ~ энергетическое разрешение
femtosecond ~ фемтосекундное разрешение
fine ~ высокое разрешение
finite ~ конечное разрешение

resonance

frequency ~ частотное разрешение
high ~ высокое разрешение
hologram ~ разрешающая способность голограммы
instrumental ~ аппаратурное разрешение
lateral ~ разрешение по плоскости
limiting ~ предельное разрешение
linear ~ линейное разрешение
low ~ низкое разрешение
nanosecond ~ наносекундное разрешение
optical ~ оптическое разрешение
phase ~ разрешение по фазе
picosecond ~ пикосекундное разрешение
range ~ разрешающая способность по дальности
Rayleigh ~ разрешение по Рэлею
root-mean-square ~ среднеквадратичное разрешение
single photoelectron ~ одноэлектронное разрешение
spatial ~ пространственное разрешение
spectral ~ спектральное разрешение
submicron ~ субмикронное разрешение
subnatural ~ разрешение, не ограниченное естественной шириной линии
temporal [time] ~ временнóе разрешение
ultimate ~ предельное разрешение
wavelength ~ спектральное разрешение

resonance резонанс
absorption ~ резонанс поглощения
accidental ~ случайный резонанс
amplitude ~ амплитудный резонанс
Anderson-Fano ~ резонанс Андерсона – Фано
anharmonic ~ нелинейный резонанс
antiferromagnetic ~ антиферромагнитный резонанс
atom-cavity ~ резонанс собственных частот атома и резонатора
atomic ~ атомный резонанс
bare-cavity ~ резонанс пустого [ненагруженного] резонатора
beat ~ резонанс биений
biexciton(ic) ~ биэкситонный резонанс
Breit-Wigner ~ резонанс Брейта – Вигнера
bright ~ светлый резонанс
cavity ~ резонанс полости
collective ~ коллективный резонанс
cyclotron ~ циклотронный резонанс
cyclotron-phonon ~ циклотрон-фононный резонанс
dark ~ темный резонанс
degenerate ~ вырожденный резонанс
diamagnetic ~ диамагнитный резонанс
Doppler-free ~ бездоплеровский резонанс
double ~ двойной резонанс
dynamic ~ динамический резонанс
electrodynamic ~ электродинамический резонанс
electron-electron double ~ двойной электронно-электронный резонанс
electron-nuclear double ~ двойной электронно-ядерный резонанс
electron paramagnetic ~ электронный парамагнитный резонанс
electron-phonon ~ электрон-фононный резонанс
electron spin ~ электронный спиновый резонанс
exact ~ точный резонанс
exciton(ic) ~ экситонный резонанс
Fano ~ резонанс Фано
Fermi ~ резонанс Ферми
ferromagnetic ~ ферромагнитный резонанс
forbidden ~ запрещенный резонанс
four-photon ~ четырехфотонный резонанс
fundamental ~ основной резонанс
fundamental cavity mode ~ резонанс основной моды резонатора
gyromagnetic ~ гиромагнитный резонанс
Kondo ~ резонанс Кондо
Landau ~ резонанс Ландау
magnetic ~ магнитный резонанс
magneto-optical ~ магнитооптический резонанс
microwave-optical ~ оптико-микроволновый резонанс
molecular ~ молекулярный резонанс
multiparticle ~ многочастичный резонанс

resonance

multiphoton ~ многофотонный резонанс
natural ~ собственный резонанс
nondegenerate ~ невырожденный резонанс
nonlinear ~ нелинейный резонанс
nuclear magnetic ~ ядерный магнитный резонанс, ЯМР
nuclear quadrupole ~ ядерный квадрупольный резонанс, ЯКР
one-photon ~ однофотонный резонанс
optical ~ оптический резонанс
optical-optical double ~ двойной оптический резонанс
paraelectric ~ параэлектрический резонанс
paramagnetic ~ парамагнитный резонанс
parametric ~ параметрический резонанс
photoinduced ~ фотоиндуцированный резонанс
photoinduced Fano ~ фотоиндуцированный резонанс Фано
plasma ~ плазменный резонанс
plasmon ~ плазмонный резонанс
plasmon-polariton ~ плазмон-поляритонный резонанс
polariton ~ поляритонный резонанс
proton magnetic ~ магнитный протонный резонанс
quadrupole ~ квадрупольный резонанс
Rabi ~ резонанс Раби
Raman ~ рамановский [комбинационный] резонанс
relaxation ~ релаксационный резонанс
scattering ~ резонанс рассеяния
sharp ~ острый резонанс
single-particle ~ одночастичный резонанс
spin ~ спиновый резонанс
spurious ~ ложный резонанс; паразитный резонанс
surface plasmon ~ резонанс поверхностного плазмона
three-photon ~ трехфотонный резонанс
transient ~ нестационарный резонанс; резонанс переходного режима
two-particle ~ двухчастичный резонанс
two-photon ~ двухфотонный резонанс
unresolved ~ неразрешенный резонанс
vibrational ~ колебательный резонанс
Zeeman ~ зеемановский резонанс
zero-field ~ резонанс в нулевом поле
resonator резонатор
active ~ активный резонатор
adfocal ~ адфокальный резонатор
beam ~ пучковый резонатор
bistable ~ бистабильный резонатор
cavity ~ объемный резонатор
composite ~ составной резонатор
concentric ~ концентрический резонатор
confocal ~ конфокальный резонатор
dielectric ~ диэлектрический резонатор
dispersive ~ дисперсионный резонатор
distributed-feedback ~ резонатор с распределенной обратной связью
dual-mode ~ двухмодовый резонатор
external ~ внешний резонатор
Fabry-Perot ~ резонатор Фабри – Перо
hemispherical ~ полусферический резонатор
high-finesse [high-Q] ~ высокодобротный резонатор
hybrid ~ гибридный резонатор
laser ~ лазерный резонатор
linear ~ линейный резонатор
lossy ~ резонатор с потерями
Michelson ~ резонатор Майкельсона
microdisk ~ микродисковый резонатор
microspherical ~ микросферический резонатор
microwave ~ микроволновый резонатор, СВЧ-резонатор
misaligned ~ разъюстированный резонатор
mode-selective ~ резонатор с селекцией мод
multimirror ~ многозеркальный резонатор
multimode ~ многомодовый резонатор
multiwavelength optical ~ многочастотный оптический резонатор

nonlinear ~ нелинейный резонатор
nonselective ~ неселективный резонатор
open ~ открытый резонатор
optical ~ оптический резонатор
passive ~ пассивный резонатор
planar ~ планарный резонатор
quasi-confocal ~ квазиконфокальный резонатор
quasi-optical ~ квазиоптический резонатор
rectangular ~ прямоугольный резонатор
reference ~ эталонный [опорный] резонатор
ring ~ кольцевой резонатор
sapphire ~ сапфировый резонатор
semiconfocal ~ полуконфокальный резонатор
single-mode ~ одномодовый резонатор
spherical ~ сферический резонатор
stable ~ устойчивый резонатор
superconducting ~ сверхпроводящий резонатор
Talbot ~ резонатор Тальбота
three-dimensional ~ трехмерный резонатор
three-mirror ~ трехзеркальный резонатор
tunable ~ перестраиваемый резонатор
two-dimensional ~ двумерный резонатор
two-mirror ~ двухзеркальный резонатор
unstable ~ неустойчивый резонатор
waveguide ~ волноводный резонатор

response 1. реакция, отклик 2. характеристика
  amplitude ~ 1. амплитудная характеристика 2. амплитудный отклик
  aperture ~ апертурная характеристика
  coherent ~ когерентный отклик
  collective ~ коллективный отклик
  color ~ кривая цветовой чувствительности
  detector ~ сигнал детектора
  dynamic ~ динамический отклик
  fast ~ быстрый отклик, быстрая реакция
  femtosecond ~ фемтосекундный отклик
  frequency ~ (амплитудно-)частотная характеристика
  harmonic ~ гармонический отклик
  impulse ~ 1. импульсная характеристика 2. отклик на импульсное воздействие
  inertial ~ инерционный отклик
  instantaneous ~ мгновенный отклик
  instrument ~ аппаратная характеристика
  ion ~ ионный отклик
  linear ~ линейный отклик
  macroscopic ~ макроскопический отклик
  magneto-optical ~ магнитооптический отклик
  nonlinear ~ нелинейный отклик
  nonlocal ~ нелокальный отклик
  optical ~ оптический отклик
  peak ~ максимальный отклик
  photorefractive ~ 1. фоторефрактивная характеристика 2. фоторефрактивный отклик
  polarization ~ 1. поляризационный отклик 2. поляризационная характеристика
  pulse ~ импульсная характеристика
  spectral ~ 1. спектральный отклик 2. спектральная характеристика
  spurious ~ ложный отклик; паразитный отклик
  temporal ~ временна́я характеристика
  transient ~ переходной отклик; нестационарный отклик

restoration восстановление
  ~ **of equilibrium** восстановление равновесия
  color ~ восстановление цвета
  envelope ~ восстановление огибающей
  image ~ восстановление изображения

retardation замедление, задержка, запаздывание
  phase ~ фазовое запаздывание
  relativistic ~ релятивистское запаздывание

retarder фазовая пластинка
  achromatic ~ ахроматическая фазовая пластинка

retarder

electro-optical ~ электрооптическая фазовая пластинка
optical ~ оптическая фазовая пластинка
quarter-wave ~ четвертьволновая фазовая пластинка
reticle масштабная сетка; визирное перекрестье
retina сетчатка (*глаза*)
retinogram ретинограмма
retinograph ретинограф
retinography ретинография
retinoscope ретиноскоп
retrieval поиск; выборка; восстановление
  data ~ поиск данных; выборка данных; восстановление данных
  image ~ восстановление изображения
  information ~ выборка информации; извлечение информации
  phase ~ восстановление фазы
  real-time ~ восстановление в реальном масштабе времени
retroreflection обратное отражение
retroreflector ретроотражатель, ретрорефлектор
  cat's eye ~ ретрорефлектор типа «кошачий глаз»
  corner-cube ~ уголковый ретрорефлектор, уголковый отражатель
reversal изменение направления на обратное, инверсия; обращение
  image ~ обращение изображения
  magnetization ~ инверсия намагниченности
  phase ~ инверсия фазы
  polarity ~ инверсия полярности
rhenium рений, Re
rhodamine родамин
rhodopsin родопсин
rhomb ромб
  Fresnel ~ ромб Френеля
  Hubner ~ ромб Хюбнера
ring кольцо
  Airy ~ кольцо Эйри
  diffraction ~ дифракционное кольцо
  focus ~ фокусирующее кольцо
  interference ~s интерференционные кольца
  Landolt ~ кольцо Ландольта
  mounting ~ кольцевая оправа
  Newton's ~s кольца Ньютона
  vortex ~ вихревое кольцо
rocket ракета
  booster ~ ракета-носитель
  high-altitude ~ высотная ракета
  laser-fusion ~ лазерно-термоядерный ракетный двигатель
  multistage ~ многоступенчатая ракета
  outer-space ~ космическая ракета
  photon ~ фотонная ракета
  single-stage ~ одноступенчатая ракета
  solar-energy-propelled ~ ракета с солнечным термическим двигателем
  space ~ космическая ракета
rod стержень
  Brewster-angled laser ~ лазерный стержень с брюстеровскими торцами
  crystal ~ кристаллический стержень
  crystal seed ~ монокристаллический затравочный стержень
  glass ~ стеклянный стержень
  laser ~ лазерный стержень
  quantum ~ квантовый стержень
  ruby ~ рубиновый стержень
roentgenography рентгенография
rotation вращение
  ~ **of polarization plane** вращение плоскости поляризации
  clockwise ~ вращение по часовой стрелке
  counterclockwise ~ вращение против часовой стрелки
  diffusional ~ диффузионное вращение
  diurnal ~ суточное вращение
  Faraday ~ фарадеевское вращение
  free ~ свободное вращение
  free internal ~ свободное внутреннее вращение
  half-turn ~ вращение на полоборота
  hindered internal ~ заторможенное внутреннее вращение
  incoherent ~ некогерентное вращение
  infinitesimal ~ бесконечно малое вращение
  internal ~ внутреннее вращение
  Kerr ~ керровское вращение
  light-induced ~ светоиндуцированное вращение

magnetic ~ магнитное вращение (*плоскости поляризации*)
magneto-optical ~ магнитооптическое вращение
molecular ~ молекулярное вращение
nonlinear ~ нелинейное вращение
nonlinear magneto-optical ~ нелинейное магнитооптическое вращение
nonlinear optical ~ нелинейное оптическое вращение
optical ~ оптическое вращение
parity-nonconserving ~ вращение, обусловленное эффектом нарушения четности
polarization ~ вращение плоскости поляризации
spatial ~ пространственное вращение
specific ~ удельное вращение (*плоскости поляризации*)
spin ~ спиновое вращение
spontaneous ~ спонтанное вращение
stellar ~ вращение звезд
rotator вращатель; ротатор
  asymmetric ~ асимметричный ротатор
  Faraday ~ фарадеевский вращатель
  ferrite ~ ферритовый вращатель
  ideal polarization ~ идеальный поляризационный ротатор
  nonrigid ~ нежесткий ротатор
  polarization ~ вращатель плоскости поляризации
  rigid ~ жесткий ротатор
  symmetric ~ симметричный ротатор
  vibrating ~ колеблющийся ротатор
roughness шероховатость
  absolute ~ абсолютная шероховатость
  atomic-scale ~ шероховатость атомного масштаба
  equilibrium ~ равновесная шероховатость
  interface ~ шероховатость границы раздела
  relative ~ относительная шероховатость
  root-mean-square ~ среднеквадратичная шероховатость
  surface ~ шероховатость поверхности
  uniform ~ однородная шероховатость
rubidium рубидий, Rb
ruby рубин
rule правило
  ~ **of mutual exclusion** правило альтернативного запрета
  Babinet absorption ~ правило поглощения Бабине
  Bragg ~ правило Брэгга
  commutation ~s правила коммутации
  correlation ~ правило корреляции
  Fermi's golden ~ золотое правило Ферми
  Feynman ~ правило Фейнмана
  Franck-Condon ~ правило Франка – Кондона
  Hund's ~ правило Хунда
  Leibniz ~ формула Лейбница
  Matthessen's ~ правило Маттессена
  non-crossing ~ правило непересечения
  Nordheim's ~ правило Нордхейма
  oscillator strength sum ~ правило сумм сил осцилляторов
  parity selection ~ правило отбора по четности
  Pauling ~ правило Полинга
  Prentice's ~ правило Прентиса
  product ~ правило произведений
  quantization ~ правило квантования
  right-hand ~ правило правой руки
  rounding ~ правило округления
  selection ~ правило отбора
  sight ~ алидада
  Simpson's ~ правило Симпсона
  spin selection ~ правило отбора по спину
  Stokes ~ закон Стокса
  sum ~ правило сумм
  Teller-Redlich product ~ правило произведений Теллера – Редлиха
  Uhrbach ~ правило Урбаха
  Vegard's ~ правило Вегарда
  vibrational ~ правило отбора для колебательных переходов
  vicinal ~ вицинальное правило
  zero-wave-vector selection ~ правило нулевого волнового вектора
ruling 1. нарезка штрихов дифракционной решетки **2.** штрихи дифракционной решетки
ruthenium рутений, Ru

S

saccharimeter сахариметр
saccharimetry сахариметрия
safety безопасность
  eye ~ безопасность глаз
  laser ~ безопасность работы с лазером
samarium самарий, Sm
sample образец; проба
  absorbing ~ поглощающий образец
  activated ~ активированный образец
  amorphous ~ аморфный образец
  crystal(line) ~ кристаллический образец
  delta-doped ~ дельта-легированный образец
  diamagnetic ~ диамагнитный образец
  dielectric ~ диэлектрический образец
  doped ~ легированный образец; активированный образец
  dyed ~ подкрашенный образец, образец с примесью красителя
  flat ~ плоский [планарный] образец
  fluorescent ~ флуоресцирующий образец
  glass ~ стеклянный образец
  macroscopic ~ макроскопический образец
  magnetic ~ магнитный образец
  magnetized ~ намагниченный образец
  microscopic ~ микроскопический образец
  monocrystalline ~ монокристаллический образец
  multiple-quantum-well ~ образец с многоямной квантовой структурой
  opaque ~ непрозрачный образец
  paramagnetic ~ парамагнитный образец
  photocathode ~ образец фотокатода
  planar ~ планарный [плоский] образец
  polycrystalline ~ поликристаллический образец
  powder ~ порошкообразный образец
  pure ~ чистый образец
  quantum-dot ~ образец с квантовыми точками
  quantum-well ~ образец с квантовыми ямами
  reference ~ образец сравнения
  scattering ~ рассеивающий образец
  semiconductor ~ полупроводниковый образец
  single-crystal ~ монокристаллический образец
  single-quantum-well ~ образец с одиночной квантовой ямой
  standard ~ стандартный [эталонный] образец
  transparent ~ прозрачный образец
  undoped ~ нелегированный образец
  vitreous ~ стеклообразный образец
sampling 1. выборка; дискретизация 2. замер, отсчет
  frequency ~ частотный отсчет
  importance sampling ~ выборка по важности
  instantaneous ~ мгновенная выборка
  spectral ~ спектральная выборка
sapphire сапфир
satellite 1. спутник, сателлит (*в спектре*) 2. спутник (*космический аппарат*)
  anti-Stokes ~ антистоксов спутник; антистоксов сателлит
  artificial ~ искусственный спутник
  astrometric ~ астрометрический спутник
  blue ~ коротковолновый сателлит
  communication ~ спутник связи
  geodetic ~ геодезический спутник
  geophysical ~ геофизический спутник
  geostationary [**geosynchronous**] ~ геостационарный спутник
  low-altitude ~ низкоорбитальный спутник
  lunar ~ спутник Луны
  manned ~ пилотируемый спутник
  meteorological ~ метеорологический спутник
  navigation ~ навигационный спутник
  red ~ длинноволновый сателлит
  spectral ~ спектральный сателлит
  Stokes ~ стоксов спутник, стоксов сателлит

scatterer

unmanned ~ непилотируемый спутник
saturation насыщение
  absorption ~ насыщение поглощения
  gain ~ насыщение усиления
  nonlinear ~ нелинейное насыщение
  transition ~ насыщение перехода
scale 1. шкала **2.** масштаб ‖ масштабировать
  angular ~ угловая шкала
  arbitrary ~ произвольный масштаб
  atomic ~ атомный масштаб
  brightness ~ шкала яркостей
  calibrated ~ калиброванная шкала
  Celsius ~ шкала Цельсия
  chromatic [color(imetric)] ~ цветовая [колориметрическая] шкала; шкала цветности
  energy ~ энергетическая шкала
  Fahrenheit ~ шкала Фаренгейта
  femtosecond time ~ фемтосекундный масштаб времени
  frequency ~ шкала частот
  gray ~ серая шкала
  intensity ~ шкала интенсивностей
  linear ~ **1.** линейная шкала **2.** линейный масштаб
  logarithmic ~ **1.** логарифмическая шкала **2.** логарифмический масштаб
  macroscopic ~ макроскопический масштаб
  mesoscopic ~ мезоскопический масштаб
  microscopic ~ микроскопический масштаб
  monochrome ~ шкала серых тонов
  nanosecond time ~ наносекундный масштаб времени
  nonlinear ~ нелинейная шкала
  optical temperature ~ оптическая шкала температур
  photometric ~ фотометрическая шкала
  Réaumur ~ шкала Реомюра
  saturation ~ шкала насыщения
  sensitivity ~ шкала чувствительности
  spatial ~ пространственный масштаб
  subnanosecond time ~ субнаносекундный масштаб времени
  temperature ~ шкала температур
  time ~ шкала времени

scaling масштабирование, скейлинг
  image ~ масштабирование изображения
scalpel скальпель
  laser (blade) ~ лазерный скальпель
  ophthalmic ~ глазной скальпель
scan сканирование; поиск ‖ сканировать
  Z~ Z-скан, техника сканирования образца через область каустики лазерного луча
scandium скандий, Sc
scanistor сканистор
scanner сканер
  acousto-optic ~ акустооптический сканер
  beam ~ устройство сканирования пучка
  electro-optic ~ электрооптический сканер
  fiber-optic ~ волоконно-оптический сканер
  image ~ устройство сканирования изображения
  infrared [IR] ~ инфракрасный [ИК-] сканер
  laser ~ лазерный сканер
  optical ~ оптический сканер
  photoelectric ~ фотоэлектрический сканер
scanning 1. сканирование **2.** развёртка
  continuous ~ непрерывное сканирование
  discrete ~ дискретное сканирование
  frequency ~ частотное сканирование
  image ~ сканирование изображения
  mirror ~ зеркальная развертка
  multibeam ~ многолучевое сканирование
  optical ~ оптическое сканирование
  piezoelectric ~ пьезоэлектрическое сканирование
  raster ~ растровая развертка
  spectral ~ спектральное сканирование
scatterer рассеиватель
  anisotropic ~ анизотропный рассеиватель
  isotropic ~ изотропный рассеиватель
  perfect ~ идеальный рассеиватель
  point ~ точечный рассеиватель
  Rayleigh ~ рэлеевский рассеиватель

scatterer

symmetric ~ симметричный рассеиватель

scattering рассеяние; разброс
active Raman ~ активное комбинационное рассеяние
active stimulated light ~ активное вынужденное рассеяние света
aerosol ~ аэрозольное рассеяние
anisotropic ~ анизотропное рассеяние
anomalous ~ аномальное рассеяние
anti-Stokes ~ антистоксово рассеяние
anti-Stokes Raman ~ антистоксово комбинационное рассеяние
atmospheric ~ атмосферное рассеяние
background ~ фоновое рассеяние
backward ~ обратное рассеяние
Bragg ~ брэгговское рассеяние
Brillouin ~ бриллюэновское рассеяние
carrier ~ рассеяние носителей
carrier-carrier ~ рассеяние носителей на носителях
carrier-phonon ~ рассеяние носителей на фононах
coherent ~ когерентное рассеяние
coherent anti-Stoked ~ когерентное антистоксово комбинационное рассеяние
coherent Stokes ~ когерентное стоксово рассеяние
Compton ~ комптоновское рассеяние
concurrent stimulated ~ попутное вынужденное рассеяние
conservative ~ консервативное рассеяние
cooperative light ~ кооперативное рассеяние света
cooperative Raman ~ кооперативное комбинационное рассеяние
Coulomb ~ кулоновское рассеяние
critical ~ критическое рассеяние
deformation ~ деформационное рассеяние
depolarized ~ деполяризованное рассеяние
differential ~ дифференциальное рассеяние
diffraction ~ дифракционное рассеяние
diffuse ~ диффузное рассеяние
dipole ~ дипольное рассеяние
direct ~ рассеяние в прямом направлении
disorder-induced ~ рассеяние, обусловленное разупорядочением
double ~ двойное рассеяние
Drude ~ рассеяние Друде
dynamic ~ динамическое рассеяние
elastic ~ упругое рассеяние
electron-phonon ~ электрон-фононное рассеяние
exciton-exciton ~ экситон-экситонное рассеяние
far-field ~ рассеяние в дальней зоне
first-order ~ рассеяние первого порядка; однократное рассеяние
forward ~ рассеяние вперед, в направлении распространения
four-photon light ~ четырехфотонное рассеяние света
four-photon parametric ~ четырехфотонное параметрическое рассеяние
giant Raman ~ гигантское комбинационное рассеяние
gray ~ серое рассеяние
hole ~ рассеяние дырок
hyper-Raman ~ гиперкомбинационное рассеяние
hyper-Rayleigh ~ гиперрэлеевское рассеяние
impurity ~ примесное рассеяние, рассеяние на примесях
incoherent ~ некогерентное рассеяние
induced ~ стимулированное рассеяние
inelastic light ~ неупругое рассеяние света
inelastic neutron ~ неупругое рассеяние нейтронов
interface roughness ~ рассеяние на шероховатостях границы раздела
intermode ~ межмодовое рассеяние
internal ~ внутреннее рассеяние
intervalley ~ междолинное рассеяние
interwell ~ межъямное рассеяние
intrasubband ~ внутриподзонное рассеяние
intravalley ~ внутридолинное рассеяние

scattering

intrinsic ~ собственное рассеяние
inverse ~ обратное рассеяние
ionospheric ~ рассеяние в ионосфере
isotropic ~ изотропное рассеяние
laser ~ рассеяние лазерного излучения
lattice ~ рассеяние на (кристаллической) решетке, решеточное рассеяние
Laue-Bragg ~ рассеяние Лауэ – Брэгга
light ~ рассеяние света
linear ~ линейное рассеяние
magneto-Raman ~ магнито-рамановское рассеяние
magnon-magnon ~ магнон-магнонное рассеяние
magnon-phonon ~ магнон-фононное рассеяние
Mie ~ рассеяние Ми
molecular ~ молекулярное рассеяние
molecular light ~ молекулярное рассеяние света
multiphoton ~ многофотонное рассеяние
multiphoton Raman ~ многофотонное комбинационное рассеяние
multiple ~ многократное рассеяние
near-field ~ рассеяние в ближней зоне
neutron ~ рассеяние нейтронов
nonlinear ~ нелинейное рассеяние
nonlinear light ~ нелинейное рассеяние света
nonresonant ~ нерезонансное рассеяние
nonspecular ~ диффузное рассеяние
parametric ~ параметрическое рассеяние
parasitic ~ паразитное рассеяние
phonon ~ рассеяние фононов, фононное рассеяние
phonon-phonon ~ фонон-фононное рассеяние
photoelastic ~ фотоупругое рассеяние
photoinduced light ~ фотоиндуцированное рассеяние света
photon ~ фотонное рассеяние; рассеяние света
photon-photon ~ рассеяние фотонов на фотонах

polariton-atom ~ поляритон-атомное рассеяние
polarized ~ поляризованное рассеяние
quadrupole ~ квадрупольное рассеяние
quantum ~ квантовое рассеяние
quasi-elastic ~ квазиупругое рассеяние
radiation ~ рассеяние излучения
radiative inelastic ~ излучательное неупругое рассеяние
Raman ~ рамановское [комбинационное] рассеяние
Rayleigh ~ рэлеевское рассеяние
relativistic ~ релятивистское рассеяние
resonance [resonant] ~ резонансное рассеяние
rotational Raman ~ вращательное комбинационное рассеяние
secondary ~ вторичное рассеяние
second-order ~ рассеяние второго порядка; двукратное рассеяние
second-order Raman ~ комбинационное рассеяние второго порядка
selective ~ избирательное рассеяние
single ~ однократное рассеяние
single-magnon ~ одномагнонное рассеяние
single-particle ~ одночастичное рассеяние
single-phonon ~ однофононное рассеяние
small-angle ~ малоугловое рассеяние
spin-dependent ~ рассеяние, зависящее от спина
spin-flip Raman ~ комбинационное рассеяние с переворотом спина
spin-orbit ~ спин-орбитальное рассеяние
spontaneous ~ спонтанное рассеяние
spontaneous anti-Stokes Raman ~ спонтанное антистоксово комбинационное рассеяние
spontaneous light ~ спонтанное рассеяние света
spontaneous Raman ~ спонтанное комбинационное рассеяние
steady-state ~ стационарное рассеяние

scattering

stimulated ~ вынужденное рассеяние
stimulated anti-Stokes Raman ~ вынужденное антистоксово комбинационное рассеяние
stimulated Brillouin ~ вынужденное рассеяние Мандельштама – Бриллюэна, ВРМБ
stimulated hyperparametric ~ вынужденное гиперпараметрическое рассеяние
stimulated hyper-Raman ~ вынужденное гиперкомбинационное рассеяние
stimulated light ~ вынужденное рассеяние света
stimulated polariton ~ вынужденное рассеяние на поляритонах
stimulated Raman ~ вынужденное комбинационное рассеяние
stimulated spin-flip Raman ~ вынужденное комбинационное рассеяние с переворотом спина
stimulated thermal ~ вынужденное температурное рассеяние
Stokes ~ стоксово рассеяние
Stokes Raman ~ стоксово комбинационное рассеяние
surface ~ поверхностное рассеяние
surface-enhanced Raman ~ комбинационное рассеяние, усиленное поверхностью; гигантское комбинационное рассеяние
Thomson ~ томсоновское рассеяние
total integrated ~ полное интегральное рассеяние
transient ~ нестационарное [переходное] рассеяние
triple ~ тройное рассеяние
tropospheric ~ рассеяние в тропосфере
two-body ~ двухчастичное рассеяние
two-magnon ~ двухмагнонное рассеяние
two-particle ~ двухчастичное рассеяние
two-phonon ~ двухфононное рассеяние
Tyndall ~ рассеяние Тиндаля; рассеяние на неоднородностях среды
virtual ~ виртуальное рассеяние
wave ~ рассеяние волн

Wigner ~ рассеяние Вигнера
scatterometer измеритель уровня рассеяния света оптической поверхностью
scatterometry диагностика оптической поверхности методом рассеяния света
schematic схема, диаграмма
  energy ~ энергетическая схема, энергетическая диаграмма
  optical ~ оптическая схема
scheme схема
  all-optical ~ полностью оптическая схема
  amplification ~ схема усиления
  axial ~ осевая схема
  band ~ зонная структура
  cascade ~ каскадная схема
  communication ~ схема связи
  control ~ схема управления
  cooling ~ схема охлаждения
  correction ~ схема коррекции
  coupled-cavity ~ схема связанных резонаторов
  coupling ~ схема связи, схема взаимодействия
  Denisiuk ~ схема Денисюка
  detection ~ схема регистрации; схема детектирования
  double-beam ~ двухлучевая схема
  double-sided pumping ~ схема двусторонней накачки
  encoding ~ схема кодирования
  energy-level ~ схема энергетических уровней
  excitation ~ схема возбуждения
  experimental ~ экспериментальная схема
  heterodyne detection ~ схема гетеродинного детектирования
  homodyne detection ~ схема гомодинного детектирования
  hybrid ~ гибридная схема
  interaction ~ схема взаимодействия
  interferometric ~ интерферометрическая схема
  laser fusion ~ схема лазерного термоядерного синтеза
  Leith ~ схема Лейта
  level ~ схема уровней
  linearization ~ схема линеаризации
  measurement ~ схема измерений

multiplexing ~ схема мультиплексирования; схема уплотнения каналов
operating ~ схема действия, функциональная схема
optical ~ оптическая схема
phase-locking ~ схема фазовой синхронизации
phase-matching ~ схема фазовой синхронизации
pump-probe ~ схема накачка – зонд
recombination ~ схема рекомбинации
replication ~ схема тиражирования
solitonic mode-locking ~ солитонная схема синхронизации мод
synchronization ~ схема синхронизации
twin-beam communication ~ двухлучевая схема связи
two-photon detection ~ схема двухфотонного детектирования
science наука
  information ~ информатика
  material ~ материаловедение
  optical ~ оптическая наука, оптика
  space ~ наука о космосе
scintillation сцинтилляция
scintillograph сцинтиллограф
scope :
  rifle ~ оптический прицел
Scotch-light уголковый отражатель
scrambler скремблер (*кодирующее устройство в цифровом канале*)
  fiber optic(al) ~ волоконно-оптический скремблер
  mode ~ модовый скремблер
screen экран
  absorbing ~ поглощающий экран
  cathodoluminescent ~ катодолюминесцентный экран
  concave ~ вогнутый экран
  diffusing ~ рассеивающий экран
  double ~ двойной экран
  electroluminescent ~ электролюминесцентный экран
  flat ~ плоский экран
  fluorescent ~ люминесцентный экран
  holographic ~ голографический экран
  Kirchhoff ~ экран Кирхгофа
  lens ~ линзовый экран; бленда
  long-persistence ~ экран с длительным послесвечением
  luminescent ~ люминесцентный экран
  nonpersistent ~ экран без послесвечения
  opaque ~ непрозрачный экран
  persistent ~ экран с послесвечением
  phosphorescent ~ фосфоресцентный экран
  planar ~ плоский экран
  projection ~ проекционный экран
  reflecting ~ отражательный экран
  translucent ~ экран, работающий на просвет
  transparent ~ прозрачный экран
screening экранирование
  central ~ центральное экранирование
  Coulomb ~ кулоновское экранирование
  Debye ~ дебаевское экранирование
  dynamic ~ динамическое экранирование
  electrostatic ~ электростатическое экранирование
  magnetic ~ магнитное экранирование
  partial ~ частичное экранирование
scriber резец; скрайбер
  laser ~ лазерный скрайбер
seam шов
  butt ~ шов встык
  circular ~ кольцевой шов
search поиск
  quantum ~ квантовый поиск
searchlight прожектор
  infrared [IR] ~ инфракрасный [ИК-] прожектор
section сечение
  conic ~ коническое сечение
  cross ~ поперечное сечение
  principal ~ главное сечение
segment отрезок; участок; сегмент
  bright ~ яркий участок
  dark ~ темный участок
  mirror ~ сегмент зеркала
  waveguide ~ участок волновода
segregation разделение, выделение; сегрегация; ликвация
  impurity ~ сегрегация примесей
selection селекция
  amplitude ~ амплитудная селекция
  frequency ~ частотная селекция

selection

mode ~ селекция мод
polarization ~ поляризационная селекция
spectral ~ спектральная селекция
state ~ селекция состояний
wavelength ~ селекция по длинам волн
selectivity избирательность, селективность
  amplitude ~ амплитудная селективность
  angular ~ угловая селективность
  directional ~ избирательность по направлению
  frequency ~ частотная селективность
  mode ~ модовая селективность
  polarization ~ поляризационная селективность
  spatial ~ пространственная селективность
  spectral ~ спектральная селективность
  time ~ избирательность по времени
  vibrational ~ колебательная селективность
  wavelength ~ селективность по длинам волн
selector селектор
  amplitude ~ амплитудный селектор
  channel ~ селектор [коммутатор] каналов
  mode ~ модовый селектор
  pulse-height ~ амплитудный селектор импульсов
  star ~ звездный селектор
  time-of-flight ~ времяпролетный селектор
selenide селенид
  zinc ~ селенид цинка
selenium селен, Se
self-action самовоздействие
  ~ **of waves** самовоздействие волн
  dispersive ~ дисперсионное самовоздействие
  polarization ~ **of light** поляризационное самовоздействие света
  spatial ~ пространственное самовоздействие
  thermal ~ тепловое самовоздействие
self-alignment самовыстраивание
  ~ **of angular momenta** самовыстраивание угловых моментов
  biaxial ~ двуосное самовыстраивание

drift ~ дрейфовое самовыстраивание
hidden ~ скрытое самовыстраивание
local hidden ~ локальное скрытое самовыстраивание
self-assembly самоорганизация; самосборка
self-centering самоцентрирование
self-channeling самоканализация (*волн*)
self-compression самокомпрессия (*светового импульса*)
self-defocusing самодефокусировка
  nonstationary ~ нестационарная самодефокусировка
  thermal ~ тепловая самодефокусировка
self-diffraction самодифракция
  Raman-Nath ~ раман-натовская самодифракция
self-focusing самофокусировка
  Kerr-type ~ керровская самофокусировка
  resonant ~ резонансная самофокусировка
  small-scale ~ мелкомасштабная самофокусировка
  stationary ~ стационарная самофокусировка
  thermal ~ тепловая самофокусировка
  transient ~ переходная [нестационарная] самофокусировка
self-localization самолокализация
self-mode-locking самосинхронизация мод
self-modulation самомодуляция
  ~ **of laser beam** самомодуляция лазерного пучка
  ~ **of light** самомодуляция света
  amplitude ~ амплитудная самомодуляция
  phase ~ фазовая самомодуляция
  spatial ~ пространственная самомодуляция
  spatial phase ~ пространственная фазовая самомодуляция
  temporal phase ~ временна́я фазовая самомодуляция
self-organization самоорганизация
self-refraction саморефракция
self-reversal самообращение
  ~ **of spectral lines** самообращение спектральных линий
self-screening самоэкранирование

semiconductor

self-steepening самообострение (*лазерного импульса*)
self-switching самопереключение
self-trapping самоканалирование (*лазерных пучков*); автолокализация
semiaxis полуось
semiconductor полупроводник
   acceptor(-type) ~ дырочный полупроводник, полупроводник p-типа
   adulterated ~ загрязненный полупроводник
   amorphous ~ аморфный полупроводник
   bulk ~ объемный полупроводник
   chalcogenide ~ халькогенидный полупроводник
   compensated ~ компенсированный полупроводник
   crystalline ~ кристаллический полупроводник
   degenerate ~ вырожденный полупроводник
   diamond-structure ~ полупроводник со структурой алмаза
   diamond-type ~ алмазоподобный полупроводник
   direct-gap ~ прямозонный полупроводник
   disordered ~ разупорядоченный полупроводник
   donor(-type) ~ электронный полупроводник, полупроводник n-типа
   doped ~ легированный полупроводник
   electronic ~ электронный полупроводник, полупроводник n-типа
   extrinsic ~ примесный полупроводник
   ferroelastic ~ сегнетоупругий полупроводник, полупроводник-сегнетоэластик
   ferroelectric ~ полупроводник-сегнетоэлектрик
   ferromagnetic ~ ферромагнитный полупроводник
   high-mobility ~ полупроводник с высокой подвижностью носителей
   hole ~ дырочный полупроводник, полупроводник p-типа
   impurity ~ примесный полупроводник
   inorganic ~ неорганический полупроводник
   intrinsic ~ собственный полупроводник
   ion-implanted ~ ионно-имплантированный полупроводник
   low-dimensional ~ низкоразмерный полупроводник
   magnetic ~ магнитный полупроводник
   molecular ~ молекулярный полупроводник
   monocrystalline ~ монокристаллический полупроводник
   narrow-(band)gap ~ узкозонный полупроводник
   noncompensated ~ некомпенсированный полупроводник
   noncrystalline ~ некристаллический полупроводник
   nondegenerate ~ невырожденный полупроводник
   non-direct-gap ~ непрямозонный полупроводник
   nonmagnetic ~ немагнитный полупроводник
   n-type ~ полупроводник n-типа
   one-dimensional ~ одномерный полупроводник
   organic ~ органический полупроводник
   photosensitive ~ фоточувствительный полупроводник
   polar ~ полярный полупроводник
   p-type ~ полупроводник p-типа
   quasi-degenerate ~ квазивырожденный полупроводник
   semimagnetic ~ полумагнитный полупроводник
   single-crystal ~ монокристаллический полупроводник
   two-dimensional ~ двумерный полупроводник
   undoped ~ нелегированный полупроводник
   vitreous ~ стеклообразный полупроводник
   wide-(band)gap ~ широкозонный полупроводник
   zero-gap ~ бесщелевой полупроводник
   zinc-blend ~ полупроводник со структурой цинковой обманки
   II-VI ~ полупроводник AII-BVI; полупроводниковое соединение элементов 2-й и 6-й групп

semiconductor

III-V ~ полупроводник АIII-ВV; полупроводниковое соединение элементов 3-й и 5-й групп
sense знак, направление, ориентация
  ~ **of circular polarization** знак циркулярной поляризации
  ~ **of Faraday rotation** знак фарадеевского вращения
  ~ **of rotation** направление вращения
  clockwise ~ правое направление вращения, направление вращения по часовой стрелке
  counterclockwise [left-handed] ~ левое направление вращения, направление вращения против часовой стрелки
  right-handed ~ правое направление вращения, направление вращения по часовой стрелке
sensing считывание; восприятие; зондирование
  active remote ~ активное дистанционное зондирование
  array ~ матричное восприятие
  color ~ цветовое восприятие
  continuous optical ~ непрерывное опознавание с помощью видеосистемы
  fiber-optic ~ волоконно-оптические измерения; волоконно-оптическое зондирование
  image ~ восприятие изображений; считывание изображений
  noncontact ~ бесконтактное измерение; бесконтактная диагностика
  passive remote ~ пассивное дистанционное зондирование
  remote ~ дистанционное зондирование
  surface ~ зондирование поверхности
  visual ~ визуальное восприятие
  wavefront ~ диагностика волнового фронта
sensitivity чувствительность
  blue ~ чувствительность к синей области спектра; чувствительность к коротковолновой области спектра
  chromatic [color] ~ спектральная чувствительность; цветочувствительность
  contrast ~ контрастная чувствительность
  deflection ~ чувствительность к отклонению
  detection ~ чувствительность детектирования; чувствительность регистрации
  dynamic ~ динамическая чувствительность
  energy ~ энергетическая чувствительность
  enhanced ~ усиленная чувствительность
  green ~ чувствительность к зеленой области спектра
  infrared [IR] ~ чувствительность к ИК-излучению
  light ~ светочувствительность, фоточувствительность
  limiting ~ предельная чувствительность
  luminous ~ интегральная светочувствительность
  magnetometric ~ магнитометрическая чувствительность
  optical ~ светочувствительность, фоточувствительность
  panchromatic ~ панхроматическая чувствительность
  phase ~ фазовая чувствительность
  photoconductive ~ световая чувствительность фоторезистора
  photoelectric ~ фотоэлектрическая чувствительность
  photographic ~ фоточувствительность
  polarization ~ поляризационная чувствительность
  shot-noise-limited ~ чувствительность, ограниченная дробовым шумом
  spectral ~ спектральная чувствительность
  static ~ статическая чувствительность
  threshold ~ пороговая чувствительность
  total ~ интегральная чувствительность
  ultimate ~ предельная чувствительность
  ultrahigh ~ сверхвысокая чувствительность
sensitization сенсибилизация
  ~ **of luminescence** сенсибилизация люминесценции

sensor

chemical ~ химическая сенсибилизация
chromatic [color] ~ оптическая сенсибилизация
dye ~ сенсибилизация красителем
optical ~ оптическая сенсибилизация
spectral ~ спектральная сенсибилизация
sensitizer сенсибилизатор
chromatic [color] ~ оптический сенсибилизатор
dye ~ сенсибилизирующий краситель
optical ~ оптический сенсибилизатор
spectral ~ спектральный сенсибилизатор
sensitometer сенситометр
color ~ сенситометр для цветных фотоматериалов
laser ~ лазерный сенситометр
photographic ~ фотографический сенситометр
visual ~ визуальный сенситометр
sensitometry сенситометрия
absolute ~ абсолютная сенситометрия
black-and-white ~ черно-белая сенситометрия
color ~ цветная сенситометрия
colorimetric ~ колориметрическая сенситометрия
comparative ~ сравнительная сенситометрия
integral ~ интегральная сенситометрия
photographic ~ фотографическая сенситометрия
photoresist ~ сенситометрия фоторезистов
spectral ~ спектральная сенситометрия
sensor датчик, измерительный преобразователь, детектор
aberration ~ детектор аберраций
altitude ~ датчик высоты
area image ~ матричный детектор изображений
beam-position ~ датчик положения пучка
calibrated ~ калиброванный датчик
CCD ~ ПЗС-приемник
charge-coupled image ~ формирователь сигналов изображений на ПЗС
color ~ цветовой датчик

contactless ~ бесконтактный датчик
differential wavefront phase ~ дифференциальный датчик фазы волнового фронта
displacement ~ датчик смещения
dual-color ~ двухцветный датчик; двухцветный фотоприемник
electro-optical ~ электрооптический датчик
fiber ~ волоконный датчик
fiber-optic ~ волоконно-оптический датчик
fiber-optic rotation ~ волоконно-оптический датчик вращения
fiber-optic strain ~ волоконно-оптический датчик деформаций
fine guidance ~ датчик точного наведения
guidance ~ датчик наведения
gyro ~ гиродатчик
Hall ~ датчик Холла
Hartman ~ датчик Гартмана
hyperspectral ~ гиперспектральный сенсор
image ~ датчик изображения
infrared ~ датчик ИК-излучения
integrated optical ~ интегрально-оптический датчик
interferometric ~ интерферометрический сенсор
laser(-based) ~ лазерный датчик
light ~ оптический [светочувствительный] датчик
magnetic ~ магнитный датчик
magneto-optic(al) ~ магнитооптический датчик
matrix ~ матричный датчик
night-vision ~ ИК-датчик, приемник прибора ночного видения
optical ~ оптический [светочувствительный] датчик
optical-fiber displacement ~ волоконно-оптический датчик смещения
optoelectronic ~ оптоэлектронный центр
photoconductive ~ фоторезистор
photodiode ~ фотодиодный датчик
photoelectric ~ фотоэлектрический датчик
photometric ~ фотометрический датчик
piezoelectric ~ пьезоэлектрический датчик

sensor

polarimetric ~ поляриметрический датчик
position ~ датчик пространственного положения
remote ~ телеметрический датчик
semiconductor ~ полупроводниковый датчик
Shack-Hartman ~ датчик Шэка – Гартмана
solar direction ~ датчик направления солнечного излучения
solid-state ~ твердотельный датчик
spectral ~ спектральный датчик
spectrophotometer ~ спектрофотометрический датчик
star ~ астронавигационный датчик
strain ~ датчик деформаций
temperature ~ датчик температуры
thin-film ~ тонкопленочный датчик
uncalibrated ~ некалиброванный датчик
vibration ~ вибродатчик
wavefront ~ датчик волнового фронта
wavefront curvature ~ датчик кривизны волнового фронта
separation 1. разделение, разнесение 2. зазор, расстояние
 angular ~ 1. угловое разделение 2. угловое расстояние
 charge ~ разделение зарядов
 chromatographic ~ хроматографическое разделение
 electrophoretic ~ электрофоретическое разделение
 energy ~ энергетическое расстояние, энергетический зазор
 internuclear ~ межъядерное расстояние
 interparticle ~ межчастичное расстояние
 isotope ~ разделение изотопов
 Landau level ~ расстояние между уровнями Ландау
 laser isotope ~ лазерное разделение изотопов
 level ~ расстояние между (энергетическими) уровнями
 phase ~ разделение фаз
 spatial ~ пространственное разделение
 spectral ~ спектральное расстояние
 subband ~ энергетическое расстояние между подзонами
 wavelength ~ спектральное расстояние
sequence последовательность
 pulse ~ последовательность импульсов
 random ~ случайная последовательность
 recurrent ~ рекуррентная последовательность
 two-scale ~ двухмасштабная последовательность
series серия, ряд
 Balmer ~ серия Бальмера
 Bergmann ~ серия Бергманна
 Brackett ~ серия Брэкета
 Fourier ~ ряд Фурье
 harmonic ~ гармонический ряд
 isoelectronic ~ изоэлектронный ряд
 Laurent ~ ряд Лорана
 Lyman ~ серия Лаймана
 optical ~ оптическая спектральная серия
 Paschen ~ серия Пашена
 Pfund ~ серия Пфунда
 Runge ~ серия Рунге
 Rydberg ~ серия Ридберга
 spectral ~ спектральная серия
 spectrochemical ~ спектрохимический ряд
 subordinate ~ побочная серия
 Taylor ~ ряд Тейлора
set 1. набор, комплект 2. прибор; установка
 basis ~ базисный набор
 complete ~ комплект
 data ~ набор данных
 discrete ~ дискретный набор
 focusing ~ фокусирующее устройство
 mirror ~ комплект зеркал
setup установка; устройство, приспособление
 experimental ~ экспериментальная установка
 illumination ~ осветительная установка; система освещения
 laser ~ лазерная установка
 optical ~ оптическая установка
 photomicrographic ~ микрофотоустановка
 Raman scattering ~ установка для исследований спектров комбинационного рассеяния

shift

spectroscopic ~ спектроскопическая установка
sextupole секступоль
shading затенение; экранирование
  ~ **of bands** оттенение полос
shadow 1. тень, область тени 2. затенение ‖ затенять
shape форма
  arbitrary ~ произвольная форма
  aspheric(al) ~ асферическая форма
  asymmetrical ~ асимметричная форма
  band ~ форма полосы
  concave ~ вогнутая форма
  convex ~ выпуклая форма
  dispersion ~ дисперсионная форма
  double-peaked ~ двугорбая форма
  Gaussian ~ гауссова форма
  hyperbolic ~ гиперболическая форма
  kerf ~ форма реза
  line ~ форма линии
  mirror ~ форма зеркала
  parabolic ~ параболическая форма
  pulse ~ форма импульса
  rectangular ~ прямоугольная форма
  single-peaked ~ одногорбая форма
  spectral ~ спектральная форма
  spheric(al) ~ сферическая форма
  symmetric ~ симметричная форма
  triangular ~ треугольная форма
  wavefront ~ форма волнового фронта
shaper формирователь
  pulse ~ формирователь импульса
shaping формирование
  beam ~ формирование пучка
  pulse ~ формирование импульса
  spectrum ~ формирование спектра
sharpening заострение; сжатие; сужение
  pulse ~ заострение импульса; сжатие импульса
sharpness резкость, четкость
  ~ **of vision** острота зрения
  image ~ резкость изображения
  marginal ~ резкость краев изображения
sheaf пучок
  coherent ~ когерентный пучок
shell оболочка
  closed ~ замкнутая оболочка
  electronic ~ электронная оболочка
  inner ~ внутренняя оболочка
  outer ~ внешняя оболочка

shield экран
  cold ~ холодный экран
  heat ~ теплозащитный экран
  magnetic ~ магнитный экран
shielding экранирование
  magnetic ~ магнитное экранирование
  optical ~ оптическое экранирование
shift сдвиг; смещение
  ac-Stark ~ штарковский сдвиг в переменном поле
  anharmonic ~ ангармонический сдвиг
  anti-Stokes ~ антистоксов сдвиг
  band-edge ~ сдвиг края зоны
  Bloch-Siegert ~ сдвиг Блоха – Зигерта
  blue ~ голубой сдвиг; голубое смещение
  Burstein-Moss ~ сдвиг Бурштейна – Мосса
  chemical ~ химический сдвиг
  Compton ~ комптоновское смещение
  cosmological red ~ космологическое красное смещение
  diamagnetic ~ диамагнитный сдвиг
  Doppler ~ доплеровский сдвиг
  dynamic(al) ~ динамический сдвиг
  Einstein ~ красный сдвиг; красное смещение
  energy ~ энергетический сдвиг
  excitonic ~ экситонный сдвиг
  frequency ~ частотный сдвиг
  fringe ~ сдвиг интерференционной полосы
  Guth-Hanchen ~ сдвиг Гуса – Хенхена
  isotopic ~ изотопический сдвиг
  Knight ~ сдвиг Найта
  Lamb ~ сдвиг Лэмба
  level ~ сдвиг уровня
  light ~ световой сдвиг
  light-induced ~ светоиндуцированный сдвиг
  linear ~ линейный сдвиг
  longitudinal ~ продольный сдвиг
  nonlinear ~ нелинейный сдвиг
  parallactic ~ параллактическое смещение
  phase ~ фазовый сдвиг
  quadratic ~ квадратичный сдвиг
  radial ~ радиальный сдвиг
  Raman ~ рамановский сдвиг, сдвиг на частоту колебательного кванта

shift

red ~ красный сдвиг; красное смещение
relaxation ~ релаксационный сдвиг
spectral ~ спектральный сдвиг
spin-exchange ~ спин-обменное смещение
Stark ~ штарковский сдвиг
Stokes ~ стоксов сдвиг
temperature ~ температурный сдвиг
thermal ~ тепловой сдвиг
time ~ временной сдвиг
transverse ~ поперечный сдвиг
Zeeman energy ~ зеемановский сдвиг энергии

shifter устройство сдвига частоты
  frequency ~ устройство сдвига частоты
  Raman ~ устройство сдвига частоты на эффекте комбинационного рассеяния света

shine сияние, (*солнечный, лунный*) свет
  Earth ~ **on the Moon** пепельный свет Луны

shortsightedness близорукость

shot 1. дробь, дробинка **2.** (фото)снимок; кадр

shrinkage сокращение
  Lorentz ~ Лоренцево сокращение
  relativistic ~ **of length** релятивистское сокращение длины

shutter затвор, прерыватель
  active laser ~ активный лазерный затвор
  barrel ~ цилиндрический обтюратор
  beam ~ прерыватель пучка
  camera ~ фотозатвор
  center-opening [central] ~ центральный затвор
  compound ~ составной затвор
  curtain ~ шторный затвор
  diaphragm ~ центральный затвор; затвор-диафрагма
  disk ~ дисковый обтюратор
  electrolytic ~ электролитический затвор
  electronic ~ электронный затвор
  electro-optical ~ электрооптический затвор
  Faraday ~ фарадеевский затвор
  focal-plane ~ фокальный затвор
  high-speed ~ скоростной затвор
  Kerr(-cell) ~ затвор на ячейке Керра
  laser ~ лазерный затвор
  leaf ~ лепестковый затвор
  lens ~ затвор объектива; межлинзовый затвор
  light ~ оптический затвор
  magneto-optical ~ магнитооптический затвор
  mechanical ~ механический затвор
  microscopic ~ микроскопический затвор
  optical ~ оптический затвор
  passive ~ пассивный затвор
  photographic ~ фотографический затвор, фотозатвор
  plasma ~ плазменный затвор
  Pockels(-cell) ~ затвор на ячейке Поккельса
  rotating ~ вращающийся затвор
  slit ~ щелевой затвор
  synchronized ~ синхронизированный затвор
  ultrafast ~ скоростной затвор
  waveguide ~ волноводный затвор

shuttle космический корабль многоразового использования
  laser-powered ~ космический корабль многоразового использования с лазерным двигателем

sideband боковая полоса; боковой компонент; спутник; сателлит
  anti-Stokes ~ антистоксов компонент
  asymmetric(al) ~ асимметричная боковая полоса
  phonon ~ фононный спутник; фононный компонент
  Rabi ~ компонент расщепления Раби
  Raman ~ рамановский компонент, комбинационный спутник
  Stokes ~ стоксов компонент
  vibronic ~ вибронный компонент

sight прицел, визир
  aperture ~ визирная щель
  binocular ~ бинокулярный прицел
  collimator ~ коллиматорный визир
  eye ~ смотровое отверстие
  optical ~ оптический прицел, оптический визир
  parallax-free ~ беспараллаксный прицел
  reflex ~ зеркальный визир
  telescopic ~ телескопический видоискатель, визирная трубка

sighting обнаружение, визирование, наводка

signal

signal сигнал
- **absorption** ~ сигнал поглощения
- **actuating** ~ управляющий сигнал
- **amplitude-modulated** ~ амплитудно-модулированный сигнал
- **analog** ~ аналоговый сигнал
- **aperiodic** ~ апериодический сигнал
- **autocorrelation** ~ сигнал автокорреляции
- **background** ~ фоновый сигнал
- **beat** ~ сигнал биений
- **binary** ~ двоичный сигнал
- **bipolar** ~ биполярный сигнал
- **birefringence** ~ сигнал двулучепреломления
- **broadband** ~ широкополосный сигнал
- **calibration** ~ калибровочный сигнал
- **chirp** ~ сигнал с линейной частотной модуляцией
- **chopped** ~ сигнал, модулированный меандром
- **chrominance** ~ сигнал цветности
- **clock** ~ синхронизирующий сигнал
- **communication** ~ сигнал связи
- **control** ~ сигнал управления
- **cross-correlation** ~ сигнал кросс-корреляции
- **dc** ~ постоянный сигнал; сигнал нулевой частоты
- **delayed** ~ задержанный сигнал
- **detector** ~ сигнал приемника, сигнал детектора
- **DFWM** ~ сигнал вырожденного четырехволнового смешения
- **diffraction** ~ сигнал дифракции
- **digital** ~ цифровой сигнал
- **distorted** ~ искаженный сигнал
- **echo** ~ эхо-сигнал
- **electro-optical** ~ электрооптический сигнал
- **ellipticity** ~ сигнал эллиптичности
- **error** ~ сигнал ошибки
- **far-field** ~ сигнал дальней зоны
- **feedback** ~ сигнал обратной связи
- **feedback control** ~ сигнал управления, поступающий по каналу обратной связи
- **FID** ~ сигнал затухания свободной индукции
- **first-harmonic** ~ сигнал первой гармоники
- **fluctuating** ~ флуктуирующий сигнал
- **fluorescence** ~ сигнал флуоресценции
- **flyback** ~ сигнал обратного хода
- **four-wave-mixing** ~ сигнал четырехволнового смешения
- **free-induction-decay** ~ сигнал затухания свободной индукции
- **frequency-modulated** ~ частотно-модулированный сигнал
- **FWM** ~ сигнал четырехволнового смешения
- **gate** ~ стробирующий сигнал
- **ghost** ~ ложный [паразитный] сигнал
- **Hanle** ~ сигнал Ханле
- **harmonic** ~ гармонический сигнал; сигнал гармоники
- **incident** ~ падающий сигнал
- **incoming** ~ входной сигнал
- **initial** ~ начальный сигнал
- **in-phase** ~ синфазный сигнал
- **input** ~ входной сигнал
- **integrated** ~ интегральный сигнал
- **interference** ~ сигнал интерференции
- **inverse** ~ обратный сигнал
- **laser light** ~ сигнал лазерного излучения
- **lasing** ~ сигнал лазерной генерации
- **lock-in** ~ синхронный сигнал
- **luminescence** ~ сигнал люминесценции
- **magnetic circular dichroism** ~ сигнал магнитного циркулярного дихроизма
- **magnetic resonance** ~ сигнал магнитного резонанса
- **magneto-optic(al)** ~ магнитооптический сигнал
- **modulation** ~ сигнал модуляции
- **monochromatic** ~ монохроматический сигнал
- **noise-free** ~ бесшумовой сигнал
- **noisy** ~ зашумленный сигнал
- **nonstationary** ~ нестационарный сигнал
- **normalized** ~ нормированный сигнал
- **nutation** ~ сигнал нутации
- **optical** ~ оптический сигнал
- **optically detected magnetic resonance** ~ сигнал оптически детектируемого магнитного резонанса
- **optical nutation** ~ сигнал оптической нутации

signal

orthogonally polarized ~ ортогонально поляризованный сигнал
outgoing [output] ~ выходной сигнал
phantom ~ паразитный [ложный] сигнал
phase-modulated ~ сигнал, модулированный по фазе
photodetector ~ сигнал фотодетектора
photodiode ~ сигнал фотодиода
photoinduced ~ фотоиндуцированный сигнал
photoionization ~ сигнал фотоионизации
photoluminescence ~ сигнал фотолюминесценции
photometric ~ фотометрический сигнал
photon-echo ~ сигнал фотонного эха
photothermal deflection ~ сигнал фототермического отклонения
pilot ~ управляющий сигнал; контрольный сигнал
polaritonic ~ поляритонный сигнал
polarized ~ поляризованный сигнал
pulse(d) ~ импульсный сигнал
pump-probe ~ сигнал метода накачка – зонд
quantized ~ квантованный сигнал
Raman ~ сигнал комбинационного рассеяния
random ~ случайный сигнал
recombination ~ сигнал рекомбинации
reference ~ опорный сигнал
residual ~ остаточный сигнал
resonance ~ резонансный сигнал
sampled ~ дискретизованный сигнал
second-harmonic ~ сигнал второй гармоники
second-harmonic generation ~ сигнал генерации второй гармоники
sensor ~ сигнал датчика
spectroscopic ~ спектроскопический сигнал
spin-echo ~ сигнал спинового эха
spurious ~ ложный [паразитный] сигнал
synchronizing [timing] ~ синхронизирующий сигнал
transient ~ сигнал переходного процесса

transmission ~ сигнал пропускания
triggering ~ запускающий сигнал
video ~ видеосигнал
silica кремнезем, диоксид кремния
  fused ~ плавленый кварц
  optical vitreous ~ оптическое кварцевое стекло
  synthetic ~ синтетический кварц
  vitreous ~ кварцевое стекло
silica gel силикагель
silicate силикат
  yttrium ~ силикат иттрия
silicon кремний, Si
  amorphous ~ аморфный кремний
  bulk ~ объемный кремний
  crystalline ~ кристаллический кремний
  doped ~ легированный кремний
  epitaxial ~ эпитаксиальный кремний
  microcrystalline ~ микрокристаллический кремний
  noncrystalline ~ некристаллический кремний
  optical-grade ~ кремний оптического качества
  polycrystalline ~ поликристаллический кремний
  porous ~ пористый кремний
  single-crystal ~ монокристаллический кремний
silver серебро, Ag
simulation моделирование
  ~ **of visual perception** моделирование зрительного восприятия
  analog ~ аналоговое моделирование
  computer ~ компьютерное моделирование
  kinetic ~ кинетическое моделирование
  microscopic ~ микроскопическое моделирование
  molecular dynamics ~ моделирование методом молекулярной динамики
  Monte Carlo ~ моделирование методом Монте-Карло
  numerical ~ численное моделирование
  stochastic ~ стохастическое моделирование
simulator симулятор, имитатор
  blackbody ~ симулятор черного тела

solar ~ солнечный имитатор
singlet синглет
  excited ~ возбужденный синглет
  ground ~ основной синглет
  orbital ~ орбитальный синглет
  spin ~ спиновый синглет
singularity сингулярность
  Breit-Wigner ~ сингулярность Брейта – Вигнера
  Coulomb ~ кулоновская сингулярность
  phase ~ фазовая сингулярность
  point-like ~ точечная сингулярность
  Van Hove ~ сингулярность Ван Хове
  vortex-like ~ вихревая сингулярность
  wavefront ~ сингулярность волнового фронта
site 1. местоположение; позиция 2. центр; узел (*кристаллической решетки*)
  anion ~ анионная позиция
  cation ~ катионная позиция
  centrosymmetric ~ центросимметричная позиция
  impurity ~ позиция примеси; примесный центр
  interstitial ~ междоузельная позиция
  lattice ~ узел кристаллической решетки
  nucleation ~ центр зародышеобразования
  octahedral ~ октаэдрическая позиция
  paramagnetic ~ парамагнитный центр
  reciprocal lattice ~ узел обратной (кристаллической) решетки
  recombination ~ центр рекомбинации
  regular lattice ~ регулярный узел (кристаллической) решетки
  substitutional ~ вакансия (*в кристаллической решетке*)
  trapping ~ ловушка, центр захвата
  vacant ~ вакантный узел; вакантная позиция
size размер
  angular ~ угловой размер
  aperture ~ размер апертуры
  beam ~ размер [диаметр] пучка
  cell ~ размер ячейки; размер кюветы
  cluster ~ размер кластера

slit

  crystallite ~ размер кристаллита
  dot ~ размер (квантовой) точки
  effective ~ эффективный размер
  focal spot ~ размер фокального пятна
  grain ~ размер зерна
  image ~ размер изображения
  island ~ размер островка
  lateral ~ поперечный размер
  maximum ~ максимальный размер
  minimum ~ минимальный размер
  minimum spot ~ минимальный размер пятна
  particle ~ размер частицы
  pinhole ~ размер точечного отверстия
  pixel ~ размер пикселя
  quantum dot ~ размер квантовой точки
  spot ~ размер пятна
  subaperture ~ размер субапертуры
  system ~ размер системы
  trap ~ размер ловушки
skiascope скиаскоп, ретиноскоп
skiascopy скиаскопия, ретиноскопия
skiatron скиатрон
slab пластин(к)а
  crystal ~ кристаллическая пластинка
  semiconductor ~ полупроводниковая пластинка
slide диапозитив, слайд
slit щель
  ~ of a spectrograph щель спектрографа
  adjustable ~ регулируемая щель
  collimating ~ коллимирующая щель
  curtain ~ щель шторного затвора
  double ~ двойная щель
  entrance ~ входная щель
  exit ~ выходная щель
  eye ~ смотровая щель
  holographic ~ голографическая щель; щель-голограмма
  input ~ входная щель
  monochromator ~ щель монохроматора
  multiple ~s набор [последовательность] щелей
  optical ~ оптическая щель
  output ~ выходная щель
  sieve ~ ситчатая щель
  spectral ~ спектральная щель

slit

    spectrograph ~ щель спектрографа
slope наклон
    negative ~ отрицательный наклон
    positive ~ положительный наклон
    steep ~ крутой наклон
    wavefront ~ наклон волнового фронта
snapshot моментальная фотография, моментальный (фото)снимок
sodium натрий, Na
sol золь
soldering пайка
    laser reflow ~ лазерная пайка оплавлением
solenoid соленоид
    Bitter ~ соленоид Биттера
    cryogenic ~ криогенный соленоид
    superconducting ~ сверхпроводящий соленоид
solid твердое тело || твердый
    amorphous ~ аморфное твердое тело
    crystalline ~ кристаллическое твердое тело
    diamagnetic ~ твердый диамагнетик
    noncrystalline ~ некристаллическое твердое тело
    paramagnetic ~ твердый парамагнетик
    polycrystalline ~ поликристаллический материал
    transparent ~ прозрачное твердое тело
    vitreous ~ стеклообразное твердое тело
soliton солитон
    black ~ темный солитон
    bright ~ светлый солитон
    charged ~ заряженный солитон
    chiral ~ хиральный солитон
    classical ~ классический солитон
    coupled ~s связанные солитоны
    dark ~ темный солитон
    Davydov ~ солитон Давыдова
    dipole ~ дипольный солитон
    dissipative ~ диссипативный солитон
    double ~ двойной солитон
    femtosecond ~ фемтосекундный солитон
    first-order ~ солитон первого порядка
    gap ~ щелевой солитон
    long-lived ~ долгоживущий солитон
    magnetic ~ магнитный солитон
    motionless ~ неподвижный солитон
    multidimensional ~ многомерный солитон
    multigap ~ многощелевой солитон
    neutral ~ нейтральный солитон
    nodal ~ узловой солитон
    nodeless ~ безузловой солитон
    nonlocal ~ нелокальный солитон
    n-particle ~ n-частичный солитон
    one-dimensional ~ одномерный солитон
    optical ~ оптический солитон
    parametric ~ параметрический солитон
    photorefractive ~ фоторефрактивный солитон
    photovoltaic ~ фотоэлектрический солитон
    picosecond ~ пикосекундный солитон
    quantum ~ квантовый солитон
    quantum gap ~ квантовый щелевой солитон
    quantum-mechanical ~ квантово-механический солитон
    screening ~ экранирующий солитон
    spatial ~ пространственный солитон
    stable ~ устойчивый солитон
    steady-state ~ стационарный солитон
    thermal ~ тепловой солитон
    three-dimensional ~ трехмерный солитон
    two-dimensional ~ двумерный солитон
    two-photon ~ двухфотонный солитон
    unipolar ~ униполярный солитон
    vector ~ векторный солитон
solution 1. решение 2. раствор
    analytical ~ аналитическое решение
    antisymmetric ~ антисимметричное решение
    approximate ~ приближенное решение
    aqueous ~ водный раствор
    classical ~ классическое решение
    disordered solid ~ разупорядоченный твердый раствор
    general ~ общее решение
    homogeneous ~ однородное решение
    Mie ~ решение Ми
    non-trivial ~ нетривиальное решение
    numerical ~ численное решение

source

perturbative ~ решение в рамках теории возмущений
solid ~ твердый раствор
stable ~ устойчивое решение
stationary [steady-state] ~ стационарное решение
trivial ~ тривиальное решение
Volkow ~ волковское решение
sonoluminescence люминесценция при ультразвуковой кавитации, сонолюминесценция
sounding зондирование
  laser ~ лазерное зондирование
source источник
  ~ of light источник света
  ~ of radiation источник излучения
  anisotropic ~ анизотропный источник
  arc(-discharge) ~ дуговой источник
  astronomical ~ астрономический [небесный] источник
  astrophysical ~ астрофизический источник
  auxiliary ~ вспомогательный источник
  broadband ~ широкополосный источник
  calibration ~ калибровочный источник
  capillary-arc ~ капиллярно-дуговой источник
  cathodoluminescence ~ катодолюминесцентный источник
  celestial ~ небесный [астрономический] источник
  classical ~ классический источник
  coherent (light) ~ когерентный источник (света)
  continuous wave ~ источник непрерывного излучения
  cosmic ~ космический источник
  cosmological ~ космологический источник
  crosstalk ~ источник перекрестных помех
  current ~ источник тока
  cw ~ источник непрерывного излучения
  decoherence ~ источник декогеренции, источник разрушения когерентности
  dephasing ~ источник фазовой релаксации
  directional ~ направленный источник, источник направленного излучения
  discrete ~ дискретный источник; точечный источник
  distant ~ удаленный источник
  dual-wavelength ~ бихроматический источник
  electroluminescence ~ электролюминесцентный источник
  energy ~ источник энергии
  excitation ~ источник возбуждения
  extended ~ протяженный источник
  external ~ внешний источник
  extragalactic ~ внегалактический источник
  extraterrestrial ~ внеземной источник
  far-infrared ~ источник излучения в дальней инфракрасной [ИК-] области
  femtosecond-pulse ~ источник фемтосекундных импульсов
  fluorescence ~ источник флуоресценции
  Frank-Read ~ источник Франка – Рида
  galactic ~ галактический источник
  gas-discharge ~ газоразрядный источник
  heat ~ тепловой источник
  high-coherence ~ высококогерентный источник
  illumination ~ источник освещения
  incoherent ~ некогерентный источник
  infrared [IR] ~ источник ИК-излучения
  irradiation ~ источник облучения
  isotropic ~ изотропный источник
  laser ~ лазерный источник
  laser-plasma radiation ~ лазерно-плазменный источник излучения
  light ~ источник света
  low-coherence ~ низкокогерентный источник
  luminescent light ~ люминесцентный источник света
  molecular beam ~ источник молекулярного пучка
  monochromatic ~ монохроматический источник
  nanosecond-pulse ~ источник наносекундных импульсов

source

narrow-band ~ узкополосный источник
near infrared ~ источник излучения в ближней инфракрасной [ИК-] области
noise ~ источник шума
nonstationary ~ нестационарный источник
object ~ источник объектного пучка
omnidirectional point ~ всенаправленный точечный источник
optical ~ оптический источник
photon ~ источник фотонов
picosecond-pulse ~ источник пикосекундных импульсов
point ~ точечный источник
probe ~ источник зондирующего [пробного] излучения
pulsed ~ импульсный источник
pump ~ источник накачки
quantized ~ квантованный источник
quantum ~ квантовый источник
quasi-monochromatic ~ квазимонохроматический источник
radiation ~ источник излучения
reconstructing ~ восстанавливающий источник
reference ~ эталонный источник; опорный источник
renewable ~ возобновляемый источник
secondary ~ вторичный источник
short-pulse ~ источник коротких импульсов
signal ~ источник сигнала
single-photon ~ источник одиночных фотонов
solid-state ~ твердотельный источник
standard light ~ эталонный источник света
strip light ~ ленточный источник света
supercontinuum ~ источник суперконтинуума
synchrotron (radiation) ~ источник синхротронного излучения
tunable ~ перестраиваемый источник
twin-photon ~ источник парных фотонов
two-photon ~ двухфотонный источник
ultrashort-pulse ~ источник сверхкоротких импульсов
ultraviolet ~ источник УФ-излучения
unidirectional point ~ направленный точечный источник
virtual ~ мнимый источник
visual ~ видимый источник
vorticity ~ источник вихреобразования
white-light ~ источник белого света

space пространство
Banach ~ пространство Банаха
Bloch ~ пространство Блоха
boundless ~ безграничное пространство
cathode dark ~ прикатодное темное пространство
color ~ цветовое пространство
configuration ~ конфигурационное пространство
2D ~ двумерное пространство
3D ~ трехмерное пространство
dark ~ темное пространство
Euclidean ~ эвклидово пространство
Faraday dark ~ фарадеево темное пространство
Fock ~ пространство Фока
four-dimensional ~ четырехмерное пространство
Fourier ~ пространство Фурье
free ~ свободное пространство
functional ~ функциональное пространство
half ~ полупространство
high-dimensional ~ пространство высокой размерности
Hilbert ~ пространство Гильберта
homogeneous ~ однородное пространство
image ~ пространство изображений
interaction ~ пространство взаимодействия
interplanetary ~ межпланетное пространство
interstellar ~ межзвездное пространство
k- ~ пространство волновых чисел
Langmuir dark ~ темное пространство Ленгмюра
lens ~ линзовое пространство
Minkowski ~ пространство Минковского

momentum ~ пространство импульса
n-dimensional ~ n-мерное пространство
near ~ околоземное пространство
object ~ пространство объектов
phase ~ фазовое пространство
ray ~ пространство лучей
reciprocal ~ обратное пространство
spin ~ спиновое пространство
state ~ пространство состояний
three-dimensional ~ трехмерное пространство
two-dimensional ~ двумерное пространство
vacuum ~ вакуумное пространство
virtual image ~ пространство мнимых изображений
wave ~ пространство волновых векторов
wave function ~ пространство волновых функций
wave vector ~ пространство волновых векторов
spacing расстояние, интервал; промежуток; зазор
  atomic ~ межатомное расстояние
  center-to-center ~ межцентровое расстояние
  diffraction grating ~ шаг дифракционной решетки
  energy ~ энергетический интервал
  energy level ~ расстояние между уровнями энергии
  frequency ~ частотный интервал
  fringe ~ расстояние между (интерференционными) полосами; шаг интерференционной картины
  grating ~ постоянная дифракционной решетки
  interatomic ~ межатомное расстояние
  interlevel ~ расстояние между уровнями
  intermode ~ межмодовый интервал
  intersublevel ~ расстояние между подуровнями
  lattice ~ постоянная (кристаллической) решетки
  layer ~ расстояние между слоями
  level ~ расстояние между уровнями
  mode ~ межмодовый интервал
  pulse ~ расстояние между импульсами
  slit ~ ширина щели

  wavelength ~ интервал длин волн
span 1. пролет; расстояние 2. период времени, интервал
  frequency ~ диапазон частот; частотный интервал
  life ~ продолжительность [время] жизни
spar шпат
  Iceland ~ исландский шпат
spark искра
  laser(-induced) ~ лазерная искра
spatula лопатка; шпатель
  glass ophthalmic [ocular] ~ стеклянная глазная палочка, глазной шпатель
speckle спекл, спекл-структура *(гранулированная структура когерентного поля излучения)*
  laser ~ лазерный спекл, лазерная спекл-структура
speckling образование спеклов, образование спекл-структуры
specklon спеклон
spectacles очки
  astigmatic ~ астигматичные очки
  bifocal ~ бифокальные очки
  corrective ~ корректирующие очки
  prismatic ~ призматические очки
  telescopic ~ телескопические очки
spectrochemistry спектрохимия
spectrochronograph спектрохронограф
spectrochronology спектрохронология
  femtosecond ~ фемтосекундная спектрохронология
  nonlinear ~ нелинейная спектрохронология
spectrocomparator спектрокомпаратор
spectrodichrometer спектродихрометр
spectroelectroellipsometer спектроэлектроэллипсометр
spectroellipsometer спектроэллипсометр
spectrofluorimeter спектрофлюориметр
  polarization ~ поляризационный спектрофлюориметр
spectrograph спектрограф
  absorption ~ абсорбционный спектрограф
  astronomical ~ астроспектрограф
  autocollimating ~ автоколлимационный спектрограф
  diffraction ~ дифракционный спектрограф

spectrograph

double-focusing ~ спектрограф с двойной фокусировкой
echelle ~ эшелле-спектрограф
glass ~ стеклянный спектрограф, спектрограф со стеклянной рефрактивной оптикой
grating ~ решеточный спектрограф
grazing-beam ~ спектрограф со скользящим падением луча
high-resolution ~ спектрограф высокого разрешения
imaging ~ изображающий спектрограф; видеоспектрограф
intracavity ~ внутрирезонаторный спектрограф
Littrow ~ спектрограф Литтрова
low-resolution ~ спектрограф низкого разрешения
optical ~ оптический спектрограф
optical emission ~ оптический эмиссионный спектрограф
photoelectric ~ фотоэлектрический спектрограф
photographic ~ фотографический спектрограф
prism ~ призменный спектрограф
quartz ~ кварцевый спектрограф; спектрограф с кварцевой рефрактивной оптикой
slit ~ щелевой спектрограф
slitless ~ бесщелевой спектрограф
solar ~ солнечный спектрограф
stellar ~ звездный спектрограф
vacuum ~ вакуумный спектрограф
Young ~ спектрограф Юнга
spectrography спектрография
spectroheliograph спектрогелиограф
spectrohelioscope спектрогелиоскоп
spectrometer спектрометр
Abbe ~ спектрометр Аббе
atomic emission ~ атомно-эмиссионный спектрометр
Bragg ~ брэгговский спектрометр
Compton ~ комптоновский спектрометр
diffraction ~ дифракционный спектрометр
double-beam ~ двухлучевой спектрометр
double-lens ~ двухлинзовый спектрометр
echelle ~ эшелле-спектрометр

electron paramagnetic resonance ~ спектрометр электронного парамагнитного резонанса
electron spin resonance ~ спектрометр электронного спинового резонанса
EPR ~ спектрометр электронного парамагнитного резонанса
ESR ~ спектрометр электронного спинового резонанса
fiber-optic ~ волоконно-оптический спектрометр
fluorescence ~ флуоресцентный спектрометр
Fourier(-transform) ~ фурье-спектрометр
frustrated total internal reflection [FTIR] ~ спектрометр нарушенного полного внутреннего отражения
grating ~ решеточный спектрометр
high-resolution ~ спектрометр высокого разрешения
high-transmission ~ светосильный спектрометр
imaging ~ изображающий спектрометр
infrared ~ инфракрасный [ИК-] спектрометр
intensity-correlation ~ спектрометр корреляций интенсивности
interferometer ~ спектрометр-интерферометр
ionization ~ ионизационный спектрометр
laser ~ лазерный спектрометр
laser-induced breakdown ~ спектроанализатор с возбуждением лазерно-индуцированным пробоем
laser magnetic ~ лазерный магнитный спектрометр
lens ~ линзовый спектрометр
mass ~ масс-спектрометр
multichannel ~ многоканальный спектрометр
multiphoton ~ мультифотонный спектрометр
NMR [nuclear magnetic resonance] ~ спектрометр ядерного магнитного резонанса, ЯМР-спектрометр
optical ~ оптический спектрометр
photoelectron ~ фотоэлектронный спектрометр

spectrorefractometer

prism ~ призменный спектрометр
quadrupole mass ~ квадрупольный масс-спектрометр
Raman(-scattering) ~ спектрометр комбинационного рассеяния света, рамановский спектрометр
Rayleigh(-scattering) ~ спектрометр рэлеевского рассеяния
scanning ~ сканирующий спектрометр
single-beam ~ однолучевой спектрометр
subtractive ~ спектрометр с вычитанием дисперсии
time-of-flight ~ времяпролетный спектрометр
triple ~ тройной спектрометр
vacuum ~ вакуумный спектрометр
spectrometry спектрометрия
  absorption ~ абсорбционная спектрометрия
  atomic absorption ~ атомно-абсорбционная спектрометрия
  atomic emission ~ атомно-эмиссионная спектрометрия
  atomic emission arc ~ атомно-эмиссионная спектрометрия с дуговым источником
  atomic emission spark ~ атомно-эмиссионная спектрометрия с искровым источником
  atomic fluorescence ~ атомно-флуоресцентная спектрометрия
  correlation ~ корреляционная спектрометрия
  Fourier ~ фурье-спектрометрия
  high-resolution ~ спектрометрия высокого разрешения
  imaging ~ спектрометрия изображений
  infrared [IR] ~ инфракрасная [ИК-] спектрометрия
  laser ~ лазерная спектрометрия
  mass ~ масс-спектрометрия
  optical ~ оптическая спектрометрия
  scintillation ~ сцинтилляционная спектрометрия
  time-of-flight ~ времяпролетная спектрометрия
spectrophotometer спектрофотометр
  abridged ~ спектрофотометр на базе селективных фильтров
  atomic absorption ~ атомно-абсорбционный спектрофотометр
  automatic ~ автоматический спектрофотометр
  Dobson ~ спектрофотометр Добсона
  flame-emission ~ пламенный спектрофотометр
  Glan ~ спектрофотометр Глана
  Huefner ~ спектрофотометр Хефнера
  laser intracavity ~ лазерный внутрирезонаторный спектрофотометр
  photoelectric ~ фотоэлектрический спектрофотометр
  polarization ~ поляризационный спектрофотометр
  precision ~ прецизионный спектрофотометр
  reflectance ~ отражательный спектрофотометр
  single-beam ~ однолучевой спектрофотометр
  two-beam ~ двухлучевой спектрофотометр
  ultraviolet [UV] ~ УФ-спектрофотометр
  visual ~ визуальный спектрофотометр
spectrophotometry спектрофотометрия
  absorption ~ абсорбционная спектрофотометрия
  differential ~ дифференциальная спектрофотометрия
  emission ~ эмиссионная спектрофотометрия
  flame ~ пламенная спектрофотометрия
  fluorescence ~ флуоресцентная спектрофотометрия
  reflectance ~ отражательная спектрофотометрия
  ultraviolet [UV] ~ УФ-спектрофотометрия
spectropolarimeter спектрополяриметр
  double ~ спектропроектор
spectropolarimetry спектрополяриметрия
spectroradiometer спектрорадиометр
  optical ~ оптический спектрорадиометр
spectroradiometry спектрорадиометрия
spectroreflectometer спектрорефлектометр
spectrorefractometer спектрорефрактометр

spectroscope

spectroscope спектроскоп
  autocollimating ~ автоколлимационный спектроскоп
  diffraction ~ дифракционный спектроскоп
  direct viewing [direct vision] ~ спектроскоп прямого видения
  direct vision pocket ~ портативный спектроскоп прямого видения
  grating ~ дифракционный спектроскоп
  metallurgical spar ~ стилоскоп
  prism ~ призменный спектроскоп

spectroscopy спектроскопия
  ~ **of atoms and molecules** спектроскопия атомов и молекул
  absorption ~ абсорбционная спектроскопия
  acoustic(al) ~ акустическая спектроскопия
  active laser ~ активная лазерная спектроскопия
  active light-scattering ~ активная спектроскопия рассеяния света
  amplified spontaneous emission ~ спектроскопия усиленного спонтанного излучения
  analytical ~ аналитическая спектроскопия
  angle-resolved Auger electron ~ электронная оже-спектроскопия с угловым разрешением
  angle-resolved photoelectron ~ фотоэлектронная спектроскопия с угловым разрешением
  angle-resolved photoemission ~ спектроскопия фотоэлектронной эмиссии с угловым разрешением
  angle-resolved Raman ~ спектроскопия комбинационного рассеяния с угловым разрешением
  anti-Stokes ~ антистоксова спектроскопия
  ASE ~ спектроскопия усиленного спонтанного излучения
  astronomical ~ астрономическая спектроскопия
  atomic ~ атомная спектроскопия
  atomic beam ~ спектроскопия атомных пучков
  atomic beam magnetic resonance ~ спектроскопия магнитного резонанса на атомных пучках
  atomic-emission ~ атомно-эмиссионная спектроскопия
  atomic fluorescence ~ атомно-флуоресцентная спектроскопия
  Auger ~ оже-спектроскопия
  Auger electron ~ электронная оже-спектроскопия
  autoionization ~ автоионизационная спектроскопия
  baryon ~ барионная спектроскопия
  beam gas ~ газовая пучковая спектроскопия
  bremsstrahlung ~ спектроскопия тормозного излучения
  Brillouin (scattering) ~ спектроскопия бриллюэновского рассеяния, спектроскопия Мандельштама – Бриллюэна
  calorimetric absorption ~ калориметрическая абсорбционная спектроскопия
  CARS ~ когерентная антистоксова спектроскопия комбинационного рассеяния
  circularly polarized luminescence ~ спектроскопия циркулярно поляризованной люминесценции
  coherent ~ когерентная спектроскопия
  coherent anti-Stokes hyper-Raman ~ когерентная антистоксова спектроскопия гиперкомбинационного рассеяния
  coherent anti-Stokes Raman scattering ~ когерентная антистоксова спектроскопия комбинационного рассеяния
  coherent anti-Stokes resonance Raman scattering ~ спектроскопия когерентного антистоксова резонансного комбинационного рассеяния
  coherent control ~ спектроскопия когерентного контроля
  coherent forward scattering ~ спектроскопия когерентного рассеяния вперед
  coherent four-photon ~ когерентная четырехфотонная спектроскопия
  coherent nonlinear ~ когерентная нелинейная спектроскопия
  coherent Raman ~ спектроскопия когерентного комбинационного рас-

spectroscopy

сеяния, когерентная активная спектроскопия комбинационного рассеяния
coherent Stokes Raman ~ когерентная стоксова спектроскопия комбинационного рассеяния
computer-aided infrared [IR] ~ автоматизированная ИК-спектроскопия
correlation ~ корреляционная спектроскопия
crystal ~ спектроскопия кристаллов
deep level ~ спектроскопия глубоких уровней
derivative ~ дифференциальная спектроскопия, спектроскопия производных
Doppler ~ доплеровская спектроскопия
Doppler broadening ~ спектроскопия доплеровского уширения
Doppler-free ~ бездоплеровская спектроскопия
double-resonance ~ спектроскопия двойного резонанса
dynamic ~ динамическая спектроскопия
echo ~ эхо-спектроскопия
electric dichroism ~ спектроскопия электрического дихроизма
electron energy-loss ~ спектроскопия электронных энергетических потерь
electronic ~ электронная спектроскопия
electron paramagnetic resonance ~ ЭПР-спектроскопия
electroreflectance ~ спектроскопия электроотражения
emission ~ эмиссионная спектроскопия
Fabry-Perot ~ спектроскопия Фабри – Перо
far-field ~ спектроскопия дальней зоны
femtosecond ~ фемтосекундная спектроскопия
flame ~ пламенная спектроскопия
fluctuation ~ спектроскопия флуктуаций
fluorescence ~ флуоресцентная спектроскопия
fluorescence correlation ~ корреляционная спектроскопия флуоресценции

Fourier ~ фурье-спектроскопия
Fourier-transform infrared ~ ИК-фурье-спектроскопия
four-wave mixing ~ спектроскопия четырехволнового смешения
fracton ~ фрактонная спектроскопия
frequency modulation ~ спектроскопия с частотной модуляцией
frustrated total internal reflection ~ спектроскопия нарушенного полного внутреннего отражения
gamma-ray ~ гамма-спектроскопия
grazing incidence ~ спектроскопия скользящего падения
high-resolution ~ спектроскопия высокого разрешения
hole-burning ~ спектроскопия выжигания провала
holographic ~ голографическая спектроскопия
hyper-Raman ~ спектроскопия гиперкомбинационного рассеяния
infrared ~ ИК-спектроскопия
infrared reflection ~ спектроскопия ИК-отражения
intensity correlation ~ спектроскопия корреляции интенсивности
intensity fluctuation ~ спектроскопия флуктуаций интенсивности
interferometric ~ интерферометрическая спектроскопия
intracavity (laser) ~ внутрирезонаторная (лазерная) спектроскопия
Kerr-effect ~ спектроскопия эффекта Керра, керровская спектроскопия
kinetic ~ кинетическая спектроскопия
laser ~ лазерная спектроскопия
laser absorption ~ лазерная абсорбционная спектроскопия
laser-induced breakdown ~ спектроскопия возбуждения лазерным пробоем
laser-induced fluorescence ~ спектроскопия индуцированной лазером флуоресценции
laser-induced grating ~ спектроскопия индуцированных лазерным излучением решеток
laser selective ~ лазерная селективная спектроскопия
level-crossing ~ спектроскопия пересечения уровней

spectroscopy

lifetime ~ спектроскопия времени жизни
light intensity fluctuation ~ спектроскопия флуктуаций интенсивности света
light scattering ~ спектроскопия рассеяния света
light transmission ~ спектроскопия пропускания света
linear ~ линейная спектроскопия
luminescence ~ люминесцентная спектроскопия
magnetic ~ магнитная спектроскопия
magnetic resonance ~ спектроскопия магнитного резонанса
magnetic rotation ~ спектроскопия магнитного вращения (*плоскости поляризации*)
magneto-exciton ~ магнитоэкситонная спектроскопия
magneto-optic(al) ~ магнитооптическая спектроскопия
magneto-photoluminescence ~ магнитофотолюминесцентная спектроскопия
matrix isolation ~ спектроскопия матричной изоляции
microwave ~ микроволновая [СВЧ-] спектроскопия
modulation ~ модуляционная спектроскопия
molecular ~ молекулярная спектроскопия
molecular light-scattering ~ спектроскопия молекулярного рассеяния света
Mössbauer ~ мёссбауэровская спектроскопия
multiexciton ~ многоэкситонная спектроскопия
multiphoton ~ многофотонная спектроскопия
multiphoton ionization ~ спектроскопия многофотонной ионизации
near-field ~ ближнепольная спектроскопия
NMR ~ спектроскопия ядерного магнитного резонанса, ЯМР-спектроскопия
noise ~ спектроскопия шумов
nonlinear ~ нелинейная спектроскопия

nonlinear laser ~ нелинейная лазерная спектроскопия
nuclear magnetic resonance ~ спектроскопия ядерного магнитного резонанса, ЯМР-спектроскопия
optical ~ оптическая спектроскопия
optical echo ~ спектроскопия оптического [фотонного] эха, оптическая эхо-спектроскопия
optical Kerr-effect ~ спектроскопия оптического эффекта Керра
optically detected magnetic resonance ~ спектроскопия оптически детектируемого магнитного резонанса
optical nutation ~ спектроскопия оптических нутаций
optico-acoustics ~ оптико-акустическая спектроскопия
optogalvanic ~ оптогальваническая спектроскопия
phonon echo ~ спектроскопия фононного эха
phosphorescence ~ фосфоресцентная спектроскопия
photoacoustic ~ фотоакустическая спектроскопия
photoassociation ~ фотоассоциационная спектроскопия
photocapacitance ~ фотоемкостная спектроскопия
photodeflection ~ фотодефлекционная спектроскопия
photodissociation ~ фотодиссоциационная спектроскопия
photoelectric ~ фотоэлектрическая спектроскопия
photoelectron ~ фотоэлектронная спектроскопия
photoemission ~ фотоэмиссионная спектроскопия
photofragmentation ~ спектроскопия фотофрагментации
photoionization ~ фотоионизационная спектроскопия
photoluminescence ~ фотолюминесцентная спектроскопия
photon correlation ~ спектроскопия корреляции фотонов
photon-echo ~ спектроскопия фотонного [оптического] эха, оптическая эхо-спектроскопия
photoreflectance ~ спектроскопия фотоотражения

spectroscopy

photothermal ~ фототермическая спектроскопия
photothermal deflection ~ фототермическая дефлекционная спектроскопия
photothermal modulation ~ фототермическая модуляционная спектроскопия
photothermoionization ~ фототермоионизационная спектроскопия
picosecond ~ пикосекундная спектроскопия
polarization ~ поляризационная спектроскопия
polarization modulation ~ поляризационно-модуляционная спектроскопия
precision ~ прецизионная спектроскопия
pump-probe ~ спектроскопия накачка – зонд
quantum beat ~ спектроскопия квантовых биений
Raman ~ рамановская спектроскопия, спектроскопия комбинационного рассеяния
Raman circular intensity differential ~ дифференциальная спектроскопия циркулярной интенсивности комбинационного рассеяния
Raman-induced Kerr effect ~ спектроскопия оптического эффекта Керра, индуцированного комбинационным рассеянием
Rayleigh(-scattering) ~ спектроскопия рэлеевского рассеяния
real-time ~ спектроскопия процессов в реальном масштабе времени
reflectance ~ спектроскопия отражения
reflectance anisotropy ~ спектроскопия анизотропии отражения
reflectance difference ~ дифференциальная спектроскопия отражения
reflection ~ спектроскопия отражения
resonance ~ резонансная спектроскопия
resonance ionization ~ спектроскопия резонансной ионизации
rotational ~ вращательная спектроскопия

saturation ~ спектроскопия насыщения
scanning tunneling ~ растровая туннельная спектроскопия
scattering ~ спектроскопия рассеяния
SERS ~ спектроскопия комбинационного рассеяния, усиленного поверхностью
Shpolski ~ спектроскопия Шпольского
single-atom ~ спектроскопия одиночного атома
single-electron tunneling ~ спектроскопия одноэлектронного туннелирования
single-molecule ~ спектроскопия одиночной молекулы
single quantum-dot ~ спектроскопия одиночных квантовых точек
site-selective ~ спектроскопия селекции позиций примесных центров
solid-state ~ спектроскопия твердого тела
spatially-resolved ~ спектроскопия с пространственным разрешением
speckle ~ спекл-спектроскопия
spin-resonance ~ спектроскопия спинового резонанса
spontaneous scattering ~ спектроскопия спонтанного рассеяния света
Stark ~ штарковская спектроскопия, спектроскопия эффекта Штарка
state filling ~ спектроскопия заполнения состояний
steady-state ~ стационарная спектроскопия
stimulated Brillouin scattering ~ спектроскопия вынужденного рассеяния Мандельштама – Бриллюэна
stimulated echo ~ спектроскопия вынужденного эха
stimulated Raman scattering ~ спектроскопия вынужденного комбинационного рассеяния
Stokes SBS ~ стоксова спектроскопия ВРМБ
subnatural ~ спектроскопия с разрешением, превосходящим естественную ширину линии
sum-frequency generation ~ спектроскопия генерации суммарных частот

spectroscopy

surface electromagnetic wave ~ спектроскопия поверхностных электромагнитных волн
surface-enhanced Raman scattering ~ спектроскопия комбинационного рассеяния, усиленного поверхностью
surface plasmon ~ спектроскопия поверхностных плазмонов
temporal ~ временна́я спектроскопия
thermo-activation ~ термоактивационная спектроскопия
thermostimulated currents ~ спектроскопия термостимулированных токов
three-wave mixing ~ спектроскопия трехволнового смешения
time-of-flight ~ времяпролетная спектроскопия
time-resolved ~ спектроскопия с временны́м разрешением
tissue ~ спектроскопия ткани
total internal reflection ~ спектроскопия полного внутреннего отражения
transient ~ нестационарная спектроскопия, спектроскопия переходных процессов
transmission ~ спектроскопия пропускания
tunnel(ing) ~ туннельная спектроскопия
two-photon ~ двухфотонная спектроскопия
two-photon absorption ~ спектроскопия двухфотонного поглощения
two-photon excitation ~ спектроскопия двухфотонного возбуждения
ultrafast ~ спектроскопия сверхбыстрых процессов, сверхскоростная спектроскопия
ultraviolet [UV] ~ УФ-спектроскопия
vacuum ultraviolet ~ спектроскопия вакуумного ультрафиолета, ВУФ-спектроскопия
vibrational ~ колебательная спектроскопия
virtual state ~ спектроскопия виртуальных состояний
visible-range ~ спектроскопия видимого спектрального диапазона
X-ray ~ рентгеновская спектроскопия

Zeeman ~ зеемановская спектроскопия
spectrotomography спектротомография
fluorescent ~ флуоресцентная спектротомография
spectrum спектр
absorption ~ спектр поглощения
amplitude ~ амплитудный спектр
angular ~ угловой спектр
arc ~ дуговой спектр
asymmetric ~ асимметричный спектр
atomic ~ атомный спектр
Auger ~ оже-электронный спектр
auroral ~ спектр полярных сияний
autoionization ~ автоионизационный спектр
background ~ фоновый спектр
band ~ полосатый спектр
birefringence ~ спектр двулучепреломления
blackbody ~ спектр абсолютно черного тела
bremsstrahlung ~ спектр тормозного излучения
broadband ~ широкополосный спектр
calibration ~ калибровочный спектр
characteristic ~ характеристический спектр
charge-transfer ~ спектр переноса заряда
clear-sky ~ спектр чистого неба
coherence ~ спектр когерентности
collision-induced ~ спектр, индуцированный столкновениями
conductivity ~ спектр проводимости
continuous ~ сплошной спектр
correlation ~ корреляционный спектр
DAP ~ спектр донорно-акцепторных пар
Debye ~ дебаевский спектр
degenerate ~ вырожденный спектр
density-of-state ~ спектр плотности состояний
dichroism ~ спектр дихроизма
diffraction ~ дифракционный спектр
discrete ~ дискретный спектр
dispersion-like ~ спектр дисперсионной формы
donor-acceptor pair ~ спектр донорно-акцепторных пар
Doppler ~ спектр доплеровских частот

spectrum

Doppler-free ~ бездоплеровский спектр
double-peaked ~ двугорбый спектр
eigenvalue ~ спектр собственных значений
electro-luminescence ~ спектр электролюминесценции
electronic ~ электронный спектр
electron paramagnetic resonance ~ спектр электронного парамагнитного резонанса
electron spin echo ~ спектр электронного спинового эха
electron spin resonance ~ спектр электронного спинового резонанса
electron transfer ~ спектр переноса электрона
ellipsometric ~ эллипсометрический спектр
emission ~ эмиссионный спектр
energy ~ энергетический спектр
energy-level ~ спектр энергетических уровней
energy-loss ~ спектр энергетических потерь
EPR ~ спектр электронного парамагнитного резонанса
ESR ~ спектр электронного спинового резонанса
excitation ~ спектр возбуждения
excitonic ~ экситонный спектр
extinction ~ спектр экстинкции
Faraday rotation ~ спектр фарадеевского вращения
far-field ~ спектр поля в дальней зоне
Floquet ~ спектр Флоке
fluctuation ~ спектр флуктуаций
fluorescence ~ спектр флуоресценции
fluorescence excitation ~ спектр возбуждения флуоресценции
Fourier-transform ~ фурье-спектр
four-wave-mixing ~ спектр четырехволнового смешения
Fraunhofer ~ фраунгоферов спектр
frequency ~ спектр частот
fringing ~ спектр с признаками интерференционной структуры
gain ~ спектр коэффициента усиления
generation ~ спектр генерации
homogeneously broadened ~ однородно уширенный спектр
impurity ~ примесный спектр
infrared ~ инфракрасный [ИК-] спектр
inhomogeneously broadened ~ неоднородно уширенный спектр
intensity ~ спектр интенсивности
intensity noise ~ спектр шума интенсивности
interference ~ интерференционный спектр
inversion ~ инверсионный спектр
laser-induced fluorescence ~ спектр индуцированной лазером флуоресценции
lasing ~ спектр генерации лазера
LIF ~ спектр индуцированной лазером флуоресценции
line ~ линейчатый [дискретный] спектр
luminescence ~ спектр люминесценции
luminescence excitation ~ спектр возбуждения люминесценции
magnetic circular dichroism ~ спектр магнитного циркулярного дихроизма
magnetic resonance ~ спектр магнитного резонанса
magneto-exciton ~ спектр магнитоэкситона
magneto-luminescence ~ спектр магнитолюминесценции
magneto-optical ~ магнитооптический спектр
magneto-optical susceptibility ~ спектр магнитооптической восприимчивости
magnon ~ магнонный спектр
many-particle ~ многочастичный спектр
mass ~ масс-спектр
Maxwellian ~ максвелловский спектр
MCD ~ спектр магнитного циркулярного дихроизма
microwave ~ микроволновый [СВЧ-] спектр
mid-infrared ~ спектр среднего инфракрасного [ИК-] диапазона
modulation ~ модуляционный спектр
molecular ~ молекулярный спектр
Mollow ~ спектр Моллоу
momentum ~ спектр импульсов
multiphoton(-induced) ~ многофотонный спектр

spectrum

near-field ~ спектр поля в ближней зоне
NMR ~ спектр ядерного магнитного резонанса
noise ~ спектр шума
noise power ~ спектр мощности шума
nonfringing ~ спектр, лишенный интерференционной структуры
normalized ~ нормированный спектр
nuclear magnetic resonance ~ спектр ядерного магнитного резонанса
nuclear quadrupole resonance ~ спектр ядерного квадрупольного резонанса
ODMR ~ спектр оптически детектируемого магнитного резонанса
optical ~ оптический спектр
optical activity ~ спектр оптической активности
optical loss ~ спектр оптических потерь
optically detected magnetic resonance ~ спектр оптически детектируемого магнитного резонанса
optical rotation ~ спектр оптического вращения
optical susceptibility ~ спектр оптической восприимчивости
output ~ спектр выходного излучения
paramagnetic resonance ~ спектр парамагнитного резонанса
phonon ~ фононный спектр
phosphorescence ~ спектр фосфоресценции
photoabsorption ~ спектр фотопоглощения
photoassociation ~ спектр фотоассоциации
photocurrent ~ спектр фототока
photodeflection ~ спектр фотоиндуцированного отклонения, спектр фотодефлекции
photodetachment ~ спектр фотоотрыва
photodissociation ~ спектр фотодиссоциации
photoelectron(ic) ~ фотоэлектронный спектр
photoemission ~ спектр фотоэмиссии; спектр фотоиспускания
photographic noise ~ спектр фотографического шума

photo-induced ~ фотоиндуцированный спектр
photo-induced absorption ~ спектр фотоиндуцированного поглощения
photoluminescence ~ спектр фотолюминесценции
photoluminescence excitation ~ спектр возбуждения фотолюминесценции
PL ~ спектр фотолюминесценции
PLE ~ спектр возбуждения фотолюминесценции
polarization [polarized] ~ поляризационный спектр
power ~ спектр мощности
pulse ~ спектр импульса
pump-probe ~ спектр «накачка – зонд»
quasi-line ~ квазилинейчатый спектр
radiation ~ спектр излучения
Raman ~ спектр комбинационного рассеяния, рамановский спектр
Rayleigh ~ спектр рэлеевского рассеяния
recombination ~ рекомбинационный спектр
reference ~ спектр сравнения; эталонный спектр
reflectance ~ спектр отражения; спектр коэффициента отражения
reflection ~ спектр отражения
reflectivity ~ спектр отражения; спектр коэффициента отражения
refractive index ~ спектр показателя преломления
relative intensity noise ~ спектр относительных шумов интенсивности
relaxation ~ релаксационный спектр
resonance ~ резонансный спектр
resonant absorption ~ спектр резонансного поглощения
RIN ~ спектр относительных шумов интенсивности
rotational ~ вращательный спектр
rotational Raman ~ вращательный спектр комбинационного рассеяния
rovibrational ~ колебательно-вращательный спектр
scattering ~ спектр рассеяния
single-particle ~ одночастичный спектр
single-phonon ~ однофононный спектр
solar ~ спектр солнечного излучения
sonoluminescence ~ спектр сонолюминесценции
spark ~ искровой спектр

spatial ~ пространственный спектр
specular reflection ~ спектр зеркального отражения
spontaneous emission ~ спектр спонтанного излучения
Stark ~ штарковский спектр
stellar ~ звездный спектр
sub-threshold emission ~ спектр допорогового излучения
sunspot ~ спектр солнечных пятен
susceptibility ~ спектр восприимчивости
time-integrated ~ спектр, интегрированный по времени
time-of-flight ~ времяпролетный спектр
time-resolved ~ спектр с временны́м разрешением
transmission ~ спектр пропускания
transmittance ~ спектр коэффициента пропускания
twilight ~ сумеречный спектр
two-particle ~ двухчастичный спектр
two-photon absorption ~ спектр двухфотонного поглощения
ultraviolet ~ УФ-спектр
unperturbed ~ невозмущенный спектр
up-conversion ~ спектр ап-конверсии, спектр преобразования частоты излучения вверх
vibrational ~ колебательный спектр
vibrational-rotational ~ колебательно-вращательный спектр
vibronic ~ электронно-колебательный [вибронный] спектр
visible ~ видимый спектр
well pronounced ~ четко выраженный спектр
well structured ~ хорошо структурированный спектр
white ~ белый спектр
wide-band ~ широкополосный спектр
Zeeman ~ зеемановский спектр
specular зеркальный
speculum зеркало
  ear ~ ушное зеркало
  laryngeal ~ гортанное зеркало
  nasal ~ носовое зеркало
  nasopharyngeal ~ носоглоточное зеркало
  rectal ~ ректальное зеркало
speed 1. скорость 2. чувствительность 3. светосила

~ **of light** скорость света
angular ~ угловая скорость
clock ~ тактовая частота; синхронизирующая частота
cutting ~ скорость резки
emulsion ~ чувствительность фотоэмульсии
free-space ~ **of light** скорость света в свободном пространстве
lens ~ светосила объектива
photographic ~ чувствительность фотопленки
propagation ~ скорость распространения
reading [readout] ~ скорость считывания
shutter ~ быстродействие затвора; выдержка
supraluminal ~ сверхсветовая скорость
switching ~ скорость переключения
wave ~ скорость распространения волн
welding ~ скорость сварки
writing ~ скорость записи
sphere сфера
  Bloch ~ сфера Блоха
  celestial ~ небесная сфера
  Debye ~ дебаевская сфера
  fiber ~ волоконный шар
  four-dimensional ~ четырехмерная сфера
  integrating ~ интегрирующая сфера
  Mie ~ сфера Ми
  photometric ~ фотометрическая сфера
  Poincare ~ сфера Пуанкаре
  Ulbricht ~ сфера [шаровой фотометр] Ульбрихта
spherochromatism сферохроматизм
spherometer сферометр
  autocollimating ~ автоколлимационный сферометр
spicule спикула
spike 1. пик 2. всплеск; выброс
spin 1. спин 2. спиновый момент 3. спиновое квантовое число 4. вращение ‖ вращаться
  aligned ~s выстроенные спины
  atomic ~ атомный спин
  collective ~ коллективный спин
  effective ~ эффективный спин
  electron(ic) ~ электронный спин

spin

even ~ четный спин
exciton ~ экситонный спин
half-integer ~ полуцелый спин
hole ~ спин дырки
integer ~ целый спин
intrinsic ~ собственный спин
nuclear ~ ядерный спин
odd ~ нечетный спин
photon ~ спин фотона
topological ~ топологический спин
total ~ полный спин

spinel шпинель
   disordered ~ разупорядоченная шпинель

spinner устройство вращения
   polarizer ~ устройство вращения поляризатора

spinor спинор
spintronics спинтроника
spiral спираль
   Airy ~ спираль Эйри
   Archimedes ~ спираль Архимеда
   Cornu ~ спираль Корню
   growth ~ спираль роста

splice сросток (*проводов*) || сращивать (*концы проводов*)
   fiber ~ 1. сращивание торцов волокна сплавлением 2. место сращивания волокон

spline сплайн
   fundamental ~ фундаментальный сплайн

splitter 1. разветвитель 2. расщепитель
   beam ~ светоделитель; расщепитель луча
   power ~ делитель мощности
   waveguide ~ волноводный ответвитель

splitting расщепление
   Autler-Townes ~ расщепление Аутлера – Таунса
   band ~ расщепление зоны
   beam ~ расщепление пучка
   Coriolis ~ кориолисово расщепление
   correlation ~ корреляционное расщепление
   crystal-field ~ расщепление кристаллического поля
   Davydov ~ давыдовское расщепление
   dislocation ~ расщепление дислокаций
   doublet ~ дублетное расщепление
   energy ~ энергетическое расщепление
   energy-level ~ расщепление энергетических уровней
   exchange ~ обменное расщепление
   excited-state ~ расщепление возбужденного состояния
   exciton-polariton ~ экситон-поляритонное [светоэкситонное] расщепление
   factor-group ~ фактор-групповое расщепление; давыдовское расщепление
   fine ~ тонкое расщепление
   frequency ~ частотное расщепление
   giant ~ гигантское расщепление
   ground-doublet ~ расщепление основного дублета
   HH-LH ~ расщепление состояний тяжелой и легкой дырок
   hyperfine ~ сверхтонкое расщепление
   Jahn-Teller ~ ян-теллеровское расщепление
   level ~ расщепление уровня
   longitudinal ~ продольное расщепление
   magnetic ~ магнитное расщепление
   multiplet ~ мультиплетное расщепление
   nonlinear ~ нелинейное расщепление
   normal-mode ~ расщепление нормальных мод
   polarization ~ поляризационное расщепление
   quadrupolar [quadrupole] ~ квадрупольное расщепление
   Rabi ~ расщепление Раби
   Rashba spin ~ спиновое расщепление Рашбы
   ray ~ расщепление луча
   rotational ~ вращательное расщепление
   spectral-line ~ расщепление спектральных линий
   spectroscopic ~ спектроскопическое расщепление
   spin ~ спиновое расщепление
   spin-orbit ~ спин-орбитальное расщепление
   Stark ~ штарковское расщепление
   stress-induced ~ деформационное расщепление

stability

superhyperfine ~ суперсверхтонкое расщепление
transverse ~ поперечное расщепление
tunneling ~ туннельное расщепление
vacuum Rabi ~ вакуумное расщепление Раби
valence-band ~ расщепление валентной зоны
Zeeman ~ зеемановское расщепление
zero-field ~ расщепление нулевого поля

spot пятно
aberration ~ аберрационное пятно
Big Red ~ Большое Красное Пятно (*на Юпитере*)
blind ~ слепое пятно
bright ~ светлое пятно
dark ~ темное пятно
diffraction ~ дифракционное пятно
diffraction-limited ~ пятно дифракционно-ограниченного размера
far-field ~ картина поля в дальней зоне
flare ~ засветка [светлое пятно] на изображении
flying ~ бегущее пятно
focal ~ фокальное пятно
hot ~ горячее пятно
laser ~ лазерное пятно
light ~ световое пятно
luminous ~ светящееся пятно
major ~ главное пятно
mode ~ модовое пятно
optical ~ пятно оптического контакта
Poisson ~ пятно Пуассона
pump ~ пятно накачки
writing ~ записывающее пятно
yellow ~ желтое пятно

spraying распыление; напыление
laser ~ лазерное напыление

spread разброс; рассеяние
angular ~ угловой разброс
data ~ разброс данных
energy ~ энергетический разброс
frequency ~ разброс по частоте
instrumental ~ аппаратурный разброс
permissible ~ допустимый разброс
random ~ беспорядочный [случайный] разброс

spatial ~ пространственный разброс
temporal ~ временной разброс

sputtering распыление; напыление
cathode ~ катодное распыление
cold ~ холодное напыление
inductive ~ индуктивное распыление
ion-beam ~ ионное напыление
magnetron ~ магнетронное напыление
metal ~ напыление металла
radio-frequency [RF] ~ радиочастотное напыление

squeezing сжатие
amplitude ~ амплитудное сжатие
broadband ~ широкополосное сжатие
enhanced ~ усиленное сжатие
ideal ~ идеальное сжатие
lateral ~ поперечное сжатие
noise ~ сжатие шума
nonlinear ~ нелинейное сжатие
phonon ~ фононное сжатие
photon-noise ~ сжатие фотонного шума
photon-number ~ сжатие по числу фотонов
quadrature ~ квадратурное сжатие
quantum ~ квантовое сжатие
soliton ~ сжатие солитона
spatial ~ пространственное сжатие
spin ~ спиновое сжатие
vacuum ~ сжатие вакуума

squint 1. косоглазие **2.** угол между максимумами диаграммы направленности
convergent ~ сходящееся косоглазие
divergent ~ расходящееся косоглазие
fixed ~ фиксированное косоглазие
latent ~ скрытое косоглазие
nonaccommodative ~ неаккомодационное косоглазие
vertical ~ вертикальное косоглазие

stability устойчивость; стабильность
amplitude ~ амплитудная стабильность
beam ~ устойчивость пучка
beam-pointing ~ устойчивость [воспроизводимость] наведения луча
dynamic ~ динамическая устойчивость
frequency ~ стабильность частоты
image ~ устойчивость изображения

stability
    interferometric ~ интерферометрическая стабильность
    laser-frequency ~ стабильность частоты лазера
    linear ~ линейная устойчивость
    local ~ локальная устойчивость
    long-term ~ долговременная стабильность
    modal ~ модовая стабильность
    mode-locking ~ устойчивость стабилизации мод
    operation ~ устойчивость работы
    output power ~ стабильность выходной мощности
    phase ~ фазовая устойчивость; фазовая стабильность
    pointing ~ устойчивость наведения
    pulse ~ устойчивость импульса
    short-term ~ кратковременная стабильность
    soliton ~ устойчивость солитона
    spectral ~ спектральная устойчивость
    spectroscopic ~ спектроскопическая стабильность
    structural ~ структурная устойчивость
    temperature ~ температурная стабильность
    thermal ~ термостабильность
    timing ~ стабильность синхронизации
stabilization стабилизация
    active ~ активная стабилизация
    frequency ~ стабилизация частоты
    gain ~ стабилизация усиления
    parametric frequency ~ параметрическая стабилизация частоты
    passive ~ пассивная стабилизация
    phase ~ фазовая стабилизация
    timing ~ стабилизация режима синхронизации
stabilize стабилизировать
stabilizer стабилизатор
    frequency ~ стабилизатор частоты
stage 1. столик, платформа 2. каскад
    amplification ~ каскад усиления
    buffer ~ буферный каскад
    gain ~ каскад усиления
    input ~ входной каскад
    internuclear ~ межъядерный каскад
    master ~ задающий каскад
    microscope [microscopic] ~ столик микроскопа
    object ~ предметный столик
    output ~ выходной [оконечный] каскад
    positioning ~ позиционирующая подвижка, юстировочный столик
    rotary ~ вращательное юстировочное устройство
    translation ~ трансляционный юстировочный столик
    X-Y positioning ~ двумерный трансляционный юстировочный столик
    x-y-z ~ трехмерный трансляционный столик
staining травление; окрашивание; контрастирование (*в микроскопии*)
    negative ~ негативное контрастирование
staircase лестница
    Coulomb ~ кулоновская лестница
standard стандарт, эталон
    atomic ~ атомный эталон
    atomic frequency ~ атомный стандарт частоты
    atomic time ~ атомный стандарт времени
    cesium frequency ~ цезиевый эталон частоты
    color ~ цветовой эталон
    frequency ~ стандарт частоты
    gray scale ~ эталон серой шкалы
    line ~ штриховой эталон, штриховая мира
    photometric ~ фотометрический стандарт
    quantum ~ квантовый стандарт
    radiometric ~ радиометрический стандарт
    reference [secondary] ~ вторичный эталон
    time ~ стандарт времени
star звезда
    binary [double] ~ двойная звезда
    guiding ~ звезда для гидирования
    neutron ~ нейтронная звезда
    optical ~ оптическая звезда
    radio ~ радиозвезда
    reference ~ опорная звезда
    twinkling ~ мерцающая звезда
    variable ~ переменная звезда
    visual double ~ видимая двойная звезда
    white dwarf ~ белый карлик
state состояние

state

acceptor ~ состояние акцептора
aggregated ~ агрегированное состояние
aligned ~ выстроенное состояние; отъюстированное состояние
allowed ~ разрешенное состояние
amorphous ~ аморфное состояние
amplitude-squeezed ~ амплитудно-сжатое состояние
antibonding ~ антисвязывающее состояние
antisymmetric ~ антисимметричное состояние
arbitrary ~ произвольное состояние
atomic ~ атомное состояние
attractive ~ состояние притягивания
autoionization ~ автоионизационное состояние
autolocalized ~ автолокализованное состояние
basis ~ базисное состояние
Bell ~ белловское состояние
biexciton ~ биэкситонное состояние
Bloch ~ блоховское состояние
bosonic ~ бозонное состояние
bound ~ связанное состояние
bright ~ «светлое» состояние; оптически активное состояние
charge ~ зарядовое состояние
charge-transfer ~ состояние переноса заряда
classical ~ классическое состояние
coherent ~s когерентные состояния
coherent-trapping ~s состояния когерентного пленения
collective ~ коллективное состояние
condensed ~ конденсированное состояние
conduction-band ~s состояния зоны проводимости
continuum ~ континуальное состояние, состояние континуума
coupled ~s связанные состояния
critical ~ критическое состояние
crystalline ~ кристаллическое состояние
dark ~ «темное» состояние
deep-lying ~ глубокий энергетический уровень
defect ~ дефектное состояние
degenerate ~ вырожденное состояние
delocalized ~ делокализованное состояние
depopulated ~ опустошенное состояние
discrete ~s дискретные состояния
disentanglement-preserving ~ состояние, сохраняющее распутанность
disordered ~ разупорядоченное состояние
dissociated ~ диссоциированное состояние
donor ~ донорное состояние
doublet ~ дублетное состояние
doubly degenerate ~ дважды вырожденное состояние
doubly-excited ~ дважды возбужденное состояние
dressed ~ «одетое» состояние
edge ~ краевое состояние
electron ~ электронное состояние
electron-hole ~ электронно-дырочное состояние
electronic ~ электронное состояние
emissive ~ излучательное состояние
energy ~ энергетическое состояние
entangled ~ перепутанное состояние
equilibrium ~ равновесное состояние
even(-parity) ~ четное состояние
excited ~ возбужденное состояние
exciton ~ экситонное состояние
factorizable ~ факторизуемое состояние
factorized ~ факторизованное состояние
field ~ состояние поля
final ~ конечное состояние
Floquet ~ состояние Флоке
Fock ~ фоковское состояние
forbidden ~ запрещенное состояние
ground ~ основное состояние
helicity ~ состояние спиральности
high-spin ~ высокоспиновое состояние
hole ~ дырочное состояние
hyperfine ~ сверхтонкое состояние, состояние сверхтонкой структуры
impurity ~ примесное состояние
initial ~ начальное [исходное] состояние
intermediate ~ промежуточное состояние
ionization ~ ионизационное состояние
labile ~ лабильное [неустойчивое] состояние

state

liquid ~ жидкое состояние
localized ~ локализованное состояние
logical basis ~s логические базисные состояния
long-lived ~ долгоживущее состояние
lower ~ нижнее состояние
lower excited ~ нижнее возбужденное состояние
lowest-lying ~ нижайшее состояние
macroscopic ~ макроскопическое состояние
magnetic ~ магнитное состояние
magnetization ~ состояние намагниченности
mesomorphic ~ мезоморфное состояние
metallic ~ металлическое состояние
metastable ~ метастабильное состояние
mixed ~ смешанное состояние
mixed-valence ~ состояние смешанной валентности
molecular ~ молекулярное состояние
multiphoton ~ многофотонное состояние
multiplicative ~ мультипликативное состояние
nonclassical ~ неклассическое состояние
nonclassical field ~ неклассическое состояние поля
nondegenerate ~ невырожденное состояние
nonequilibrium ~ неравновесное состояние
non-orthogonal ~s неортогональные состояния
nonstationary ~ нестационарное состояние
n-photon ~ n-фотонное состояние
occupation number ~ состояние чисел заполнения; фоковское состояние
odd(-parity) ~ нечетное состояние
orbital ~ орбитальное состояние
orthogonal ~ ортогональное состояние
phase-squeezed ~ состояние, сжатое по фазе
phonon ~ фононное состояние
photoexcited ~ фотовозбужденное состояние
photoionized ~ фотоионизованное состояние
photon(ic) ~ фотонное состояние
photon number ~ фоковское состояние поля фотонов
polariton ~ поляритонное состояние
polarization ~ состояние поляризации
polarized ~ поляризованное состояние
polaron ~ поляронное состояние
pseudoclassical ~ псевдоклассическое состояние
pure ~ чистое состояние
quantum ~ квантовое состояние
quantum dot ~ состояние квантовой дырки
quasi-bound ~ квазисвязанное состояние
relaxed excited ~ релаксированное возбужденное состояние
repulsion [repulsive] ~ состояние отталкивания
resonance ~ резонансное состояние
rotational ~ вращательное состояние
rovibrational ~ колебательно-вращательное состояние
Russel-Saunders ~s рассел-саундеровские состояния
Rydberg ~ ридберговское состояние
Schrödinger('s) cat ~ состояние «шредингеровского кота»
shallow impurity ~ мелкое примесное состояние
Shockley ~ состояние Шокли
short-lived ~ короткоживущее состояние
single-exciton ~ одноэкситонное состояние
single-particle ~ одночастичное состояние
single-qubit ~ однокубитовое состояние
singlet ~ синглетное состояние
solid ~ твердое состояние
spin ~ спиновое состояние
spin-down ~ состояние со спином, ориентированным вниз
spin-glass ~ состояние спинового стекла

statistics

spin-up ~ состояние со спином, ориентированным вверх
squeezed ~ сжатое состояние
squeezed-vacuum ~ состояние сжатого вакуума
stable ~ устойчивое состояние
Stark ~ штарковское состояние
stationary ~ стационарное состояние
steady ~ стационарное состояние; установившееся состояние
sub-Poissonian ~ субпуассоново состояние
superconducting ~ сверхпроводящее состояние
superfluid ~ сверхтекучее состояние
superposition ~ суперпозиционное состояние
surface ~ поверхностное состояние
symmetric ~ симметричное состояние
time-dependent ~ состояние, зависящее от времени
transient [transition] ~ переходное состояние
trapped ~ состояние, локализованное на ловушке
triplet ~ триплетное состояние
triply degenerate ~ трижды вырожденное состояние
two-atom ~ двухатомное состояние
two-boson ~ двухбозонное состояние
two-electron ~ двухэлектронное состояние
two-photon ~ двухфотонное состояние
unbound ~ несвязанное состояние
unexcited ~ невозбужденное состояние
unoccupied ~ незанятое состояние
unperturbed ~ невозмущенное состояние
unstable ~ неустойчивое состояние
upper ~ верхнее состояние
vacuum ~ вакуумное состояние
valence ~ валентное состояние, состояние валентности
valence-band ~s состояния валентной зоны
vibrational ~ колебательное состояние
vibronic ~ электронно-колебательное [вибронное] состояние

virtual ~ виртуальное состояние
vitreous ~ стеклообразное состояние
statistics статистика
~ **of photocounts** статистика фотоотсчетов
Boltzmann ~ статистика Больцмана
Bose-Einstein ~ статистика Бозе – Эйнштейна
boson(ic) ~ бозонная статистика
classical ~ классическая статистика
degenerate ~ вырожденная статистика
Fermi-Dirac ~ статистика Ферми – Дирака
fermion ~ фермионная статистика
Gaussian ~ гауссова статистика
Gibbs ~ статистика Гиббса
level spacing ~ статистика межуровневых состояний
Maxwell-Boltzmann ~ статистика Максвелла – Больцмана
Neumann-Pirson ~ статистика Неймана – Пирсона
noise ~ статистика шумов
nonclassical ~ неклассическая статистика
nondegenerate ~ невырожденная статистика
photocount ~ статистика фотоотсчетов
photocurrent ~ статистика фототока
photoelectron ~ статистика фотоэлектронов
photon ~ статистика фотонов
photon counting ~ статистика счета фотонов
photon-number ~ статистика числа фотонов
Poisson(ian) ~ пуассоновская статистика
pump ~ статистика накачки
quantum ~ квантовая статистика
quasi-Gaussian ~ квазигауссова статистика
recombination-generation ~ рекомбинационно-генерационная статистика
shot-noise ~ статистика дробового шума
sub-Poissonian (photon) ~ субпуассоновская статистика (фотонов)
super-Poissonian (photon) ~ сверхпуассоновская статистика (фотонов)

statistics

    Wigner ~ статистика Вигнера
    Wigner-Dyson ~ статистика Вигнера – Дайсона
steeloscope стилоскоп
steering управление
    beam ~ управление лучом
step 1. шаг **2.** ступень
    cleavage ~ ступенька скола
    Heaviside unit ~ ступенька Хэвисайда
    integration ~ шаг интегрирования
    interpolation ~ шаг интерполяции
    monoatomic ~ моноатомная ступень
    quantization ~ шаг квантования
    wedge ~ ступенька фотометрического [оптического] клина
stereocomparator стереокомпаратор
stereolythography стереолитография
    laser ~ лазерная стереолитография
stereophotogrammetry стереофотограмметрия
stereophotography стереофотография
stereoprojector стереопроектор
stereoscope стереоскоп
    dual viewing ~ двойной стереоскоп
    lens ~ линзовый стереоскоп
    mirror ~ зеркальный стереоскоп
    prismatic ~ призменный стереоскоп
    slit ~ щелевой стереоскоп
stilb стильб (*внесистемная единица яркости*)
stimulation возбуждение; стимуляция
    coherent ~ когерентное возбуждение
    color ~ цветовой стимул
    laser ~ лазерное возбуждение
    luminescence ~ возбуждение люминесценции
stoichiometric стехиометрический
stoichiometry стехиометрия
stop диафрагма
    aperture ~ апертурная диафрагма
    field ~ полевая диафрагма
    flare ~ диафрагма поля зрения
    iris ~ ирисовая диафрагма
    lens ~ диафрагма объектива
storage 1. запоминающее устройство, ЗУ; память **2.** запоминание, хранение, накопление
    all-optical ~ полностью оптическая память
    angled-multiplexed ~ память с угловым мультиплексированием
    archival ~ архивная память
    associative ~ ассоциативное ЗУ
    carrier ~ накопление носителей заряда
    3D ~ трехмерная [объемная] память
    data ~ хранение данных
    destructive ~ память с разрушением информации при считывании
    digital ~ цифровое ЗУ
    energy ~ аккумулирование [запасание] энергии
    erasable ~ стираемое ЗУ
    holographic ~ голографическое ЗУ
    image ~ устройство запоминания изображений
    information ~ хранение информации
    intermediate ~ промежуточное ЗУ
    light ~ хранение света
    light-pulse ~ хранение светового импульса
    long-term ~ долговременная память
    magnetic ~ магнитная память
    magneto-optic(al) ~ магнитооптическая память
    optical ~ оптическое ЗУ; оптическая память
    optical data ~ хранение оптической информации
    permanent ~ постоянная память; постоянное запоминающее устройство, ПЗУ
    photographic ~ фотографическое запоминание
    photon-echo ~ память на эффекте фотонного эха
    short-term ~ кратковременная память
    spectrally selective ~ спектрально-селективное хранение информации
    three-dimensional ~ трехмерная [объемная] память
    volatile ~ энергозависимое ЗУ; кратковременная память
strain деформация; натяжение
    anisotropic ~ анизотропная деформация
    axial ~ аксиальная деформация
    dynamic ~ динамическая деформация
    elastic ~ упругая деформация
    induced ~ индуцированная деформация

structure

internal ~ внутренняя деформация
local ~ локальная деформация
longitudinal ~ продольная деформация
oriented ~ ориентированная деформация
plastic ~ пластическая деформация
residual ~ остаточная деформация
thermal ~ термическая деформация
torsional ~ деформация кручения
transverse ~ поперечная деформация
ultimate ~ предельная деформация
uniaxial ~ одноосная деформация
uniform ~ однородная деформация
stratification стратификация
  atmospheric ~ стратификация атмосферы
  solution ~ стратификация раствора
stratoscope стратоскоп
strength 1. сила 2. напряженность 3. интенсивность
  absorption ~ интенсивность поглощения
  band ~ интенсивность полосы
  bond ~ сила связи
  coupling ~ сила связи; сила взаимодействия
  electric field ~ напряженность электрического поля
  field ~ напряженность поля
  interaction ~ сила взаимодействия
  lens ~ оптическая сила линзы
  line ~ интенсивность (спектральной) линии
  magnetic field ~ напряженность магнитного поля
  oscillator ~ сила осциллятора
  pinning ~ сила пиннинга
  transition ~ сила перехода
  vortex ~ интенсивность вихря
stress напряжение; усилие
  axial ~ аксиальное напряжение
  biaxial ~ двуосное напряжение
  compressive ~ напряжение сжатия
  critical ~ критическое [предельное] напряжение
  internal ~ внутреннее напряжение
  mechanical ~ механическое напряжение
  photo-induced ~ фотоиндуцированное напряжение
  radial ~ радиальное напряжение
  residual ~ остаточное напряжение
  surface ~ поверхностное напряжение
  thermal ~ термическое напряжение
  uniaxial ~ одноосное напряжение
stretcher расширитель
  diffraction grating ~ расширитель импульса на основе дифракционной решетки
  off-axis ~ внеосевой расширитель импульса
  pulse ~ расширитель импульса
stretching растяжение; растягивание
  centrifugal ~ центробежное растяжение
stria полоска; свиль
strip полоса
  film ~ полоска пленки
  plate ~ узкая пластинка
  vortex ~ вихревая полоска
stripper устройство для зачистки (*проводов*); устройство для снятия оболочки (*волокна*)
stroboscope стробоскоп
  electric ~ электрический стробоскоп
stroboscopy стробоскопия
strontium стронций, Sr
structure структура
  absorption ~ структура поглощения
  amorphous ~ аморфная структура
  array ~ матричная структура
  artificial ~ искусственная структура
  asymmetric ~ асимметричная структура
  atomic ~ строение атома, атомная структура
  atomistic ~ атомистическая структура (*вещества*)
  axisymmetric ~ осесимметричная структура
  band ~ зонная структура
  bistable ~ бистабильная структура
  Bragg ~ брэгговская структура
  Ca-gallogermanate ~ структура галлогерманата кальция
  chaotic ~ хаотическая структура
  chiral ~ хиральная структура
  chromophore ~ структура хромофора
  closely packed ~ плотноупакованная структура
  CMC ~ структура связанных микрорезонаторов

structure

columnar ~ колончатая структура
comb ~ гребенчатая структура
commensurate ~ соразмерная структура
composite ~ композитная структура
conduction-band ~ структура зоны проводимости
coupled-microcavity ~ структура связанных микрорезонаторов
crystal ~ кристаллическая структура
crystal lattice ~ структура кристаллической решетки
crystalline ~ кристаллическая структура
cubic ~ кубическая структура
2D ~ двумерная структура
3D ~ трехмерная структура
defect ~ дефектная структура
diamond ~ структура алмаза
discrete ~ дискретная структура
disordered ~ разупорядоченная структура
distributed ~ распределенная структура
distributed Bragg ~ распределенная брэгговская структура
distributed feedback ~ структура с распределенной обратной связью
doped ~ легированная структура
double-well ~ двухъямная структура
dynode ~ динодная структура
eigenmode ~ структура собственных типов колебаний; модовая структура
electronic ~ электронная структура
electronic band ~ электронная зонная структура
energy ~ энергетическая структура
energy-band ~ структура энергетических зон
energy-level ~ структура энергетических уровней
epitaxial ~ эпитаксиальная структура
excited-state ~ структура возбужденного состояния
excitonic ~ экситонная структура
filamentary ~ нитевидная структура
fine ~ тонкая структура
fractal ~ фрактальная структура
fringe ~ структура интерференционных полос
gain ~ структура усиления
geometrical ~ геометрическая структура
grating ~ структура решетки
ground-state ~ структура основного состояния
helicoidal ~ геликоидальная структура
heteroepitaxial ~ гетероэпитаксиальная структура
heterojunction ~ структура на гетеропереходе
hexagonal ~ гексагональная структура
holographic ~ голографическая структура
honeycomb ~ сотовая структура
hyperfine ~ сверхтонкая структура
incommensurate ~ несоразмерная структура
inhomogeneous semiconductor ~ неоднородная полупроводниковая структура
interface ~ структура границы раздела
interfacial ~ граничная структура
internal ~ внутренняя структура
ladder(-like) ~ лестничная структура
large-scale ~ крупномасштабная структура
lattice ~ структура (кристаллической) решетки
layer(ed) ~ слоистая структура
light-guiding ~ световодная структура
local ~ локальная структура
long-range-ordered ~ структура с дальним порядком
long-wavelength ~ длинноволновая структура
low-dimensional ~ низкоразмерная структура
low-energy ~ низкоэнергетическая структура
macroscopic ~ макроскопическая структура
magnetic ~ магнитная структура
mesa ~ мезаструктура
metal-insulator-semiconductor ~ структура металл – диэлектрик - полупроводник, МДП-структура
microcavity ~ микрорезонаторная структура
microscopic ~ микроскопическая структура

structure

MIS ~ структура металл – диэлектрик – полупроводник, МДП-структура
mode ~ модовая структура
modular ~ модульная структура
molecular ~ молекулярная структура
monocrystalline ~ монокристаллическая структура
MQW ~ многоямная структура
multilayer ~ многослойная структура
multilevel ~ многоуровневая структура
multimode ~ многомодовая система
multiplet ~ мультиплетная структура
multi-quantum-well ~ многоямная структура
multistable ~ мультистабильная структура
multi-well ~ многоямная структура
nanometer-scale ~ структура нанометрового масштаба
one-dimensional ~ одномерная структура
optical ~ оптическая структура
optomechanical ~ оптомеханическая структура
ordered ~ упорядоченная структура
orthorhombic ~ орторомбическая структура
perfect ~ совершенная [идеальная] структура
periodic ~ периодическая структура
periodic refractive index ~ структура с периодическим показателем преломления
photonic band ~ структура фотонных зон
photonic bandgap ~ структура с фотонными запрещенными зонами
planar ~ планарная структура
point ~ точечная структура
polycrystalline ~ поликристаллическая структура
pronounced ~ выраженная структура
quantum ~ квантовая структура
quantum-confined ~ квантово-размерная структура
quantum-dot ~ структура квантовых точек
quantum-well ~ структура квантовых ям
quasi-periodic ~ квазипериодическая структура
Rayleigh ~ рэлеевская структура
rotational ~ вращательная структура
rovibrational ~ колебательно-вращательная структура
sandwich ~ слоистая структура
self-assembled [self-organized] ~ самоорганизованная структура
semiconductor ~ полупроводниковая структура
short-wavelength ~ коротковолновая структура
silicon-on-isolator ~ структура кремний на диэлектрике
single quantum well ~ одноямная структура
slow-wave ~ замедляющая структура
small-scale ~ мелкомасштабная структура
spatial ~ пространственная структура
spectral ~ спектральная структура
spin ~ спиновая структура
spiral ~ спиральная структура
stripe-like ~ полосовая структура
subwavelength ~ структура с характерным масштабом менее длины волны
superhyperfine ~ суперсверхтонкая структура
superlattice ~ структура сверхрешетки; сверхструктура
surface ~ поверхностная структура
tetragonal ~ тетрагональная структура
thin-film ~ тонкопленочная структура
three-dimensional ~ трехмерная структура
translational ~ трансляционная структура
transverse ~ поперечная структура
two-dimensional ~ двумерная структура
two-hump ~ двугорбая структура
undercut mesa ~ подтравленная мезаструктура
valence-band ~ структура валентной зоны

structure

vertical cavity ~ структура с вертикальным резонатором
vibrational ~ колебательная структура
vibronic ~ вибронная [электронно-колебательная] структура
vortex ~ вихревая структура
waveguide ~ волноводная структура
wurtzite ~ структура вюртцита
zinc blend ~ структура цинковой обманки

stud/y исследование
  ellipsometric ~ эллипсометрическое исследование
  experimental ~ экспериментальное исследование
  femtosecond ~ исследование в фемтосекундном временном диапазоне
  fluorescence ~ies флуоресцентные исследования
  hole-burning ~ies исследования эффекта выжигания провала
  light-scattering ~ исследование рассеяния света
  magneto-optical ~ магнитооптическое исследование
  magneto-spectroscopic ~ магнито-спектроскопическое исследование
  microscopic ~ микроскопическое исследование
  morphological ~ морфологическое [структурное] исследование
  near-field Raman ~ ближнепольное исследование комбинационного рассеяния
  optical ~ оптическое исследование
  photoluminescence ~ies фотолюминесцентные исследования
  photon echo ~ исследование эффекта фотонного эха
  polarimetric ~ поляриметрическое исследование
  polarization ~ies поляризационные исследования
  Raman ~ исследование спектров комбинационного рассеяния
  spectroscopic ~ спектроскопическое исследование
  theoretical ~ теоретическое исследование
  transmission ~ies исследования пропускания, исследования в геометрии «на просвет»

subband подзона
  conduction ~ подзона проводимости
  confinement ~ подзона пространственного квантования
  dimensional ~ размерная подзона
  heavy-hole ~ подзона тяжелых дырок
  high-mobility ~ подзона с высокой подвижностью носителей
  Hubbard ~ подзона Хаббарда
  light-hole ~ подзона легких дырок
  low-mobility ~ подзона с низкой подвижностью носителей
  quantum-size ~ подзона размерного квантования
  spin ~ спиновая подзона

subharmonic субгармоника || субгармонический
  even ~s четные субгармоники
  odd ~s нечетные субгармоники
  Raman ~ субгармоника комбинационного рассеяния

sublattice подрешетка

sublevel подуровень
  degenerate ~ вырожденный подуровень
  energy ~ энергетический подуровень
  excited-state ~ подуровень возбужденного состояния
  ground-state ~ подуровень основного состояния
  hyperfine ~ сверхтонкий подуровень
  lower ~ нижний подуровень
  magnetic ~ магнитный подуровень
  rotational ~ вращательный подуровень
  spin ~ спиновый подуровень
  Stark ~ штарковский подуровень
  upper ~ верхний подуровень
  vibrational ~ колебательный подуровень
  vibrational-rotational ~ колебательно-вращательный подуровень
  vibronic ~ вибронный подуровень
  Zeeman ~ зеемановский подуровень

sublimation сублимация, возгонка
  laser(-induced) ~ лазерная сублимация

subreflector вспомогательное [малое] зеркало
  convex ~ выпуклое вспомогательное зеркало

substance вещество

superconductor

    amorphous ~ аморфное вещество
    crystalline ~ кристаллическое вещество
substrate подложка
    amorphous ~ аморфная подложка
    anisotropic ~ анизотропная подложка
    bulk ~ объемная подложка
    ceramic ~ керамическая подложка
    composite ~ композитная подложка
    conducting ~ проводящая подложка
    crystalline ~ кристаллическая подложка
    dielectric ~ диэлектрическая [непроводящая] подложка
    doped ~ легированная подложка
    epitaxial ~ эпитаксиальная подложка
    GaAs ~ подложка из арсенида галлия
    glass ~ стеклянная подложка
    grooved ~ рифленая подложка
    honeycomb ~ подложка с сотовой структурой
    insulating ~ диэлектрическая [непроводящая] подложка
    isotropic ~ изотропная подложка
    mica ~ слюдяная подложка
    mirror ~ подложка зеркала
    misoriented ~ разориентированная подложка
    multilayer ~ многослойная подложка
    noncrystalline ~ некристаллическая подложка
    n-type ~ подложка n-типа
    organic ~ органическая подложка
    oriented ~ ориентированная подложка
    polished ~ полированная подложка
    p-type ~ подложка p-типа
    quartz ~ кварцевая подложка
    sapphire ~ сапфировая подложка
    semiconductor ~ полупроводниковая подложка
    semi-insulating ~ полуизолирующая подложка
    silica ~ подложка из плавленого кварца
    silicon ~ кремниевая подложка
    transparent ~ прозрачная подложка
    vicinal ~ вицинальная подложка
subsystem подсистема
    electron ~ электронная подсистема
    electron-hole ~ электронно-дырочная подсистема
    excitonic ~ экситонная подсистема
    fast ~ быстрая подсистема
    noninteracting ~s невзаимодействующие подсистемы
    nuclear ~ ядерная подсистема
    phonon ~ фононная подсистема
    quantum ~ квантовая подсистема
    slow ~ медленная подсистема
    spin ~ спиновая подсистема
    spin-spin ~ спин-спиновая подсистема
    vibrational ~ колебательная подсистема
    Zeeman ~ зеемановская подсистема
subtraction вычитание
    aberration ~ компенсация [вычитание] аберраций
    background ~ подавление [вычитание] фона
    image ~ вычитание изображений
sulphide сульфид
    zinc ~ сульфид цинка
sulphur сера, S
sum сумма
    Bloch ~ блоховская сумма
    column ~ сумма по столбцам
    Madelung ~ сумма Маделунга
    partial ~ частная сумма
    root-mean-square ~ среднеквадратичная сумма
    row ~ сумма по строкам
    state ~ сумма состояний
    statistical ~ статистическая сумма
    vector ~ векторная [геометрическая] сумма
summation суммирование
    coherent ~ когерентное суммирование
sunlight солнечный свет
    artificial ~ искусственный дневной свет
    diffuse ~ рассеянный солнечный свет
    direct ~ прямое солнечное освещение
    scattered ~ рассеянный солнечный свет
superconductivity сверхпроводимость
superconductor сверхпроводник
    high-temperature ~ высокотемпературный сверхпроводник
    organic ~ органический сверхпроводник

supercontinuum

supercontinuum суперконтинуум
superexchange сверхобменное взаимодействие; сверхобмен
superfluorescence суперфлуоресценция; сверхизлучение
  cascade ~ каскадное сверхизлучение
  Dicke ~ сверхизлучение Дике
  induced ~ вынужденное сверхизлучение
superlattice сверхрешетка
  amorphous ~ аморфная сверхрешетка
  artificial ~ искусственная сверхрешетка
  dislocation ~ сверхрешетка дислокаций
  disordered ~ разупорядоченная сверхрешетка
  doped ~ легированная сверхрешетка
  ideal ~ идеальная сверхрешетка
  Langmuir-Blodgett ~ сверхрешетка Ленгмюра – Блоджетт
  long-period ~ длиннопериодная сверхрешетка
  magnetic ~ магнитная сверхрешетка
  nonperiodic ~ непериодическая сверхрешетка
  one-dimensional ~ одномерная сверхрешетка
  quantum-dot ~ сверхрешетка квантовых точек
  self-organized ~ самоорганизованная сверхрешетка
  semiconductor ~ полупроводниковая сверхрешетка
  short-period ~ короткопериодная сверхрешетка
  sinusoidal ~ синусоидальная сверхрешетка
  stressed ~ напряженная сверхрешетка
  superconducting ~ сверхпроводящая сверхрешетка
  two-dimensional ~ двумерная сверхрешетка
  undoped ~ нелегированная сверхрешетка
superluminescence суперлюминесценция, усиленное спонтанное излучение
supermigration сверхмиграция
supernova сверхновая (звезда)
superposition суперпозиция
  ~ of states суперпозиция состояний
  classical ~ классическая суперпозиция
  coherent ~ когерентная суперпозиция
  "dark" ~ темная суперпозиция (*состояний*)
  entangled ~ перепутанная суперпозиция
  incoherent ~ некогерентная суперпозиция
  linear ~ линейная суперпозиция
  macroscopic ~ макроскопическая суперпозиция
  phase-locked ~ фазово-синхронизованная суперпозиция
  photon number state ~ суперпозиция состояний чисел заполнения фотонов
  pulse ~ суперпозиция импульсов
  quantum ~ квантовая суперпозиция
  Schrödinger ~ шредингеровская суперпозиция
superradiance сверхизлучение; суперфлуоресценция
  Dicke ~ сверхизлучение Дике
  optical ~ оптическое сверхизлучение
  parametric ~ параметрическое сверхизлучение
superstructure сверхструктура
  commensurate ~ соразмерная сверхструктура
  incommensurate ~ несоразмерная сверхструктура
  surface ~ поверхностная сверхструктура
supply :
  power ~ блок питания
suppression подавление, устранение
  background ~ устранение фона
  fluctuation ~ подавление флуктуаций
  interference ~ 1. подавление помех 2. подавление интерференционных эффектов
  mode ~ подавление мод
  noise ~ подавление шума
  side-mode ~ подавление боковых мод
  spurious light ~ подавление паразитного света
surface поверхность
  active ~ активная поверхность
  anisotropic ~ анизотропная поверхность

susceptibility

aspheric(al) ~ асферическая поверхность
atomically clean ~ атомарно-чистая поверхность
atomic-smooth ~ атомарно-гладкая поверхность
back ~ тыльная [задняя] поверхность
Bloch ~ поверхность Блоха
boundary ~ граничная поверхность
caustic ~ поверхность каустики
characteristic ~ характеристическая поверхность
cleavage [cleaved] ~ поверхность скола
concave ~ вогнутая поверхность
convex ~ выпуклая поверхность
corrugated ~ гофрированная поверхность
crystal ~ поверхность кристалла
diffuse ~ диффузная поверхность
diffusing ~ матовая поверхность
epilayer ~ внешняя [наружная] поверхность
equiphase ~ эквифазная поверхность
Fermi ~ поверхность Ферми
film ~ поверхность пленки
focal ~ фокальная поверхность
front ~ передняя поверхность
growth ~ поверхность роста
heterogeneous ~ неоднородная [гетерогенная] поверхность
homogeneous ~ однородная [гомогенная] поверхность
hydrophilic ~ гидрофильная поверхность
hydrophobic ~ гидрофобная поверхность
image ~ поверхность изображения
lens ~ поверхность линзы
mirror ~ зеркальная поверхность
mirror-smooth ~ зеркально-гладкая поверхность
nodal ~ узловая поверхность
optical ~ оптическая поверхность
Petzval ~ поверхность Петцваля
phase ~ фазовая поверхность
photosensitive ~ фоточувствительная поверхность
planar [plane] ~ плоская поверхность
Poincare ~ поверхность Пуанкаре
potential ~ потенциальная поверхность
quadric ~ поверхность второго порядка
rear ~ задняя [тыльная] поверхность
reference ~ эталонная поверхность
reflecting ~ отражающая поверхность
refracting ~ преломляющая поверхность
retinal ~ поверхность сетчатки
sample ~ поверхность образца
semispherical ~ полусферическая поверхность
specular ~ зеркальная поверхность
spherical ~ сферическая поверхность
substrate ~ поверхность подложки
vicinal ~ вицинальная поверхность
wave ~ волновой фронт

surgery хирургия
  contact laser ~ контактная лазерная хирургия
  eye ~ хирургия глаза
  laser ~ лазерная хирургия

survey съемка
  aerial ~ аэрофотосъемка
  gravimetric ~ гравиметрическая съемка
  hyperspectral ~ гиперспектральная съемка
  magnetic ~ магнитная съемка
  radiometric ~ радиометрическая съемка
  schlieren ~ фотографирование спектра обтекания методом полос
  spectrometric aerial ~ спектрометрическая аэросъемка
  thermal-infrared ~ тепловая съемка

susceptibility восприимчивость
  atomic ~ атомная восприимчивость
  bulk ~ восприимчивость объемного материала
  classical ~ классическая восприимчивость
  complex ~ комплексная восприимчивость
  cubic ~ кубичная восприимчивость
  diamagnetic ~ диамагнитная восприимчивость
  dielectric ~ диэлектрическая восприимчивость
  differential ~ дифференциальная восприимчивость
  Doppler-averaged ~ восприимчивость, усредненная по доплеровскому контуру
  electric ~ электрическая восприимчивость

susceptibility

first-order ~ восприимчивость первого порядка
induced ~ наведенная восприимчивость
linear ~ линейная восприимчивость
local ~ локальная восприимчивость
longitudinal ~ продольная восприимчивость
macroscopic ~ макроскопическая восприимчивость
magnetic ~ магнитная восприимчивость
magneto-optical ~ магнитооптическая восприимчивость
microscopic ~ микроскопическая восприимчивость
molar ~ молярная восприимчивость
molecular ~ молекулярная восприимчивость
nonlinear ~ нелинейная восприимчивость
nonresonant ~ нерезонансная восприимчивость
n-th order ~ восприимчивость n-го порядка
optical ~ оптическая восприимчивость
orbital ~ орбитальная восприимчивость
paramagnetic ~ парамагнитная восприимчивость
Pauli ~ восприимчивость Паули, паулиевская восприимчивость
quadratic ~ квадратичная восприимчивость
Raman ~ рамановская [комбинационная] восприимчивость
resonant ~ резонансная восприимчивость
second-order ~ восприимчивость второго порядка; квадратичная восприимчивость
specific ~ удельная восприимчивость
spin ~ спиновая восприимчивость
static ~ статическая восприимчивость
strong-field ~ восприимчивость в сильном поле
tensor ~ тензорная восприимчивость
third-order ~ восприимчивость третьего порядка; кубичная восприимчивость
transverse ~ поперечная восприимчивость
Van Vleck ~ ванфлековская восприимчивость
weak-field ~ восприимчивость в слабом поле
susceptor подложкодержатель
swapping обмен
  entanglement ~ обмен перепутыванием
sweep развертка
  beam ~ развертка луча
  frequency ~ развертка по частоте
switch переключатель, выключатель, ключ, коммутатор
  active Q-~ активный переключатель добротности; активный лазерный затвор
  all-optical ~ полностью оптический переключатель
  birefringent ~ переключатель [затвор] на эффекте двулучепреломления
  bistable ~ двухпозиционный переключатель
  channel ~ переключатель каналов
  electro-optic(al) ~ электрооптический переключатель
  Faraday ~ фарадеевский переключатель, переключатель на эффекте Фарадея
  fast ~ скоростной переключатель
  fiber(-optic) ~ волоконный [волоконно-оптический] переключатель
  guided-wave ~ волноводный переключатель
  high-performance ~ высококачественный переключатель, переключатель с высокими эксплуатационными характеристиками
  high-speed ~ высокоскоростной переключатель; высокочастотный переключатель
  interferometric ~ интерферометрический переключатель
  Kerr-cell ~ оптический затвор на эффекте Керра, керровский переключатель
  laser Q-~ лазерный переключатель добротности; лазерный затвор
  laser-triggered ~ переключатель, управляемый лазерным лучом
  logic ~ логический переключатель

symmetry

matrix ~ матричный переключатель
optical ~ оптический переключатель
optical-fiber ~ волоконно-оптический переключатель
optical-waveguide ~ световодный переключатель
optoelectronic ~ оптоэлектронный переключатель
passive Q-~ пассивный переключатель добротности; пассивный лазерный затвор
phase-reversal ~ фазоинвертирующий переключатель
photon-activated ~ оптоэлектронный переключатель
photonic ~ фотонный переключатель
polarization ~ переключатель поляризации
Q-~ модулятор добротности
quantum ~ квантовый переключатель
semiconductor ~ полупроводниковый переключатель
ultrafast ~ сверхскоростной переключатель
waveguide ~ волноводный переключатель

switching переключение, коммутация
  active Q-~ активная модуляция добротности
  all-optical ~ полностью оптическое переключение
  electro-optical ~ электрооптическое переключение
  fast ~ быстрое переключение; высокочастотное переключение
  instantaneous ~ мгновенное переключение
  Kerr ~ керровское переключение
  light-induced ~ светоиндуцированное переключение
  mode ~ переключение мод
  nonadiabatic ~ неадиабатическое переключение
  optical ~ оптическое переключение
  parametric ~ параметрическое переключение
  passive Q-~ пассивная модуляция добротности
  phase ~ коммутация фазы
  photonic ~ оптическое переключение
  polarization ~ поляризационное переключение

polarization mode ~ переключение поляризационных мод
Q-~ модуляция добротности
threshold ~ пороговое переключение
ultrafast ~ сверхбыстрое переключение

symmetrization симметризация
symmetry симметрия
  approximate ~ приближенная симметрия
  axial ~ аксиальная симметрия
  azimuthal ~ азимутальная симметрия
  bilateral ~ зеркальная симметрия
  broken ~ нарушенная симметрия
  chiral ~ хиральная симметрия
  circular ~ круговая симметрия
  complementary ~ дополнительная симметрия
  crystal ~ кристаллическая симметрия
  crystallographic ~ кристаллографическая симметрия
  cubic ~ кубическая симметрия
  cylindrical ~ цилиндрическая симметрия
  dynamical ~ динамическая симметрия
  exchange ~ обменная симметрия
  fundamental ~ фундаментальная симметрия
  geometrical ~ геометрическая симметрия
  helical ~ винтовая симметрия
  hexagonal ~ гексагональная симметрия
  hidden ~ скрытая симметрия
  inversion ~ инверсионная симметрия
  lattice ~ симметрия (кристаллической) решетки
  local (color) ~ локальная (цветовая) симметрия
  Lorentz ~ симметрия Лоренца
  mirror ~ зеркальная симметрия
  molecular ~ молекулярная симметрия
  monoclinic ~ моноклинная симметрия
  octahedral ~ октаэдрическая симметрия
  orthorhombic ~ орторомбическая симметрия

symmetry

permutation ~ перестановочная симметрия
plane ~ плоская симметрия
point ~ точечная симметрия
point-group ~ симметрия точечной группы
reflection ~ зеркальная симметрия
rhombic ~ ромбическая симметрия
rotation ~ вращательная [осевая] симметрия
rotation-reflection ~ зеркально-поворотная симметрия
sagittal ~ сагиттальная симметрия
site ~ **1.** симметрия позиции **2.** локальная симметрия
space [spatial] ~ пространственная симметрия
spherical ~ сферическая симметрия
tetragonal ~ тетрагональная симметрия
time-reversal ~ симметрия по отношению к инверсии времени
transition ~ симметрия перехода
translation(al) ~ трансляционная симметрия
trigonal ~ тригональная симметрия
synchronization синхронизация
  chaotic ~ хаотическая синхронизация
  clock ~ тактовая синхронизация
  injection ~ внешняя синхронизация
  phase ~ фазовая синхронизация
  pulse ~ импульсная синхронизация; синхронизация импульсов
  spatial ~ пространственная синхронизация
synchronizer синхронизатор
synchrotron синхротрон
synthesis синтез
  aperture ~ апертурный синтез
  Fourier ~ фурье-синтез, гармонический синтез
  frequency ~ синтез частот
  harmonic ~ гармонический синтез, фурье-синтез
  hologram ~ синтез голограммы
  image ~ синтез изображений
  laser fusion ~ лазерный термоядерный синтез
  laser-induced ~ лазерный (*фотохимический*) синтез
  optical frequency ~ синтез оптических частот
  quantum ~ квантовый синтез
  real-time ~ синтез в реальном масштабе времени
  spectral ~ спектральный синтез
synthesizer синтезатор
  Fourier ~ фурье-синтезатор
  frequency ~ синтезатор частоты
  polarization state ~ синтезатор поляризационного состояния
system 1. система **2.** сингония (*в кристаллах*)
~ **of units** система единиц
aberration-free ~ безаберрационная система
achromatic ~ ахроматическая система
adaptive ~ адаптивная система
adaptive-optics ~ адаптивная оптическая система
afocal ~ афокальная система
afocal optical ~ афокальная оптическая система
alarm ~ система аварийной сигнализации
alignment ~ система юстировки
all-solid-state ~ полностью твердотельная система
analog ~ аналоговая система
anamorphic ~ анаморфная система
anamorphotic ~ анаморфотная система
atom-field ~ система «атом – поле»
atomic ~ атомная система
autocollimating ~ автоколлимационная система
autoguiding ~ самонаводящаяся система
automated ~ автоматизированная система
automatic control ~ система автоматического управления
autonomous ~ автономная система
axially-symmetric optical ~ аксиально-симметричная оптическая система
balloon-borne astronomical ~ аэростатная астрономическая система
band ~ система полос; система зон
beam guidance ~ система наведения луча
binary ~ двоичная система
bistable ~ бистабильная система
Cartesian coordinate ~ декартова система координат

system

Cassegrain ~ система Кассегрена
Cassegrainian concentrating ~ концентрирующая система Кассегрена
catadioptric ~ зеркально-линзовая система
cavity dumping ~ система полного вывода излучения из резонатора в одном импульсе
celestial guidance ~ система астронаведения
centered optical ~ центрированная оптическая система
chaotic ~ хаотическая система
character readout ~ система считывания символов
classical ~ классическая система
closed ~ замкнутая система
close-looped ~ система с замкнутой петлей обратной связи
coherent imaging ~ когерентная система формирования изображения
collimating ~ коллимирующая система
collisionless ~ бесстолкновительная система
communication ~ система связи, система коммуникаций
computing ~ вычислительная система
conjugated ~ сопряженная система
control ~ система управления
cooperative ~ кооперативная система
coordinate ~ система координат
correction ~ система коррекции
Coulomb blockade ~ система с эффектом кулоновской блокады
cryptographic ~ криптографическая система
crystal ~ сингония, кристаллическая система
cubic ~ кубическая сингония
1D ~ одномерная система
2D ~ двумерная система
data acquisition ~ система сбора данных
data analysis ~ система анализа данных
data processing ~ система обработки данных
decentered optical ~ децентрированная оптическая система
deflecting ~ отклоняющая система

degenerate ~ вырожденная система
desk-top ~ **1.** настольная система **2.** макет
detection ~ система детектирования, система регистрации
diagnostic ~ диагностическая система
diatomic ~ двухатомная система
disordered ~ разупорядоченная система
dispersive ~ дисперсионная система
display ~ система индикации, система отображения
dissipative ~ диссипативная система
donor-acceptor ~ донорно-акцепторная система
Doppler-broadened ~ система с доплеровским уширением
dynamic ~ динамическая система
electron ~ электронная система
electron-hole ~ электронно-дырочная система
electronic ~ электронная система
electron-phonon ~ электрон-фононная система
epitaxial ~ эпитаксиальная система, установка эпитаксиального роста
erecting ~ оборачивающая система
exciton ~ экситонная система
exciton-photon ~ экситон-фотонная система
experimental ~ экспериментальная система
feedback ~ система обратной связи
fiber-optic ~ волоконно-оптическая система
fiber-optic gyroscope ~ волоконно-оптическая гироскопическая система
fiber transmission ~ волоконно-оптическая система связи
film-substrate ~ система пленка – подложка
fluorescent ~ флуоресцирующая система
focusing ~ фокусирующая система
four-level ~ четырехуровневая система
fractal ~ фрактальная система
global positioning ~ глобальная система позиционирования
guidance ~ система наведения
hexagonal ~ гексагональная сингония

system

high resolution ~ система высокого разрешения
holographic ~ голографическая система
holographic imaging ~ голографическая система формирования изображений
holographic memory ~ система голографической памяти
homogeneously broadened ~ однородно уширенная система
human visual ~ зрительная система человека
hybrid ~ гибридная система
hyperspectral ~ гиперспектральная система
image detection ~ система регистрации изображения
imaging ~ изображающая система, система формирования изображений
immersion ~ иммерсионная система
inertial ~ инерциальная система
information ~ информационная система
inhomogeneous ~ неоднородная система
inhomogeneously broadened ~ неоднородно уширенная система
interferometric ~ интерферометрическая система
interferometric control ~ система интерферометрического контроля
interrogation ~ опрашивающая система
intracavity ~ внутрирезонаторная система
intrinsic coordinate ~ собственная система координат
inverting ~ оборачивающая система
ion-trapping ~ система захвата ионов
isolated ~ изолированная система
ladder ~ лестничная система
lambda ~ лямбда-система (*вид трехуровневой системы*)
laser ~ лазерная система
laser communication ~ лазерная система связи
laser dazzle ~ лазерная ослепляющая система
laser deposition ~ система лазерного напыления
laser imaging ~ лазерная система формирования изображений
laser ophtalmological ~ лазерная офтальмологическая система
laser processing ~ система лазерной обработки
laser ranging ~ система лазерной дальнометрии
layered ~ слоистая [многослойная] система
leak-tight ~ герметическая система
left-handed coordinate ~ левая система координат
lens ~ линзовая система
light-energy conversion ~ система преобразования энергии света
lighting ~ осветительная система
linear ~ линейная система
linearized ~ линеаризованная система
liquid-helium-cooled ~ система, охлаждаемая жидким гелием
liquid-nitrogen-cooled ~ система, охлаждаемая жидким азотом
lithographic ~ литографическая система
long-focus ~ длиннофокусная система
lossless ~ система без потерь; бездиссипативная система
low-dimensional ~ низкоразмерная система
machining ~ система обработки
macroscopic ~ макроскопическая система
Maksutov ~ система Максутова
many-atom ~ многоатомная система
many-body ~ система многих тел
many-electron ~ многоэлектронная система
many-particle ~ многочастичная система
master oscillator - power amplifier ~ система задающий генератор – усилитель мощности
measurement ~ система измерений
mesoscopic ~ мезоскопическая система
metric ~ **of units** метрическая система единиц
microelectromechanical ~ микроэлектромеханическая система
micromachining ~ система микрообработки

system

micropositioning ~ система микропозиционирования
microscopic ~ микроскопическая система
mirror-lens Schmidt ~ зеркально-линзовая система Шмидта
model ~ модельная система
modular ~ модульная система; блочная система
molecular ~ молекулярная система
monocentric optical ~ моноцентрическая оптическая система
monoclinic ~ моноклинная сингония
MOPA ~ система задающий генератор – усилитель мощности
Mott-Hubbard ~ система Мотта – Хаббарда
multichannel ~ многоканальная система
multidimensional ~ многомерная система
multi-electron ~ многоэлектронная система
multilayer(ed) ~ многослойная [слоистая] система
multilevel ~ многоуровневая система
multiplexing ~ система уплотнения каналов, система мультиплексирования
multistate ~ система многих состояний
nanocomposite ~ нанокомпозитная система
nanoscale ~ наноструктура
narrow-gap ~ узкозонная система
nonequilibrium ~ неравновесная система
nonlinear ~ нелинейная система
one-dimensional ~ одномерная система
one-particle ~ одночастичная система
open ~ открытая система
optical ~ оптическая система
optical processing ~ система оптической обработки
optical sensing ~ система оптической диагностики, система оптического зондирования
optoelectronic ~ оптоэлектронная система
ordered ~ упорядоченная система

orthorhombic ~ орторомбическая сингония
partially ordered ~ частично упорядоченная система
passive optical ~ пассивная оптическая система
pattern recognition ~ система распознавания изображений
perturbed ~ возмущенная система
phase encoded ~ система, кодированная по фазе
phonon ~ фононная система
photobiological ~ фотобиологическая система
photochemical ~ фотохимическая система
photographic ~ фотографическая система
photographic lens ~ фотообъектив
photolithographic ~ фотолитографическая система
photometric ~ фотометрическая скамья
photon-counting ~ система счета фотонов
photonic ~ фотонная система
photophysical ~ фотофизическая система
photovoltaic ~ фотоэлектрическая система
physical ~ физическая система
piezo-driven feedback ~ пьезоуправляемая система обратной связи
planetary ~ планетарная система
polyatomic ~ многоатомная система
projection ~ проекционная система
pulse compression ~ система сжатия импульса
pulse-shaping ~ система формирования импульса
quantum ~ квантовая система
quantum communication ~ квантовая система связи
quantum-confined ~ квантово-размерная система
quantum dot ~ система квантовых точек
quantum information ~ квантовая информационная система
quantum-mechanical ~ квантово-механическая система
quantum-well ~ система с квантовыми ямами

system

quasi-crystalline ~ квазикристаллическая система
quasi-2D ~ квазидвумерная система
quasi-optical ~ квазиоптическая система
readout ~ система считывания
recognition ~ система распознавания
rhombic ~ ромбическая система
rhombohedral ~ ромбоэдрическая система
right-handed coordinate ~ правая система координат
scanning ~ сканирующая система
scattering ~ рассеивающая система
Schmidt optical ~ оптическая система Шмидта
self-assembled ~ самоорганизованная система
self-organizing ~ самоорганизующаяся система
semiconductor ~ полупроводниковая система
solar ~ Солнечная система
solar-energy ~ солнечная энергосистема
solid-state ~ твердотельная система
space-based ~ система космического базирования
spectral classification ~ система спектральной классификации
spin ~ спиновая система
spinless ~ бесспиновая система
spin-phonon ~ спин-фононная система
spin qubit ~ спиновая кубитовая система
spiral ~ спиральная система
stabilization ~ система стабилизации
stable ~ устойчивая система
star [stellar] ~ звездная система
storage ~ система памяти; система хранения
switching ~ система переключения, коммутирующая система
symmetric(al) ~ симметричная система
table-top ~ 1. настольная система 2. макет
telecommunication ~ система (дальней) связи, телекоммуникационная система
telescopic ~ телескопическая система
terawatt laser ~ тераваттная лазерная система
ternary ~ тройная система; трёхкомпонентная система
terrestrial ~ наземная система, система наземного базирования
terrestrial reference ~ земная система координат
tetragonal ~ тетрагональная сингония
thermodynamic ~ термодинамическая система
thin-film ~ тонкопленочная система
three-level ~ трехуровневая система
tomography ~ томографическая система
transmission ~ система передачи (*данных, энергии*)
triclinic ~ триклинная сингония
trigonal ~ тригональная сингония
two-body ~ двухчастичная система
two-dimensional ~ двумерная система
two-electron ~ двухэлектронная система
two-level ~ двухуровневая система
two-particle ~ двухчастичная система
two-state ~ система двух состояний
UHV [ultra-high-vacuum] ~ сверхвысоковакуумная система
unstable ~ неустойчивая система
vacuum ~ вакуумная система
waveguide ~ волноводная система
weakly nonlinear ~ слабонелинейная система
zero-dimensional ~ нуль-мерная система

T

table 1. стол(ик) 2. таблица
color ~ таблица цветов
Deslandres ~ схема Деландра
periodic ~ периодическая таблица элементов Менделеева

technique

rotary ~ вращающийся столик
truth ~ таблица истинности
tachometer тахометр
  optical ~ оптический тахометр
  stroboscopic ~ стробоскопический тахометр
tachyon тахион
tail 1. хвост; хвостовая часть **2.** крыло
  band ~ хвост зоны
  exponential ~ экспоненциальный хвост
  Gaussian ~ гауссово крыло
  high-energy ~ высокоэнергетическое крыло
  low-energy ~ низкоэнергетическое крыло
  Maxwellian ~ максвелловский хвост
  phonon ~ фононное крыло
  pulse ~ хвост импульса
  Rayleigh ~ рэлеевское крыло
  scattering ~ хвост кривой рассеяния
  wave ~ хвост волны
tantalum тантал, Ta
taper 1. конус **2.** сужение **3.** плавный волноводный переход
  fiber ~ сужение волокна
  phase ~ набег фазы
  waveguide ~ плавный волноводный переход
target мишень, цель
  atomic ~ атомная мишень
  distortion ~ мира для количественной оценки степени искажения изображения
  gas ~ газовая мишень
  Lambertian ~ ламбертова мишень
  laser ~ лазерная мишень
  plasma ~ плазменная мишень
  polarized ~ поляризованная мишень
  quantum ~ квантовая мишень
  resolution ~ мира
  star ~ радиальная мира
  thermonuclear ~ термоядерная мишень
technique техника, методика; метод
  active Q-switching ~ техника активной модуляции добротности
  alignment ~ **1.** техника юстировки **2.** метод выстраивания
  bolometric ~ болометрическая техника
  Bridgman ~ метод Бриджмена
  cavity dumping ~ метод полного вывода излучения из резонатора
  chemical etching ~ метод химического травления
  cloud chamber ~ метод камеры Вильсона
  coding ~ техника кодирования, техника шифрования
  coherent control ~ техника когерентного контроля
  coherent optical adaptive ~ методы когерентной адаптивной оптики
  coherent reflectometry ~ техника когерентной рефлектометрии
  coherent transmission ~ метод когерентной передачи
  communication ~ техника связи
  confocal imaging ~ техника конфокального формирования изображений
  confocal microscopy ~ метод конфокальной микроскопии
  conventional ~ обычная [стандартная] техника
  correlation ~ корреляционная техника
  crucibleless ~ бестигельный метод
  cryogenic ~ криогенная техника, техника низких температур
  crystal growth ~ метод выращивания кристаллов
  Czochralski ~ метод Чохральского
  data processing ~ техника обработки данных
  data storage ~ метод хранения информации
  decoding ~ техника декодирования, техника дешифрирования
  demodulation ~ техника демодуляции; техника детектирования
  destructive inspection ~ метод разрушающего контроля
  diagram ~ диаграммная техника
  digital modulation ~ техника цифровой модуляции
  double-chirp ~ метод двойного чирпа
  double-doping ~ метод двойного легирования
  double exposure ~ техника двойной экспозиции
  double microwave-optical resonance ~ техника двойного оптико-микроволнового [радиооптического] резонанса

technique

double optical resonance ~ техника двойного оптического резонанса
down-conversion ~ метод даун-конверсии, метод преобразования частоты излучения вниз
electrochemical etching ~ техника электрохимического травления
electron-microscopy ~ техника электронной микроскопии
electron-nuclear double resonance ~ техника двойного электронно-ядерного резонанса
electron paramagnetic resonance ~ техника электронного парамагнитного резонанса, техника ЭПР
electron spin resonance ~ техника электронного спинового резонанса
ENDOR ~ техника двойного электронно-ядерного резонанса
epitaxial growth ~ метод эпитаксиального роста
EPR ~ техника электронного парамагнитного резонанса, техника ЭПР
experimental ~ экспериментальная техника
factorization ~ метод факторизации
far-field ~ метод дальней зоны
femtosecond pulse ~ техника фемтосекундных импульсов
film-deposition ~ метод осаждения пленки
floating crucible ~ метод плавающего тигля
floating zone ~ метод зонной плавки
four-wave mixing ~ техника четырехволнового смешения
frequency-doubling ~ техника удвоения частоты
frequency-mixing ~ техника смешения частот
frequency-modulation ~ техника частотной модуляции
frustrated total internal reflection [FTIR] ~ техника нарушенного полного внутреннего отражения
galvanic etching ~ техника гальванического травления
Green('s) function ~ метод функции Грина
ground-based ~s методы наземного базирования (*в астрономии*)
growth ~ метод роста (*кристалла, эпитаксиальной структуры*)

heterodyne ~ техника гетеродинирования
high-order harmonic generation ~ техника генерации высоких гармоник
high-resolution ~ техника высокого разрешения
hole-burning ~ метод выжигания провала
holographic ~ голографическая техника
image processing ~ техника обработки изображений
image reconstruction ~ техника восстановления изображений
imaging ~ техника формирования изображений
interference ~ интерференционный метод
interferometric ~ интерферометрическая техника
interferometric demodulation ~ интерферометрический метод демодуляции
interpolation ~ метод интерполяции
IR microscopy ~ метод ИК-микроскопии
iterative ~ итерационная техника
laser(-based) ~ лазерная техника
laser cutting ~ техника лазерной резки
laser-induced fluorescence ~ метод лазерной [индуцированной лазерным возбуждением] флуоресценции
laser-polarimetric ~ техника лазерной поляриметрии
laser processing ~ техника лазерной обработки
laser-spectroscopic ~ лазерно-спектроскопическая техника, метод лазерной спектроскопии
laser trimming ~ техника лазерной подгонки
LIF ~ метод лазерной [индуцированной лазерным возбуждением] флуоресценции
light-amplification ~ техника усиления света
light scattering ~ метод рассеяния света
light-storage ~ техника хранения света

technique

linearization ~ метод линеаризации
lock-in amplification ~ техника синхронного детектирования
magnetic resonance ~ техника магнитного резонанса
matrix ~ матричный метод
matrix isolation spectroscopy ~ метод спектроскопии матричной изоляции
MBE ~ техника молекулярной лучевой [пучковой] эпитаксии
micromachining ~ техника микрообработки
microscopic [microscopy] ~ техника микроскопии
MIS ~ метод спектроскопии матричной изоляции
mode-locking ~ метод синхронизации мод
modulation ~ модуляционная методика
moire ~ метод муара
multiplexing ~ метод уплотнения; мультиплексирование
near-field ~ метод ближней зоны
NMR ~ техника ядерного магнитного резонанса, техника ЯМР
noise suppression ~ метод подавления шума
noncontact ~ бесконтактная техника
nondestructive inspection ~ метод неразрушающего контроля
noninvasive ~ неинвазивный метод
nuclear magnetic resonance ~ техника ядерного магнитного резонанса, техника ЯМР
numerical ~ численный метод
optical ~ оптический метод
optical communication ~ техника оптической связи
optical detection ~ метод оптического детектирования
optical diagnostic ~ метод оптической диагностики
optical heterodyne ~ метод оптического гетеродинирования
optical mammography ~ метод оптической маммографии
optical measurement ~s методы оптических измерений
optical space-domain reflectometry [OSDR] ~ техника оптической пространственной рефлектометрии
phase-locking ~ техника синхронного детектирования
phase-reconstruction ~ техника восстановления фазы
phase-sensitive ~ фазочувствительная техника
photoelastic ~ метод фотоупругости
photoinduced electron transfer ~ метод фотоиндуцированного переноса электрона
photoionization ~ метод фотоионизации
photolithographic ~ фотолитографическая техника
photon-counting ~ техника счета фотонов
photothermal deflection ~ метод фототермической дефлекции
polarimetric ~ поляриметрическая методика
polarization ~ поляризационная методика
polarization-modulation ~ техника поляризационной модуляции
postprocessing ~ техника постобработки
processing ~ техника обработки
pulse-compression ~ метод сжатия импульса
pump-probe ~ техника накачка – зонд
quasi-phase-matching ~ метод квазисинхронизации фаз
Raman(-scattering) ~ техника комбинационного рассеяния
readout ~ техника считывания
reflection ~ метод отражения
SAXS ~ метод малоуглового рентгеновского рассеяния
SBS ~ метод стимулированного бриллюэновского рассеяния
scanning ~ техника сканирования
schlieren ~ шлирен-метод, метод Теплера
second harmonic generation [SHG] ~ техника генерации второй гармоники
signal-processing ~ техника обработки сигнала
simulation ~ метод моделирования
small-angle X-ray scattering ~ метод малоуглового рентгеновского рассеяния

technique

spatial filtering ~ метод пространственной фильтрации
spectroscopic ~ спектроскопический метод
spin-echo ~ техника спинового эха
spin-labeling ~ метод спиновой маркировки
stimulated Brillouin scattering ~ метод стимулированного бриллюэновского рассеяния
total internal reflection ~ метод полного внутреннего отражения
transient grating ~ метод нестационарных решёток
transient reflecting grating ~ техника нестационарных отражательных решёток
triple-correlation ~ техника тройной корреляции
two-photon excitation ~ метод двухфотонного возбуждения
two-photon ionization ~ метод двухфотонной ионизации
two-wave mixing ~ техника двухволнового смешения
up-conversion ~ метод ап-конверсии, метод преобразования частоты излучения вверх
visualization ~ метод визуализации
Z-scan ~ метод Z-сканирования
technology технология
  amorphous silicon ~ технология аморфного кремния
  CCD ~ технология приборов с зарядовой связью
  communication ~ технология коммуникаций
  computer ~ компьютерная технология
  cryogenic ~ криогенная технология
  data storage ~ технология хранения информации
  epitaxial ~ эпитаксиальная технология
  fiber-optic ~ технология оптических волокон
  fiber-optic gyroscope ~ технология волоконно-оптических гироскопов
  high-temperature ~ высокотемпературная технология
  hybrid ~ гибридная технология
  hyperspectral ~ гиперспектральная технология
  information ~ информационная технология, ИТ
  innovative ~ новая технология; новое техническое решение
  integrated-circuit ~ технология интегральных схем
  integrated optics ~ технология интегральной оптики
  laser(-based) [laser beam] ~ лазерная технология
  laser-gyro ~ технология лазерных гироскопов
  leading-edge ~ передовая технология
  light-weight mirror ~ технология лёгких зеркал
  liquid crystal ~ технология жидких кристаллов
  low-temperature ~ низкотемпературная технология
  MBE ~ технология молекулярной лучевой эпитаксии
  micromachining ~ технология микрообработки
  modulation doping ~ технология модуляционного легирования
  nanofabrication ~ нанотехнология производства
  optical ~ оптическая технология
  optical fiber ~ технология оптических волокон
  optoelectronic(s) ~ оптоэлектронная технология
  photolithographic ~ технология фотолитографии
  photonic ~ фотонная технология; технология фотоники
  planar ~ планарная технология
  semiconductor ~ полупроводниковая технология; технология полупроводников
  silicon ~ кремниевая технология
  solid-state ~ твердотельная технология
  space ~ космическая технология
  storage ~ технология хранения информации
  submicron ~ субмикронная технология
  synergetic ~ синергетическая технология
  telecommunication ~ технология (дальней) связи, технология телекоммуникаций

telescope

thin-film ~ тонкопленочная технология
ultrafast ~ сверхбыстрая технология
vacuum ~ вакуумная технология
telecom(munications) 1. связь; дальняя связь 2. техника связи
telephotometry телефотометрия
teleportation телепортация
   instant ~ мгновенная телепортация
   quantum ~ квантовая телепортация
telescope телескоп
   adaptive ~ адаптивный телескоп
   air-borne ~ телескоп воздушного базирования
   alignment ~ юстировочный телескоп
   amateur ~ любительский телескоп
   astrographic ~ астрографический телескоп
   astrometric ~ астрометрический телескоп
   astronomical ~ астрономический телескоп
   auxiliary ~ вспомогательный телескоп
   balloon-borne ~ аэростатный телескоп
   binocular ~ бинокулярная зрительная труба
   Cassegrain(ian) ~ кассегреновский телескоп
   catadioptric ~ катадиоптрический телескоп
   collimating ~ коллиматор
   coudé ~ телескоп кудэ
   cryogenically cooled ~ телескоп с криогенным охлаждением
   double-mirror ~ двухзеркальный телескоп
   equatorial ~ экваториальный телескоп
   exoatmospheric ~ внеатмосферный (*орбитальный*) телескоп
   Galilean ~ телескоп Галилея
   giant ~ гигантский телескоп
   ground-based ~ наземный телескоп
   Herschel ~ телескоп Гершеля
   high earth orbit ~ телескоп на высокой околоземной орбите
   high-power ~ светосильный телескоп
   Hubble ~ телескоп Хаббла
   inverting ~ инвертирующий телескоп
   Kepler(ian) ~ телескоп Кеплера
   large-aperture ~ светосильный телескоп
   liquid-mirror ~ телескоп с жидким зеркалом
   long-focus ~ длиннофокусный телескоп
   low earth orbit ~ телескоп на низкой околоземной орбите
   Maksutov ~ телескоп Максутова
   meniscus ~ менисковый телескоп
   mirror ~ зеркальный телескоп
   monocular ~ монокулярный телескоп
   multiple-mirror ~ многозеркальный телескоп
   Newtonian ~ телескоп Ньютона
   optical ~ оптический телескоп
   orbital ~ орбитальный телескоп
   orbital solar ~ орбитальный солнечный телескоп
   panoramic ~ панорамный телескоп
   parabolic ~ параболический телескоп
   photoelectronic ~ фотоэлектронный телескоп
   reflecting ~ рефлектор, зеркальный телескоп
   reflecting-refracting ~ зеркально-линзовый телескоп
   refracting ~ рефрактор, линзовый телескоп
   Ritchey-Chretien ~ телескоп Ритчи – Кретьена
   satellite(-borne) ~ спутниковый телескоп
   Schmidt ~ телескоп Шмидта
   Schmidt-Cassegrain ~ телескоп Шмидта – Кассегрена
   segmented mirror ~ телескоп с сегментированным зеркалом
   sextant ~ зрительная труба секстанта
   short-focus ~ короткофокусный телескоп
   sighting ~ зрительная труба
   solar ~ солнечный телескоп
   space(-based) ~ космический телескоп
   star ~ ночная (зрительная) труба
   stellar ~ звездный телескоп
   terrestrial ~ наземный телескоп
   tracking ~ следящий телескоп
   ultraviolet ~ ультрафиолетовый [УФ-] телескоп

telescope

ultraviolet spectrometer ~ ультрафиолетовый телескоп-спектрометр
wide-angle [wide-field] ~ широкоугольный телескоп
Wolter ~ телескоп Уолтера
X-ray spectrometer ~ рентгеновский телескоп-спектрометр
zenith ~ зенитный телескоп
tellurium теллур, Te
temperature температура
 ~ **of flame** температура пламени
 ambient ~ температура окружающей среды
 background ~ температура фона
 brightness ~ яркостная температура
 carrier ~ температура носителей
 color ~ цветовая температура
 compensation ~ температура компенсации
 critical ~ критическая температура
 cryogenic ~s криогенные температуры
 crystallization ~ температура кристаллизации
 Curie ~ температура Кюри
 Curie-Weiss ~ температура Кюри – Вейсса
 Debye ~ температура Дебая
 effective ~ эффективная температура
 electron(ic) ~ электронная температура
 elevated ~ повышенная температура
 equilibrium ~ равновесная температура
 equivalent ~ эквивалентная температура
 growth ~ температура роста
 lattice ~ температура (кристаллической) решетки
 liquid helium ~ температура жидкого гелия
 liquid nitrogen ~ температура жидкого азота
 local ~ локальная температура
 negative ~ отрицательная температура
 noise ~ эквивалентная шумовая температура
 nonzero ~ ненулевая температура
 phase-matching ~ температура фазового синхронизма
 phonon ~ температура фононов

plasma ~ температура плазмы
radiation ~ температура излучения
room ~ комнатная температура
sample ~ температура образца
spectral ~ спектральная температура
spin ~ спиновая температура
substrate ~ температура подложки
total radiation ~ энергетическая температура
transition ~ температура перехода
trapped-atom ~ температура захваченных атомов
ultralow ~s сверхнизкие температуры
zero ~ нулевая температура
tension 1. натяжение **2.** напряжение
 surface ~ поверхностное натяжение
tensor тензор
 antisymmetric ~ антисимметричный тензор
 axial ~ аксиальный тензор
 conductivity ~ тензор проводимости
 coupling ~ тензор взаимодействия; тензор связи
 dielectric (constant) ~ тензор диэлектрической проницаемости
 diffusion ~ тензор диффузии
 energy-momentum ~ тензор энергии импульса
 first-rank ~ тензор первого ранга
 g-factor ~ тензор g-фактора
 hyperfine (interaction) ~ тензор сверхтонкого взаимодействия
 hyperpolarizability ~ тензор гиперполяризуемости
 inverse dielectric ~ обратный тензор диэлектрической проницаемости
 Levi-Civita ~ тензор Леви – Чивита
 nondegenerate ~ невырожденный тензор
 permittivity ~ тензор диэлектрической проницаемости
 polar ~ полярный тензор
 polarizability ~ тензор поляризуемости
 scattering ~ тензор рассеяния
 strain ~ тензор деформаций
 stress ~ тензор напряжений
 susceptibility ~ тензор восприимчивости
 symmetric ~ симметричный тензор
 traceless ~ тензор с нулевым шпуром

theorem

unit ~ единичный тензор
terbium тербий, Tb
term член, терм
  anharmonic ~ ангармонический член
  cross-correlation ~ кросс-корреляционный член
  degenerate ~ вырожденный терм
  diagonal ~ диагональный член
  dominant ~ доминирующий член
  doublet ~ дублетный терм
  exchange ~ обменный член
  expansion ~ член разложения
  first-order ~ член первого порядка
  higher-order ~s члены высших порядков
  interference ~ интерференционный член
  linear ~ линейный член
  multiplet ~ мультиплетный терм, мультиплет
  nonlinear ~ нелинейный член
  nonzero ~ ненулевой член
  off-diagonal ~ недиагональный член
  resonance ~ резонансный член
  spectral ~ спектральный терм
  triplet ~ триплетный терм
  Zeeman ~ зеемановский член
  zero-order ~ член нулевого порядка
tesla тесла (*единица магнитной индукции*)
test испытание, тест; проверка
  aging ~ испытание на старение
  bench ~s стендовые испытания
  calibration ~ калибровка, градуировка
  color perception ~ тест на цветовое восприятие
  destructive ~ испытание с разрушением объекта
  diagnostic ~ диагностический тест
  dummy ~s модельные испытания
  dynamic ~s динамические испытания
  etching ~ испытание травлением
  field ~s 1. полевые испытания 2. эксплуатационные испытания
  Foucault ~ тест Фуко
  Hartman ~ тест Гартмана
  indoor ~s лабораторные испытания
  leak ~ проверка герметичности
  life ~ испытание на срок службы
  nondestructive ~ неразрушающее испытание
  reliability ~ тест на надежность
  resolution ~ тест на разрешение
  sensitometric ~ сенситометрическое испытание
testing испытания; контроль
  computer(-based) ~ компьютерное тестирование
  destructive ~ разрушающие испытания
  holographic ~ голографический контроль
  nondestructive ~ неразрушающие испытания
  optical ~ оптический контроль
  parametric ~ параметрический контроль
tetrahedron тетраэдр
tetraphosphate тетрафосфат
texture 1. структура 2. рельеф 3. текстура
  cellular ~ ячеистая структура
  charge ~ зарядовая структура
  periodic ~ периодический рельеф
  spin ~ спиновая структура
thallium таллий, Tl
theodolite теодолит
  optical ~ оптический теодолит
theorem теорема
  Babinet ~ теорема Бабине
  Banach-Steinhaus ~ теорема Банаха – Штейнгауза
  Bayes ~ теорема Бейеса
  Bell('s) ~ теорема Белла
  Bloch ~ теорема Блоха
  Bohr-van Leeuwen ~ теорема Бора – Ван Левена
  Born-Oppenheimer ~ теорема Борна – Оппенгеймера
  convolution ~ теорема свертки
  cosine ~ теорема косинусов
  Fatou's ~ теорема Фату
  Floquet ~ теорема Флоке
  fluctuation-dissipative ~ флуктуационно-диссипативная теорема
  Fourier's ~ теорема Фурье
  Fubini ~ теорема Фубини
  Gauss ~ теорема Гаусса
  generalized optical ~ обобщенная оптическая теорема
  Gibbs ~ теорема Гиббса
  Glauber-Mista ~ теорема Глаубера – Мисты
  Helmholtz ~ теорема Гельмгольца

theorem

Kramers ~ теорема Крамерса
Larmor ~ теорема Лармора
Lichtenstein ~ теорема Лихтенштейна
Liouville ~ теорема Лиувиля
Malus-Dupin ~ теорема Малюса – Дюпена
mean-value ~ теорема о среднем
no-cloning ~ теорема о запрете клонирования
Nyquist's ~ теорема Найквиста
Onsager ~ теорема Онзагера
open mapping ~ теорема об открытости отображения
optical ~ оптическая теорема
Pancharatnam's ~ теорема Панчаратнама
Petzval's ~ теорема Петцваля
Poisson ~ теорема Пуассона
Rayleigh ~ теорема Рэлея
reciprocity ~ теорема взаимности
Riesz-Fischer ~ теорема Риза – Фишера
spectral ~ спектральная теорема
Stokes ~ теорема Стокса
superposition ~ принцип суперпозиции
Van Cittert-Zernike ~ теорема Ван-Циттерта – Цернике
Weierstrass ~ теорема Вейерштрасса
Wiener ~ теорема Винера
Wiener-Khintchin ~ теорема Винера – Хинчина
Wigner-Eckart ~ теорема Вигнера – Эккарта
Wigner-Neumann ~ теорема Вигнера – Неймана
theory теория
~ of color vision теория цветового зрения
~ of diffraction теория дифракции
Abbe image ~ теория изображения Аббе
adiabatic ~ адиабатическая теория
analytical ~ аналитическая теория
approximate ~ приближенная теория
Arrhenius ~ теория Аррениуса
atomic collision ~ теория атомных столкновений
auroral ~ теория полярных сияний
band ~ зонная теория
Bardeen-Cooper-Schrieffer [BCS] ~ теория Бардина – Купера – Шрифера

cavity-QED [cavity quantum electro-dynamic] ~ квантово-электродинамическая теория резонатора
classical ~ классическая теория
classical dispersion ~ классическая теория дисперсии
coherence ~ теория когерентности
collision ~ теория столкновений
corpuscular ~ of light корпускулярная теория света
correspondence ~ теория соответствия
coupled wave ~ теория связанных волн
de Broglie's ~ теория де Бройля
degenerate perturbation ~ вырожденная теория возмущений
diffraction ~ of optical image дифракционная теория оптического изображения
diffraction ~ of optical systems дифракционная теория оптических систем
Dirac ~ теория Дирака
dispersion ~ теория дисперсии
dressed-exciton ~ теория «одетого» экситона
Drude ~ теория Друде
effective mass ~ теория эффективной массы
effective medium ~ теория эффективной среды
elasticity ~ теория упругости
electromagnetic ~ электромагнитная теория
energy-band ~ зонная теория
energy-transfer ~ теория переноса энергии
Fermi-liquid ~ теория ферми-жидкости
field ~ теория поля
filamentation ~ теория филаментации
general ~ общая теория
group ~ теория групп
hidden variables ~ теория скрытых параметров
image formation ~ теория формирования изображений
information ~ теория информации
interference ~ теория интерференции
Judd-Ofelt ~ теория Джадда – Офельта

thermalization

Judd-Pooler-Downer ~ теория Джадда – Пулера – Даунера
Kirchhoff's diffraction ~ теория дифракции Кирхгофа
laser ~ теория лазера
ligand field ~ теория поля лигандов
linear response ~ теория линейного отклика
many-body ~ теория многих тел
matrix ~ матричная теория
Maxwell ~ теория Максвелла
measurement ~ теория измерений
microscopic ~ микроскопическая теория
Mie ~ теория Ми
Newton's particle ~ **of light** корпускулярная теория света Ньютона
partial coherence ~ теория частичной когерентности
perturbation ~ теория возмущений
Plancherel ~ теория Планшереля
Planck's ~ теория Планка
polariton ~ теория поляритона
probability ~ теория вероятностей
pseudopotential ~ теория псевдопотенциала
quantum ~ квантовая теория
quantum ~ of dispersion квантовая теория дисперсии
quantum ~ of light квантовая теория света
quantum ~ of radiation квантовая теория излучения
quantum control ~ теория квантового контроля, теория квантового управления
quantum detection ~ квантовая теория регистрации, квантовая теория детектирования
quantum field ~ квантовая теория поля
quantum measurement ~ квантовая теория измерений
quantum-mechanical ~ квантово-механическая теория
quantum-mechanical measurement ~ квантово-механическая теория измерений
quantum trajectory ~ теория квантовых траекторий
quasi-classical ~ квазиклассическая теория
quasi-linear ~ квазилинейная теория

radiation ~ теория излучения
radiative transfer ~ теория излучательного переноса
Rayleigh-Gans ~ теория Рэлея – Ганса
relativistic ~ релятивистская теория; теория относительности
relativity ~ теория относительности
scalar ~ скалярная теория
scattering ~ теория рассеяния
Scully-Lamb ~ теория Скалли – Лэмба
Seidel ~ теория Зайделя
self-consistent field ~ теория самосогласованного поля
semiclassical ~ полуклассическая теория
semiempirical ~ полуэмпирическая теория
shot-noise ~ теория дробового шума
Slater-Condon-Shortley ~ теория Слэтера – Кондона – Шортли
Van Vleck ~ теория Ван-Флека
von Neumann's ~ теория Фон Неймана
wave ~ волновая теория
wave ~ of light волновая теория света
Young-Helmholtz ~ of color vision теория цветового зрения Юнга – Гельмгольца
therapy терапия
  endoscopic ~ эндоскопическая терапия
  infrared [IR] ~ ИК-терапия
  laser ~ лазерная терапия
  microwave ~ микроволновая терапия
  photo ~ фототерапия
  photodynamic ~ фотодинамическая терапия
  photoradiation ~ фоторадиационная терапия; фотодинамическая терапия
  radiation ~ радиационная терапия
  short-wave ~ коротковолновая терапия
  ultraviolet [UV] ~ УФ-терапия, терапия ультрафиолетом
thermalization термализация
  Boltzmann ~ больцмановская термализация
  carrier ~ термализация носителей
  internal ~ внутренняя термализация

thermistor

thermistor термистор
  infrared [IR] ~ ИК-термистор
thermocouple термопара
thermodynamics термодинамика
  ~ **of radiation** термодинамика излучения
thermoelement термоэлемент
thermograph 1. термограф, прибор для формирования ИК-изображений 2. регистратор температуры
thermography термография
  contact ~ контактная термография
  projection ~ проекционная термография
  pulse ~ импульсная термография
thermoluminescence термолюминесценция
thermometry термометрия
  photographic ~ фотографическая термометрия
thermopile термостолбик
thermoviewer тепловизор
thickness толщина
  center ~ центральная толщина (*линзы*)
  coating ~ толщина покрытия
  effective ~ эффективная толщина
  layer ~ толщина слоя
  optical ~ оптическая толщина
threshold порог
  ~ **of achromatic night vision** порог ахроматического ночного зрения
  ~ **of detectability** порог обнаружимости
  ~ **of sensitivity** порог чувствительности
  ~ **of visual perception** порог зрительного восприятия
  ablation ~ порог абляции
  bulk damage ~ порог объемного разрушения
  chromatic ~ порог цветоразличения
  color ~ порог цветового ощущения
  contrast ~ пороговый контраст
  damage ~ порог разрушения
  detection ~ порог обнаружения
  energy ~ энергетический порог
  excitation ~ порог возбуждения
  eye-injury ~ порог поражения глаза
  filamentation ~ порог филаментации
  generation ~ порог генерации
  instability ~ порог неустойчивости
  inversion ~ порог инверсии
  ionization ~ порог ионизации
  laser ~ лазерный порог, порог лазерной генерации
  laser damage ~ порог лазерного разрушения, лучевая прочность
  laser-rod damage ~ порог разрушения активного стержня лазера
  lasing ~ лазерный порог, порог лазерной генерации
  luminance ~ порог яркости
  mobility ~ порог подвижности
  noise ~ шумовой порог
  optical breakdown ~ порог оптического пробоя
  optical damage ~ порог оптического разрушения
  oscillation ~ порог генерации
  percolation ~ порог протекания
  photoelectric ~ порог [граница] фотоэффекта
  photoionization ~ порог фотоионизации
  radiation-damage ~ порог радиационного разрушения
  recognition ~ порог распознавания
  SBS ~ порог вынужденного бриллюэновского рассеяния
  scattering ~ порог рассеяния
  self-focusing ~ порог самофокусировки
  sensitivity ~ порог чувствительности
  SRS ~ порог вынужденного комбинационного рассеяния
  stability ~ порог устойчивости
  stimulated Brillouin scattering ~ порог вынужденного бриллюэновского рассеяния
  stimulated Raman scattering ~ порог вынужденного комбинационного рассеяния
  surface damage ~ порог поверхностного восприятия
  susceptibility ~ теория восприимчивости
  vision ~ порог зрительного восприятия
  visual ~ порог видимости
throughput 1. пропускная способность 2. производительность
  information ~ информационная производительность

time

optical ~ оптическая пропускная способность
thulium тулий, Tm
time время
~ **of flight** время пролета
access ~ время выборки, время доступа
actuation ~ время срабатывания
adaptation ~ время адаптации
astronomical ~ астрономическое время
autocorrelation ~ время автокорреляции
bleaching ~ время просветления
build-up ~ время нарастания; время разгорания
burst ~ длительность пачки импульсов
carrier-capture [carrier-trapping] ~ время захвата носителя
cavity decay ~ время жизни фотона в резонаторе
characteristic ~ характеристическое время
coherence ~ время когерентности
correlation ~ время корреляции
damping ~ время затухания
data acquisition ~ время сбора данных
decay ~ время затухания
decoherence ~ время декогеренции, время жизни когерентности
de-excitation ~ время девозбуждения, время релаксации возбуждения
delay ~ время задержки
dephasing ~ время дефазировки, время поперечной [фазовой] релаксации
depopulation ~ время опустошения (*уровня*), время релаксации населенности
detector response ~ постоянная времени детектора
drift ~ время дрейфа
drop-out ~ временной интервал между сигналами
ephemeris ~ эфемеридное время
exposure ~ время экспозиции, время облучения
fall ~ 1. время спада 2. длительность заднего фронта (*импульса*)
gain recovery ~ время восстановления усиления

gating ~ время открывания затвора
Greenwich mean ~ гринвичское среднее время
group delay ~ время групповой задержки
image recording ~ время записи изображения
integration ~ время интегрирования
interaction ~ время взаимодействия
life ~ время жизни; срок службы
longitudinal relaxation ~ время продольной релаксации, время релаксации населенностей
mean free ~ среднее время свободного пробега
memory ~ время памяти
observation ~ время наблюдения
phase-memory ~ время фазовой памяти
pulse repetition ~ период следования импульсов
pulse rise ~ 1. время нарастания импульса 2. длительность переднего фронта импульса
reading [readout] ~ время считывания
recognition ~ время распознавания
recombination ~ время рекомбинации
recovery ~ время восстановления
relaxation ~ время релаксации
reorientation(al) ~ время переориентации
residence ~ время пребывания; время жизни
response ~ 1. время срабатывания, время отклика 2. постоянная времени
rise ~ 1. время нарастания 2. длительность переднего фронта (*импульса*)
round-trip ~ время прохода в прямом и обратном направлениях
scattering ~ время рассеяния
spontaneous emission ~ время спонтанного излучения
spontaneous relaxation ~ время спонтанной релаксации
storage ~ время хранения; время накопления
switching ~ время переключения
transit ~ пролетное время
transverse relaxation ~ время поперечной [фазовой] релаксации

time

writing ~ время записи
tin олово, Sn
tint 1. краска 2. оттенок, цветовой тон 3. слегка окрашивать, подцвечивать
tintometer тинтометр, колориметр
tip 1. кончик 2. остриё 3. вершина 4. наконечник
  AFM [atomic-force-microscope] ~ остриё атомно-силового микроскопа
  crack ~ вершина трещины
  fiber ~ заострённый кончик [остриё] волокна
  interchangeable ~ сменный наконечник
  nanometer-size ~ остриё нанометрового размера
  near-field scanning optical microscope [NSOM] ~ остриё ближнепольного оптического растрового микроскопа
  scanning-tunneling-microscope [STM] ~ остриё растрового туннельного микроскопа
  sub-wavelength-diameter ~ остриё с диаметром менее длины волны
tissue ткань
  laser-irradiated ~ ткань, облучаемая лазером
titanate титанат
titanium титан, Ti
tokamak токамак
tolerance допуск
  fault ~ устойчивость к сбоям
  frequency ~ допуск по частоте
tomogram томограмма
tomograph томограф
  laser ~ лазерный томограф
  optical ~ оптический томограф
  optical coherence ~ оптический когерентный томограф
  scanning ~ сканирующий томограф
tomography томография
  axial computer ~ аксиальная компьютерная томография
  computer ~ компьютерная томография
  correlation ~ корреляционная томография
  diffuse (optical) ~ диффузионная (оптическая) томография
  Doppler ~ доплеровская томография
  emission ~ эмиссионная томография
  fluorescence molecular ~ флуоресцентная молекулярная томография
  helical computer ~ спиральная компьютерная томография
  holographic ~ голографическая томография
  homodyne ~ гомодинная томография
  laser ~ лазерная томография
  magnetic-resonance ~ магниторезонансная томография
  microscopic optical ~ микроскопическая оптическая томография
  microwave ~ СВЧ-томография
  near-field optical ~ ближнепольная оптическая томография
  NMR ~ ЯМР-томография
  optical ~ оптическая томография
  optical coherence ~ оптическая когерентная томография
  opto-acoustic ~ оптоакустическая томография
  parametric ~ параметрическая томография
  planar ~ планарная томография
  polarimetric ~ поляриметрическая томография
  positron emission ~ позитрон-эмиссионная томография
  proton ~ протонная томография
  refractive-index ~ рефракционная томография
  scalar ~ скалярная томография
  tensor ~ тензорная томография
  time-resolved ~ томография с временны́м разрешением
  transmission ~ томография в проходящем свете
  ultrasonic ~ ультразвуковая томография
  vector ~ векторная томография
  X-ray ~ рентгеновская томография
tool инструмент
  diamond ~ алмазный инструмент
  metrology ~ метрологический инструмент
  spectroscopic ~ спектроскопический прибор
top волчок
  asymmetric ~ асимметричный волчок
  conservative ~ недиссипативный волчок

transfer

rigid symmetric ~ жесткий симметричный волчок
symmetric(al) ~ симметричный волчок
topology топология
   network ~ топология сети
   optical ~ оптическая топология
   ring ~ кольцевая топология
torch факел, горелка
   argon-arc ~ горелка для аргоновой сварки
   laser ~ лазерный факел
   plasma ~ плазменный факел
tourmaline турмалин
trace 1. след 2. траектория; путь
   atmospheric ~ атмосферная трасса
   ray ~ траектория луча
tracing 1. слежение; трассирование 2. вычерчивание
   fault ~ дефектоскопия
   ray ~ расчет хода лучей
track след, трек, маршрут; трасса
   audio ~ аудиодорожка
   clock ~ синхронизирующая дорожка
   damage ~ след разрушения, след повреждения
   sound ~ звуковая дорожка, *проф.* саундтрек
   video ~ видеодорожка, дорожка записи изображения
tracker устройство слежения
   solar ~ система слежения за Солнцем
   star ~ 1. устройство слежения за звездой 2. система астроориентации; астродатчик
tracking слежение, сопровождение
   automatic ~ автоматическое слежение
   laser ~ лазерное сопровождение
   radar ~ локационное сопровождение
   satellite ~ сопровождение искусственного спутника
   single-particle ~ слежение за одной частицей
train последовательность, ряд, серия
   ~ of pulses последовательность [серия] импульсов
   clock ~ тактовая последовательность
   mode-locked ~ последовательность импульсов в режиме синхронизации мод
   optical ~ оптическая система
   pulse ~ последовательность [серия] импульсов
   soliton ~ серия [последовательность] солитонов
   wave ~ цуг волн
trajectory траектория
   atomic ~ атомная траектория
   ballistic ~ баллистическая траектория
   Bohr-Sommerfeld ~ траектория Бора – Зоммерфельда
   classical ~ классическая траектория
   collisional ~ траектория столкновения
   drift ~ дрейфовая траектория
   electron ~ траектория электрона
   hole ~ траектория дырки
   phase ~ фазовая траектория
   quantum ~ квантовая траектория
   quasi-classical ~ квазиклассическая траектория
   simulated ~ смоделированная траектория
   stochastic ~ стохастическая траектория
   tunneling ~ траектория туннелирования
transducer преобразователь, датчик
   bolometric ~ болометрический датчик
   displacement ~ датчик смещений
   electro-optical ~ электрооптический преобразователь
   fast-response ~ высокочастотный [малоинерционный] датчик
   fiber-optic ~ волоконно-оптический датчик
   mode ~ преобразователь мод, преобразователь типов колебаний
   optical ~ оптический преобразователь, оптический датчик
   photoelectric ~ фотоэлектрический преобразователь
   photosensitive ~ светочувствительный датчик
   piezoelectric ~ пьезоэлектрический преобразователь
   piezo-optical ~ пьезооптический преобразователь
transfer передача; перенос || передавать; переносить
   alignment ~ перенос выстраивания
   charge ~ перенос заряда

transfer

coherence ~ перенос когерентности
coherent population ~ когерентный перенос населенности
cooperative energy ~ кооперативный перенос энергии
cross-relaxation energy ~ кросс-релаксационный перенос энергии
Dexter-Forster ~ перенос Декстера – Ферстера
electron(ic) ~ перенос электрона
energy ~ перенос энергии
excitation ~ перенос возбуждения
heat ~ теплоперенос, передача тепла
hopping ~ прыжковый перенос
image ~ перенос изображения
information ~ передача информации
laser-mediated gene ~ лазерный перенос гена
light-induced ~ светоиндуцированный перенос
mass ~ перенос вещества, перенос массы
momentum ~ перенос импульса
multiphoton ~ многофотонный перенос
multipole energy ~ мультипольный перенос энергии
nonradiative ~ безызлучательный перенос
nonresonant ~ нерезонансный перенос
orientation ~ перенос ориентации
phonon-assisted energy ~ перенос энергии с участием фононов
population ~ перенос населенности
proton ~ перенос протона
quantum information ~ передача квантовой информации
radiation ~ перенос излучения
radiative ~ излучательный перенос
radiative heat ~ излучательный теплоперенос
resonant ~ резонансный перенос
reversible ~ обратимый перенос
sequential energy ~ последовательный перенос энергии
space-correlated ~ пространственно коррелированный перенос
spin ~ перенос спина
two-photon Raman ~ двухфотонный перенос по комбинационному механизму
ultrafast ~ сверхбыстрый перенос
transform преобразованное выражение, преобразование, образ ‖ преобразовывать
continuous wavelet ~ непрерывное вейвлет-преобразование
cosine ~ косинусное преобразование
direct Fourier ~ прямое преобразование Фурье
discrete Fourier ~ дискретное преобразование Фурье
discrete wavelet ~ дискретное вейвлет-преобразование
fast Fourier ~ быстрое преобразование Фурье
Fourier ~ фурье-образ, преобразование Фурье
Gabor ~ преобразование Габора
Hadamard ~ преобразование Адамара
Hankel ~ преобразование Ханкеля
Hilbert ~ преобразование Гильберта
inverse Fourier ~ обратное преобразование Фурье
Kramers-Kronig ~ преобразование Крамерса – Кронига
Laplace ~ изображение по Лапласу; преобразование Лапласа
linear ~ линейное преобразование
Lorentz ~ преобразование Лоренца
one-dimensional wavelet ~ одномерное вейвлет-преобразование
two-dimensional [twofold] Fourier ~ двумерное преобразование Фурье
wavelet ~ вейвлет-преобразование
transformation преобразование; превращение
Abel ~ преобразование Абеля
canonical ~ каноническое преобразование
conformal ~ конформное преобразование
coordinate ~ преобразование координат
energy ~ превращение энергии
Fourier ~ преобразование Фурье
frequency ~ преобразование частоты
gage ~ калибровочное преобразование
Hadamard ~ преобразование Адамара
image ~ преобразование изображений
inverse ~ обратное преобразование

transition

  irreversible ~ необратимое преобразование
  Kramers-Kronig ~ преобразование Крамерса – Кронига
  linear ~ линейное преобразование
  Lorentz ~s преобразования Лоренца
  parity ~ преобразование четности
  phase ~ фазовое превращение, фазовый переход
  photochemical ~s фотохимические превращения
  projective ~ проекционное преобразование
  pulse ~ преобразование импульса
  quantum logic ~s преобразования квантовой логики
  scale ~ преобразование масштаба
  spatial ~ пространственное преобразование
  spontaneous ~ самопроизвольное превращение
  structural ~ структурное превращение
  symmetry ~ преобразование симметрии
  unitary ~ унитарное преобразование
  Weyl ~ преобразование Вейля
transient переходный процесс; нестационарный процесс
  coherent ~ когерентный переходный процесс
  damping ~ затухающий переходный процесс
  oscillating ~ осцилляционный переходный процесс
  short-lived ~ короткоживущий переходный процесс
transillumination трансиллюминация, диафаноскопия
  time-resolved ~ трансиллюминация с временны́м разрешением
  tissue ~ трансиллюминация тканей
transilluminator трансиллюминатор, прибор для просвечивания
  UV ~ УФ-трансиллюминатор
transistor транзистор
  all-optical ~ полностью оптический транзистор
  electro-optic(al) ~ электрооптический транзистор
  field-effect ~ полевой транзистор
  high-electron-mobility ~ транзистор с высокой подвижностью электронов

  optical ~ оптический транзистор
transition переход
  abrupt ~ резкий переход
  adiabatic ~ адиабатический переход
  adjacent ~ соседний [прилегающий] переход
  allowed ~ разрешенный переход
  Anderson ~ переход Андерсона
  atomic ~ атомный переход
  band-to-band ~ межзонный переход
  biexcitonic ~ биэкситонный переход
  bound-to-bound ~ переход между двумя связанными состояниями
  bound-to-free ~ переход из связанного состояния в свободное
  cascade ~ каскадный переход
  cascade laser ~s каскадные лазерные переходы
  charge-transfer ~ переход в состояние переноса заряда
  chemically induced optical ~s химически индуцированные оптические переходы
  circularly polarized ~ циркулярно поляризованный переход
  classical ~ классический переход
  clock ~ тактовый переход
  continuous ~ непрерывный переход
  cooling ~ охлаждающий переход
  Coster-Kronig ~ переход Костера – Кронига
  cross-relaxation ~ кросс-релаксационный переход
  dipole ~ дипольный переход
  discrete ~s дискретные переходы
  Doppler cooling ~ переход, на котором реализуется доплеровское охлаждение
  electric dipole ~ электрический дипольный переход
  electric octupole ~ электрический октупольный переход
  electric quadrupole ~ электрический квадрупольный переход
  electron ~ электронный переход
  electron-hole ~ электронно-дырочный переход
  electron-vibrational ~ электронно-колебательный переход
  ENDOR ~ переход в спектре двойного электронно-ядерного резонанса
  EPR ~ переход в спектре электронного парамагнитного резонанса

transition

excited-state ~ переход из возбуждённого состояния
exciton(ic) ~ экситонный переход
exciton-magnon ~ экситон-магнонный переход
forbidden ~ запрещенный переход
Franck-Condon ~ франк-кондоновский переход
Fredericks ~ переход Фредерикса
free-(to)bound ~ переход из свободного состояния в связанное
free-(to-)free ~ переход между свободными состояниями
ground-state ~ переход в основном состоянии
heavy-hole ~s переходы тяжелой дырки
helix-coil ~ переход спираль – клубок
high-gain ~ переход с большим усилением
hyperfine ~ сверхтонкий переход
hypersensitive ~ сверхчувствительный переход
idle ~ холостой переход
impurity ~ примесный переход
indirect ~ непрямой переход
induced ~ индуцированный [вынужденный] переход
instantaneous ~ мгновенный переход
interband ~ межзонный переход
interconfiguration ~ интерконфигурационный переход
interfering ~s интерферирующие переходы
intersubband ~ межподзонный переход
interwell ~ межъямный переход
intraband ~ внутризонный переход
intracenter ~ внутрицентровый переход
intraconfiguration ~ внутриконфигурационный переход
IR-active ~s переходы, активные в спектре ИК-поглощения
isotropic-nematic ~ переход (*жидкого кристалла*) из изотропной фазы в нематическую
Landau(-level) ~s переходы между уровнями Ландау
laser ~ лазерный [генерационный] переход

laser cooling ~ переход, на котором реализуется лазерное охлаждение
laser-induced ~ переход, индуцированный лазерным излучением
lasing ~ генерирующий переход, рабочий переход лазера
light-hole ~s переходы легкой дырки
linearly polarized ~ линейно поляризованный переход
magnetic dipole ~ магнитный дипольный переход
magnetic octupole ~ магнитный октупольный переход
magnetic quadrupole ~ магнитный квадрупольный переход
magneto-exciton ~ магнитоэкситонный переход
metal-(to-)insulator ~ переход металл-диэлектрик
microwave ~ СВЧ-переход
molecular ~ молекулярный переход
Mott ~ переход Мотта
multiphonon ~ многофононный переход
multiphoton ~ многофотонный переход
NMR ~ переход в спектре ядерного магнитного резонанса
nonadiabatic ~ неадиабатический переход
nonradiative ~ безызлучательный переход
nonvertical ~ непрямой переход
no-phonon ~ бесфононный переход
N-photon ~ N-фотонный переход
nuclear ~ ядерный переход
nuclear magnetic resonance ~ переход в спектре ядерного магнитного резонанса
one-photon ~ однофотонный переход
operating ~ действующий переход; активный переход; актуальный переход
optical ~ оптический переход
optically forbidden ~ оптически запрещенный переход
optically induced ~ оптически индуцированный переход
order-disorder ~ переход порядок – беспорядок
overlapping ~s перекрывающиеся переходы

transmission

parity-forbidden ~ переход, запрещенный по четности
P-branch ~ переход P-ветви
percolation ~ перколяционный переход
phase ~ фазовый переход
phonon-assisted ~ переход с участием фонона
photoconformational ~ фотоконформационный переход
photoinduced ~ фотоиндуцированный переход
quadrupole ~ квадрупольный переход
quantum ~ квантовый переход
radiationless ~ безызлучательный переход
radiative ~ излучательный переход
Raman ~ комбинационный [рамановский] переход
Raman-active ~ переход, активный в спектре комбинационного рассеяния
R-branch ~ переход R-ветви
recombination ~ рекомбинационный переход
relaxation ~ релаксационный переход
resonance [resonant] ~ резонансный переход
self-terminating ~ самоограниченный переход
single-phonon ~ однофононный переход
single-quantum ~ одноквантовый переход
singlet-triplet ~ синглет-триплетный переход
spin-flip ~ переход с переворотом спина
spin-forbidden ~ переход, запрещенный по спину
spin-reorientation ~ спин-реориентационный переход
spontaneous ~ спонтанный переход
stimulated ~ стимулированный [вынужденный] переход
structural ~ структурный переход
superradiant ~ сверхизлучательный переход
three-photon ~ трехфотонный переход
two-excitonic ~ двухэкситонный переход

two-phonon ~ двухфононный переход
two-photon ~ двухфотонный переход
vertical ~ вертикальный переход
vibrational ~ колебательный переход
vibronic ~ вибронный [электронно-колебательный] переход
virtual ~ виртуальный переход
weak ~ слабый переход
weakly forbidden ~ слабозапрещенный переход
zero-phonon ~ бесфононный переход
translation трансляция; перемещение
frequency ~ перенос частоты
fundamental ~ элементарная трансляция
linear ~ линейная трансляция
uniform ~ равномерное поступательное движение
translucence, translucency (полу)прозрачность; просветление
translucent (полу)прозрачный; просвечивающий
transmission пропускание, прохождение; передача
amplitude ~ амплитудное пропускание
atmospheric ~ атмосферное пропускание
beam ~ направленная передача
broadband ~ широкополосная передача; широкополосное пропускание
burst ~ пакетная передача сигналов
coherent ~ когерентная передача
data ~ передача данных
differential ~ дифференциальное пропускание
far-infrared [FIR] ~ пропускание в дальней ИК-области
Fresnel ~ френелевское пропускание
infrared [IR] ~ инфракрасное [ИК-] пропускание, пропускание в ИК-области
light ~ пропускание света
light-induced ~ светоиндуцированное пропускание
luminous ~ коэффициент пропускания света, светопередача
mid-infrared ~ пропускание в среднем ИК-диапазоне
multiplex ~ передача с уплотнением

transmission

one-way ~ односторонняя передача, пропускание в одном направлении
optical ~ прозрачность (*для света*); оптическое пропускание
optical information ~ передача оптической информации
partial ~ частичное пропускание
peak ~ пиковое пропускание, пропускание в максимуме
photoinduced ~ фотоиндуцированное пропускание
probe ~ прохождение (*через образец*) зондирующего пучка
pump ~ прохождение (*через образец*) пучка накачки
resonant ~ резонансное пропускание
spectral ~ спектральное пропускание
straight ~ прямое пропускание
total ~ полное пропускание
unidirectional ~ однонаправленная передача
zero-order ~ пропускание в нулевом порядке
transmissivity коэффициент пропускания
transmissometer измеритель дальности видимости, трансмиссометр
laser ~ лазерный измеритель дальности видимости, лазерный трансмиссометр
transmissometry трансмиссометрия
transmit 1. передавать; посылать 2. распространять(ся) 3. пропускать
transmittance 1. прозрачность 2. коэффициент пропускания
luminous ~ коэффициент пропускания света
spectral ~ спектральное пропускание, спектральный коэффициент пропускания
transmittancy прозрачность
transmitter передатчик; излучатель
laser ~ лазерный передатчик
transmittivity удельный коэффициент пропускания
transparence прозрачность
transparency 1. прозрачность 2. транспарант 3. диапозитив
coherence-controlled ~ прозрачность, управляемая когерентностью
electromagnetically induced ~ электромагнитно-индуцированная прозрачность

entanglement-induced ~ прозрачность, вызванная перепутыванием состояний
laser-induced ~ прозрачность, индуцированная лазерным излучением
optical ~ 1. оптическая прозрачность 2. оптический транспарант
phase ~ фазовый транспарант
self-induced ~ самоиндуцированная прозрачность
transport 1. перенос, транспорт ‖ переносить, транспортировать 2. протяжка
ballistic ~ баллистический перенос
carrier ~ транспорт [перенос] носителей
charge ~ перенос заряда
classical ~ классический перенос
coherent ~ когерентный перенос
controlled ~ управляемый перенос
diffusive ~ диффузионный перенос
directional ~ направленный перенос
dissipativeless ~ бездиссипативный перенос
electron(ic) ~ электронный транспорт, электронный перенос
electron-tunneling ~ туннельный электронный перенос
energy ~ перенос энергии
film ~ протяжка пленки
heat ~ перенос тепла
hopping ~ прыжковый перенос
light-induced charge ~ светоиндуцированный перенос заряда
mesoscopic ~ мезоскопический перенос
momentum ~ перенос импульса
nonlocal ~ нелокальный перенос
optical ~ оптический перенос
quantum ~ квантовый перенос
quasi-ballistic ~ квазибаллистический перенос
radiative ~ перенос излучения
semiballistic ~ полубаллистический перенос
trap ловушка
acceptor ~ акцепторная ловушка
adiabatic ~ адиабатическая ловушка
atom ~ атомная ловушка
bulk ~ объемная ловушка
charge particle ~ ловушка заряженных частиц
cold [cool] ~ холодная ловушка

treatment

cryogenic ~ криогенная ловушка
deep ~ глубокая ловушка
dipole ~ дипольная ловушка
donor ~ донорная ловушка
dual-beam laser ~ двухлучевая лазерная ловушка
electron ~ электронная ловушка
empty ~ незаполненная ловушка
filled ~ заполненная ловушка
hole ~ дырочная ловушка
hybrid ~ гибридная ловушка
impurity ~ примесная ловушка
ion ~ ионная ловушка
ionized ~ ионизованная ловушка
laser ~ лазерная ловушка
linear ~ линейная ловушка
linear ion ~ линейная ионная ловушка
magnetic ~ магнитная ловушка
magnetoelectric ~ магнитоэлектрическая ловушка
magneto-optic(al) ~ магнитооптическая ловушка
magnetostatic ~ магнитостатическая ловушка
multiple-beam ~ многолучевая ловушка
multiple-level ~ многоуровневая ловушка
multipole ~ мультипольная ловушка
neutral ~ нейтральная ловушка
optical ~ оптическая ловушка
optical dipole ~ оптическая дипольная ловушка
Paul ~ ловушка Поля
Penning ~ ловушка Пеннинга
quadrupole ~ квадрупольная ловушка
recombination ~ рекомбинационная ловушка
shallow ~ мелкая ловушка
single-beam gradient laser ~ однолучевая градиентная лазерная ловушка
surface ~ поверхностная ловушка
thermal ~ тепловая ловушка
toroidal magnetic ~ тороидальная магнитная ловушка
two-dimensional ~ двумерная ловушка
vacuum ~ вакуумная ловушка
trapping 1. захват 2. канализация 3. пленение
beam ~ канализация пучка
carrier ~ захват носителей
charge ~ захват заряда
coherent population ~ когерентное пленение населенностей
electron ~ захват электрона
hole ~ захват дырки
laser beam ~ канализация лазерного пучка
light ~ захват света
optical ~ оптический захват
population ~ пленение населенности
radiation ~ пленение излучения
resonance ~ резонансный захват
resonance radiation ~ пленение резонансного излучения
treatment 1. рассмотрение 2. обработка 3. лечение
analytical ~ аналитическое рассмотрение
classical ~ классическое рассмотрение
heat ~ термообработка
laser ~ 1. лазерная обработка 2. лазерная терапия
nonperturbative ~ рассмотрение вне рамок теории возмущений
numerical ~ численная обработка
perturbative ~ рассмотрение в рамках теории возмущений
photochemical ~ 1. фотохимическая обработка 2. фотохимическое лечение
photodynamic ~ 1. фотодинамическая обработка 2. фотодинамическая терапия
qualitative ~ качественное рассмотрение
quantitative ~ количественное рассмотрение
quantum-mechanical ~ квантово-механическое рассмотрение
quasi-classical ~ квазиклассическое рассмотрение
rigorous ~ строгое рассмотрение
semiclassical ~ полуклассическое рассмотрение
surface ~ обработка поверхности
symmetry ~ симметрийное рассмотрение
theoretical ~ теоретическое рассмотрение
thermal ~ термообработка

treatment

thermo-optical ~ термооптическая обработка
triangle треугольник
  astronomical ~ параллактический треугольник
  chromatic ~ хроматический треугольник
  color ~ цветовой треугольник
  Maxwell ~ треугольник Максвелла
  parallactic ~ параллактический треугольник
triboluminescence триболюминесценция
trichromat трихромат (*человек с нормальным цветовым зрением*)
trichromatism трихромазия, нормальное цветовое зрение
  anomalous ~ аномальная трихромазия
trichromatopsia трихромазия, нормальное цветовое зрение
trifluoride трифторид
  lanthanum ~ трифторид лантана
tripler утроитель
  frequency ~ утроитель частоты
triplet триплет, оптическая трехлинзовая система
  degenerate ~ вырожденный триплет
  excited ~ возбужденный триплет
  excitonic ~ экситонный триплет
  Lorentz ~ триплет Лоренца
  normal Zeeman ~ нормальный зеемановский триплет
  orbital ~ орбитальный триплет
  spectral ~ спектральный триплет
  spin ~ спиновый триплет
  Zeeman ~ зеемановский триплет
tube 1. трубка 2. электронно-лучевая трубка, ЭЛТ
  beam ~ электронно-лучевая трубка, ЭЛТ
  beam-storage ~ запоминающая электронно-лучевая трубка
  Brewster angle ~ трубка с брюстеровскими окошками
  cathode-ray ~ электронно-лучевая трубка, ЭЛТ
  cathode-ray storage ~ запоминающая электронно-лучевая трубка
  color comparison ~ колориметрическая трубка
  discharge ~ разрядная трубка
  electrodeless discharge ~ безэлектродная разрядная трубка
  electron image ~ электронно-оптический преобразователь, ЭОП
  eyepiece ~ окулярная трубка
  glow-discharge ~ газоразрядная трубка
  heat-eye ~ трубка ночного видения
  image ~ электронно-оптический преобразователь, ЭОП; кинескоп
  image-converter [image-intensifier] ~ электронно-оптический преобразователь, ЭОП
  infrared image ~ изображающий ИК-конвертор
  laser ~ лазерная трубка
  lens ~ тубус объектива
  microcapillary ~s микрокапиллярные трубки
  neon ~ неоновая трубка
  photoelectric ~ электровакуумный фотоэлемент
  photomultiplier ~ фотоумножитель
  silica ~ кварцевая лампа
  storage ~ электронно-лучевая запоминающая трубка
  X-ray ~ рентгеновская трубка
tunability перестраиваемость
  spectral ~ спектральная перестраиваемость
  wide ~ широкая перестраиваемость
tungstate вольфрамат
  cadmium ~ вольфрамат кадмия
  calcium ~ вольфрамат кальция
  lead ~ вольфрамат свинца
  neodymium ~ вольфрамат неодима
  potassium-gadolinium ~ вольфрамат калия – гадолиния
  potassium-yttrium ~ вольфрамат калия – иттрия
tungsten вольфрам, W
tuning настройка; перестройка
  broadband ~ широкополосная перестройка
  coarse ~ грубая настройка
  continuous ~ непрерывная [плавная] перестройка
  digital ~ цифровая настройка
  fine ~ тонкая настройка
  frequency ~ настройка частоты
  intracavity ~ внутрирезонаторная перестройка
  phase ~ фазовая настройка
  spectral ~ спектральная перестройка

temperature [thermal] ~ температурная перестройка
touch ~ сенсорная настройка
wavelength ~ спектральная перестройка, перестройка длины волны
Zeeman ~ зеемановская настройка
tunneling туннелирование
  back ~ обратное туннелирование
  band-to-band ~ межзонное туннелирование
  barrier ~ туннелирование через барьер
  carrier ~ туннелирование носителей
  dynamic(al) ~ динамическое туннелирование
  electron ~ туннелирование электрона
  interdot ~ туннелирование между квантовыми точками
  optical ~ оптическое туннелирование
  photon-assisted ~ туннелирование с участием фотона
  quantum ~ квантовое туннелирование
  quasi-particle ~ туннелирование квазичастиц
  resonant ~ резонансное туннелирование
  single-electron ~ одноэлектронное туннелирование
  site-to-site ~ туннелирование между позициями (*кристаллической решетки*)
  spin-dependent ~ спин-зависящее туннелирование
  well-to-well ~ межъямное туннелирование, туннелирование между квантовыми (*потенциальными*) ямами
turbidimeter турбидиметр, нефелометр
turbidimetry турбидиметрия, нефелометрия
turbidity мутность
  atmospheric ~ мутность атмосферного воздуха
turbulence турбулентность
  atmospheric ~ атмосферная турбулентность
  homogeneous ~ однородная турбулентность
  large-scale ~ крупномасштабная турбулентность
  optical ~ оптическая турбулентность
  quantum ~ квантовая турбулентность
  small-scale ~ мелкомасштабная турбулентность

tweezers пинцет
  optical ~ оптический пинцет
  quantum ~ квантовый пинцет
twilight сумерки
  astronomical ~ астрономические сумерки
twin 1. двойник 2. двойной, сдвоенный; парный
  growth ~ двойник роста
twinkling мерцание
twinning двойникование
  optical ~ оптическое двойникование
type тип
  symmetry ~ тип симметрии

U

ultramicroscope ультрамикроскоп
  dark-field ~ ультрамикроскоп с темным полем
  sedimentation ~ седиментационный ультрамикроскоп
  slit ~ щелевой ультрамикроскоп
ultramicroscopy ультрамикроскопия
ultrasound ультразвук
ultraviolet ультрафиолет, ультрафиолетовая область спектра
  extreme ~ крайний ультрафиолет
  far ~ далекий ультрафиолет
  near ~ ближний ультрафиолет
  vacuum ~ вакуумный ультрафиолет
umbra область тени, (полная) тень
uncertainty неопределенность
  energy-time ~ неопределенность энергия – время
  experimental ~ погрешность эксперимента
  frequency ~ частотная неопределенность
  Heisenberg ~ неопределенность Гейзенберга
  instrumental ~ инструментальная погрешность
  minimum ~ минимальная неопределенность
  overall ~ суммарная [общая] погрешность

uncertainty
   phase ~ неопределенность фазы
   position-momentum ~ неопределенность координата – импульс
   quantum ~ квантовая неопределенность
   root-mean-square ~ среднеквадратичная погрешность
   statistical ~ статистическая ошибка
   systematic ~ систематическая погрешность
underillumination недостаточное освещение
undulation 1. волнообразное движение 2. волнистость, шероховатость
uniaxial одноосный
uniformity однородность, равномерность
   beam ~ однородность пучка
   gain ~ однородность усиления
   size ~ однородность по размерам
   spatial ~ пространственная однородность
   thickness ~ однородность толщины
unit 1. прибор; блок 2. единица
   ~s of optical measurements единицы оптических измерений
   arbitrary ~ произвольная единица; условная единица
   arithmetic logic ~ арифметико-логическое устройство
   atomic mass ~ атомная единица массы
   bistable ~ бистабильный элемент
   control ~ блок управления
   dimensionless ~ безразмерная единица
   Hartree ~s единицы Хартри
   light ~ световая единица
   photometric ~ фотометрическая единица; светотехническая единица
   photovoltaic ~ фотоэлектрический блок
   power supply ~ блок питания
   readout ~ блок считывания
   relative ~s относительные единицы
   Schmidt projection ~ проекционное устройство Шмидта
   sensing ~ чувствительный элемент
   spare ~ запасной [резервный] блок
universe Вселенная
   anisotropic ~ анизотропная Вселенная
   contracting ~ сжимающаяся Вселенная
   early ~ ранняя Вселенная
   expanding ~ расширяющаяся Вселенная
   Friedmann ~ фридмановская Вселенная
   homogeneous ~ однородная Вселенная
   inflationary ~ расширяющаяся Вселенная
   isotropic ~ изотропная Вселенная
   open ~ открытая Вселенная
   rotating ~ вращающаяся Вселенная
   static ~ статическая Вселенная
up-conversion ап-конверсия, преобразование частоты излучения вверх
   cooperative ~ кооперативная ап-конверсия
   parametric ~ параметрическая ап-конверсия
up-converter ап-конвертор, преобразователь частоты излучения вверх
up-sampling разрежающая выборка
up-switching включение
uranium уран, U

vacancy вакансия (*в кристаллической решетке*)
   anionic ~ анионная вакансия
   cationic ~ катионная вакансия
   charged ~ заряженная вакансия
   double ~ двойная вакансия
   electron ~ электронная вакансия
   lattice ~ вакансия решетки
   mobile ~ подвижная вакансия
   random ~ случайная вакансия
   Schottky ~ вакансия Шоттки
   structural ~ структурная вакансия
   surface ~ поверхностная вакансия
vacanson вакансон
vacuum вакуум
   classically squeezed ~ классически сжатый вакуум
   degenerate ~ вырожденный вакуум
   Dirac ~ дираковский вакуум

electromagnetic ~ электромагнитный вакуум
energy-squeezed ~ энергетически сжатый вакуум
high ~ высокий вакуум
nondegenerate ~ невырожденный вакуум
operating ~ рабочий вакуум
physical ~ физический вакуум
quadrature-squeezed ~ квадратурно-сжатый вакуум
rough ~ низкий вакуум
squeezed ~ сжатый вакуум
ultimate ~ предельный вакуум
ultrahigh ~ сверхвысокий вакуум
valence валентность
  heteropolar ~ гетерополярная валентность
  homopolar ~ гомополярная валентность
  mixed ~ переменная валентность
valley долина
  conduction-band ~ долина зоны проводимости
  heavy-mass ~ долина с большой эффективной массой носителей
  high-mobility ~ долина с высокой подвижностью носителей
  light-mass ~ долина с малой эффективной массой носителей
  lower ~ нижняя долина
  low-mobility ~ долина с низкой подвижностью носителей
  upper ~ верхняя долина
value величина; значение
  absolute ~ абсолютная величина
  approximate ~ приближенное значение
  arbitrary ~ произвольное значение
  asymptotic ~ асимптотическое значение
  best-fit ~ наиболее подходящее значение
  boundary ~ граничное значение
  complex ~ комплексная величина
  constant ~ постоянная величина
  critical ~ критическое значение
  eigen ~ собственное значение
  equilibrium ~ равновесное значение
  expectation ~ ожидаемая величина; математическое ожидание
  experimental ~ экспериментальное значение
  fixed ~ фиксированная величина
  initial ~ начальное значение
  intermediate ~ промежуточное значение
  maximum ~ максимальное значение
  mean ~ среднее значение
  minimum ~ минимальное значение
  nonzero ~ ненулевое значение
  optimum ~ оптимальное значение
  peak ~ пиковое значение
  relative ~ относительная величина
  resonance ~ резонансное значение
  rms [root-mean-square] ~ среднеквадратичное значение
  saturation ~ значение насыщения
  steady-state ~ стационарное значение
  threshold ~ пороговое значение
valve затвор, клапан, вентиль
  gate ~ стробирующий затвор
  Kerr-cell light ~ керровский модулятор света
  light ~ оптический затвор; модулятор света
  liquid-crystal light ~ жидкокристаллический оптический затвор
  optical ~ оптический затвор; модулятор света
vanadate ванадат
  neodymium ~ ванадат неодима
  yttrium ~ ванадат иттрия
vanadium ванадий, V
vapor пар
  atomic ~s атомные пары
vaporize 1. напылять 2. испаряться
variable переменная
  analog ~ аналоговая переменная
  atomic ~ атомная переменная
  Boolean ~ булева переменная
  canonical ~s канонические переменные
  classical ~ классическая переменная
  conjugate ~ сопряженная переменная
  dimensionless ~ безразмерная переменная
  dynamic(al) ~ динамическая переменная
  electronic ~ электронная переменная
  free ~ свободная переменная
  hidden ~ скрытая переменная
  independent ~ независимая переменная

variable

  inner ~ внутренняя переменная
  noncommutating ~s некоммутирующие переменные
  phase ~ фазовая переменная
  phase-space ~s переменные фазового пространства
  quantum ~ квантовая переменная
  random ~ случайная переменная
  scalar ~ скалярная переменная
  spatial ~ пространственная переменная
  spin ~ спиновая переменная
  state ~ параметр состояния
  stochastic ~ стохастическая переменная
  thermodynamic ~ термодинамическая переменная
  vibrational ~ колебательная переменная

variance дисперсия
  minimum ~ наименьшая дисперсия
  photocurrent ~ дисперсия фототока
  photon-number ~ дисперсия числа фотонов
  relative ~ относительная дисперсия
  residual ~ остаточная дисперсия
  shot-noise ~ дисперсия дробового шума
  thermal noise ~ дисперсия теплового шума

variation вариация, изменение
  amplitude ~s амплитудные изменения
  azimuthal ~s азимутальные изменения
  brightness ~s изменения яркости
  diurnal ~s суточные изменения
  doping ~s вариации легирования
  frequency ~s вариации частоты
  gain ~s вариации усиления
  growth rate ~s вариации скорости роста
  infinitesimal ~ бесконечно малое изменение
  intensity ~s изменения интенсивности
  light-induced ~s светоиндуцированные изменения
  phase ~s изменения фазы
  polarization ~s поляризационные изменения
  slope ~s изменения наклона
  spatial ~s пространственные изменения
  temporal ~s изменения во времени
  time delay ~s изменения временной задержки

vector вектор
  angular momentum ~ вектор момента импульса
  asymmetry ~ вектор асимметрии
  axial ~ аксиальный вектор
  basis ~ базисный вектор
  binormal ~ вектор бинормали
  Bloch ~ вектор Блоха
  bra ~ бра-вектор
  Burgers ~ вектор Бюргерса
  chrominance ~ вектор цветности
  collinear ~s коллинеарные векторы
  color ~ цветовой вектор
  column ~ вектор-столбец
  dual ~ дуальный вектор
  eigen ~ собственный вектор
  electric(-field) ~ электрический вектор; вектор электрического поля
  Fermi wave ~ волновой вектор Ферми
  four-component ~ четырехкомпонентный вектор
  fundamental translation ~ вектор элементарной трансляции
  grating ~ вектор решетки
  gyration ~ вектор гирации
  Hertz ~ вектор Герца
  Jones ~ вектор Джонса
  ket ~ кет-вектор
  lattice ~ вектор (кристаллической) решетки
  macroscopic magnetization ~ вектор макроскопической намагниченности
  magnetic (field) ~ магнитный вектор; вектор магнитного поля
  Markov ~ вектор Маркова
  momentum ~ вектор импульса
  noncoplanar ~s некомпланарные векторы
  normalized ~ нормированный вектор
  orthogonal ~s ортогональные векторы
  orthonormal ~s ортонормированные векторы
  phase ~ волновой вектор
  polar ~ полярный вектор
  polarization ~ вектор поляризации
  position ~ вектор положения

Poynting ~ вектор Пойнтинга
primitive lattice ~ примитивный вектор решетки
propagation ~ вектор распространения
reciprocal lattice ~ вектор обратной решетки
resultant ~ результирующий вектор
Riemann-Silberstein ~ вектор Римана – Зильберштейна
row ~ вектор-строка
spin ~ вектор спина
state ~ вектор состояния
Stokes ~ вектор Стокса
translation ~ вектор трансляции
unit ~ единичный вектор; орт
wave ~ волновой вектор

velocimeter измеритель скорости, велосиметр
  Doppler ~ доплеровский измеритель скорости
  laser ~ лазерный измеритель скорости

velocimetry измерение скорости

velocity скорость
  absolute ~ абсолютная скорость
  angular ~ угловая скорость
  atomic ~ атомная скорость
  carrier ~ скорость носителей заряда
  drift ~ дрейфовая скорость
  group ~ групповая скорость
  initial ~ начальная скорость
  light ~ скорость света
  longitudinal ~ продольная скорость
  mean ~ средняя скорость
  phase ~ фазовая скорость
  propagation ~ скорость распространения
  radial ~ радиальная скорость
  sound ~ скорость звука
  superluminal group ~ сверхсветовая групповая скорость
  thermal ~ тепловая скорость
  transverse ~ поперечная скорость
  wave ~ скорость волны

Venus Венера
vernier верньер
vertex вершина
  diagram ~ вершина диаграммы

vibration колебание; вибрация
  anharmonic ~s ангармонические колебания
  antiphase ~s противофазные колебания
  antisymmetric ~s антисимметричные колебания
  asymmetric ~s асимметричные колебания
  axial ~s продольные колебания
  bending ~ деформационное колебание
  breathing ~ дыхательное колебание
  characteristic ~ собственное колебание
  coherent ~s когерентные колебания
  collective ~s коллективные колебания
  combination ~ составное колебание
  crystal (lattice) ~s колебания кристаллической решетки
  damped ~s затухающие колебания
  deformation ~s деформационные колебания
  degenerate ~s вырожденные колебания
  doubly degenerate ~ дважды вырожденное колебание
  free ~s свободные колебания
  fundamental ~ основное колебание
  harmonic ~s гармонические колебания
  inactive ~ неактивное колебание
  in-phase ~s синфазные колебания
  in-plane ~ плоское колебание
  IR-active ~ колебание, активное в спектре ИК-поглощения
  IR-inactive ~ колебание, неактивное в спектре ИК-поглощения
  lateral ~s поперечные колебания
  lattice ~s колебания (кристаллической) решетки
  localized impurity ~s локализованные примесные колебания
  longitudinal ~s продольные колебания
  molecular ~s молекулярные колебания
  natural ~s собственные колебания
  nondegenerate ~ невырожденное колебание
  normal ~s нормальные колебания
  optical ~s световые колебания; оптические колебания
  out-of-plane ~ неплоскостное колебание
  overtone ~ обертонное колебание
  parallel ~ параллельное колебание

vibration

parametric ~s параметрические колебания
periodic ~s периодические колебания
perpendicular ~ перпендикулярное колебание
Raman-active ~ колебание, активное в спектре комбинационного рассеяния, раман-активное колебание
Raman-inactive ~ колебание, неактивное в спектре комбинационного рассеяния, раман-неактивное колебание
random ~s случайные колебания
resonance ~s резонансные колебания
rocking ~ маятниковое колебание
scissoring ~ ножничное колебание
self-excited [self-sustained] ~s автоколебания
skeletal ~ скелетное колебание
steady-state ~s установившиеся колебания
stretching ~ валентное колебание
subharmonic ~s субгармонические колебания
sustained ~s незатухающие колебания
symmetric ~s симметричные колебания
thermal ~s тепловые колебания
torsional ~ крутильное колебание
transverse ~ поперечное колебание
triply degenerate ~ трижды вырожденное колебание
twisting ~ крутильное колебание
valence ~ валентное колебание
wagging ~ веерное колебание
zero-point ~ нулевое колебание
vibrational колебательный
vibronic вибронный, электронно-колебательный
vidicon видикон
view вид; проекция
 back ~ вид сзади
 bottom ~ вид снизу
 enlarged ~ вид с увеличением
 exploded ~ трехмерное [стереоскопическое] изображение
 front ~ вид спереди
 lateral ~ вид сбоку
 mirror ~ зеркальное изображение
 schematic ~ схематическое изображение; схематический вид
 side ~ вид сбоку
 top ~ вид сверху
viewer устройство для наблюдения
 binocular ~ бинокулярный прибор наблюдения
 IR ~ ИК-визуализатор, прибор ночного видения
viewfinder видоискатель
 camera ~ видоискатель кино- *или* фотокамеры
 direct vision ~ видоискатель прямого зрения
 electronic ~ электронный видоискатель
 folding ~ складной видоискатель
 frame ~ рамочный видоискатель
 ground-glass ~ видоискатель с наводкой по матовому стеклу
 lens-coupled ~ видоискатель, сопряженный с объективом
 optical ~ оптический видоискатель
 prism ~ призменный видоискатель
 reflex ~ зеркальный видоискатель
 telescopic ~ телескопический видоискатель
 through-the-lens ~ видоискатель, сопряженный с объективом
 universal ~ универсальный видоискатель
viewing наблюдение; видение
 night ~ ночное видение
 remote ~ дистанционное наблюдение
 satellite ~ спутниковое наблюдение
vignetter виньетирующая диафрагма
vignetting виньетирование
violet 1. фиолетовый цвет ‖ фиолетовый **2.** фиолетовое излучение
viscoelasticity вязкоупругость
viscosity вязкость
 radiative ~ радиационная вязкость
visibility видимость
 daytime ~ дневная видимость
 fringe ~ контраст интерференционных полос
 horizontal ~ видимость в горизонтальном направлении
 night ~ ночная видимость
 oblique ~ видимость в наклонном направлении
 twilight ~ сумеречная видимость
 vertical ~ видимость в вертикальном направлении

vision 1. зрение **2.** видение
  achromatic ~ ахроматопсия, цветовая слепота
  active ~ активное зрение
  anomalous color ~ цветовая аномалия зрения
  attentive ~ аттентивное зрение
  automated ~ машинное зрение
  binocular ~ бинокулярное зрение
  central ~ центральное зрение
  chromatic [color] ~ цветовое зрение
  computer ~ компьютерное зрение
  daylight ~ дневное [фотопическое] зрение
  depraved ~ пониженное зрение
  dichromatic ~ двухцветное зрение
  machine ~ машинное зрение
  mesopic ~ мезопическое [сумеречное] зрение
  monocular ~ монокулярное зрение
  night ~ **1.** ночное зрение **2.** ночное видение
  normal ~ нормальное зрение
  normal color ~ трихромазия, нормальное цветовое зрение
  peripheral ~ периферическое зрение
  photopic ~ фотопическое [дневное] зрение
  preattentive ~ преаттентивное зрение
  remote ~ глубинное зрение
  scotopic ~ ночное зрение
  solid [stereoscopic] ~ стереоскопическое зрение
  twilight ~ сумеречное [мезопическое] зрение
visual 1. зрительный **2.** видимый **3.** наглядный
visualization визуализация
  data ~ визуализация данных
  hologram ~ визуализация голограммы
  image ~ визуализация изображений
  laser beam ~ визуализация лазерного излучения
  phase-contrast image ~ фазово-контрастная визуализация изображений
  polarization image ~ поляризационная визуализация изображений
  three-dimensional field ~ визуализация трехмерного поля
  ultrasonic ~ визуализация ультразвуковых изображений

  wave pattern ~ визуализация волновой картины
voltage напряжение, разность потенциалов
  bias ~ напряжение смещения
  breakdown ~ напряжение пробоя
  half-wave ~ полуволновое напряжение
  Hall ~ холловское напряжение
  input ~ входное напряжение
  noise ~ шумовое напряжение
  output ~ выходное напряжение
  reference ~ опорное напряжение
  rms [root-mean-square] ~ среднеквадратичное напряжение
  threshold ~ пороговое напряжение
volume объём
  mode ~ модовый объём
  scattering ~ рассеивающий объём
vortex вихрь
  atmospheric ~ атмосферный вихрь; смерч
  free ~ свободный вихрь
  optical ~ оптический вихрь
  trapped ~ захваченный вихрь
voxel воксел

wafer 1. плата **2.** пластинка
  silicon ~ кремниевая плата
waist каустика
  beam ~ каустика пучка
walk блуждание
  beam random ~ стохастическое блуждание пучка
  random ~ случайное блуждание
  self-avoiding ~ невозвратное блуждание
wall стенка
  Bloch ~ стенка Блоха
  domain ~ доме́нная стенка
wave волна
  acoustic ~ акустическая волна
  Airy ~ волна Эйри
  anharmonic ~ ангармоническая [негармоническая] волна

wave

anisotropic ~ анизотропная волна
antisymmetric(al) ~ антисимметричная волна
asymmetric ~ асимметричная волна
atmospheric ~ атмосферная волна
axial ~ аксиальная волна
backscattered ~ волна обратного рассеяния
backward ~ обратная волна
beamed ~ коллимированная волна
biharmonic ~ бигармоническая волна
Bloch ~ блоховская волна
carrier ~ несущая волна
charge-density ~ волна плотности заряда
circularly polarized ~ циркулярно поляризованная волна
classical ~ классическая волна
clockwise polarized ~ волна, поляризованная по часовой стрелке, правополяризованная волна
cnoidal ~ кноидальная волна
coherent ~s когерентные волны
collective ~s коллективные волны
concurrent ~ попутная волна
conjugate ~ сопряженная волна
converging ~ сходящаяся волна, волна с вогнутым волновым фронтом
counterclockwise polarized ~ волна, поляризованная против часовой стрелки, левополяризованная волна
counterpropagating ~ встречная волна
coupled ~s связанные [взаимодействующие] волны
cutoff ~ волна отсечки волновода
cyclotron ~ циклотронная волна
damped ~ затухающая волна
de Broglie ~ волна де Бройля
Debye ~s дебаевские волны
deflected ~ отклоненная волна
degenerate ~s вырожденные волны
density ~ волна плотности
depolarized ~ деполяризованная волна
diffracted ~ дифрагированная волна
diverging ~ расходящаяся волна, волна с выпуклым волновым фронтом
elastic ~ упругая волна
electromagnetic ~ электромагнитная волна
elliptically polarized ~ эллиптически поляризованная волна

evanescent ~ затухающая [запредельная] волна
extraneous ~ паразитная волна
extraordinary ~ необыкновенная волна
fast ~ быстрая волна
Floquet-Bloch ~ волна Флоке – Блоха
focused ~ фокусированная волна
forward ~ прямая волна
forward-scattered ~ волна прямого рассеяния
forward-traveling ~ прямая волна
fundamental ~ волна основного типа; основная гармоника
gravitational ~ гравитационная волна
guided ~ канализируемая [направляемая] волна
harmonic ~ гармоническая волна
helical ~ спиральная волна
homogeneous ~ однородная волна
idle ~ холостая волна
illuminating ~ опорная волна (в голографии)
incident ~ падающая волна
incoherent ~s некогерентные волны
incoming ~ набегающая [падающая] волна
induced ~ индуцированная волна
inhomogeneous ~ неоднородная волна
input ~ входная волна
interacting ~s взаимодействующие волны
intracavity ~ внутрирезонаторная волна
Langmuir ~ волна Ленгмюра
left-handed ~ волна, поляризованная против часовой стрелки, левополяризованная волна
light ~ световая волна
linearly polarized ~ линейно поляризованная волна
longitudinal ~ продольная волна
magnetization ~ волна намагниченности
matter ~s волны материи
monochromatic ~ монохроматическая волна
natural ~s собственные волны
nonlinear ~s нелинейные волны
nonmonochromatic ~ немонохроматическая волна

nonpolarized ~ неполяризованная волна
nonreciprocal ~ невзаимная волна
normal ~ нормальная волна
object ~ объектная волна
oblique ~ наклонная волна, волна наклонного падения
ocean ~s океанские волны
optical ~ световая волна
ordinary ~ обыкновенная волна
outgoing [output] ~ выходная волна
paraxial ~ параксиальная волна
partial ~ парциальная волна
phase-conjugate ~ волна с обращенным волновым фронтом, обращенная волна
phonon ~ фононная волна
photon-density ~s волны фотонной плотности
plane ~ плоская волна
plane-polarized ~ линейно поляризованная волна
plasma ~s плазменные волны
polarization ~ волна поляризации
polarized ~ поляризованная волна
probe ~ пробная [зондирующая] волна
propagating ~ распространяющаяся волна
pump ~ волна накачки
quasi-homogeneous ~ квазиоднородная волна
quasi-longitudinal ~ квазипродольная волна
quasi-optical ~ квазиоптическая волна
quasi-plane ~ квазиплоская волна
quasi-spherical ~ квазисферическая волна
quasi-spin ~ квазиспиновая волна
quasi-TE ~ квази-ТЕ волна
quasi-TM ~ квази-ТМ волна
quasi-transverse ~ квазипоперечная волна
Rayleigh ~ волна Рэлея
reconstructed ~ восстановленная волна
reconstructing ~ восстанавливающая волна (*в голографии*)
reference ~ опорная волна
reflected ~ отраженная волна
refracted ~ преломленная волна
resonant ~ резонансная волна
retarded ~ запаздывающая волна

right-handed ~ волна, поляризованная по часовой стрелке, правополяризованная волна
running ~ бегущая волна
scalar ~ скалярная волна
scattered ~ рассеянная волна
secondary ~ вторичная волна
second harmonic ~ волна второй гармоники
shear ~ волна сдвига, сдвиговая волна
signal ~ сигнальная волна
sine ~ синусоида, гармоническая волна
slow ~ медленная волна
solitary [soliton] ~ уединенная волна, солитон
speckle ~ спекл-волна
spherical ~ сферическая волна
spin ~ спиновая волна
spin-density ~ волна спиновой плотности
square ~ меандр
squeezed ~ сжатая волна
squeezed vacuum ~ волна сжатого вакуума
standing ~ стоячая волна
stationary [steady-state] ~ стационарная волна
stimulated ~ вынужденная волна
Stokes ~ стоксова волна
strain ~ волна деформаций
supplementary ~ добавочная волна
surface ~ поверхностная волна
torsional ~ крутильная волна
transient ~ нестационарная [неустановившаяся] волна
transmitted ~ проходящая волна
transverse ~ поперечная волна
traveling ~ бегущая волна; распространяющаяся волна
undamped ~ незатухающая волна
uniform ~ однородная волна
unpolarized ~ неполяризованная волна

waveform 1. форма волны 2. форма сигнала
wavefront волновой фронт
  distorted ~ искаженный волновой фронт
  plane ~ плоский волновой фронт
  reconstructed ~ восстановленный волновой фронт
  reference ~ опорный волновой фронт

wavefront

spherical ~ сферический волновой фронт
wavefunction волновая функция
waveguide волновод; световод
  active ~ активный волновод
  anisotropic ~ анизотропный волновод
  beam ~ лучевой волновод; световод
  buried ~ скрытый волновод; зарощенный волновод
  channel ~ канальный волновод
  corrugated ~ гофрированный световод
  cutoff ~ предельный волновод
  dielectric ~ диэлектрический световод
  double-layer ~ двухслойный волновод
  evanescent-mode ~ запредельный волновод
  fiber(-optic) ~ волоконный световод
  film ~ плёночный световод
  graded-index ~ градиентный световод
  gyrotropic ~ гиротропный световод
  hollow ~ полый волновод
  integrated-optical ~ интегрально-оптический световод
  leaky ~ волновод с вытекающими модами
  light ~ световод, оптический волновод
  lossy ~ волновод с потерями
  low-loss ~ волновод с низкими потерями
  magneto-optical ~ магнитооптический световод
  monomode optical ~ одномодовый световод
  multilayer ~ многослойный волновод
  multimode ~ многомодовый волновод
  nonreciprocal ~ невзаимный световод
  optical ~ оптический волновод, световод
  planar ~ планарный световод
  proton-exchanged ~ протон-обменный световод
  rectangular ~ прямоугольный волновод; прямоугольный световод
  ridge ~ гребенчатый волновод
  silica ~ кварцевый волновод
  single-layer ~ однослойный волновод
  single-mode ~ одномодовый волновод
  slab ~ пластинчатый волновод
  step-index ~ световод со ступенчатым профилем показателя преломления
  stripe ~ полосковый волновод
  tapered ~ сужающийся волновод
  thin-film ~ тонкоплёночный световод
  tunnel-coupled optical ~s туннельно-связанные оптические волноводы
wavelength длина волны
  absorption ~ длина волны поглощения
  anti-Stokes ~ антистоксова длина волны
  apparent ~ кажущаяся длина волны
  blaze ~ длина волны блеска (*дифракционной решётки*)
  boundary ~ пороговая длина волны (*фотоэффекта*)
  critical ~ критическая длина волны
  critical absorption ~ критическая длина волны поглощения
  cuton ~ нижняя критическая длина волны
  cutoff ~ верхняя критическая длина волны
  de Broglie ~ длина волны де Бройля
  emission ~ длина волны излучения, длина волны свечения
  excitation ~ длина волны возбуждения
  far-IR ~ длина волны дальнего ИК-диапазона
  free-space ~ длина волны в свободном пространстве
  grating blaze ~ длина волны блеска дифракционной решётки
  guide ~ длина волны в волноводе *или* световоде
  infrared [IR] ~ длина волны инфракрасного [ИК-] диапазона
  laser ~ длина волны лазерного излучения
  lasing ~ длина волны лазерной генерации
  light ~ длина волны света
  mid-IR ~ длина волны среднего ИК-диапазона

    operating ~ рабочая длина волны
    optical ~ оптическая длина волны, длины волны оптического излучения
    photoemission ~ длина волны фотоиспускания
    photoluminescence [PL] ~ длина волны фотолюминесценции
    probe ~ длина волны зондирующего излучения
    pump ~ длина волны накачки
    reduced ~ приведенная длина волны
    resonance ~ резонансная длина волны
    Stokes ~ стоксова длина волны
    threshold ~ пороговая длина волны
    tunable ~ перестраиваемая длина волны
    ultraviolet [UV] ~ длина волны ультрафиолетового [УФ-] диапазона
    vacuum-UV ~ длина волны вакуумного УФ-диапазона
    zero-dispersion ~ длина волны нулевой дисперсии

wavelet вейвлет (*солитоноподобная функция*)
    base [basic] ~ базисный вейвлет
    bi-orthogonal ~ биортогональный вейвлет
    complex ~ комплексный вейвлет
    dyadic ~ двухпараметрический вейвлет
    Haar ~ вейвлет Хаара
    large-scale ~ крупномасштабный вейвлет
    Littlewood-Paley ~ вейвлет Литтлвуда – Пели
    Morlet ~ вейвлет Морле
    orthogonal ~ ортогональный вейвлет
    Paul ~ вейвлет Пауля
    semi-orthogonal ~ полуортогональный вейвлет

wavemeter волномер
    heterodyne ~ гетеродинный волномер

wavenumber волновое число

wavepacket волновой пакет

waveplate волновая пластинка
    broadband ~ широкополосная волновая пластинка
    tunable ~ перестраиваемая волновая пластинка

wavevector волновой вектор

weapon оружие
    directed energy ~ лучевое оружие
    laser ~ лазерное оружие

wedge клин
    absorption ~ поглощающий клин
    achromatic ~ ахроматический клин
    air ~ воздушный клин
    Goldberg ~ клин Гольдберга
    gray ~ серый клин
    measuring ~ измерительный клин
    neutral ~ нейтральный клин
    optical ~ оптический клин
    photometric ~ фотометрический клин
    quartz ~ кварцевый клин
    reflecting Fizeau ~ отражающий клин Физо
    sensitometric ~ сенситометрический клин
    step ~ ступенчатый клин

weight вес
    spectral ~ спектральный вес
    statistical ~ статистический вес

weld сварной шов || сваривать
    butt ~ стыковой сварной шов
    continuous ~ непрерывный сварной шов

welder сварочный аппарат
    laser ~ аппарат лазерной сварки

welding сварка
    arc ~ дуговая сварка
    argon-arc ~ аргоно-дуговая сварка
    butt(-seam) ~ сварка встык
    continuous ~ сварка непрерывным швом
    double-beam laser ~ двухлучевая лазерная сварка
    hybrid ~ гибридная сварка
    lap-seam ~ сварка внахлест
    laser ~ лазерная сварка
    laser-arc ~ лазерно-дуговая сварка
    light-beam ~ лазерная сварка
    pulsed (laser) ~ импульсная (лазерная) сварка
    remote ~ дистанционная сварка
    tissue ~ сращивание тканей

well яма
    doped quantum ~ легированная квантовая яма
    double quantum ~ двойная квантовая яма
    electron-rich quantum ~ квантовая яма, обогащенная электронами
    hole-rich quantum ~ квантовая яма, обогащенная дырками
    one-dimensional quantum ~ одномерная квантовая яма

well

potential ~ потенциальная яма
quantum ~ квантовая яма
single quantum ~ одиночная квантовая яма
square quantum ~ прямоугольная квантовая яма
symmetrical quantum ~ симметричная квантовая яма
three-dimensional quantum ~ трехмерная квантовая яма
triangular ~ треугольная яма
two-dimensional quantum ~ двумерная квантовая яма
whirlpool водоворот
   optical ~ оптический водоворот
white белый
width ширина
   angular ~ угловая ширина
   band ~ ширина полосы; ширина зоны
   bandgap ~ ширина запрещенной зоны
   barrier ~ толщина барьера
   beam ~ ширина пучка
   cut ~ ширина реза
   Doppler ~ доплеровская ширина
   effective spectral ~ эффективная спектральная ширина
   energy-gap ~ ширина запрещенной зоны
   far-field beam ~ ширина диаграммы направленности
   full ~ at half maximum ширина на полувысоте, полуширина
   homogeneous ~ однородная ширина
   inhomogeneous ~ неоднородная ширина
   kerf ~ ширина реза
   level ~ ширина энергетического уровня
   line ~ ширина линии
   natural line ~ естественная ширина линии
   passband ~ ширина полосы пропускания
   pulse ~ длительность импульса
   quantum well ~ ширина квантовой ямы
   seam ~ ширина шва
   slit ~ ширина щели
   spatial ~ пространственная ширина
   spectral ~ спектральная ширина
   temporal ~ временна́я ширина

wind ветер
   electron ~ электронный ветер
   phonon ~ фононный ветер
   solar ~ солнечный ветер
window окно; окошко
   atmospheric (transparency) ~ окно прозрачности атмосферы
   Brewster (angle) ~ брюстеровское окошко
   cryostat ~ окно криостата
   detector ~ входное окно фотоприемника
   Dewar ~ окно сосуда Дьюара
   entrance ~ входное окно
   exit ~ выходное окно
   filter ~ полоса пропускания фильтра
   fused-silica ~ окно из кварцевого стекла
   Gabor ~ окно Габора
   input ~ входное окно
   ionospheric (transparency) ~ окно прозрачности ионосферы
   minimum-dispersion ~ окно минимальной дисперсии
   minimum-loss ~ окно минимальных потерь
   optical ~ оптическое окно прозрачности
   output ~ выходное окно
   quartz ~ кварцевое окошко
   sapphire ~ сапфировое окошко
   spectral ~ спектральное окно
   transparency ~ окно прозрачности
   viewing ~ смотровое окно
wing крыло
   blue ~ коротковолновое крыло
   far ~ далекое крыло
   line ~ крыло линии
   long-wavelength ~ длинноволновое крыло
   pulse ~ хвост [задний фронт] импульса
   Rayleigh-line ~ крыло линии Рэлея
   red ~ длинноволновое крыло
   short-wavelength ~ коротковолновое крыло
   spectral line ~ крыло спектральной линии
wire проволока
   cross ~s перекрестие
   exploding ~ взрывающаяся проволочка
   quantum ~ квантовая нить

X

xaser рентгеновский лазер
xenon ксенон, Xe
xerography ксерография
X-ray рентгеновские лучи ‖ рентгеновский

Y

year год
    astronomical ~ астрономический год
    light ~ световой год
    lunar ~ лунный год
    solar ~ солнечный год
    tropical ~ тропический год
yellow желтый
yield выход
    energy ~ энергетический выход
    fluorescence ~ выход люминесценции
    harmonic ~ выход гармоники; кпд генерации гармоники
    luminescence ~ выход люминесценции
    photochemical ~ фотохимический выход
    photoelectric ~ фотоэлектрический выход
    photoionization ~ выход фотоионизации
    photoluminescence energy ~ энергетический выход фотолюминесценции
    quantum ~ квантовый выход
    second harmonic generation [SHG] ~ выход генерации второй гармоники
ytterbium иттербий, Yb
yttrium иттрий, Y

Z

zenith зенит
zero нуль
    symmetric ~ симметричный нуль
zinc цинк, Zn
zirconium цирконий, Zr
zone зона, область
    ~ **of dispersion** зона дисперсии
    ~ **of opacity** область непрозрачности
    ~ **of sharp focus** зона резкой фокусировки
    ~ **of vision** область видимости
    amplification ~ область усиления
    avalanche ~ зона лавинного пробоя
    Brillouin ~ зона Бриллюэна
    capture ~ зона захвата
    dispersion ~ зона дисперсии
    far-field ~ область дальней зоны
    first Brillouin ~ первая зона Бриллюэна
    focal ~ фокальная зона
    forbidden ~ запрещенная зона
    Fraunhofer ~ зона Фраунгофера
    Fresnel ~ зона Френеля
    growth ~ зона роста
    heat-affected ~ зона теплового воздействия (*при лазерной обработке*)
    injection ~ зона инжекции
    near-field ~ зона ближнего поля
    radiation ~ зона радиации
    Ramsey ~ зона Рамзея
    scattering ~ зона рассеяния
    semi-shadow ~ зона полутени
    shadow ~ затененная зона
    twilight ~ зона полутени
    visibility ~ зона видимости
    wave ~ волновая зона
zoom объектив с переменным фокусным расстоянием, трансфокатор, *проф.* зум
zoomfinder видоискатель с переменным фокусным расстоянием, видоискатель-трансфокатор
zooming трансфокация, масштабирование изображения
zoomoptic объектив с переменным фокусным расстоянием, трансфокатор

СПИСОК АНГЛИЙСКИХ СОКРАЩЕНИЙ

AA angular aperture угловая апертура
AAS atomic absorption spectrometry атомно-абсорбционная спектрометрия
AC alternating current переменный ток
ADC analog-to-digital converter аналого-цифровой преобразователь, АЦП
ADH asymmetric double heterostructure асимметричная двойная гетероструктура
ADP ammonium dihydrophosphate дигидрофосфат аммония
ADS angular displacement sensor датчик угловых перемещений, ДУП
AES Auger electron spectroscopy электронная оже-спектроскопия
AF antiferromagnetic антиферромагнитный
AFM atomic-force microscope атомно-силовой микроскоп, АСМ
AFS atomic fluorescence spectroscopy атомно-флуоресцентная спектроскопия
AGC automatic gain control автоматическая регулировка усиления
AM amplitude modulation амплитудная модуляция, АМ
AOBD acousto-optic beam deflector акустооптический дефлектор луча
AOD acousto-optic device акустооптический прибор
AOM acousto-optic modulator акустооптический модулятор
AOTF acousto-optic tunable filter перестраиваемый акустооптический фильтр
APD avalanche photodiode лавинный фотодиод
APM additive pulse mode-locking синхронизация мод с помощью дополнительных импульсов
APR acoustic paramagnetic resonance акустический парамагнитный резонанс
APW augmented plane wave присоединенная плоская волна
AR antireflection просветление
AS 1. absorption spectroscopy абсорбционная спектроскопия 2. Auger spectroscopy оже-спектроскопия
ASA 1. artificial saturable absorber искусственный насыщаемый поглотитель 2. atomic sphere approximation приближение атомной сферы
ASE amplified spontaneous emission усиленное спонтанное излучение
ASG arsenosilicate glass мышьяковосиликатное стекло
ASW 1. acoustic surface wave поверхностная акустическая волна 2. augmented spherical wave присоединенная сферическая волна
ATI above-threshold ionization надпороговая ионизация
ATM asynchronous transfer mode режим асинхронной передачи
AWG arrayed waveguide grating решетка на основе матрицы волноводов
BAW bulk acoustic wave объемная акустическая волна
BBAR broadband antireflection широкополосное просветление
BBM broadband mirror широкополосное зеркало
BBO beta-barium borate метаборат бария
BCC body-centered cubic кубический объемноцентрированный
BCS Bardeen-Cooper-Schrieffer Бардин – Купер – Шриффер
BEC Bose-Einstein condensation бозе-эйнштейновская конденсация
BEL yttrium lanthanum beryllate бериллат лантана – иттрия
BFD back focal distance заднее фокусное расстояние
BFL back focal length заднее фокусное расстояние
BG bandgap запрещенная зона
BGO bismuth germanium oxide (орто)германат висмута
BIS bremsstrahlung isochromatic spectroscopy спектроскопия тормозного изохроматического излучения, рентгеновская спектроскопия
BK borosilicate crown glass боросиликатный крон
BPF bandpass filter полосовой фильтр
BPM beam propagation method метод распространения пучка
BR birefringence двулучепреломление
BS 1. backscattering обратное рассеяние 2. beamsplitter светоделитель 3.

Brillouin scattering бриллюэновское рассеяние
BSO bismuth silicon oxide силикат висмута
BSS backward stimulated scattering вынужденное [стимулированное] обратное рассеяние
BST barium strontium titanate титанат бария – стронция
BTE Boltzmann transport equation уравнение переноса Больцмана
BW 1. backward wave обратная волна 2. bandwidth ширина полосы
BZ Brillouin zone зона Бриллюэна
CA clear aperture световой диаметр
CAD computer-aided design автоматизированное проектирование
CARS coherent anti-Stokes Raman scattering когерентное антистоксово рассеяние света, КАРС
CAS calorimetric absorption spectroscopy калориметрическая абсорбционная спектроскопия
CB 1. conduction band зона проводимости 2. Coulomb blockade кулоновская блокада
CBM conduction band minimum минимум [дно] зоны проводимости
CC configuration coordinate конфигурационная координата
CCD charge-coupled device прибор с зарядовой связью, ПЗС
CCID charge-coupled imaging device формирователь изображения на ПЗС
CD 1. chromatic dispersion хроматическая дисперсия 2. circular dichroism круговой дихроизм, КД, циркулярный дихроизм, ЦД
CDF charge-density fluctuation флуктуация плотности заряда
CDM code-division multiplexing кодовое уплотнение каналов
CEF collection efficiency function функция эффективности сбора *(света)*
CGH computer-generated hologram компьютерно-синтезированная голограмма
CL cathodoluminescence катодолюминесценция
CLC cholesteric liquid crystal холестерический жидкий кристалл
CMC coupled microcavity связанный микрорезонатор

CNT carbon nanotube углеродная нанотрубка
COD catastrophic optical damage оптическое разрушение
CP combined parity комбинированная четность
CR cyclotron resonance циклотронный резонанс
CRS calorimetric reflection spectroscopy калориметрическая спектроскопия отражения
CRT cathode-ray tube электронно-лучевая трубка, ЭЛТ
CTE charge transfer efficiency эффективность переноса заряда
CTF contrast transfer function контрастно-частотная характеристика
CVD chemical vapor deposition химическое осаждение из газовой фазы
CVL copper vapor laser лазер на парах меди
CW 1. clockwise по часовой стрелке 2. continuous wave незатухающая волна
2D two-dimensional двумерный
3D three-dimensional трехмерный
DAC digital-to-analog converter цифроаналоговый преобразователь, ЦАП
DAP donor-acceptor pair донорно-акцепторная пара
DARS disorder-activated Raman scattering индуцированное разупорядоченностью комбинационное рассеяние
DAS data acquisition system система сбора данных
DBAR dual-band antireflection двухполосное просветление
DBF dynamic beam focusing динамическая фокусировка луча
DBR distributed Bragg reflector распределенный брэгговский отражатель
DCF dispersion-compensating fiber оптическое волокно, компенсирующее дисперсию
DCG dichromated gelatin дихромированная желатина
DCGD direct-current glow discharge тлеющий разряд постоянного тока
DD deep donor глубокий донор
DDF dispersion-decreasing fiber оптическое волокно, понижающее дисперсию

2DEG two-dimensional electron gas двумерный электронный газ
DFB distributed feedback распределенная обратная связь, РОС
DFG difference-frequency generator генератор разностных частот
DFT discrete Fourier transform дискретное преобразование Фурье
DFWM degenerate four-wave mixing вырожденное четырехволновое смешение
DG diode gate диодный вентиль
DH(S) double heterostructure двойная гетероструктура
DHT discrete Hilbert transform дискретное преобразование Гильберта
DIC differential interference contrast дифференциальный контраст интерференции
DKDP deuterated potassium dihydrogen phosphate дейтерированный дигидрофосфат калия
DLHJ double-layer heterojunction двуслойный гетеропереход
DLTS deep-level transient spectroscopy переходная спектроскопия глубоких состояний
DMSO dimethyl sulphoxide диметилсульфоксид
DNP dynamic nuclear polarization ядерная динамическая поляризация
DOS density of states плотность состояний
DPL diode-pumped laser лазер с диодной накачкой
DPSSL diode-pumped solid state laser твердотельный лазер с диодной накачкой
DTA differential thermal analysis дифференциальный термический анализ, ДТА
DTS differential transmission spectroscopy дифференциальная спектроскопия пропускания
DWA distorted wave approximation приближение искаженной волны
EA electron affinity сродство к электрону
EBC electron-beam coating электронно-лучевое покрытие
EBL electron-beam lithography электронно-лучевая литография
ECB electrically controlled birefringence электрически управляемое двулучепреломление
ECL electromagnetic calorimeter электромагнитный калориметр
ECR electron cyclotron resonance электронный циклотронный резонанс
EDFA erbium-doped fiber amplifier волоконно-оптический усилитель на ионах эрбия
EDFL erbium-doped fiber laser волоконно-оптический лазер на ионах эрбия
EELS electron-energy-loss spectroscopy спектроскопия электронных энергетических потерь
EET excitation energy transfer перенос энергии возбуждения
EFL effective focal length эффективное фокусное расстояние
EHD electron-hole drop электронно-дырочная капля
EHP electron-hole pair электронно-дырочная пара
EIT electromagnetically induced transparency электромагнитно-индуцированная прозрачность
EL electroluminescence электролюминесценция
ELD electroluminescent diode электролюминесцентный диод
EMR electromagnetic radiation электромагнитное излучение
ENDOR electron-nuclear double resonance двойной электронно-ядерный резонанс
EOIS electro-optic imaging system электрооптическая система формирования изображений
EOLM electro-optic light modulator электрооптический модулятор света
EOM electro-optic modulator электрооптический модулятор
EOS equation of state уравнение состояния
EPMA electron-probe microanalysis электронно-зондовый микроанализ
EPR 1. Einstein-Podolsky-Rozen Эйнштейн – Подольский – Розен, ЭПР 2. electron paramagnetic resonance электронный парамагнитный резонанс, ЭПР
ER 1. electroreflectance электроотражение 2. extinction ratio фактор экстинкции
ESA excited-state absorption поглощение в возбужденном состоянии

ESR electron spin resonance электронный спиновый резонанс, ЭСР
ESTM electron scanning tunneling microscope электронный растровый туннельный микроскоп
EUV extreme ultraviolet крайний ультрафиолет
FAP calcium fluorophosphate фторфосфат кальция
FBG fiber Bragg grating волоконная брэгговская решетка
FC Franck-Condon Франк – Кондон
FCS fluorescence correlation spectroscopy корреляционная спектроскопия флуоресценции
FDM frequency-division multiplexing частотное уплотнение каналов
FE free exciton свободный экситон
FEL free-electron laser лазер на свободных электронах
FEM field-emission microscopy эмиссионная [автоэлектронная] микроскопия
FFC few-fiber cable маловолоконный оптический кабель
FFP far-field pattern диаграмма направленности в дальней зоне
FFPI fiber Fabry-Perot interferometer волоконный интерферометр Фабри – Перо
FFT fast Fourier transform быстрое преобразование Фурье
FID free induction decay затухание свободной индукции
FIR far infrared дальняя инфракрасная область
FLC ferroelectric liquid crystal сегнетоэлектрический жидкий кристалл
FLIR forward-looking infrared ИК-система переднего обзора
FLNS fluorescence line-narrowing spectroscopy спектроскопия сужения линий флуоресценции
FLT Fermi-liquid theory теория ферми-жидкости
FM frequency modulation частотная модуляция, ЧМ
FO fiber optics волоконная оптика
FOA fiber-optic adapter волоконно-оптический разъем
FOC 1. fiber-optic cable волоконно-оптический кабель **2.** fiber-optic communication волоконно-оптическая связь

FOG fiber-optic gyroscope волоконно-оптический гироскоп
FOL fiber-optic link волоконно-оптическая линия связи, ВОЛС
FOM figure of merit показатель качества, добротность
FOSA first-order scattering approximation приближение рассеяния первого порядка
FOV field of view поле зрения
FPI Fabry-Perot interferometer интерферометр Фабри – Перо
FPS focal-plane shutter фокальный затвор
FR Faraday rotation фарадеевское вращение
FROG frequency-resolved optical gating частотно-селективное оптическое стробирование
FSK frequency-shift keying частотная манипуляция
FSL free-space loss потери в свободном пространстве
FSR free spectral range область свободной дисперсии
FT Fourier transform преобразование Фурье
FTIR frustrated total internal reflection нарушенное полное внутреннее отражение
FTIRS Fourier-transform infrared spectroscopy инфракрасная фурье-спектроскопия
FTS Fourier transform spectroscopy фурье-спектроскопия
FUV far ultraviolet дальний ультрафиолет
FWHM full width at half maximum полная ширина на полувысоте
FWM four-wave mixing четырехволновое смешение
FZP Fresnel zone plate зонная пластинка [линза] Френеля
GAC generalized adiabatic condition обобщенное адиабатическое условие
GBL ground based laser лазер наземного базирования
GBP gain-bandwidth product произведение коэффициента усиления на ширину полосы
GDD group-delay dispersion дисперсия групповой задержки

GDL gas-dynamic laser газодинамический лазер
GFA glass-forming ability стеклообразующая способность
GGG gadolinium gallium garnet гадолиний-галлиевый гранат, ГГГ
GPS global positioning system система глобального позиционирования
GRIN graded [gradient] index переменный [градиентный] показатель преломления
GSA ground-state absorption поглощение из основного состояния
GSAG gadolinium scandium aluminum garnet гадолиний-скандий-алюминиевый гранат
GSGG gadolinium scandium gallium garnet гадолиний-скандий-галлиевый гранат, ГСГГ
GVD group velocity dispersion дисперсия групповой скорости
HBC holographic beam combiner голографическое устройство сведения пучков
HBS 1. hole burning spectroscopy спектроскопия выжигания провала 2. holographic beamsplitter голографический светоделитель
HEED high-energy electron diffraction дифракция быстрых электронов
HEMT high electron mobility transistor транзистор с высокой подвижностью электронов
HEO high earth orbit высокая околоземная орбита
HF Hartree-Fock Хартри – Фок
HFA high-frequency approximation высокочастотное приближение
HH heavy hole тяжелая дырка
HiBi high birefringence fiber волокно с высоким двулучепреломлением
HJ heterojunction гетеропереход
HOE holographic optical element голографический оптический элемент
HOMO highest occupied molecular orbital наивысшая занятая молекулярная орбиталь
HPA high-power amplifier усилитель высокой мощности
HRIR high-resolution infrared radiometer ИК-радиометр высокого разрешения
HRS hyper-Rayleigh scattering гиперрэлеевское рассеяние
HRTEM high-resolution transmission electron microscopy просвечивающая электронная микроскопия высокого разрешения
HWHM half width at half maximum полуширина на полувысоте
HWP half-wave plate полуволновая пластинка, пластинка $\lambda/2$
IBA inhomogeneously broadened absorber поглотитель с неоднородным уширением
IBD ion-beam deposition ионно-лучевое осаждение
IBS ion-beam sputtering ионно-лучевое распыление
IC integrated circuit интегральная схема, ИС
IDA intensity-dependent absorption поглощение, зависящее от интенсивности
IFFT inverse fast Fourier transform обратное быстрое преобразование Фурье
IFOG interferometric fiber-optic gyroscope интерференционный волоконно-оптический гироскоп
IFOV instantaneous field of view мгновенное поле зрения
IFT instantaneous Fourier transform мгновенное преобразование Фурье
IL insertion loss вносимые потери
ILD injection laser diode инжекционный лазерный диод
INVS integrated night-vision system интегральная система ночного видения
IOC integrated optical circuit оптическая интегральная схема
IOL intraocular lens искусственный хрусталик
IOLC integrated optical logic circuit интегральная оптическая логическая схема
IOM image-oriented memory запоминающее устройство для хранения изображений
IPP imaging photopolarimeter фотополяриметрический датчик изображений
IR infrared 1. инфракрасная область 2. инфракрасный, ИК
IRED infrared emitting diode инфракрасный светодиод

IRLD infrared laser diode инфракрасный лазерный диод
ITO indium tin oxide оксид индия – олова
JDOS joint density of states совместная плотность состояний
JT Jahn-Teller Ян – Теллер
KB5 potassium pentaborate пентаборат калия
KDP potassium dihydrogen phosphate дигидрофосфат калия
KGW potassium gadolynium tungstate вольфрамат калия – гадолиния
KLM Kerr-lens mode-locking керровский режим синхронизации мод
KTA potassium titanyl arsenate титанил – арсенат калия
KTP potassium titanyl phosphate титанил – фосфат калия
KYW potassium yttrium tungstate вольфрамат калия – иттрия
LA longitudinal acoustic продольный акустический
LADAR laser detection and ranging лазерный обнаружитель-дальномер
LAMS laser-assisted mass spectrometry лазерная масс-спектрометрия
LAN local area network локальная сеть
LARR laser-assisted radiative recombination индуцированная лазером излучательная рекомбинация
LAS laser absorption spectroscopy лазерная абсорбционная спектроскопия
LBO lithium triborate триборат лития
LC liquid crystal жидкий кристалл
LCAO linear combination of atomic orbitals линейная комбинация атомных орбиталей
LCC liquid-crystal cell жидкокристаллическая ячейка
LCD liquid-crystal display жидкокристаллический индикатор, жидкокристаллический дисплей, ЖК-дисплей
LCLV liquid-crystal light valve жидкокристаллический оптический затвор
LCP left circular polarization левая циркулярная поляризация
LCS liquid-crystal shutter жидкокристаллический затвор
LD laser diode лазерный диод

LDA laser Doppler anemometry лазерная доплеровская анемометрия
LDS laser dazzle system лазерная слепящая система
LDV laser Doppler velocimeter лазерный доплеровский велосиметр
LED light-emitting diod светоизлучающий диод, светодиод
LEED low-energy electron diffraction дифракция медленных электронов
LEO low earth orbit низкая околоземная орбита
LFA low-frequency approximation низкочастотное приближение
LH light hole легкая дырка
LHCP left-hand circular polarization левая циркулярная поляризация
LHM left-handed material материал с отрицательным преломлением
LIBS laser-induced breakdown spectrometer спектроанализатор с возбуждением лазерно-индуцированным пробоем
LID laser injection diode лазерный инжекционный диод
LIDAR light detection and ranging 1. оптическая локация 2. оптический локатор, лидар
LIF laser-induced fluorescence индуцированная лазерным излучением флуоресценция
LIFS laser-induced fluorescence spectroscopy спектроскопия индуцированной лазерным излучением флуоресценции
LIS laser isotope separation лазерное разделение изотопов
LMCT ligand-to-metal charge transfer перенос заряда от лиганда к атому (иону) металла
LN liquid nitrogen жидкий азот
LNA low-noise amplifier низкошумящий усилитель
LO longitudinal optical продольный оптический
LOS line of sight линия визирования
LPE liquid phase epitaxy жидкофазная эпитаксия
LRF laser rangefinder лазерный дальномер
LRS laser Raman spectroscopy лазерная рамановская спектроскопия, лазерная спектроскопия комбинационного рассеяния

LSL laser-stimulated luminescence лазерно-индуцированная люминесценция
LUMO lowest unoccupied molecular orbital нижайшая незанятая молекулярная орбиталь
LVM local vibrational mode локальная колебательная мода
LWO lanthanum tungstate вольфрамат лантана
MBE molecular beam epitaxy молекулярная пучковая [лучевая] эпитаксия
MBPT many-body perturbation theory теория возмущений многих тел
MBS Mandelshtam-Brillouin scattering рассеяние Мандельштама – Бриллюэна
MC Monte Carlo Монте-Карло
MCA microchannel analyzer микроканальный анализатор
MCD magnetic circular dichroism магнитный циркулярный дихроизм, МЦД, магнитный круговой дихроизм, МКД
MCP microchannel plate микроканальная пластина
MD molecular dynamics молекулярная динамика
MDE molecular detection efficiency эффективность детектирования молекул
MDM metal-dielectric multilayer металлодиэлектрический многослойник
MEMS microelectromechanical system микроэлектромеханическая система
MI Michelson interferometer интерферометр Майкельсона
MILC magnetically induced laser cooling магнитоиндуцированное лазерное охлаждение
MIS 1. matrix isolation spectroscopy спектроскопия матричной изоляции 2. metal-insulator-semiconductor металл – диэлектрик – полупроводник, МДП
ML monolayer монослой
MLAR multilayer antireflection coating многослойное просветляющее покрытие
MOCVD metalorganic chemical vapor deposition химическое осаждение из газовой фазы методом разложения металлоорганических соединений
MOKE magneto-optical Kerr effect магнитооптический эффект Керра
MO LCAO molecular orbitals as linear combinations of atomic orbitals молекулярные орбитали как линейные комбинации атомных орбиталей
MOMBE metalorganic molecular beam epitaxy металлоорганическая молекулярная лучевая эпитаксия
MOPA master oscillator - power amplifier система задающий генератор – усилитель мощности
MOR magneto-optical rotation магнитооптическое вращение, МОВ
MOS metal-oxide-semiconductor металл – оксид – полупроводник, МОП
MOT magneto-optic(al) trap магнитооптическая ловушка
MOVPE metalorganic vapor phase epitaxy металлоорганическая газофазная эпитаксия
MPI multiphoton ionization многофотонная ионизация
MQW multiple quantum wells множественные квантовые ямы
MR magnetic resonance магнитный резонанс
MRI magnetic resonance imaging магниторезонансная томография, магниторезонансная интроскопия
MSLM microchannel spatial light modulator микроканальный пространственный модулятор света
MSP microspectrophotometry микроспектрофотометрия
MTF modulation transfer function функция передачи модуляции, ФПМ
MVL metal-vapor laser лазер на парах металла
NA numerical aperture числовая апертура
NBM narrow-band mirror узкополосное зеркало
ND neutral density нейтральная (оптическая) плотность
NDRO nondestructive readout неразрушающее считывание
NE null-ellipsometry нуль-эллипсометрия
NEA negative electron affinity отрицательное сродство к электрону

NEP noise equivalent power эквивалентная мощность шума
NF notch filter режекторный фильтр, фильтр-пробка
NFP near-field pattern картина ближнего поля
NGVD negative group-velocity dispersion отрицательная дисперсия групповой скорости
NIMS near-infrared mapping spectrometer изображающий спектрометр ближнего ИК-диапазона
NIR near infrared ближняя инфракрасная область
NLC nematic liquid crystal нематический жидкий кристалл
NLDC nonlinear directional coupler нелинейный направленный ответвитель
NMC normal-mode coupling взаимодействие нормальных мод
NMR nuclear magnetic resonance ядерный магнитный резонанс, ЯМР
NMS normal-mode splitting расщепление нормальных мод, вакуумное расщепление Раби
NPR nonlinear polarization rotation нелинейное вращение плоскости поляризации
NQR nuclear quadrupole resonance ядерный квадрупольный резонанс, ЯКР
NRMPI nonresonant multiphoton ionization нерезонансная многофотонная ионизация
NSOM near-field scanning optical microscope ближнепольный оптический растровый микроскоп
NVS night-vision system система ночного видения
OA 1. optical absorption оптическое поглощение 2. optical axis оптическая ось
OB optical bistability оптическая бистабильность
OC optical carrier оптическая несущая
OD optical density оптическая плотность
ODENDOR optically detected electron-nuclear double resonance оптически детектируемый двойной электронно-ядерный резонанс
ODMR optically detected magnetic resonance оптически детектируемый магнитный резонанс

OFT optical fiber thermometry волоконно-оптическая термометрия
OL optical lattice оптическая решетка
OLCAO orthogonalized linear combination of atomic orbitals ортогонализованная линейная комбинация атомных орбиталей
OMA optical multichannel analyzer оптический многоканальный анализатор
OML optical memory loop петля оптической памяти
ONC optical network controller контроллер оптической сети
ONN optical neural network оптическая нейронная сеть
OODR optical-optical double resonance двойной оптический резонанс
OPA optical parametric amplifier оптический параметрический усилитель, ОПУ
OPC optical phase conjugation обращение волнового фронта световой волны
OPD optical path difference оптическая разность хода
OPO optical parametric oscillator оптический параметрический генератор, ОПГ
OPS optical power spectrum спектр оптической мощности
OPW orthogonalized plane waves ортогонализированные плоские волны
ORD optical rotary dispersion дисперсия оптического вращения
OSA optical spectrum analyzer анализатор оптического спектра
OSDR optical space-domain reflectometry пространственная оптическая рефлектометрия
PA 1. paraxial approximation параксиальное приближение 2. photoinduced absorption фотоиндуцированное поглощение
PARS photoacoustic Raman spectroscopy фотоакустическая спектроскопия комбинационного рассеяния
PAS photoacoustic spectroscopy фотоакустическая спектроскопия
PBG photonic bandgap фотонная запрещенная зона
PBS polarizing beamsplitter поляризационный светоделитель

PC 1. phase conjugation фазовое сопряжение, обращение волнового фронта 2. photonic crystal фотонный кристалл
PCM 1. phase-conjugate mirror зеркало, обращающее волновой фронт 2. pulse code modulation импульсно-кодовая модуляция
PCW phase conjugate wave волна с обращенным волновым фронтом, фазово-сопряженная волна
PD 1. photodetector фотодетектор 2. photodiode фотодиод
PDA photodiode array матрица фотодиодов
PDF positive-dispersion fiber оптическое волокно с положительной дисперсией
PDL polarization-dependent loss потери, зависящие от поляризации
PDS photothermal deflection spectroscopy спектроскопия фототермического отклонения
PDT photodynamic therapy фотодинамическая терапия
PEC potential energy curve потенциальная кривая, кривая потенциальной энергии
PED photoelectron diffraction дифракция фотоэлектронов
PES photoemission spectroscopy фотоэмиссионная спектроскопия
PEV pyroelectric vidicon пироэлектрический видикон
PFM pulse-frequency modulation импульсно-частотная модуляция
PHA pulse height analyzer амплитудный анализатор импульсов
PHB photochemical hole burning фотохимическое выжигание провала
PIE photoinduced electrochromism фотоиндуцированный электрохромизм
PL photoluminescence фотолюминесценция
PLD pulsed laser deposition импульсное лазерное осаждение
PLE photoluminescence excitation возбуждение фотолюминесценции
PLL phase-locked loop система фазовой подстройки частоты
PMF polarization-maintaining fiber поляризационно-стабилизированное волокно

PMMA polymethyl methacrylate полиметилметакрилат
PMSP polarization microspectrophotometry поляризационная микроспектрометрия
PMT photomultiplier tube фотоумножитель, фотоэлектронный умножитель, ФЭУ
PON passive optical network пассивная оптическая сеть
PPR Pauli principal restriction принцип запрета Паули
PR photoreflectance фотоотражение
PRC photorefractive crystal фоторефрактивный кристалл
PRF pulse repetition frequency частота повторения импульсов
PRI pulse repetition interval период повторения импульсов
PRR pulse repetition rate частота повторения импульсов
PSA 1. Poincaré sphere analysis анализ с помощью сферы Пуанкаре 2. polarization state adjuster регулятор состояния поляризации
PSD position-sensing detector позиционно-чувствительный детектор
PSP principal state of polarization основное состояние поляризации
PSSP polarization-sensitive Schottky photodiode поляризационно-чувствительный фотодиод Шоттки
PSSS polarization-sensitive speckle-spectroscopy поляризационно-чувствительная спекл-спектроскопия
PST lead scandium tantalate танталат свинца – скандия
PVA polyvinyl alcohol поливиниловый спирт, ПВС
PVC polyvinylchloride поливинилхлорид, ПВХ
PYP photoactive yellow protein фотоактивный желтый протеин
QAM quadrature amplitude modulation квадратурная амплитудная модуляция
QB 1. quantum barrier квантовый барьер 2. quantum beats квантовые биения
QC quasi-crystal квазикристалл
QCA quasi-crystal approximation квазикристаллическое приближение
QD quantum dot квантовая точка
QE quantum efficiency квантовая эффективность; квантовый выход

QED quantum electrodynamics квантовая электродинамика, КЭД
QFT quantum field theory квантовая теория поля
QMS quadrupole mass-spectrometer квадрупольный масс-спектрометр
QND quantum nondemolition квантовоневозмущающий
QPM quasi-phase matching квазисинхронизация мод
QW quantum well квантовая яма
QWIP quantum-well infrared photodetector фотодетектор на квантовой яме
QWP quarter-wave plate четвертьволновая пластинка, пластинка $\lambda/4$
QWS quantum-well structure структура с квантовыми ямами
RAE rotating-analyzer ellipsometer эллипсометр с вращающимся анализатором
RCB repulsive Coulomb barrier отталкивательный кулоновский барьер
RCE rotating-compensator ellipsometer эллипсометр с вращающимся компенсатором
RCP right circular polarization правая циркулярная поляризация
RDS reflectance difference spectroscopy дифференциальная спектроскопия отражения
RE rare earth 1. редкая земля 2. редкоземельный, РЗ
REE rare-earth element редкоземельный элемент
REMPI resonance-enhanced multiphoton ionization резонансная многофотонная ионизация
RF radio-frequency радиочастотный, РЧ, высокочастотный, ВЧ
RFTS remote fiber test system система дистанционного тестирования волокна
RHCP right-hand circular polarization правая циркулярная поляризация
RHEED reflection high-energy electron diffraction дифракция отраженных быстрых электронов
RIKES Raman-induced Kerr effect spectroscopy спектроскопия оптического эффекта Керра, индуцированного комбинационным резонансом
RIN relative intensity noise относительный шум интенсивности

RIP refractive index profile профиль показателя преломления
RLDI resonant laser-driven ionization резонансная лазерная ионизация
RLG ring-laser gyroscope кольцевой лазерный гироскоп
rms root-mean-square среднеквадратичный
ROC radius of curvature радиус кривизны
RPA random-phase approximation приближение случайных фаз
RPE rotating-polarizer ellipsometer эллипсометр с вращающимся поляризатором
RRS resonance Raman scattering резонансное комбинационное рассеяние
RS Raman scattering комбинационное рассеяние света, рамановское рассеяние
RSI Rayleigh–Sommerfeld (diffraction) integral интеграл Рэлея – Зоммерфельда
RT room temperature комнатная температура
RTE radiative transfer equation уравнение радиационного переноса
RWA rotating wave approximation приближение вращающейся волны
S/N signal-to-noise ratio отношение сигнал – шум, ОСШ
SA spherical aberration сферическая аберрация
SAW surface acoustic wave поверхностная акустическая волна, ПАВ
SAXS small-angle X-ray scattering малоугловое рентгеновское рассеяние
SBC Soleil-Babinet compensator компенсатор Бабине – Солейля
SBD Schottky-barrier diode диод на барьере Шоттки
SBE semiconductor Bloch equations «полупроводниковые» уравнения Блоха
SBN strontium barium niobate ниобат стронция – бария
SBR 1. saturable Bragg reflector насыщаемый брэгговский отражатель 2. signal-to-background ratio отношение сигнала к фону
SBS stimulated Brillouin scattering вынужденное [стимулированное] бриллюэновское рассеяние

SCF space-charge field поле пространственного заряда
SCRR single-coupler ring resonator кольцевой резонатор с единственным устройством входа-выхода
SD standard deviation стандартное отклонение
SE 1. spontaneous emission спонтанное излучение **2.** stimulated emission вынужденное [стимулированное] излучение
SEL surface-emitting laser полупроводниковый лазер с вертикальным резонатором
SEM scanning electron microscope растровый электронный микроскоп
SEPE simultaneous electron-photon excitation одновременное электрон-фотонное возбуждение
SERRS surface-enhanced resonance Raman scattering резонансное комбинационное рассеяние, усиленное поверхностью
SERS surface-enhanced Raman scattering комбинационное рассеяние, усиленное поверхностью
SEW surface electromagnetic wave поверхностная электромагнитная волна, ПЭВ
SFA strong-field approximation приближение сильного поля
SFG sum-frequency generation генерация суммарных частот
SHG second harmonic generation генерация второй гармоники, ГВГ
SI stimulated emission вынужденное [стимулированное] излучение
SIC semiconductor integrated circuit полупроводниковая интегральная схема
SIMS secondary ion mass-spectroscopy вторично-ионная масс-спектроскопия
SIPC self-induced polarization changes самоиндуцированные изменения поляризации
SIT self-induced transparency самоиндуцированная прозрачность
SL superlattice сверхрешетка
SLAR single-layer antireflection однослойное просветление
SLBS superlattice Bloch state блоховское состояние сверхрешетки

SLC satellite laser communication лазерная спутниковая связь
SLD superluminescent diode суперлюминесцентный [сверхизлучающий] диод
SLM spatial light modulator пространственный модулятор света, ПМС
SLR spin-lattice relaxation спин-решеточная релаксация
SMC single-step Markov chain одноступенчатая марковская цепь
SMD single-molecule detection детектирование одиночных молекул
SMF single-mode fiber одномодовое волокно
SNE stimulated nutation echo стимулированное нутационное эхо
SNOM scanning near-field optical microscope растровый ближнепольный оптический микроскоп
SNR signal-(to-)noise ratio отношение сигнал – шум, ОСШ
SOA semiconductor optical amplifier полупроводниковый оптический усилитель
SOP state of polarization состояние поляризации
SP spontaneous polarization спонтанная поляризация
SPD spectral power distribution спектральное распределение мощности
SPI single-photon ionization однофотонная ионизация
SPM 1. scanning probe microscopy растровая зондовая микроскопия **2.** self-phase modulation фазовая автомодуляция
SQUID superconducting quantum interference device сверхпроводящий квантовый интерференционный датчик, СКВИД
SQW single quantum well одиночная квантовая яма
SR superradiance сверхизлучение, суперфлуоресценция
SRD super-radiant diode сверхизлучающий диод
SRGS stimulated Raman gain spectroscopy спектроскопия усиления на вынужденном комбинационном рассеянии
SRO short-range order ближний порядок

SRS stimulated Raman scattering вынужденное [стимулированное] комбинационное рассеяние, ВКР
SRWS stimulated Rayleigh-wing scattering вынужденное рассеяние в крыло линии Рэлея
SSA single-scattering approximation приближение однократного рассеяния
SSL 1. semiconductor superlattice полупроводниковая сверхрешетка 2. solid-state laser твердотельный лазер
SSRS stimulated Stokes Raman scattering вынужденное стоксово комбинационное рассеяние
STM 1. scanning tunneling microscope растровый туннельный микроскоп 2. scanning tunneling microscopy растровая туннельная микроскопия
SVA slowly varying amplitude медленно меняющаяся амплитуда
SVRA slowly varying envelope approximation приближение медленно меняющейся огибающей
TA transverse acoustic поперечный акустический
TAC time-to-amplitude converter преобразователь время – амплитуда
TBAR tri-band antireflection трехполосное просветление
TBP time-bandwidth product произведение времени на ширину полосы
TCE temperature coefficient of expansion коэффициент теплового расширения
TDL tunable diode laser перестраиваемый полупроводниковый лазер
TDSE time-dependent Schrödinger equation уравнение Шредингера, зависящее от времени
TE transverse electric поперечный электрический
TEC thermal expansion coefficient коэффициент теплового расширения
TEM transmission electron microscopy просвечивающая электронная микроскопия
TEP total emitted power полная испущенная энергия
TER total external reflection полное внешнее отражение
TF Thomas-Fermi Томас – Ферми
TGG terbium gallium garnet тербий-галлиевый гранат
THG third harmonic generation генерация третьей гармоники
TIR total internal reflection полное внутреннее отражение, ПВО
TLS two-level system двухуровневая система, ДУС
TM transverse magnetic поперечный магнитный
TO transverse optical поперечный оптический
TOBPF tunable optical bandpass filter оптический фильтр с перестраиваемой полосой пропускания
TOD third-order dispersion дисперсия третьего порядка
TOF time of flight время пролета
TP totally positive вполне положительный
TPA two-photon absorption двухфотонное поглощение
TPS two-photon spectroscopy двухфотонная спектроскопия
TV television телевидение
TWM two-wave mixing двухволновое смешение
TWO traveling wave oscillator генератор бегущей волны
TWT traveling wave tube лампа бегущей волны, ЛБВ
UHV ultrahigh vacuum сверхвысокий вакуум
ULP ultrashort light pulse сверхкороткий световой импульс
UOS ultrafast optical spectroscopy оптическая спектроскопия сверхбыстрых процессов
UPB upper polariton branch верхняя ветвь поляритона
USSA uncorrelated single-scattering approximation приближение однократного рассеяния без корреляций
UV ultraviolet 1. ультрафиолетовая область 2. ультрафиолетовый, УФ
UVFO ultraviolet fiber optics волоконная оптика для УФ-области
VB valence band валентная зона
VBM valence band maximum максимум [вершина] валентной зоны
VCSEL vertical cavity surface-emitting laser полупроводниковый плоскостной лазер с вертикальным резонатором
VFF vacuum field fluctuations вакуумные флуктуации поля

VHG volume holographic grating объемная голографическая решетка
VPE vapor phase epitaxy газофазная эпитаксия
VSCPT velocity selective coherent population trapping селективное по скоростям когерентное пленение населенности
VUV vacuum ultraviolet 1. вакуумная ультрафиолетовая область 2. вакуумный ультрафиолет, ВУФ
WDF Wigner distribution function функция распределения Вигнера
WDM waveleng4th-division multiplexing спектральное уплотнение каналов
WFA wavefront aberration аберрация волнового фронта
WFS wavefront sensor датчик волнового фронта
WHT Walsh-Hadamard transfer преобразование Уолша – Адамара
WKB Wentzel-Kramers-Brillouin Вентцель – Крамерс – Бриллюэн, ВКБ
WPD wave-particle duality дуализм волна – частица
WSL Wannier-Stark ladder лестница Ванньe – Штарка
WSM wavelength-selective mirror спектрально-селективное зеркало
XPM cross-phase modulation перекрестная фазовая модуляция
XRD X-ray diffraction дифракция рентгеновских лучей
XUV extreme ultraviolet крайний ультрафиолет
YAG yttrium aluminum garnet иттрий-алюминиевый гранат, ИАГ
YALO yttrium orthosilicate ортосиликат иттрия
YIG yttrium iron garnet железо-иттриевый гранат, ЖИГ
YLF yttrium lithium fluoride фторид иттрия – лития
YSGG yttrium-scandium-gallium garnet иттрий-скандий-галлиевый гранат
ZDW zero-dispersion wavelength длина волны нулевой дисперсии
ZFC zero-field cooling охлаждение в нулевом поле

Ф. В. Лисовский

НОВЫЙ АНГЛО-РУССКИЙ СЛОВАРЬ ПО РАДИОЭЛЕКТРОНИКЕ

Более 100 000 терминов
Издается впервые, 2006 г.

Словарь содержит более 100 000 терминов и терминологических сочетаний по радиотехнике, электронике (включая микроэлектронику, квантовую электронику, акустоэлектронику и оптоэлектронику), информатике, телевидению, различным видам связи, радиолокации, современной элементной базе и технологии производства радиоэлектронной и компьютерной аппаратуры, а также терминологию по фундаментальным наукам (физика твердого тела, физика магнитных явлений, кристаллография, оптика и др.), имеющим непосредственное отношение к перечисленным техническим направлениям.

Словарь предназначен для студентов, аспирантов, преподавателей вузов соответствующего профиля, а также для переводчиков технической литературы.

Адрес: 119071, Москва, Ленинский пр-т, д. 15, офис 317.
Тел./факс: 955-05-67, 237-25-02.
Web: www.russopub.ru
E-mail: russopub@aha.ru

Издательство «Р У С С О»
п р е д л а г а е т:

Англо-русский геологический словарь (52 000 терминов)
Англо-русский медицинский словарь-справочник «На приеме у английского врача»
Англо-русский металлургический словарь (66 000 терминов)
Англо-русский словарь по вычислительным системам и информационным технологиям (55 000 терминов)
Англо-русский словарь по машиностроению и автоматизации производства (100 000 терминов)
Англо-русский словарь по нефти и газу (24 000 терминов и 4 000 сокращений)
Англо-русский словарь по общественной и личной безопасности (17 000 терминов)
Англо-русский словарь по патентам и товарным знакам (11 000 терминов)
Англо-русский словарь по пищевой промышленности (42 000 терминов)
Англо-русский словарь по психологии (20 000 терминов)
Англо-русский словарь по рекламе и маркетингу с Указателем русских терминов (40 000 терминов)
Англо-русский словарь сокращений по телекоммуникациям (5 500 сокращений)
Англо-русский словарь по телекоммуникациям (34 000 терминов)
Англо-русский словарь по химии и переработке нефти (60 000 терминов)
Англо-русский словарь по химии и химической технологии (65 000 терминов)
Англо-русский словарь по экономике и праву (40 000 терминов)
Англо-русский словарь по электротехнике и электроэнергетике (около 45 000 терминов)
Политика. Дипломатия. СМИ. Англо-русский словарь активной лексики (10 000 слов)

Адрес: 119071, Москва, Ленинский пр-т, д. 15, офис 317.
Тел./факс: 955-05-67, 237-25-02.
Web: www.russopub.ru
E-mail: russopub@aha.ru

Издательство «Р У С С О»
предлагает:

Англо-русский и русско-английский автомобильный словарь (25 000 терминов)

Англо-русский и русско-английский лесотехнический словарь (50 000 терминов)

Англо-русский и русско-английский медицинский словарь (24 000 терминов)

Англо-русский и русско-английский словарь по солнечной энергетике (12 000 терминов)

Англо-русский юридический словарь (50 000 терминов)

Большой англо-русский политехнический словарь в 2-х томах (200 000 терминов)

Новый англо-русский биологический словарь (более 72 000 терминов)

Новый англо-русский медицинский словарь (75 000 терминов) с компакт-диском

Современный англо-русский словарь (50 000 слов и 70 000 словосочетаний) с компакт-диском

Современный англо-русский словарь по машиностроению и автоматизации производства (15 000 терминов)

Социологический энциклопедический англо-русский словарь (15 000 словарных статей)

Новый русско-английский юридический словарь (23 000 терминов)

Русско-английский геологический словарь (50 000 терминов)

Русско-английский словарь по нефти и газу (35 000 терминов)

Русско-английский политехнический словарь (90 000 терминов)

Русско-английский словарь религиозной лексики (14 000 словарных статей, 25 000 английских эквивалентов)

Русско-английский физический словарь (76 000 терминов)

Экономика и право. Русско-английский словарь (25 000 терминов)

Адрес: 119071, Москва, Ленинский пр-т, д. 15, офис 317.
Тел./факс: 955-05-67, 237-25-02.
Web: www.russopub.ru
E-mail: russopub@aha.ru

Издательство «Р У С С О» предлагает:

Немецко-русский словарь по автомобильной технике и автосервису (31 000 терминов)

Немецко-русский словарь по атомной энергетике (20 000 терминов)

Немецко-русский политехнический словарь (110 000 терминов)

Немецко-русский словарь по пищевой промышленности и кулинарной обработке (55 000 терминов)

Немецко-русский словарь по психологии (17 000 терминов)

Немецко-русский словарь-справочник по искусству (9 000 терминов)

Немецко-русский строительный словарь (35 000 терминов)

Немецко-русский словарь по химии и химической технологии (56 000 терминов)

Немецко-русский электротехнический словарь (50 000 терминов)

Немецко-русский юридический словарь (46 000 терминов)

Большой немецко-русский экономический словарь (50 000 терминов)

Краткий политехнический словарь / русско-немецкий и немецко-русский (60 000 терминов)

Современный немецко-русский словарь по горному делу и экологии горного производства (70 000 терминов)

Русско-немецкий автомобильный словарь (13 000 терминов)

Русско-немецкий словарь по электротехнике и электронике (25 000 терминов)

Русско-немецкий и немецко-русский медицинский словарь (70 000 терминов)

Русско-немецкий политехнический словарь в 2-х томах (140 000 терминов)

Новый русско-немецкий экономический словарь (30 000 терминов)

Популярный немецко-русский и русско-немецкий юридический словарь (22 000 терминов)

Транспортный словарь / немецко-русский и русско-немецкий (41 000 терминов)

Адрес: 119071, Москва, Ленинский пр-т, д. 15, офис 317.
Тел./факс: 955-05-67, 237-25-02.
Web: www.russopub.ru
E-mail: russopub@aha.ru

Издательство «Р У С С О»
предлагает:

Самоучитель французского языка с кассетой «Во Франции — по-французски»

Французско-русский словарь (14 000 слов) (с транскрипцией) Раевская О.В.

Французско-русский медицинский словарь (56 000 терминов)

Французско-русский словарь по сельскому хозяйству и продовольствию (85 000 терминов)

Французско-русский технический словарь (80 000 терминов)

Французско-русский юридический словарь (35 000 терминов)

Русско-французский словарь (15 000 слов) (с транскрипцией) Раевская О.В.

Русско-французский юридический словарь (28 000 терминов)

Французско-русский и русско-французский словарь бизнесмена (26 000 словарных единиц)

Иллюстрированный русско-французский и французско-русский авиационный словарь (7 000 терминов)

Итальянско-русский медицинский словарь с Указателями русских и латинских терминов (30 000 терминов)

Итальянско-русский политехнический словарь (106 000 терминов)

Русско-итальянский политехнический словарь (120 000 терминов)

Медицинский словарь (английский, немецкий, французский, итальянский, русский) (12 000 терминов)

Пятиязычный словарь названий животных. Насекомые. Латинский-русский-английский-немецкий-французский. (11046 названий)

Словарь лекарственных растений (латинский, английский, немецкий, русский) (12 000 терминов)

Словарь ресторанной лексики (немецкий, французский, английский, русский) (25 000 терминов)

Адрес: 119071, Москва, Ленинский пр-т, д. 15, офис 317.
Тел./факс: 955-05-67, 237-25-02.
Web: www.russopub.ru
E-mail: russopub@aha.ru

Справочное издание

ЗАПАССКИЙ
Валерий
Сергеевич

АНГЛО-РУССКИЙ
СЛОВАРЬ
ПО ОПТИКЕ

Ответственный за выпуск
ЗАХАРОВА Г. В.

Ведущий редактор
МОКИНА Н. Р.

Редактор
НИКИТИНА Т. В.

Подписано в печать .1.12.2004.
Формат 60x90/16. Печать офсетная. Печ. л. 25,5.
Тираж 1060 экз.
Заказ 267

«РУССО», 119071, Москва, Ленинский пр-т,
д. 15, офис 317.
Телефон/факс: 955-05-67, 237-25-02.
Web: www.russopub.ru
E-mail: russopub@aha.ru

Отпечатано в ГП «Облиздат», г. Калуга,
пл. Старый Торг, 5